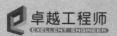

MACHINERY MANUFACTURING
BASIC ENGINEERING TRAINING

U0203152

机械制造
基础工程实训

主　编　曾艳明　刘会霞
副主编　马鹏飞　张应龙
主　审　马伟民

江苏大学出版社
JIANGSU UNIVERSITY PRESS
镇　江

图书在版编目(CIP)数据

机械制造基础工程实训 / 曾艳明,刘会霞主编. —
镇江 : 江苏大学出版社,2014.1(2025.1重印)
ISBN 978-7-81130-603-3

Ⅰ.①机… Ⅱ.①曾…②刘… Ⅲ.①机械制造工艺
—高等学校—教学参考资料 Ⅳ.①TH16

中国版本图书馆 CIP 数据核字(2013)第 320933 号

机械制造基础工程实训

Jixie Zhizao Jichu Gongcheng Shixun

主　　编/曾艳明　刘会霞
责任编辑/吴昌兴　郑晨晖
出版发行/江苏大学出版社
地　　址/江苏省镇江市京口区学府路 301 号(邮编:212013)
电　　话/0511-84446464(传真)
网　　址/http://press.ujs.edu.cn
印　　刷/句容市排印厂
开　　本/787 mm×1 092 mm　1/16
印　　张/30.25
字　　数/736 千字
版　　次/2014 年 1 月第 1 版
印　　次/2025 年 1 月第 16 次印刷
书　　号/ISBN 978-7-81130-603-3
定　　价/55.00 元

如有印装质量问题请与本社营销部联系(电话:0511-84440882)

前　言

本书根据教育部高等学校机械基础课程指导分委员会制订的"机械制造课程教学基本要求"的有关内容,结合"卓越工程师培养计划"的精神,以及近年来江苏大学在基础工程训练体系和模式方面的探索、改革和实践的成果与经验基础上编写而成。

本书以科学性、实用性、通用性为原则,以工程能力和综合素质培养为根本,面向实践教学,力求培养学生的基本技能、综合运用工艺知识能力、工程素质和创新意识。本书在编写过程中强调"基础知识与技能训练模块化,夯实基础,强化能力;综合能力与基础创新项目化,突出创新,提高素质"的教学理念,并以此确定编写的指导思想和教材特色,主要体现在:

① 对基础理论知识以必需、够用为度,着重工程实例的分析与训练;

② 按照"提出问题—分析问题—解决问题"的思路组织编写;

③ 基于项目驱动教学模式,以实际零件的加工为载体,通过典型实例工艺分析与加工,达到提高工程素质和职业能力的目的。

全书共分为 12 章,主要内容包括:工程材料与热处理、铸造、锻压、焊接、切削加工基础知识、车削加工、铣削加工、磨削加工、钳工、数控加工、特种加工、综合工艺设计与创新训练等。

本书由曾艳明、刘会霞担任主编,马鹏飞、张应龙担任副主编,马伟民担任主审。参加本书编写的人员有曾艳明、刘会霞、马伟民、马鹏飞、张应龙、葛福才、张松生、杨建新等。

本书在编写过程中参阅并引用了国内外有关教材、手册及相关文献,在此谨向有关作者表示敬意和感谢。

由于编者水平有限,本书难免有不足之处,敬请同行与读者批评指正!

目　录

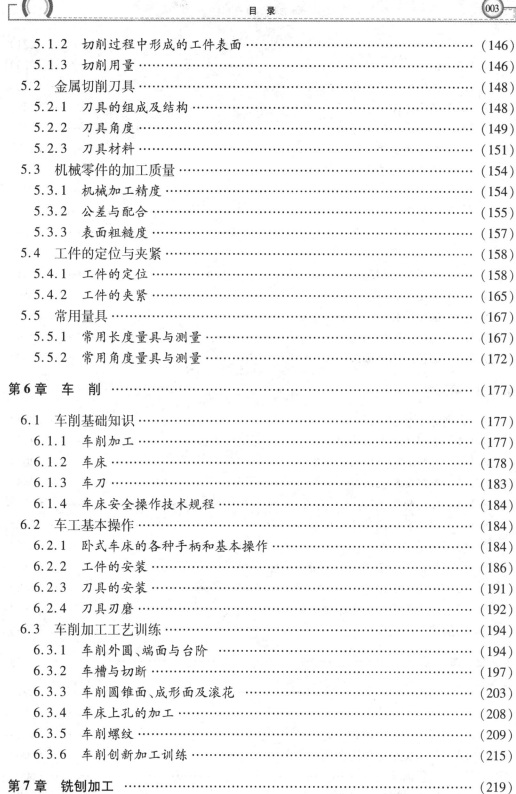

第 1 章

工程材料与热处理

1.1 工程材料

1.1.1 工程材料的分类

材料是现代文明的三大支柱之一,也是发展国民经济和机械工业的重要物质基础。材料作为生产活动的基本投入之一,对生产力的发展有深远的影响。历史上曾把当时使用的材料当作历史发展的里程碑,如"石器时代"、"青铜器时代"、"铁器时代"等。我国是世界上最早发现和使用金属的国家之一。周朝是青铜器的极盛时期,到春秋战国时期已普遍应用铁器。直到19世纪中叶大规模炼钢工业兴起,钢铁才成为最主要的工程材料。

科学技术的进步推动了材料工业的发展,使新材料不断涌现。石油化学工业的发展促进了合成材料的兴起和应用;20世纪80年代特种陶瓷材料又有很大进展。因此现代材料种类繁多,据粗略统计,目前世界上的材料已达40余万种,并且每年约以5%的速率增加。材料有许多不同的分类方法,机械工程中使用的材料按其结合键的性质常分为如表1-1所示的3类。

表1-1 工程材料的分类

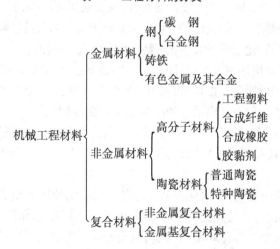

按零件在机械或机器中实现的功能，又将制造零件的材料分为结构材料和功能材料。用于制造实现运动和传递动力的零件的材料称为结构材料，用于制造实现其他功能的零件的材料称为功能材料。功能材料是利用物质的各种物理和化学特性及其对外界环境敏感的反应，从而实现各种信息处理和能量转换，主要有弹性材料、膨胀材料、形状记忆合金和磁性材料等。机械工程中大量使用各类结构材料。

上述 3 类工程材料在性能上各有优缺点。集中各类材料的优异性能于一体，充分发挥各类材料的潜力，则制成了各种复合材料。

1.1.2　金属材料

金属材料是人们最为熟悉的一种材料，机械制造、交通运输、建筑、航天航空、国防与科学技术等各个领域都需要使用大量的金属材料，因此金属材料在现代工农业生产中占有极其重要的地位。

金属材料是由金属元素或以金属元素为主，其他金属或非金属元素为辅构成的，并具有金属特性的工程材料。金属材料的品种繁多，工程上常用的金属材料主要有钢铁及有色金属等。

金属材料中使用最多的是钢铁，钢铁是世界上的头号金属材料，年产量高达数亿吨。钢铁材料广泛应用于工农业生产及国民经济各部门。例如，各种机器设备上大量使用的轴、齿轮、弹簧，建筑上使用的钢筋、钢板，以及交通运输中的车辆、铁轨、船舶等都要使用钢铁材料。通常所说的钢铁是钢与铁的总称。实际上钢铁是以铁为基体的铁碳合金，当碳质量分数大于 2.11% 时称之为铁，当碳质量分数小于 2.11% 时称之为钢。

为了改善钢的性能，人们常在钢中加入硅、锰、铬、镍、钨、钼、钒等合金元素，它们各有各的作用，有的提高强度，有的提高耐磨性，有的提高抗腐蚀性能等等。在冶炼时有目的地向钢中加入合金元素就形成了合金钢。钢中合金元素含量虽然不多，但具有特殊的作用，就像炒菜时放入少量的味精一样，含量不多但味道鲜美。合金钢种类很多，按照它们的性能与用途不同，合金钢可分为合金结构钢、合金工具钢、不锈钢、耐热钢、超高强度钢等。

人们可以按照生产实际提出的使用要求，加入不同的合金元素而设计出不同的钢种。例如，切削工具要求其具有较高的硬度及耐磨性，在切削速度较快、温度升高时其硬度不下降。按照这样的使用要求，人们设计了一种称为高速工具钢的刀具材料，其中含有钨、钼、铬等合金元素。钢的生锈、化工设备及船舶壳体等的损坏都与腐蚀有关，据不完全统计，全世界因腐蚀而损坏的金属构件约占其产量的 10%。人们经过大量试验发现，在钢中加入 13% 的铬元素后，钢的抗蚀性能显著提高，如在钢中同时加入铬和镍，还可以形成具有新的显微组织的不锈钢。至此，人们设计出了一种能够抵抗腐蚀的不锈钢。

有色金属包括铝、铜、钛、镁、锌、铅及其合金等，虽然它们的产量及使用量不如钢铁材料多，但由于它们具有某些独特的性能和优点，从而使其成为当代工业技术中不可缺少的材料。

由于金属材料的历史悠久，因而在材料的制备、加工、使用及材料的研究等方面已经形成了一套完整的系统，它已经拥有了一整套成熟的生产技术和巨大的生产能力，并且经受了在长期使用过程中各种环境的考验，具有稳定可靠的质量，以及其他任何材料不能完全替代的优越性能。金属材料的另一个突出优点是具有高的性能价格比,在所有的材料中,除了水泥和木材外,钢铁是最便宜的材料,它的使用可谓量大面广,经济实用。由于金属材料具有这些成熟稳定的工艺、大规模的现代装备以及高的性能价格比,因而它具有强大的生命力,在国民经济中占有首屈一指的重要位置。

此外,为了适应科学技术的高速发展,人们还在不断推陈出新,进一步发展新型的、高性能的金属材料,比如超高强度钢、高温合金、形状记忆合金、高性能磁性材料、储氢合金等。

1. 常用金属材料

(1) 碳素钢

碳素钢是指碳的质量分数小于 2.11% 和含有少量硅、锰、硫、磷等杂质元素所组成的铁碳合金,简称碳钢。其中锰、硅是有益元素,对钢有一定强化作用;硫、磷是有害元素,分别增加钢的热脆性和冷脆性,应严格控制。碳钢的价格低廉、工艺性能良好,在机械制造中应用广泛。常用碳钢的牌号及用途见表 1-2。

表 1-2 碳钢的牌号、应用及说明

名称	牌号	应用举例	说明
碳素结构钢	Q215A 级	承受载荷不大的金属结构件,如薄板、铆钉、垫圈、地脚螺栓及焊接件等	碳素钢的牌号是由代表钢材屈服点的字母 Q、屈服点值、质量等级符号、脱氧方法 4 个部分组成。其中质量等级共分 4 级,分别以 A,B,C,D 表示
	Q235A 级	金属结构件、钢板、钢筋、型钢、螺母、连杆、拉杆等,Q235C,D 可用作重要的焊接件	
优质碳素结构钢	15	强度低,塑性好,一般用于制造受力不大的冲压件,如螺栓、螺母、垫圈等。经过渗碳处理或氰化处理可用作表面要求耐磨、耐腐蚀的机械零件,如凸轮、滑块等	牌号的两位数字表示平均碳质量分数的万分数,45 号钢即表示平均碳质量分数为 0.45%。含锰量较高的钢,须加注化学元素符号"Mn"
	45	综合力学性能和切削加工性均较好,用于强度要求较高的重要零件,如曲轴、传动轴、齿轮、连杆等	
碳素工具钢	T8T8A	有足够的韧性和较高的硬度,用于制造能承受振动的工具,如钻中等硬度的岩石的钻头、简单模子、冲头等	用"碳"或"T",后附以平均碳质量分数的千分数表示,有 T7 ~ T13,平均碳质量分数为 0.7% ~ 1.3%
碳素铸钢	ZG200 – 400	有良好的塑性、韧性和焊接性能,用于受力不大、要求韧性好的各种机械零件,如机座、变速箱壳等	"ZG"代表铸钢。其后面第一组数字为屈服点(MPa);第二组数字为抗拉强度(MPa)。ZG200 – 400 表示屈服强度为 200 MPa,抗拉强度为 400 MPa 的碳素铸钢

(2) 合金钢

为了改善和提高钢的性能,在碳钢的基础上加入其他合金元素的钢称为合金钢。常用的合金元素有硅、锰、铬、镍、钨、钼、钒、稀土元素等。合金钢还具有如耐低温、耐腐蚀、高磁性、高耐磨性等良好的特殊性能,它在工具以及力学性能、工艺性能要求高的、形状复杂的大截面零件或有特殊性能要求的零件方面得到了广泛应用。常用合金钢的牌号、用途见表1-3。

表1-3　合金钢的牌号、性能及用途

种　类	牌　号	性能及用途
普通低合金结构钢	9Mn2,10MnSiCu,16Mn,15MnTi	强度较高,塑性良好,具有焊接性和耐蚀性,用于建造桥梁、车辆、船舶、锅炉、高压容器、电视塔等
渗碳钢	20CrMnTi,20Mn2V,20Mn2TiB	心部的强度较高,用于制造重要的或承受重载荷的大型渗碳零件
调质钢	40Cr,40Mn2,30CrMo,40CrMnSi	具有良好的综合力学性能(高的强度和足够的韧性),用于制造一些复杂的重要机器零件
弹簧钢	65Mn,60Si2Mn,60Si2CrVA	淬透性较好,热处理后组织可得到强化,用于制造承受重载荷的弹簧
滚动轴承钢	GCr9,GCrl5,GCr15SiMn	用于制造滚动轴承的滚珠、套圈

(3)铸铁

碳的质量分数大于2.11%的铁碳合金称为铸铁。由于铸铁含有的碳和杂质较多,其力学性能比钢差,不能锻造。但铸铁具有优良的铸造性、减振性、耐磨性等特点,加之价格低廉、生产设备和工艺简单,是机械制造中应用最多的金属材料。资料表明,铸铁件占机器总质量的45%~90%。常用铸铁的牌号、用途见表1-4。

表1-4　铸铁的牌号、应用及说明

名称	牌　号	应用举例	说　明
灰铸铁	HTl50	用于制造端盖、泵体、轴承座、阀壳、管子及管路附件、手轮;一般机床底座、床身、滑座、工作台等	"HT"为"灰铁"两字汉语拼音的第一个字母,后面的一组数字表示φ30试样的最低抗拉强度。如HT200表示灰口铸铁的抗拉强度为200 MPa
	HT200	承受较大载荷和较重要的零件,如汽缸、齿轮、底座、飞轮、床身等	
球墨铸铁	QT400-18 QT450-10 QT500-7 QT800-2	广泛用于机械制造业中受磨损和受冲击的零件,如曲轴(一般用QT500-7)、齿轮(一般用T450-10)、汽缸套、活塞环、摩擦片、中低压阀门、千斤顶座、轴承座等	"QT"是球墨铸铁的代号,它后面的数字表示最低抗拉强度和最低伸长率。如QT500-7即表示球墨铸铁的抗拉强度为500 MPa;伸长率为7%
可锻铸铁	KTH300-06 KTH330-08 KTZ450-06	用于受冲击、振动等零件,如汽车零件、机床附件(如扳手)、各种管接头、低压阀门、农具等	"KTH","KTZ"分别是黑心和白心可锻铸铁的代号,它们后面的数字分别代表最低抗拉强度和最低伸长率

(4)有色金属及其合金

有色金属的种类繁多,虽然其产量和使用不及黑色金属,但它由于具有某些特殊性能,已成为现代工业中不可缺少的材料。常用有色金属及其合金的牌号、应用见表1-5。

表1-5 有色金属及其合金的牌号、应用及说明

名　称	牌　号	应用举例	说　明
纯铜	T1	电线、导电螺钉、贮藏器及各种管道等	纯铜分 T1~T4 四种。如 T1(1 号铜)铜的质量分数为 99.95%;T4 铜的质量分数为 99.50%
普通黄铜	H62	散热器、垫圈、弹簧、各种网、螺钉及其他零件等	"H"表示黄铜,后面数字表示铜的质量分数,如 62 表示铜的质量分数 60.5%~63.5%
纯铝	1070A 1060 1050A	电缆、电器零件、装饰件及日常生活用品等	铝的质量分数为 98%~99.7%
铸铝合金	ZL102	耐磨性中上等,用于制造负荷不大的薄壁零件等	"Z"表示铸,"L"表示铝,后面数字表示顺序号,ZL102 表示 Al–Si 系 02 号合金

2. 金属材料的性能

金属材料的性能分为使用性能和工艺性能见表1-6。

表1-6 金属材料的性能

性能名称			性 能 内 容
物理性能			包括密度、熔点、导电性、导热性、磁性等
化学性能			金属材料抵抗各种介质的侵蚀能力,如抗腐蚀性能等
使用性能	力学性能	强度	在外力作用下材料抵抗变形和破坏的能力,分为抗拉强度 σ_b、抗压强度 σ_{bc}、抗弯强度 σ_{bb}、抗剪强度 σ_τ,单位均为 MPa
		硬度	衡量材料软硬程度的指标,较常用的硬度测定方法有布氏硬度(HBS,HBW)、洛氏硬度(HR)和维氏硬度(HV)等
		塑性	在外力作用下材料产生永久变形而不发生破坏的能力。常用指标是伸长率 $\delta(\%)$ 和断面收缩率 $\psi(\%)$,δ 和 ψ 愈大,材料塑性愈好
		冲击韧性	材料抵抗冲击力的能力。常把各种材料受到冲击破坏时,消耗能量的数值作为冲击韧性的指标,用 a_k(J/cm)表示。冲击韧度值主要取决于塑性、硬度,尤其是温度对冲击韧度值的影响具有更重要的意义
		疲劳强度	材料在多次交变载荷作用下而不致引起断裂的最大应力
	工艺性能		包括热处理工艺性能、铸造性能、锻造性能、焊接性能、切削加工性能等

1.1.3 非金属材料

1. 高分子材料

(1) 高分子材料基础知识

高分子材料是以高分子化合物为主要成分,与各种添加剂配合而形成的材料。它主要包括合成树脂、合成橡胶和合成纤维三类。高分子化合物是指相对分子质量大于 10^4 的有机化合物。常见高分子材料的相对分子质量位于 10^4~10^6。

高分子化合物是由大量的大分子构成的,而大分子是由一种或多种低分子化合物通过聚合连接起来的链状或网状的分子,因此高分子化合物又称高聚物或聚合物。分子的化学组成及聚集状态不同,因而形成性能各异的高聚物。

组成高分子化合物的低分子化合物称为单体。大分子链中的重复单元称为链节,链节的重复数目称为聚合度。一个大分子的相对分子质量(M)是其链节相对分子质量(m)与聚合度(n)的乘积,即 $M = m \times n$。由于聚合度的不同,因此高分子化合物的相对分子质量是一个平均值。例如,聚氯乙烯大分子是由氯乙烯重复连接而成,其单体为 $[CH_2 = CHCl]$,链节为 $+CH_2—CHCl+$,$m = 62.5$,$n = 800 \sim 2\ 400$,因此可以算出 M 约为 $50\ 000 \sim 150\ 000$。

高聚物的命名方法很多,目前尚没有完全统一的方法。常见的有以下两种:

① 根据单体的名称命名。把形成高聚物的单体作为基础,在前面加一个"聚"字。如聚乙烯、聚丙烯、聚氯乙烯、聚苯乙烯、聚甲基丙烯酸甲酯、聚甲醛、聚己内酰胺等。

有时,单体有 2 种或 2 种以上时,常把单体的名称(或它们的缩写)写在前面,在其后加"树脂"或"橡胶"字样,后面加上的字样主要根据该种聚合物通常的用途来定,如苯酚甲醛树脂(简称"酚醛树脂")、丁苯橡胶(由丁二烯和苯乙烯聚合而成)、ABS 树脂(由丙烯腈、丁二烯和苯乙烯共聚而成)等。

② 习惯上的命名或商品名称。这种方法完全是习惯上的命名法,或者纯属商品名称。例如,聚酰胺的商品名称为尼龙;聚对苯二甲酸乙二醇酯的商品名称为涤纶;聚丙烯腈的商品名称为腈纶,又叫人造羊毛;聚甲基丙烯酸甲酯俗称有机玻璃。为简化起见,聚合物的名称常以英文缩写符号来表示,如聚甲基丙烯酸甲酯的符号是 PMMA,聚乙烯的符号是 PE 等。

(2) 工程塑料

塑料是一类以天然或合成树脂为主要成分,在一定温度、压力条件下经塑制成形,并在常温下能保持形状不变的高分子工程材料。

塑料的主要成分是合成树脂,此外还包括增强材料、增塑剂、固化剂、润滑剂、稳定剂、着色剂、阻燃剂等各种添加剂。树脂在一定的温度、压力下可软化并塑造成形,它决定了塑料的基本属性,并起到黏结剂的作用。其他添加剂是为了弥补或改进塑料的某些性能。例如,木粉、碎布、纤维等填料主要起增强和改善性能作用,其用量可达 20% ~ 50%。因此,塑料的性能主要取决于合成树脂本身,但添加剂也起很大作用。

塑料具有一定的耐热、耐寒及良好的力学、电气、化学等综合性能,可以替代非铁金属及其合金,作为结构材料制造机器零件或工程结构。塑料以其质轻、耐蚀、电绝缘,具有良好的耐磨和减磨性,良好的成形工艺性等特性以及资源丰富而成为应用广泛的高分子材料,在工农业、交通运输业、国防工业及日常生活中均得到广泛应用。

塑料的不足之处是强度、硬度较低,耐热性差,易老化、易蠕变等。对于金属材料,超过再结晶温度才有蠕变现象,而塑料在室温受到载荷作用后就会产生界着的蠕变现象,甚至发生蠕变断裂。

工程塑料一般有以下两种分类方式:

① 按树脂受热的行为分为热塑性塑料与热固性塑料两大类。

热塑性塑料的特点是受热软化、熔融,具有可塑性,冷却后坚硬,再受热又可软化,可重复使用而其基本性能不变,可溶解在一定的溶剂中。它们的优点是加工成形简便,机械性能好,缺点是耐热性和刚性比较差。

热固性塑料的特点是一次成形后,质地坚硬、性质稳定,不再溶于溶剂中,受热不变形,不软化,不能回收。它们的优点是耐热性高,受压不易变形,缺点是机械性能不好,但可通过加入填料来改善。

② 按应用范围可分为通用塑料、工程塑料和耐热塑料3类。

通用塑料是指产量大、成本低、用途广的塑料(如聚乙烯、聚氯乙烯、聚丙烯等),它们的产量占塑料总产量的75%以上。

工程塑料是指应用于工业产品或在工程技术中作为结构、零件、外观和装饰的塑料,具有高强度或耐热、耐蚀等特点,如ABS、聚四氟乙烯、酰胺等。

耐热塑料是指能在较高温度下工作的各种塑料。例如,聚四氟乙烯、聚三氟氯乙烯、有机硅树脂、环氧树脂等。这些塑料的工作温度可达100～200 ℃。

常用的热塑性工程塑料有聚乙烯、聚氯乙烯、聚苯乙烯和聚丙烯、ABS塑料、聚碳酸酯、有机玻璃、聚甲醛和聚酰胺(尼龙)等。

与热塑性工程塑料相比,热固性工程塑料的主要优点是硬度和强度高,刚度大,耐热性优良,使用温度范围远高于热塑性工程塑料;其主要缺点是成形工艺较复杂,常常需要较长时间加热固化,而且不能再成形,不利于环保。常用的热固性工程塑料有酚醛塑料、环氧塑料和有机硅塑料等。

(3)工业橡胶

① 工业橡胶的基本概念。

橡胶也是一种高分子材料。工业橡胶是以生胶为原料,加入适量配合剂,经硫化后组成的高分子弹性体。高弹性是橡胶性能的主要特征,同时它还具有良好的耐磨、隔音、阻尼性和绝缘性。

橡胶的缺点是受氧化、光照射易老化,失去弹性。大部分橡胶不耐酸、碱、油及有机溶剂。因此,橡胶制品在使用时应注意以下事项:尽量避免氧化、光照、高温和低温,不工作时应处于松弛状态,不与酸、碱、油类及有机溶剂接触。

② 工业橡胶的分类及应用。

橡胶品种很多,按其原料来源可分为天然橡胶和合成橡胶两大类;按其用途可分为通用橡胶和特种橡胶。凡是性能与天然橡胶相同或相近,物理性能和加工性能较好,能广泛用于轮胎和其他一般橡胶制品的橡胶称为通用橡胶。凡是具有特殊性能,专供耐热、耐寒、耐化学腐蚀、耐油、耐溶剂、耐辐射等特殊性能使用的橡胶制品称为特种橡胶。应指出,通用橡胶和特种橡胶之间并无严格的界限。

2. 陶瓷材料

陶瓷是由天然或人工合成的粉状矿物原料和化工原料组成,经过成形和高温烧结制成的,由金属和非金属元素构成化合物反应生成的多晶体相固体材料。

(1)陶瓷的性能

陶瓷的种类繁多,不同的陶瓷性能差异很大。即使同一类陶瓷,它们的性能波动范围也很大,但是它们还是存在以下一些共同特性:

① 力学性能。陶瓷的弹性模量比金属高,硬度几乎是各类材料中最高的,抗压强度高,但脆性大,抗拉强度低,塑性和韧性也很小。

② 热性能。陶瓷的熔点高(2 000 ℃以上),抗蠕变能力强,热膨胀系数和导热系数小,1 000 ℃以上仍能保持室温性能。

③ 电性能。陶瓷一般都是优良的绝缘体,个别特殊陶瓷具有导电性和导磁性,属新型功能材料。

④ 化学性能。陶瓷的化学性能非常稳定,它耐酸、碱、盐等的腐蚀,不老化、不氧化。

(2) 陶瓷的分类及应用

陶瓷按组成可分为硅酸盐陶瓷、氧化物陶瓷、非氧化物陶瓷(氮化物陶瓷、碳化物陶瓷和复合陶瓷);按性能可分为普通陶瓷(如日用陶瓷、建筑陶瓷、化工陶瓷等)和特种陶瓷(如结构陶瓷、功能陶瓷);按用途可分为日用瓷、艺术瓷、建筑瓷、工程陶瓷等。

3. 复合材料

随着现代科学技术的发展,单一材料已无法满足工业生产的全面需要。另一方面,自然资源(如木材)日益贫乏,需要替代的新材料。因此,人工复合材料以其无比的优越性得到迅猛发展。

(1) 复合材料的基本概念

复合材料是由两种或两种以上物理和化学性质不同的材料经人工合成的多相固体材料,其既保留原组分材料的特性,又具有原单一组分材料所无法获得的或更优异的特性。

复合材料通常由基体材料和增强材料两部分组成。基体一般选用强度韧性好的材料,如聚合物、橡胶、金属等,是连续相,起黏合作用;而增强材料则选用高强度、高弹性模量的材料,如玻璃纤维、碳纤维和硼纤维等,是分散相,可增加强度和韧性。

(2) 复合材料的命名

根据基体材料和增强材料命名,复合材料的命名一般有以下3种情况。

① 强调基体时则以基体材料的名称为主,如树脂基复合材料、金属基复合材料、陶瓷基复合材料等。

② 强调增强体时则以增强体材料的名称为主,如碳纤维增强复合材料、玻璃纤维增强复合材料等。

③ 基体材料名称与增强体材料名称并用,习惯上把增强体材料的名称放在前面,基体材料的名称放在后面,如碳纤维/环氧树脂复合材料、玻璃纤维/环氧树脂复合材料。

国外还常用英文编号来表示,如 MMC 表示金属基复合材料,FRP 表示纤维增强塑料。

(3) 复合材料的分类

复合材料的种类很多,目前尚无统一的分类方法,通常可根据以下的3种方法进行分类。

① 按基体材料分类。

按基体材料的不同,复合材料可分为树脂基(又称为聚合物基,如塑料基、橡胶基等)复合材料、金属基(如铝基、铜基、钛基等)复合材料、陶瓷基复合材料、水泥基和碳/碳基复合材料等。

② 按增强相的种类和形态分类。

按增强相种类和形态的不同,复合材料可分为纤维增强复合材料、颗粒增强复合材料、叠层复合材料、骨架复合材料以及涂层复合材料等。纤维增强复合材料又包括长纤维或连续纤维复合材料、短纤维或晶须复合材料等,如纤维增强塑料、纤维增强橡胶、纤维增强金属、纤维增强陶瓷等。颗粒增强复合材料又包括纯颗粒增强复合材料和弥散增强复合材料。

③ 按复合材料的性能分类。

按性能的不同,复合材料可分为结构复合材料和功能复合材料,如树脂基、金属基、陶瓷基、水泥基和碳/碳基复合材料等都属于结构复合材料。功能复合材料具有独特的物理性质,有换能、阻尼吸声、导电导磁、屏蔽功能复合材料等。

（4）复合材料的性能

① 比强度和比模量高。

复合材料的突出优点是比强度(强度/密度)与比模量(弹性模量/密度)高,比强度和比模量是度量材料承载能力的一个指标,比强度愈高,相同强度的零件的自重愈小;比模量愈高,相同质量零件的刚度愈大。因此,这些特性为某些要求自重轻、刚度或强度好的零件提供了理想的材料。

② 抗疲劳性能好。

多数金属的疲劳极限是抗拉强度的 40% ～50% ,而碳纤维聚酯树脂复合材料则可达 70% ～80% 。此外,纤维增强复合材料的抗声振疲劳性能也很好。

③ 耐热性高。

碳纤维增强树脂复合材料的耐热性比树脂基体有明显提高,而金属基复合材料在耐热性方面更显示出其优越性,碳化硅纤维、氧化铝纤维与陶瓷复合在空气中能耐 1 200 ～ 1 400 ℃高温,要比所有超高温合金的耐热性高出 100 ℃以上。它用于汽车发动机,使用温度可高达 1 370 ℃ 。

④ 减振性能好。

结构的自振频率除与结构本身形状有关外,还与材料的比模量的平方根成正比。高的自振频率避免了工作状态下共振而引起的早期破坏。而复合材料中纤维与基体界面具有吸振能力,因此其振动阻尼很高。

⑤ 高韧性和抗热冲击性,在 PMC 和 CMC 中尤为重要。

⑥ 绝缘、导电和导热性。

玻璃纤维增强塑料是一种优良的电气绝缘材料,用于制造仪表、电机与电器中的绝缘零部件。这种材料不仅不受电磁作用,不反射无线电波,微波透过性良好,还具有耐烧蚀性、耐辐照性,可用于制造飞机、导弹和地面雷达罩。金属基复合材料具有良好的导电和导热性能,可以使局部的高温热源和集中电荷很快扩散消失,有利于解决热气流冲击和雷击问题。

⑦ 耐烧蚀性、耐磨损。

⑧ 特殊的光、电、磁性能等。

复合材料除具有上述性能外,还具有可设计性,可以根据对材料的性能要求,在基体、增强材料的类型和含量上进行选择,并进行适当的制备与加工。在制品制造时,复合材料还适合一次整体成形,具备良好的加工性能。

（5）复合材料的应用

复合材料是一种新型的工程材料,由于它具有优异的性能和特点,引起了人们广泛的关注。近几十年来,国内外对复合材料的增强材料、基体材料、成型技术、成型设备的研究进展迅速,复合材料的品种不断增加,应用范围十分广泛,从军工到民用、从尖端技术到一般技术,在国民经济和国防建设中发挥着重要的作用。

1.2　热处理基础知识

1.2.1　热处理概述

钢的热处理是根据钢在固态下组织转变的规律,通过不同的加热、保温和冷却,以改变其内部组织结构,达到改善钢材性能的一种热加工工艺。热处理一般由加热、保温和冷却 3 个阶段组成,其工艺曲线如图 1-1 所示。

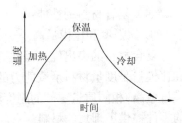

图1-1　热处理工艺曲线

钢的热处理在生产上应用的种类很多,一般按加热和冷却方式的不同进行分类见表 1-7。

表1-7　热处理的分类

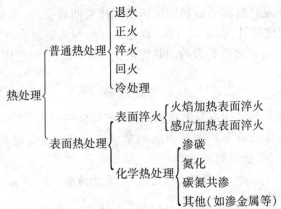

正确的热处理工艺不仅可以改善钢材的工艺性能和使用性能,充分挖掘钢材的潜力,延长零件的使用寿命,提高产品质量,节约材料和能源,还可以消除钢材经铸造、锻造、焊接等热加工工艺造成的各种缺陷,细化晶粒、消除偏析、减小内应力,使组织和性能更加均匀。

热处理在机械制造中有着重要的地位和作用,例如,汽车、拖拉机工业中需进行热处理的零件占70%～80%,机床工业中需进行热处理的零件占60%～70%,而各种工具、模具及轴承等需 100% 地进行热处理。

1.2.2　退火与正火

退火与正火一般是工件整个加工过程中的中间热处理,以消除前一道工序(如铸造、锻造、轧制、焊接等)所带来的各种组织和性能上的缺陷,并为后一道工序(如切削加工、热处理)做组织准备,故也称为预备热处理。

1. 退火

退火是将工件加热到一定温度,保温一定时间,然后缓慢冷却(通常随炉冷却)至室温,以获得接近于平衡组织的热处理工艺。

(1)退火的目的

① 降低硬度,提高塑性,改善钢的切削加工和冷变形加工性能。

② 细化晶粒,消除铸、锻、焊引起的组织缺陷,均匀成分和组织,改善钢的性能,为以后的热处理做组织准备。

③ 消除内应力,防止变形和开裂。

(2)常用的退火方法

按照钢的成分和处理目的的不同,常用的退火方法可分为完全退火、球化退火、去应力退火和均匀化退火等。

① 完全退火。完全退火是将工件加热至完全奥氏体化,随后缓慢冷却,以获得接近于平衡状态组织的退火工艺。

完全退火的目的是细化晶粒、均匀组织、降低硬度、消除内应力和热加工缺陷,以改善切削加工性能和冷塑性变形性能,并为以后的热处理做组织准备。完全退火主要用于亚共析钢的铸件、锻件、热轧型材、焊接件等的退火。过共析钢不宜采取完全退火,因为过共析钢在完全退火的缓慢冷却时,钢中析出网状渗碳体,使钢的力学性能和切削加工性能变坏。

② 球化退火。使钢中的碳化物球化而进行的退火称为球化退火。

钢件经球化退火后,组织呈球状小颗粒的碳化物均匀分布在铁素体基体中。在实际生产中,共析钢和过共析钢经轧制、锻造后空冷,组织一般由细片状珠光体与二次渗碳体组成,这种组织硬度相当高,不易切削加工,淬火时易变形和开裂。球化退火可以降低硬度,改善切削加工性能,减少淬火时变形和开裂的倾向,同时还能使工件在淬火回火后获得细针状马氏体加粒状渗碳体的组织,提高工件的力学性能。因此,工具钢、轴承钢等锻轧后必须进行球化退火。

③ 去应力退火。为了消除工件因塑性变形加工、焊接、铸造等工艺造成的残余应力而进行的退火,称为去应力退火。

去应力退火的工艺是:将钢件加热到 500 ~ 600 ℃,保温一定时间后,随炉缓慢冷却。在去应力退火中,钢的组织不发生变化,只是消除内应力。

④ 均匀化退火。均匀化退火也叫扩散退火,目的是消除晶内偏析,使成分均匀化。均匀化退火的实质是使合金元素的原子充分扩散,所以其工艺特点是温度高、时间长。如高合金铸件的退火温度可达 1 100 ~ 1 250 ℃,保温时间可达 10 ~ 15 h。因此,均匀化退火成本高,工作烧损严重,若不是特别需要,一般不采用。均匀化退火主要用于合金铸件和合金铸锭。

2. 正火

正火是将工件加热到完全奥氏体化后在空气中冷却,以获得珠光体类型组织的热处理工艺。从实质上讲,正火是退火的一个特例,其与退火的区别在于正火的冷却速度较快,因此正火后工件组织细密,强度、硬度都比退火高。正火只适用于碳素钢及低、中合金钢,而不适用于高合金钢。

正火的目的基本与退火相同,应用正火工艺主要有如下用途:

① 细化组织,消除热加工中造成的缺陷,使组织正常化。

② 用于低碳钢,可以提高硬度,改善切削加工性能。

③ 用于中碳钢,代替调质处理,为高频淬火做组织准备。

④ 用于高碳钢,可消除网状渗碳体,便于球化退火。

⑤ 对于性能要求不高的工件时,可作为最终热处理。

3. 正火与退火的选择

退火与正火在某种程度上有相似之处,实际选用时可从以下几个方面考虑:

① 从切削加工方面考虑。一般硬度在 170~230 HBS 范围内的钢材,其切削加工性最好。硬度高难以加工,容易造成刀具磨损,硬度过低,切削时容易产生"黏刀",使刀具发轫而磨损,而且工件的表面粗糙度值较高。因此作为预备热处理,低碳钢正火优于退火,而高碳钢正火后硬度太高,必须采用退火。

② 从使用性能上考虑。对于共析钢零件,正火比退火具有较好的力学性能,如果零件性能要求不高,可用正火作为最终热处理。但当零件形状较复杂时,正火冷却速度较快,有引起变形和开裂的危险,宜选用退火工艺。

③ 从经济上考虑。正火比退火生产周期短,热能消耗少,成本低,因此在可能的条件下,应以正火代替退火。

1.2.3 淬火与回火

1. 淬火

淬火是将工件加热到临界温度以上一定温度,保温一定时间后,以适当的冷却速度冷却至室温的热处理工艺。

(1) 淬火的目的

淬火的目的主要是:获得马氏体组织,为回火做组织准备;获得高硬度和耐磨性以及提高弹性和韧性,以达到强化材料的目的;使之具有某些特殊的物理和化学性能,如永磁性、耐蚀性和耐热性等。

(2) 淬火加热温度的选择

淬火加热温度的选择应以得到成分均匀和晶粒细小的奥氏体,碳和其他合金元素充分溶解以保证较高的硬度和耐磨性,尽可能地降低氧化和脱碳以及淬火后变形和开裂的倾向,获得高的力学性能等为原则。

亚共析钢的淬火加热温度一般应选择在 A_{c3} 以上 30~50 ℃,这是为了得到细小的奥氏体,以便在淬火后得到细小的马氏体组织。共析钢、过共析钢的淬火加热温度一般应选择在 A_{c1} 以上 30~50 ℃,淬火后能形成在细小马氏体基体上均匀分布着细小渗碳体的组织,这种组织不仅耐磨性好,而且脆性也小。加热温度既不能过高,也不能过低。如果加热温度过低,则在组织中有未溶的铁素体,降低淬火工件的硬度和力学性能;如果加热温度过高,则会造成过热和过烧现象。

(3) 淬火冷却速度和冷却介质的选择

淬火后要求得到马氏体组织,因此要求淬火的冷却速度必须大于临界冷却速度,但如果太快,会引起工件的体积收缩太快,容易引起工件的变形和开裂。因此正确选用冷却速度和冷却介质是十分重要的。

常见的冷却介质有水、盐类水溶液以及油、熔盐、空气等,不同淬火介质的冷却能力不同。

对于临界冷却速度较大的碳钢,必须采用冷却能力较强的水及盐类水溶液等介质作为淬火介质,而对于临界冷却速度较小的合金钢,可以采用油作为冷却介质,以获得最佳的淬火效果。

（4）常用淬火方法

生产中应根据钢的化学成分、工件的形状和尺寸,以及技术要求来选择淬火方法。常用的淬火方法有单液淬火、双液淬火、分级淬火和等温淬火等,如图 1-2 所示。在选择淬火方法时,既要考虑满足性能要求,同时要尽量降低淬火应力,以免变形开裂。

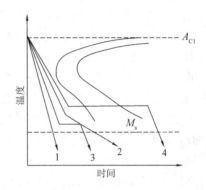

① 单液淬火。单液淬火是将奥氏体化后的工件直接放入一种介质中冷却至室温的操作方法。碳钢一般采用水冷淬火,合金钢则采用油冷淬火。单液淬火操作简单,易于实现自动化和机械化,但由于只采用一种介质进行淬火,冷却特性不够理想,淬火质量较差,工件容易产生硬度不足和变形开裂等缺陷。

1—单液淬火；2—双介质淬火；
3—马氏体分级淬火；4—贝氏体等温淬火

图 1-2　各种淬火冷却方法示意图

② 双液淬火。双液淬火是将工件奥氏体化后,先将工件浸入一种冷却能力较强的介质中,当冷却至"鼻尖"温度以下时,再把工件放入另一种冷却能力较弱的介质中继续冷却的淬火方法,例如,先水淬后油冷、先水淬后空冷等。双液淬火的优点是淬火应力小,减少了变形和开裂的可能性;缺点是在水中停留的时间不易控制,对操作技术要求较高。

③ 分级淬火。分级淬火是将加热好的工件放入稍高（或稍低）于 M_s 点的硝盐浴或碱浴中,停留一段时间,待工件表面和心部温度基本一致,在奥氏体开始分解之前,取出在空气中冷却,进行马氏体转变的淬火方法。由于组织转变几乎同时进行,因此减少了内应力,显著降低了变形和开裂的倾向。但受熔盐冷却能力的限制,只适用于尺寸较小、形状复杂或截面不均匀的零件。

④ 等温淬火。等温淬火是将奥氏体化的工件淬入温度稍高于 M_s 点的盐浴中,保温足够时间,直到过冷奥氏体完全转变为下贝氏体,然后出炉空冷的淬火方法。等温淬火能大幅度降低工件的淬火应力,工件变形小,适用于形状复杂,精度高,并要求具有较高硬度及冲击韧性的小件,如弹簧、板牙、小齿轮等,也可用于较大截面的高合金钢零件的淬火。等温淬火的缺点是生产周期长,生产效率低。

分级淬火与等温淬火有些相似,但实质不同。分级淬火等温时间短,随后空冷时发生马氏体转变,而等温淬火等温时间长（一般在 30 min 以上）,进行的是下贝氏体转变。

2. 回火

回火是指钢在淬火之后,再加热至 A_{c1} 点以下某一温度,保温一定时间,然后冷却到室温的热处理工艺。

（1）回火的目的

由于淬火所获得的马氏体是一种不稳定的组织，性质硬且脆，并且存在很大的内应力，容易引起变形和开裂，因此淬火后的钢必须经过回火才能使用。淬火钢回火的目的为：

① 调整钢的硬度和强度，提高钢的韧性，获得所需要的性能。

② 消除淬火产生的内应力，防止变形和开裂。

③ 稳定组织与尺寸。

（2）回火的种类及钢回火后的组织和性能

回火时，决定钢的组织和性能的主要因素是加热温度，根据回火温度的不同，回火可以分为低温回火、中温回火、高温回火 3 类。

低温回火（小于 250 ℃）得到的组织是回火马氏体，其性能是：具有高的硬度和耐磨性能，有一定韧性。低温回火主要应用于刀具、量具及其他要求硬而耐磨的零件。

中温回火（350～500 ℃）得到的组织是回火屈氏体，其性能是：具有较高的弹性极限、屈服点和适当的韧性，硬度可达 35～50 HRC。中温回火主要应用于弹性零件和热锻模。

高温回火（500～650 ℃）得到的组织是回火索氏体，其性能是：具有良好的综合力学性能，硬度可达 25～35 HRC。生产中常把淬火加高温回火叫做"调质"，高温回火广泛应用于受力构件，如螺栓、连杆、曲轴等。

调质与正火相比，不仅强度高，而且塑性、韧性远高于正火钢，这是由于调质钢得到的组织是回火索氏体，其渗碳体呈球粒状，而正火后的组织为索氏体或托氏体，且索氏体中的渗碳体呈薄片状，因此重要零件应采用调质处理。

1.2.4　表面热处理

齿轮、轴等机械零件在摩擦条件下工作，又承受交变载荷，工作时处于复杂的应力状态。这就要求轮齿和轴颈的表面具有高硬度、高耐磨性，同时又要求轮齿和轴的心部具有足够的塑性和韧性。为此常常通过选材或正火、调质来解决心部的性能问题，通过表面热处理则可解决表面的性能问题。

（1）表面淬火

表面淬火是指不改变工件表面的化学成分，而只是通过强化手段改变表面组织状态的热处理工艺。它是利用快速加热方法将表面层奥氏体化，然后淬火，表面获得马氏体组织结构，具有高的硬度和耐磨性，而心部组织并不发生变化，具有足够的塑性和韧性。根据加热方法的不同，表面淬火可以分为火焰加热表面淬火、感应加热表面淬火、接触电阻加热表面淬火等。这里仅介绍感应加热表面淬火。

感应加热表面淬火是以交变电磁场作为加热介质，利用感应电流通过工件所产生的热效应，使工件表面受到局部加热，并进行快速冷却的淬火方法，其工作原理如图 1-3 所示。把工件放入空心铜管绕成的感应器中，感应器通入一定频率的交流电，以产生交变磁场，于是工件内部就会产生频率相同、方向相反的感应电流（涡流）。涡流的趋肤效应使涡流在工件截面上的分布不均匀，表面电流密度大，心部电流密度小，感应器中的电流频率越高,涡流越集中于工件的表层。工件表层涡流产生的热量使工件表层迅速加热到淬火加热温度(心部温度仍然接近室温),随即快速冷却,达到表面淬火的目的。

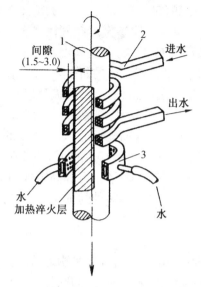

1—工件;2—感应器(接高频电源);3—淬火喷水套

图1-3　感应加热示意图

感应加热表面淬火的特点:加热速度快,零件由室温加热到淬火温度仅需要几秒到几十秒的时间;感应加热迅速,奥氏体晶粒不易长大,淬火后表层可获得细针马氏体,硬度比普通淬火的高2~3 HRC,淬火质量好;感应加热表面淬火的淬硬层深度易于控制,淬火操作易实现机械化和自动化,但设备较为复杂,故适用于大批量生产。

(2)化学热处理

钢的化学热处理是指工件置于一定温度的化学活性介质中保温,使一种或几种元素渗入它的表层,以改变工件表层的化学成分、组织结构和性能的热处理工艺。化学热处理的种类很多,根据渗入元素的不同,化学热处理有渗碳、渗氮、碳氮共渗、渗金属等。

① 渗碳。将工件在渗碳介质中加热并保温,使碳原子渗入表层的化学热处理工艺称为渗碳。其目的是提高钢件表层的含碳量和形成一定的碳浓度梯度,渗碳工件经淬火及低温回火后,表面获得高硬度,而其内部又具有高韧性。

渗碳的常用方法有固体渗碳、盐浴渗碳及气体渗碳三种,其中气体渗碳应用最为广泛。气体渗碳是将工件在气体渗碳剂中进行渗碳的工艺。它将工件置于密封的加热炉中,加热到900~950 ℃,滴入煤油、丙酮、甲醇等渗碳剂。这些渗碳剂在高温下分解,产生的活性碳原子被钢件表面吸收而溶入奥氏体中,并向内部扩散,最后形成一定深度的渗碳层。渗碳层深度主要取决于加热温度及保温时间,加热温度越高,保温时间越长,渗层越厚。

一般来说,渗碳零件应选用低碳钢或低碳合金钢材料。零件渗碳后,其表面碳的质量分数可达到0.85%~1.05%,碳质量分数从表面到心部逐渐减少,心部仍保持原来低碳钢的碳质量分数。

② 渗氮。在一定温度下,使活性氮原子渗入工件表面的化学热处理工艺称为渗氮。

渗氮能使工件比渗碳获得更高的表面硬度、耐磨性、热硬性和疲劳强度,同时还提高工件的抗腐蚀性能。目前常用的渗氮方法是气体渗氮。

气体渗氮是利用氨气在加热(500~600 ℃)时分解出的活性氮原子被零件表面吸收,并向中心扩散,形成的渗氮层。气体渗氮可在气体渗碳炉中进行。钢在渗氮后不需要进行淬火即具有很高的表层硬度,并能在较高温度下保持,其疲劳极限也可提高约15%~35%;同时,钢件渗氮后表面形成致密的、化学稳定性高的合金氮化物层,在水中、过热蒸汽以及碱性溶液中具有高的耐蚀性;另外,渗氮处理温度较低,一般约为570 ℃,而且工件表面的高硬度可以由渗氮直接得到,避免了淬火变形,因此渗氮变形很小。但钢件渗氮的生产周期长,成本高,氮化层薄而脆,不宜承受集中的重载荷。

根据使用要求的不同,工件还可以采用其他的化学热处理方法,如碳氮共渗,可以获得比渗碳更高的硬度、耐磨性和疲劳强度;渗铝可提高零件的抗高温氧化性;渗硼可提高零件的耐磨性、硬度和耐蚀性;渗铬可提高零件的抗腐蚀、抗高温氧化及耐磨性等。

1.2.5 常见热处理缺陷

在实际热处理生产中,热处理工艺不合理容易引起许多热处理的质量问题。热处理常见缺陷有欠热、过热、过烧、氧化、脱碳以及变形开裂等几种。

1. 欠热、过热和过烧

欠热、过热和过烧都是加热时的组织缺陷,它们都因加热不当形成非正常组织,导致材料的性能下降,甚至报废。

① 欠热。钢在淬火加热时,加热温度过低或者加热时间过短造成未充分奥氏体化而引起的组织缺陷,称为欠热,也叫加热不足。亚共析钢淬火时,由于欠热,组织中残存一些铁素体,钢淬火后出现软点或硬度不均匀现象。过共析钢淬火时,由于欠热,组织中出现较多未溶碳化物,使得基体的碳浓度不够,造成钢淬火后硬度不足,并且由于奥氏体中合金浓度不够而淬透层深度不够。

② 过热。钢在淬火加热时,加热温度过高或加热时间过长引起奥氏体晶粒粗大而产生的组织缺陷,称为过热。过热使钢的力学性能显著降低,严重影响钢的冲击韧度,而且还易引起淬火变形和开裂。一般把热处理后实际晶粒度比四级还要粗的作为过热。

③ 过烧。钢在淬火加热时,加热温度过高造成晶界氧化或局部熔化的组织缺陷,称为过烧。过烧不仅奥氏体晶粒剧烈粗化,而且晶界也被严重氧化甚至局部熔化,造成工件报废。

出现欠热、过热的工件可以通过重新正火或退火来补救,而过烧是无法挽救的缺陷,工件只能报废。防止欠热、过热或过烧的主要措施是严格控制加热温度和加热时间,特别是加热温度。

2. 氧化与脱碳

钢加热时,炉内氧化气氛与钢表面的铁或碳发生作用,会引起氧化和脱碳现象。

氧化是指铁以及合金元素与介质中的氧化性气体(如 CO_2 和 H_2O 等)作用而生成金属氧化皮的现象。氧化使工件尺寸减小,表面粗糙,甚至成为废品。

脱碳是指气体介质和钢表面的碳发生作用而逸出,使钢表面的含碳量降低的现象。脱碳会降低工件表层的强度、硬度和疲劳强度。因此,对于弹簧、轴承和各种工具、模具等,脱碳是很严重的缺陷。

保温时间过长或加热温度过高,将引起氧化和脱碳。防止氧化和脱碳最有效的方法是使工件脱离氧化性介质,如采用保护气氛或真空热处理等。

3. 变形与开裂

热处理变形与开裂是由淬火应力引起的。淬火应力包括热应力和组织应力。热应力是在淬火冷却时工件表面和心部存在温差,产生不同步的收缩引起的;组织应力是工件各部分在淬火形成马氏体时,由于体积膨胀不均匀造成的内应力。当淬火应力超过钢的屈服极限时,引起工件变形;当淬火应力超过钢的强度极限时,则引起工件开裂。变形不大的零件,可在淬火和回火后进行校直;变形较大或出现裂纹时,零件只能报废。

选择淬透性较好的钢材,尽量减少工件的非对称性结构,安排退火或正火等预先热处理细化原始组织,采用适当的冷却方法,淬火后及时回火等措施,可以减少零件变形、防止开裂。

4. 硬度不足和软点

钢件淬火硬化后,表明硬度偏低的局部小区域称为软点。淬火工件整体硬度都低于淬火要求的硬度时称为硬度不足。淬火后零件硬度不足,一般是由于淬火加热温度偏低或保温时间不充分,表面氧化、脱碳,钢的淬透性不高或冷却速度过慢等因素造成的。造成软点的原因可能是原始组织粗大不均、冷却水中混有油、零件表面有氧化皮或不清洁、工件在冷却介质中未能适当运动等致使局部区域冷却速度过低,出现了非马氏体组织。

产生软点或硬度不足的零件一般可以通过重新淬火来消除,但重新淬火前要进行退火或正火处理。

1.2.6　常用热处理设备

根据热处理的基本过程,热处理设备有加热设备、冷却设备和检验设备等。

1. 加热设备

加热炉是热处理车间的主要设备,通常的分类方法为按热源分为电阻炉、燃料炉;按工作温度分为高温炉(>1 000 ℃)、中温炉(650~1 000 ℃)、低温炉(<600 ℃);按工艺用途分为正火炉、退火炉、淬火炉、回火炉、渗碳炉等;按形状结构分为箱式炉、井式炉等。常用的热处理加热炉有电阻炉和盐浴炉。

(1)箱式电阻炉

箱式电阻炉是由耐火砖砌成的炉膛,其侧面和地面布置有电热元件。通电后,电能转化为热能,通过热传导、热对流、热辐射达到对工件的加热。一般根据工件的大小和装炉量的多少选择箱式电阻炉,中温箱式电阻炉应用最为广泛,常用于碳素钢、合金钢零件的退火、正火、淬火及渗碳等。图 1-4 为中温箱式电阻炉的结构。

(2)井式电阻炉

图 1-5 为井式电阻炉结构。井式电阻炉的特点是炉身如井状,置于地面以下。井式电阻炉炉口向上,特别适宜于长轴类零件的垂直悬挂加热,可以减少工件的弯曲变形。另外,井式炉可用吊车装卸工件,故应用较为广泛。

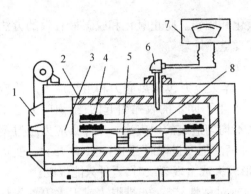

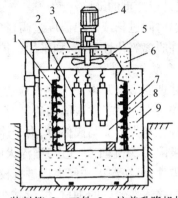

1—炉门;2—炉体;3—炉膛前部;4—电热元件;
5—耐热钢炉底板;6—测温热电偶;
7—电子控温仪表;8—工件

图1-4　中温箱式电阻炉

1—装料筐;2—工件;3—炉盖升降机构;
4—电动机;5—风扇;6—炉盖;7—电热元件;
8—炉膛;9—炉体

图1-5　井式电阻炉

（3）盐浴炉

盐浴炉是用液态的熔盐作为加热介质对工件进行加热,特点是加热速度快而均匀,工件氧化、脱碳少,可以减少零件变形,适宜于细长零件悬挂加热或局部加热。图1-6为插入式电极盐浴炉。

盐浴炉可以进行正火、淬火、局部淬火、回火、化学热处理等热处理工艺。

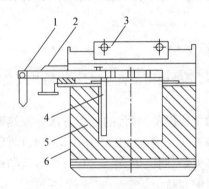

1—连接变压器的铜排;2—风管;3—炉盖;4—电极;5—炉衬;6—炉壳

图1-6　插入式电极盐浴炉

2. 温控仪表

在进行热处理时,为了准确测量和控制零件的加热温度,常用热电偶高温计进行测温。下面介绍热电偶高温计结构原理及使用方法。

热电偶高温计是由热电偶和调节式毫伏计组成的。

（1）热电偶

热电偶由两根化学成分不同的金属丝或合金丝组成,如图1-7所示,A 端焊接起来插入炉中,称为工作端（热端）;另一端（C_1,C_2）分开,称为自由端（冷端）,用导线将其与温度指示仪表连在一起。当工作端放在加热炉中被加热时,工作端与自由端存在温度差,冷端便产生电位差,使带有温度刻度的毫伏计的指针发生偏转。温度越高,电位差就越大，指示温度值也相应增大。

热电偶两根导线应彼此绝缘，以防短路。为避免热电偶的损坏，要将两根金属丝用瓷管隔开并装在保护管中。

（2）调节式毫伏计

调节式毫伏计外形如图1-8所示。在调节式毫伏计的刻度盘上，一般都已把电位差换算成温度值。一种规格的调节式毫伏计只能与相应分度号的热电偶配合使用。在其刻度盘的左上角均注明有配用的热电偶分度号，使用时要加以注意。调节式毫伏计上连接热电偶正负极的接线柱有"＋""－"极性之分，接线时应注意极性不可接反。

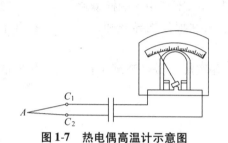

图1-7　热电偶高温计示意图　　　　图1-8　调节式毫伏计外形图

调节式毫伏计既能测量温度，又能控制温度。使用时，旋动调节旋钮就可以把给定针调节在所需要的加热温度（一般称为给定温度）的刻度线上。当反映实际加热温度的指针移动到给定针所指示的刻度线上时，调节式毫伏计的控制装置能够切断加热炉的热源，使炉温下降。当指针所指示的温度低于给定温度时，它的控制装置又能够重新接通加热炉的热源，使实际加热温度上升。如此反复动作，炉温就能维持在给定温度附近。

3. 冷却设备

常用的冷却设备有水槽、油槽、浴炉、缓冷坑等，介质包括自然水、盐水、机油、硝酸盐溶液等。

4. 检验设备

常用的检验设备有洛氏硬度计、布氏硬度计、金相显微镜、无损探伤设备等。

1.2.7　热处理安全操作技术规程

热处理车间的安全管理应符合国家颁布的有关法规或条例，并设置必要的劳保、消防、急救、环保、通风、照明用品及设备。热处理车间应根据本单位的情况制定一套符合标准要求、更具体的安全操作文件，并在生产、实习中严格贯彻执行。进入热处理车间实习的学生应首先进行安全教育，使其熟悉热处理安全操作知识。以下是热处理实习安全操作规程。

第一条　进入车间实习时，必须按规定穿戴劳保用品，不准穿凉鞋、拖鞋、裙子和戴围巾进入车间，女同学必须戴工作帽，将长发或辫子纳入帽内。

第二条　严禁在车间内追逐、打闹、喧哗，不得做与实习无关的事情（如阅读书报杂志、玩手机等）；实习过程中不得离开工作岗位。

第三条　操作者应熟悉各类仪器设备的结构和特点，严格按操作规程进行操作。未得到指导老师许可，不得擅自开关电源和使用各类仪器设备。

第四条　使用电阻炉前,实习指导老师必须仔细检查电源开关、插座及导线,保证绝缘良好,以防发生漏电、触电事故。

第五条　必须在断电状态下往炉内装、取工件,并注意轻拿轻放,工件或工具不得接触或碰撞电热元件,更不允许将工件随意扔入炉内。

第六条　严禁直接用手抓热处理工件,应按规定使用专用工具或夹具,并戴好防护手套;热处理后未冷透的工件不可用手触摸,以防烫伤。

第七条　工件从加热炉内取出淬火时,要注意避让同学,进入油槽要迅速,淬火油槽周围禁止堆放易燃易爆物品。

第八条　严禁私自操作硬度计;不得拆卸显微镜,不得用手触摸镜片。

第九条　电阻炉发生故障时应立即关闭电源,并报告指导老师,不得自行打开电源箱,不得自行拆卸维修。

第十条　每天实习结束后,应关掉总电源,并按规定做好整理工作和实习场所的清洁卫生工作。

1.3　热处理工艺训练

1.3.1　退火与正火

试样材料:45号钢,尺寸:$\phi20$ mm×30 mm。正火后要求硬度范围为160~200 HB,退火后要求硬度范围为140~180 HB。

1. 设备与工具准备

① SX2-8-10型箱式电阻炉;

② HBE-3000A型电子布氏硬度计;

③ 钳子、金相砂纸等。

2. 操作步骤及要领

① 退火工艺:加热温度为(820±10)℃,保温时间为15 min,随炉冷却;正火工艺:加热温度为(840±10)℃,保温时间为15 min,空冷。

② 45号钢正火与退火操作步骤及要领见表1-8。

表1-8　45号钢正火与退火操作步骤及要领

序号	操作步骤	操作要领	
		退火	正火
1	检查设备	检查电源线、炉膛等是否正常	
2	接通电源加热,并观察箱式电阻炉的温度显示	加热到820 ℃并保温	加热到840 ℃并保温
3	将试样装入炉内	炉温达到820 ℃时,装入试样	炉温达到840 ℃时,装入试样
4	加热	观察箱式电阻炉运转是否正常,观察电阻炉到设定的温度后是否进入保温状态	

续表

序号	操作步骤	操作要领	
		退火	正火
5	保温	当箱式电阻炉到设定的温度后,开始记录保温时间,保温时间均为15 min	
6	试样冷却	试样保温15 min后,切断电源,随炉冷却,到室温后用钳子夹出试样	试样保温15 min后,切断电源,打开炉门,用钳子夹出试样,置于通风处空冷
7	安全检查	检查箱式电阻炉电源是否切断,炉门是否关闭	

3. 硬度检测

应用 HBE-3000A 电子布氏硬度计(见图 1-9)分别对退火和正火热处理后的试样进行硬度检测。

（1）硬度检测试样制备

将试样去除油污、氧化皮等污垢,用金相砂纸研磨试样两端面至平行和光整,要求粗糙度 $Ra \leqslant 0.8$ μm。

（2）HBE-3000A 电子布氏硬度计操作规程

① 被测样件表面应平整光洁,不得有油污、氧化皮等污垢,粗糙度 $Ra \leqslant 0.8$ μm。

② 被检测面与其支撑面须保持平行,以保证样件能稳固地放置于试验台上。

③ 根据样件的材质、热处理状态等情况,选择对应大小的试验力和压头,将压头装入主轴孔中。

④ 试验力保持时间的选定:黑色金属为 10 ~ 15 s,有色金属为 30 s。

1—面板;2—压头;3—工作台;
4—丝杠;5—手轮;6—开关板

图 1-9 HBE-3000A 电子布氏硬度计

⑤ 将试件平稳地放置在工作台面上,且将被测部位置于压头正下方位。

⑥ 打开电源,先按清零键进行清零,消除残值。

⑦ 检测时,顺时针转动手轮,提升试验台,同时保证试验力作用方向应与试验面垂直。待试件接触压头时,试验力也开始显示,当初始试验力接近自动加荷值时,必须缓慢、平稳上升,到达自动加荷值,仪器会发出警示声响时,停止转动手轮,加荷指示灯(LOADING)亮,负荷自动加载,当运行到所选定的试验力时,保荷开始,保荷指示灯(DWEL)亮,加荷指示灯熄灭,并进入倒计时,待保荷时间结束,保荷指示灯熄灭,自动进行卸荷,同时卸荷指示灯(UNLOADING)亮,卸荷结束后指示灯熄灭,反向转动手轮,使试件与压头分开,杠杆回复到起始位置,硬度计完成一次工作。

⑧ 利用配套的读数显微镜,测量压痕的直径,并对照布氏硬度对照表,查出对应的硬度值记录下来,该值即为所测布氏硬度值,至此完成一次试验。

⑨ 测试完毕,切断电源,盖上防尘罩。

⑩ 注意:压痕中心距试样边缘距离不应小于压痕直径的 2.5 倍,两相邻压痕中心距不应小于压痕直径的 3 倍,如硬度小于 350 HBW 时,上述距离应分别为压痕平均直径的 3 倍和 6 倍,厚度应大于压痕深度的 10 倍以上。

1.3.2　淬火与回火

试样材料:45 号钢,尺寸:$\phi 20$ mm $\times 30$ mm。淬火后,要求硬度范围为 50 ~ 58 HRC,高温回火后,要求硬度范围为 25 ~ 30 HRC。

1. 设备与工具准备

① SX2-8-10 型箱式电阻炉 4 台。

② HR-150A 型洛氏硬度计 1 台。

③ 淬火水槽 1 台。

④ 钳子、金相砂纸、铁丝等。

2. 操作步骤及要领

① 淬火工艺:加热温度为(830 ± 10) ℃,保温时间为 15 min,水冷;高温回火工艺:加热温度为(560 ± 10) ℃,保温时间为 90 min,空冷。

② 45 号钢淬火操作步骤及要领见表 1-9。

表 1-9　45 号钢淬火操作步骤及要领

序号	操作步骤	操作要领
1	领取试样	45 号钢试样,每位学生 1 个,分成 4 组,先做淬火工艺操作训练
2	检查设备是否正常	检查电源线、炉膛等是否正常
3	接通电源加热	将 4 台箱式电阻炉温度设定在 830 ℃保温,并观察温度显示
4	将试样分别装入炉内	当炉温达到 830 ℃时,装入试样淬火
5	加热	观察箱式电阻炉运转是否正常,观察电阻炉到设定的温度后是否进入保温状态,如温度进一步上升,则立即向指导教师报告
6	保温	当箱式电阻炉到设定的温度后,开始记录保温时间,保温时间均为 15 min
7	试样冷却	试样保温 15 min 后,切断电源,打开炉门,用钳子夹出试样,迅速入水,并不断在水中搅动,以保证冷却均匀
8	安全检查	检查箱式电阻炉电源是否切断,炉门是否关闭

③ 45 号钢高温回火操作步骤及要领见表 1-10。

表 1-10　45 号钢高温回火操作步骤及要领

序号	操作步骤	操作要领
1	试样准备	每位学生将自己已经淬火后的试样准备好,分成 4 组,做高温回火工艺操作训练
2	检查设备是否正常	教师带领学生检查电源线、炉膛等是否正常
3	接通电源加热	将 4 台箱式电阻炉温度设定在 560 ℃保温,并观察温度显示
4	将试样分别装入炉内	当炉温达到 560 ℃时,装入试样高温回火
5	加热	观察箱式电阻炉运转是否正常,观察电阻炉到设定的温度后是否进入保温状态,如温度进一步上升,则立即向指导老师报告
6	保温	当箱式电阻炉到设定的温度后,开始记录保温时间,保温时间为 90 min
7	试样冷却	试样保温 90 min 后,切断电源,打开炉门,用钳子夹出试样,空冷
8	安全检查	检查箱式电阻炉电源是否切断,炉门是否关闭

3. 硬度检测

应用 HR-150A 型洛氏硬度计(见图 1-10)先后对淬火和高温回火热处理后的试样进行硬度检测,并将检测结果填入实习报告的指定表格中。

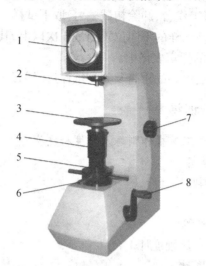

1—刻度盘;2—压头;3—工作台;4—立杆;

5—丝杠;6—手轮;7—加试验力状态旋钮;8—加载卸载手柄

图 1-10　HR-150A 型洛氏硬度计

(1) 硬度检测试样制备

分别将已经淬火和高温回火后的试样去除油污、氧化皮等污垢,用金相砂纸将试样两端面磨至平行、平整、光洁,要求粗糙度 $Ra \leq 0.8$ μm。

(2) HR-150A 型洛氏硬度计操作规程

① 选择压头类型。为了用同一洛氏硬度试验计测定软硬不同材料的洛氏硬度,可采用不同的压头与不同的试验力,从而组成了几种不同的洛氏硬度标尺,见表 1-11。一般根据试样材料估计其硬度值、选择压头类型和初、主试验力。

表 1-11　常用的洛氏硬度标尺的试验条件和使用范围

硬度标尺	压头类型	总试验力/N	硬度值有效范围	应用举例
HRC	120°金刚石圆锥体	1471.0	20～67 HRC	一般淬火钢、高强度调质钢等
HRB	φ1/16in 钢球	980.7	25～100 HRB	软钢、退火钢、铜合金等
HRA	120°金刚石圆锥体	588.4	60～85 HRA	硬质合金、表面淬火钢等

② 将试样放在工作台上,根据试样形状和大小,选择适宜的工作台,将试样平稳地放置在工作台上。

③ 加载初试验力。顺时针方向缓慢地转动手轮,使试样与压头接触,继续转动手轮,并观察指示器上的小指针,待其指于规定标志后,停止转动手轮,此时表明已加上初试验力。若小指针超过规定标志,应卸除初试验力,更换试验位置。

④ 指针对"0"。转动调整盘,使大指针对准表盘刻度"0"处。

⑤ 加载主试验力。拉动加力手柄,加主试验力,此时指示器上大指针转动。待其停

止转动后,加主试验力完毕。

⑥ 读出洛氏硬度值。将卸力手柄推回原位置,卸除主试验力,此时大指针所指刻度即为试样的洛氏硬度值,读数并做好记录。

⑦ 时针转动手轮,下降工作台,卸除初试验力,取下试样。

⑧ 按上述试验步骤在该试样的不同位置测量 3 次以上,其平均值即为该试样的硬度值,将结果记录到实习报告的指定表格中。

⑨ 试验时应注意两压痕中心的距离及其至试样边缘的距离不应小于 3 mm。

1.3.3　热处理工艺综合训练

1. 同种材料不同热处理工艺操作训练及硬度检测实验

(1) 设备、工具、试样准备

① SX2-8-10 型箱式电阻炉 4 台。

② 淬火水槽 1 台。

③ 钳子、金相砂纸、铁丝等。

④ HBE-3000A 型电子布氏硬度计 1 台。

⑤ HR-150A 型洛氏硬度计 1 台。

⑥ 试样 3 个:材料 45 号钢,尺寸 ϕ20 mm ×30 mm。

(2) 45 号钢不同热处理工艺操作训练安排

对 45 号钢试样分别按退火、正火、淬火加高温回火 3 种不同的工艺方式进行热处理,操作步骤及要领如前所述,工艺安排见表 1-12。

表 1-12　45 号钢不同热处理工艺

组别	热处理工艺
1	退火工艺:加热温度(820±10)℃,保温时间 15 min,随炉冷却
2	正火工艺:加热温度(840±10)℃,保温时间 15 min,空冷
3	淬火 + 高温回火:淬火加热温度(830±10)℃,保温时间 15 min,水冷;回火加热温度(560±10)℃,保温时间 150 min

(3) 45 号钢不同热处理状态下的硬度检测

分别对退火、正火及淬火加高温回火等 3 种不同热处理状态下的 45 号钢试样进行硬度检测,记录检测结果,比较同种材料在不同热处理状态下硬度值发生的变化。通常情况下,45 号钢退火状态下的硬度小于 207 HB,正火状态下的硬度小于 229 HB,淬火加560 ℃高温回火状态下的硬度在 257 HB 附近,但随着高温回火温度的提高,其硬度值会逐步下降。

2. 不同种材料同一种热处理工艺操作训练及硬度检测实验

(1) 设备、工具、试样准备

① SX2-8-10 型箱式电阻炉 4 台。

② 淬火水槽、油槽各 1 台。

③ 钳子、金相砂纸、铁丝等。

④ HBE-3000A 型电子布氏硬度计 1 台。

⑤ 试样 1：材料 20 号钢，尺寸 ϕ20 mm × 30 mm；试样 2：材料 45 号钢，尺寸 ϕ20 mm × 30 mm；试样 3：材料 T8 钢，尺寸 ϕ20 mm × 30 mm。

（2）20 号钢、45 号钢和 T8 钢正火热处理

对 20 号钢、45 号钢和 T8 钢试样分别进行正火热处理，操作步骤及要领如前所述，工艺安排见表 1-13。

表 1-13　20 号钢、45 号钢、T8 钢正火热处理工艺

组别	钢号	热处理工艺
1	20	加热温度（920 ± 10）℃，保温时间 15 min，空冷
2	45	加热温度（840 ± 10）℃，保温时间 15 min，空冷
3	T8	加热温度（790 ± 10）℃，保温时间 15 min，空冷

（3）20 号钢、45 号钢和 T8 钢正火热处理状态的硬度检测

分别对 20 号钢、45 号钢和 T8 钢在正火热处理状态下进行硬度检测，记录检测结果，比较不同种材料在同一种热处理状态下硬度值发生的变化。通常情况下，20 号钢正火状态下的硬度小于 156 HB，45 号钢正火状态下的硬度小于 229 HB，T8 钢正火状态下的硬度范围为 229 ~ 280 HB。

 思考题

1. 什么是钢？什么是铁？钢按用途怎样分类？

2. 列表综合 Q235、45 号钢、40Cr、T8A、20CrMnTi、GCr15 等钢材的类别、成分特点、性能、用途。

3. 什么是热处理？其作用是什么？

4. 什么是退火、正火、淬火及回火？各有什么作用？

5. 高频淬火的作用是什么？简述其操作过程。

6. 热处理中易产生哪些缺陷？有什么危害？如何防止？

7. 记录 45 号钢分别退火、正火、淬火、高温回火后相应的硬度值，并对其结果做必要的分析。

第 2 章

铸 造

2.1 铸造基础知识

2.1.1 铸造概述

将液态金属浇注到与零件形状、尺寸相适应的铸型型腔中,待其冷却凝固后,获得一定形状的毛坯或零件的方法,称为铸造。用于铸造的金属统称为铸造合金。铸造是生产机器零件毛坯的主要方法之一,其实质是液态金属逐步冷却凝固而成形,故也称金属液态成形。铸件一般是作为金属零件的毛坯,需要经过机械加工后才能制成零件。但有时铸件也可不经加工而直接作为零件来使用,如特种铸造方法生产出的某些铸件。

铸造方法是最常用的毛坯生产手段之一,广泛应用于机器制造业中。现代各种类型的机器设备,铸件占很大的比重,如在机床、内燃机设备中,铸件占机器总量的 70% ~ 80%,在农机中占 40% ~ 70%。

铸造能得到如此广泛的应用,在于它具有以下特点:

① 适应性强,铸件的质量不受限制,小到几克,大到数百吨。铸件的轮廓尺寸小可至几毫米,大至几十米。铸件几乎不受工件的形状、尺寸、质量和生产批量的限制。除了各种铸造合金以外,高分子材料也可以采用铸造方法成形。

② 成本低,铸件具有良好的经济性。铸件的形状和尺寸接近于零件,能节省金属材料和切削加工工作量。铸造生产所用的原材料来源广,且可以利用废机件等废料回炉熔炼,价格低廉。

③ 铸造常用于制造形状复杂、承受静载荷及压应力的构件,如箱体、床身、支架、机座等。

但铸造生产也存在不足。铸造组织疏松、晶粒粗大,内部易产生缩孔、缩松、气孔等缺陷;铸造工序多,且难以精确控制,使得铸件质量不够稳定,铸件的废品率较高;劳动条件差,劳动强度比较大。

铸造按生产方法不同,可分为砂型铸造和特种铸造。砂型铸造具有适应性强、生产准备简单等优点,是目前最主要的铸造方法。此外,还有许多特种铸造方法,如熔模铸造、金属型铸造、压力铸造、低压铸造、离心铸造、消失模铸造等,广泛用于某些特定领域。

2.1.2 砂型铸造生产过程

砂型铸造的主要生产工序有制模、配砂、造型、造芯、合型、熔炼、浇注、落砂、清理和检验。砂型铸造的生产工艺过程如图 2-1 所示,根据零件的形状和尺寸,设计并制造模样和芯盒;配制型砂和芯砂;利用模样和芯盒等工艺装备分别制作砂型和芯型;将砂型和芯型合为一个整体铸型;将熔融的金属浇注入铸型,完成充型过程;冷却凝固后落砂取出铸件;最后对铸件进行清理并检验。

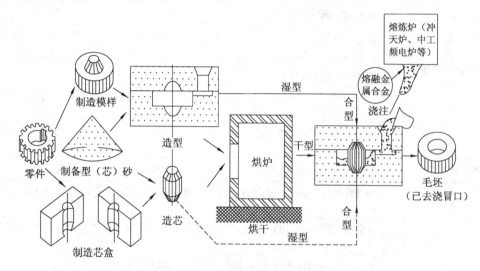

图 2-1 典型零件毛坯的砂型铸造生产工艺过程

2.1.3 铸型

铸型是用型砂、金属或其他耐火材料制成的组合整体,是金属液凝固后形成铸件的地方。以两箱砂型铸造为例,典型的铸型结构如图 2-2 所示,它由上、下砂型、浇注系统、型腔、型芯和出气孔等组成。砂型外围常用砂箱支撑加固,型砂被舂紧在上、下砂箱中,连同砂箱一起,称为上砂型(上箱)和下砂型(下箱)。取出模样后砂型中留下的空腔称为型腔。上、下砂型的分界面称为分型面,一般位于模样的最大截面上。型芯是为了形成铸件上的孔或局部外形,用芯砂制成。型芯上用来安放和固定型芯的部分称为芯头,芯头放在砂型的芯座中。砂型各组成部分的作用见表 2-1。

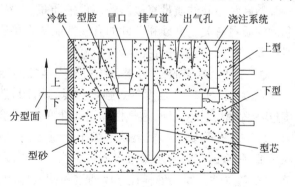

图 2-2 铸型的结构

浇注系统是为了将熔融金属填充入型腔而开设于铸型中的一系列通道。金属液从浇口杯浇入,经直浇道、横浇道、内浇道而流入型腔。型砂及芯砂上开有出气孔,可排出型砂、芯砂及型腔中的气体。被高温金属包围后型芯产生的气体由型芯排气道排出,砂芯排气道要与砂型排气道相通。有的铸件为了避免产生缩孔缺陷,在铸件厚大部分或最高部分加有补缩冒口。有的铸件为了提高厚壁处的冷却速度在厚壁处安放冷铁。

表2-1　砂型各组成部分的名称与作用

名称	作用与说明
上型(上箱)	浇注时铸型的上部组元
下型(下箱)	浇注时铸型的下部组元
分型面	铸型组元间的接合面
型砂	按一定比例配置、经过混制、符合造型要求的混合料
浇注系统	为金属液填充型腔和冒口而开设于铸型中的一系列通道,通常由浇口杯、直浇道、横浇道和内浇道组成
冒口	在铸型内储存供补缩铸件用熔融金属的空腔,该空腔中充填的金属也称为冒口,冒口有时也起排气、集渣的作用
型腔	铸型中造型材料所包围的空腔部分,型腔不包括模样上芯头部分形成的相应空腔
排气道	在铸型或型芯中,为排除浇注时形成的气体而设置的沟槽和孔道
砂芯	为获得铸件的内孔或局部外形,用芯砂或其他材料制成的、安装在型腔内部的铸型组元
出气孔	在砂型或砂芯上,用针或成形扎气板扎出的通气孔,出气孔的底部要与模样有一定的距离
冷铁	为加快局部的冷却速度,在砂型、砂芯表面或型腔中安放的金属物

2.1.4　造型材料

　　制造砂型及型芯的材料称为造型材料。砂子、金属、石膏、石墨等均可作为造型材料,这里着重介绍用来制造砂型的型砂、芯砂及涂料等造型材料。

　　1. 型砂和芯砂的性能要求

　　型砂和芯砂的质量直接影响铸件的质量,在铸件废品中约50%废品的产生与型砂、芯砂的质量有关。型砂和芯砂的有些性能还直接影响铸造生产效率和工作条件,因此要对型砂、芯砂的质量进行控制。

　　① 强度。紧实的型砂、芯砂抵抗外力破坏的能力,一般用型砂强度仪进行测定,其包括湿强度、干强度、热强度等。强度过低,铸件易造成塌箱、冲砂、砂眼、夹砂等缺陷。强度过高,砂型、型芯太硬,透气性和退让性变差,还会影响铸件的收缩,使铸件易产生内应力、裂纹、气孔等缺陷。黏土砂中黏土含量越高,型砂紧实度越高,强度越高。砂子的颗粒越细,强度越高。含水量过多或过少均会使强度变低。

　　② 透气性。紧实砂样让气体通过和使气体顺利逸出的能力,即紧实砂型的孔隙度。透气性不好,易在铸件内部形成气孔或造成浇不足等缺陷。型砂、芯砂的颗粒粗大、均匀、圆形、黏土含量少、型砂春得松,均可使透气性提高。含水量过多或过少均可使透气性降低。

　　黏土含量对型砂、芯砂透气性的影响与水分的含量密切相关,只有水分含量适量时,型砂、芯砂的透气性才会达到最大值。

③ 耐火性。型砂、芯砂在金属液高温作用下不熔化、不软化、不烧结,保持原有性能的能力。耐火性差的型砂容易被高温金属液熔化,使铸件产生黏砂等缺陷,从而影响后续的清砂及铸件加工工序。型砂、芯砂中 SiO_2 含量越多,型砂颗粒越大,耐火性越好;圆形砂粒的耐火性相对较好。

④ 退让性。铸件在冷凝收缩时,型砂、芯砂能相应的被压缩变形,而不阻碍铸件收缩的性能。退让性不好,铸件易产生内应力、变形或开裂。凡促使型砂在高温下烧结的因素,均导致其退让性降低。例如,用黏土作黏结剂时,由于黏土在高温下产生烧结,强度进一步增加,故型砂的退让性降低。在型砂中加入有机黏结剂(如油类、树脂等)或少量木屑等附加物,可提高型砂的退让性。同时,型砂、芯砂舂得较松,也可提高退让性。

⑤ 可塑性。型砂在外力作用下变形,去除外力后仍能完整保持已有形状的能力。可塑性好,造型操作方便,便于制作形状复杂、准确、轮廓清晰的砂型,且容易起模。可塑性与含水量、黏结剂的材质及数量等有关。

⑥ 溃散性。型砂在落砂清理时容易溃散的性能。溃散性对清砂效率及劳动强度有显著的影响。

此外,型砂和芯砂的性能还包括回用性、韧性、流动性、发气性、吸湿性、不黏模性、保存性和耐用性等。砂芯大部分被金属液包围,受高温金属液流的热作用,冲击力及浮力大,排气条件差,冷却后被铸件收缩力包紧,清理困难,故对芯砂的强度、耐火性、透气性的要求均高于型砂;冷凝时,砂芯受到金属收缩挤压的作用,会影响铸件的质量,因此,对芯砂的退让性要求也要高于型砂。此外,为了便于落砂时清除芯砂,还要求芯砂的出砂性要好。同时,选择型砂、芯砂时还必须考虑它们的资源与价格等问题。

2. 型砂与芯砂的组成

型(芯)砂一般由原砂、黏结剂、水及附加物按一定比例和制备工艺混制而成。

(1)原砂

原砂是型砂的主体,一般为耐高温材料,常用石英含量较高的硅砂作为原砂。原砂一般采自海、河或山地,但并非所有的砂子都能用于铸造,铸造用原砂应控制其成分、形状及粒度。

① 化学成分。原砂的主要成分是石英(SiO_2)和少量的杂质(钠、钾、钙、铁等的氧化物)。SiO_2 熔点高达 $1\,713\,^{\circ}\mathrm{C}$。砂中 SiO_2 质量分数越高,其耐火性越好。一般情况下,铸钢件生产选用 SiO_2 质量分数大于 90% 的石英砂;铸铁件生产选用 SiO_2 质量分数大于 85% 的长石砂;而铸铝件、铸铜件生产则选用 SiO_2 质量分数约为 80% 的红砂(黏土砂)。

② 粒度与形状。砂粒愈大,耐火性和透气性越好。砂粒的形状可分为圆形、多角形和尖角形。一般湿型砂多采用颗粒均匀的圆形或多角形的天然石英砂或石英-长石砂。高熔点金属铸件应选用粗砂,以保证耐火性。

(2)黏结剂

用来黏结砂粒的材料称为黏结剂,如黏土、水玻璃(硅酸钠水溶液)等。黏土因具有一定黏结强度且价廉及资源丰富,应用最为广泛。黏土又分为普通黏土和膨润土。湿型砂普遍采用黏结性较好的膨润土,而干型砂多采用普通黏土。水玻璃、桐油、干性植物油、树脂等黏结剂的黏结性比黏土好,但价格较贵,且来源面不广,因此应用较少。型砂与芯砂根据黏结剂的不同可分为黏土砂、水玻璃砂、合脂砂与油砂、树脂砂等，其中黏土砂应用最为广泛，水玻璃砂次之。水玻璃砂铸型或型芯的特点是无需烘干，硬化速度快，生产周期短，易于实现机械化，工人劳动条件好，但铸件易黏砂、型（芯）砂退让性差、落砂困难、耐用性差。合脂砂与油砂多用来制造型芯，尤其是用来铸造尺寸小、形状复杂或要求较高的型芯。应用树脂砂来造型或造芯，铸件质量好，生产率高，节省能源和工时费用，减少清理工作量，工人劳动强度低，易于实现机械化和自动化，适宜于成批大量生产。

（3）附加物

为改善型砂的某些性能而加入的材料称为附加物，常用的有煤粉、重油、木屑等。浇注时在高温液态金属作用下砂型中产生不完全燃烧，在铸件表面和型腔壁之间形成还原性气体隔膜，加入煤粉、重油的作用是减缓金属液对型腔壁的热辐射和化学侵蚀作用，使铸件表面光洁，防止铸件黏砂。加入木屑的作用是在烧烤时烧掉锯木屑，在砂型与型芯中留下空隙，从而改善型（芯）砂的透气性、退让性和清砂性能。

（4）涂料

为了使铸件表面光洁，防止高温金属液熔化型腔表面的砂粒，造成铸件黏砂，常在型腔及型芯的表面上刷液状涂料或喷洒粉状涂料。常用石墨粉、黏土、水和少量其他添加剂调成悬浊液涂料涂刷在铸铁件的干砂型（芯）上，而湿型（芯）则直接将涂料喷洒到砂型（芯）表面。铸钢件熔点高、含碳量低，其砂型（芯）需用不含碳的硅石粉涂料，有色合金铸件砂型（芯）可用滑石粉涂料。调制悬浮液涂料最常使用的溶剂是水，对于快干型涂料则常用煤油、酒精作溶剂。

2.1.5　常用造型工具和工艺装备

1. 常用造型工具

手工造型的种类较多、方法各异，再加上生产条件、地域差异和使用习惯等的不同，造成了手工造型时使用的造型工具与修型工具多种多样，结构形状和尺寸各不相同。图2-3为常用手工造型工具和修型工具。

①　铁铲。又称铁锨，用于拌和型砂，并将其铲起送入指定地点。

②　筛子。用于筛分原砂或型砂，造型时用手端起左右摇晃筛子将面砂筛到模样上面。

③　砂舂。造型时，用来舂实型砂。砂舂的头部，分扁头和平头两种，扁头用来舂实模样周围及砂箱边或狭窄部分的型砂，平头用来舂实砂型表面。

④　刮板。又称刮尺，用平直的木板或铁板制成，长度应比砂箱宽度稍长，当砂型舂实后，用来刮去高出砂箱的型砂。

⑤　通气针。用来在砂型中扎出通气的孔眼，通常由铁丝或钢条制成，一般为 $\phi 2 \sim 8$ mm。

⑥　起模针和起模钉。用来起出砂型中的模样。工作端为尖锥形的称为起模针，用于起出较小的模样；工作端为螺纹的称为起模钉，用来起出较大的模样。

⑦　掸笔。用来润湿模样边缘的型砂，以便起模和修型，有时也用掸笔来对狭小型腔处涂刷涂料。

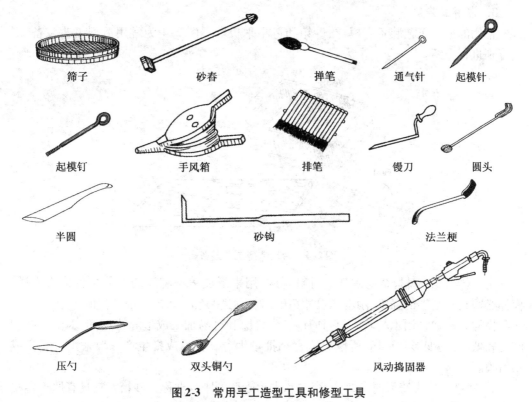

筛子　　　　砂春　　　　掸笔　　　通气针　　起模针

起模钉　　　手风箱　　　　　排笔　　　　镘刀　　　圆头

半圆　　　　　　　　　砂钩　　　　　　　　法兰梗

压勺　　　　双头铜勺　　　　　风动捣固器

图2-3　常用手工造型工具和修型工具

⑧ 排笔。主要用来清扫铸型上的灰尘和砂粒，或用于砂型大的表面涂刷涂料。

⑨ 手风箱。用来吹去砂型上散落的灰尘和砂粒，使用时不可用力过猛，以免损坏砂型。

⑩ 风动捣固器。又称风冲子或风枪，它由压缩空气带动，用来春实较大的砂型和砂芯。

2. 常用修型工具

① 镘刀。镘刀又称刮刀，用来修理砂型（芯）的较大平面，开挖浇冒口，切割沟槽及把砂型表面的加强钉揿入砂型等。其材质一般为工具钢，手柄用硬木制成。

② 砂钩。砂钩又称提钩，用来修理砂型（芯）中深而窄的底面和侧壁，提出散落在型腔深窄处的型砂等。砂钩用工具钢制成，常用的有直砂钩和带后跟砂钩，按砂钩头部宽度和长度的不同又分为不同的种类，修型时应根据型腔部分的尺寸来选择所用砂钩的种类。

③ 圆头。用来修整圆形及弧形凹槽，通常用铜合金制成。

④ 法兰梗。法兰梗又称光槽镘刀，用来修理砂型（芯）的深窄底面及管子两端法兰的窄边，用工具钢或青铜制成。

⑤ 压勺。用来修理砂型（芯）的较小平面，开设较小的浇道等。压勺通常用工具钢制成，其一端为弧面，另一端为平面，勺柄斜度为30°。

⑥ 双头铜勺。双头铜勺又称秋叶，用来修整曲面或窄小的凹面。

3. 常用工艺装备

常用的造型工艺装备有模样、砂箱和造型平板等。图2-4为常用造型工艺装备,下面分别进行介绍。

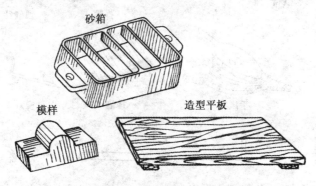

图2-4　常用造型工艺装备

① 模样。由木材、金属或其他材料制成,用来形成铸型型腔的工艺装备称为模样。模样必须具有足够的强度、刚度和尺寸精度,表面必须光滑,才能保证铸型的质量。

模样大多数是用木材制成,它具有质轻、价廉和容易加工成形等特点,但木模强度和刚度较低,容易变形和损坏,所以只适宜小批量生产。大量成批生产一般采用金属模或塑料模。

② 砂箱。构成铸型的一部分,容纳和支承砂型的刚性框称为砂箱。它具有便于舂实型砂,翻转和吊运砂型,浇注时防止金属液将砂型胀裂等作用。

砂箱的箱体常做成方形框架结构,在砂箱两旁设有便于合型的定位、锁紧和吊运装置,尺寸较大的砂箱,在框架内还设有箱带。砂箱常用铸铁或铸钢制成,有时也可用铝合金及木材等制成。

③ 造型平板。造型平板又称垫板,其工作表面光滑平直,造型时用它托住模样、砂箱和砂型。小型的造型平板一般用硬木制成,较大的常用铸铁、铸钢或铝合金等制成。

4. 常用量具

① 钢卷尺。用来测量长度。钢卷尺有多种规格,生产中,选用哪种类型,视其被测量物的长度而定。

② 钢直尺。用于测量长度、外径和内径等尺寸。

③ 90°角尺。用于划线或检查被测物体的垂直度。

④ 水平仪。用于测量被测平面是否水平。测量时将水平仪置于待测平面上,观察水平仪中的气泡是否偏离中心位置,从而可判断该平面是否水平。

⑤ 卡钳。用于测量砂型(芯)的外径、内径及凹槽宽度等尺寸。卡钳分内卡钳和外卡钳两种,如图2-5所示,测量时要与钢直尺配合使用。

⑥ 砂型表面硬度计。用于测量湿态砂型(芯)表面硬度,形状如图2-6所示。测量时将硬度计下端的钢球按在砂型表面,刻度盘上指针所指数字即为砂型(芯)表面的硬度。

一般砂型紧实后的硬度为70~80;紧实度高的砂型表面硬度为85~90;砂芯的硬度为70~80。

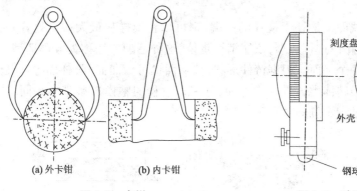

(a) 外卡钳   (b) 内卡钳

图 2-5 卡钳   图 2-6 砂型表面硬度计

2.1.6 造型方法

造型就是用模样、砂箱和型砂造出紧实度均匀、尺寸与轮廓形状均符合要求的砂型。造型是铸造生产过程中最复杂、最主要的工序,对铸件的质量影响极大。由于机器零件的形状多种多样,这就要求造型时能造出各种形状的型腔,为此必须采用不同的造型方法。制作砂型的方法分为手工造型和机器造型两种。

1. 手工造型

手工造型是全部用手工或手动工具制作铸型的造型工序。

手工造型操作灵活,适应性强,但生产率低,劳动强度大,适用于单件小批量生产。手工造型具有机动、灵活的特点,应用仍较为普遍。手工造型根据模样特征分为整模造型、分模造型、活块造型、挖砂造型、假箱造型和刮板造型等;根据砂箱特征分为两箱造型、三箱造型等。实际生产中应根据铸件的形状、尺寸、批量和生产条件等因素来选取。

(1) 整模造型

如果模样的最大截面处于一端且为平面,使该端面位于分型面处即可起模,这样造型方法称为整模造型。整模造型模样是整体结构,且模型全部置于一个砂箱内,操作简单,不会产生错型缺陷,适用于形状简单的铸件,如盘类、齿轮、轴承座等铸件。图 2-7 为压盖铸件的整模造型过程示意图。

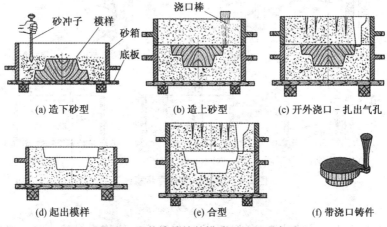

(a) 造下砂型   (b) 造上砂型   (c) 开外浇口-扎出气孔

(d) 起出模样   (e) 合型   (f) 带浇口铸件

图 2-7 压盖铸件的整模造型过程示意图

（2）分模造型

如果模样的最大截面不是处于模样的一端,则可以将模样从最大截面处分开,将两个半模分别放在上、下箱内进行造型,依靠销钉定位,这种造型方法称为分模造型。分模造型的分型面一般是一个平面。根据铸件形状,分型面也可为曲面、阶梯面等。显然,采用分模造型方法铸造回转体类铸件非常方便,其造型过程与整模造型基本相同。图 2-8 为套筒铸件分模造型过程示意图。

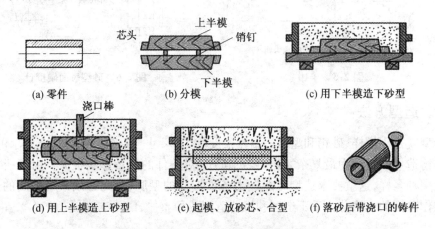

图2-8　套筒铸件分模造型过程示意图

（3）活块造型

如果模样上有妨碍起模的伸出部分(如小凸台),应将这部分做成可拆卸或能活动的活块。造型时先将模样的主体部分取出,如图 2-9e 所示,再将留在铸型内的活块从旁侧小心地取出,如图 2-9f 所示,这种造型方法称为活块造型。活块与模样主体部分间可采用钉子及燕尾榫连接,如图 2-9c 所示,造型时应注意先将活块四周的型砂塞紧,如图2-9d所示。显然,采用活块造型方法操作难度较大,生产率低。在单件小批量生产中,常用活块造型来铸造具有凸台、肋条类铸件。成批生产时可用外型芯取代活块,以提高生产效率。

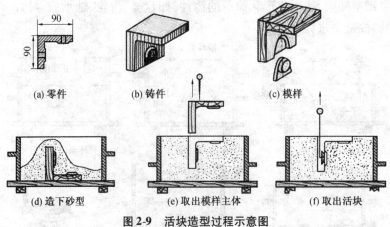

图2-9　活块造型过程示意图

（4）挖砂造型

需要对分型面进行挖修才能顺利取出模样的造型方法称为挖砂造型。如果零件外形轮廓的最大截面不在其顶端,而又必须采用整体模样造型时,则可考虑采用挖砂造型来制造砂型。挖砂造型的分型面应处于模样的最大截面处,且分型面多不是平面,挖砂时分型面的坡度应尽可能小,并应修抹平整光滑。手轮铸件的挖砂造型过程如图 2-10 所示。显然,挖砂造型对操作人员的技术水平要求较高,劳动强度大,生产率低;同时,因挖砂形成的曲面或阶梯分型面不易与模样的最大截面刚好相吻合,所以挖砂造型铸件精度也比较低。故只有在单件或小批量生产时,对于端面不平又不便分模的带轮、手轮等零件,才采用挖砂造型。

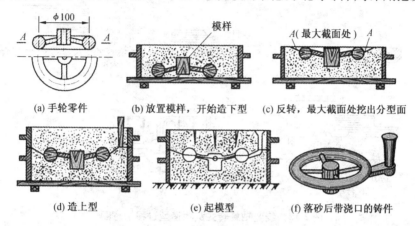

图 2-10 手轮铸件挖砂造型过程示意图

(5)假箱造型

在成批生产挖砂造型铸件时,为避免每型必挖,可采用假箱造型。假箱造型是利用预先制好的半个铸型(即假箱)代替铸造底板,省去挖砂工序的造型方法。手轮铸件的假箱造型过程如图 2-11 所示,不带浇口的上型为假箱,在上型假箱上承托模样,造铸型下型,然后在铸型下型上造铸型。假箱一般用强度较高的型砂制成,假箱的型砂春得很紧。假箱的分型面位置应准确,且表面光滑平整。假箱只参与造型,不用来组成铸型,也不参与浇注。

假箱造型可在同一假箱上型上制造多个铸件下型,避免了每型必挖,提高了生产效率,适用于形状复杂铸件的小批量生产。当生产数量更大时,可采用木材制成的成形底板(实质上也是假箱)来代替砂型假箱制作铸型,称为成形模板造型,这样在提高生产率的同时,还提高了铸件质量。

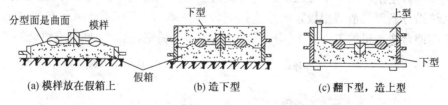

图 2-11 手轮铸件的假箱造型过程示意图

(6)刮板造型

当铸造尺寸较大的回转体或等截面形状的铸件时,可不用模样而采用特制刮板进行造型,这种造型方法称为刮板造型。刮板是一块与铸件截面形状相似的模板,刮板可分为绕竖轴旋转式和沿导轨往复移动式两类,其造型过程分别如图 2-12 和图 2-13 所示。

刮板造型前先安装刮板支架和刮板,刮板位置应用水平仪校正,以保证刮板轴与分型面相垂直。造型时将刮板绕着固定的刮板支架中心轴旋转,在砂型中分别刮制出所需型腔。

　　刮板造型模型简单,可节省制模材料和制模工时,但造型操作复杂,对造型工人的技术要求较高,生产率低,仅用于大、中型旋转体或等截面形状铸件的单件生产。

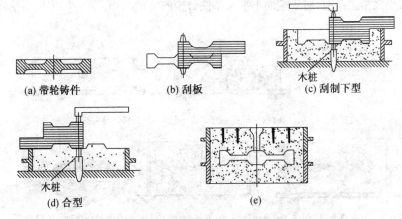

(a) 带轮铸件　　(b) 刮板　　木桩　(c) 刮制下型

木桩　(d) 合型　　(e)

图 2-12　绕竖轴旋转式刮板造型过程示意图

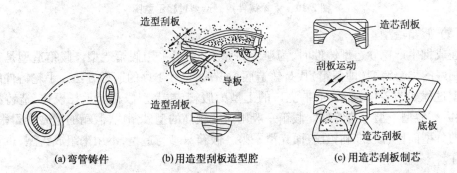

造型刮板　导板　造芯刮板　刮板运动　造型刮板　底板　造芯刮板

(a) 弯管铸件　　(b) 用造型刮板造型腔　　(c) 用造芯刮板制芯

图 2-13　沿导轨往复移动式刮板造型(芯)过程示意图

2. 机器造型

　　机器造型是将造型过程中的两道基本工序(紧砂和起模)全部或部分实现机械化,是现代化砂型铸造生产的基本方式。采用机器造型时必须使用模板造型,模板是指模样和浇注系统沿分型面与造型底板紧固地连接起来的整体,如图 2-14 所示。造型时上、下模板分别在两台造型机的工作台上,分别造出上、下半个铸型,然后合型组成整个铸型。

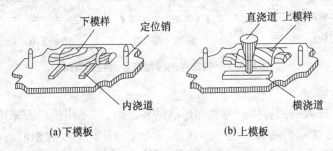

下模样　定位销　直浇道　上模样　内浇道　横浇道

(a) 下模板　　　　　(b) 上模板

图 2-14　机器造型用模板

与手工造型相比,机器造型可显著提高铸件质量和铸造生产率,改善工人的劳动条件。但是,机器造型用的设备和工装模具投资较大,生产准备周期较长,产品变化的适应性差,且机器造型只能实现两箱造型,难以生产大型铸件,不便于使用活块造型及带型芯的造型。因此,机器造型主要用于中、小铸件的成批大量生产。机器造型按紧实方式的不同,分为震压造型、压实造型、抛砂造型、射砂造型等。

(1) 震压造型

震压造型以空气压缩机为驱动力,通过撞击振动和压实的方法来实现紧砂的造型,如图 2-15 所示。该造型紧砂均匀,目前应用较多。

① 填砂(见图 2-15a)。将砂箱放在模板上,经输送带送来的型砂通过漏斗填满砂箱。

② 震实(见图 2-15b)。使压缩空气经震击活塞、压实活塞中的通道进入震击活塞的底部,顶起活塞、模板及砂箱。当活塞上升到出气孔位置,压缩空气就排入大气。震击活塞、模板、砂箱等因自重一起下落,并于压实活塞顶部发生撞击。然后,压缩空气再次进入震击活塞底部,如此循环,连续撞击震动,使砂箱下部型砂被震实。

③ 压实(见图 2-15c)。将压头转至砂箱上方。然后,使压缩空气通过进气孔进入压实汽缸的底部,顶起压实活塞及其以上部分,在压头压板的压力作用下,型砂上部被进一步压实。压实末了,排出压实汽缸底部的气体,压实活塞退回原位,压头转到一边。

④ 起模(见图 2-15d)。将压缩空气通过进气孔进入汽缸底部,推动活塞及顶杆上升,使砂箱被顶起而脱离模板,从而实现起模。

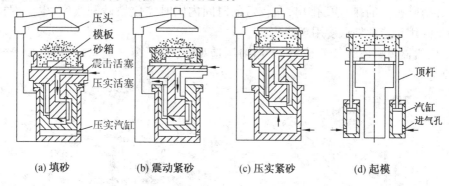

(a) 填砂　　　　(b) 震动紧砂　　　(c) 压实紧砂　　　(d) 起模

图 2-15　震压造型方法

(2) 压实造型

利用压头的压力将砂箱内型砂紧实的造型方法称为压实造型,如图 2-16 所示。造型时,将型砂填入砂箱及辅助框内,然后压头向下将型砂紧实,辅助框是用来补偿紧实过程中型砂被压缩的高度。压实造型的优点是噪声低、占地面积小、生产效率高,其缺点是沿高度方向的紧实度不够均匀,一般越接近底板,紧实度越差。因此,压实造型适用于砂型高度不大的中、小型铸件的批量生产。压实造型的压头有平压头、弹性压头和多触点压头等,可根据需要增大压头的压力,当压力达到 70 ~ 150 MPa 时,称为高压造型,图 2-16 为多触头高压造型原理示意图。

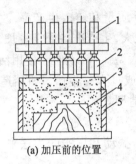
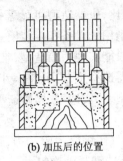

(a) 加压前的位置　　　　　　　　(b) 加压后的位置

1—液压缸；2—触头；3—辅助框；4—模样；5—砂箱

图 2-16　多触头高压造型原理示意图

（3）抛砂造型

利用高速旋转的抛砂装置将型砂团逐个抛入砂箱而实现造型的方法，称为抛砂造型。如图 2-17 所示，抛砂机的转子上装有叶片，型砂由皮带输送机连续地送入，高速旋转的叶片将接住的型砂分成一个个砂团，当砂团随叶片转到抛砂机出口处时，在离心力的作用下，以高速抛入砂箱，同时完成填砂和紧实。抛砂造型铸型紧实均匀，且抛砂机头可以沿水平运动，适用于大型铸件的生产。

（4）射砂造型

利用压缩空气将型砂高速射入砂箱而进行紧实的造型方法，称为射砂造型。如图 2-18 所示，由储气筒中迅速进入到射腔的压缩空气，将型砂由射砂孔射入芯盒的空腔中，而压缩空气经射砂板上的排气孔排出，在较短的时间内同时完成填砂和紧实，生产率极高。射砂造型除用于造型外还多用于造芯。

此外，机器造型还有气冲造型、无箱射压造型、薄壳压模式造型、负压造型、冷冻造型、磁型造型等。

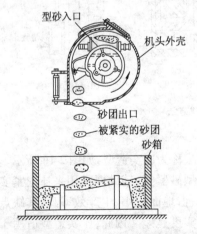

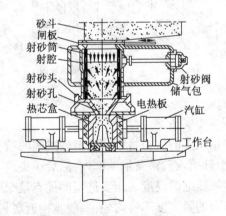

图 2-17　抛砂造型原理示意图　　　　**图 2-18　射砂造型原理示意图**

（5）机器起模

机器起模也是铸造机械化生产的一道工序。机器起模比手工起模平稳，能降低工人的劳动强度。机器起模有顶箱起模和翻转起模两种。

① 顶箱起模。如图 2-19 所示，起模时利用液压或油气压，用四根顶杆顶住砂箱四

角,使之垂直上升,固定在工作台上的模板不动,砂箱与模板逐渐分离,实现起模。

　　② 翻转起模。如图 2-20 所示,起模时用翻台将型砂和模板一起翻转 180°,然后用接箱台将砂型接住,固定在翻台上的模板不动,接着下降接箱台使砂箱下移,完成起模。

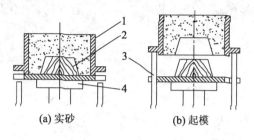

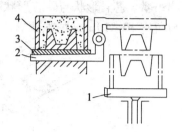

(a) 实砂　　　　　　(b) 起模

1—砂箱;2—模板;3—顶杆;4—造型机工作台

图 2-19　顶箱起模

1—接箱台;2—翻台;3—模板;4—砂箱

图 2-20　翻转起模

2.1.7　制芯方法

　　芯子主要用来形成铸件的内腔,为了简化某些复杂铸件的造型工艺,也可以部分或全部用芯子形成铸件的外形。浇注过程中和浇注后型芯被高温熔融金属包围,因此芯砂应有更好的强度、透气性和耐火度。同时型芯还不应阻碍铸件凝固冷却时的收缩以及易于从铸件内部除去,所以芯砂还应有更好的退让性和溃散性。型芯的这些要求主要靠配制合格的芯砂和正确的造芯工艺来保证。从芯砂配制而言,一般黏土芯子中应多加新砂(或全部用新砂),可以用加入锯木屑等方法增加其退让性。形状复杂的细薄型芯(如内燃机汽缸盖砂芯、缸体、缸盖中的水套砂芯,各种阀体的油道砂芯)则常用油砂或树脂砂制作,使之有更好的强度和溃散性。

　　1. 制芯工艺

　　为获得铸件的内腔或局部外形,用芯砂或其他材料制成且安放在型腔内部的铸型组元称为芯(芯子)。绝大部分的芯是用芯砂制成的,又称砂芯。

　　根据芯子的尺寸、形状、生产批量以及技术要求的不同,制芯方法也不同。通常有手工造芯和机器造芯两大类。根据结构的不同,芯盒又可分为 3 种:① 整体式芯盒,用于形状简单的中、小砂芯;② 对开式芯盒,用于圆形截面的较复杂的砂芯,如图 2-21 所示;③ 组合式芯盒,用于形状复杂的中、大型砂芯。对于内径大于 200 mm 的弯管砂芯,可用刮板制芯。

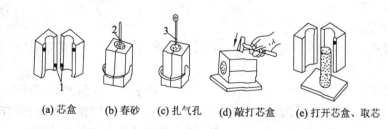

(a) 芯盒　　(b) 春砂　　(c) 扎气孔　　(d) 敲打芯盒　　(e) 打开芯盒、取芯

1—定位销和定位孔;2—芯骨;3—通气孔

图 2-21　对开式芯盒制芯

为了保证芯子的尺寸精度、形状精度、强度、透气性和装配性,制芯时应根据芯子的

尺寸大小、复杂程度及装配方案采取以下措施：

①　放芯骨。如图2-22所示，芯骨的作用是增加型芯的强度和刚度。小砂芯的芯骨可用铁丝、铁钉制作，中、大型砂芯一般采用灰铸铁制作芯骨。为便于吊运砂芯，芯骨上应做出吊攀。芯骨形状与砂芯形状相适应，其尾端应伸入芯头。为避免阻碍铸件收缩，芯骨应留有30～70 mm的吃砂量。

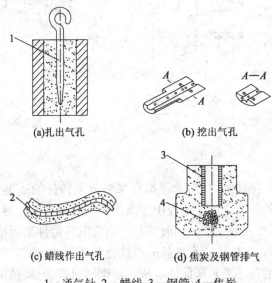

(a)扎出气孔　　　　　　　　(b) 挖出气孔

(c) 蜡线作出气孔　　　　(d) 焦炭及钢管排气

1—通气针；2—蜡线；3—钢管；4—焦炭

图 2-22　芯骨

②　开排气道。砂芯中必须做出连贯的排气道，通过型芯头端面与砂型型芯座底面的出气孔相通。较大的砂芯内部常放入焦炭或炉渣块，同时用钢管或挖出较粗的排气道直至芯头端面。弯曲砂芯和形状复杂的薄砂芯，制芯时可埋入蜡线，砂芯烘干，蜡线熔化后得到弯曲的排气道。

③　上涂料。金属液接触的砂芯表面可以刷涂料，提高耐火度，防止黏砂，提高铸件内腔表面质量。铸铁件多用石墨涂料，铸钢件则用锆砂、刚玉粉涂料。

④　烘干。为了提高型芯的强度与透气性，减少浇注时的发气量，可将型芯烘干。一般黏土砂芯烘干温度可到350 ℃左右，油砂芯烘干温度为200～220 ℃，保温后缓冷。单件小批且形状简单或回转体砂芯可用刮板制芯，用刮板刮出两半砂芯后，用铁丝捆紧，修光接合面即成整芯。

2. 砂芯固定与定位

砂芯一般靠芯头来固定和定位。芯头必须有足够的尺寸和合适的形状，以使砂芯能牢固固定，避免浇注凝固时砂芯产生漂浮、偏斜和绕芯头轴转动。

根据砂芯在砂型中的安放位置，可分为垂直芯头和水平芯头两大类，如图2-23所示。单靠芯头不能使芯固定时，可用螺栓钩、铁钉或芯撑来固定。搁在下箱中，操作很方便。对于只有一个水平芯头的悬臂砂芯，可以采用联合砂芯或加大加长芯头使之稳固。对于单靠芯头还难以稳固的砂芯，生产中常用芯撑起辅助支承作用。

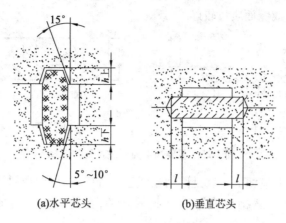

(a)水平芯头　　　　　　　(b)垂直芯头

图 2-23　芯头的类型

浇注时芯撑可能与铸件熔合不良,所以对水箱、油箱、阀体等铸件应尽量不用芯撑,以免引起渗漏。对于形状不对称、要求定位准确(不允许沿芯头方向移动或绕芯头轴线转动)的砂芯,可以采用定位芯头,图 2-24 为芯头定位。

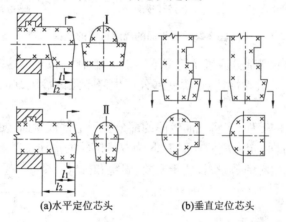

(a)水平定位芯头　　　　　　　(b)垂直定位芯头

图 2-24　芯头定位

机器制芯与机器造型原理相同,也有振实式、微振压实式和射芯式等多种方法。机器制芯生产率高,芯型紧实度均匀,质量好,但安放龙骨、取出活块或开气道等工序有时仍需手工完成。

2.1.8　砂型铸造工艺方案的选择

在砂型铸造生产中,一般根据产品的结构、技术要求、生产批量、材质及生产条件等制定铸造工艺。

1. 浇注位置的选择

浇注位置是指铸件浇注时所处的位置。一般从保证铸件的质量出发来确定浇注位置,铸件浇注位置要符合铸件的凝固方式,保证铸件充型。浇注位置选择的正确与否对质量影响很大,选择时应考虑以下 5 个原则:

① 铸件的重要加工面应朝下或位于侧面,如图 2-25 所示。这是因为铸件上部凝固的速度慢,晶粒粗大,且金属液体中的砂子、气泡、渣滓等总是浮在上面,易在铸件上部形

成缺陷,而铸件下部或侧面质量较好。

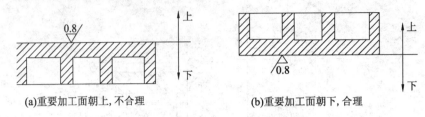

(a)重要加工面朝上,不合理　　　　(b)重要加工面朝下,合理

图 2-25　重要加工面浇注位置的选择

② 铸件宽大平面应朝下。这是因为在浇注过程中,熔融金属对型腔上表面的强烈辐射,容易使上表面型砂急剧地膨胀而拱起或开裂,在铸件表面造成夹砂结疤缺陷,如图 2-26所示。

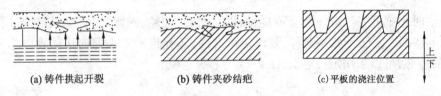

(a) 铸件拱起开裂　　　　(b) 铸件夹砂结疤　　　　(c) 平板的浇注位置

图 2-26　大平面的浇注位置的选择

③ 面积较大的薄壁部分应置于铸型下部或垂直、倾斜位置。这能增加薄壁处金属液的压强,提高金属液的流动性,防止薄壁部分产生浇不足或冷隔缺陷。图 2-27 为电动机端盖的浇注位置。

④ 易形成缩孔的铸件,应将截面较厚的部分置于上部或侧面,便于安放冒口,使铸件自下而上(朝冒口方向)定向凝固。图 2-28 为双排链轮的浇注位置。

⑤ 应尽量减小型芯的数量,且便于安放、固定和排气。

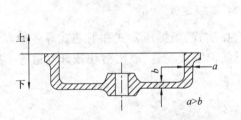

图 2-27　电动机端盖的浇注位置

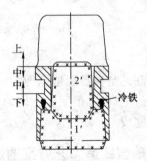

图 2-28　双排链轮的浇注位置

2. 铸型分型面的选择

分型面为铸型之间的结合面。分型面选择是否合理对铸件的质量影响很大;选择不当还将使制模、造型、合型、甚至切削加工等工序复杂化。分型面的选择应在保证铸件质量的前提下,使造型工艺尽量简化。分型面选择应考虑以下原则:

① 为了便于起模,分型面应选在铸件的最大截面处。如图 2-29a 所示的带斜边的法兰零件,若以最大截面 F_1—F_1 为分型面,显然非常容易起模,如图 2-29b 所示;若以 F_2—F_2 为分型面,则无法起模,如图 2-29c 所示。

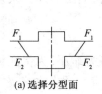  

(a) 选择分型面 (b) 以最大截面为分型面 (c) 以最小截面为分型面

图2-29 分型面选在最大截面处

② 尽量减少分型面数量,以简化工艺,保证铸件质量。分型面多,砂箱的数量就多,造型工艺复杂,造型时间长,劳动强度大,生产效率低,并且发生错型和抬箱可能性增大,铸件质量不易保证。分型面数量少既能保证铸件精度,又能简化造型操作。分型面多也不适宜采用机器造型。

图2-30为三通铸件的分型面选择。采用图2-30c所示的分型面,则可减少分型面的数目,从而简化铸造工艺,提高铸件质量。

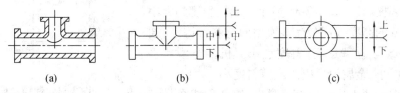

(a)   (b)   (c)

图2-30 三通铸件分型面的选择

③ 分型面应尽量选择平面,并且尽量采用水平分型面,以简化模具制造及造型工艺,避免挖砂,容易保证铸件质量。

④ 分型面的选择应尽量减少型芯和活块的数量,以简化制模、造型、合型工序。

⑤ 应使铸件全部或大部放在同一砂型,否则错型时易造成尺寸偏差。

⑥ 应尽量将铸件重要加工面或大部分加工面、加工基准面放在同一个砂箱中,以避免产生错箱、披缝和毛刺,降低铸件精度和增加清理工作量。

⑦ 应尽量使型腔和主要型芯位于下箱,以便于下芯、合型和检查型腔尺寸。

3. 主要工艺参数的确定

(1)铸件尺寸公差

铸件尺寸公差取决于铸件设计要求的精度、机械加工要求、铸件大小和其批量、采用的铸造合金种类、铸造设备及工装、铸造工艺方法等。铸件尺寸公差(CT)等级分为16级,各级公差数值见GB 6414—86。

(2)铸件质量公差

铸件质量公差是以占铸件公称质量的百分比为单位的铸件质量变动的允许范围。它取决于铸件公称质量(包括机械加工余量和其他工艺余量)、生产批量、采用的铸造合金种类及铸造工艺方法等因素。铸件质量公差(MT)分为16级,各级公差数值见GB/T 11351—89。

(3)铸件机械加工余量

铸件需要加工的表面都要留加工余量。加工余量数值根据选择的铸造方法、合金种类、生产批量和铸件基本尺寸大小来确定,其等级由精到粗分为A,B,C,D,E,F,G,H和J

共9个等级,与铸件尺寸公差配套使用。铸件顶面需比底面、侧面的加工余量等级降级选用。铸件机械加工余量数值见 GB/T 11350—89。

(4)铸造收缩率

由于合金的线收缩,铸件冷却后的尺寸将比型腔尺寸略为缩小,为保证铸件的应有尺寸,模型尺寸须比铸件放大一个该合金的收缩量,称为收缩余量或收缩率。其放大数值主要根据合金的收缩率来确定。

在铸件冷却过程中,其线收缩不仅受到铸型和型芯的机械阻碍,同时还存在铸件各部分之间的相互制约。因此铸件的线收缩率除了与合金种类,还与铸件形状、尺寸有关。通常灰铸铁的收缩率为0.8%~1.0%;铸造碳钢的收缩率为1.3%~2.0%;铸造铝硅合金的收缩率为0.8%~1.2%;锡青铜的收缩率为1.2%~1.4%。

(5)起模斜度

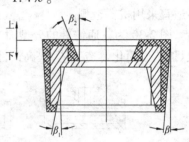

图 2-31 起模斜度

为了使模型或型芯易于从铸型或芯盒中取出,凡垂直于分型面的立壁,制造模型时必须留出一定的倾斜度称为起模斜度,如图 2-31 所示。起模斜度的大小取决于立壁的高度、造型方法、模型的材料等因素,通常为15′~3°。立壁愈高,斜度愈小。机器造型比手工造型斜度小,金属模型应比木模斜度小。

为使型砂便于从模型内腔脱出,以便形成自带型芯,铸孔内壁的起模斜度应比外壁大,通常为3°~10°。

(6)最小铸出孔(不铸孔)和槽

铸件中较大的孔、槽应当铸出,以减少切削量和热节,提高铸件力学性能。较小的孔和槽不必铸出,留待以后加工更为经济。铸件最小铸出孔尺寸见表2-2。

表 2-2　铸件最小铸出孔尺寸

批　量	尺寸/mm
单件小批	30~50
中等批量	15~30
大批生产	12~15

2.1.9　浇注系统

浇注系统是铸型中引导金属液进入型腔的通道。

1. 浇注系统的组成

浇注系统一般由外浇口、直浇道、横浇道和内浇道4部分组成,如图2-32所示。

(1)外浇口

用于承接浇注的金属液,起防止金属液的飞溅和溢出、减缓对型腔的冲击、分离渣滓和气泡、阻止杂质进入型腔的作用。外浇口分漏斗形(浇口杯)和盆形(浇口盆)两大类。

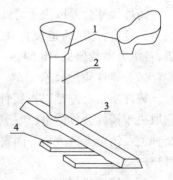

1—外浇口;2—直浇道;
3—横浇道;4—内浇道
图 2-32　浇注系统的组成

（2）直浇道

直浇道的功能是从外浇口引导金属液进入横浇道、内浇道或直接导入型腔。直浇道有一定的高度，使金属液在重力的作用下克服各种流动阻力，在规定时间内完成充型。直浇道常做成上大下小的锥形、等截面的柱形或上小下大的倒锥形。

（3）横浇道

横浇道是将直浇道的金属液引入内浇道的水平通道。它的作用是将直浇道金属液压力转化为水平速度，减轻对直浇道底部铸型的冲刷，控制内浇道的流量分布，阻止渣滓进入型腔。

（4）内浇道

内浇道与型腔相连，其功能是控制金属液充型速度和方向，分配金属液，调节铸件的冷却速度，对铸件起一定的补缩作用。

2. 浇注系统的类型

浇注系统的类型按内浇道在铸件上的相对位置，分为顶注式、中注式、底注式和阶梯注入式 4 种类型，如图 2-33 所示。

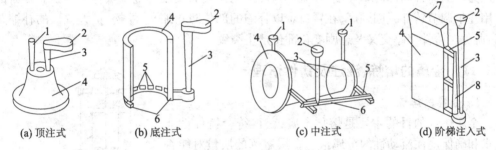

(a) 顶注式　　(b) 底注式　　(c) 中注式　　(d) 阶梯注入式

1—出气口；2—浇口杯；3—直浇道；4—铸件；5—内浇道；6—横浇道；7—冒口；8—分配直浇道

图 2-33　浇注系统的类型

2.1.10　冒口和冷铁

为了实现铸件在浇注、凝固过程中能正常充型和冷却收缩，铸型设计中经常应用冒口和冷铁。

1. 冒口

铸件浇铸后，金属液在冷凝过程中会发生体积收缩，为防止由此而产生的铸件缩孔、缩松等缺陷，常在铸型中设置冒口，即人为设置用以存储金属液的空腔，用于补偿铸件形成过程中可能产生的收缩，并为控制凝固顺序创造条件，同时冒口也有排气、集渣、引导充型的作用。

冒口形状有圆柱形、球顶圆柱形、长圆柱形、方形和球形等多种。若冒口设在铸件顶部，使铸型通过冒口与大气相通，称为明冒口；冒口设在铸件内部则为暗冒口，如图 2-34所示。

冒口一般应设在铸件壁厚交叉部位的上方或旁侧，并尽量在铸件最高、最厚的部位，其体积应能保证所提供的补缩液量不小于铸件的冷凝收缩和型腔扩大量之和。

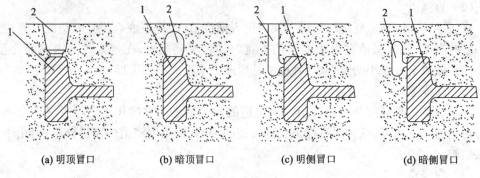

(a) 明顶冒口　　　(b) 暗顶冒口　　　(c) 明侧冒口　　　(d) 暗侧冒口

1—铸件；2—冒口

图 2-34　冒口

应当说明的是，在浇铸冷凝后，冒口金属与铸件相连，清理铸件时应除去冒口将其回炉。

2. 冷铁

为增加铸件局部冷却速度，在型腔内部及工作表面安放的金属块称为冷铁。冷铁的作用在于调节铸件凝固顺序，在冒口难以补缩的部位防止缩孔、缩松，扩大冒口的补缩距离，避免在铸件壁厚交叉及急剧变化部位产生裂纹。

2.1.11　金属的熔炼、浇注及铸件清理

1. 金属的熔炼

金属熔炼的目的主要是熔化金属，获得符合铸件性能要求和确保浇注流动性的金属液。金属熔炼的质量对能否获得优质铸件有直接影响，熔炼时应尽量减少金属液中的气体和夹杂物，提高熔炼设备的熔化率，降低燃料消耗，减少对环境的污染，以达到最佳的技术、经济和环保指标。

（1）铸铁的熔炼

熔炼铸铁的设备有冲天炉、电弧炉、感应炉等，其中冲天炉由于污染严重，在中、小型铸件熔炼时由电弧炉、感应炉代替。

冲天炉的结构如图 2-35 所示。炉壳由钢板焊成，内砌耐火砖炉衬，上部有加料口，下部有环形风带。从鼓风机鼓出的空气经风带、风口进入炉内。炉缸底部与前炉相通。前炉下部是出铁口，侧面上方有出渣口。

冲天炉熔炼用的炉料包括金属料、燃料和熔剂。

金属料主要是高炉生铁、回炉铁、废钢和铁合金等。其中废钢的作用是降低铁水的含碳量，提高铸铁的力学性能；铁合金用来调整铁水的化学成分，如硅、锰、铬等元素的含量。

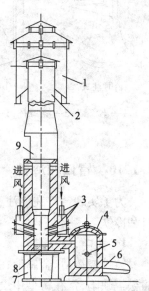

1—除尘器；2—烟囱；3—送风系统；4—前炉；5—出渣口；6—出铁口；7—支柱；8—炉底板；9—加料口

图 2-35　冲天炉结构

冲天炉的燃料为焦炭。焦炭要求灰分少，发热值高，硫磷含量低，并有一定块度要求。每批炉料中金属料与焦炭的质量之比称为铁焦比。铁焦比反映冲天炉的熔炼效率，

一般冲天炉的铁焦比为 8∶1～12∶1，即消耗 1 t 焦炭可熔炼 8～12 t 铁水。

熔剂主要采用石灰石（$CaCO_3$）和萤石（CaF_2）。它们在熔炼过程中与铁水中的有害成分反应，产生熔点低、比重小、易流动的溶渣，便于和铁水分离。

冲天炉是间歇工作的。每次开炉前需补耐火炉衬，填砌炉底和烘干预热。熔炼时先用木炭引火，然后加入底焦直到第一排风口以上 0.5～1.5 m 高度。当底焦烧旺后，按金属料、焦炭、熔剂的次序加入炉料，反复按序加料至加料口后进行鼓风，随着炉料的下降，应不断加入新的炉料。鼓风 5～10 min 后，金属料在熔化区开始熔化，熔化区的温度约 1 200 ℃。金属液滴沿赤热的焦炭间隙下落，在下落的过程中铁液被进一步加热，直到落入炉缸，此时温度可达 1 600 ℃，然后流入前炉中。金属液在前炉不断聚集，液面达到出渣口高度后，从出渣口出渣，然后从出铁口出铁，对铸型进行集中浇注，出铁温度 1 350～1 450 ℃。熔炼结束前先停止加料，后停止鼓风，出完铁液，打开炉底门，对落下的炉料喷水浇灭，整个熔炼结束。一般每次连续熔炼时间为 4～8 h。

冲天炉熔炼的铸铁具有良好的铸造性能，操作方便，熔化率高，成本低，应用较广泛。其缺点是炉况不稳定，铁水化学成分波动大，热效率低，污染较大。目前感应电炉和电弧炉应用的比例逐步增加。

对于质量要求高的铸铁件，应选用感应电炉熔化。电炉熔化的铁水出炉温度高、便于铁水成分控制和炉前处理，被广泛应用于生产球墨铸铁和合金铸铁。

电炉熔化虽然铁水出炉温度高、便于铁水成分控制和炉前处理，但耗电量大，需要大量冷却水，铸件成本高，生产率低。因此，生产球墨铸铁和合金铸铁时往往采用冲天炉与电炉双联熔化，即利用冲天炉熔化铁水，再通过感应电炉提高铁水温度和调整铁水成分，以达到既保证铁水温度、铁水成分，又提高生产率和降低铸件成本的目的。

（2）钢的熔炼

铸钢的熔点比较高（大于 1 400 ℃），流动性差，收缩也大，易产生偏析，高温液态时易氧化和吸气，故铸钢的铸造性能比铸铁差。但铸钢的力学性能比铸铁好，一般用来制造对强度、塑性、韧性有较高要求的、形状复杂的铸件。

铸钢的熔炼设备常用的有感应电炉、电弧炉等。电弧炉多用于批量较大的铸造生产，利用电弧放电产生高温熔化钢料。以上两种电炉熔炼的共同特点是：加热快速、操作方便、较易准确地控制钢的合金成分，利于生产优质的钢铸件。

电弧炉主要由炉体、炉盖、装料机构、电极升降机构、倾炉机构、炉盖旋转机构、电气装置和水冷装置构成。

炉体是用钢板制成外壳，内部用耐火材料砌筑而成。酸性电弧炉的炉体内部是用硅砖砌筑，硅砖的内表面用水玻璃硅砂打结炉衬。碱性电弧炉的炉体内部是用黏土砖和镁砖砌筑，镁砖的内表面用卤水镁砂打结炉衬。砌好的碱性电炉炉体的剖面如图 2-36 所示。

炉盖是用钢板制成炉盖圈（空心的，内部通水冷却），圈内砌耐火砖。酸性炉一般用硅砖砌筑炉盖；碱性炉一般是用高铝砖砌筑炉盖。

机械化装料是将配好的全部炉料，先用电磁吊车装入开底式加料罐内，在加料时先将炉盖升起并旋转，露出炉腔，用吊车将加料罐吊到炉体内，打开料罐底，将炉料卸在炉中。

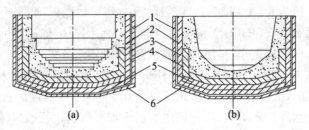

1—炉壳盖板;2—石棉板;3—后侧砌镁砖;
4—后直砌镁砖;5—后平砌黏土砖;6—打结镁砖

图 2-36　碱性电炉炉体剖面

在炼钢过程中使用电极升降机构使电极能灵敏频繁地上下运动,以便随时调节通电板的电流,达到稳定电弧的目的。电极的升降是靠自动控制实现的,由自动电器系统操纵液压阀来驱动,从而使电极做向上或向下运动。

感应电炉的基本原理如图 2-37 所示,金属炉料置于坩埚中,坩埚外面绕有通水冷却的感应线圈,当感应线圈通过交变电流时,在感应线圈周围就产生交变磁场,交变磁场使金属炉料中产生感应电动热并引起涡流使金属炉料加热和熔化。

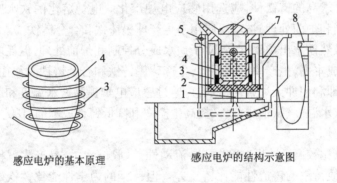

感应电炉的基本原理　　　　感应电炉的结构示意图

1—液压倾倒装置;2—隔热砖;3—线圈;4—坩埚;
5—转动轴;6—炉盖;7—作业板;8—水电引入系统

图 2-37　感应电炉的原理和结构示意图

钢料加热熔化在经过炉前理化检验确定钢的成分符合要求后,去气除渣,出钢浇注。

(3)有色金属的熔炼

铸造有色金属主要有铸造铜合金、铝合金、镁合金、锌合金、钛合金等。有色金属的熔点低,其常用的熔化用炉有坩埚炉和反射炉两类,用电、油、煤气或焦炭等作为燃料。中、小工厂普遍采用坩埚炉熔化,如电阻坩埚炉、焦炭坩埚炉等,生产大型铸件时一般使用反射炉熔化,如重油反射炉、煤气反射炉等。

图 2-38 为电阻坩埚炉结构示意图,它是通过电阻元件通电进行加热,金属料在坩埚内受热熔化。电阻坩埚炉的优点是炉气为中性,炉温容易控制,操作简便,劳动条件好。其缺点是熔炼时间长、生产率较低,能耗大等。

图 2-39 为焦炭坩埚炉结构示意图,它是通过焦炭的燃烧进行加热,金属料在坩埚内受热熔化。金属坩埚多用铸铁或铸钢制成,小型坩埚也可用耐热不锈钢制成。

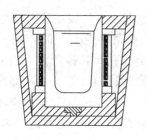
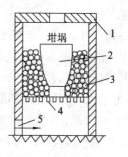

1—炉盖；2—坩埚；3—焦炭；4—炉箅；5—进气口

图 2-38　电阻坩埚炉结构示意图　　　图 2-39　焦炭坩埚炉结构示意图

① 铸铝的熔炼。铸铝合金的熔点低，为 550～630 ℃，可采用金属坩埚进行加热。铸铝的流动性好，可浇注各种形状复杂和壁薄的铸件。但铝液在空气中易氧化和吸气，氧化形成的 Al_2O_3 的密度与铝液相近，易混入合金铝液内在铸件中形成夹渣，高温铝液溶入的气体（特别是氢气）常在铸件中形成气孔。因此，在合金熔化后须及时进行造渣，在出铝前进行除气精炼。

a. 造渣。当铝料熔化后，向坩埚内加入 KCl 和 NaCl 等熔剂（KCl 和 NaCl 各 50%），以溶解和吸附铝液中的氧化物，形成熔渣漂浮在铝液表面，以隔绝炉气对铝液的作用。

b. 除气精炼。当熔融铝液加热至浇注温度时（约 650 ℃），向铝液中加入 $ZnCl_2$ 等精炼剂。精炼剂与铝液中的氢气发生反应，此时铝液呈沸腾状，气体被排出。

另外，在每次熔炼前必须对金属料、坩埚、所用工具进行清理和预热烘干，以减少夹渣和发气量。加热时为减少元素烧损，应尽量进行快速熔化。装料后应将易烧损的合金（如 Mg，Zn 等）后加入。精炼时加入 NaF，NaCl 等盐类混合物进行变质处理，细化晶粒，提高铝铸件材料的力学性能。出铝前除气要充分，尽量去除铝液表面熔渣和夹杂物质，确保得到纯净优质的合金铝液。停炉时倒出剩余金属液，趁热将坩埚、工具等清理干净，以便下次熔炼时使用。

② 铜合金的熔炼。铜合金的熔点比铸铝高，一般用石墨坩埚进行熔炼。铜在高温液态时极易氧化，形成溶于铜的 Cu_2O，使合金力学性能下降。熔炼青铜时，常用熔剂（如玻璃、硼砂等）覆盖铜液表面，以防氧化，出炉前加 0.3%～0.6% 的磷铜脱氧。黄铜（铜锌合金）所含的锌元素是良好的脱氧剂，熔炼时形成氧化锌覆盖在铜液表面，隔绝了空气的氧化，同时也能抑制锌的挥发，故一般不需要另加熔剂和脱氧剂。

2. 浇注

将熔融金属浇入铸型的过程称为浇注。浇注是铸造生产的一个重要环节，如果操作不当，会使铸件产生浇不足、冷隔、缩孔、气孔、夹渣等缺陷，甚至会发生炸包等较严重的安全事故。

（1）浇注工具

浇包是浇注时用来盛接、搬运、浇注金属液的基本工具。浇注温度不同的金属用不同的浇包进行浇注，不同大小和批量的铸件，使用不同容量、不同浇注方式的浇包。浇注较高熔点金属的浇包须内衬耐火材料。大、中型铸件或大批量生产多使用容量大的吊包进行浇注。浇注时还要使用一些勾、挡等工具，浇包和工具在浇注前都应进行清理、修整、预热、烘干。

（2）浇注工艺

浇注工艺是指浇注时必须把握的技术参数和措施，主要是指浇注温度和浇注速度。

① 浇注温度。它能保证金属液满足各项性能要求，顺利完成浇注。浇注温度过高，金属液中溶解的气体较多，对砂型的热作用大，使铸件产生气孔和黏砂严重等缺陷。同时，金属凝固时缩量大，造成缩孔和缩松，金属晶粒粗大，铸件材料性能恶化。浇注温度过低，金属液的流动性差，易产生冷隔、浇不足、气孔等缺陷。常用铸造合金的浇注温度见表2-3，一般形状复杂的壁薄铸件浇注温度略高一些，以保证金属液良好的充型能力。

表 2-3　常用铸造合金的浇注温度

合金种类	铸件形状	浇注温度/℃
灰口铸铁	小型、复杂	1 360 ~ 1 390
	中型	1 320 ~ 1 350
	大型	1 260 ~ 1 320
碳钢		1520 ~ 1600
铸铝合金		650 ~ 750

② 浇注速度。单位时间浇入铸型的液态金属量称为浇注速度。浇注速度是浇注操作的重要参数。应根据铸件的形状大小、金属液的流动特点以及浇注系统的形式，采用适当的浇注速度，不间断地连续浇注。浇注速度过快，金属液对铸型的冲击力大，型腔中的气体来不及逸出，造成砂型毁损、偏芯、气孔等，甚至产生假充满现象。浇注速度太慢，易产生夹砂、冷隔、浇不足等缺陷。一般薄壁铸件要用较快的浇注速度，厚壁铸件可按"慢—快—慢"的原则控制。

3. 落砂与清理

（1）落砂

将铸件与型砂、砂箱分开的操作称为落砂。铸件在砂型中冷却至一定温度（小于400 ℃）以后方可进行落砂。落砂过早，易造成铸件变形，表面氧化，内部组织冷却过快形成白口，甚至开裂。落砂过迟，铸件收缩受阻增大，产生变形和裂纹，铸件冷速过慢而内部组织晶粒粗大，同时还会延误后续生产。故应根据合金种类、铸件形状和体积大小合理掌握落砂时机，保证铸件质量。

大批量生产时常采用振动、抛丸、高压水力、水爆等机械落砂方法进行落砂，以节省人力，提高生产效率。

（2）清理

落砂后从铸件上清除表面黏砂、多余金属（包括浇注系统、冒口、飞翅和氧化皮）的过程称为清理。

手工清理常用一些手工工具，如锤、锯、锉、錾、手提砂轮机等进行清理操作。铸铁件较脆，可用锤击清除浇冒口，但应注意锤击方向。铸钢件强度高、韧性好，一般用氧气切割去除浇冒口。有色金属较软，多用锯、锉、錾等方法去除浇冒口和飞边。

大批量生产时，可用清理滚筒、喷砂、抛丸、浸渍等方法，清理铸件表面氧化、黏砂、毛刺等，顽固残迹用手提砂轮、风铲等去除干净。

清理工作结束后要对铸件进行修补。砂型铸造由于种种原因会产生一些缺陷,只要缺陷不影响铸件主要结构和性能都应进行修补。修补通常是将缺陷部分铲磨干净后进行补焊、修整。变形的铸件应进行矫正并及时进行去应力退火。铸件清理完毕后还要进行退火等热处理或进行自然时效,以使铸件材料满足性能要求。

2.1.12　特种铸造

随着生产和科学技术的发展,人们对铸件提出了更高的要求,同时也逐渐出现了各种有别于砂型铸造的新型铸造方法,统称为"特种铸造"。各种特种铸造方法或在模样材料,或在铸型材料,或在合金液充型性及铸件凝固条件方面有独特特点,但也各有其局限性。下面介绍几种常见的特种铸造方法。

1. 熔模铸造

在易熔模样的表面包覆多层耐火材料,然后将模样熔去,制成无分型面的型壳,经焙烧、浇注而获得铸件的方法称为熔模铸造。熔模铸造的工艺过程如下。

(1)制造压型

压型如图 2-40a 所示,是制造熔模的模具。压型尺寸精度和表面质量要求高,它决定了熔模和铸件的质量。批量大、精度高的铸件所用压型常用钢或铝合金加工制成,小批量生产可用易熔合金。

(2)制造熔模

熔模材料主要有蜡基模料和松香基模料,后者用于生产高精度铸件。生产中常把由 50% 石蜡和 50% 硬脂酸配成的糊状蜡基模料压入压型,如图 2-40b 所示,待其冷凝后取出,然后将多个熔模焊在蜡制的浇注系统上制成熔模组,如图 2-40c 所示。

(3)制造型壳

在熔模组表面浸涂一层石英粉水玻璃涂料,然后撒一层细石英砂并浸入氯化铵溶液中硬化。重复挂涂料、撒砂、硬化 4 ~ 8 次,便制成 5 ~ 10 mm 厚的型壳。型壳内面层撒砂粒度细小,外表层(加固层)粒度粗大。制得的型壳如图 2-40d 所示。

(4)脱模、焙烧

通常脱模是把型壳浇口向上浸在 80 ~ 90 ℃的热水中,模料熔化后从浇注系统溢出。焙烧是把脱模后的型壳在 800 ~ 950 ℃焙烧,保温 0.5 ~ 2 h,以去除型壳内的残蜡和水分,并提高型壳强度。

(5)浇注、清理

型壳焙烧后可趁热浇注,如图 2-40e 所示。去掉型壳,清理型砂、毛刺便得所需铸件,如图 2-40f 所示。

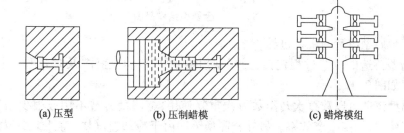

(a) 压型　　　　　(b) 压制蜡模　　　　　(c) 蜡熔模组

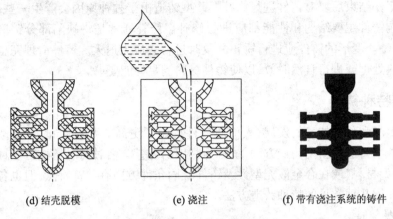

(d) 结壳脱模　　　　　　　(e) 浇注　　　　　　　(f) 带有浇注系统的铸件

图 2-40　熔模铸造工艺过程

　　熔模铸造的特点是铸件精度高,熔模铸造的特点是铸件尺寸精度高,能铸造外形复杂的零件,铝、镁、铜、钛、铁、钢等合金都能用此方法铸造,已在航空航天、兵器、船舶、机械制造、家用电器、仪器仪表等行业都有应用。产品如铸铝热交换器、不锈钢叶轮、铸镁金属壳体等。

　　熔模铸造适用于制造形状复杂、难以加工的高熔点合金及有特殊要求的精密铸件。目前,主要用于汽轮机叶片、燃气轮机叶片、切削刀具、仪表元件、汽车、拖拉机及机床等零件的生产。

　　2. 金属型铸造

　　金属型铸造是将液体金属浇入到金属铸型内而获得铸件的方法。由于金属型可重复使用多次,故又称为永久型。

　　(1) 金属型的构造

　　按照分型面的位置,金属型分为整体式、垂直分型式、水平分型式和复合分型式。图2-41 为水平分型式和垂直分型式金属型结构简图,其中垂直分型式便于布置浇注系统,铸型开合方便,容易实现机械化,应用较广。

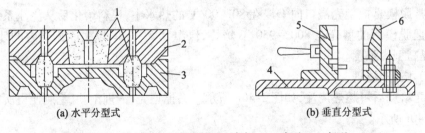

(a) 水平分型式　　　　　　　　　　　　(b) 垂直分型式

1—型心;2—上型;3—下型;4—底板;5—动型;6—定型

图 2-41　金属型结构简图

　　(2) 金属型铸造的工艺过程

　　金属型铸造的工艺过程包括:金属型预热、喷刷涂料、浇注、及时开型。金属型铸造工艺流程如图 2-42 所示。

　　金属型铸造可以数百次乃至数万次重复使用,金属型铸造不用或很少用型砂,可以节省生产费用,提高生产效率。另外金属型铸件由于冷却速度快,铸件组织致密,致使其力学性能比砂型铸件高 15% 左右。

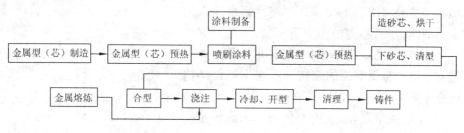

图 2-42 金属型铸造工艺流程

金属型铸造在发动机、仪表、农机等工业部门有广泛应用,一般适用于铸造不太复杂的中小型零件,很多铸造合金都可用于金属型铸造,而其中又以铝、镁合金应用最广。因为金属型铸造周期长,成本高,一般在成批或大量生产时,这种铸造工艺才能显出好的经济效益。

3. 压力铸造

熔融金属在高压下高速充型并凝固而获得铸件的方法称为压力铸造,简称压铸。常用压射比压为 30 ~ 70 MPa,压射速度为 0.5 ~ 50 m/s,有时高达 120 m/s,充型时间为 0.01 ~ 0.2 s。高压、高速充填铸型是压铸的重要特征。

压铸是通过压铸机完成的。压铸机分为热压室和冷压室两大类。热压室压铸机的压室与坩埚连成一体,适于压铸低熔点合金。冷压室压铸机的压室和坩埚分开,广泛用于压铸铝、镁、铜等合金铸件。卧式冷压室压铸机应用最广,其工作原理如图 2-43 所示。合型后把金属液浇入压室,压射冲头将液态金属压入型腔,保压冷凝后开型,利用顶杆顶出铸件。

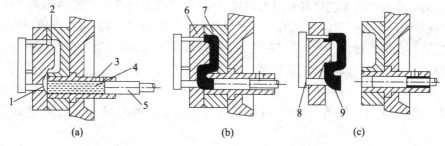

1—浇道;2—型腔;3—浇入液态金属处;4—液态金属;

5—压射;6—动型;7—定型;8—顶杆;9—铸件及涂料

图 2-43 卧式冷压式压铸机工作原理

生产速度快,产品质量好,经济效果好是压力铸造工艺的优点,采用的压铸合金分非铁合金和钢铁材料,目前应用广泛的是非铁合金,如铝、镁、铜、锌、锡、铅合金。压力铸造应用较多的部门有汽车、拖拉机、电气仪表、电信器材、医疗器械、航空航天等。目前,生产的压铸件重的达 50 kg,轻的只有几克,如发动机缸体、缸盖、箱体、支架、仪表及照相机壳体等。近年来,真空压铸、加氧压铸、半固态压铸的开发利用扩大了压铸的应用范围。

4. 离心铸造

离心铸造是将熔化的金属通过浇注系统注入旋转的金属型内,在离心力的作用下充型,最后凝固成铸件的一种铸造方法。图 2-44 为圆环形铸件立式离心铸造示意图。金属型模的旋转速度根据铸件结构和金属液体重力决定,应保证铁液在金属型内有足够的离心力,不产生淋落现象,离心铸造常用旋转速度范围为 250 ~ 1 500 r/min。

离心铸造工艺主要应用于离心铸管、缸盖、轧辊、轴套、轴瓦等零件的生产。

5. 消失模铸造

消失模铸造是用涂有耐火材料涂层的泡沫聚苯乙烯塑料模样代替普通模样,造好型后不取出模样就浇入金属液,在灼热液态金属的热作用下,泡沫塑料气化、燃烧而消失,金属液取代了原来泡沫塑料模所占的空间位置(即型腔),冷却凝固后即可获得所需铸件的铸造工艺。它也称为实型铸造和气化模铸造。消失模铸造的工艺过程如图 2-45 所示。

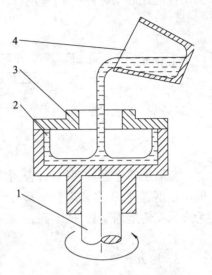

1—旋转机构;2—铸件;
3—铸型;4—浇包

图 2-44　立式离心铸造示意图

(1) 模型成形

模型成形如图 2-45a 所示。模型生产是消失模铸造工艺的第一道工序,复杂铸件如汽缸盖,需要数块泡沫模型分别制作,然后再胶合成一个整体模型。模型的成形工艺分为两步,第一步是将聚苯乙烯珠粒预发到适当密度,一般通过蒸汽快速加热来进行,此阶段称为预发泡。接着经过预发泡的珠粒要先进行稳定化处理,然后再送到成型机的料斗中,通过加料孔进行加料,模具型腔充满预发的珠粒后开始通入蒸汽,使珠粒软化、膨胀,挤满所有空隙并且黏合成一体,这样就完成了泡沫模型的制造过程,此阶段称为蒸压成型。成型后在模具的水冷腔内通过大流量水流对模型进行冷却,然后打开模具取出模型,此时模型温度较高且强度较低,所以在脱模和储存期间必须谨慎操作,防止变形及损坏。

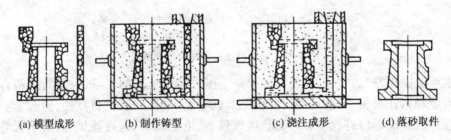

(a) 模型成形　　　(b) 制作铸型　　　(c) 浇注成形　　　(d) 落砂取件

图 2-45　消失模铸造工艺过程示意图

模型在使用之前必须存放适当时间使其熟化稳定,典型的模型存放周期多达 30 天,而对于用设计独特的模具所成型的模型仅需存放 2 h。模型熟化稳定后,可对分块模型进行胶粘结合,分块模型胶合使用热熔胶在自动胶合机上进行。胶合面接缝处应密封牢固,以减少产生铸造缺陷的可能性。

（2）制作铸型

制作铸型如图2-45b所示。为了使每箱可放置更多的铸件,有时将许多模型胶接成簇,把模型簇浸入耐火涂料中,然后在30~60 ℃的空气循环烘炉中干燥2~3 h,干燥之后将模型簇放入砂箱,填入干砂振动紧实,必须使所有模型簇内部孔腔和外围的干砂都得到紧实和支撑,最后在砂箱表面复上塑料薄膜,形成一个密封的铸型。

（3）浇注成形

浇注成形如图2-45c所示。先用真空泵对制作好的铸型进行抽真空,当真空度达到一定值时,立即将熔融金属液浇入具有一定真空度的铸型中,连续不断地将泡塑模型加热裂解气化,金属液置换泡塑模型的位置,凝固后形成铸件。图2-46是消失模浇注成形示意图。在消失模铸造工艺中,浇注速度比传统空型铸造更为关键。如果浇注过程中断,砂型就可能塌陷造成废品,因此为减少每次浇注的差别,最好使用自动浇注。

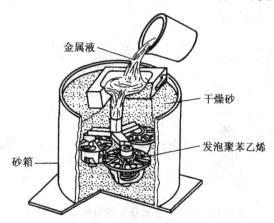

图2-46　消失模浇注成形示意图

（4）落砂取件

落砂取件如图2-45d所示。浇注后,铸件在砂箱中凝固、冷却,然后落砂。铸件落砂相当简单,倾翻砂箱,铸件就从松散的干砂中掉出。随后将铸件进行自动分离、清理、检查并放到铸件箱中运走。而干砂冷却后可重新使用,很少使用其他附加工序,金属废料可在生产中重熔使用。

消失模铸造由于铸型没有型腔和分型面,不必起模和修型,与普通铸造相比有以下优点:工序简单,生产周期短,效率高,铸件尺寸精度高,可采用无黏结剂型砂,劳动强度低,而且零件设计自由度大。

与其他特种铸造方法相比,消失模铸造的应用范围很广泛,铸件几乎不受结构、尺寸、重量、材料和批量的限制,特别适用于生产形状复杂的铸件。它可用于生产铸铁、碳钢、工具钢、不锈钢、铝、镁及铜合金等铸件。一般情况下,铸件最小壁厚为4.06 mm,最小铸出孔直径可达1.52 mm,质量范围为1 kg~50 t。该制造方法适用于各种铸件,如压缩机缸体、水轮机转轮体、机床床身、汽车覆盖件模具、阀门、轿车铝合金汽缸盖及缸体、曲轴、差速器、进气管等。

6. 半固态金属铸造

半固态金属加工技术属21世纪前沿性金属加工技术。20世纪麻省理工学院弗莱明斯教授发现,金属在凝固过程中进行强烈搅拌或通过控制凝固条件,抑制树枝晶的生成或破碎所生成的树枝晶,可形成具有等轴、均匀、细小的初生相均匀分布于液相中的悬浮半固态浆料。这种浆料在外力作用下即使固相率达到60%仍具有较好的流动性。利用压铸、挤压、模锻等常规工艺进行加工,这种工艺方法称为半固态金属加工技术(SSM)。

SSM铸造成形的主要工艺路线有两条:一条是将获得的半固态浆料在其半固态温度的条件下直接成形,通常称为流变铸造或流变加工;另一条是将半固态浆料制备成坯料,根据产品尺寸下料,再重新加热到半固态温度后加工成形,通常称为触变铸造或触变加工,如图2-47所示。对于触变铸造,由于半固态坯料便于输送,易于实现自动化,因而在工业中较早得到推广。由于将搅拌后的半固态浆料直接成形,流变铸造具有高效、节能、短流程的特点,近年来发展很快。

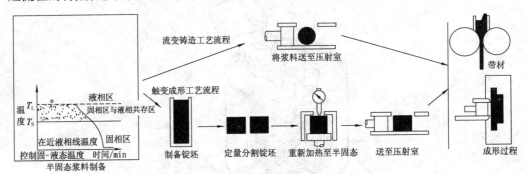

图 2-47　半固态金属加工的两种工艺流程

半固态金属铸造具有以下优点:

① 充型平稳,加工温度较低,模具寿命大幅提高;凝固时间短,生产率高。

② 铸件表面平整光滑,内部组织致密,气孔和偏析少;晶粒细小,力学性能接近锻件。

③ 凝固收缩小,尺寸精度高,可实现近净成形、净终成形加工。

④ 流动应力小,成形速度高,可成形十分复杂的零件。

⑤ 适宜于铸造铝、镁、锌、镍、铜合金和铁碳合金,尤其适宜于铝、镁合金。

SSM铸造成形技术在全世界应用日益广泛,目前美国、意大利、瑞士、法国、英国、德国、日本等国家处于领先地位。由于SSM铸造成形件具有组织细小、内部缺陷少、尺寸精度高、表面质量好、力学性能接近锻件等特点,因此SSM铸造成形在汽车业中得到广泛重视。当前,用SSM铸造成形技术生产的汽车零件包括刹车制动筒、转向系统零件、摇臂、发动机活塞、轮毂、传动系统零件、燃油系统零件和汽车空调零件等。这些零件已应用于Ford,Chrysler,Volvo,BMW,Fiat 和 Audi 等轿车上。

2.1.13　铸件常见缺陷分析

铸造工艺比较复杂,容易产生各种缺陷,从而降低了铸件的质量和成品率。为了防止和减少缺陷,首先应确定缺陷的种类,分析其产生的原因,然后找出解决问题的最佳方案。常见的铸件缺陷有气孔、缩孔、缩松、砂眼、渣气孔、夹砂、黏砂、冷隔、浇不到、裂纹、错箱、偏芯等(见表2-4),以及化学成分不合格、力学性能不合格、尺寸和形状不合格等。这些缺陷大多是在浇注和凝固冷却过程中产生的,主要与铸型、温度、冷却、工艺以及金属溶液本身特性等因素有关。有些缺陷是通过观察就可以发现的,有的需通过检验而查出。

表2-4 铸件常见缺陷的特征及其产生的主要原因

类别	缺陷名称	缺陷特征	主要原因分析
孔洞	气孔:铸件内部出现的孔洞,常为梨形、圆形,孔的内壁较光滑		① 砂型紧实度过高; ② 型砂太湿,起模、修型时刷水过多; ③ 砂芯未烘干或通气道堵塞; ④ 浇注系统不正确,气体排不出去
	缩孔:铸件厚截面处出现的形状极不规则的孔洞,孔的内壁粗糙。 缩松:铸件截面上细小而分散的缩孔		① 浇注系统或冒口设置不正确,无法补缩或补缩不足; ② 浇注温度过高,金属液收缩过大; ③ 铸件设计不合理,壁厚不均匀无法补缩; ④ 和金属液化学成分有关,铸件中 C 和 Si 含量少,合金元素多时易出现缩松
	砂眼:铸件内部或表面带有砂粒的孔洞		① 型砂强度不够或局部没舂紧,掉砂; ② 型腔、浇口内散砂未吹净; ③ 合箱时砂型局部挤坏,掉砂; ④ 浇注系统不合理,冲坏砂型(芯)
	渣气孔:铸件浇注时的上表面充满熔渣的孔洞,常与气孔并存,大小不一,成群集结		① 浇注温度太低,熔渣不易上浮; ② 浇注时没挡住熔渣; ③ 浇注系统不正确,挡渣作用差
表面缺陷	机械黏砂:铸件表面黏附着一层砂粒和金属的机械混合物,使表面粗糙		① 砂型舂得太松,型腔表面不致密; ② 浇注温度过高,金属液渗透力大; ③ 砂粒过粗,砂粒间空隙过大
	夹砂:铸件表面产生的疤片状金属突起物。表面粗糙,边缘锐利,在金属片和铸件之间夹有一层型砂	金属片状物	① 型砂热湿强度较低,型腔表层受热膨胀后易鼓起或汗裂; ② 砂型局部紧实度过大,水分过多,水分烘干后,易出现脱皮; ③ 内浇口过于集小,使局部砂型烘烤厉害; ④ 浇注温度过高,浇注速度过慢

续表

类别	缺陷名称	缺陷特征	主要原因分析
形状尺寸不合格	偏芯:铸件内腔和局部形状位置偏错		① 砂芯变形; ② 下芯时放偏; ③ 砂芯没固定好,浇注时被冲偏
	浇不到:铸件残缺,或形状完整但边角圆滑光亮,其浇注系统是充满的。 冷隔:铸件上有未完全融合的缝隙,边缘呈圆角	冷隔　浇不到	① 浇注温度过低; ② 浇注速度过慢或断流; ③ 内浇道截面尺寸过小,位置不当; ④ 未开出气口,金属液的流动受型内气体阻碍; ⑤ 远离浇口的铸件壁过薄
	错箱:铸件的一部分与另一部分在分型面处相相互错开		① 合箱时上、下型错位; ② 定位销或泥记号不准; ③ 造型时上、下模有错动
裂纹	热裂:铸件开裂,裂纹断面严电氧化,呈暗蓝色,外形曲折而不规则。 冷裂:裂纹断面不氧化,开发亮,有时轻微氧化,呈连续直线状	裂纹	① 砂型(芯)退让性差,阻碍铸件收缩而引起过大的内应力; ② 浇注系统开设不当,阻碍铸件收缩; ③ 铸件设计不合理,薄厚差别大

2.1.14　铸造安全操作技术规程

第一条　进入车间实习时,必须按规定穿戴劳保用品,不准穿凉鞋、拖鞋、裙子和戴围巾进入车间,女生必须戴工作帽,将长发纳入帽内。

第二条　严禁在车间内追逐、打闹、喧哗,不得做与实习无关的事情(如阅读书报杂志、玩手机等)。

第三条　工作场地要经常保持清洁整齐,搞好环境卫生;工具箱、砂箱、材料、砂型应按指定地点有规则的放置,不得乱放,避免堵塞通道和工作场地,以保证操作中的安全和方便。

第四条　操作时,思想要集中,不准与别人闲谈;操作中不得擅自离开工作岗位。

第五条　造型操作时,砂箱要轻拿轻放,不得摔摔,注意不要压伤手脚;禁止用嘴吹分型砂,使用吹风器(皮老虎)时,要选择无人的方向吹,以免砂尘吹入眼中。

第六条　浇注时应戴好防护眼镜、防护帽,穿好鞋盖;不准擅动各种设备、工具;严禁浇注过程中观察冒口,浇包的对面不得站人,以防金属液喷出伤人,若发生金属液溢出伤人现象,则用铁锹取砂泥堵塞。

第七条　用坩埚熔化金属,应检查坩埚是否干净和有无裂纹。材料加入前要预热,加料时须缓慢,严禁将杂物和爆炸物加入坩埚炉内,以免发生爆炸事故。熔化后的金属液,不要与生锈、潮湿及硬冷的物件骤然接触,以防金属液喷溅伤人。

第八条　浇注时浇包须经过烘烤,扒渣、挡渣工具需预热干燥;扒渣和挡渣不能用空心棒,不准将扒渣棍倒着放和随地乱放;浇包要放平、放稳,盛金属液不得过满,高度低于距边缘 60 mm 以下,浇注后剩余的金属液不准乱倒。观察开炉与浇注时,应站在一定的安全距离外,并避开浇注通道。

第九条　不要直接用手摸或用脚踏未冷却的铸件;不要对着人打浇口或凿毛刺。

第十条　下班前,清扫场地,按要求堆好型砂,收捡造型工具。工具应放在各自的工具箱内,不得随意乱放、混放。

2.2　砂型铸造工艺训练

2.2.1　黏土型砂的配制训练

1. 黏土砂的分类

（1）按用途分类

① 面砂:指特殊配制的在造型时与模样接触的一层型砂。砂型浇注时面砂直接与高温金属液接触,对铸件质量影响很大,因而面砂应具备较高的强度、韧性、流动性、耐火度、适宜的透气性、抗黏砂和夹砂性等。面砂一般配用新砂较多或全部用新砂配制。

② 背砂:指在模样上覆盖面砂后填充砂箱用的型砂。背砂只要求具有较好的透气性和一定的强度。背砂一般由旧砂加水配制,必要时加入少量黏土,混砂时间亦比较短。

③ 单一砂:指不分面砂与背砂的型砂。通常用于中、小件机器造型,单一砂的性能应接近面砂。

采用面砂和背砂,不但便于保证铸件质量,还能降低原材料的消耗,减少春砂、落砂和混砂的劳动量。但在机器造型时会使供砂系统复杂,并且降低造型机生产率。因此手工造型多使用面砂和背砂,而机器造型只是在一些重大件如气缸等,才使用面砂和背砂。

（2）按砂型种类分

① 湿型砂:指以膨润土作黏结剂,所制的砂型不经烘干就可浇注金属液的型砂。

湿型砂的主要特点是:发气量大,强度较低;浇注后砂型内因水分迁移,使性能很不均匀,透气性降低;另外,由于砂型表面不使用涂料,因此铸件表面质量较差。

② 表面干型砂:指砂型经自然风干、刷涂料和表层烘干至十几毫米深度即进行浇注的型砂。

表面干型砂是采用粗粒砂、活化膨润土、木屑等混制而成的。其工艺特性同湿型砂相比,具有较高的表层强度、较好的透气性。另外,由于表面可以刷涂料,因此铸件表面质量较好。同干型砂相比,表面干型砂可节省烘炉、节约燃料和电力,缩短生产周期,改善劳动条件。

③ 干型砂:指砂型经烘干后再进行浇注的型砂。

干型砂一般用于单件、小批量生产的大型或重型铸件,或者用于表面要求高、受高压或结构特别复杂的铸件。

铸件采用干型铸造,可以减少或避免气孔、冲砂、黏砂、夹砂等缺陷,表面质量也容易得到保证。但干型铸造需要专用的烘干设备,增加燃料消耗,增加吊车作业次数,延长生产周期,缩短砂箱寿命,落砂困难,劳动生产率低等。

2. 黏土湿型砂配比

黏土湿型砂一般由新砂、旧砂、膨润土、附加物及适量的水组成。在拟定型砂配比之前,必须首先根据浇注的合金种类、铸件特征和要求、造型方法和工艺及清理方法等因素确定型砂应具有的性能范围,然后再根据各种原料的品种和规格、砂处理方法、设备、砂铁比及各项材料烧损比例等因素拟定型砂的配比。

铸铁件用的湿型砂配比中,一般旧砂为50%～80%,添加新砂为5%～20%,活性膨润土为6%～10%,有效煤粉为2%～7%,还可以加入1%左右的重油或渣油作防黏砂的附加物。

铸钢件用的型砂中新砂所占比例较大,膨润土加入量也相应增多。为提高型砂性能,常加入少量有机亲水性黏结剂(如糊精、α-淀粉)及氧化铁粉等附加物。

铸造非铁合金(铜合金、铝合金、镁合金)主要要求型砂能防止液态金属渗入砂型,使铸件表面光滑、清晰、美观及尺寸比较精确。因此,原砂粒度一般较细,含水量较低,以减少型砂的发气量和提高其流动性。

3. 混砂操作步骤

黏土砂一般是在碾轮式混砂机中混制,图2-48为碾轮式混砂机的工作原理示意图。在固定不动的碾盘中,中轴通过十字头带动一对碾轮和内刮板与外刮板转动进行工作。碾轮不仅绕主轴做圆周运动,而且碾轮在下面砂层摩擦作用下绕碾轮轴同时做自转运动。黏土砂的各种原材料在碾轮的碾压和刮板的搅拌作用下进行混碾,使黏结剂和水分均匀地附着在砂粒表面,得到有一定性能要求的型砂。

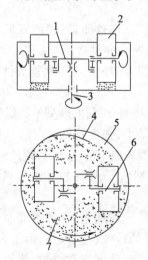

1—十字头;2—碾轮;3—中轴;4—外刮板;5—碾盘;6—碾轮轴;7—内刮板

图2-48　碾轮式混砂机的工作原理示意图

黏土砂的混砂操作步骤如下:

①称量原材料。将新砂、旧砂、附加物、黏结剂、水等按一次混砂量配比,用秤称或容器量好,有序的摆放好。

②干混。起动混砂机空转,迅速加入新砂,再加入旧砂,加入固体黏结剂和附加物,干混 2~3 min。

③湿混。混砂机在工作状态下缓慢加入液体材料,连续混制 10~15 min,待湿混充分后停机。

④抽检。从取样门取出湿混后的型砂,做试样抽检湿强度和透气性等,并观察或测定含水量,检查混匀程度。

⑤卸料。抽检合格后,重新启动混砂机,打开出料门卸料。卸完料后即可关上卸料门进行下一轮混砂工作。当整个混砂工作结束或更换新的配料时,应将混砂机内的剩料和黏结物清扫干净。

⑥调匀处理。卸料后将混好的型(芯)砂堆放起来,使型(芯)砂中不均匀的水分相互浸润,经堆放浸润 4~10 h 后即可调匀水分。

⑦疏松处理。将调匀处理的型(芯)砂送入图 2-49 所示的梳式松砂机中进行疏松处理。疏松的目的是击碎块状型(芯)砂。

⑧储存待用。疏松处理后的型(芯)砂堆积或装入存放设备中,在型(芯)砂上面盖以麻袋等物品,以保持水分待用。

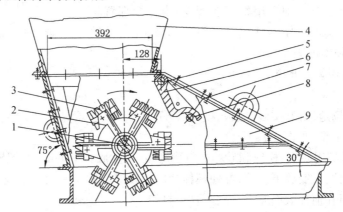

1—轮轴;2—转盘;3—松砂梳齿;4—砂斗;5—轴;6—挡砂条;7—横轴拉杆;8—横轴;9—上罩壳

图 2-49　梳式松砂机工作原理示意图

4. 型砂质量检验

已配好的型砂必须通过性能检验后才能使用。产量大的铸造车间常用型砂试验仪(如锤击式制样机、透气性测定仪、SQY 液压万能强度试验仪等)检验,小批量生产的车间多用手捏砂团的办法检验,如图 2-50 所示。手捏砂团检验是在型砂混好后用手抓一把,捏成砂团,当手放开后砂团可见清晰手纹轮廓,把砂团折断,断面较平整无碎裂状,同时有一定的强度,这样的型砂就可以使用了。

在配制型砂前,使用的新砂及旧砂需要经过处理。新砂中常混有水、泥土及其他杂物,须烘干并筛去固体杂质。旧砂因在上次铸造中,其砂型表面受高温等作用,砂粒变细、灰分增多,因此,旧砂需经破碎、磁选、过筛,去除铁块、木块、砂团等杂物。在砂型铸造中,型砂用量很大,生产 1 t 合格的铸件需 4~5 t 型砂,其中新砂为 0.5~1 t。为了降低成本,在保证质量的前提下应尽量回收利用旧砂。

  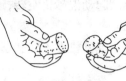

(a) 型砂湿度适当时用手攥成砂团　　(b) 放手后可看出清晰的手纹　　(c) 折断时断面没有碎裂状,同时有足够的强度

图 2-50　手捏法检验型砂

2.2.2　整模造型操作训练

1. 实训内容

完成法兰盘铸件的整模造型,如图 2-51 所示。要求:手工制作上型、下型,并开设浇注系统,最后合型。

2. 造型工艺方案分析

法兰盘铸件形状简单,铸件的最大截面处于一端且为平面,用该端面作为分型面便于起模。因此,法兰盘模样可以制作成整体结构,即采用整模造型,将模样全部置于一个砂箱内,不会产生错型缺陷。为便于起模,还设计铸造圆角 $R3$,拔模斜度为 5°。

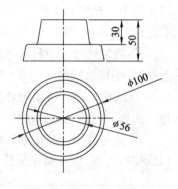

图 2-51　法兰盘铸件

3. 整模造型操作步骤

(1) 准备

清理工作场地,备好型砂、底板、模样、砂箱及手工造型工具。

(2) 制作下型(见图 2-7a)

① 安放造型用底板、模样和砂箱。放稳底板,清除底板上的散砂,把模样安放在造型平板上适当的位置,安放下砂箱,并使模样和砂箱内壁之间留有合适的吃砂量,若模样容易黏附型砂,可在模样表面撒上一层防黏模材料。

② 填砂和紧实。填砂时型砂须分批加入。先在模样表面撒上一层面砂,将模样盖住,然后加入一层背砂。对于小砂箱每次加砂厚度为 50~70 mm,过多舂不紧,过少也舂不实且浪费工时。第一次加砂后用手将模样按住,并用手将模样周围的砂塞紧,以免舂砂时模样在砂箱内移动位置,或造成模样周围砂层不紧,致使起模时损坏砂型;同时模样周围的型砂要形成形腔内壁,要承受金属熔液的冲击,所以模样周围的型砂要格外压紧。

舂砂是一项技术性较强的操作,这在湿型浇注时显得尤为重要,它对铸件的质量和生产效率影响很大。每加入一次砂都应舂紧,然后才能再次加砂,直到砂箱填满紧实。舂砂用力大小应适当,用力过大则砂型太紧,透气性差;用力过小,砂粒间黏结不紧,容易造成砂型塌箱。舂砂时应按一定路线进行,一般按顺时针方向,以保证砂型各处均被舂紧,并注意不要撞到模样上,以免损坏模样。用尖头砂锤将分批填入的型砂逐层舂实。最后填入高于砂箱的型砂,再用平头砂冲舂实。

舂砂的目的是使砂型具有一定的紧实度,在搬运、起模、浇注时不致损坏。但砂型不可舂得过紧,否则透气性下降,气体排出困难时易产生气孔。舂好的砂型的硬度应分布合理:砂箱内壁及靠近型腔处的型砂要舂得紧一些,这既不影响砂型的气体逸出,又可以防止砂型在搬运、翻转时塌箱;下型要比上型舂得紧些,这是因为金属液对型腔表面的压强是随深度成正比,越往下压强越大,如果砂型硬度不够,铸件会产生胀砂缺陷。

③ 修整、翻型和修整分型面。用刮板刮去多余型砂,使砂箱表面和砂箱边缘平齐。将已造好的上砂箱翻转180°,用镘刀将模样四周砂型表面(分型面)压平,然后在分型面上撒一层分型砂。撒砂时应均匀散落,在分型面上有一层均匀薄层即可,分型砂应是无黏结剂的干燥细砂。最后用手风箱吹去模样分型面上的分型砂。

(3)制作上型(见图 2-7b,c)

① 放置上砂箱、浇冒口模样并填砂紧实。在下箱上放好上箱,必要时在模样上撒上防黏材料。放好浇口棒,铸件如需补缩时,还要放上冒口棒,加入面砂,分批填上背砂,用尖头砂锤舂实,再加上一层砂,用砂锤平头舂实。

② 修整上砂型型面、开箱和修整分型面。用刮板刮去多余的型砂,用镘刀修光浇冒口处型砂。用出气孔针扎出出气孔,取出浇口棒并在直浇口上部挖一个倒喇叭口作为浇口杯。开箱,将上型翻转180°放在底板上。扫除分型砂,用水笔沾些水,刷在模样周围的型砂上,以增加这部分型砂的强度,防止起模时损坏砂型。刷水时不要使水停留在某一处,以免浇注时因水多而产生大量水蒸气,使铸件产生气孔缺陷。

(4)起模和修型(见图 2-7d)

① 起模。起模针位置尽量与模样的重心铅垂线重合。起模前用小锤轻轻敲打起模针的下部,使模样松动,以利于起模。起模操作要胆大心细,起模方向应尽量垂直于分型面。

② 修型。起模后型腔如有损坏,可使用各种修型工具将型腔修好。修模时将修补处需用水润湿,将型砂填好。

(5)开设浇注系统

浇注系统是将浇注金属液引入型腔的通道。浇注系统开得好坏,将影响铸件的质量。浇注系统通常是由外浇口、直浇道、横浇道、内浇道 4 部分组成。有些简单的小型铸件可省去横浇道和内浇道,由直浇道直接进入型腔。开浇注系统应注意以下几点:① 应使金属液能平稳地流入型腔,以免冲坏砂型和型芯;② 为了将金属液中的熔渣等杂质留在横浇道中,一般内浇道不要开在横浇道的尽头和上面;③ 内浇道的数目应根据铸件大小和壁厚而定,简单的小铸件可开一道,而大、薄壁件要多开几道;④ 浇注系统要做得表面光滑、形状正确,防止金属液将砂粒冲入型腔中;⑤ 为防止缩孔,需要加冒口进行补缩,在铸件厚大部分冒口的大小应视铸件的壁厚和材料而定。

(6)合箱紧固(见图 2-7e)

合箱时应注意使砂箱保持水平下降,并且应对准合型线,防止错箱。合箱后需要将上下箱紧固,以防止浇注时金属液浮力将上箱顶起造成跑火。上下箱紧固的方法有:① 用压箱铁紧固;② 用卡子或螺栓紧固。

2.2.3　挖砂造型操作训练

1. 实训内容

完成手轮铸件的挖砂造型,如图 2-52 所示。要求手工制作上型、下型,并开设浇注系统,最后合型。

2. 造型工艺方案分析

手轮铸件外形轮廓的最大截面不在顶端,不便于分模造型,因此,手轮铸件通常采用整体模样挖砂造型。手轮挖砂造型时的分型面应处于模样的最大截面处,而且是非平面,挖砂时分型面的坡度应尽可能小,并应修抹平整光滑。为便于起模,还应设计铸造圆角 R5。

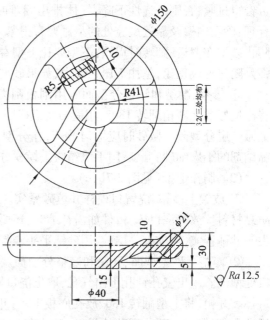

3. 挖砂造型操作步骤

手轮铸件的挖砂造型过程见图2-10。造型前的准备、造型底板和砂箱的安放、填砂和紧实、修整、翻型等操作均与整模造型相同,手轮铸件的挖砂造型应掌握以下操作要领:

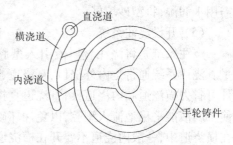

图 2-52　手轮铸件

① 浇注位置的正确选择。先制作下型,将手轮模样的凹面靠着造型底板,翻型、开箱后便于挖砂,如图2-10b 所示。

② 挖砂分型面的正确选择。将已造好的下箱翻转180°,挖砂时的分型面应处于模样的最大截面处,分型面的坡度应尽可能小,并应修抹平整光滑,保证手轮模样顺利取出,如图2-10c、d、e 所示。

③ 浇注系统的合理开设。开设的内浇道,应使金属液在其内的流向与在横浇道的流向相反,即沿轮缘的切线方向开设,这样有利于集渣和减小金属液对型腔的冲刷作用,如图 2-53 所示,内浇道的截面形状可做成三角形或扁梯形。

2.2.4　铸造创新训练

1. 实训内容

要求利用雕刻刀、砂皮纸等工具创新设计、制作石膏模样,完成造型、熔炼、浇注、清理、打磨等工序,并检查铸件质量,对铸造缺陷进行分析。

图 2-53　手轮铸型的浇注系统

2. 石膏模创新制作及铸型制作

① 创新设计制作石膏模样。石膏板厚度 $\delta = 8$ mm,截面尺寸为 58 mm × 58 mm。设计各种图案,用雕刻刀、砂皮纸等工具创新制作石膏铸造模样。

② 制作铸型。用石膏铸造模样造型。

3. 铸造铝合金熔炼

用中频感应化铝专用炉熔炼 ZL104 合金,中频感应化铝专用炉的型号为 KGPS250-2.5,功率为 250 KW,熔炼操作规程如下。

① 准备工作。

a. 将炉料上的油污、锈蚀、泥砂等物质,彻底干净。

b. 将炉腔内及熔炼、浇注用工具上的残留金属等污物清理干净。

c. 操作人员必须穿戴好劳保防护用品,例如,工作服、工作绝缘手套、工作帽、有色眼镜等。

② 开启风机电源及冷却装置,并检查其运行是否完好。

③ 开机操作。

a. 将"功调"电位器逆时针旋足,即合上"辅助电源",再合上"主电源"开关,"主电源"提示灯亮;按下"逆变启动"按钮,"功通"提示灯亮,即顺时针微调"功通"电位器,随即可看到中频频率表指针在左右摆动,这是中频在进行扫频启动(这时中频已有啸叫声),只要中频电源建立,即中频"逆变启动"成功。

b. 设定所需功率。顺时针调节"功调"电位器,观察直流电压表直至所需值,直流电压值随加热工件节拍的改变而改变,需根据实际情况而定。

④ 开机后将熔炼、浇注用的工具搁置于炉腔上方,使其进一步干燥并预热至100 ~ 150 ℃。

⑤ 加入炉料。将洁净、干燥的 ZL104 铝锭加入炉腔内。

⑥ 撒入覆盖剂。当铝料熔化后,立即在液面上撒一层防铝液氧化的覆盖剂。

⑦ 精炼。温度加热至 720 ~ 740 ℃时,加入金属液总重量 0.1% ~ 0.2% 的精炼剂($ZnCl_2$)进行精炼。精炼操作步骤:用钟罩将用纸包好的氯化锌压入合金液,同时慢慢地做圆周运动,直到合金液表面停止吐出火舌为止。精炼除渣后,合金液静止约 5 min,开始升温。

⑧ 变质处理。在 720 ~ 740 ℃时,用占合金熔液量 2% ~ 3% 的变质剂进行变质处理。变质操作步骤:将变质剂撒在合金液表面上,然后用盆状带孔钟罩将其压入铝液面下 100 ~ 150 mm,待变质剂全部溶解后取出钟罩,保温约 10 min 后,将温度调整至浇注温度 750 ~ 800 ℃,准备浇注。

⑨ 按启炉缸倾斜按钮,使铝液平稳地注入浇包中。倾注完后,将炉缸恢复到原位。

⑩ 关机操作。熔炼结束后,先将"功调"电位逆时针旋足,按下"逆变停止"按钮,随后拉下"主电源"开关,再拉下"辅助电源"开关。

4. 浇注

铝合金熔炼好后对铸型进行浇注,浇注操作规程如下:

① 浇注前需除去铝液表面熔渣,除渣时熔渣要从浇包后面或侧面刮出,避免碰坏包嘴涂料。

② 浇注开始时浇注以细流液,防止飞溅,待快浇满时应以细流液浇入,浇注全过程应遵循"慢—快—慢"的原则,金属液始终不能断流,且浇注时必须挡住熔渣。

浇注安全操作要点如下:

① 操作人员和现场其他人员应严格按浇注防护要求穿戴好防护服和防护用具。

② 浇注前仔细检查铸型的紧实度、干湿度、排气孔是否符合要求,合型压箱是否正确、可靠,浇注工具是否彻底烘干。

③ 工作区域和通行道路应扫干净,不得放置其他不需要的障碍物,以免绊倒,发生危

险。工作地面不能有积水,防止金属液落下引起飞溅。

④ 浇注所有工具如挡渣棒、浇包等,必须预先烘干预热,防止接触铝液后飞溅伤人。

⑤ 浇包中的金属液不得超过浇包总容量的80%,手工浇注时,浇包抬起和放下均应配合协调。

⑥ 倾倒剩余铝液要有固定的地点,不得随地乱倒。

5. 落砂与清理

浇注结束,并等铸件冷却后,将铸件与型砂、砂箱分开,落砂后从铸件上清除表面黏砂、浇注系统、冒口、飞翅和氧化皮。

6. 铸件检验及缺陷分析

对清理后的铸件(创新作品)进行质量检验,主要检查铸件的表面质量,对有气孔、砂眼等缺陷的铸件进行分类,分析各种缺陷产生的原因。

7. 安全检查与现场整理

检查中频感应化铝专用炉等设备的电源是否切断,处理好炉内、浇包内以及浇注系统等铝合金炉料,并对造型、熔炼、浇注、清理等场地进行整理打扫,保证环境整洁。

◤ 思考题

1. 简述砂型铸造的生产过程,并用示意图表示。

2. 标出图 2-54 所示铸型装配图及图 2-54 所示浇注系统各部分的名称,并分析浇注系统各部分的作用。

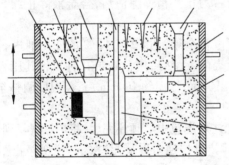
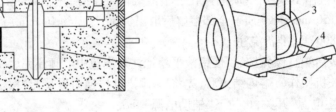

图 2-54　铸型装配图　　　　**图 2-55　浇注系统**

3. 冒口有什么作用? 如何放置?

4. 湿型砂的组成是什么?

5. 以挖砂造型为例,说明为什么要设置分型面?

6. 怎样辨别气孔、缩孔、砂眼和渣眼 4 种缺陷? 产生以上缺陷的主要原因各有哪些?

7. 什么是特种铸造? 特种铸造的种类有哪些?

8. 简述消失模铸造工艺与砂型铸造工艺的特点。

第 3 章

锻　压

3.1　锻压基础知识

3.1.1　概述

1. 锻压概念

锻压和冶金工业中的轧制、拔制等都属于塑性加工，或称压力加工，但锻压主要用于生产金属制件，而轧制、拔制等主要用于生产板材、带材、管材、型材和线材等通用性金属材料。

锻压是锻造和冲压的合称，是利用锻压机械的锤头、砧块、冲头或通过模具对坯料施加压力，使之产生塑性变形，从而获得所需形状和尺寸的制件的成形加工方法。锻压主要按成形方式和变形温度进行分类。按成形方式，锻压可分为锻造和冲压两大类；按变形温度，锻压可分为热锻压、冷锻压、温锻压和等温锻压等。

锻造是对金属坯料（不含板材）施加外力，使其产生塑性变形、改变尺寸、形状及改善性能，用以制造机械零件、工件、工具或毛坯的成形加工方法。

冲压是使板料在模具的作用下，在其内部产生使之变形的内力，当内力作用达到一定的数值时，使板料毛坯或毛坯的某些部分产生与内力的作用性质相对应的变形，从而获得一定形状、尺寸和性能的零件的成形加工方法。

2. 锻压发展史

人类在新石器时代末期，已开始以锤击天然红铜来制造装饰品和小用品。最初，人们靠抢锤进行锻造，后来出现通过人拉绳索和滑车来提起重锤再自由落下的方法锻打坯料。14 世纪以后出现了畜力和水力落锤锻造。

追溯我国的锻压发展史可以发现，早在两三千年前，我国的劳动人民就已熟练地应用锻造方法制造各类生产工具和兵器了。约在公元前 2000 年已应用冷锻工艺制造工具，如甘肃武威皇娘娘台齐家文化遗址出土的红铜器物就有明显的锤击痕迹。商代中期用陨铁制造武器，采用了加热锻造工艺。春秋后期出现的块炼熟铁，就是经过反复加热锻造以挤出氧化物夹杂并成形的。

1842 年，英国的内史密斯制成第一台蒸汽锤，使锻造进入应用动力的时代。以后陆续出现锻造水压机、电机驱动的夹板锤、空气锻锤和机械压力机。夹板锤最早应用于美国内战(1861—1865 年)期间,用以模锻武器的零件,随后在欧洲出现了蒸汽模锻锤,模锻工艺逐渐推广。19 世纪末已形成近代锻压机械的基本门类。

20 世纪初期,随着汽车开始大量生产,热模锻迅速发展,成为锻造的主要工艺。20 世纪中期,热模锻压力机、平锻机和无砧锻锤逐渐取代了普通锻锤,提高了生产率,减小了振动和噪声。随着锻坯少无氧化加热技术、高精度和高寿命模具、热挤压,成形轧制等新锻造工艺和锻造操作机、机械手以及自动锻造生产线的发展,锻造生产的效率不断提高。

早期的冲压只利用铲、剪、冲头、手锤、砧座等简单工具,通过手工剪切、冲孔、铲凿、敲击使金属板材(主要是铜或铜合金板等)成形,从而制造锣、铙、钹等乐器和罐类器具。随着中、厚板材产量的增长和冲压液压机和机械压力机的发展,冲压加工也在 19 世纪中期开始机械化。1905 年美国开始生产成卷的热连轧窄带钢,1926 年开始生产宽带钢,而后又出现冷连轧带钢。同时,板、带材产量增加,质量提高,成本降低。结合船舶、铁路车辆、锅炉、容器、汽车、制罐等生产的发展,冲压已成为应用最广泛的成形工艺之一。

未来的锻压工艺将向提高锻压件的内在质量、发展精密锻造和精密冲压技术、研制生产率和自动化程度更高的锻压设备和锻压生产线、发展柔性锻压成形系统、发展新型锻压材料和锻压加工方法等方面发展。

3. 锻压在国民经济中的作用

锻压技术在国民经济中占有极其重要的地位,是装备制造业,特别是机械、汽车行业,以及军工、航空航天工业中的不可或缺的主要加工工艺。根据有关资料,在飞机上约有85%、汽车上约有58%、农机上约有70%的零部件均采用锻压工艺制造。

世界各国对锻压机械和锻压加工技术的发展非常重视,用锻压加工来代替切削加工,一直是各国机械制造行业的发展方向。在德国、意大利等一些汽车工业比较发达的国家,锻压技术已走在世界的前列,很多锻件已实现少切屑、无切屑加工,采用特殊锻造工艺生产的零件,其锻造精度可以达到 0.01 ~ 0.1 mm,可以直接用于装配。国民经济的各个行业,如果没有现代工业生产技术的基础——锻压技术,其发展和生存都是不可想象的。

锻压技术之所以得到如此广泛的应用,是与其具有的独特的优越性分不开的,如生产率、材料利用率、零件的机械性能等重要技术经济指标方面,均比机械加工以及同样应用广泛的铸造、焊接工艺,占有压倒性的优势。

4. 锻压分类(见表 3-1)

表 3-1　锻压的分类

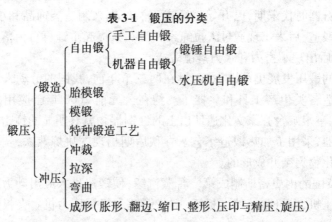

5. 锻压生产的特点

锻造生产的特点：

① 几乎任何一种金属材料都可用锻造方法制成锻件或零件。

② 经过热处理的锻件，其各项机械性能明显优于其他加工方法。

③ 劳动生产率和材料利用率处于领先地位。

冲压生产的特点：

① 机械化、自动化程度高，具有较高的生产率。

② 尺寸精度较高、质量稳定。

③ 节能型的加工方法。

3.1.2 金属坯料加热及锻件的冷却

从毛坯变成外形尺寸和内部组织都合格的锻件，一般要经过下料、锻前加热、锻造成形、锻后冷却及热处理、检验等工艺过程。

锻造生产用的原材料，种类繁多，有各种钢号和非金属，有不同的截面形状，不同的尺寸规格，不同的化学成分，不同的物理化学性质等，所以下料方法也是多种多样的。生产中常用的下料方法有剪切、冷折、锯割、车断、砂轮切割、剁断及特殊精密下料等。

在锻造生产中，金属坯料锻前一般均需加热。加热的目的是为了提高金属的塑性，降低变形抗力，即增加金属的可锻性，使金属易于流动成形，并使锻件获得良好的组织和力学性能。

金属坯料的加热方法，按所采用的热源不同，可分为火焰加热与电加热两大类。

坯料在加热炉内加热，当达到始锻温度并经保温一段时间后，就可以出炉进行锻造了。时至今日，自由锻和模锻仍然是锻造工艺常用的主要方法。

锻件的冷却是指锻后从终锻温度冷却至室温。如果冷却方法选择不当，锻件可能因产生裂纹或白点而报废，也可能延长生产周期而影响生产率。因此，锻件也是锻造生产中不可忽视的重要环节。

锻造的目的是为了获得外形尺寸和内部组织性能的锻件。因此，必须根据技术条件要求进行相应的锻件质量检验。特别是在大批大量生产中，绝不应忽视质量检验工作，以免造成大量的报废。

1. 坯料加热

（1）加热目的

锻造前加热金属是一个重要工序，其目的是提高金属的塑性，降低金属的变形抗力，即增加金属的可锻件，使金属易于流动成形，并使锻件获得良好的锻后组织和力学性能。

（2）加热设备

① 火焰反射炉。用煤作为燃料的室式加热炉一般称为反射炉，其结构主要由燃烧室、加热室、鼓风机装置、换热器、烟道和烟囱组成，如图3-1所示。

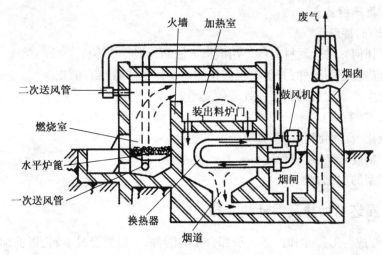

图 3-1 反射炉结构

② 电阻加热炉。电阻加热炉结构形式较多,而锻造生产中常用的为箱式电阻加热炉,如图 3-2 所示,坯料装入炉膛后,利用电流通过电阻发热元件产生热量,再通过热辐射和对流等传递方式将坯料加热到所需温度。由于加热炉的炉温易于控制,坯料氧化少,劳动条件好,但同时电能消耗大,因此主要用于有色金属和对温度控制及质量要求严格的坯料的加热。

③ 感应加热炉。感应加热的基本原理如图 3-3 所示,感应加热炉结构由电源、控制系统、感应加热器、送料和进料机构组成,采用交变电流的感应加热方式。当施感导体(感应器)中通入交变电流以后,在它的周围产生一个交变磁场,金属材料置于感应器后,其内部便产生感应电流,并产生热量,使坯料加热到所需温度。感应加热炉的电源可采用中频和工频两种频率的交流电,中频适用于圆形和方形等截面的坯料的加热,工频适用于截面尺寸大于150 mm的坯料的加热。

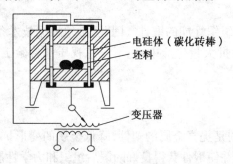

图 3-2 电阻炉原理图

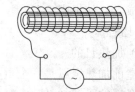

图 3-3 感应电加热原理图

感应加热速度快,温度控制正确,氧化烧损少,便于实现机械化和自动化,但电能消耗大、设备费用高,适用于大批量锻造生产中的坯料的加热。

(3) 锻造温度的控制

① 锻造温度范围。锻造温度范围是指始锻温度和终锻温度之间的温度间隔。始锻温度是金属开始锻造时的温度,终锻温度是金属停止锻造时的温度。

确定锻造温度范围的基本原则是:在锻造温度范围内,应保证金属具有良好的塑性和较低的变形抗力,以利于锻造变形;能改善金属内部组织性能,获得优质锻件;范围宽度尽可能大些,以减少加热火次,提高生产效率。

始锻温度的确定主要是保证不产生过烧现象。

终锻温度的确定既要保证金属在终锻前具有足够的塑性,又要使锻件能够获得良好的组织性能。

就碳钢而言,终锻温度如果过高,会使锻件晶粒粗大,最终加工后的零件的机械性能降低。终锻温度过低,会使塑性显著降低,变形抗力增大,加工硬化现象严重,容易产生锻造裂纹。

② 常用金属材料的锻造温度范围。常用金属材料的锻造温度范围见表3-2,从表中可以看出,一般碳素结构钢的锻造温度范围较宽,为了400~580 ℃。而合金钢,特别是高合金钢的锻造温度范围很窄,只有200~300 ℃。所以,在锻造生产中高合金钢的锻造最困难,对锻造工艺的要求极为严格。

表3-2 常用金属材料的锻造温度范围

钢种类别	钢号举例	锻造温度范围/℃	
		始锻温度	终锻温度
普通碳素结构钢	Q235,Q275	1 280	700
优质碳素结构钢	10,30,15Mn	1 250	800
	45,60,45Mn,50Mn	1 220	
碳素工具钢	T7A,T8,T8A	1 150	
	T10,T12	1 100	
合金结构钢	40CrV,30CrMo,40Cr,20CrMoTi,40Mn2,25CrMnSi,37SiMn2MoV	1 200	
	38CrMoAl,18Cr2Ni4W,37CrNi3,42CrMnMo	1 180	850
合金工具钢	4Cr5W2VSi	1 150	950
	5CrNiMo,5CrMnMo,3Cr2W8v	1 120	850
	Cr12	1 080	840
高速工具钢	W18Cr4V	1 150	900
	W6Mo5Cr4V2	1 130	
	W6Mo5Cr4V3	1 100	

③ 碳钢的温度与火色的对应关系。金属坯料的加热温度控制是否得当,对锻件质量有很大影响,尤其是高合金钢和有色金属锻件,加热温度更要严格控制,否则会造成废品。因此,正确测量炉内坯料的加热温度是非常重要的。最常用的测量方法有3种:目测、光学高温计测温和热电偶高温计测温。

钢加热到500 ℃以上,表面会发出不同颜色的火线(火色),随着温度升高,颜色由深到浅,亮度增强。目测就是根据钢加热时在不同温度下会发出不同颜色的可见光波来判断其温度,见表3-3。目测是一种简便的测量方法,但误差较大,它受操作者的经验以及目测时光线强弱的影响,误差为 ±(20 ~ 50) ℃。

表 3-3　钢加热后的火色与温度对照表

钢温/℃	颜色	钢温/℃	颜色
530 ~ 580	暗褐色	830 ~ 900	淡红色
580 ~ 650	赤褐色	900 ~ 1 050	橘黄色
650 ~ 730	暗红色	1 050 ~ 1 150	淡黄色
730 ~ 770	暗樱红色	1 150 ~ 1 250	黄白色
770 ~ 800	樱红色	1 250 ~ 1 300	白色
800 ~ 830	亮樱红色		

（4）加热缺陷及防止方法

① 氧化。在加热过程中,炉气中的 O_2,H_2O,CO 及 SO_2 等氧化性气体与铁发生化学反应生成 FeO,Fe_3O_4 及 Fe_2O_3,在坯料表面形成一层氧化皮。这种现象称为氧化。

氧化不仅浪费金属材料,而且形成硬度高的氧化皮会加剧工具及模具的磨损。如果在锻造前氧化皮没有仔细清除,就可能压入锻件,降低锻件精度和表面质量。

影响金属氧化的主要因素有炉火性质、加热温度、加热时间、钢的种类。

燃料炉的炉气性质可分为氧化性炉气（强氧化和微氧化）、中性炉气和还原性炉气。炉气性质决定于燃料燃烧时的空气供给量。在强氧化性炉气中炉气可能完全由氧化性气体（O_2,CO_2,H_2O,SO_2）组成,并且含有较多的游离 O_2,这将使金属产生较厚的氧化皮。在还原性炉气中,含有足够量的还原性气体（CO,H_2）,它可以使金属不氧化或很少氧化。普通电阻炉在空气介质中加热,属于氧化性炉气。

温度是影响金属氧化速度的最主要因素。温度越高,则氧化越剧烈,生成的氧化皮越厚。实际观察表明,在 200 ~ 500 ℃时,钢料表面仅能生成很薄的一层氧化膜;当温度升至 600 ~ 700 ℃时,便开始有显著氧化,并生成氧化铁皮;从 850 ~ 900 ℃开始,钢的氧化速度急剧升高,如图 3-4 所示。

钢料处在氧化性介质中的加热时间越长,氧的扩散量越大,形成的氧化皮越厚。特别是加热到高温阶段,加热时间的影响更加显著。因此高温阶段要提高加热速度,减少加热时间。

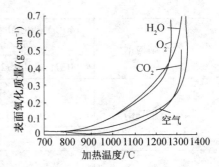

图 3-4　加热温度对钢氧化的影响

在同样条件下,不同牌号的钢氧化烧损是不同的,低碳钢烧损量大而高碳钢烧损量小,这是由于在高碳钢中反应生成较多 CO 而降低了氧化铁的生成量。当钢中含有 Cr,Ni,Al,Si,Mo 等合金元素时,因能在钢料表面形成致密具不易脱落的氧化薄膜,从而可以阻止金属继续氧化。一般情况下,钢料每加热一次有 1.5% ~ 3% 的金属损耗。

防止和减少加热时氧化的措施有快速加热、介质保护加热和少无氧化火焰加热等。

钢加热在不产生开裂的前提下,尽量采用快速加热,缩短加热时间,特对是高温阶段的时间。小规格的碳素钢钢锭和一般简单形状的模锻用毛坯均可采用这种方法。

用保护介质把金属坯料表面与氧化性炉气机械隔开进行加热,便可避免氧化,实现少无氧化加热。

在燃料(火焰)炉内,可以通过控制高温炉气的成分和性质,即利用燃料不完全燃烧所产生的中性炉气或还原性炉气来实现金属的少无氧化加热。这种加热方法称为少无氧化火焰加热。

② 脱碳。

a. 脱碳及其危害。钢料在高温加热时,其表层的碳和炉气中的氧化性气体(如 CO_2,O_2,H_2O)和某些还原性气体(如 H_2)发生化学反应,生成可燃气体 CO 和 CH_4 而被烧掉,使钢料表面的含碳量降低,这种现象称为脱碳。脱碳程度与炉气成分、加热温度、加热时间、钢的成分等因素有关。在炉气成分中,脱碳能力最强的是 H_2O(汽),其次是 CO_2 和 O_2。加热温度愈高,加热时间愈长,脱碳愈严重。当钢加热到 1 000 ℃ 以上时,由于强烈的氧化,脱碳作用较弱。在更高温度下,氧化皮剥落丧失保护作用,脱碳将剧烈发生。

钢的成分对脱碳有很大影响,含碳量愈高脱碳倾向愈大。因此,加热高碳钢和含 Al,Co,W 等元素的合金钢时,应特别注意防止脱碳。

b. 防止和减少加热时脱碳的措施。防止脱碳的措施与防止氧化皮的措施基本相同。

③ 过热。

a. 过热的形成及其危害。在高温下,金属的晶粒会长大。如果金属加热温度过高,加热时间过长将引起晶粒粗大的现象,称为过热。过热不仅与加热温度有关,也与加热时间有关。金属的过热温度主要与它的化学成分有关。过热会使金属在锻造时的塑性下降,更重要的是,若引起锻造和热处理后锻件的晶粒粗大,将降低金属的力学性能。

b. 防止产生过热的措施。必须严格控制金属坯料的加热温度,尽量缩短在高温下的保温时间;按坯料的化学成分、规格大小,正确制定合理的加热规范,并严格执行;加热时坯料放置位置应离烧嘴有适当距离,采用火焰加热炉加热时,坯料与火焰不允许直接接触;采用电阻加热炉加热时,坯料距电阻丝不小于 100 mm;使用的测温或控温的炉表应准确可靠,灵敏精确,温度显示真实无误;锻造时应给予足够大的变形量。一旦出现过热,可通过大的塑性变形击碎过热而形成的粗大奥氏体晶粒,并破坏沿晶界析出相的网状分布,控制冷却速度,使第二相来不及沿晶界析出,避免采取中等冷却速度,改善和消除过热组织。

④ 过烧。

a. 过烧的形成及其危害。当金属加热到接近其熔化温度(过烧温度),并在此温度下停留时间过长时,将出现过烧现象。金属过烧后的显微组织除晶粒粗大外,晶界发生氧化、熔化,出现氧化物和熔化物,有时出现裂纹,金属表面粗糙,有时呈橘皮状,并出现网状裂纹。过烧的钢种无塑性,强度很低,一经锻造便破裂成碎块,碎块断面的晶粒粗大,呈浅灰蓝色,因而变成废品。过烧的金属不能修复,只能报废回炉重新冶炼。局部过烧的金属坯料,须将过烧的部分切除后,再进行锻造。

b. 防止产生过烧的措施。为了防止过烧,必须严格控制加热时的最高温度。一般最高温度要低于固熔线以下 100 ℃,这就要求使用的测温或控温的炉表要精确、可靠、灵敏、温度显示真实无误,防止炉子跑温。另外加热时要求坯料距烧嘴有适当距离,控制炉内气氛,尽量减少炉内的过剩空气量,因为炉气的氧化能力越强,越容易使晶粒氧化或局部熔化,所以在高温下炉气应调节成弱氧化性炉气成分。

2. 锻件的冷却

锻件在锻后冷却时,根据冷却速度快慢,冷却方法有 3 种:在空气中冷却,冷却速度较快;在坑(箱)内冷却,冷却速度较慢;在炉中冷却,冷却速度最慢。

(1) 空冷

锻件锻后单个或成堆直接放在车间地面上冷却,但不能放在潮湿地或金属板上,也不要放在有过堂风的地方,以免锻件冷却不均或局部急冷引起裂纹。

(2) 坑冷(堆冷)

锻件锻后放在地坑或集中堆放冷却,或埋入内砂子、石灰或炉渣中冷却。一般锻件入砂温度不应低于 500 ℃,周围积砂厚度不能少于 80 mm。锻件在坑内的冷却速度,可以通过不同的绝热材料及保温介质厚度来进行调节。

(3) 炉冷

锻件锻后直接装入炉中按一定的冷却规范缓慢冷却。由于炉冷可通过控制炉温准确实现规定的冷却速度,因此适用于高合金钢、特殊锻件及各种大型锻件的锻后冷却。一般锻件入炉的温度不得低于 600～650 ℃,装料时的炉温应与入炉锻件温度相当。常用的冷却规范有等温冷却和起伏等温冷却。

3.1.3　自由锻

1. 自由锻的概念

自由锻是利用简单的通用性工具,或在锻造设备的上、下砧之间直接使坯料变形而获得所需几何形状及内部质量锻件的方法。

自由锻有手工锻造和机器锻造之分,现在生产中主要采用机器自由锻。

2. 自由锻特点

自由锻的特点是:

① 自由锻所用的工具简单,通用性强,灵活性大,适合单件和小批锻件的生产。

② 自由锻由坯料逐步变形而成,工具只与坯料接触,所需设备功率比模锻要小得多,故也适于锻造大型锻件。

③ 自由锻是靠工人的操作来控制锻件的形状和尺寸,锻件的精度低,劳动生产率低,工人的劳动强度大。

3. 自由锻设备

机器自由锻的设备主要有空气锤和水压机。空气锤是工厂在自由锻造生产中被广泛使用的锻造设备,用于中小型自由锻件的锻造生产,其最主要的特点是操作简单,维护方便。

(1) 空气锤的结构和工作原理

图 3-5 为空气锤的外形结构和工作原理示意图。由图 3-5 可知,空气锤主要由锤身、压缩缸、工作缸、传动机构、操纵机构、落下部分及砧座等组成。

空气锤工作原理:电动机通过减速机构和曲柄、连杆带动压缩气缸的压缩活塞上下运动,产生压缩空气。当压缩缸的上下气道与大气相通时,压缩空气不进入工作缸,电机空转,锤头不工作,通过手柄或脚踏杆操纵上下旋阀,使压缩空气进入工作气缸的上部或下部,推动工作活塞上下运动,从而带动锤头及上砧铁的上升或下降,完成各种打击动作。旋阀与两个气缸之间有 4 种连通方式,可以产生 4 种动作。

上、下旋阀通过操纵手柄或脚踏杠杆来控制,根据操作控制方式的不同,可以实现空气锤的空行程、悬空、提锤、压紧锻件、连打、单打等工作循环。

空气锤停止工作时,应将操纵手柄放在悬空位置,然后切断电源,压缩活塞在飞轮平衡块的重力作用下停在上极限位置。在落下部分质量作用下,工作缸下腔空气从小孔排入大气,锤头便平稳地落在下砧铁上。

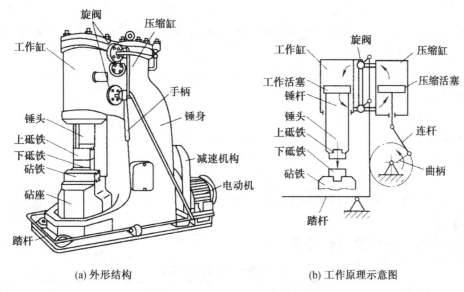

(a) 外形结构　　　　　　　　　　(b) 工作原理示意图

图 3-5　空气锤

(2) 空气锤的操作规程

为了保证空气锤的正常运行和各项生产任务的顺利完成,在生产过程中必须严格按照空气锤的操作规程进行文明生产,杜绝野蛮作业,操作规程如下:

① 设备启动前必须按空气锤使用说明书指定的润滑位置、加油期限和润滑油种类进行加油,保证空气锤所有相对运动的表面都具有良好的润滑。

② 每天开锤前必须用大锤检查上、下砧块的楔铁是否松动,以打击不动为准。

③ 冬季还必须将烧红的铁块放置在上下砧块之间进行预热。

④ 将操纵手柄放在"空行程"位置,保证电机空载启动。空气锤启动后空运转 5 ～ 10 min 才开始进行生产。空运转过程中如发现异常,立即停锤检修,不能使其带病工作。

⑤ 生产过程中,锻件应尽可能放置在砧座的中央,避免偏心锻造。

⑥ 停锤后,将操纵手柄置于空行程位置,并在上、下砧块之间垫上铁块,使砧块尽快冷却下来。

⑦ 生产过程中不允许上、下砧块直接对击;不允许锻打冷铁及已冷却到终锻温度以下的锻件;不允许锻打过薄的锻件。

⑧ 工作完毕后要及时清除砧座上及四周的氧化皮,将工具摆放整齐,擦拭机床,打扫工作场地。

⑨ 由于空气锤工作过程中有较大的震动,各处螺钉、楔铁等紧固件容易松动,要随时注意检查、紧固。

4. 手工自由锻工具

手工自由锻所用的工具较多,根据它们的功用,可以分成基本工具、辅助工具和测量工具3类。

(1) 基本工具

基本工具是直接使金属产生变形用的,包括支持工具、打击工具和成形工具。

① 支持工具。它是指在锻造过程中用来支持坯料,承受打击以及安放其他工具,如铁砧。

② 打击工具。它是指在锻造过程中产生打击力并作用于坯料上使其产生变形的工具,如大锤、手锤等。

③ 成形工具。它是指在锻造过程中,直接与坯料接触并使之产生变形而达到所要求形状的工具,如冲子等。

(2) 辅助工具

辅助工具是不使金属产生变形,而只用来夹持、翻转和移动坯料或锻件用的工具,如钳子。

(3) 测量工具

测量工具是用来度量坯料和锻件尺寸大小或形状的工具,如直尺、游标卡尺、卡钳、样板等。

常用的手工自由锻工具见表3-4。

表3-4 常用的手工自由锻工具

序号	名称	用 途	图 示
1	铁砧	支承被锻造的坯料和固定成形工具	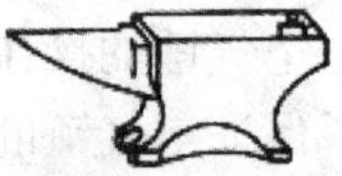
2	大锤	锻打工件	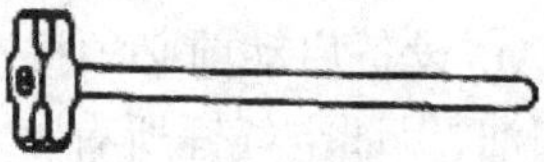
3	手锤	手锤在配合抡打时,主要用来指示大锤打击的落点和轻重	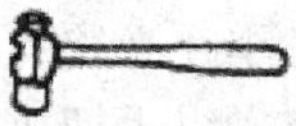
4	钳子	主要用来夹持和翻转锻件	
5	平锤	平锤用于修整锻件的平面和对锻件进行压肩	
6	剁刀	主要用来切割坯料和锻件,或者在坯料上切割出缺口,为下道工序做准备	

序号	名称	用　途	图　示
7	冲子	用于锻件的冲孔。根据孔的形状,可将冲子的头部做成各种相应形状的截面,为了冲孔之后便于从孔内取出冲子,任何冲子部必须做成锥形	
8	卡钳	测量尺寸	

5. 自由锻基本工序

（1）镦粗

使毛坯高度减少、横截面积增大的锻造工序叫做镦粗,镦粗分为整体镦粗和局部镦粗。整体镦粗是将坯料直立在下砧上进行锻打,使其沿整个高度直径增大。如果使坯料局部截面增大,则称之为局部镦粗,局部镦粗需要借助于工具,如漏盘等来进行,常用来生产齿轮坯、法兰盘等盘类件毛坯,如图 3-6 所示。

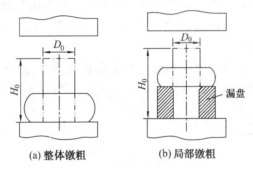

(a) 整体镦粗　　　(b) 局部镦粗

图 3-6　镦粗

镦粗时应按如下方法操作:

① 被镦粗坯料的高度与直径(或边长)之比应小于 2.5,否则会镦弯,如图 3-7a 所示。工件镦弯后应将其放平,轻轻锤击矫正,如图 3-7b 所示。局部镦粗时,镦粗部分坯料的高度与直径之比也应小于 2.5。

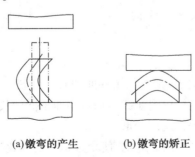

(a) 镦弯的产生　　　(b) 镦弯的矫正

图 3-7　镦弯的产生及矫正

② 镦粗的始锻温度采用坯料允许的最高始锻温度并应烧透。坯料的加热要均匀,否则镦粗时工件变形不均匀,对某些材料还可能锻裂。

③ 镦粗的两端面要平整且与轴线垂直,否则可能会产生镦歪现象。矫正镦歪的方法是将坯料斜立,轻打镦歪的斜角,然后放正,继续锻打,如图 3-8 所示。如果锤头或砧铁的工作面因磨损而变得不平直时,则锻打时要不断将坯料旋转,以便获得均匀的变形而不致镦歪。

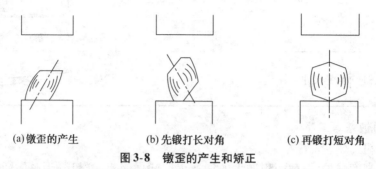

(a)镦歪的产生　　(b)先锻打长对角　　(c)再锻打短对角

图 3-8　镦歪的产生和矫正

④ 锤击应力量足够大,否则就可能产生细腰形,如图 3-9a 所示。若不及时纠正,继续锻打下去,则可能产生夹层,使工件报废,如图 3-9b 所示。

⑤ 减小鼓形的工艺措施。常温下在平砧上镦粗毛坯时,在锻件的中间部位会出现鼓形,如图 3-10 所示。产生鼓形的主要原因是由于工具与毛坯端面之间摩擦的影响;另外温度不均也是一个很重要的因素,与工具接触的上、下端金属由于温度降低快,变形抗力大,金属变形困难。

在坯料产生鼓形后可以通过圆周侧压将鼓形修直,再继续镦粗,这样可以消除鼓形表面上的附加拉应力,同时可以获得侧面平直没有鼓形的镦粗锻件。

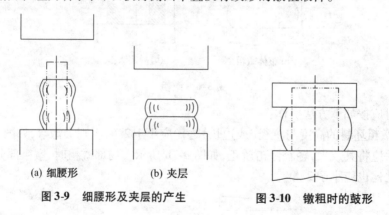

(a) 细腰形　　　(b) 夹层

图 3-9　细腰形及夹层的产生

图 3-10　镦粗时的鼓形

(2) 拔长

① 拔长的概念。

使毛坯横断面积减小而长度加大的工序叫拔长。拔长的目的在于:

a. 由横截面积较大的坯料得到横截面积较小而轴向较长的轴类锻件。

b. 可以辅助其他工序进行局部变形。

c. 反复拔长与镦粗可以提高锻造比,使合金钢中的碳化物破碎,达到均匀分布,改善锻件内部组织、提高力学性能。

由于拔长是通过逐次送进和反复转动坯料进行压缩变形,因此它是锻造生产中耗费工时最多的一种锻造工序。因此,在保证锻件质量的前提下应尽可能提高拔长效率。

② 拔长的类型。

根据坯料拔长方式的不同,分为平砧拔长、型砧拔长、空心件拔长(芯轴拔长)3 类。

a. 平砧间拔长。平砧拔长是生产中用得最多的一种拔长方式。在平砧拔长中有以下 3 种坯料截面变化过程:

方截面→方截面拔长。由较大的方形截面尺寸坯料,经拔长得到尺寸较小的方形截面锻件的过程,称为方截面坯料拔长。矩形截面拔长也属于这一类。

圆截面→方截面拔长。圆截面坯料经拔长得到方截面锻件的拔长,除最初变形外,以后的拔长过程的变形特点与方截面坯料拔长相同。

圆截面→圆截面拔长。较大尺寸的圆截面坯料,经拔长得到较小尺寸圆截面锻件,称为圆截面坯料拔长。这种拔长过程是由圆截面锻成四方截面、八方截面,最后倒角滚圆,获得所需直径的圆截面长轴锻件,如图 3-11 所示。

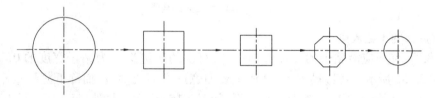

图 3-11　平砧拔长圆形截面坯料时的截面变化过程

b. 型砧拔长。型砧拔长是指坯料在 V 型砧或圆弧型砧中的拔长。而 V 型砧拔长一般有两种情况:一是在上平下 V 型砧上拔长;二是在上下 V 型砧中拔长,如图 3-12 所示。

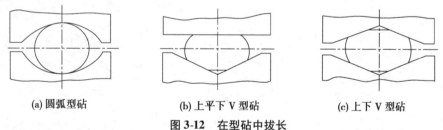

(a) 圆弧型砧　　　　　　(b) 上平下 V 型砧　　　　　　(c) 上下 V 型砧

图 3-12　在型砧中拔长

c. 空心件拔长(芯轴拔长)。空心件也称管件,这类坯料拔长时在孔中穿一根芯轴,所以叫芯轴拔长。型砧拔长是一种减小空心坯料外经(壁厚)而增加其长度的成形工序,用于锻制长筒类锻件,如图 3-13 所示。

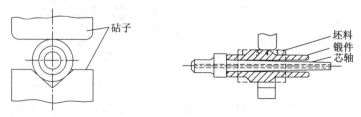

图 3-13　芯轴拔长

③ 拔长操作的基本方法。

拔长操作的基本方法有螺旋式翻转拔长、反复翻转拔长、单面顺序拔长 3 种,如图 3-14 所示。沿螺旋线翻转 90°拔长,常用于塑性较低的材料,如图 3-14a 所示;反复翻转 90°拔长,常用于塑性较好的材料,如图 3-14b 所示;单向顺序拔长,常用于大型锻件,如图 3-14c 所示。

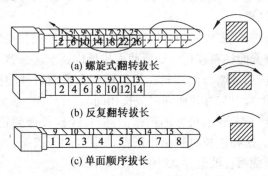

(a) 螺旋式翻转拔长

(b) 反复翻转拔长

(c) 单面顺序拔长

图 3-14   拔长时锻件的翻转方法

④ 拔长的工艺规则。

拔长时,坯料应沿砧子的宽度方向送进,每次的送进量应为砧子宽度的 0.3～0.7 倍,如图 3-15a 所示。送进量太大,金属主要向宽度方向流动,反而降低延伸效率,如图 3-15b 所示。送进量太小,又容易产生夹层,如图 3-15c 所示。另外,每次压下量也不要太大,压下量应等于或小于送进量,否则也容易产生夹层。

为得到平滑的锻件表面每次送进量应小于 0.75～0.80 坯料宽度。

(a) 送进量合适

(b) 送进量太大拔长率降低

(c) 送进量太小产生夹层

图 3-15   拔长时的送进方向和进给量

沿方形毛坯的对角线锻压时应当锻得轻些,以免中心部分产生裂纹,如图 3-16 所示。

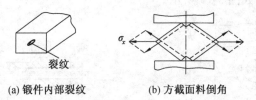

(a) 锻件内部裂纹

(b) 方截面料倒角

图 3-16   拔长时内部纵向裂纹与坯料受力情况

锻制台阶轴或带台阶的方形、矩形截面的锻件时,在拔长前应先压肩。压肩后对一端进行局部拔长即可锻出台阶,如图 3-17 所示。

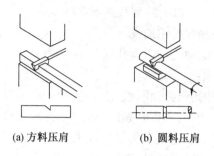

(a) 方料压肩　　　　　(b) 圆料压肩

图 3-17　压肩

锻件拔长后须进行修整,修整方形或矩形锻件时,应沿下砧子的长度方向送进,如图 3-18a 所示,以增加工件与砧子的接触长度。拔长过程中若产生翘曲应及时翻转 180°轻打校平。圆形截面的锻件用型砧或摔子修整,如图 3-18b 所示。

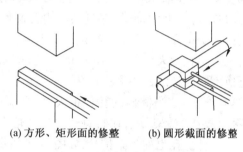

(a) 方形、矩形面的修整　　　　　(b) 圆形截面的修整

图 3-18　拔长后的修整

（3）冲孔与扩孔

① 冲孔。在坯料上锻出通孔或盲孔的锻造工序称为冲孔,常用的冲孔方法为实心冲子冲孔,实心冲子冲孔可分为单面冲孔和双面冲孔,如图 3-19 所示。

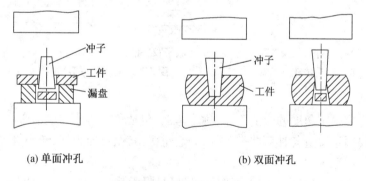

(a) 单面冲孔　　　　　(b) 双面冲孔

图 3-19　冲孔

单面冲孔:对于较薄工件,即工件高度与冲孔孔径之比小于 0.125 时,可采用单面冲孔。冲孔时,将工件放在漏盘上,冲子大头朝下,漏盘的孔径和冲子的直径应有一定的间隙,冲孔时应仔细校正,冲孔后稍加平整。

双面冲孔的操作过程为:镦粗→试冲(找正中心冲孔痕)→撒煤粉→冲孔,即冲孔到锻件厚度的 2/3 ~ 3/4 →翻转 180° 找正中心→冲除连皮→修整内孔→修整外圆。

冲孔工序常用于以下情形:

　　a. 锻件带有大于φ30 mm以上的盲孔或通孔。

　　b. 需要扩孔的锻件应预先冲出通孔。

　　c. 需要拔长的空心件应预先冲出通孔。

冲孔时应注意以下事项：

　　a. 坯料加热应均匀，冲孔前必须镦粗，使端面平整。

　　b. 冲孔前要仔细检查冲头，不得有裂纹，否则冲头容易被击碎飞出伤人。冲头端面应平整，且需与中心线垂直，防止歪斜冲入，影响锻件质量。

　　c. 需找准冲孔中心后再冲入坯料，否则冲偏后较难纠正。

　　② 扩孔。减小空心坯料壁厚而使其外径和内径都增大的锻造工序称为扩孔。扩孔工序用于锻造各种带孔锻件和圆环锻件。

　　自由锻中常用的扩孔方法有冲头扩孔和芯轴扩孔两种。

　　a. 冲头扩孔。当冲厚壁锻件上较大的孔时，先用直径较小的冲头冲出小孔，然后采用直径比空心坯料内孔大并带有锥度的冲子，穿过坯料内孔而使其内径扩大，如图3-20所示。从坯料变形特点看，冲子扩孔时，坯料近似于胀形，坯料壁厚减薄，内外径扩大，高度略有减小，每次孔径增大量不宜太大（锤上扩孔为15～30 mm），否则沿切向容易胀裂。若锻件孔径较大，必须更换不同直径的冲头多次扩孔。

　　b. 芯轴扩孔（在马架上扩孔）。当锻件的孔径很大时，必须在马架上扩孔。芯轴扩孔是将芯轴穿过空心坯料而放在"马架"上，坯料每转过一个角度压下一次，逐渐将坯料的壁厚压薄、内外径扩大。这种扩孔也称马架扩孔，如图3-21所示。

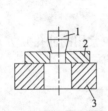

1—冲头；2—坯料；3—漏盘

图3-20　冲头扩孔

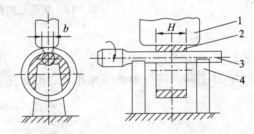

1—扩孔砧子；2—锻件；3—芯轴（杆）；4—支架（马架）

图3-21　芯轴（马架）扩孔

　　（4）弯曲

　　将坯料弯成一定角度的锻造工序，称为弯曲，包括角度弯曲和成形弯曲，如图3-22所示。弯曲主要用于锻造各种弯曲类零件，如起重机吊钩、弯曲轴杆、链环等。

弯曲时的注意事项：

　　① 被弯曲锻件的加热部分不宜太长，最好只限于被弯曲的一段，加热必须均匀。

　　② 为了抵消弯曲区断面积的减小，可在弯曲前在弯曲的地方预先聚集金属，如图3-23所示，或者取断面尺寸稍大的原毛坯，弯曲以后再把两端延伸到要求的尺寸。

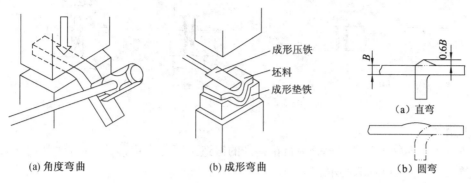

<table>
<tr><td>（a）角度弯曲</td><td>（b）成形弯曲</td></tr>
</table>

图 3-22　弯曲　　　　　　　　　图 3-23　防止弯曲拉缩现象的方法

（5）切割

切割是将坯料或锻件分割开或切除钢锭的冒口、底部,切除锻件料头（即切头）的工序。其基本工具是各种形状的剁刀。切割的方法有以下几种:

① 单面切割。如图 3-24 所示,把剁刀垂直放在坯料上,上砧打击剁刀使其切入坯料,直到底部留下一层略小于扣棍厚度的连皮,取出剁刀,将坯料翻身,把扣棍放在连皮上,打击扣棍,坯料即被切断。这种方法的特点是切割端面较平整,无毛刺,应用于切割断面尺寸小的坯料或锻件。

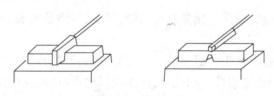

图 3-24　单面切割

② 双面切割。用剁刀从两面各切入坯料厚度的 1/2,中间留下一层连皮,然后把剁刀背向下放入切口,打击剁刀,坯料即被切断,如图 3-25a 所示。采用这种方法切断的端面也较平整无毛刺。另一种方法是把剁刀切入坯料厚度的 2/3,然后翻身,按第一刀的位置把剁刀略向里靠一点切入,直至切断,如图 3-25b 所示。这种方法会产生毛刺,所以主要在切除料头时采用,并注意把毛刺留在料头上。

图 3-25　双面切割

③ 四面切割。如图 3-26a 所示,首先在相对两面切下,然后在第三面切下,在底部留有连皮,翻身后将扣棍放在连皮处,打击扣棍便可切断。另一种方法是剁刀从四面切入,中心留有连皮,再用剁刀背向下安放在连皮处,打击剁刀,连皮去掉,坯料被切断,如图 3-26b 所示。

用四面切割方法切断坯料端面平整,无毛刺,常在切割大断面的坯料时应用。

(a)　　　　　　　　　　　　　　　　　　(b)

图 3-26　四面切割

（6）错移

将坯料的一部分相对另一部分平行错移开的锻造工序称为错移,这种方法常用于锻造曲轴类锻件等,如图 3-27 所示。

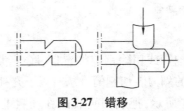

图 3-27　错移

3.1.4　模锻和胎模锻

1. 模锻

模锻是在高强度金属锻模上预先制出与锻件形状一致的模膛,使坯料在模膛内受压变形的锻造方法。

模锻是成批或大批大量生产锻件的主要锻造方法,其特点是在锻压机械的动力作用下,毛坯在锻模模膛中被迫塑性流动成形,从而获得比自由锻质量更高的锻件。

按锻压设备的不同类型,模锻工艺可分为锤上模锻、热模锻压力机模锻、平锻机模锻、螺旋压力机模锻、水压机模锻、高速锤模锻及其他专用设备模锻。虽然模锻方法很多,但实质上是一致的,都是通过塑性变形迫使坯料在锻模模膛内成形。

锤上模锻是在自由锻、胎模锻基础上发展起来的一种常用的模锻生产方法。锤上模锻在模锻锤上进行,如图 3-28 所示。

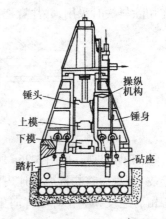

（a）外形图　　　　　　　　　　　　　　（b）结构图

图 3-28　模锻锤

虽然锤上模锻已具有老化特征,各种模锻新设备、新工艺不断出现,但至今在国内外的锻造行业的模锻生产中,锤上模锻仍然占有非常重要的地位,具有一定规模的锻造厂(车间)都配备有不同吨位的模锻锤。

锤上模锻具有如下工艺特点:

① 工艺灵活,适应性广,可以生产各种形状复杂的锻件,如盘形件、轴类件等。锤上模锻有多种不同的方式,有带飞边槽的开式模锻及无飞边槽的闭式模锻,单模膛模锻及多模膛模锻,单件模锻及多件模锻等。

② 锤头的行程、打击速度或打击能量均可调节,能实现轻重缓急不同的打击,因而可以实现镦粗、拔长、滚挤、弯曲、卡压、成形、预锻和终锻等各类工步,使各种形状的锻件得以成形。

③ 锤上模锻是靠锤头多次冲击坯料使之变形,因锤头运动速度快,金属流动有惯性,所以充填模膛能力强。

④ 单位时间内的打击次数多,对于 1 ~ 10 t 的模锻锤为 40 ~ 100 次/分,故生产效率高。

锤上模锻存在如下不利因素:

① 锤上模锻震动大,对厂房、设备、工人的劳动条件都有不利影响。

② 模锻过程中,每道工步都需一次或多次锤击,尤其是终锻工步最为猛烈,所以模块尺寸要求较大,以保证足够大的承击面。

③ 锻锤底座质量大,搬运安装不便,近年来 16 t 以上的模锻锤逐步被其他锻压设备所替代。

④ 模锻锤的导向较差,工作时的冲击和行程不固定,无顶出装置,锤上模锻件的精度不高。

⑤ 由于打击速度快,一般低塑性材料不宜采用锤上模锻的方法。

锤锻模结构如图 3-29 所示,锻模由上、下两半模块组成。模块借助燕尾、楔铁和键块紧固在锤头和下模座(二砧座)的燕尾槽中。燕尾的作用主要是使模块能吊挂住,相对锤头和模座不发生垂直方向的移动;楔铁和键块的作用是使模块左右和前后方向不能移动,并且有微调的功能。

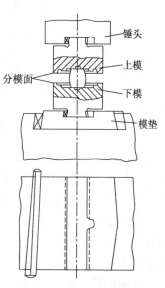

锤锻模紧固在下模座和锤头上,既要求紧固可靠又要安装调试方便。经长期生产实践证明,目前普遍采用楔铁和键配合紧固的方式,是令人满意的,如图 3-30所示。

上模楔铁和下模楔铁不能互换使用。

锻模模膛包括终锻模膛、预锻模膛、拔长模膛、滚压模膛、卡压模膛、弯曲模膛等,如图 3-31 所示。

终锻模膛是各种模膛中最重要的模膛,用来完成锻件最终成形。

图 3-29　锤锻模结构

预锻模膛是用以获得与锻件相近形状的模膛,它的作用是减少终锻模膛的磨损,延长其使用寿命;使金属易于充满终锻模膛;改善金属流动,避免充不满和形成折纹等缺陷,减少飞边损失。

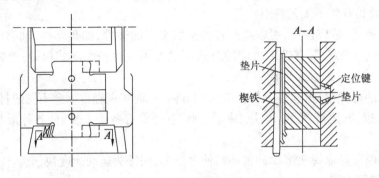

图 3-30　锤锻模紧固法

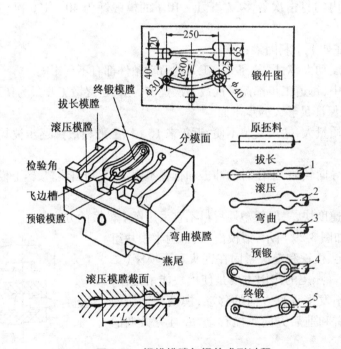

图 3-31　锻模模膛与锻件成形过程

拔长模膛的主要作用是使坯料局部截面积减小,长度增加,从而使坯料的体积沿轴线重新分配以适应进一步模锻的需要。若拔长模膛是第一变形工步,还兼有清除氧化皮的作用。拔长模膛位置设置在模块边缘,由拔长口、仓部和钳口 3 部分组成。

滚压模膛可以通过减小毛坯局部横截面积,增大另一部分的横截面积,使坯料沿轴向的体积分配更为准确,获得近似于计算毛坯的形状。它对毛坯有少量的拔长作用,兼有滚光和去除氧化皮的功能。

卡压模膛又称压肩模膛,功能类似于滚压模膛,所不同的是卡压毛坯在模膛中只锤击一次。稍微减小毛坯局部高度,增大宽度,使头部金属得到少量聚积,从而改善终锻时的金属流动,使终锻效果更佳。

弯曲模膛用来改变原材毛坯或经拔长、滚挤过的坯料的轴线,使其符合锻件水平投影相似的形状。弯曲变形时金属轴向流动很小,没有聚料作用,但在个别截面处可对坯料卡压。

　　切断模膛用来切断棒料上锻成的锻件,以便实现连续模锻或一火多次模锻。

　　锻模是传递动力,迫使金属毛坯在模膛内通过塑性变形达到锻件成形的工具。锤锻模的工作条件尤为繁重,承受反复冲击载荷和冷热交变作用,产生很高的应力。

　　综上所述,锻模材料应该具备以下特点:

　　① 在 300～600 ℃条件下,具有良好的冲击韧性、导热性和高温耐磨热疲劳性能等。

　　② 具有良好的切削加工性能和抛光性能。

　　③ 具有良好的淬透性和回火稳定性。

　　④ 具有良好的尺寸稳定性,热处理时形状畸变小。

　　⑤ 价格低廉,不含稀缺元素。

　　常用的锻模材料有 5CrMnMo,5CrNiMo 和 3Cr2W8V。

　　2. 胎模锻

　　(1) 胎模锻的特点

　　胎模锻是在自由锻设备上使用胎模生产模锻件的一种方法。它在中小型工厂中得到了广泛应用,这些厂多为中小批生产,以自由锻设备为主,而胎模锻为其提供了在自由锻设备上生产模锻件的有效方法。胎模锻的优越性在中小批生产时表现最为突出,所以在某些大厂虽然有模锻设备,对一些批量不大的锻件也采用胎模锻。胎模锻与自由锻相比,在提高锻件质量、节省金属材料、提高劳动生产率、降低成本等方面都有很好的效果。所以在中小批生产条件下,胎模锻是一种比较先进的锻造工艺。

　　胎模锻工艺比较灵活,锻件由于生产批量、设备不同,可以采用不同的锻造工艺,以得到较好的经济效果。

　　胎模锻的制坯方法也极为灵活,可用自由锻制坯,也可用胎模锻制坯。对重量较大的锻件,可以利用胎模锻的灵活性,采取分段模锻或局部模锻,以及其他措施在较小吨位的锻锤上进行锻造。此外,胎模锻可以锻出锻件的类型显著地超过各种模锻设备,胎模锻模具简单、容易制造、成本低、生产周期短。

　　胎模锻也存在缺点:与其他种类的模锻件相比,胎模锻件的表面质量较差、精度较低;工人劳动强度大,生产效率低;锤砧易磨损使表面不平;胎模寿命较低。

　　有些工厂由于批量增加,针对上述缺点在胎模的基础上进行了成功的改进,在自由锻锤上用固定模进行模锻,显著地减轻了工人的劳动强度,提高了模具寿命,进一步提高了锻件质量和产量。

　　(2) 胎模的分类与结构

　　根据胎模的结构形式和金属的变形特点,胎模锻大致可分为制坯、成形和修整 3 类。制坯主要采用摔模、扣模或弯曲模;成形主要采用套模(分开式套模和闭式套模)或合模等成形模;修整是对锻件进行校正、切边、冲孔或压印等工序见表 3-5。

表 3-5　胎模的分类、特点及应用

分　类		胎模结构简图	工艺特点、用途
摔模	光摔		摔模是最常见的胎模,一般由上下摔及摔把组成,分为光摔和型摔两种类型。在锻造过程中不断旋转锻件,既不产生飞边,也不产生纵向毛刺,可用于制坯,也可用于成形及修整
	型摔		
扣模			扣模由上下扣或仅有下扣(上扣为锤头)组成。在锻造过程中锻件一般不翻转,或扣形后在锤砧上拍平侧面再扣,不产生飞边及毛刺,用于非旋转体锻件的制坯及成形
开式套筒模			又称垫模,一般只有下模,锻造过程中,金属首先充满模腔,然后在端面形成小飞边。它主要用于旋转体锻件的制坯与成形。模具轻便,易于制造,生产效率较高。若毛坯控制得当,可以不需切边工序
闭式套筒模			一般由模套、模冲(上模)及模垫(下模)等组成。锻造时,模套与模冲、模垫形成封闭模腔,金属在其中变形。它主要用于旋转体锻件的成形,不需切边工序,但有纵向毛刺,且对坯料精度要求较高
合模			一般由上、下模及导向装置组成。分模面设在锻件水平方向最大截面的中间位置,锻造过程中,多余金属流入飞边槽形成飞边。它主要用于非旋转体的成形。因有飞边调节作用,锻件高度方向尺寸精度较高
弯曲模			弯曲模由上、下模组成。制坯时用于改变坯料或毛坯的轴线形状,常用于最终成形,以获取所需形状的锻件
冲切模	切边模		一般由冲头及凹模组成。它用于锻件的切边和冲连皮,切除飞边的称为切边模,冲连皮的称为冲孔模
	冲孔模		

3.1.5　冲压

1. 冲压概念及其应用特点

（1）冲压概念

冲压是金属塑性加工的基本方法之一，是利用压力机和模具对板材、带材、管材和型材等施加外力，使之产生塑性变形或分离，从而获得所需形状和尺寸的工件（冲压件）的成形加工方法，它主要用于加工板料零件，故常称为板料冲压。冲压是在室温下进行的，所以又称为冷冲压。

早期的冲压只利用铲、剪、冲头、手锤、砧座等简单工具，通过手工剪切、冲孔、铲凿、敲击使金属板材（主要是铜或铜合金板等）成形，从而制造锣、铙、钹等乐器和罐类器具。随着中、厚板材产量的增长和冲压液压机和机械压力机的发展，冲压加工在 19 世纪中期开始机械化。

1905 年美国开始生产成卷的热连轧窄带钢，1926 年开始生产宽带钢，以后又出现冷连轧带钢。同时，板、带材产量增加，质量提高，成本降低。船舶、铁路车辆、锅炉、容器、汽车、制罐等生产的发展，使冲压发展成为应用最广泛的成形工艺之一。

据有关调查统计，自行车、缝纫机、手表里有 80% 是冲压件；电视机、影碟机、摄像机里有 90% 是冲压件；食品金属罐壳、钢精锅炉及不锈钢餐具等全都是使用模具的冲压加工产品；就连电脑的硬件中也缺少不了冲压件。

汽车的车身、底盘、油箱、散热器片，锅炉的汽包，容器的壳体，电机、电器的铁芯硅钢片等都是冲压加工的。仪器仪表、家用电器、自行车、办公机械、生活器皿等产品中，也大量使用冲压件。

全世界的钢材中有 60% ~ 70% 是板材，其中大部分经过冲压制成成品。

冲压加工时，冲压设备给出的力通过模具的作用施加在板料毛坯的全体或局部，使之产生内应力。当内应力达到一定数值时，板料毛坯就会产生一定的塑性变形。在这种情况下，借助于模具工作部分对板料毛坯变形的控制，使毛坯按照预期的要求成为产品零件，实现加工的过程。因此，可以认为冲压设备、冲模和板料毛坯是构成冲压加工的3 个基本要素。

（2）冲压生产的特点

① 机械化、自动化程度高，具有较高的生产率。冲压生产是靠冲压设备和模具实现对板料毛坯的加工过程。它利用冲压设备和冲模简单的直线往复运动或回转运动完成相当复杂形状零件的制造过程，所以冲压加工的生产效率很高，每分钟加工的零件数量可以达到几十件，甚至上千件。由于这样的特点，冲压生产中的操作过程变得十分简单且容易，为操作过程的机械化与自动化提供了十分方便的条件。此外，冲压生产和当代的电子计算机技术相结合，也易于实现无人化的生产过程。

② 尺寸精度较高、质量稳定。冷冲压产品的尺寸精度是靠模具保证的，基本上不受操作方法和其他偶然因素的影响，所以质量稳定，一般不需要再经机械加工即可使用。

③ 表面质量好、成本低廉。冲压生产用的原材料多为冷轧板材或冷轧带材。原材料的良好表面质量是用大量生产方式、廉价的方法获得的。在冲压加工中这些良好的表面又不致遭到破坏，所以冲压件的表面质量好，而成本却很低廉。

④ 节能型的加工方法。冲压加工时不需要对毛坯加热,也不像切削加工那样把大量的金属切成切屑,所以它是一种节约能源和资源的加工方法。

2. 板料冲压的基本工序及其应用

(1) 分离工序

① 剪切。剪切是将板料剪成条料、块料或一定形状的毛坯,以供其他冲压工序应用,因此它主要是毛坯准备工序。在有些情况下,亦可剪成各种零件。

② 冲裁。冲裁是利用冲模使材料分离的一种冲压工序,若冲裁的目的是为了制取一定外形的冲落部分,则称为落料,如图 3-32 所示;若为了制取内孔,则称为冲孔,如图 3-33 所示。

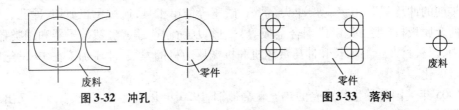

图 3-32　冲孔　　　　　　　　图 3-33　落料

冲裁的用途极广,既可以制成平板零件或为弯曲、拉深、成形等工序准备毛坯,也可以在已成形的冲压件占进行切口、剖切、修边等冲压加工。

(2) 塑性成形工序

塑性成形工序是指材料在不破裂的条件下产生塑性变形,从而获得一定形状、尺寸和精度要求的零件。基本工序有弯曲、拉深,此外,还有旋压、翻边、起伏、胀形等。

① 弯曲。把平板毛坯、型材或管材等弯成一定曲率、一定角度形成一定形状零件的冲压工序称为弯曲,如图 3-34 所示。

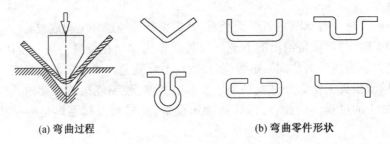

(a) 弯曲过程　　　　　　　　　　(b) 弯曲零件形状

图 3-34　弯曲

② 拉深。利用具有一定圆角半径的拉深模,将平板毛坯或开口空心毛坯冲压成容器状零件的冲压过程称为拉深,如图 3-35 所示。

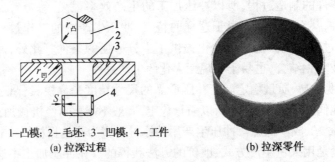

1—凸模; 2—毛坯; 3—凹模; 4—工件

(a) 拉深过程　　　　　　　　(b) 拉深零件

图 3-35　圆筒形零件的拉深

拉深模的凸模和凹模有一定的圆角,其间隙一般稍大于板料厚度。拉深件的底部一般不变形,厚度基本不变。直壁厚度有所减小。

拉深是主要的冲压工序之一,应用很广,如汽车、拖拉机的一些罩壳、覆盖件,电器仪表的壳体,以及众多的日用品等都是应用拉深成形的。

3. 冲压主要设备

(1) 剪板机

剪板机是用一个刀片相对另一刀片做往复直线运动剪切板材的机器。它借于运动的上刀片和固定的下刀片,采用合理的刀片间隙,对各种厚度的金属板材施加剪切力,使板材按所需要的尺寸断裂分离。剪板机属于锻压机械中的一种,主要作用就是金属加工行业。

剪切厚度小于 10 mm 的剪板机多为机械传动,大于 10 mm 的为液压传动。一般用脚踏或按钮操纵进行单次或连续剪切金属,如图 3-36 所示。

(a) 电动剪板机　　　　　　　(b) 液压剪板折弯机

图 3-36　剪板机

(2) 冲床

在冲压生产中,曲柄压力机是一种常用的冲压设备,简称冲床。冲床由床身、曲柄连杆机构、平衡器、传动部分、离合部分、操纵部分、润滑部分和上打部分组成,如图 3-37 所示。

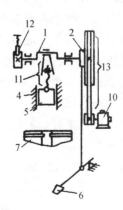

(a) 外形结构图　　　　　　　(b) 工作原理图

1—曲柄;2—离合器;3—带轮;4—皮带;5—滑轮;6—踏板;

7—工作台;8—导轨;9—床身;10—电动机;11—连杆;12—制动器;13—皮带轮

图 3-37　开式冲床

工作时,电动机通过飞轮释放能量。它依靠曲柄的转动,通过曲柄连杆使滑块做上下往复运动,利用滑块发出的压力使毛坯产生塑性变形,以制成一定形状的冲压件。其工作原理如下:电动机通过皮带轮、小齿轮、大齿轮(飞轮)和离合器带动曲轴旋转,再通过连杆使滑块在机身的导轨中往复运动,上模固定在滑块上,下模固定在机身工作台上。导轨保证滑块运动方向准确,工作时上下模具之间不会产生水平错移。离合器在电动机转动时,可使曲柄滑块机构运动或停止。制动器的动作与离合器的动作密切配合。在离合器脱开后制动器工作,将曲柄滑块机构停止在一定位置。

冲床工作时,踩下脚踏板,离合器接合,便可进行生产。

(3) 数控冲床

数控冲床是数字控制冲床的简称,是一种装有程序控制系统的自动化机床。该控制系统能够按照逻辑处理具有控制编码或其他符号指令规定的程序,并将其译码,从而使冲床动作并加工零件,如图 3-38 所示。

1—控制柜;2—压力机;3—工作台

图 3-38　数控冲床

数控冲床可用于各类金属薄板零件加工,可以一次性自动完成多种复杂孔型和浅拉深成型加工,可按要求自动加工不同尺寸和孔距的不同形状的孔,也可用小冲模以步冲方式冲大的圆孔、方形孔、腰形孔及各种形状的曲线轮廓,也可进行特殊工艺加工,如百叶窗、浅拉伸、沉孔、翻边孔、加强筋、压印等。

相对于传统冲压而言,数控冲压通过简单的模具组合节省了大量的模具费用,可以使用低成本和短周期加工小批量、多样化的产品,具有较大的加工范围与加工能力,从而及时适应市场与产品的变化。

在数控冲床可以进行单冲、同方向的连续冲裁、多方向的连续冲裁、蚕食、单次成形、连续成形和阵列成形等工作。

① 单冲。单次完成冲孔,包括直线分布、圆弧分布、圆周分布、栅格孔的冲压。

② 同方向的连续冲裁。使用长方形模具部分重叠的加工方式,可以进行加工长型孔、切边等。

③ 多方向的连续冲裁。使用小模具加工大孔的加工方式。

④ 蚕食。使用小圆模以较小的步距进行连续冲制弧形的加工方式。

⑤ 单次成形。按模具形状一次浅拉深成型的加工方式。

⑥ 连续成形。成型比模具尺寸大的成型加工方式,如大尺寸百叶窗、滚筋、滚台阶等

的加工方式。

⑦ 阵列成形。在大板上加工多件相同或不同的工件的加工方式。

4. 冲模的种类及基本结构

在冲压加工中,使被加工零件成形的一种特殊工具称为冲压模具,简称冲模。用来进行冲裁的模具称为冲裁模。

（1）冲模的种类

冲模的种类很多,分类方法也很多。按工序的种类,可将冲裁模分为落料模、冲孔模、切断模、拉深模、弯曲模等;按工序的复合程度,可将冲模分为简单模、连续模、复合模。

① 简单模。在冲床的一次冲程中只完成一个工序的冲模称为简单模。简单模的结构简单,造价低廉。

② 连续模。冲床的一次冲程中,在模具不同部位上同时完成数道冲压工序的模具称为连续模。连续模的生产率高,但要求定位精度高。

③ 复合模。冲床的一次冲程中,在模具同一部位上同时完成数道冲压工序的模具称为复合模。复合模的精度高,模具复杂。

（2）冲模的基本结构

典型的冲模结构如图3-39所示,一般分为上模和下模两部分。上模通过模柄安装在冲床滑块上,下模则通过下模板由压板和螺栓安装在冲床工作台上。

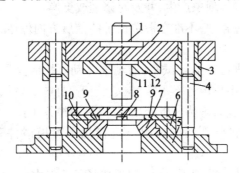

1—模柄;2—上模板;3—导套;4—导柱;5—下模板;6,12—压板;
7—凹模;8—定位销;9—导料板;10—卸料板;11—凸模

图3-39 冲模结构

冲模各部分的作用如下:

① 凸模和凹模。凸模11和凹模7是冲模的核心部分,凸模与凹模配合使板料产生分离或成形。

② 导料板和定位销。导料板9用于控制板料的进给方向,定位销8用于控制板料的进给量。

③ 卸料板。卸料板10使凸模在冲裁以后从板料中脱出。

④ 模架。包括上模板2、下模板5和导柱4、导套3。上模板2用于固定凸模11和模柄1等,下模板5用于固定凹模7、导料板9和卸料板10等。导柱4和导套3分别固定在上、下模板上,以保证上、下模对准。

3.1.6 锻压安全操作技术规程

第一条　进入车间实习时，必须按规定穿戴劳保用品，不准穿凉鞋、拖鞋、裙子和戴围巾进入车间，女生必须戴工作帽，将长发纳入帽内。

第二条　严禁在车间内追逐、打闹、喧哗，不得做与实习无关的事情（如阅读书报杂志、玩手机等）；不准接近或接触工作中的机器，不准乱动电器装置；实习过程中不得离开工作岗位。

第三条　工作场地要经常保持清洁整齐，搞好环境卫生；各种工具应按指定位置有规则地放置，不得乱放，避免堵塞通道和工作场地，以保证操作中的安全和方便。

第四条　操作中，思想要集中，2人以上操作必须有主有从，统一指挥，相互之间要注重配合协调。

第五条　不要长时间直视灼热的金属毛坯和锻件；加热坯料时，从加热炉内取出坯料后要用钳子夹持送到锻造工位，严禁从空中或地面抛扔。

第六条　司钳工在操作时，不要将手指置于两钳把之间，不得将钳把对准自身或他人，而应置于身体的侧面，以免造成伤害。

第七条　不允许锻造高于始锻温度和低于终锻温度的锻件，禁止打冷铁和空击模具，使用锻模必须预热。

第八条　手工锻造时，应经常检查大、小锤等工具是否有松动、脱落现象，受击力部位是否有损伤、裂纹、毛刺等现象产生，并及时修理或更换。

第九条　机锻操作过程中，不准在锻造设备的前后方向停留，以免锻造过程中锻件、氧化皮或毛边飞出伤人。

第十条　机锻时要进行空运转试车，启动要寸动。机锻操作过程中，要密切注意设备各部位的工作情况，如出现声音不正常、振动、温升、异味、烟雾、动作不协调、失灵等现象，应立即停机，保护好现场，等待分析处理，排除后再继续工作。

第十一条　禁止在状况不明的情况下直接用手触摸锻件和工具，防止发生烫伤事故。

第十二条　工作后认真整理工具，清扫工作场地，关闭电、气源；将设备各部位擦拭干净，加油防护各滑动面。

3.2 锻压工艺训练

3.2.1 手锻方坯

1. 实训内容

采用手工自由锻锻造如图3-40所示的鸭嘴锤，尺寸为20 mm×20 mm×200 mm，材料：45号钢，毛坯尺寸：$\phi 28$ mm×145 mm。

2. 工艺方案

（1）图纸分析

由图3-37可知，这是一个规则的长方体零件，截面为正方形，每边有±0.5 mm的公差要求,长度为 200 mm,有 ±5 mm 的公差要求,6 个面的表面粗糙度 Ra 均为 25 μm。

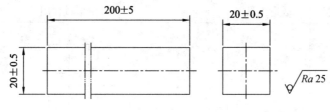

图 3-40 鸭嘴锤

（2）加工方案

① 加热。

根据锻件的材料为 45 号钢,确定锻造温度范围,由表 3-1 可知,始锻温度为 1 220 ℃,终锻温度为 800 ℃。加热设备为中频感应透热加热炉,加热过程中不允许产生过热、过烧、脱碳等现象。

② 锻造工艺。

鸭嘴锤毛坯的锻造工艺见表 3-6。由表中可知,要求 8 火次锻成。因坯料暴露在空气中加热,会因氧化出现材料氧化烧损,故火次越少越好。

表 3-6 鸭嘴锤毛坯锻造工艺

名　称	鸭嘴锤毛坯		
材　料	45 号钢	200±5　　　　　　20±0.5	
重量/kg	0.62		
毛坯尺寸	φ28×145		
毛坯重量/kg	0.70		
材料利用率	89%		
加热火次	8 火次以内		
锻造温度/℃	800～1 220		

火次	操作说明	锻造工具	变形过程图
1～2	拔长一头	① 铁砧 ② 圆口钳 ③ 大锤	>120　　　　60左右 夹持部分　　20$^{+2.0}_{0}$
3～4	拔长另一头	① 铁砧 ② 圆口钳 ③ 大锤	60左右 夹持部分　　20$^{+2.0}_{0}$

续表

火次	操作说明	锻造工具	变形过程图
5~6	① 镦粗一头 ② 镦粗另一头	① 铁砧 ② 方块钳 ③ 大锤 ④ 平锤	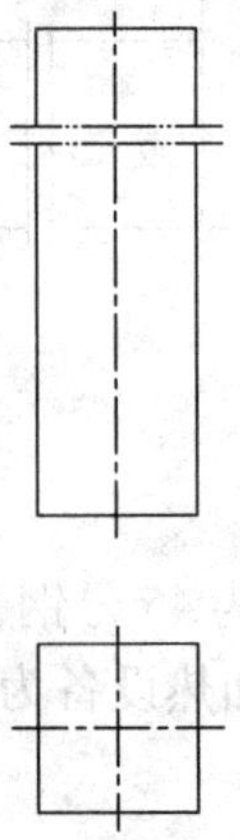
7~8	平整	① 铁砧 ② 方块钳 ③ 大锤 ④ 平锤	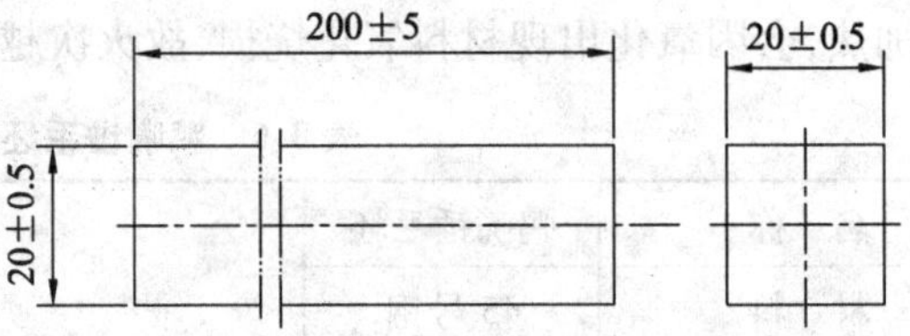 200±5　　20±0.5　20±0.5

3. 锻造过程

（1）锻件加热

采用中频感应透热加热炉加热。开启电源,待加热炉正常运行后,将坯料放入炉膛中部,待坯料加热到黄白色时,用钳子将坯料夹出,即可进行锻打。加热时要注意以下事项:

① 因中频感应透热加热炉加热时,加热速度较快,加热时注意观察,不能过热和过烧,到了温度要及时从炉膛内取出。

② 如发现坯料发生过热、过烧,要立即小心翼翼地将坯料取出,轻轻放在地面上或浸入水中。

③ 工件从炉膛移送到锻造工位的过程中,动作要迅速,但要注意避让他人,并且用钳子夹紧工件,手臂自然下垂,坯料向下,不得将工件对着他人,更不允许抛接工件。

（2）锻造

锻造时,3 人一组配合,1 人掌钳,1 人司锤,1 人加热。

① 掌钳姿势。手工自由锻时,操作者站离铁砧约半步,右脚在左脚后半步,上身稍向前倾,眼睛注视锻件的锻击点。左手握住钳杆的中部,右手握住手锤柄的端部,指示大锤的锤击。

锻打时必须将锻件平稳地放置在铁砧上,并且按锻击变形需要,不断将锻件翻转或移动。

② 手锤的打法。手工自由锻时,持锤锻击的方法有手挥法、肘挥法和臂挥法,如图 3-41 所示。

手挥法:主要靠手腕的运动来挥锤锻击,锻击力较小,用于指挥大锤的打击点和打击轻重。

肘挥法:手腕与肘部同时作用、同时用力,锤击力度较大。

臂挥法:手腕、肘和臂部一起运动,作用力较大,可使锻件产生较大的变形量,但费力甚大。

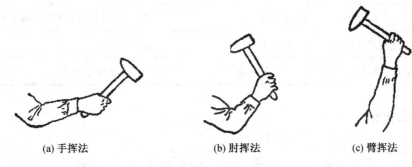

(a) 手挥法   (b) 肘挥法   (c) 臂挥法

图 3-41 手锤的打法

③ 大锤打法。大锤有抱打、抢打和横打等打法。打锤时,打击是否准确、有力与打锤姿势和握法有关。实习过程要求一律采用抱打法进行锻造。

抱打时人应平稳地站立在铁砧的斜前方,右脚向前迈出半步,右手握在锤柄的中间处,左手紧紧握住柄端,身体保持舒展自如,使全身既不易疲劳又便于用力。然后将锤举至右后方,并使上身微向后弯,瞬息后,右手用力按锤,并随着锤头向下回转逐渐加大按锤力,左手控制锤头的打击位置,这样就能使锤头迅猛而准确地打击在坯料上。若在打击坯料的瞬间,能机敏地利用其弹跳力,则会使举锤轻易得多。

(3) 锻造过程严格注意做到"六不打"

① 低于终锻温度不打。

② 锻件放置不平不打。

③ 冲子不垂直不打。

④ 剁刀、冲子、铁砧等工具上有油污不打。

⑤ 镦粗时工件弯曲不打。

⑥ 工具、料头易飞出的方向有人时不打。

(4) 锻件质量控制与尺寸测量

锻造过程中要随时注意观察工件,防止出现各种锻造缺陷,一旦出现菱形、弯曲、尺寸不均等,要即时采取相应措施纠正,并经常测量工件尺寸,保证锻件合格。

4. 锻件质量分析

鸭嘴锤方坯锻件质量分析见表 3-7。

表 3-7 鸭嘴锤方坯锻件质量分析

序号	质量问题	产生原因	预防纠正措施
1	截面不方	平整过程中没有控制好尺寸	注意测量尺寸,锻方尺寸
2	菱形	拔长时位置不正	拔长时,注意放正工件,出现菱形即时校正
3	弯曲	平整不好	校直工件
4	表面不平	锻造不均	锻打均匀,如有不平用平锤平整
5	截面尺寸过小	没有控制好尺寸	镦粗
6	尺寸一头大,一头小	一头拔长过度	镦粗一头符合要求

3.2.2 机锻方坯

1. 实训内容

采用机器自由锻锻造如图 3-42 所示的羊角锤,尺寸:31 mm×24 mm×95 mm,材料:45 号钢,毛坯尺寸:ϕ35 mm×80 mm。

2. 工艺方案

(1) 图纸分析

由图 3-42 可知,这是一个规则的长方体零件,截面为长方形,每边有 ±0.5 mm 的公差要求,长度为 90 mm,有 ± 5mm 的公差要求,6 个面的表面粗糙度 Ra 均为 25 μm。

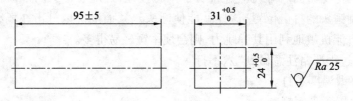

图 3-42　羊角锤

(2) 加工方案

① 加热。

根据锻件的材料为 45 号钢,确定锻造温度范围,由表 3-2 可知,始锻温度为 1 220 ℃,终锻温度为 800 ℃。加热设备为中频感应透热加热炉,加热过程中不允许产生过热、过烧、脱碳等现象。

② 锻造工艺。

表 3-8 所示为羊角锤毛坯的锻造工艺。

表3-8 羊角锤毛坯锻造工艺

名 称	羊角锤毛坯 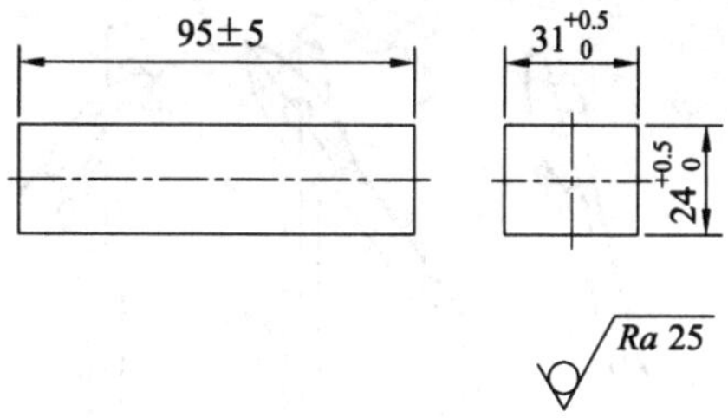
材 料	45号钢
重量/kg	0.53
毛坯尺寸	$\phi 35 \times 80$
毛坯重量/kg	0.60
材料利用率	88%
加热火次	8火次以内
锻造温度/℃	800~1 220

火次	操作说明	锻造工具	变形过程图
1~2	锻一面	① 空气锤 ② 方块钳	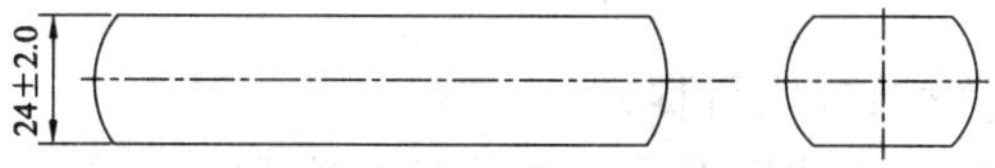
3~4	锻另一面	① 空气锤 ② 方块钳	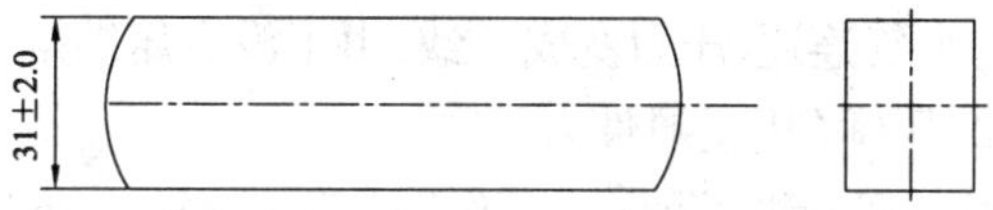
5~6	镦粗	① 空气锤 ② 方块钳	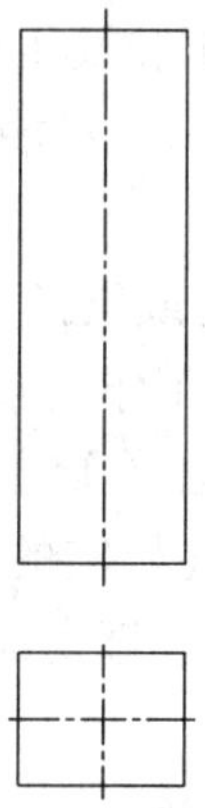
7~8	平整	① 空气锤 ② 方块钳	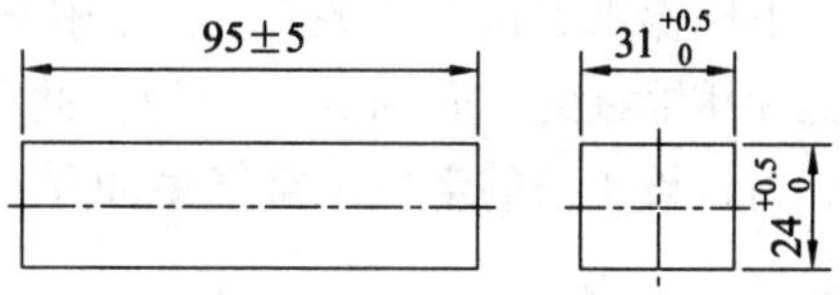

3. 锻造过程

（1）锻件加热

锻件加热设备操作和注意事项同鸭嘴锤坯料加热。

（2）空气锤操作方法

采用4人配合,1人司锤,1人掌钳,1人加热,另有1人辅助掌钳,辅助夹持工件。

空气锤操作过程是:接通电源,启动空气锤后通过手柄或脚踏,操纵上下旋阀,使空气锤实现空转、锤头悬空、连续打击、压锤和单次打击 5 种动作，以适应各种加工需要，如图 3-43 所示。

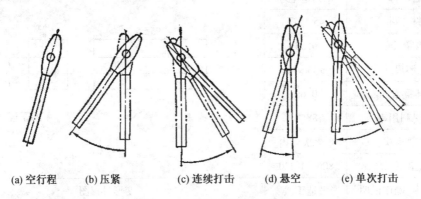

(a) 空行程   (b) 压紧   (c) 连续打击   (d) 悬空   (e) 单次打击

图 3-43   空气锤操纵手柄位置

① 空转(空行程)。

当上、下阀操纵手柄在垂直位置，同时中阀操纵手柄在"空程"位置时，压缩缸上、下腔直接与大气连通，压力变成一致，由于没有压缩空气进入工作缸，因此锤头不进行工作。

② 压锤(压紧锻件)。

当中阀操纵手柄在"工作"位置时，将上、下阀操纵手柄由垂直位置向顺时针方向旋转 45°，此时工作缸的下腔及压缩缸的上腔和大气相连通。当压缩活塞下行时，压缩缸下腔的压缩空气由下阀进入空气室，并冲开止回阀经侧旁气道进入工作缸的上腔，使锤头压紧锻件。

③ 连续打击(轻打或重打)。

中阀操纵手柄在"工作"位置时，驱动上、下阀操纵手柄(或脚踏杆)向逆时针方向旋转使压缩缸上、下腔与工作缸上、下腔互相连通。当压缩活塞向下或向上运动时，压缩缸下腔或上腔的压缩空气相应的进入工作缸的下腔或上腔，将锤头提升或落下。如此循环，锤头产生连续打击。打击能量的大小取决于上、下阀旋转角度的大小，旋转角度越大，打击能量越大。

④ 锤头悬空。

当上、下阀操纵手柄在垂直位置，将中阀操纵手柄由"空程"位置转至"工作"位置时，工作缸和压缩缸的上腔与大气相通。此时，压缩活塞上行，被压缩的空气进入大气；压缩活塞下行，被压缩的空气由空气室冲开止回阀进入工作缸的下腔，使锤头上升，置于悬空位置。

⑤ 单次打击。

单次打击是通过变换操纵手柄的操作位置实现的。单次打击开始前，锤处于锤头悬空位置(即中阀操纵手柄处于"工作"位置)，然后将上、下阀的操纵手柄由垂直位置迅速地向逆时针方向旋转到某一位置再迅速地转到原来的垂直位置(或相应的改变脚踏杆的位置)，这时便得到单次打击。打击能量的大小随旋转角度而变化，转到 45° 时单次打击能量最大。如果将手柄或脚踏杆停留在倾斜位置(旋转角度≤45°)，则锤头做连续打击。故单次打击实际上只是连续打击的一种特殊情况。

（3）机锻操作注意事项

机锻时除要做到"六不打"外，还要注意：

① 必须用方块钳夹持工件，夹持位置为工件侧面，不能夹持锤击面。

② 锻件要放在铁砧中部，必须放正、放平、夹牢。

③ 司锤工和掌钳工要密切配合，注意力集中，但不要过度紧张。

④ 严禁用锤头空击铁砧。

⑤ 任何时候不得将手、头伸入上、下砧之间。

（4）锻件质量控制与尺寸测量

锻造过程中，要随时注意观察工件，防止出现各种锻造缺陷，一旦出现平行四边形、镦歪、尺寸不均等，要即时采取相应措施纠正，并经常测量工件尺寸，保证锻件合格。

4. 锻件质量分析

锻件质量分析见表 3-9。

表 3-9　羊角锤毛坯锻件质量分析

序号	质量问题	产生原因	预防纠正措施
1	平行四边形	① 锻侧面时位置不正 ② 镦粗时不垂直	① 注意放正工件，出现平行四边形即时校正 ② 镦粗时放正工件，出现歪斜即时校正
2	尺寸超差	没有控制好尺寸	多测量，注意锻打配合

3.2.3　冲制校标

1. 实训内容

在 J23-16 冲床上冲制如图 3-44 所示的江苏大学校标，材料：$t=1$，牌号：2A12，条料尺寸：$42.5_{-0.5}^{0}$ mm×1 000 mm。

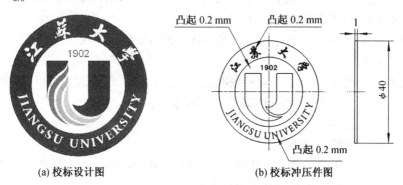

(a) 校标设计图　　　　　　　(b) 校标冲压件图

图 3-44　江苏大学校标

2. 工艺方案

① 在落料模上落料，冲制校标毛坯。

② 在压印模上压制校标图案。

3. 冲制过程

（1）落料模安装

① 根据模具的闭合高度调整压力机的装模高度,使压力机的装模高度略大于模具的闭合高度。

② 将滑块升至上止点,将模具放于工作位置状态,再将滑块逐步下降,使模具模柄安装到滑块的模柄孔内,使滑块下平面与上模座接触,拧紧螺钉将模柄（上模）固定。

③ 用压板和压紧螺钉将下模固紧在工作台垫板上。

④ 用手搬动飞轮（或者选择"点动",然后切断压力机总电源）,使滑块移动至最下位置,调节螺杆螺母,按照模具闭合高度及上下刃口接触要求,调节滑块至适当位置。

⑤ 模具安装完毕后,用扳手再依次紧一次各模具安装紧固螺钉,检查是否锁紧无误,以免损坏模具和机床。

⑥ 接通压力机电源,空行程运转数次,然后进行试冲。

（2）冲制校标毛坯

① 打开冲床电源,启动冲床。

② 将条料从下模卸料板下方送进,第 1 次冲裁时,条料头部顶住挡料销即可;第 2 次及以后冲裁时,将条料落料孔后侧顶住挡料销。踩动踏板一次,完成一次落料冲裁。

（3）压印模装模

① 根据模具的闭合高度调整压力机的装模高度,使压力机的装模高度略大于模具的闭合高度。

② 将滑块升至上止点,将模具放于工作位置状态,再将滑块逐步下降,使模具模柄安装到滑块的模柄孔内,使滑块下平面与上模座接触,拧紧螺钉将模柄（上模）固定。

③ 用压板或压紧螺钉将下模固紧在工作台垫板上。

④ 用手搬动飞轮（或者选择"点动",然后切断压力机总电源）,使滑块移动至最上位置,在下模内放入压印毛坯;使滑块移动至最下位置,调节螺杆螺母,按照模具闭合高度及上下模接触要求,调节滑块至适当位置。

⑤ 模具安装完毕后,用扳手再依次紧一次各模具安装紧固螺钉,检查是否锁紧无误,以免损坏模具和机床。

⑥ 接通压力机电源,空行程运转数次,然后进行试冲,根据试冲结果,缓慢扳动螺杆螺母,逐渐向下调节滑块,使校标图案压痕清晰即可。

（4）压制校标图案

① 打开冲床电源,启动冲床。

② 用镊子将压印毛坯放入下模内,踩动踏板一次,完成一次压印冲裁。将脚从踏板上移开,用镊子将压印好的校标从下模中取出。

③ 如果工件卡在模子里,应用专用工具取出,严禁用手拿,并应先将脚从踏板上移开。

④ 操作者对踏板开关的控制必须小心谨慎,装卸工件时,脚应离开脚踏开关。严禁其他人员在脚踏开关的周围停留。

（5）模具拆卸

① 切断电源。

② 用手或撬杆转动压力机飞轮（大型压力机则按微动按钮开启电动机），使滑块降至下死点，上、下模处于闭合状态。

③ 松开模柄螺栓，将滑块升至上死点，使其与上模完全脱开。

④ 松开下模压板螺栓，拆去下模压板，将整付模具拆下，并运到指定地点。

⑤ 仔细擦去表面油污，涂上防锈油，稳妥存放，以备再用。

4. 质量分析

校标冲制件质量分析见表3-10。

表3-10 校标冲制件质量分析

序号	质量问题	产生原因	预防纠正措施
1	校标外形缺一角	条料宽度偏小	加大条料宽度
2	图案不清晰	① 冲头磨损 ② 模具闭合高度偏大	① 更换冲头 ② 适当调小模具闭合高度
3	表面划痕严重	条料质量不好	① 采购表面光整板料 ② 下料注意不要划伤表面

3.2.4 锻压综合训练

1. 实训内容

采用手工自由锻锻造如图3-45所示的羊角锤，材料：45 号钢，毛坯尺寸：31 mm × 24 mm × 95 mm 或 ϕ35 mm × 80 mm。

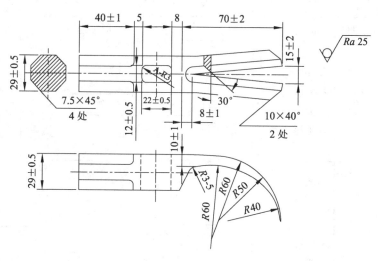

图3-45 羊角锤

2. 工艺方案

（1）图纸分析

由图3-45可知，这是一个比较复杂的工件，由3部分组成，它的尾部是一个八角断

面,由 29 mm×29 mm 的正方形截面倒四角而成,倒角尺寸为 7.5×45°,每边有 ±0.5 mm
的公差要求;中部为锤体部分,有一个 22 mm×12 mm 的矩形孔,用来安装锤柄,每边有
+0.5 mm 的公差要求;头部为羊角部分。所有面的表面粗糙度 Ra 均为 25 μm。

　　(2) 加工方案

　　① 加热。

　　根据锻件的材料为 45 号钢,确定锻造加热规范,由表 3-2 可知,始锻温度为 1 220 ℃,
终锻温度为 800 ℃。加热设备为中频感应透热加热炉,加热过程中不允许产生过热、过
烧、脱碳等现象。

　　② 锻造工艺。

　　表 3-11 所示为羊角锤的锻造工艺。

表 3-11　羊角锤锻造工艺

名　　称	羊角锤	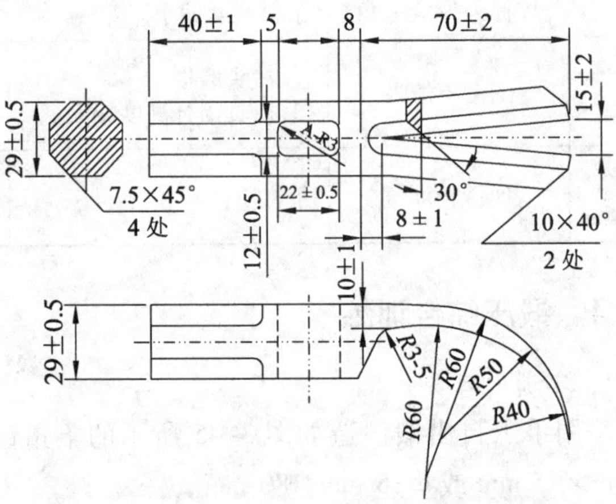 图示
材　　料	45 号钢	
重量/kg		
毛坯尺寸	31×24×95 或 φ35×85	
毛坯重量/kg	0.53(0.60)	
材料利用率		
加热火次	8 火次以内	
锻造温度/℃	800~1 220	

火次	操作说明	锻造工具	变形过程图
1~2	锻方坯	① 铁砧 ② 方块钳 ③ 大锤 ④ 平锤	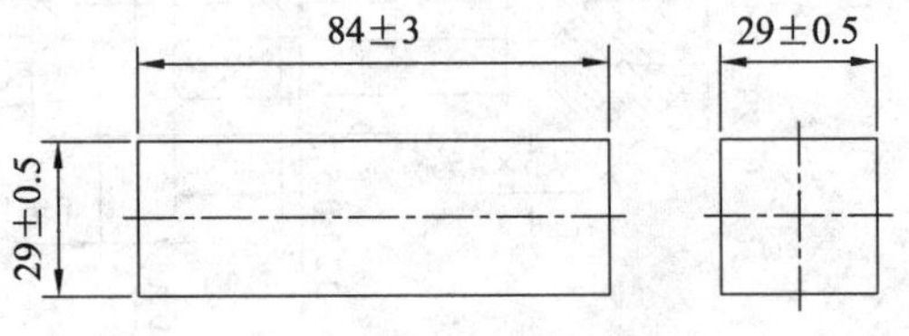
3~4	锻八角	① 铁砧 ② 圆口钳 ③ 大锤 ④ 平锤	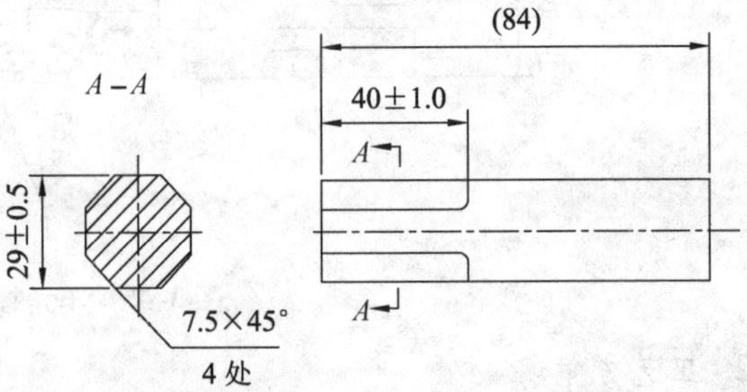

续表

4	冲孔	① 铁砧 ② 圆口钳 ③ 大锤 ④ 平锤 ⑤ 冲子	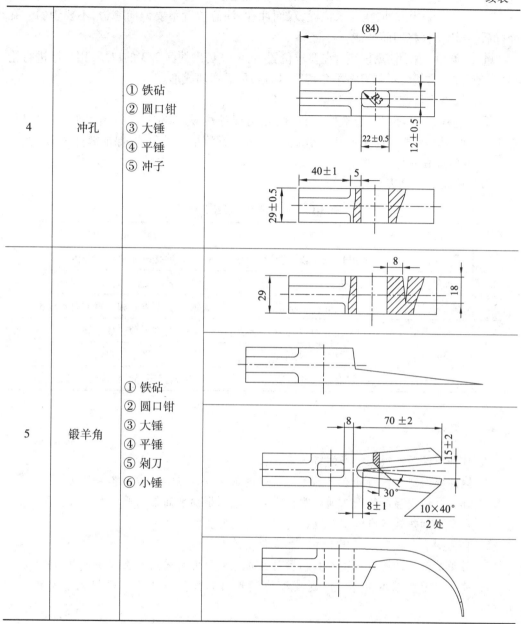
5	锻羊角	① 铁砧 ② 圆口钳 ③ 大锤 ④ 平锤 ⑤ 剁刀 ⑥ 小锤	

3. 锻造过程

（1）锻件加热

锻件加热设备操作和注意事项同鸭嘴锤坯料加热。

（2）锻造

锻造时，3人一组配合，1人掌钳，1人司锤，1人加热。锻造时分成以下4个工步进行：

① 锻方坯。采用拔长和镦粗工序，将坯料锻至要求截面尺寸：(29 ± 0.5) mm × (29 ± 0.5) mm，并使两端镦平。

② 锻八角。采用错移工序,用平锤将四角锻成 7.5 ×45°倒角。

③ 冲孔。采用方冲,在要求位置,双面冲孔,注意位置不要偏向一边,不要歪斜。孔冲好后,要用平锤将四面平整。

④ 锻羊角。采用切割工序,在要求位置,将毛坯切出约深 2/3 的口子,用平锤进行错移后,进行拔长,然后用剁刀将羊角切开,切角,最后弯曲成形。

（3）锻件质量控制与尺寸测量

锻造过程中,要随时注意观察工件,防止出现各种锻造缺陷,一旦出现平行四边形、镦歪、尺寸不均等,要即时采取相应措施纠正,并经常测量工件尺寸,保证锻件合格。

4. 锻件质量分析

锻件质量分析见表 3-12。

表 3-12　羊角锤锻件质量分析

序号	质量问题	产生原因	预防纠正措施
1	锤体扭曲	冲孔时发生较大变形	冲孔时注意校平锤体
2	八角歪斜	八角错移时,角度不对	放正工件,呈45°方向
3	锤柄孔歪斜	冲孔时冲子不正	冲孔沿长度方向和垂直方向要放正
4	羊角不正	切割羊角时两边大小不一	切割羊角时放正剁刀
5	表面不平	最后没有进行平整	平整到要求
6	尺寸不符	没有按尺寸锻造	每道工序都严格按要求锻造

 思考题

1. 什么叫锻压? 锻压生产的特点是什么?

2. 锻件在锻造之前为什么要加热? 常用的加热设备有哪几类? 各有什么优缺点?

3. 什么是锻造温度范围? 通过观察火焰颜色判别温度高低的原理是什么?

4. 常见的加热缺陷有哪些? 有何危害? 如何防止?

5. 自由锻有哪些基本操作工序? 各有何用途?

6. 常见的锻造缺陷有哪些? 如何预防? 产生缺陷时可采用什么方法加以纠正?

7. 冲压有哪些基本工序? 一副典型的模具应有哪些基本的结构组成? 各有什么用途?

8. 简述数控冲的基本工作原理。

第 4 章

焊　　接

4.1　焊接基础知识

4.1.1　焊接概述

焊接是将两个分离的金属体,通过加热或加压,或两者兼用,并且用或不用填充材料,使焊件金属达到原子结合而连接成为一个不可拆卸的整体的一种加工方法。

1. 焊接方法的分类

焊接的方法有很多,根据焊接的工艺特点和母材金属所处的状态,将焊接方法分熔化焊、压力焊和钎焊,以及与焊接有密切关系的相关技术,如切割和热喷涂,见表4-1。

① 熔化焊。将接头加热至熔化状态,有时另加填充材料形成共同熔池,然后冷却凝固使之连接成一个整体,是一种不加压力的焊接方法。常见的熔化焊有手工电弧焊、气焊、埋弧自动焊、氩弧焊、电渣焊、激光焊、电子束焊等。

② 压力焊。对焊件连接处施加压力,使接头处紧密接触并产生塑性变形,通过原子间的结合而使之形成一个整体的一种焊接方法,连接处可加热也可不加热。常见的有电阻焊、摩擦焊、高频焊、冷压焊、扩散焊、爆炸焊等。

③ 钎焊。采用熔点比母材低的钎料,将焊件接头和钎料加热到高于钎料的熔点而母材不熔化的温度,利用毛细管作用使液态钎料填充接头间隙与母材相互扩散连接焊件的焊接方法。常见的有锡焊、铜焊、银焊、超声波钎焊等。

表 4-1　焊接的分类

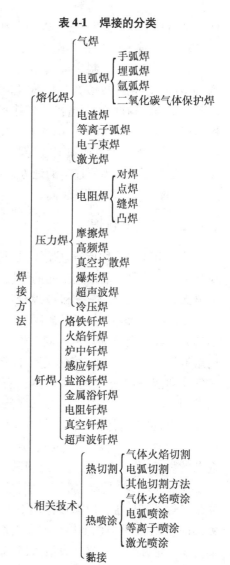

2. 焊接的特点

① 连接性能好。焊接可以较方便地将不同形状与厚度的型材连接起来,也可以将铸、锻件焊接起来,甚至能将不同种类的材料连接起来,从而使结构中不同种类和规格的材料应用得更合理。焊接连接刚度大、整体性好,同时,焊接容易保证气密性与水密性。

② 简化工艺。焊接工艺一般不需要大型、贵重的设备,因而设备投资少、投产快,容易适应不同批量的结构生产,更换产品方便。此外,焊接参数的电信号易于控制,容易实现自动化。焊接机械手和机器人已用于工业部门。在国外已有无人焊接自动化车间。

③ 节省材料和工时。焊接适宜于制造尺寸较大的产品和形状复杂及单件或小批量生产的结构,并可在一个结构中选用不同种类和价格的材料,以提高技术及经济效益。

但焊接也存在不足之处,如对某些材料的焊接有一定困难,焊缝及热影响区有时因工艺不当产生某些缺陷等。但是只要合理选用材料,精心设计,选用合理的焊接工艺,设计严格的科学管理制度,就可以大大延长焊件的使用寿命。

3. 焊接技术的应用

焊接技术可用于制造金属结构,广泛应用于造船、车辆、桥梁、航空航天、建筑钢结构、重型机械、化工装备等工业部门。采用金属型材、板材和管材等,通过焊接技术可制造各种金属结构件;可制造机器零件和毛坯,如轧辊、飞轮、大型齿轮、电站设备的重要部件等;可连接电气导线和精细的电子线路;也可做成锻-焊、铸-焊复合件;另外,可在生产中用以修补铸、锻件的缺陷或局部损坏的零件,具有很好的经济效益。

凡是金属材料需要连接的地方,就有焊接技术的应用。它甚至还可应用于新型陶瓷连接、非晶态金属合金焊接等。

4.1.2　手工电弧焊

手工电弧焊亦称焊条电弧焊,是利用焊条和焊件之间的稳定燃烧产生的电弧热使金属和母材熔化凝固后形成牢固的焊接接头的一种焊接方法。如图 4-1 所示,焊接过程中在电弧高热作用下,焊条和被焊金属局部熔化。由于电弧的吹力作用,在被焊金属上形成了一个椭圆形的充满液体金属的熔池。同时熔化了的焊条金属向熔池过渡。焊条药皮熔化过程中产生一定量的保护气体和液态熔渣,产生的气体充满在电弧和熔池周围,起隔绝大气的作用。液态熔渣浮起盖在液体金属上面,也起着保护液体金属的作用。

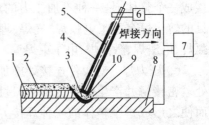

1—焊接;2—渣壳;3—熔滴;4—药皮;
5—焊芯;6—焊钳;7—弧焊机;
8—工件;9—金属熔池;10—电弧

图 4-1　手工电弧焊焊接过程

在熔池中液态金属、液态熔渣和气体间进行着复杂的物理、化学反应,这种反应称为冶金反应,冶金反应起着精炼焊缝金属的作用,能够提高焊缝的质量。焊条芯棒也在电弧热作用下不断熔化,进入熔池,构成焊缝的填充金属。随着电弧的前移,熔池后方的液体金属温度逐渐下降,渐次冷凝形成焊缝。

手工电弧焊具有操作灵活,设备简单,焊接材料广泛等优点,在生产中应用广泛。

1. 焊接电弧

（1）焊接电弧的产生

在两个电极之间的气体介质中，强烈而持久的气体放电现象称为电弧，发生在焊接电极与工件间隙电离后的放电现象称为焊接电弧。

电弧建立需要具备合适的空载电压和导电离子。使气体产生导电离子的办法主要有两种：一种是在电极和工件之间加上很高的电压，在所形成的强电场的作用下使气体电离，即击穿这部分气体，使它变成导体；另一种办法是使电极本身发射电子，这些发射电子撞击气体原子，使自由电子脱离原子核，形成自由电子和正离子，从而使气体电离。焊接时先将焊条和焊件瞬时接触，发生短路，短路电流流经几个接触点，使接触点的温度急剧升高并熔化，当焊条迅速提起时，两电极间产生热电子，在电场的作用下，电子撞击焊条和焊件间的空气，使之电离成正离子和负离子。电子和负离子流向正极，正离子流向负极。这些带电质点的定向运动形成焊接电弧。

为了易于产生和维持电极间的导电离子，在焊条药皮中加入易于电离的碱金属和碱土金属元素及其化合物。根据这两种电离原理，在电弧焊中有相应的两种引弧方法，即非接触引弧法和接触引弧法。在非熔化极电弧焊中，广泛采用非接触引弧法，如钨极氩弧焊常用高频振荡器引弧，其电压高达2 000 V。在熔化极电弧焊中，如手工电弧焊、埋弧焊和熔化极气体保护焊中都采用接触引弧法。焊接电弧的形成过程如图4-2所示。沿着电弧长度方向，焊接电弧由阴极区、弧柱区和阳极区3部分组成。

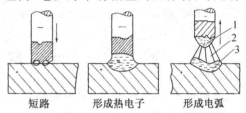

短路　　　形成热电子　　　形成电弧

1—阴极区；2—弧柱区；3—阳极区

图4-2　焊接电弧的形成

电弧焊主要利用在阳极区和阴极区所产生的热量来熔化金属。阳极区的热量主要来自自由电子撞入时所释放出来的能量。阴极区的热量主要来自正离子撞入时所释放出来的能量。阴极发射电子需要消耗一部分能量。弧柱区因散热条件比阳极区和阴极区都差，因此温度很高。当焊接电流为交流电时，由于电流在1 s内要变换方向100次，电极和母材轮流为阴极或阳极，因而阴极区和阳极区的温度相同，等于其平均值。

（2）影响焊接电弧稳定的因素

实际生产中，焊接电弧可能由于各种原因而发生燃烧不稳定的现象，如电弧经常间断，不能连续燃烧，电弧偏离焊条轴线方向或电弧摇摆不稳等。焊接电弧能否稳定直接影响到焊接质量的优劣和焊接过程能否正常进行。

除操作者技术不熟练外，影响电弧稳定的因素有以下几个方面：

① 焊接电源的种类、极性及性能的影响。一般来说，用直流焊机比用交流焊机电弧稳定，反接法比正接法电弧稳定，空载电压较高的焊机较之空载电压较低的焊机电弧稳定。

② 焊条药皮的影响。药皮中含有易电离的元素，如钾、钠、钙及其化合物越多，电弧稳定性越好。含有难于电离的物质（如氟的化合物）越多，电弧稳定性就越差。此外，焊条药皮偏心，熔点过高和焊条保存不好造成药皮局部脱落等都会造成电弧不稳定。

③ 焊接区清洁度和气流的影响。焊接区若油漆、油脂、水分及污物过多时，会影响电

弧的稳定性。在风较大的情况下露天作业，或在气流速度大的管道中焊接，气流能把电弧吹偏而拉长，也会降低电弧的稳定性。

④ 磁偏吹的影响。在焊接时会发生电弧不能保持在焊条轴线方向而偏向一边，这种现象称为电弧的偏吹。在采用直流电焊接时，还会发生因焊接电流磁场所引起的磁偏吹。磁偏吹导致电弧对接缝处的集中加热，使焊缝焊偏，严重时会使电弧熄灭。

引起磁偏吹的根本原因是电磁周围磁场分布不均匀。造成磁场分布不均匀的因素有两方面：一是焊接电缆接在焊件的一侧，焊接电流只从焊件的一侧流过；二是在靠近直流电弧的地方有较大的铁磁物体存在时，引起电弧两侧的磁场分布不均匀。

在焊接过程中，可采用短弧、调整焊条倾角（将焊条朝着偏吹方向倾斜）或选择恰当的接线部位等措施来克服磁偏吹。

2. 弧焊电源

为使电弧稳定燃烧，手工电弧焊时对电源有一定的要求。

① 对电源静特性的要求。电源静特性是指弧焊电源在电弧稳定燃烧时，电弧电压和焊接电流的关系。当焊接电流过小时，焊件与焊条间的气体电离不充分，电弧电阻大，这时要求电源提供较高的电压以维持必要的电离程度。随着电流的增大，气体电离程度增加，电弧电阻减小，电弧电压降低，当气体充分电离，电弧电阻降到最低，只要维持一定的电弧电压即可，此时电弧电压与焊接电流大小无关。如果弧长增加，则所需的电弧电压相应增加。

② 对电源动特性要求。电源对负载状态突然变化的反应能力，即焊接电源适应焊接电弧变化的特性称为电源的动特性。

动特性好的电源，弧长的变化能很快地提供所需要的电流与电压，使电弧从一个稳定工作点过渡到另一个稳定工作点。此外，电源的动特性好，引弧容易，即使弧长有变化，电弧仍能稳定燃烧，焊接飞溅小，焊缝成型好。

3. 电焊条

手工电弧焊的焊条由焊条芯和药皮（涂料）两部分组成，如图4-3所示。

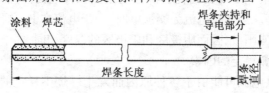

图4-3　电焊条

焊条芯主要起传导电流和填补焊缝金属的作用，它的化学成分和非金属杂质的多少将直接影响焊缝质量。因此，焊条芯的钢材都是经过专门冶炼的，其钢号和化学成分应符合国家标准。焊条钢芯具有较低的含碳量和一定含锰量，硅含量控制较严，有害元素磷、硫的含量低。焊条芯直径（代表焊条直径）为 0.4～9.0 mm，其中直径为 3～5 mm 的焊条应用最普遍。焊条长度为 300～450 mm。

焊条药皮的组成比较复杂，每种焊条的药皮配方中一般包含 7～9 种原料。焊条药皮在焊接过程中的主要作用是：提高焊接电弧的稳定性，以保证焊接过程正常进行；造气、造渣，以防止空气侵入熔滴和熔池；对焊缝金属脱氧、脱硫和脱磷；向焊缝金属渗入合金元素，以提高焊缝金属的力学性能。

焊条按用途不同分为若干类，如碳钢焊条、低合金钢焊条、不锈钢焊条、堆焊焊条、铸铁及有色金属焊条等。CB 117—85 规定的碳钢焊条型号以字母"E"加 4 位数字组成，如 E4303，其中"E"表示焊条，前面两位数字"43"表示敷熔金属抗拉强度最低值为 420 MPa，第三位数字"0"表示适合全位置焊接，第三、第四位数字组合"03"表示药皮为钛钙型和焊接电源交直流两用。此外，目前仍保留着焊条行业使用的焊条牌号，如 J422 等。"J"表示结构钢焊条，前面两位数字"42"表示熔敷金属抗拉强度最低值为 420 MPa，第三位数字"2"表示药皮类型为钛钙型，交直流两用。

几种常用碳钢焊条的型号、牌号及用途见表 4-2。

表 4-2　几种常用碳钢焊条的型号、牌号及用途

型号	牌号	药皮类型	焊接电源	主要用途	焊接位置
E4303	J422	钛钙型	直流或交流	焊接低碳钢结构	全位置焊接
E4320	J424	氧化铁型	直流或交流	焊接低碳钢结构	横向焊接
E5016	J506	低氢钾型	直流或交流	焊接低合鑫钢或中碳钢结构	全位置焊接
E5015	J507	低氢钠型	直流反接	焊接重要低碳钢或中碳钢结构	全位置焊接

根据焊条熔渣化学性质的不同，焊条分酸性焊条和碱性焊条。药皮中含有多量酸性氧化物的焊条，熔渣呈酸性，称为酸性焊条，如 E4303（J422）型焊条；药皮中含有多量碱性氧化物的焊条，熔渣呈碱性，称为碱性焊条，如 E5015（J507）焊条。酸性焊条能交、直流两用，焊接工艺性好，但焊缝金属冲击韧性较低，适于焊接一般低碳结构钢。碱性焊条一般需用直流电源，焊接工艺性较差，对水分、铁锈敏感，使用时必须严格烘干，但焊缝金属抗裂性较好，适于焊接重要结构工件。

焊条的种类与牌号很多，选用的是否恰当将直接影响焊接质量、生产率和产品成本。焊条的一般选择原则如下：

① 等强度原则。对于承受静载或一般载荷的工件或结构件，常选用抗拉强度与母材相等的焊条。

② 等同性原则。焊接在特殊条件下工作的工件或结构件（如要求耐磨、耐腐蚀、高温、低温等），应选择能保证熔敷金属的性能与母材相近或相似的焊条。

③ 等条件原则。根据工件或结构的工作条件和特点选择焊条。

4. 手工电弧焊设备与工具

手工电弧焊设备主要有交流弧焊机和直流弧焊机。直流弧焊机又分为焊接发电机和焊接整流器。

（1）交流弧焊机

交流弧焊机是一种特殊的降压变压器，它将电网输入的交流电变成适宜于电弧焊的交流电。交流弧焊机的结构简单，使用可靠，维修方便，但在电弧稳定性方面有些不足。

交流弧焊机由固定铁芯、可移动铁芯和饶在铁芯上的线圈组成。其工作原理是：当焊机空载时，将电压降至 60～80 V。当引弧开始，焊条与工件接触形成短路，电压近于 0，当焊机引弧后，电压会下降到正常工作所需的 20～30 V，形成稳定的电流。交流弧焊机还可根据焊接的需要调整电流的大小，当需要大范围调整电流时，可以通过改变线圈抽

头的接法来实现,当需要小范围调整电流时,可通过调节手柄来改变电焊机内可动铁芯的位置来实现。交流弧焊机的外形如图4-4所示。

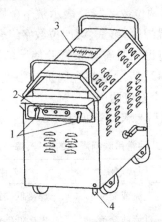

1—电源两极;2—线圈抽头;3—电源指示盘;4—地线接头

图4-4　交流弧焊机示意图

（2）直流弧焊机

焊接发电机是直流弧焊机的一种,它由一台三相感应电动机和一台直流发电机组成,发电机用来供给焊接所需的直流电。图4-5为焊接发电机的外形图。

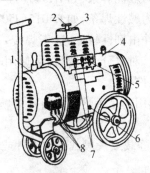

1—交流电动机;2—调节手柄;3—电源指示盘;4—直流发电机;

5—正极抽头;6—接地螺钉;7—焊接电源两极（接工件与焊条）;8—接外电源

图4-5　焊接发电机示意图

由于成本高,维修困难,使用时噪声大,硅钢片和铜导线的需要量大,结构复杂,成本高,这种焊机正逐渐被淘汰。

焊接整流器又称为整流弧焊机,它的结构相当于在交流焊机上加上硅整流元件,把交流电变为直流电。这种焊机结构简单,维修方便,稳弧性能好,噪声小,正在逐步取代焊接发电机。整流弧焊机的外形如图4-6所示。

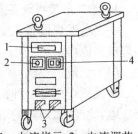

1—电流指示;2—电流调节;
3—输出接头;4—电源开关

图4-6　整流弧焊机示意图

在焊接一般钢结构时,采用优质焊条,交、直流弧焊机在焊接质量和其他方面没有多大区别,但由于交流弧焊机结构简单、节能、制造和维修方便等优点,一般采用交流弧焊机。焊接发电机稳弧性好,经久耐用,电网电压波动的影响小,适用于小电流焊接薄件。

直流弧焊机是供给焊接用直流电的电源设备,其输出端有固定的正负之分,因此焊接导线的连接有两种接法:正接法和反接法。正接法是焊件接直流弧焊机的正极,电焊条接负极,如图4-7所示;反接法是焊件接直流弧焊机的负极,电焊条接正极,如图4-8所示。

导线的连接方式不同,其焊接的效果会有差别。在生产中可根据焊条的性质或焊件所需热量情况来选用不同的连接方式。在使用酸性焊条时,焊接较厚的钢板采用正接法,因局部加热熔化所需的热量比较多,而电弧阳极区的温度高于阴极区的温度,可加快母材的熔化,以增加熔深,保证焊缝根部熔透。焊接较薄的钢板或对铸铁、高碳钢及有色合金等材料的焊接,则采用反接法,因不需要强烈的加热,以防烧穿薄钢板。当使用碱性焊条时,按规定均应采用直流反接法,以保证电弧燃烧稳定。

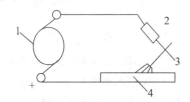

1—焊机;2—焊钳;3—焊条;4—工件

图4-7 直流弧焊机正接法

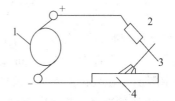

1—焊机;2—焊钳;3—焊条;4—工件

图4-8 直流弧焊机反接法

(3) 手弧焊辅助设备及工具

手弧焊辅助设备和工具有焊钳、焊接电缆、面罩、敲渣锤、钢丝刷和焊条保温筒等。

① 焊钳。焊钳是用以夹持焊条进行焊接的工具,它应安全、轻便、耐用。常用的焊钳有300 A和500 A两种,如表4-3所示。

② 焊接电缆。焊接电缆是由多股细铜线电缆组成,一般可选用YHH型电焊橡皮套电缆或YHHR型电焊橡皮套特软电缆。电缆断面可根据焊机额定焊接电流参数(见表4-4)选择。焊接电缆长度一般不宜超过20~30 m。

③ 面罩。面罩是为了防止焊接时的飞溅、弧光及其他辐射对焊工面部及颈部损伤的一种遮蔽工具,有手持式和头盔式两种。

表4-3 焊钳参数表

型号	额定电流/A	电缆直径/mm	使用焊条直径/mm	外形尺寸/mm
G352	300	14	2~5	250×80×40
G582	500	18	4~8	290×100×45

表4-4 额定焊接电流参数表

额定电流/A	电缆截面/mm²	额定电流/A	电缆截面/mm²
100	16	315	70
125	16	400	95
160	25	500	120
200	35	630	150
250	50		

5. 焊接工艺

手工电弧焊的工艺参数有焊条直径、焊接电流、电弧电压、焊接速度、焊道层数、电源种类和极性等。

① 焊条直径的选择。焊条直径规格为 1.6,2.5,3.2,5.0,5.8 mm 等。通常根据被焊工件的厚度、接头形状、焊接位置和预热条件来选择焊条直径,如表4-5所示。

表4-5　焊条直径表　　　　　　　　　　mm

板厚	焊条直径	板厚	焊条直径
1~2	1.6,2.0	4~6	3.2,4.0
2~2.5	2.0,2.5	6~10	4.0,5.0
2.5~4	2.5,3.2	>10	5.0,5.8

带坡口多层焊时,首层用 ϕ3.2 mm 焊条,其他各层用直径较大的焊条。立焊、仰焊或横焊使用焊条直径不宜大于 4.0 mm,以便形成较小的熔池,减少熔化金属下淌的可能性。焊接中碳钢或普通低合金钢时,焊条直径应适当比焊接低碳钢时要小一些。

② 焊接电流的选择。焊接电流对焊接过程、焊接质量和生产率的影响很大。如果电流过小,焊接时会出现电弧不稳定,焊条熔化速度慢,焊后会出现熔渣、焊瘤、夹渣等缺陷。如果电流过大,焊缝区易过热变脆,焊后易造成咬边、裂纹、气孔等缺陷。

焊接电流的选择主要决定于焊条的类型、焊件材质、焊条直径、焊件厚度、接头形式、焊接位置以及焊接层数等。在使用一般碳钢焊条时,焊接电流大小和焊条直径的关系为

$$I = (35 \sim 55)d$$

式中,I——焊接电流,A;

　　　d——焊条直径,mm。

根据以上公式所求得的焊接电流,只是一个大概数值。对于同样直径的焊条,焊接不同材质和厚度的工件时,焊接电流亦不同。一般工件越厚,焊接热量散失得越快,应取电流值的上限值。对焊接输入热要求严格控制的材质,应在保证焊接过程稳定的前提下取下限值。横焊、立焊、仰焊时所用的焊接电流,应比平均的数值小 10%~20%。焊接中碳钢或普通低合金钢时,其焊接电流应比焊低碳钢时小 10%~20%,碱性焊条比酸性焊条小 20%。而在锅炉和压力容器的实际焊接生产中,焊工应按照焊接工艺文件规定的参数施焊。

③ 电弧电压的选择。电弧电压是由电弧的长度来决定的,焊接过程中,要求电弧长度不宜过长,否则出现电弧燃烧不稳定的现象。

④ 焊接速度。焊接速度就是焊条沿焊接方向移动的速度。较大的焊接速度可以获得较高的焊接生产率,但焊接速度过大会造成咬边、未焊透、气孔等缺陷,而过慢的焊接速度又会造成熔池满溢、夹渣、未熔合等缺陷。对于不同的钢材,焊接速度还应与焊接电流和电弧电压有合适的匹配。

⑤ 电源种类和极性的选择。电源的种类和极性主要取决于焊条的类型。直流电源的电弧燃烧稳定,焊接接头的质量容易保证;交流电源的电弧稳定性差,接头质量也较难保证。

利用不同的极性可焊接不同要求的焊件,如采用酸性焊条焊接厚度较大的焊件时,

可采用直流正接法(即焊条接负极,焊件接正极),以获得较大的熔深,而在焊接薄板焊件时则采用直流反接,可防止烧穿。若酸性焊条采用交流电源焊接时,其熔深介于直流正接和反接之间。

⑥ 焊接层数的选择。多层多道焊有利于提高焊接接头的塑性和韧性,除了低碳钢对焊接层数不敏感外,其他钢种都希望采用多层多道无摆动法焊接,每层增高不得大于 4 mm。

⑦ 焊接接头和焊缝类型。焊接接头包括焊缝、熔化区和热影响区,是一个性能不均匀的区域,如图 4-9 所示。

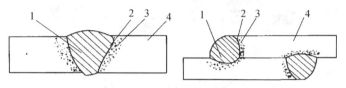

1—焊缝;2—熔合区;3—热影响区;4—母材

图 4-9 熔化焊的焊接接头

焊接接头的设计应按焊件在规定的使用条件下所要求的强度和可靠性而定,必须考虑焊缝工作应力的作用方式及工作温度,承受载荷的焊接接头还要考虑疲劳强度和抗脆断能力,接头还要有最低的残余应力,并使焊缝有足够的连接强度。在手工电弧焊中,主要根据焊件的厚度、结构形状和使用条件,以及焊接成本,合理地选用不同的接头形状。根据国家标准,焊接接头形式分为对接接头、搭接接头、角接头和 T 形接头(十字接头)。

为使厚度较大的焊件能够焊透,以获得足够的焊接强度和致密性,常将金属材料边缘加工成一定形状的坡口,坡口能保证电弧深入到焊缝根部,使工件焊透。在实际生产中一般应尽量选用对接接头。

对接接头按照焊件厚度和坡口的不同,分为不开坡口对接接头、V 形坡口对接接头、X 形坡口对接接头、单 U 形坡口对接接头、双 U 形坡口对接接头。对接接头的坡口形式如图 4-10 所示。材料厚度在 6 mm 以下,一般不开坡口,只需在工件边缘稍加处理即可,需要开坡口的焊接件的厚度已标注在图 4-10 中。可采用 V 形或 X 形坡口的焊件,尽量采用 X 形坡口,原因是焊后焊接变形和焊接应力较小,但加工 X 形坡口较复杂。单 U 形和双 U 形坡口焊后工件的变形更小,但加工坡口更复杂,它们主要是用在重要的焊接结构。

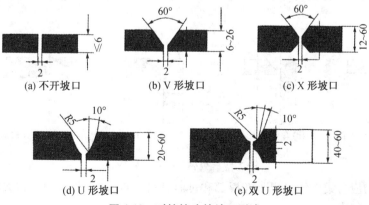

(a) 不开坡口　　　(b) V 形坡口　　　(c) X 形坡口

(d) U 形坡口　　　(e) 双 U 形坡口

图 4-10 对接接头的坡口形式

搭接接头也是一种常用的接头方式。搭接接头根据其结构特点和强度要求不同,分为直缝不开坡口、圆孔内塞焊和长孔内角焊,如图 4-11 所示。搭接接头的应力分布不均匀,抗疲劳强度低。直缝不开坡口的搭接接头,一般用于厚度小于 12 mm 的钢板,其重叠部分为 3~5 倍板厚,采用双面焊接,这种焊接接头承载能力差,只用于不重要的结构中。在重叠部分的面积较大时,为了保证结构强度,一般要根据需要采用塞焊,在板上开出圆孔和长孔。圆孔和长孔的数量和大小要根据板厚和结构的强度要求来确定。

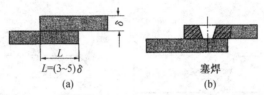

图 4-11 搭接接头的形式

T 字(十字)接头是将相互垂直的被连接件用角焊缝连接,是一种典型的电弧焊接头。T 字(十字)接头按照焊件厚度的不同和承受载荷的要求分为不开坡口 T 字(十字)接头、单边 V 形坡口 T 字(十字)接头、K 形坡口 T 字(十字)接头、单边双 U 形坡口 T 字(十字)接头。T 字(十字)接头的坡口,如图 4-12 所示,材料厚度在 30 mm 以下时,可采用不开坡口,但应避免采用单面角焊缝,因为这种结构根部有很深的缺口。开坡口的焊件接头因为能保证焊透,接头的强度较高。但是 T 字(十字)接头的应力分布是不均匀的,焊接接头和过渡处应力集中,所以要求焊缝最好不要承受工作应力。

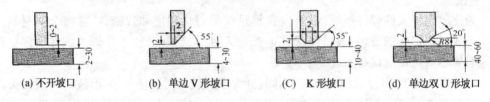

(a) 不开坡口   (b) 单边 V 形坡口   (C) K 形坡口   (d) 单边双 U 形坡口

图 4-12 T 字(十字)接头的坡口形式

角接头常用于箱形构件,角接头按坡口的形式分为不开坡口角接头、单边 V 形坡口角接头、V 形坡口角接头、K 形坡口角接头。角接头的坡口形式如图 4-13 所示。由于角接头的承载能力不如对接接头,有时用型材代替角接头,在设计角接头时还要考虑工作应力的作用方向,使其焊缝受力以压应力为主,力求避免焊缝承受拉应力或剪切应力。

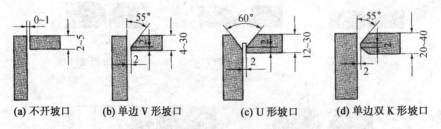

(a) 不开坡口   (b) 单边 V 形坡口   (c) U 形坡口   (d) 单边双 K 形坡口

图 4-13 角接头的坡口形式

角接头的应力集中情况也是在根部和过渡处最严重,减少焊接尺寸以及减少过渡斜率可降低应力集中。

不同厚度金属材料对接时允许的厚度差见表4-6。

表4-6 不同厚度金属材料对接时允许的厚度差 mm

较薄板的厚度	允许厚度差($\delta_1 - \delta$)	较薄板的厚度	允许厚度差($\delta_1 - \delta$)
2 ~ 5	1	9 ~ 11	3
6 ~ 8	2	≥12	4

如果允许厚度差($\delta_1 - \delta$)超过表中规定值,或者双面超过$2.5(\delta_1 - \delta)$时,较厚板板料上加工出单面或双面斜面的过渡形式如图4-14a所示,钢板厚度不同的角接与T形接头受力焊缝可采用图4-14b,c所示的形式过渡。

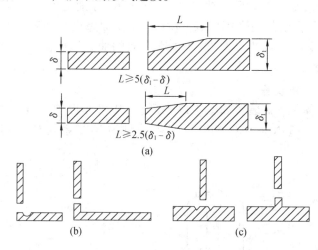

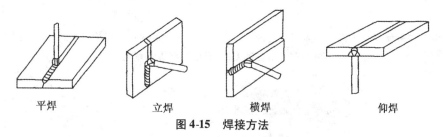

图4-14 不同厚度材料焊接接头的过渡形式

在焊接时依照焊缝在空间的位置不同,焊接方法分为平焊、立焊、横焊和仰焊4种,如图4-15所示。

平焊   立焊   横焊   仰焊

图4-15 焊接方法

4.1.3 CO_2 气体保护焊

CO_2气体保护焊是用CO_2作为保护气体的一种电弧焊方法,其工作原理如图4-16所示。

CO_2气体通过喷嘴,沿焊丝周围喷射出来,在电弧周围造成局部的气体保护层,使熔滴和熔池与空气机械地隔离开来,从而保证焊接过程稳定持续地进行,并获得优质的焊缝。

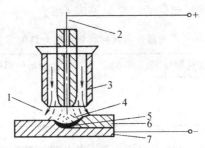

1—CO_2 保护气流;2—焊丝;3—喷嘴;4—电弧;5—熔池;6—焊缝;7—焊件

图 4-16 CO_2 气体保护焊工作原理图

CO_2 气体保护焊具有热效率高、生产率高、成本低、焊接变形和内应力小、操作简便、焊接质量较高,以及适用范围广等优点。CO_2 气体保护焊也存在着一些缺点,如飞溅较大,焊缝表面成形较差,焊接设备复杂,不能在有风的地方施焊,不能焊接容易氧化的有色金属和不锈钢等。

1. CO_2 气体保护焊设备

半自动 CO_2 气体保护焊装置如图 4-17 所示。CO_2 气体保护焊机的型号主要有 NBC-200、NBC-250、NBC-315、NBC-350、NBC-500 等,典型的 NBC 系列 CO_2 气体保护焊焊机如图 4-18 所示。

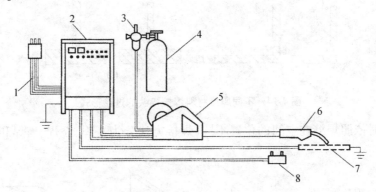

1—电缆;2—弧焊电源;3—气体调节装置;4—钢瓶;5—送丝机构;6—焊枪;7—焊件;8—遥控器

图 4-17 半自动 CO_2 弧焊机装置示意图

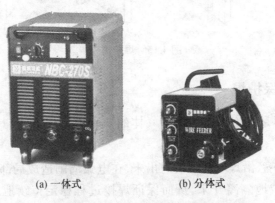

(a) 一体式　　　　　　(b) 分体式

图 4-18 NBC 系列 CO_2 气体保护焊焊机外形图

（1）弧焊电源

为保证稳定的焊接过程，CO_2气体保护焊应采用具有平特性的直流弧焊电源。

目前，生产中使用的弧焊电源有两类：一类是直流弧焊发电机，常用 AP-350 型和 AXl-500-2 型直流弧焊发电机；另一类是硅整流弧焊电源，按其调压方式的不同，可分为变压器抽头式、自饱和磁放大器式、晶闸管式和自耦变压器式等，其型号主要有 ZPG-200 型、ZPG5-300 型等，其中变压器抽头式弧焊电源适用于细丝 CO_2 气体保护焊，自饱和磁放大器式弧焊电源比较适用于粗丝 CO_2 气体保护焊。CO_2 弧焊电源除上述几种以外，还有一种新型的弧焊电源，即脉冲电源。这种电源的特点是：当焊接参数选择恰当时，可获得可控的熔滴过渡，飞溅少，焊缝成形良好，特别适于薄板和全位置焊接。

（2）控制系统

控制系统是保证连续生产和提高生产率的重要组成部分。该系统要完成下列工作：

① 送丝控制。焊前要调整好焊丝伸出长度及送丝速度，并在焊接过程中保持稳定的送丝速度。

② 供气控制。为使引弧点和弧坑得到保护，气体应在引弧前 $3 \sim 4$ s 送到电弧区，以便将附近空气排出。在停焊后仍需要继续供气 $3 \sim 4$ s，使熔化金属在凝固过程中仍得到保护。电磁气阀开关的时间可采用延时继电器来控制，也可以将控制开关装在焊枪上，由焊工直接控制。

③ 供电控制。供电可在开始送丝之前或同时进行，但停电要在停止送丝之后，这样可以避免焊丝末端与熔池粘连。

（3）焊枪

焊枪的主要作用是向熔池和电弧区输送保护性良好的气流和稳定可靠地向焊丝供电，并将焊丝准确地送入熔池。

CO_2焊枪根据送丝方式不同，可分为推丝式、拉丝式和推拉式 3 种，如图 4-19 所示。根据选用的焊丝直径不同，可分为粗丝和细丝两种。

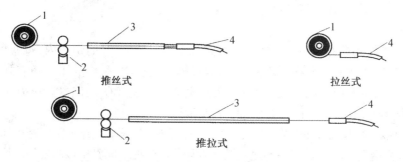

1—焊丝；2—送丝机构；3—送丝软管；4—焊枪

图 4-19　CO_2 焊枪送丝方式示意图

① 推丝式焊枪。它主要用于给送直径大于 1 mm 的焊丝。推丝式焊枪有手枪式和鹅颈式两种结构形式。

推丝式焊枪结构简单，轻巧灵活，是目前应用比较普遍的一种焊枪。其焊枪与送丝机构是分开的，焊丝由送丝机构推送，并通过一段软管进入焊枪。由于送丝通过软管时阻力较大，因而对送丝软管的要求比较高。软管不宜过长，一般只能在离焊机 $3 \sim 5$ m 内操作。

因此,推丝式焊枪的活动范围较小,只适用于在固定场地焊接小焊件和不规则的焊缝。

② 拉丝式焊枪。它是直接将送丝机构和焊丝盘都装在焊枪上,不用软管,送丝速度均匀稳定。但焊枪结构复杂,比较笨重,焊工劳动强度大,通常只适用于 0.5 ~ 0.8 mm 的细丝焊接。

③ 推拉式焊枪。它是上述两种送丝方式的结合。送丝时以推为主,由于焊枪上的送丝机随时将软管中的焊丝拉直,使软管中的送丝阻力大大减小,保证送丝畅通,速度稳定。其中以三滚轮式运用较广,这种焊枪的特点是结构简单,重量轻,送丝速度稳定,软管长度可达 20 ~ 60 m,故操作非常灵活。

(4)送丝系统。在 CO_2 弧焊机中,送丝系统是焊机的重要组成部分,焊接电流的大小就是通过改变送丝速度来实现的。常用的推式送丝系统是由送丝机构、调速器、焊丝盘及送丝软管等组成。

(5)供气系统。供气系统的作用是将钢瓶中的液态 CO_2 变成合乎要求的、具有一定流量的 CO_2 气体,并及时地送到电弧区。CO_2 供气系统由气瓶、加热器、高压干燥器、低压干燥器、气体减压表及气阀等组成,如图 4-20 所示。

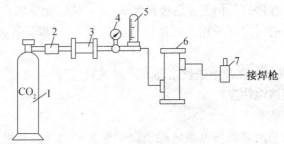

1—CO_2 气瓶;2—加热器;3—高压干燥器;4—气体减压表;
5—气体流量计;6—低压干燥器;7—气阀

图 4-20　供气系统装置

2. CO_2 气体保护焊焊接材料

(1)CO_2 气体

通常将焊接用的 CO_2 气体压缩成液态储存于容量为 40 L 的钢瓶内,每瓶可装 25 kg 液态 CO_2,瓶内液面上为水蒸气、空气和 CO_2 气体的混合物,瓶内的压力随着外界温度的升高而增大,所以不能用压力表上的读数来估计瓶内液态 CO_2 的储量。压力表上的读数仅代表气体 CO_2 的压力,不代表液态 CO_2 的储量。

CO_2 气瓶应涂铝白色,并用黑色标写"液态二氧化碳"字样。由于 CO_2 气瓶内压力随外界温度的升高而增大,所以 CO_2 气瓶不允许靠近热源或置于烈日下曝晒,以防发生爆炸事故。

液态 CO_2 在大气压力下的沸点为 -78 ℃,所以常温下容易蒸发。CO_2 气体中水蒸气的含量与瓶中的压力有关,压力越低,水蒸气越多,当压力低于 1 MPa 时,CO_2 气体中的含水量便大为增加,不能继续使用。为保证焊接质量,一般规定 CO_2 气体的纯度(体积分数)为 99.5% 以上,含水量、含氮量均不得超过 0.1%。

(2)焊丝

为保证 CO_2 气体保护焊的焊缝质量和机械性能,焊丝中必须比基本金属中含有较多的 Si,Mn 或 Al,Ti 等脱氧元素,为减少飞溅,焊丝的 ω_c 必须限制在 0.1% 以下。常用的

CO_2 气体保护焊的焊丝牌号及其化学成分(质量分数)见表 4-7。

表 4-7　常用 CO_2 气体保护焊焊丝的焊丝牌号及其化学成分　　　　%

焊丝牌号	C	Si	Mn	Ti	Al	Mo	S	P
H10MnSi	≤0.14	0.6 ~ 0.9	0.8 ~ 1				≤0.03	≤0.04
H08MnSi	≤0.1	0.7 ~ 1	1 ~ 1.3				≤0.03	≤0.04
H08MnSiA	≤0.1	0.6 ~ 0.85	1.4 ~ 1.7				≤0.03	≤0.035
H08Mn2SiA	≤0.1	0.7 ~ 0.95	1.8 ~ 2.2				≤0.03	≤0.035
H04Mn2SiTiA	≤0.04	0.7 ~ 1.1	1.8 ~ 2.2	0.2 ~ 0.4			≤0.025	≤0.025
H04Mn2SiAlTiA	≤0.04	0.4 ~ 0.8	1.4 ~ 1.8	0.35 ~ 0.65	0.2 ~ 0.4		≤0.025	≤0.025
H10MnSiMo	≤0.14	0.7 ~ 1.1	0.9 ~ 1.2	≤0.02	≤0.3	0.15 ~ 0.25	≤0.03	≤0.04

H08Mn2SiA 是最常用的一种焊丝,具有良好的焊接工艺性能及力学性能,适于焊接低碳钢、低合金钢以及某些 $\sigma_s \leqslant 500$ MPa 的低合金高强钢。H08MnSi 和 H08MnSiA 只能用于焊接低碳钢和 $\sigma_s \leqslant 300$ MPa 的低合金钢。H04Mn2SiTiA 和 H04Mn2SiTiA 焊丝,由于含碳量低,同时又含有较强脱氧能力和固氮能力的 Al,Ti 等元素,所以这两种焊丝抗气孔能力较强,焊接时飞溅小,适用于对焊缝质量要求较高的焊件。当焊接强度级别较高的钢种时,则应选用含 Mo 的焊丝,如 H10MnSiMo 等。

CO_2 气体保护焊焊接低碳钢时,常选用硅锰焊丝进行施焊,一般为 H08Mn2Si, H08Mn2SiA 等。除选择适当的焊丝外,起保护作用的 CO_2 气体纯度也很重要,若在 CO_2 气体中氮和氢的含量过高,即使焊接时焊缝不被氧化,焊丝向焊缝过渡的 Si,Mn 足够,还是有可能在焊缝中出现气孔,所以 CO_2 气体中氮、氢的含量必须符合标准。药芯焊丝则一般选用 YJ502-1,YJ506-2,YJ506-3,YJ506-4 等。

低碳钢的 CO_2 气体保护焊用在薄板结构上的优越性很大。为了获得稳定的电弧,需要采用较高的电流密度,但需控制电弧电压不能过高,否则电弧将燃烧不稳定,并会引起大量的金属飞溅和焊缝的机械性能降低。

CO_2 气体保护焊焊接时,飞溅问题十分严重,为解决飞溅问题,在焊丝表面或内部添加 K,Cs 等易电离物质(电弧活化剂),加入活化剂的焊丝称为活性焊丝。加入易电离物质可使电弧弧柱横向尺寸增大,减小阻碍熔滴脱落的电磁力。由于电弧稳定,电弧活性斑点稳定在电极端部,改善了 CO_2 气体保护焊的熔滴过渡特性,以小滴形式从焊丝末端不断脱落,呈细滴喷射过渡,从而大大减少了飞溅。

活性焊丝与普通焊丝相比,飞溅率从 10% ~ 12% 降低到 2% ~ 3%,而且焊接速度提高 1 ~ 1.5 倍,焊缝熔透良好,表面光滑,容易脱渣。

CO_2 气体保护焊所用的焊丝,一般直径为 0.5 ~ 5.0 mm,半自动 CO_2 气体保护焊常用的焊丝有 $\phi0.8,\phi1.0,\phi1.2,\phi1.6$ mm 等几种,自动 CO_2 气体保护焊焊丝除上述几种规格外,还可采用 $\phi2.0 ~ 5.0$ mm 的焊丝。

焊丝的表面有镀铜和不镀铜两种。镀铜可以防止生锈,并可以改善焊丝的导电性能,提高焊接过程的稳定性。使用焊丝时应认真去除表面的油、锈等污物。

CO_2桶装焊丝是借助于单独卷绕的方法将焊丝收存在纸桶包装内,可在纸桶静置状态下将焊丝抽出,且不发生扭曲。焊接时焊丝送线良好,无扭曲变形的现象。由于纸桶包装重量大,可节省更换焊丝的时间,特别适用于自动CO_2焊接。图4-21为CO_2桶装焊丝的使用方法。

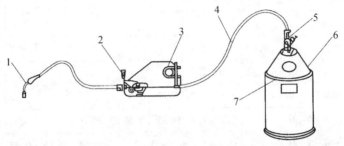

1—焊枪;2—送给装置;3—导线夹;4—送丝软管;5—矫正器;6—锥形筒帽;7—纸桶带环

图4-21　CO_2桶装焊丝的使用示意图

3. CO_2气体保护焊工艺规范

正确选择焊接工艺规范对CO_2气体保护焊来说是非常关键的,它不仅直接影响焊接质量,而且也影响金属飞溅的大小。

(1) 极性

为了保证电弧的稳定燃烧,CO_2气体保护焊时一般采用直流反接,即焊件接负极,焊枪接正极。当采用正接时,焊丝熔化速度较快,焊缝熔深较浅,焊缝也堆得比较高,一般单层焊时不采用正接法,只有在堆焊或焊补铸钢件时,才采用正接法。

(2) 电弧电压

电弧电压是影响熔滴过渡、金属飞溅、短路频率、电弧燃烧时间及焊缝宽度的重要因素。在一般情况下,当电弧电压增大(或减小),则焊缝宽度相应增大(或减小),而焊缝余高和熔深反而稍有减小(或增大)。在小电流焊接时,若电弧电压过高,则金属飞溅增多;若电弧电压太低,则焊丝容易伸入熔池,使电弧不稳定。

在大电流焊接时,电弧电压一般为$30 \sim 50$ V。若电压过高,则金属飞溅增多,容易产生气孔;电压太低,则电弧太短,焊缝成形不良。

(3) 焊接电流

焊接电流是规范中的主要参数之一。一般随着焊接电流的增大,熔深将显著地增加,焊缝宽度和余高也相应有所增加。但是当焊接电流太大时,就会使金属飞溅增加,并容易产生烧穿及气孔等缺陷;反之,若焊接电流太小时,电弧不能连续燃烧,容易产生未焊透及焊缝表面成形不良等缺陷。焊接电流的大小应根据焊件的厚度、焊丝材料、焊丝直径、焊缝空间位置和需要的熔滴过渡形式来选择。

(4) 焊接速度

随着焊接速度的增大(或减小),则焊缝的宽度、余高和熔深都要相应的减小(或增大)。若焊接速度太快时,气体保护作用就要受到破坏,同时使焊缝的冷却速度加快,这样不仅降低了焊缝的塑性,而且使焊缝成形不良。反之,若焊接速度太慢时,焊缝的宽度就会显著增加,熔池热量集中,容易产生烧穿等缺陷。

（5）焊丝直径与伸出长度

焊丝直径对焊接过程中的电弧稳定性、金属飞溅以及熔滴过渡等有显著影响。随着焊丝直径的加粗（或减细），则短路频率、熔滴下落速度都相应减小（或增大）。随着焊丝直径的加粗（或减细），则必须增大（或减小）电感值并相应减慢（或加快）送丝速度，这样才能保证焊接过程的电弧稳定性。

焊丝伸出长度是指焊接时焊丝伸出导电嘴的长度。焊丝伸出长度对焊接过程的稳定性影响比较大。当焊丝伸出长度增加时，焊丝电阻值增大使得焊丝熔化速度加快，提高生产率。但是，当焊丝伸出长度过长时，焊丝过热而成段熔断，结果使焊接过程不稳定、金属飞溅严重、焊缝成形不良及气体对熔池的保护作用减弱。反之，当焊丝伸出长度太短时，则焊接电流增大，并缩短了喷嘴与焊件之间的距离，这样使喷嘴极易过热，造成金属飞溅物黏住或堵塞喷嘴，从而影响气体的流通。

一般细丝 CO_2 气体保护焊，焊丝伸出长度为 8～14 mm；粗丝 CO_2 气体保护焊，焊丝伸出长度为 10～20 mm。

（6）电感

在短路过渡形式的 CO_2 气体保护焊中，电感值是影响焊接过程稳定性以及焊缝熔深的主要因素。如果在直流焊接回路中串联合适的电感值，不仅可以调节短路电流的增长速度，使金属飞溅减少，还可以调节短路频率，调节燃弧时间，控制电弧热量，以适应不同厚度焊件的焊接。

当电感值太大时，短路电流增长速度太慢，短路次数减少，就会引起大颗粒的金属飞溅和焊丝成段炸断，造成熄弧或使起弧变得困难；相反，若电感值太小时，因短路电流增长速度太快，会造成很细颗粒的金属飞溅，使焊缝边缘不齐，成形不良。

当使用 $\phi 0.6～1.2$ mm 细焊丝时，一般取电感值为 0.01～0.16 mH；当使用 $\phi 1.6～2$ mm 粗焊丝时，一般取电感值为 0.30～0.70 mH。

（7）CO_2 气体流量

CO_2 气体流量应根据焊接电流、焊接速度、焊丝伸出长度及喷嘴直径等来选择。当焊接电流越大、焊接速度越快、焊丝伸出越长时，CO_2 气体流量应大些。一般 CO_2 气体流量为 8～25 L/min。若 CO_2 气体流量太大 CO_2 气体在高温下的氧化作用会加剧合金元素的烧损，减弱硅、锰元素的脱氧还原作用，在焊缝表面往往会出现较多的二氧化硅和氧化锰的渣层，并使焊缝容易产生气孔等缺陷；若 CO_2 气体流量太小，则气体流层挺度不够，对熔池和熔滴的保护效果不好，容易使焊缝产生气孔等缺陷。

焊接过程中各种因素对 CO_2 焊质量的影响因素如图4-22所示。上述焊接参数中，有些参数基本上是固定的，如极性、焊丝伸出长度和气体流量等。因此，其焊接参数的选择主要是对焊丝直径、焊接电流、电弧电压、焊接速度等的选用，这几个参数的选择要根据焊件厚度、接头形式和施焊位置以及所需的熔滴过渡形式等实际条件综合考虑。表4-8为常用的半自动 CO_2 气体保护焊焊接参数。

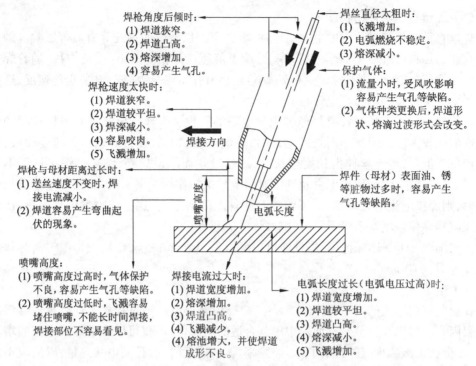

焊枪角度后倾时：
(1) 焊道狭窄。
(2) 焊道凸高。
(3) 熔深增加。
(4) 容易产生气孔。

焊丝直径太粗时：
(1) 飞溅增加。
(2) 电弧燃烧不稳定。
(3) 熔深减小。

焊枪速度太快时：
(1) 焊道狭窄。
(2) 焊道较平坦。
(3) 焊深减小。
(4) 容易咬肉。
(5) 飞溅增加。

保护气体：
(1) 流量小时，受风吹影响容易产生气孔等缺陷。
(2) 气体种类更换后，焊道形状、熔滴过渡形式会改变。

焊枪与母材距离过长时：
(1) 送丝速度不变时，焊接电流减小。
(2) 焊道容易产生弯曲起伏的现象。

焊件（母材）表面油、锈等脏物过多时，容易产生气孔等缺陷。

喷嘴高度：
(1) 喷嘴高度过高时，气体保护不良，容易产生气孔等缺陷。
(2) 喷嘴高度过低时，飞溅容易堵住喷嘴，不能长时间焊接，焊接部位不容易看见。

焊接电流过大时：
(1) 焊道宽度增加。
(2) 熔深增加。
(3) 焊道凸高。
(4) 飞溅减少。
(5) 熔池增大，并使焊道成形不良。

电弧长度过长（电弧电压过高）时：
(1) 焊道宽度增加。
(2) 焊道较平坦。
(3) 焊道凸高。
(4) 熔深减小。
(5) 飞溅增加。

图 4-22　CO_2 气体保护焊焊接过程中各种因素的影响

表 4-8　半自动 CO_2 气体保护焊焊接参数

厚度/mm	接 头 形 式	装配间隙 b/mm	焊丝直径/mm	焊接电流/A	电弧电压/V	气体流量/($L \cdot min^{-1}$)
≤1.2		≤0.3	0.6	30~50	18~19	6~7
1.5			0.7	60~80	19~20	6~7
2.0		≤0.5	0.8	80~100	20~21	7~8
2.5						
3.0		≤0.5	0.8~0.9	90~115	21~23	8~10
4.0						
≤1.2		≤0.3	0.6	35~55	19~20	6~7
1.5		≤0.3	0.7	65~85	20~21	8~10
2.0		≤0.5	0.7~0.8	80~100	21~22	10~11
2.5		≤0.5	0.8	90~110	22~23	10~11
3.0		≤0.5	0.8~0.9	95~115	21~23	11~13
4.0		≤0.5	0.8~0.9	100~120	21~23	13~15

4.1.4　气焊与气割

1. 气焊

气焊是利用可燃及助燃气体燃烧时的高温火焰使母
材及填充金属丝熔化形成接头的焊接方法,如图 4-23
所示。

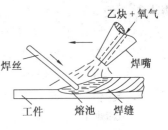

图 4-23　气焊示意图

气焊是使用不带涂料的焊丝作为填充金属。用作气
焊的可燃气体通常为乙炔(C_2H_2),以氧气作助燃气,火
焰温度可达 3 100 ~ 3 300 ℃。气焊火焰温度比电弧低,
热量比较分散,只适于焊接厚度小于 3 mm 的薄钢板、铸
铁以及铜、铝等有色金属及其合金。

(1) 气焊设备

气焊设备包括乙炔发生器(或乙炔瓶)、回火防止器、氧气瓶、减压阀和焊炬(又称焊
枪)。它们之间用专用的胶管连接组成一套气焊设备。

焊炬是气焊最主要的工具,它的作用是使氧与乙炔均匀混合,并能调节混合比例,以
形成适合焊接要求的稳定燃烧的火焰。

焊炬外形如图 4-24 所示。打开焊炬上的氧气与乙炔阀门,两种气体进入混合管内均
匀地混合,由喷嘴喷出后点火燃烧。每种型号的焊炬均备有一套大小不同的焊嘴供焊接
不同工件时调换。

(2) 气焊火焰

改变氧和乙炔的体积比,可获得 3 种不同性质的气焊火焰:中性焰、碳化焰和氧化
焰,如图 4-25 所示。

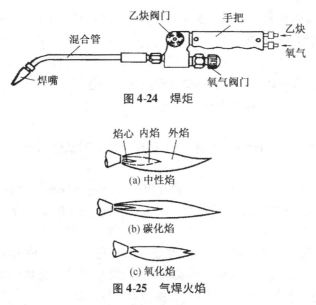

图 4-24　焊炬

图 4-25　气焊火焰

① 中性焰。当氧气与乙炔以 1.0 ~ 1.2 的体积比混合,燃烧后生成中性焰。中性焰
由焰心、内焰、外焰 3 部分组成,内焰温度最高,可达 3 000 ~ 3 200 ℃。中性焰适用于焊

接低碳钢、中碳钢、合金钢、紫铜和铝合金等多种材料。

② 碳化焰。当氧气与乙炔以小于 1.0 的体积比混合,燃烧后生成碳化焰。由于氧气较少,燃烧不完全,整个火焰比中性焰长,但温度比较低,最高温度低于 3 000 ℃。用碳化焰焊接会使焊缝金属增碳,一般只用于高碳钢、铸铁等材料的焊接。

③ 氧化焰。当氧气与乙炔以大于 1.2 的体积比混合时,燃烧后便生成氧化焰。由于氧气充足,燃烧比中性焰剧烈,火焰较短,温度比中性焰高,可达 3 100 ~ 3 300 ℃。氧化焰对焊缝金属有氧化作用,一般不宜采用,但在焊黄铜时可用氧化焰。

2. 气割

（1）气割原理与过程

气割所用的气体和供气设备与气焊完全相同,但割炬的结构与焊炬不同,气割的原理与气焊也完全不同。

割炬外形如图 4-26 所示。它比焊炬多一根切割氧气管及切割氧气阀,割嘴的出口处有两条通道,周围一圈为乙炔和氧气的混合气体出口,中间通道为切割氧气出口,二者互不相通。

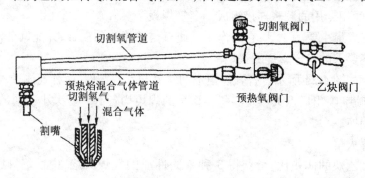

图 4-26　割炬外形

气割是根据某些金属(如铁)在氧气流中燃烧(即剧烈氧化)的原理来进行的。切割过程如下:打开割炬上的预热氧和乙炔阀门,点燃预热火焰,并调成中性焰。将工件割口始端金属加热到高温,然后打开切割氧气阀,氧气流使高温金属剧烈氧化,生成的氧化物同时被氧气吹走。金属燃烧产生的热量和预热火焰一起又将临近金属预热到燃点,以一定速度沿切割线移动焊炬,即可形成一道割口。

（2）气割对材料的要求

工程金属材料并非都能进行气割加工,只有满足下列条件的金属材料才能进行气割加工。

① 被割材料的燃点应低于其熔点,若在形成燃烧过程前金属就已熔化,便无法形成整齐的切口。钢的熔点随碳的质量分数的增大而降低,当碳的质量分数达 0.7% 时,钢的熔点已接近燃点,因而高碳钢和铸铁都不宜进行气割。

② 燃烧形成的金属氧化物的熔点应低于金属本身的熔点,使燃烧形成的氧化物呈液态被吹走时,切口处金属尚未熔化。铝或不锈钢燃烧生成的氧化物的熔点均比金属本身的熔点高,难熔渣壳会阻碍切割继续进行,使切割变得困难。

③ 金属燃烧时放出的热量大,金属本身的导热性要差,这样才能使切口处金属温度始终保持在燃点以上,使切割过程能延续下去。铜及铜合金因燃烧时释放热量少,导热

又快,因而难以进行气割。

在工程金属材料中由于低碳钢、中碳钢和低合金钢能满足上述条件,故可采用气割加工,而高碳钢、铸铁、高合金钢以及铜、铝等有色金属及其合金因不满足上述条件,故难以进行气割加工。

4.1.5　其他焊接工艺方法

1. 气体保护焊

手工电弧焊是以熔渣保护焊接区域的。由于熔渣中含有氧化物,因此用手工电弧焊焊接容易氧化的金属材料,如高合金钢、铝及其合金等时,不易得到优质焊缝。

气体保护焊是利用特定的某种气体作为保护介质的一种电弧焊方法。常用的保护气体焊有氩弧焊、CO_2气体保护焊和等离子弧焊等几种。CO_2气体保护焊前面已作了介绍。

(1) 氩弧焊

氩弧焊是以氩气作为保护气体的电弧焊方法。按照电极结构的不同,氩弧焊分为熔化极氩弧焊和不熔化极氩弧焊两种。

钨极氩弧焊是以钨棒作为电弧的一极的电弧焊方法,钨棒在电弧焊中是不熔化的,故称为不熔化极氩弧焊,简称 TIG 焊。钨极氩弧焊可以手工操作,也可以自动进行,同时可根据需要从侧边添加填充焊丝。它可以使用直流、交流和脉冲电流进行焊接,其工作原理如图 4-27 所示。

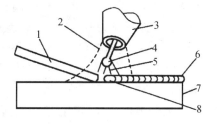

1—填充焊丝;2—保护气体;
3—喷嘴;4—钨极;5—电弧;
6—焊缝;7—工件;8—熔池

图 4-27　钨极氩弧焊工作原理图

由于被惰性气体隔离,焊接区的熔化金属不会受到空气的有害作用,所以 TIG 焊可用以焊接易氧化的有色金属如铝、镁及其合金,也可用于不锈钢、铜合金以及其他难熔金属的焊接。因其电弧非常稳定,钨极氩弧焊还可以用于焊薄板及全位置焊缝。钨极氩弧焊在航空航天、原子能、石油化工、电站锅炉等行业应用较多。

钨极氩弧焊的缺点是钨棒的电流负载能力有限,焊接电流和电流密度比熔化极弧焊低,焊缝熔深浅,焊接速度低,厚板焊接要采用多道焊和加填充焊丝,生产效率受到影响。

熔化极氩弧焊又称 MIG 焊,用焊丝本身作电极,相比钨极氩弧焊而言,其电流及电流密度大大增大,因而母材熔深大,焊丝熔敷速度快,提高了生产效率,特别适用于中等和大厚板铝及铝合金、铜及铜合金、不锈钢以及钛合金焊接,脉冲 MIG 焊用于碳钢的全位置焊。

(2) 等离子弧焊接及切割

与一般电弧不同,等离子弧一般电弧未受到外界约束,称为自由电弧,电弧区内气体尚未完全电离,能量未高度集中;等离子弧弧柱中的气体完全电离,能量高度集中,故等离子弧的温度比自由电弧高得多。

等离子弧发生装置如图 4-28 所示。在钨极和工件之间加一较高的电压,经高频振荡使气体电离形成电弧。电弧通过喷嘴的细孔时,弧柱被压缩,此作用称为机械压缩效应。

钨极周围通入一定压力和流量的氩气或氮气,冷气流均匀地包围着电弧,使弧柱外围受到强烈冷却,迫使带电粒子流向弧柱中心集中,弧柱被进一步压缩,这种压缩作用称为热压缩效应。此外,带电粒子流在弧柱中运动,其自身磁场所产生的电磁力,使它们相互吸引靠近,弧柱被进一步压缩,这种压缩作用称为电磁压缩效应。在上述 3 种效应共同作用下,弧柱被压缩得很细,能量高度集中,弧柱内气体完全电离,弧柱内最高温度达 16 000 K。

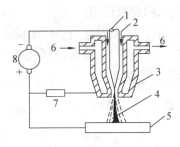

1—钨极;2—Ar 或 N_2;3—喷嘴;
4—等离子弧;5—工件;6—冷却水;
7—电阻;8—直流电源

图 4-28　等离子弧发生装置示意图

等离子弧焊接使用专门的焊接设备和焊炬,焊炬构造上的特点是在等离子弧周围再通以均匀的氩气保护流,以保护熔池和焊缝免遭空气污染,因此,等离子弧焊接实质上是具有压缩效应的钨极气体保护焊。

等离子弧焊接可分为微束等离子弧焊接和大电流等离子弧焊接。微束等离子弧焊接的电流小,一般为 0.1 ~ 30 A,能量密度较小,电弧温度较低,可用于焊接 0.025 ~ 2.5 mm 的箔材及薄板材。当焊件厚度大于 2.5 mm 时,常采用大电流等离子弧焊接。此时,气体流量大,等离子弧挺直度大,温度高,等离子弧能穿透整个工件,双面成形良好,焊缝表面光整。

等离子弧焊接除具有氩弧焊的优点外,还有以下的特点:

① 等离子弧能量密度大,穿透能力强,厚度为 10 ~ 12 mm 的钢材焊接可不开坡口,能一次焊透双面成形,应力变形小,焊接速度快,生产率高。

② 电流小到 0.1 A 时电弧仍能稳定燃烧,并保持良好的挺直度与方向性,故可焊接厚度很小的箔材。

等离子弧焊接已广泛用于生产,包括国防工业及尖端技术用的铜合金、合金钢、钨、钴、钼、钛等金属件的焊接,如钛合金导弹壳体、波纹管及膜盒、微型继电器、电容器外壳及飞机上一些薄壁容器等的焊接。

等离子弧也可用于切割,等离子弧切割效率不仅比氧气-乙炔焰切割高 1 ~ 3 倍,还可以切割不锈钢、铜、铝及其合金、难熔金属材料和非金属材料,切口光滑,不用加工即可进行装配焊接。

2. 埋弧自动焊

埋弧自动焊是电弧在焊剂层下燃烧,利用机械自动控制焊丝送进和电弧移动的一种电弧焊方法。埋弧自动焊焊缝形成过程如图 4-29 所示。

引弧后,电弧热使周围的焊剂熔化以至部分蒸发,所产生的气体将电弧周围的熔渣排开,形成一个封闭的气泡,电弧就在这个气泡内燃烧。气泡的上部被一层熔渣膜所包围,这层渣膜把空气与电弧及熔池有效地隔离开,并使电弧更集中,同时使有碍操作的弧光不再辐射出来。此外,由于焊丝上没有涂料且熔渣膜阻止飞溅,故允许采用大电流(300 ~ 2 000 A)进行焊接,因此,埋弧焊生产率和熔深比手弧焊高得多。

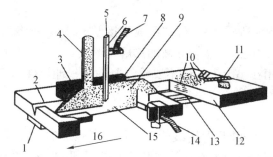

1—焊接衬垫;2—V 形坡口;3—焊剂挡板;4—给送焊剂管;5—接自动送丝机构;6—焊丝;
7—接焊丝电缆;8—颗粒状焊剂;9—已熔焊剂;10—渣壳;11—焊缝表面;12—母材;
13—焊缝金属;14—接工件电缆;15—熔融焊缝金属;16—焊接方向

图 4-29 埋弧焊焊缝形成过程

埋弧焊生产的主要特点是埋弧、自动和大电流。与手弧焊相比,其主要优点如下:

① 生产率高。常用电流比手弧焊大 6~8 倍,且节省了换条时间,故生产率比一般手弧焊高 5~10 倍。

② 节省金属材料和电能。没有焊条头,厚度小于 20 mm 的工件可不开坡口,金属飞溅少,且电弧热得到充分利用,从而节省了金属和电能。

③ 焊接质量好。电弧保护严密,焊接规范自动控制,移动均匀,故焊接质量高而稳定,焊缝形状也美观。

④ 劳动条件好。看不见电弧,烟雾也少,对焊工技术要求也不高。

由于埋弧焊具有生产效率高,焊缝质量好及劳动条件好等优点,它常用于焊中厚板 (6~60 mm) 结构的长直焊缝与较大直径(一般不小于 250 mm)的环缝平焊,可焊接的钢种有碳素结构钢、低合金结构钢、不锈钢、耐热钢及复合钢材等。但是,埋弧焊需添置较贵的设备,对焊件坡口加工和装配要求高,焊接工艺参数控制较严。

3. 电阻焊

电阻焊、摩擦焊、超声波焊等是最常用的压力焊焊接方法。以下对电阻焊作简要介绍。

电阻焊是将工件组合后通过电极施加压力,利用电流通过工件的接触面及临近区域产生的电阻热将其加热到熔化或塑性状态,使之形成金属结合的方法。

与其他焊接方法相比,电阻焊的优点是不需要填充金属,冶金过程简单,焊接应力及应变小,接头质量高。同时电阻焊操作简单,易实现机械化和自动化,生产效率高;其缺点是接头质量难以用无损检测方法检验,焊接设备较复杂,一次投资较高。

根据接头形式,电阻焊可分成点焊、缝焊、凸焊和对焊 4 种,如图 4-30 所示。

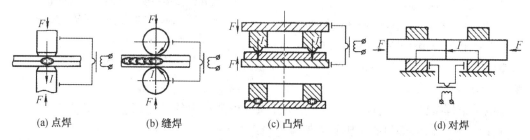

(a) 点焊　　　　(b) 缝焊　　　　(c) 凸焊　　　　(d) 对焊

图 4-30 电阻焊基本方法

（1）点焊

点焊方法如图4-30a所示,将工件装配成搭接形式,用电极将工件夹紧并通以电流,在电阻热作用下,电极之间工件接触处被加热熔化形成焊点。工件的连接可以由多个焊点实现。点焊大量应用在小于3 mm、不要求气密的薄板冲压件、轧制件接头,如汽车车身焊装、电器箱板组焊。

（2）缝焊

缝焊工作原理与点焊相同,但用滚轮电极代替了点焊的圆柱状电极,滚轮电极施压于工件并旋转,使工件相对运动,在连续或断续通电下,形成一个个熔核相互重叠的密封焊缝,如图4-30b所示。缝焊一般应用在有密封性要求的接头制造上,适用材料板厚为0.1～2.0 mm,如汽车油箱、暖气片、罐头盒的生产。

（3）凸焊

凸焊是在一焊件接触面上预先加工出一个或多个突起点,在电极加压下与另一工件接触,通电加热后突起点被压塌,形成焊接点的电阻焊方法,如图4-30c所示,突起点可以是凸点、凸环或环形锐边等形式。凸焊焊接循环与点焊一样。凸焊主要应用于低碳钢、低合金钢冲压件的焊接,另外螺母与板焊接、线材交叉焊也多采用凸焊的方法及原理。

（4）对焊

对焊方法主要用于断面面积小于250 mm^{2}的丝材、棒材、板条和厚壁管材的连接。对焊的工作原理如图4-30d所示,将两工件端部相对放置,加压使其端面紧密接触,通电后利用电阻热加热工件接触面至塑性状态,然后迅速施加大的顶锻力完成焊接。

4. 电子束焊

电子束焊是以会聚的高速电子束轰击工件接缝处产生的热能进行焊接的方法。电子束焊时,电子的产生、加速和会聚成束是由电子枪完成的。电子束焊焊接如图4-31所示,阴极在加热后发射电子,在强电场的作用下电子加速从阴极向阳极运动,通常在发射极到阳极之间加上30 kV～150 kV的高电压,电子以很高速度穿过阳极孔,并在磁偏转线圈会聚作用下聚焦于工件,电子束动能转换成热能后,使工件熔化焊接。为了减小电子束流的散射及能量损失,电子枪内要保持10^{-2}Pa以上的真空度。

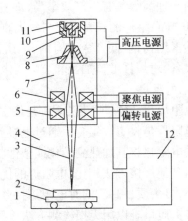

1—焊接台;2—焊件;3—电子束;4—真空室;
5—偏转线圈;6—聚焦线圈;7—电子枪;
8—阳极;9—聚束极;10—阴极;
11—灯丝;12—真空泵系统

图4-31　真空电子束焊焊接示意

电子束焊按被焊工件所处环境的真空度可分为3种,即真空电子束焊(10^{-4}～10^{-1} Pa)、低真空电子束焊(10^{-1}～25 Pa)和非真空电子束焊(不设真空室)。

电子束焊接已经广泛应用于多种领域,如汽车制造中的齿轮组合体、核能工业的反应堆壳体、航空航天部门的飞机起落架等。

5．激光焊

激光焊接是以聚焦的激光束为能源,轰击焊件产生的热量来进行焊接的方法。

（1）激光焊接过程

激光是一种强度高、单色性好、方向性好的相干光,聚焦后的激光束能量密度极高,极短时间内,激光能转变为热能,温度可达 10^4 ℃以上。激光焊如图 4-32 所示,激光器 1 受激,产生激光束 3,可通过聚焦系统 4,聚焦为微小焦点,能量进一步集中。当激光束调焦到焊件 6 的接缝处时,光能被焊件材料吸收后转化成热能,在焦点附近产生高温使金属瞬间融化,冷凝后形成焊接接头。

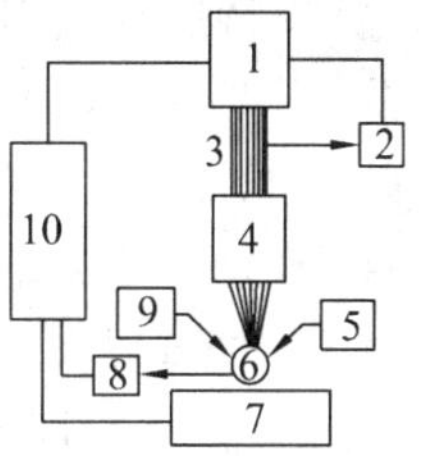

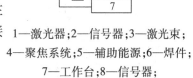

1—激光器；2—信号器；3—激光束；
4—聚焦系统；5—辅助能源；6—焊件；
7—工作台；8—信号器；
9—观测瞄准器；10—程控设备

图 4-32　激光焊示意

（2）激光焊接特点及应用

激光焊接的主要特点如下:

① 能量密度大。属于高速加工,且热源作用时间极短,因而焊接热影响区极小,焊接变形小,焊接尺寸精度高,可进行精密零件、热敏感材料的焊接。同时,由于焊接极快,被焊材料不易氧化,可在大气中焊接,不需真空及气体保护。

② 焊接操作灵活。可借助偏转棱镜或光导纤维引导到难以接近的部位进行焊接,也可穿过透明材料聚焦焊接。

③ 设备复杂造价高。需要专门的激光仪器及其装置。

激光焊接适用于绝缘材料、异种金属、金属与非金属的焊接,目前主要用在微型精密、排列密集和热敏感焊件上。

6．钎焊

钎焊是采用比母材熔点低的金属材料做钎料,将焊件和钎料加热到高于钎料熔点并低于母材熔点的温度,利用液态钎料润湿母材,填充接头间隙并与母材相互扩散,冷凝后实现连接的焊接方法。钎焊属于物理连接,亦称钎接。改善钎料的润湿性,可保证钎料和焊件不被氧化。

（1）钎焊种类

根据钎料的熔点不同,钎焊可分为硬钎焊和软钎焊。

① 软钎焊。钎料的熔点低于 450 ℃,接头强度低,一般为 60～190 MPa,工作温度低于 100 ℃。软钎焊由于所使用的钎料熔点低,渗入接头间隙的能力较强,具有较好的焊接工艺性。常用的软钎料是锡铝合金,亦称锡焊。锡焊钎料具有良好的导电性。常用的软钎焊的钎剂主要有松香、氯化锌溶液。

② 硬钎焊。钎料熔点在 450 ℃以上,接头强度较高,均在 200 MPa 以上,工作温度也较高。常用的硬钎料是铝基、银基、铜基合金,钎剂主要有硼砂、硼酸、氟化物、氯化物等。

（2）钎焊接头的类型及加热方式

钎焊接头的类型有板料搭接、套件镶接等,如图 4-33 所示。这些接头都有较大的钎接面,可保证接头有良好的承载能力。

钎焊的加热方式分为火焰加热、电阻加热、感应加热、炉内加热、盐浴加热及烙铁加热等,可依据钎料种类、工件形状与尺寸、接头数量、质量要求及生产批量等综合考虑选择。其中烙铁加热温度较低,一般只适用于软钎焊。

（3）钎焊特点及应用

钎焊的主要特点如下:

① 钎焊要求工件加热温度较低,接头组织、性能变化小,焊件变形小,接头光滑平整,工件尺寸精确。

② 焊接性能差异大的异种金属,工件厚度不受限制。

③ 生产率高。对焊件整体加热钎焊时,可同时钎焊由多条(甚至上千条)接缝组成的复杂构件。

④ 钎焊设备简单,生产投资费用少。

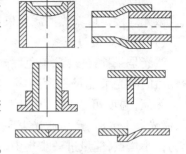

图 4-33　钎焊接头类型

钎焊主要用于焊接精密、微型、复杂、多焊缝、异种材料的焊件。目前,软钎焊广泛应用于电子、电器仪表等部门;硬钎焊则用于制造硬质合金刀具、钻探钻头、换热器等。

4.1.6　焊接件缺陷分析

1. 焊接缺陷

焊接缺陷有许多种,就熔化焊而言,常见的焊接缺陷有焊接裂纹、气孔、夹渣、未熔合、未焊透、咬边、焊瘤、烧穿、焊接变形等。

（1）焊接裂纹

在焊接应力和其他致脆因素(多数为冶金因素)的共同作用下,焊接接头中局部部位金属原子结合力遭到破坏形成新界面,产生缝隙,称为裂纹。裂纹具有尖锐的缺口和长宽比大的特征,是焊接结构中最危险的缺陷。

裂纹按照外观形貌和产生的部位可分为纵向裂纹、横向裂纹、弧坑裂纹等,其外观形貌特征如图 4-34 所示。

（2）气孔

在焊接过程中,熔池中的气体在凝固时

1—热影响区;2—纵向裂纹;3—间断裂纹;
4—弧坑裂纹;5—横向裂纹;6—枝状裂纹;
7—放射状裂纹

图 4-34　焊接裂纹的外观形貌特征

未能逸出,而残留在焊缝金属内所形成的孔洞称为气孔。

气孔是焊接过程中常见的一种缺陷,气孔出现的部位可能是焊缝表面,也可能是焊缝的内部或根部。气孔有时单个出现,有时以成堆的形式密集在局部区域,其形状有球形、虫形等,如图 4-35 所示。

气孔会影响焊缝的外观质量,削弱焊缝的承载面积,降低焊缝的强度和塑性,贯穿焊缝的气孔会破坏致密性,引起渗漏。

在熔化焊过程中形成气孔的气体有氢气、一氧化碳、氮气等,气体的来源有大气的侵入,溶解于母材、

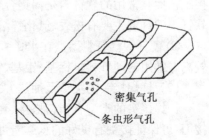

密集气孔

条虫形气孔

图 4-35　气孔

焊丝、焊芯中的气体,潮湿的焊条药皮或焊剂熔化时产生的气体,焊丝、母材上的油污、铁锈等受热分解放出的气体。杜绝或减少气体来源是预防气孔形成的根本措施。

（3）夹渣

焊后残留在焊缝中的熔渣称为夹渣。焊缝中的夹渣有多种形状,可能是单个颗粒状夹渣,也可能是呈长条状或线状的连续夹渣。夹渣可能存在于焊缝与母材坡口侧壁交接处,也可能存在于焊道与焊道之间,如图 4-36 所示。

图 4-36　夹渣

多层焊时每层焊道间的熔渣清除不彻底,焊接电流过小,焊接速度过快,坡口角度太小,运条方法不当,焊条质量差等都可能引起夹渣。横焊、立焊、仰焊产生夹渣的概率比平焊大。

（4）未熔合

熔化焊时,在焊缝金属与母材之间或焊道金属与焊道金属之间,未能完全熔化结合而留下的缝隙称为未熔合,如图 4-37 所示。

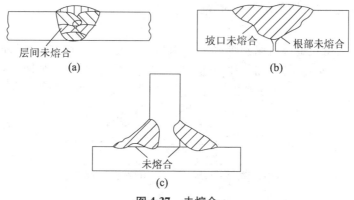

图 4-37　未熔合

未熔合属于一种面缺陷,其危害性很大(类同于裂纹),易造成应力集中。故一般的技术条件和规程中规定,焊缝中不允许存在未熔合缺陷。

焊接规范选择不合适(如焊接电流偏小),焊接操作不当(如焊条摆动幅度偏小、焊条和焊丝倾角不当、多层焊时层间和坡口未清理干净),都可能引起未熔合缺陷。

（5）未焊透

焊接时,接头的母材之间未完全焊合称为未焊透。在单面焊接时,焊缝熔透未达到根部,形成根部未焊透。双面焊接时,在两面焊缝中间形成中间未焊透,如图 4-38 所示。

图 4-38　未焊透

未焊透使焊缝承载截面减小,降低焊接接头的强度,并会造成应力集中。因此,一般在单面焊的焊接接头中,不允许超过一定容限量的未焊透。

形成未焊透的原因可能是坡口角度太小,装配间隙过小,焊接电流过小,焊接速度过大,运条方法不当或焊接过程中产生电弧磁偏吹等。

(6) 咬边

焊接时造成沿焊缝边缘出现低于母材表面的凹陷或沟槽称为咬边,如图4-39所示。咬边是由于焊接过程中,焊件接头处金属熔化后未及时得到熔化金属填充所造成的。咬边是一种较为危险的缺陷,它会削弱接头强度,产生应力集中,使接头承载能力大大下降。因此,对咬边的容限量应严格加以规定。

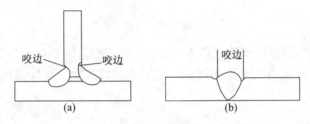

图4-39　咬边

咬边是因焊接规范选择不当或操作工艺不正确所引起的,如焊接电流过大,电弧电压太高,焊接速度太快,焊条角度不对等。

(7) 焊瘤

焊接过程中,熔化金属流淌到焊缝之外未熔化的母材上所形成的金属瘤称为焊瘤。焊瘤存在于焊缝表面,其下面往往伴随有未熔合、未焊透等缺陷,如图4-40所示。

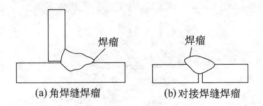

图4-40　焊瘤

焊瘤一般是单个的,有时也可能形成长条焊瘤,在立焊、仰焊、横焊时较易出现。焊瘤影响焊缝外观,造成焊缝几何尺寸的不连续性,易形成应力集中。管道内的焊瘤则影响介质在管道内的流动情况。

(8) 烧穿

焊接过程中熔化金属从焊缝背面流出,形成穿孔的缺陷称为烧穿。烧穿容易发生在第一焊道及薄板对接焊缝和管子对接焊缝中,在烧穿的周围常有气孔、夹渣、焊瘤及未焊透等缺陷存在,如图4-41所示。

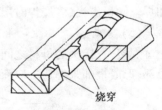

图4-41　烧穿

烧穿是焊件过热引起的,与焊件的装配和焊接规范的选择直接相关。接头坡口的形状不良、焊接电流过大、焊接速度过慢等都容易形成烧穿。

（9）焊接变形

焊件焊后冷却到室温下残留在焊件上的变形称为焊接残余变形，简称焊接变形。

焊接变形的基本形式有焊件在纵向和横向的缩短变形，被焊接的两块板材之间的角变形，焊接梁、柱、管子沿长度方向的弯曲变形，扭曲变形，薄板焊接后的波浪形变形等，如图 4-42 所示。

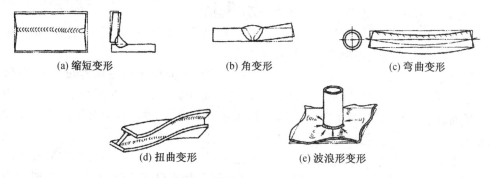

(a) 缩短变形　　　(b) 角变形　　　(c) 弯曲变形

(d) 扭曲变形　　　(e) 波浪形变形

图 4-42　焊接变形的基本形式

焊接变形降低了焊接结构的尺寸精度，影响焊接件的装配质量和焊接质量，而矫正焊接变形会增加成本，降低焊接接头和结构的性能。

焊接变形是由于焊接时进行局部不均匀加热造成的，因此很难完全避免。但是如果从设计和制造两个方面加以配合并采取合理的措施，焊接变形是可以控制的。最终焊接结构的变形应控制在技术要求范围内，只有在控制失败、变形量超出产品的技术要求时，才使用矫正的方法。

2. 焊接缺陷的预防

虽然生成焊接缺陷的原因是多种多样的，但归结起来主要是三方面的因素：一是材料方面的因素，包括焊接母材、填充材料、焊剂等；二是结构方面的因素，如接头坡口的形式和质量、接头装配形式等；三是工艺方面的因素，包括工艺参数的选择和焊接操作等。要预防焊接缺陷，就需从以上方面入手，采取相应的措施。

首先要确保焊接母材的质量符合技术文件规定的要求，焊丝、焊条等焊接材料也要符合质量要求，焊丝表面要无油污、铁锈等脏物，焊条药皮无开裂和脱落，并要充分烘干。其次要保证接头坡口和接头装配质量，坡口的尺寸和加工精度要符合技术标准规定，坡口表面粗糙度要符合要求，坡口表面要认真清理，去除毛刺、锈迹、氧化膜、油污等，焊前要严格检查接头的装配质量，使其达到规定的要求。就工艺方面而言，要正确选用工艺参数，如焊接电流、焊接速度、焊件预热温度等，采用合理的操作方法，如合理的焊接顺序、正确运条等。有时在焊接过程中还要采用锤击等辅助工艺措施及焊后热处理，以确保焊缝的质量。

4.1.7　焊接安全操作规程

第一条　进入车间实习时，必须按规定穿戴劳保用品，不准穿凉鞋、拖鞋、裙子和戴围巾进入车间，女同学必须戴工作帽，将长发或辫子纳入帽内。电焊操作时要戴好面罩、手套等防护用品。

第二条　严禁在车间内追逐、打闹、喧哗,不得做与实习无关的事情(如阅读书报杂志、玩手机等);实习过程中不得离开工作岗位。

第三条　不得触摸、揿下、扳动各种设备的开关、阀门;不得摇晃、搬动氧气瓶与乙炔瓶,严禁油污。

第四条　任何时候都严禁将焊钳放在焊接工作台上,以免发生短路,烧毁工具;电焊过程中,禁止调节电焊电流,以免损坏或烧毁电焊机。

第五条　禁止用裸眼直接观看弧光,以免伤害眼睛、灼伤皮肤;敲除熔渣时要注意方向,防止熔渣飞进眼睛;不准用手套清理工件。

第六条　氧气瓶和乙炔气瓶不得放在一起,两者之间应留出足够的安全距离;氧气瓶和乙炔气瓶应立放,严禁倒置,并采取有效措施防止倾倒;严禁在烈日下曝晒、用明火烘烤气瓶或靠近热源,实习场地附近不得有易燃易爆物;不得擅自更改气瓶的钢印和颜色标记;瓶内气体不得用尽,必须留有 1 ~ 2 个压力的剩余气体。

第七条　气焊时,严格按操作要求先开乙炔,后开氧气,再点火;严禁在氧气和乙炔气阀同时开启时,用手或其他物体堵塞焊嘴、割嘴,严禁将已燃火炬放在工件上或对准他人、输气胶管等物件;不能将炽热件压在输气胶管上。

第八条　气焊熄灭时,先关闭乙炔,后关闭氧气,以免回火;发现回火,应立即关闭氧气、乙炔,并报告指导老师。

第九条　不用手接触被焊工件和焊条(丝)的焊接端;刚焊好的工件及焊条残头应当用夹钳拿取,不要直接用手取放,以免烫伤。

第十条　若电焊机发生故障,应及时报告实习指导老师;非专业人员不得私自拆卸电焊机,严防触电事故。

第十一条　每天实习结束后,应按规定做好整理工作和实习场所的清洁卫生工作;切断电源,灭绝火种,做好设备维护工作。

4.2　焊接工艺训练

4.2.1　手工电弧焊操作训练

1. 实训内容

学生先进行焊前准备、引弧、运条等手工电弧焊基本操作训练,然后进行对接平焊训练,实训件如图 4-43 所示。

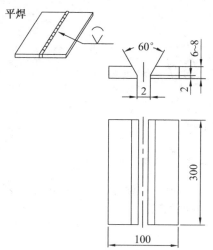

图 4-43 对接平焊实训件

2. 手工电弧焊基本操作方法

(1) 焊前准备

焊前准备包括焊条烘干、焊前工件表面的清理、工件的组装以及预热。对于刚性不大的低碳钢和强度级别较低的低合金高强度钢结构,一般不必预热。但对刚性大的或焊接性差,且容易断裂的结构,焊前需要预热。

(2) 引弧

焊接开始时,引燃焊接电弧的过程称为引弧。引弧时,首先将焊条末端与焊件表面接触形成短路,然后迅速将焊条向上提起 2 ~ 4 mm,电弧即可引燃。引弧方法有敲击法和划擦法两种,如图 4-44 所示。

(3) 运条

焊接过程中,焊条相对焊缝所做的各种

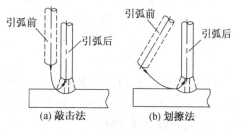

图 4-44 引弧方法

动作的总称称为运条。电弧引燃后运条时,焊条末端有 3 个基本动作要互相配合(见图 4-45):一是沿焊条轴线方向向熔池送进,以保持焊接电弧的弧长不变;二是焊条沿着焊接方向均匀移动;三是焊条沿焊缝作横向摆动,以获得一定宽度的焊缝。这 3 个动作组成焊条有规则的运动。

运条的方法有很多,焊工可以根据焊接接头形式、焊接位置、焊条规格、焊接电流和操作熟练程度等因素合理地选择各种运条方法。

在平焊位置的焊件表面上堆焊焊道称为堆平焊波,这是焊条电弧焊最基本的操作。初学者练习时关键是要掌握好焊条角度和运条基本动作,保持合适的电弧长度和均匀的焊接速度。

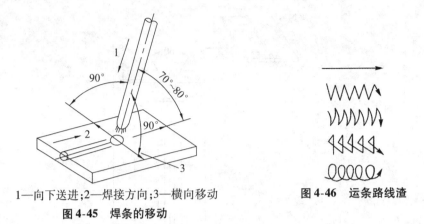

1—向下送进;2—焊接方向;3—横向移动　　　　　图 4-46　运条路线渣
图 4-45　焊条的移动

（4）焊缝的收尾

焊缝的收尾是指一根焊条焊完后的熄弧方法。焊接结尾时,为了使熔化的焊芯填满焊坑,不留尾坑,以免造成应力集中,焊条应停止向前移动,而朝一个方向旋转,直到填满弧坑,再自下而上慢慢拉断电弧,以保证结尾处形成焊缝具有良好的接头。

3. 手工电弧焊对接平焊操作训练

对接平焊实训件如图 4-43 所示,钢板材料为 Q235,厚度 $\delta = 6 \sim 8$ mm,选用焊条型号为 E4303,牌号为 J422,直径 $\phi = 3.2$ mm,操作步骤如下:

① 坡口准备。采用 V 形坡口双面焊,调整钢板,保证接口处平整。

② 焊前清理。清除焊件的坡口表面和坡口两侧各 20 mm 范围内的铁锈、油污和水分等。

③ 组对。将两块钢板水平放置并对齐,两块钢板间预留 $1 \sim 2$ mm 的间隙。

④ 定位焊。在钢板两端先焊上一小段长 $10 \sim 15$ mm 的焊缝,以固定两块钢板的相对位置,焊后把渣清除干净。这种固定待焊焊件相对位置的焊缝称为定位焊缝,若焊件较长,则可每隔 $200 \sim 300$ mm 进行一次定位焊。

⑤ 焊接。选择合适的工艺参数进行焊接。先焊定位焊缝的反面,焊后除渣;再翻转焊件焊另一面,焊后除渣。

⑥ 焊后清理。除上述清理渣壳以外,还应把焊件表面的飞溅等清理干净。

⑦ 检查焊缝质量。检查焊缝外形和尺寸是否符合要求,有无焊接缺陷。

4.2.2　CO_2 气体保护焊操作训练

1. 实训内容

学生先进行 CO_2 气体保护焊的基本操作训练,然后进行对接平焊训练,实训件和手工电弧焊一样,如图 4-43 所示。

2. CO_2 气体保护焊基本操作方法

（1）CO_2 气体保护焊操作方法

CO_2 气体保护焊的操作方法,按其焊枪的移动方向(向左或向右),可分为左向焊法和右向焊法两种,如图 4-47 所示。

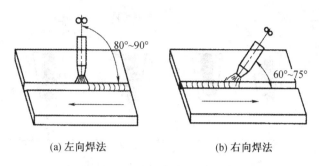

(a) 左向焊法　　　　　　　　　(b) 右向焊法

图 4-47　左向焊法和右向焊法示意图

采用右向焊法时,熔池可见度及气体保护效果都比较好,但焊接时不便观察接缝的间隙,容易焊偏。此外,由于焊丝直径直指熔池,电弧对熔池有冲刷作用,如果操作不当,可使焊缝高度过大,影响焊缝成形。

采用左向焊法时,焊工视线不会被喷嘴挡住,能够清楚地看到接缝,故不容易焊偏,并且能够得到较大的熔宽,焊缝成形比较平整美观,因此,一般都采用左向焊法。

（2）CO_2 气体保护焊操作姿势

采用 CO_2 气体保护焊施焊时,常用的操作姿势如图 4-48 所示,其操作要领如下:

图 4-48　CO_2 气体保护焊常用操作姿势

① 采用正确的持枪姿势,根据施焊位置,操作时灵活地用身体的某个部位承担焊枪的重量,保证持枪手臂处于自然状态,手腕能够灵活自由地带动焊枪进行各种操作。

② 焊接过程中软管电缆有足够的拖动余量,以保证可以随意拖动焊枪,并能维持焊枪倾角不变,能够清楚、方便地观察熔池。

③ 送丝机要放到合适的位置,满足焊枪能够在施焊位置范围内自由移动。

④ 焊接过程中,焊工必须正确控制焊枪与焊件间的倾角和喷嘴高度,使焊枪和焊件保持合适的相对位置,并能保证焊工方便地观察熔池,控制焊缝形状。

⑤ 整个焊接过程中必须保持焊枪匀速前进,并保持摆幅一致的横向摆动。实际操作时,焊工应根据焊接电流大小、熔池形状、熔合情况、装配间隙以及钝边大小等现场条件,灵活地调整焊枪前进速度和摆幅大小,力求获得合格的焊缝。

（3）引弧

半自动 CO_2 气体保护焊通常采用短路接触法引弧。平特性弧焊电源的空载电压低,且是光焊丝,在引弧时电弧稳定燃烧点不易建立,使引弧变得比较困难,往往造成焊丝成段地爆断,所以引弧前要把焊丝伸出长度调好。如果焊丝端部有粗大的球形头,应用钳子剪掉。引弧前要选好适当的引弧位置,起弧后要灵活掌握焊接速度,以避免焊缝始段出现熔化不良和使焊缝堆得过高的现象。具体操作步骤如图 4-49 所示。

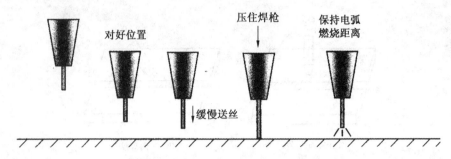

图 4-49　CO_2 气体保护焊的引弧过程

① 引弧前先按遥控盒上的点动开关或按焊枪上的控制开关,点动送出一段焊丝,伸出长度小于喷嘴与焊件间应保持的距离。

② 将焊枪按要求(保持合适的倾角和喷嘴高度)放在引弧处。此时焊丝端部与焊件未接触,喷嘴高度由焊接电流决定。若操作不熟练时,最好双手持枪。

③ 按焊枪上的控制开关,焊机自动提前送气,延时接通电源,保持高电压,当焊丝碰撞焊件短路后,自动引燃电弧。短路时焊枪有自动顶起的倾向,引弧时要稍用力下压焊枪,防止因焊枪抬高,电弧太长而熄灭。

(4) 焊枪运动形式

为控制焊缝的宽度和保证熔合质量,CO_2 气体保护焊施焊时也要像焊条电弧焊那样,焊枪也要做横向摆动。通常,为了减小热输入、热影响区和减小变形,不应采用大的横向摆动来获得宽焊缝,应采用多层多道焊来焊接厚板。焊枪的摆动形式及应用范围见表 4-9。

表 4-9　焊枪的摆动形式及应用范围

摆动形式	应用范围及要点
薄板及中厚板打底焊道	←
薄板根部有间隙、坡口有钢垫板时	←→→→→→
坡口小时及中厚板打底焊道,在坡口两侧需停留 0.5 s 左右	∧∧∧∧∧∧∧
厚板焊接时的第二层以后的横向摆动,在坡口两侧需停留 0.5 s 左右	∧∧∧∧∧∧∧
多层焊时的第一层	ℓℓℓℓℓ
坡口大时,在坡口两侧需停留 0.5 s 左右	⟨⟨⟨⟨⟨

（5）收弧

① CO_2 气体保护焊机有弧坑控制电路时,则焊枪在收弧处停止前进,同时接通此电路,焊接电流与电弧电压自动变小,待熔池填满时断电。

② 若焊机没有弧坑控制电路,或因焊接电流小没有使用弧坑控制电路时,在收弧处焊枪停止前进,并在熔池未凝固时反复断弧,引弧几次,直至弧坑填满为止。操作时动作要快,如果熔池已凝固才引弧,则可能产生未熔合及气孔等缺陷。

③ 收弧时应在弧坑处稍作停留,然后慢慢地抬起焊枪,这样就可以使熔滴金属填满弧坑,并使熔池金属在未凝固前仍受到气体的保护。若收弧过快,容易在弧坑处产生裂纹和气孔。

3. CO_2 气体保护焊对接平焊操作训练

CO_2 气体保护平板对接焊实训件如图 4-50 所示,钢板材料为 Q235,厚度 $\delta = 6 \sim 8$ mm,选用焊丝牌号为 H08Mn2SiA,直径 $\phi = 1.2$ mm。

采用左向焊法,属薄板对接平焊,焊枪做直线运动。因为留有 2 mm 间隙,所以焊枪可做适当的横向摆动,但幅度不宜过大,以免影响气体对熔池的保护作用。如果是中厚板的 V 形坡口对接焊,底层焊缝应采用直线运动,焊上层时焊枪可做适当的横向摆动。

4.2.3　气焊与气割操作训练

1. 实训内容

学生气焊实训件如图 4-50 所示,用 5 块钢板气焊一个小方盒,焊后用水试漏,要求不漏水。

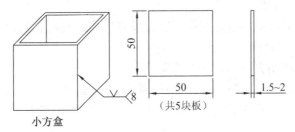

图 4-50　气焊实训件

2. 气焊基本操作方法

气焊的基本操作过程有点火、调节火焰、焊接和熄火几个步骤。

（1）点火、调节火焰和熄火

施焊前先要点火。点火时,先微开氧气调节阀,再打开乙炔气调节阀,然后进行点火。若有放炮声或火焰熄灭,应立即减少氧气或先放掉不纯的乙炔,再进行点火。这时的火焰是碳化焰。接着逐渐开大氧气阀门,将火焰调成中性焰,或调成要求的其他火焰,同时调整火焰的大小。工件焊完熄火时应先关闭乙炔气阀门,使火焰熄灭再关闭氧气阀门,以免发生回火并减少烟尘。焊后应立即清理焊件,检查焊缝。

（2）平焊焊接

气焊操作时,右手握焊炬,左手执焊丝,根据焊炬沿焊缝移动的方向可分为左向焊和右向焊。左向焊火焰指向焊件未焊部分,对金属有预热作用,因此焊接薄板时生产率较高,同时这种方法能清楚地看清熔池,操作方便,易于掌握,应用较普通,但焊接厚板或熔点较高的材料时,可能产生焊不透等缺陷,此时可采用右向焊。

为了保证焊缝边缘能很好地焊透,并获得优质美观的焊缝,焊丝和焊嘴应均匀协调地摆动。摆动的方法及幅度与焊件厚度、材料、焊缝尺寸和焊接位置等因素有关。

气焊过程中要掌握好焊炬与工件的夹角 α,如图 4-51 所示。在焊接开始时,为了尽快地加热和熔化工件形成熔池,α 角应大些,接近于垂直工件。工件愈厚,α 角也应愈大。正常焊接时,焊炬倾角 α 一般保持在 30°~50°,焊接结束时则应将倾角减小一些,并使焊炬做上下摆动,以便断续地对焊丝和熔池加热,更好地填满弧坑和避免焊穿。

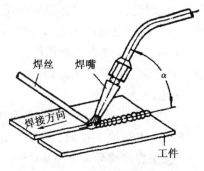

图 4-51　焊炬角度示意图

焊炬向前移动的速度应保证工件熔化,并保持熔池有一定大小。工件熔化形成熔池后,再将焊丝点入熔池内熔化。

3. 气焊操作训练

气焊实训件如图 4-50 所示,每位同学有 5 块钢板,材料为 Q235,长 × 宽 = 50 mm × 50 mm,厚度 δ = 1.5~2 mm,选用焊丝牌号为 H08Mn2Si,直径 φ = 2 mm,操作步骤如下:

① 焊前准理。清除焊件表面的铁锈、油污和水分等。

② 组对。应用角度为 90°的方块模具,将两块钢板组对成 90°。

③ 定位焊。在钢板两端先焊上一小段长 5 mm 左右的焊缝以固定两块钢板 90°的垂直位置。每个小方盒点固 2 对。

④ 小方盒成型。将两对垂直的钢板组装成方形,并焊接点固,再在方形底部位置点固上一块钢板,使小方盒成型。

⑤ 焊接。分别将小方盒的 8 条焊缝满焊。

⑥ 焊后清理、打磨。清理每条焊缝的焊渣,并打磨去除毛刺。

⑦ 检查焊缝质量。检查焊缝外形和尺寸是否符合要求,有无焊接缺陷,若有缺陷应进行补焊。

⑧ 试漏。焊件冷却至室温后,向小方盒内加入自然水试漏,不漏水的小方盒才符合要求。

4.2.4　焊接创新训练

1. 训练内容

学生实训件如图 4-52 所示,用 L25 ×25 ×3 角钢焊接一个货架。要求学生分析图纸,按图纸要求完成划线、下料、打磨及货架焊接等工序,并按图纸技术要求进行验收,对焊接缺陷进行分析。本实训可增强学生工程实践能力,培养学生综合素质和创新能力。

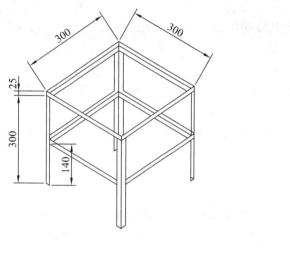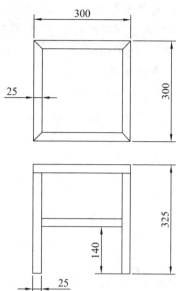

图 4-52　货架

2. 图纸分析

根据货架结构图可知,货架全部采用 L25×25×3 角钢,长×宽×高 = 300 mm × 300 mm ×300 mm。按图纸准备好角钢材料:12 根长度为 300 mm 的 L25×25×3 角钢。焊接时先按图样尺寸定位点固成形,然后用手工电弧焊焊牢。

3. 划线

按图样要求划线,每根角钢留有 6 mm 的余量,因此,12 根 L25×25×3 角钢的划线尺寸为 306 mm。

4. 气割下料

根据划线尺寸,采用气割方法下料,操作方法如下:

① 切割前应将角钢放在割架上,或垫高使其与地面保持一定距离,清理角钢表面的污垢、油漆及锈蚀。

② 根据材料厚度,将氧气调节到所需工作压力。点燃预热火焰并调节火焰到氧化焰。打开切割氧阀门,检查切割氧流喷出时的风线,风线应为笔直、清晰的圆柱体,并且有适当的长度,进入气割操作。

③ 先将割嘴对准角钢气割线,加热至燃烧温度(灼红、尚未熔化),打开切割氧气阀门,使金属产生充分燃烧现象。缓慢且均匀地沿割线方向移动割炬,就可以切割出一条割缝。注意:气割过程中,保持火焰的焰心距离工件表面 3～5 mm 的距离,割嘴略向前倾斜 20°～30°。

5. 打磨

气割后的角钢两端有毛刺,且留有余量,用砂轮机、砂带机等打磨角钢两端,使其两端平整,且满足图样尺寸。

6. 场地设备准备

准备便于焊接的场地,检查手工电弧焊机是否正常,准备面罩、小锤等工具及焊条,穿戴好劳动防护用品。

7. 焊接成形

选用型号为 E4303,牌号为 J422,直径 $\phi = 3.2$ mm 的焊条。先将角钢按图要求点固成形,然后将所有焊缝满焊。焊接时应正确确定焊接参数,合理制定焊接工艺,防止焊接变形,多频次用角尺、直尺测量检查,发现变形,立即整形矫正。

8. 焊件清理

用小锤清理焊渣,发现有焊接缺陷的进行补焊。

9. 质量检验及缺陷分析

对清理后的货架进行质量检验,一方面根据图纸检查货架的几何尺寸,另一方面检查焊缝质量,对气孔、夹渣、咬边等焊缝缺陷进行分类,并分析各种缺陷产生的原因。

10. 安全检查与现场整理

检查手工电弧焊等设备的电源是否切断,收好面罩、小锤等工具,并对焊接场地进行整理打扫,保证环境整洁。

 思考题

1. 简述电弧焊焊接过程。绘制手工电弧焊操作线路连接示意图,并标注各部分的名称。

2. 你在实习中使用的焊条类型、型号和规格是什么? 举例说明型号各部分的意义。

3. 在运条的基本操作中,焊条应完成哪几个运动? 这些运动应满足什么要求?

4. 用简图表示对接接头的坡口形式。

5. 画出你在气焊操作时所用的设备装置及气路连接简图,并说明所用设备的名称和用途。气焊设备中气瓶和送气导管分别采用什么颜色?

6. 气焊或气割时应注意哪些安全问题?

7. 简述钎焊的特点和应用范围。钎料和钎剂的作用分别是什么?

8. 焊接变形有哪几种基本形式? 常见的焊接缺陷有哪些?

第 5 章

切削加工基本知识

5.1 切削加工的运动及切削要素

5.1.1 切削运动

在金属切削中,为了从工件上切去一部分金属,刀具和工件间必须完成一定的切削运动(见图 5-1)。图 5-1a 为外圆车削的情况,工件旋转,刀具连续纵向直线进给,形成工件外圆柱表面。

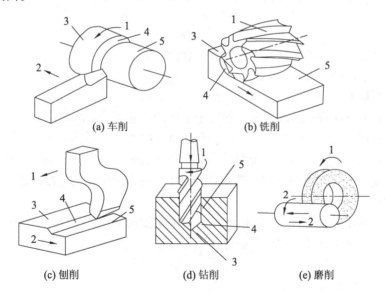

(a) 车削　　　　　　　　　　　(b) 铣削

(c) 刨削　　　　　(d) 钻削　　　　　(e) 磨削

1—主运动;2—进给运动;3—待加工表面;4—过渡表面;5—已加工表面

图 5-1 切削运动及切削时形成的表面

切削运动包括主运动和进给运动。

主运动。切削运动中速度最高、消耗功率最大的运动称为主运动。它是切下金属所必须的基本运动,如车削中工件的旋转或铣削中刀具的旋转等。

进给运动。使新的金属层不断投入切削,它和主运动一起可连续不断地切除工件上的加工余量,形成已加工表面,如车削中刀具的移动铣削中工件的移动等。机床提供的进给运动既可以是连续的,也可以是间歇的,无论哪种形式的进给运动,其消耗的功率都比主运动所消耗的功率小,而且速度也较主运动低。

切削时主运动只有一个,而进给运动可以有一个或几个。

5.1.2 切削过程中形成的工件表面

在整个切削过程中,工件上有以下3个表面:

① 已加工表面。工件上经刀具切削后产生的新表面。

② 待加工表面。工件上有待切除切削层的表面。

③ 过渡表面。切削刃正在切削的表面。

这些定义也适用于其他切削。图 5-1 为车削、铣削、刨削、钻削、磨削时的切削运动。

5.1.3 切削用量

1. 切削用量三要素

切削用量是用于表示主运动、进给运动和切入量参数的数量,以便于调整机床。它包括切削速度、进给量和背吃刀量三个要素。

（1）切削速度 v_c

切削速度是刀具切削刃上选定点相对于工件的主运动速度。当主运动为旋转运动时,刀具或工件上最大直径处的切削速度 v_c 的大小可按下式计算:

$$v_c = \frac{\pi dn}{1\ 000}$$

式中,d——完成主运动的工件或刀具的最大直径,mm;

n——主运动的转速,r/min。

（2）进给量 f

进给量是刀具在进给运动方向上相对于工件的位移量,通常用工件或刀具的主运动每转或每一行程时,刀具相对于工件在进给运动方向的位移量来度量,单位为 mm/r 或 mm/行程,如钻孔时的进给量 f 是指钻头每转一转钻头沿进给运动方向的位移量。

进给速度 v_f 是指刀具切削刃上选定点相对工件的进给运动的速度。进给量 f 与进给速度 v_f 之间的关系为 $v_f = nf$。

图 5-2 分别表示了车削、铣削、钻削时的切削速度 v_c 和进给速度 v_f 的方向。同时包含主运动方向和进给运动方向的平面称为工作平面。

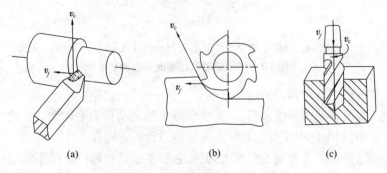

（a）　　　　　　　　　　（b）　　　　　　　　　　（c）

图 5-2　车削、铣削钻削中切削运动方向

（3）背吃刀量 a_p

背吃刀量是垂直于工作平面的方向上测量的切削层横截面尺寸,单位为 mm。

对于外圆车削,背吃刀量为

$$a_p = \frac{D-d}{2}$$

式中,D——工件待加工表面直径,mm;

d——工件已加工表面直径,mm。

钻孔时背吃刀量为

$$a_p = \frac{D_1}{2}$$

式中,D_1——工件的钻孔直径,mm。

2. 选择切削用量的基本原则

选择合理的切削用量对保证工件加工质量和刀具耐用度,提高生产效率和经济效益都具有十分重要的意义。所谓合理的切削用量,是指充分利用刀具的切削性能和机床性能,在保证工件加工质量的前提下,获得生产率高和加工成本低的切削用量。

选择合理的切削用量,必须考虑刀具耐用度。只有刀具耐用度确定合理,才有可能达到高效率、低成本的要求。

（1）切削用量与刀具耐用度的关系

切削过程中,当工件材料、刀具材料及其几何参数确定之后,切削用量取值不同,刀具耐用度就不同,它们存在一定的关系,即

$$T = \frac{C_r}{v_c^n f^p a_p^q}$$

式中,C_r—耐用度系数,与刀具、工件材料和切削条件有关。当用硬质合金刀具切削碳素钢时,$n = 2.5 \sim 5$,$p = 1.2 \sim 1.8$,$q = 0.6 \sim 0.8$。

由此可看出对刀具耐用度影响最大的是切削速度 v,其次是进给量 f,背吃力量 a_p 的影响最小。

（2）切削用量的选择顺序

由切削用量与刀具耐用度的关系可知,当刀具耐用度保持一定时,只有首先选择最大的背吃力量 a_p,再选择较大的进给量 f,然后按公式计算出切削速度 v_c,才能保证在满足合理刀具耐用度的前提下,获得高的生产率和低的生产成本,使切削用量趋于合理。

3. 切削用量的选择方法

（1）背吃刀量的确定

背吃刀量的大小应根据加工余量的大小确定。

切削加工一般分为粗加工、半精加工和精加工。在中等功率机床上背吃刀量可达 $8 \sim 10$ mm。半精加工时,背吃刀量取 $0.5 \sim 2$ mm;精加工时,背吃刀量取 $0.1 \sim 0.4$ mm。精加工时一次走刀应尽可能地切除全部余量,当余量过大或工艺系统刚性较差时,尽可能地选取较大的背吃刀量和最少的走刀次数,各次背吃刀量按递减原则确定。半精加工、精加工时应一次切除全部余量。切削表层有硬皮的铸件或不锈钢等加工硬化严重的材料时,应尽量使背吃刀量超过硬皮或冷硬层厚度,以免刀尖过早磨损。

（2）进给量的确定

粗加工时工件表面质量要求不高,但切削力较大,进给量的大小主要受机床进给机构强度、刀具强度与刚性、工件装夹刚度等因素的限制。在条件许可的情况下,选择较大的进给量以提高生产效率。精加工时,进给量的大小则主要受加工精度和表面粗糙度的限制,故精加工时往往选择较小的进给量以保证工件的加工质量。断续切削时应选较小的进给量以减小切削中的冲击。当刀尖处有过渡刃、修光刃及切削速度较高时,半精加工及精加工可选较大的进给量,以提高生产效率。

（3）切削速度的确定

切削速度的选择往往在确定 a_p, f 之后,根据合理的刀具耐用度和机床功率确定,在生产中选择切削速度时,应考虑以下几点:

① 粗车时,背吃刀量 a_p 和进给量 f 较大,应选择较低的切削速度 v_c;精车时,背吃刀量 a_p 和进给量 f 均较小,故可选择较高的切削速度 v_c,还应尽量避免积屑瘤和鳞刺产生的区域。

② 工件材料硬度、强度较高时应选择较低的切削速度;加工奥氏体不锈钢、铁合金和高温金等难加工材料时,只能取较小的切削速度;切削合金钢的切削速度比切削中碳钢低20%～30%;切削调质状态的钢的切削速度比切削正火、退火状态钢要低20%～30%;切削有色金属的切削速度比切削中碳钢高100%～300%。

③ 刀具材料的切削性能愈好,选的切削速度愈高。

④ 断续切削时,为减小冲击和热应力,宜适当降低切削速度;加工带外皮的工件时应适当降低切削速度;加工大件、细长件和薄壁工件时,应选用较低的切削速度。

⑤ 在易发生振动的情况下,切削速度应避开自激振动的临界速度。

最后还应注意的是,在 a_p, f, v_c 选定之后,还要校验机床功率。只有机床功率足够,所选定的切削用量才能在指定的机床上使用。

5.2　金属切削刀具

5.2.1　刀具的组成及结构

切削刀具的种类繁多、形状各异,但就其切削部分而言都可以看成是外圆车刀刀头的演变。图5-3为常见的普通车床上所使用的外圆车刀,它由刀杆(用来把车刀固定在刀座上)和刀头(切削部分)组成。

刀头直接担负切削工作,它一般由3面、2刃、1尖组成。

1. 刀具表面

① 前刀面:刚形成的切屑沿其上流出的表面。

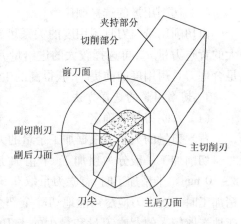

图5-3　外圆车刀

② 主后刀面:与工件过渡表面相对的表面。

③ 副后刀面:与工件已加工表面相对的表面。

一般情况下,刀具前面和主后面构成的主刀楔担负主要切削工作,前面和副后面构成的副刀楔担负形成已加工表面的切削工作。

2. 切削刃

由 2 个刀面相交就形成了切削刃。

① 主切削刃:前刀面和主后刀面的交线,它担负主要的切削工作。

② 副切削刃:前刀面和副后刀面的交线。

3. 刀尖

刀尖是主切削刃和副切削刃的交点。常修磨成圆弧或直线过渡刃,以提高刀尖强度。

5.2.2　刀具角度

刀具要完成切削任务,其切削部分必须具备合理的几何形状。刀具几何角度就是确定其切削部分几何形状和反映刀具切削性能的参数。为了定义和规定刀具几何角度,仅靠刀具切削部分的几个结构要素是不够的,必须建立一些作为度量基准的坐标平面,即刀具角度的参考系。用来定义刀具角度的参考系有两大类:一类是用来定义刀具设计、制造、刃磨和测量时几何角度的参考系,称为刀具静止参考系;另一类是用来定义刀具实际切削加工时几何角度的参考系,称为刀具工作参考系。用工作参考系定义的刀具几何角度称为工作角度。本节只讲述刀具静止参考系及几何角度的定义。

1. 刀具静止参考系的确定

刀具静止参考系中所谓“静止”实质上是在定义其坐标平面之前,合理规定了一些假定条件,从而使定义出的坐标平面与刀具设计、制造、刃磨和测量时采用的基准面一致。

① 假定主运动方向。假定刀具切削刃上选定点位于工件中心高处,此时切削刃上选定点的主运动方向称为假定主运动方向。假定主运动方向垂直于车刀刀柄的安装面(见图 5-4)。

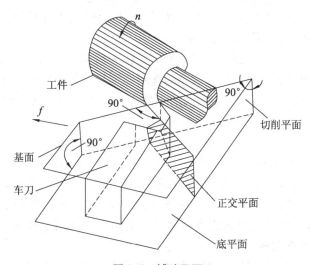

图 5-4　辅助平面

② 假定进给运动方向。假定进给运动垂直或平行于刀柄中心线(见图5-4)。此时切削刃上选定点的进给运动方向称为进给运动方向。

以上述假定运动方向为依据,可以建立一系列用于定义刀具角度的坐标平面,分别组成各种静止参考系。

2. 正交平面参考系的组成

① 基面 p_r。通过切削刃某选定点,垂直于假定主运动方向的平面称为基面。车刀的基面平行于刀柄安装面。

② 切削平面 p_s。通过主(副)切削刃上选定点与主(副)切削刃相切并垂直于基面的平面(见图5-4),或者说由主(副)切削刃的切线与假定主运动方向所组成的平面称为切削平面。

③ 正交平面 p_0。通过切削刃某选定点并同时垂直于基面和切削平面的平面称为正交平面。

p_r, p_s, p_0 构成了一个相互垂直的空间直角坐标系,称之为正交平面参考系。它是在刀具的设计、制造、刃磨和测量中应用最广泛的刀具参考系。书中的刀具角度多数是在正交平面参考系中标注的。

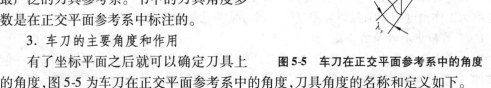

3. 车刀的主要角度和作用

有了坐标平面之后就可以确定刀具上

图5-5　车刀在正交平面参考系中的角度

的角度,图5-5为车刀在正交平面参考系中的角度,刀具角度的名称和定义如下。

(1) 在正交平面 p_0 内测量的角度

① 前角 r_0。前刀面与基面之间的夹角称为前角。前刀面在基面之下时称为正前角,前刀面在基面之上时称为负前角。前角越大,刃口锋利,切削力小,切削温度低,但刃口强度降低。前角选用原则为:前角的数值大小与刀具材料、工件材料、工作条件有关,一般在保证刃口强度的条件下尽量选大值。

② 后角 α_0。后刀面与切削平面之间的夹角称为后角。后角的作用是减少后刀面与工件的摩擦,保证加工表面的质量。后角的选用原则与前角相似,一般取 $6° \sim 12°$。

③ 楔角 β。前刀面与主后刀面之间的夹角称为楔角。当 r_0, α_0 确定后,β 可由下式求得:

$$\beta = 90° - (r_0 + \alpha_0)$$

(2) 在基面 p_r 内测量的角度

① 主偏角 k_r。进给方向与主切削刃在基面上的投影之间的夹角称为主偏角。它影响主切削刃的工作长度、刀尖强度和散热条件、刀具的受力。主偏角越小,主切削刃的工作长度越长,散热条件越好,刀具的受力越大。主偏角的选用原则为:工件刚性好、粗加工时选小些,精加工选大些。

② 副偏角 $k_r{}'$。反进给方向与副切削刃在基面上的投影之间的夹角。它影响表面粗

糙度。副偏角选用原则为：精加工时为了保证已加工表面的质量,选小值(一般取 5° ~ 10°)。

（3）在切削平面 p_s 内测量的角度

主切削刃与基面之间的夹角称为刃倾角 λ_s。它的主要作用是影响切屑流动方向和刀尖的强度。以刀柄底面为基准,当主切削刃与刀柄底面平行时,$\lambda_s = 0$,切屑沿垂直于主切削刃的方向流出;当刀尖位于主切削刃最低点时,λ_s 为负值,切屑流向已加工表面;当刀尖位于主切削刃最高点时,λ_s 为正值,切屑流向待加工表面。一般刃倾角 λ_s 取 $-5°$ ~ 10°。精加工时,为避免切屑划伤已加工表面,应取正值或 0;粗加工或切削较硬的材料时,为提高刀头强度,可取负值。

5.2.3 刀具材料

在金属切削加工中,刀具材料的切削性能直接影响生产效率、工件的加工精度和已加工表面质量、刀具消耗和加工成本。正确选择刀具材料是设计和选用刀具的重要内容之一,特别是对某些难加工材料的切削、刀具材料的选用显得尤为重要。刀具材料的发展在一定程度上推动着金属切削加工的进步。

1. 刀具切削部分材料的要求

金属切削时,刀具切削部分直接和工件及切屑相接触,承受着很大的切削压力和冲击,并受到工件及切屑的剧烈摩擦,产生很高的切削温度。也就是说,刀具切削部分是在高温、高压及剧烈摩擦的恶劣条件下工作的。因此,刀具材料应具备以下基本性能:

① 硬度高。刀具材料的硬度必须更高于被加工材料的硬度,否则在高温高压下,就不能保持刀具锋利的几何形状。目前,切削性能最差的刀具材料碳素工具钢,其硬度在室温条件下也应在 62 HRC 以上;高速钢的硬度为 63 ~ 70 HRC。

② 足够的强度和韧性。刀具材料必须有足够的强度和韧性,以便承受切削力,在承受振动和冲击时不致断裂和崩刃。

③ 耐磨性和耐热性好。刀具材料的耐磨性是指抵抗磨损的能力。一般来说,刀具材料硬度越高,耐磨性也越好。此外,刀具材料的耐磨性还和金相组织中化学成分、硬质点的性质、数量、颗粒大小和分布状况有关。金相组织中碳化物越多,颗粒越细,分布越均匀,其耐磨性也越高。

刀具材料的耐磨性和耐热性有着密切的关系。其耐热性通常用它在高温下保持较高硬度的性能即高温硬度来衡量,也称为热硬性。高温硬度越高,表示耐热性越好,刀具材料在高温时抗塑性变形的能力、抗磨损的能力也越强。耐热性差的刀具材料由于高温下硬度显著下降而会很快磨损乃至发生塑性变形,丧失其切削能力。

④ 导热性好。刀具导热性好,切削时产生的热量容易传导出去,从而降低切削部分的温度,减轻刀具磨损。此外,导热性好的刀具材料其耐热冲击和抗热龟裂的性能增强,这种性能对采用脆性刀具材料进行断续切削,特别在加工导热性能差的工件时尤为重要。

⑤ 工艺性好。为了便于制造,要求刀具材料有较好的可加工性,包括锻压、焊接、切削加工、热处理、可磨性等。

⑥ 经济性好。经济性是评价新型刀具材料的重要指标之一,也是正确选用刀具材

料、降低产品成本的主要依据之一。有的材料虽然单件成本很高,但因其使用寿命长,分摊到每个零件上的成本不一定很高。此外刀具材料的选用还应当结合本国资源情况,充分考虑其经济效益。

2. 常用的刀具材料

(1) 碳素工具钢

碳素工具钢是碳的质量分数为 0.65% ~1.35% 的优质高碳钢,常用的牌号为 T0A 和 T12A。碳素工具钢热处理后的硬度为 60 ~64 HRC。它的热硬性较差,在 200 ~250 ℃时硬度就显著下降,所以它所允许的切削速度很低($v < 10$ m/min)。此外,它的淬透性差,热处理时的变形较大。它的主要优点是价格便宜,被加工性能好,刃口容易磨得锋利等,主要用于制造低速手用刀具,如手用丝锥、板牙、手用铰刀、锉刀及锯条等。

(2) 合金工具钢

在碳素工具钢中加入一些合金元素,钨、铬、锰、钼、钒等而炼出的钢称为合金工具钢。它与碳素工具钢相比有较高的热硬性和韧性,热处理变形小,淬透性也较好。

合金工具钢的热硬性可达 300 ~350 ℃,故它所允许的切削速度可比碳素工具钢高 10% ~40%。常用的合金工具钢牌号为 9SiCr 和 CrWMn,它主要用于制造各种手用刀具和低速切削刀具。

(3) 高速钢

高速钢是一种含钨、铬、钼、钒等合金元素较多的高合金工具钢。高速钢的热硬性为 540 ~620 ℃,因此它所允许的切削速度比普通合金工具钢高 2 倍以上。切削普通结构钢时,其切削速度可达 25 ~30 m/min。高速钢具有良好的综合性能,其强度和韧性是现有刀具材料中最高的,切削性能能满足一般加工要求,高速钢刀具制造工艺简单,刃磨易获得锋利的切削刃,能锻造,热处理变形小,特别适合制造复杂及大型成型刀具,如钻头、丝锥、成型刀具、拉刀、齿轮刀具等。

高速钢刀具可以加工从有色金属到高温合金的范围广泛的工件材料。

(4) 硬质合金

硬质合金是由高硬度、高熔点的金属熔化物(WC,TiC,MoC 等)粉末和熔点低的金属(Co 或 Ni 等)粉末作黏结剂,经粉末冶金方法制成的。

硬质合金的硬度高(相当于 74 ~82 HRC),耐磨性好,800 ~1 000 ℃的高温下仍保持其良好的热硬性。在相同的刀具耐用度下,硬质合金的切削速度高于高速钢 4 ~10 倍,硬质合金切削性能好,切削效率高,使用硬质合金车刀,可采用较大的切削用量,能显著提高生产率,实际生产中 80% 以上的金属去除量是由它完成的。但是,硬质合金的抗弯强度比高速钢要低得多,冲击韧性也很差,因此,使用硬质合金刀具时要力求避免冲击、振动。

普通硬质合金按 ISO 标准可分为 P,K,M 三类。P 类主要用于加工钢;K 类主要用于加工铸铁、有色金属及非金属材料;M 类主要用于加工钢(包括难加工钢)、铸铁及有色金属。我国将硬质合金分为钨钴类、钨钛钴类、钨钛钽(铌)钴类。

① 钨钴类。其代号为 YG,相当于 ISO 标准的 K 类。

② 钨钛钴类。其代号为 YT,相当于 ISO 标准的 P 类。

③ 钨钛钽(铌)钴类。其代号为 YW,相当于 ISO 标准的 M 类。YW 类合金兼有 YG

类和 YT 类合金的大部分优良性能,故被称为通用合金。

（5）其他刀具材料

① 涂层刀具材料。涂层刀具是采用化学气相沉积（CVD）或物理气相沉积（PVD）法,在硬质合金或其他材料刀具基体上涂覆一薄层耐磨性高的难熔金属（或非金属）化合物而得到的刀具材料,较好地解决了材料硬度及耐磨性与强度及韧性的矛盾。

通过 CVD 等方法,在硬质合金刀片上涂覆耐磨的 TiC 或 TiN,Al_2O_3 等薄层,形成表面涂层硬质合金。

由于涂层硬质合金刀具具有强韧性好的基体及硬而耐磨的表层,故切削性能良好。同样切削条件下涂层硬质合金刀具耐用度高,能降低切削力,改善表面质量,且通用性也较好,故使用涂层硬质合金可以降低成本,并且减少硬质合金刀片品种和库存,简化刀具管理。

涂层材料一般为晶粒极细的碳化物、氮化物等。TiC 硬度高,耐磨性好;TiN 与金属的亲和力小,摩擦力小;Al_2O_3 的高温化学性能稳定。涂层有单涂层,也有双涂层或多涂层,多涂层可将各种涂层成分的优点综合在一起,还可防止涂层增厚时晶粒长大。硬质合金经涂层后其强度、韧性及切削刃锋利性亦有所下降,加之涂层的黏结强度问题,故涂层硬质合金不适合用于沉重的粗加工、小进给量切削和低速切削等场合。

② 陶瓷刀具材料。陶瓷刀具材料主要有 Al_2O_3 基和 Si_3N_4 基两类,具有很高的硬度及耐磨性,其硬度达到 91～95 HRA,有很高的耐热性,在 1 200 ℃时硬度仍有 80 HRA,仍可切削,有很好的化学稳定性,陶瓷与金属的亲和力小,抗黏结和抗扩散能力好,摩擦系数小,切屑不易黏结,加工表面质量好,刀具耐用度高,切削速度比硬质合金高 2～10 倍。陶瓷刀具材料的最大缺点是强度、韧性低,脆性大,导热能力低和线膨胀系数大。

③ 超硬刀具材料。金刚石是已知的最硬的材料,其硬度可达 10 000 HV。金刚石除硬度极高外,还具有很高的耐磨性及很低的摩擦系数,较好的导热性及小的线膨胀系数,是能长期保持锋利的切削刃。

金刚石刀具有天然单晶金刚石刀具和人造聚晶金刚石刀具。天然金刚石由于价格昂贵等原因使用较少,人造聚晶金刚石是在高温高压下将金刚石微粉聚合成较大颗粒的金刚石。

工业上多用人造金刚石,金刚石刀具主要用于加工精度及粗糙度要求很高的各种有色金属,如铝合金、铜合金、镁合金等,也用于加工钛合金、金、银、铂、各种陶瓷和水泥制品,对各种非金属材料（如石墨、橡胶、塑料、玻璃及其聚合材料）的加工效果都很好。金刚石刀具超精密加工广泛用于加工激光扫描器和高速摄影机的扫描棱镜、特形光学零件、电视、录像机、照相机零件、计算机磁盘等,而且随着晶粒不断细化,可用来制作切割用水刀,但金刚石刀具不适合加工黑色金属。

立方氮化硼的硬度高,仅次于金刚石,硬度达 8 000～9 000 HV,耐热温度高达 1 400～1 500 ℃,化学惰性大,与铁族元素在 1 200～1 300 ℃时也不易起化学作用,耐磨性好且不易黏刀,导热性良好且摩擦系数较低,使用立方氮化硼刀具可达到很高的耐用度及很高的表面质量与加工精度。

立方氮化硼韧性虽优于金刚石,但脆性仍然较大,强度、韧性较差,故不宜用于低速加工,立方氮化硼刀具适合加工高硬钢铁材料（如淬火钢）、高温合金、硬质合金、铸铁及有色金属合金等。

5.3 机械零件的加工质量

在机械制造中为了保证从零件的加工、部件组装到机器的装配调试成功,实现其使用功能和正常运行,必须对零件的加工工艺过程进行控制,同时对制造过程和调试结果进行检验测量。零件的加工质量包括零件的几何加工精度和表面质量两个方面的内容。

5.3.1 机械加工精度

加工精度是指零件加工后的尺寸、形状、位置等实际几何参数与理想几何参数相符合的程度。实际参数与理想参数之间的偏离程度称为误差,误差越大,精度越低,零件的加工质量越差。

依据偏差参数的几何性质,可将几何精度分为尺寸精度、形状精度、方向精度、位置精度和跳动精度5种。

1. 尺寸精度

零件的尺寸精度是用公差等级进行评定的。所谓公差,就是指允许尺寸的变动量。

GB/T 1800.2—2009 将公差标准化,极限与配合在公称尺寸至 500 mm 内规定了 IT01,IT0,IT1,IT2,…,IT18 共 20 个标准公差等级;在公称尺寸大于 500～3 150 mm 内规定了 IT1,IT2,…,IT18 共 18 个标准公差等级。

对于同一基本尺寸,标准公差的级数越大,则公差值越大,尺寸精度越低。

2. 形状、方向、位置和跳动精度

形状、方向、位置和跳动精度是依据 GB/T 1182—2008 国家标准进行评定的。国标提出了 19 项几何特征符号(见表 5-1)。公差值越大,精度越低。

表 5-1 几何特征符号

公差类型	几何特征	符号	有无基准
形状公差	直线度	——	无
	平面度	▱	无
	圆度	○	无
	圆柱度	⌭	无
	线轮廓度	⌒	无
	面轮廓度	⌓	无
方向公差	平行度	//	有
	垂直度	⊥	有
	倾斜度	∠	有
	线轮廓度	⌒	有
	面轮廓度	⌓	有

续表

公差类型	几何特征	符号	有无基准
位置公差	位置度	$\oplus$	有或无
	同心度 （用于中心点）	$\odot$	有
	同轴度 （用于轴线）	$\odot$	有
	对称度	═	有
	线轮廓度	⌒	有
	面轮廓度	⌓	有
跳动公差	圆跳动	↗	有
	全跳动	↗↗	有

5.3.2 公差与配合

孔与轴的结合是机器中应用最广泛的基本结合形式。为了满足互换性的要求，必须制定出孔、轴的尺寸公差及配合松紧程度的配合标准。公差与配合的标准化不仅可以防止产品尺寸设计中的混乱现象，有利于工艺过程的经济性及产品的使用与维护，还可以实现刀具和量具的标准化。公差与配合标准已成为机械工业中应用最广泛、涉及面最大的一个极为重要的基础标准。

1. 孔和轴

① 孔：主要指圆柱形的内表面，也包括其他内表面中由单一尺寸确定的部分。

② 轴：主要指圆柱形的外表面，也包括其他外表面中由单一尺寸确定的部分。

从装配关系讲，孔是包容面，在它之内无材料，称为内表面；轴是被包容面，在它之外无材料，称为外表面。

2. 尺寸

① 基本尺寸。设计给定的尺寸称为基本尺寸。孔的基本尺寸以 D 表示，轴的基本尺寸以 d 表示。

② 实际尺寸。通过测量得到的尺寸称为实际尺寸。孔的实际尺寸以 D_a 表示，轴的实际尺寸以 d_a 表示。

③ 极限尺寸。允许尺寸变化的两个界限值称为极限尺寸，它以基本尺寸为基数来确定。两个界限中较大的一个称为最大极限尺寸；较小的一个称为最小极限尺寸。

孔的最大和最小极限尺寸分别以 D_{max} 和 D_{min} 表示，轴的最大和最小极限尺寸分别以 d_{max} 和 d_{min} 表示。在一般情况下，完工零件的尺寸合格条件为：

孔的合格条件为 $D_{max} > D_a > D_{min}$；

轴的合格条件为 $d_{max} > d_a > d_{min}$。

3. 尺寸偏差与公差

① 尺寸偏差。某一尺寸减去其基本尺寸所得的代数差称为尺寸偏差,简称偏差。

② 实际偏差。实际尺寸减去其基本尺寸所得的代数差称为实际偏差。

孔的实际偏差 $E_a = D_a - D$;

轴的实际偏差 $e_a = d_a - d$。

③ 极限偏差。极限尺寸减去其基本尺寸所得的代数差称为极限偏差。最大极限尺寸减去其基本尺寸所得的代数差称为上偏差,最小极限尺寸减去其基本尺寸所得的代数差称为下偏差。

孔的上偏差 $ES = D_{max} - D$;孔的下偏差 $EI = D_{min} - D$;

轴的上偏差 $es = d_{max} - d$;轴的下偏差 $ei = d_{min} - d$。

完工零件的尺寸合格条件常用偏差的关系式表示。

孔的合格条件为 $ES > E_a > EI$;

轴的合格条件为 $es > e_a > ei$。

公差与配合示意图如图5-6所示。

④ 尺寸公差。允许尺寸的变动量称为尺寸公差,简称公差。

公差等于最大极限尺寸与最小极限尺寸之差的绝对值,也等于上偏差与下偏差之差的绝对值。

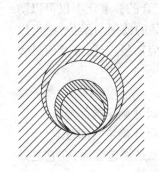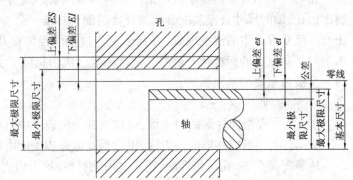

图5-6　公差与配合示意图

孔的公差 $T_D = |D_{max} - D_{min}| = |ES - EI|$;

轴的公差 $T_d = |d_{max} - d_{min}| = |es - ei|$。

公差是表示尺寸允许变动的范围,即某种区域大小的数量指标,是绝对值,没有正负之分,也不允许为0。

尺寸公差是允许的尺寸误差。尺寸误差是一批零件的实际尺寸相对于理想尺寸的偏离范围。当加工条件一定时,尺寸误差表征了加工方法的精度。尺寸公差则是设计规定的误差允许值,体现了设计者对加工方法精度的要求。通过对一批零件的测量,可以估算出其尺寸误差,而公差是设计给定的,不能通过测量得到。

4. 零线与公差带

① 零线。在公差带图中,确定偏差的一条基准直线,即零偏差线(简称零线)。通常以零线表示基本尺寸。正偏差位于零线的上方,负偏差位于零线的下方。

② 尺寸公差带(简称公差带)。在公差带图中,由代表上、下偏差的两条直线所限定

的区域(见图5-7)。

在国家标准中,公差带包括了"公差带大小"与"公差带位置"两个参数。公差带大小由标准公差确定,公差带位置由基本偏差确定。

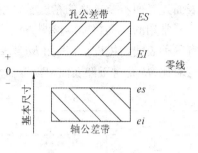

图 5-7　公差带图

5. 配合

基本尺寸相同的、相互结合的孔和轴公差带之间的关系称为配合。

① 间隙配合。孔的公差带在轴的公差带之上,保证具有间隙(包括最小间隙为0)的配合。

② 过盈配合。孔的公差带在轴的公差带之下,保证具有过盈(包括最小过盈为0)的配合。

③ 过渡配合。孔和轴的公差带相互重叠,可能具有间隙也可能具有过盈的配合。

6. 基准制

标准规定了两种基准制:基孔制和基轴制。

(1)基孔制。基本偏差为一定的孔的公差带,与不同基本偏差的轴的公差带形成配合的一种制度。在基孔制中,孔是基准件,称为基准孔;轴是非基准件,称为配合轴。同时规定,基准孔的基本偏差是下偏差,且等于0,即 $EI = 0$,并以基本代号 H 表示。

(2)基轴制。基本偏差为一定的轴的公差带,与不同基本偏差的孔的公差带形成配合的一种制度。在基轴制中,轴是基准件,称为基准轴;孔是非基准件,称为配合孔。同时规定,基准轴的基本偏差是上偏差,且等于0,即 $es = 0$,并以基本代号 h 表示。

7. 基准制的选择

① 基孔制。一般情况下应优先选用基孔制。通常加工孔比加工轴要困难,所用的刀具、量具的尺寸规格也多些。采用基孔制可减少定值刀具、量具的规格数目,有利于刀具、量具的标准化、系列化,因而经济合理,使用方便。

② 基轴制。在下列情况下采用基轴制则经济合理:

a. 当使用具有一定精度的冷拔圆钢,不对外径进行加工时应采用基轴制。

b. 与标准件配合时,必须按标准件来选择基准制,如滚动轴承的外圈与壳体孔的配合必须采用基轴制。

c. 一根轴和多个孔相配时,考虑结构需要,宜采用基轴制。

5.3.3　表面粗糙度

GB 3505—2009 与 GB 1031—2009 规定了表面粗糙度评定参数的含义及相应的数值系列,表面粗糙度的评定参数有轮廓算术平均偏差 Ra 及轮廓最大高度 Rz。

在正常加工条件下,加工方法与可以达到的表面粗糙度值有某种对应关系(见表5-2)。一般来说,表面粗糙度值愈小,零件的耐磨性能愈好,耐蚀性能愈好(表面凹坑中积聚的腐蚀介质愈少),疲劳强度提高(划痕愈少、愈浅,愈不易产生疲劳裂纹)。表面粗糙度还直接影响零件之间的配合质量,例如,对于间隙配合,表面粗糙度值大会使间隙增大,磨损加剧;对于过盈配合,装配时部分表面凸峰被挤平,导致实际过盈量减少。

一般零件的精度要求高,则表面粗糙度允许值低,但有的零件出于外观考虑,仅要求表面光亮而不要求高的精度。这就是工程上常说的"精必光,而光不一定精"。

常用的表面粗糙度检测方法有比较法、光切法、干涉法等。比较法是将一工件与具有某种表面粗糙度值(例如 $Ra\,3.2\,\mu m$)的标准样块靠在一起,通过目测、触觉等方式进行对比,从而对工件表面粗糙度做出评价。

表5-2　加工方法与可以达到的表面粗糙度值的对应关系表

$Ra/\mu m$	表面特征		加工方法
25	粗糙	有明显的可见刀痕	粗车、粗刨、粗铣、钻、粗锉
12.5			
6.3	半光	可见加工痕迹	半精车、粗刨、粗铣、扩孔、粗锉
3.2		微见加工痕迹	半精车、半精刨、半精铣、粗铰、半精镗
1.6		看不清加工痕迹	精车、精刨、精铣、精铰、精镗、磨
0.8	光	可见加工痕迹的方向	精车、精铰、精镗、磨
0.4		微见加工痕迹的方向	浮动镗刀杆精镗、磨
0.2		不可辨加工痕迹的方向	精磨、珩磨、研磨
0.1	最光	暗光泽面	精磨、研磨、抛光
0.05		亮光泽面	镜面磨、精研磨、抛光
0.025		镜状光泽面	
0.012		雾状光镜面	镜面磨、超精研磨、精抛光
0.008		镜面	

5.4　工件的定位与夹紧

为了保证加工精度,在机床上加工工件时必须正确安置工件,使其相对机床切削成形运动和刀具占有正确的位置,这一过程称为"定位"。为了不因受切削力、惯性力、重力等外力作用而破坏工件已定的正确位置,还必须对其施加一定的夹紧力,这一过程称为"夹紧"。定位和夹紧全过程称为"安装"。在机床上用来完成工件安装任务的重要工艺装备,就是各类夹具中应用最为广泛的"机床夹具"。

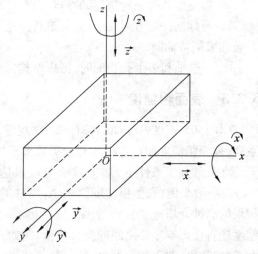

5.4.1　工件的定位

1. 六点定位规则

如图 5-8 所示,任何工件在空间直角坐

图5-8　工件的6个自由度

标系中都具有 6 个自由度,即沿 x,y,z 这 3 个坐标轴移动(用符号 $\vec{x},\vec{y},\vec{z}$ 表示)和绕这 3 个坐标轴转动(用符号 $\widehat{x},\widehat{y},\widehat{z}$ 表示)的自由度。要使工件定位时有确定的位置,必须消除工件在某几个(或全部)方位上任何影响加工精度的移动和转动的自由度。

2. 定位支承点的分布

在夹具中,工件自由度的限制是由支承点来实现的。一个支承点可以限制一个自由度,如图 5-9 中点 F 可以限制 $\vec{y}$ 的自由度。两个支承点可以限制两个自由度,如点 D,E 可限制 $\vec{x},\widehat{z}$ 的自由度。不在一直线上的 3 个支承点可以限制 3 个自由度,如 A,B,C 3 点限制了 $\vec{z},\widehat{x},\widehat{y}$ 3 个自由度。不在同一平面上的 4 个支承点(如 $A,B,C,$ F)可限制 4 个自由度。在两个平面内,且每一平面上支承点不超过 3 个的 5 个支承点(如 A,B,C,D,E)可限制 5 个自由度。在 3 个平面内,且在一个平面上不超过 3 点的 6 个支承点(如图 5-9 中的 6 个点)可限制 6 个自由度。

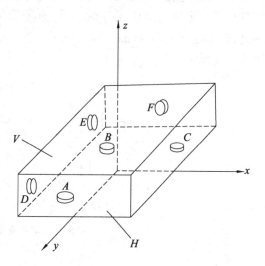

图 5-9　六点定位原则

用适当分布的,与工件接触的 6 个支承点来限制工件 6 个自由度的规则称为六点定位规则。当工件的 6 个自由度全部受到限制时,称为"完全定位"。可能有人认为,图 5-9 中工件 6 个自由度未被消除,理由是它虽不能向左、向后、向下运动,但可向右、向前、向上运动,转动也是如此,由此认为位置是"不定"的,这种看法是不对的。这里所说的定位,是指工件在加工前只要靠牢这些支承点,位置就完全确定,至于在加工中,由于切削力等因素的作用,工件可能产生移动或转动的现象,但这不是定位所解决的问题了,为防止这种现象的产生需进行夹紧。因此,一定要把定位与夹紧区别开来,两者不能混为一谈。

3. 定位方法和定位元件的选用

前面讲到工件定位时,要用支承点来限制工件的自由度,但在实际生产中不可能用"点"来定位。因为这样的接触要么使点变秃,要么使点的尖扎入定位面,造成定位元件或工件定位表面的损坏。因此,实际中往往用小面积来代替点接触,即用定位元件来定位。

定位方法及定位元件必须与工件定位面的形状、尺寸和精度相适应。下面对几种常用的定位元件结构特点分别作一简要的介绍。

(1)工件以平面定位

工件以平面定位时,一个平面上一般最多布置 3 个支承点,它通常适用于工件定位面相对工件总尺寸较大,并且被加工表面与该平面有尺寸精度和位置精度要求的情况。当工件定位面较工件总尺寸狭长,又要求限制一个转动自由度,并且在一个方向上与被加工表面有尺寸和位置精度要求时,往往布置两个支承点。当工件定位面相对工件总尺寸很小,并且在一个方向上与被加工表面有位置尺寸精度要求时,往往只布置一个定位支承点。

工件以平面进行定位时,其定位元件有如下4种型式:

① 固定支承。固定支承常有两种:支承钉(见图5-10)和支承板(见图5-11)。选用工件以平面定位的定位元件时,应注意定位平面的精度。精度愈低,则接触面应愈小。因此,以毛基面或粗基面定位时,可采用支承钉;以精基面、特别是以大的精基面定位时,可采用支承板。

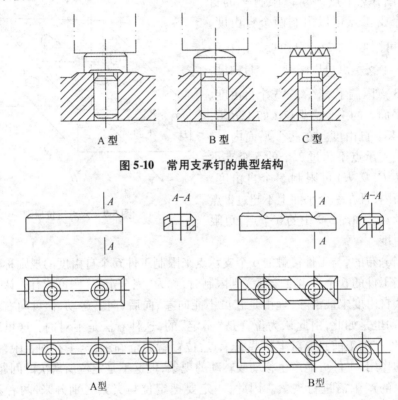

A 型　　　　B 型　　　　C 型

图 5-10　常用支承钉的典型结构

A 型　　　　　　　　　　　B 型

图 5-11　常用支承板的典型结构

② 调节支承。如图5-12所示,工件以粗基面定位,毛坯的制造精度较低,每批毛坯尺寸偏差较大,工件容易错位而影响加工余量。利用同一夹具来加工形状相似而尺寸不同的工件时,或者工件在夹具中安装时,有时还需要按划线进行找正。遇到此种情况,就需用调节支承进行调节。为了调节方便,一般夹具在同一个平面上只用一个,最多用两个调节支承,同时也应注意调节支承的锁紧问题。

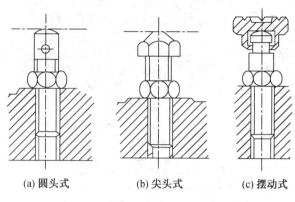

(a) 圆头式　　　　(b) 尖头式　　　　(c) 摆动式

图 5-12　调节支承

③ 浮动（自位）支承。工件定位时为了减少接触应力,要求增加接触点。如果工件刚性较低,为了减少因刚性不足而引起的变形以及改善加工余量的分配等,可用浮动支承。

图 5-13b 为具有两点的浮动支承,而图 5-13a 为具有三点的浮动支承。尽管是两点或三点,但因它会浮动,所以仅相当于一个固定支承点,起限制一个自由度的作用。使用浮动支承时,夹紧力不应作用在浮动点上,而宜作用于浮动点的中心。如果浮动支承处于中间位置时,其工作表面应与其他固定支承件的工作表面在同一平面上。如果浮动支承稳定性较差时,可予以锁紧。

由于以上 3 种支承能限制工件的自由度,所以又称为基本支承。

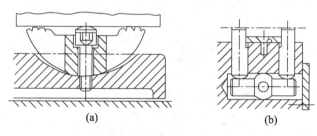

(a)　　　　　　　　　　　(b)

图 5-13　浮动支承

④ 辅助支承。当工件由于结构上的特点使定位不稳定或工件局部刚度较差而容易变形时,可在工件的适当部位设置辅助支承(见图 5-14)。这种支承在定位支承对工件定位后才参与支承,仅与工件适当接触,不起任何消除自由度的作用。

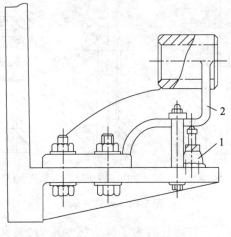

1—辅助支承;2—工件

图 5-14 辅助支承

（2）工件以外圆柱面定位

工件以外圆柱面定位的情况在生产中也是很常见的,例如,凸轮轴、曲轴、阀门以及套类零件的定位等。除通用夹具外,最常见的定位元件有 V 形块、定位套筒和半圆形定位座。

① V 形块。V 形块是两个定位平面间具有一定夹角的一种定位元件。V 形块工作面间夹角 α 常取 $60°$,$90°$ 和 $120°$,其中应用最多的是 $90°$。图 5-15 为 V 形块的典型结构,已经标准化。

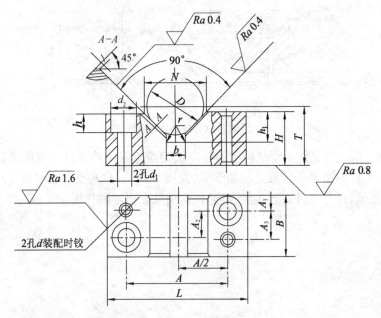

图 5-15 V 形块结构

一个长 V 形块（$B > D$,B 为 V 形块宽度,D 为被测工件直径）或由两个短 V 形块（$B \leqslant D$）联合使用,除绕自身轴线转动和沿其轴线移动的自由度未被限制外,其余 4 个自由度都可限制。短 V 形块可限制 2 个移动的自由度。若短 V 形块在一个方向上可以浮动,则只能限制一个自由度。

V 形块除用于工件圆柱面定位外,还可用于工件以圆弧面定位。

② 定位套筒。工件外圆柱面在圆孔中定位也是常见的定位方法。定位套筒镶在夹具体上,工件的定位基准插入定位套筒中,往往还需与端面联合定位以控制轴向位移和防止倾斜(见图 5-16),并使定位套筒轴心线与端面的垂直度公差控制在工件相应垂直度公差的 1/3 ~ 1/2。配合间隙一般除了应根据工件外径公差和便于工件放入的最小间隙外,还应考虑工件垂直度误差的影响。定位套筒的端面与孔长的大小要适当,以免产生过定位。

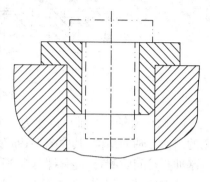

图 5-16   工件定位套筒中定位

若不用端面定位,长套筒可限制 4 个自由度,短套筒可限制 2 个自由度。若用端面联合定位,短套筒与大端面联合可限制 5 个自由度,短套筒与小端面联合可限制 3 个自由度。

③ 半圆形定位座。将同一圆周表面的孔分成上下两部分,下半部分装在夹具体上,上半部分装在可卸式或铰链式的盖上(见图 5-17)。下半部分起定位作用,上半部分用于夹紧,这种定位元件称为半圆形定位座。两个半圆定位孔往往不是直接做在夹具体上,而是做成衬套形式镶装在基体上,以便采用耐磨金属材料,以及磨损后更换新的衬套。

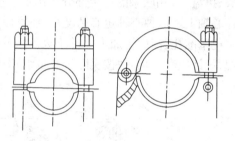

图 5-17   半圆形定位座

半圆形定位座主要用于不宜以整个圆孔定位的大型轴类工件,如曲轴、车轴等。其优点是比用整个圆孔定位更方便,夹紧力比用 V 形块定位时均匀。用半圆孔定位的夹具,装配后还可在机床上最后加工定位面,以保证定位孔轴心线与机床主轴轴心线有较小的同轴度误差。

(3)工件以孔定位

以孔定位的工件很多,如齿轮、套类、盘类及其他杂件类工件等,所以此种定位方式在生产中应用很广泛。定位元件应用最多的是定位销和定位心轴。

① 定位销。定位销的结构如图 5-18 所示,其中图 5-18a,b,c 是将定位销直接压入夹具中,图 5-18d 是用螺栓经中间套将定位销装在夹具体上,适于磨损快的场合,以便于更换定位销和保护夹具体。定位销头部应做成倒角或圆角,以便于工件装卸和避免刮伤。圆柱部分与支承平面间应留有环槽,以免工件倾斜。

长圆柱销可限制工件的 4 个自由度,而短圆销只能限制 2 个自由度。

② 定位心轴。对于盘类或套类工件,为了保证内、外圆轴心线同轴,以及便于加工外圆和端面,常用心轴进行定位。

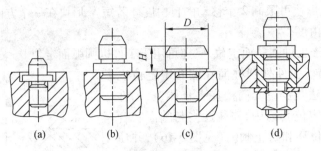

图 5-18　常用定位销结构

a. 圆柱心轴。心轴可以作为一个单独的夹具,广泛应用于车、磨加工。图 5-19 为常用的圆柱心轴的结构,其中图 5-19a 所示为间隙配合圆柱心轴,心轴定位部分 1 与工件定位基准孔是间隙配合,旋紧螺母 3,通过开口垫圈 2,把工件夹紧。这种心轴结构简单,装卸工件方便,但因存在间隙,所以定心精度低,只适于工件被加工表面与基准孔同轴度要求不高的场合。

图 5-19b 为过盈配合心轴,心轴由引导部分 1、定位部分 2 及与传动装置（如鸡心夹头、拨盘等）相联系的连接部分 3 组成。引导部分的作用是使工件能迅速而正确地压套在心轴上。这种心轴定心精度高,还可以加工端面,然而装卸工件较费时,且易损伤工件定位基准孔,多用于加工批量不大的较小工件。当基准孔精度较低时,应将基准直径分组,设计成套心轴,并按实际过盈量组别选配使用。

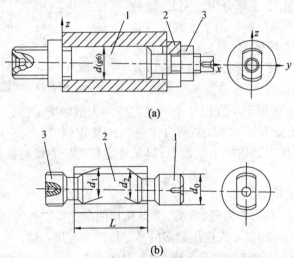

1—引导部分;2—定位部分;3—连结部分

图 5-19　常用圆柱心轴结构

b. 小锥度定位心轴。图 5-20 为工件以孔为定位基准在外圆锥面上实现定位的情况。不论基准孔的实际直径多大,总是能与定位表面无间隙接触,径向定位精度很高。小锥度定位法是指工件定位时所使用的心轴锥度很小,一般 K 取值范围为 $1/5\,000 \sim 1/1\,000$。由于心轴的锥度很小,工件能楔在定位表面上。工件在楔入时由于定位基准的稍许弹性变形而得到一段接触长度 L_k（见图 5-20）,从而防止工件发生倾斜,由此而产生的摩擦力使得在加工过程中不用任何夹紧件就可以抵抗切削力而维持其位置不变。

用小锥度心轴定位,定心精度较高,但传递的扭矩不大,装卸工件比较费时,且不能加工端面,一般只用于精车、磨削和检验。

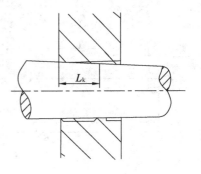

图 5-20　小锥度定位心轴

5.4.2　工件的夹紧

1. 对夹紧装置的要求

在机械加工中,工件的安装包括定位和夹紧两个密切联系的工作过程。在安装工件时,先把工件放置在夹具的定位机构中,使它获得预定的正确位置,然后采用一定的机构将它压紧夹牢,以保证在加工过程中不会由于切削力、向心力及工件重力等作用而产生位置改变或振动。这种将工件压紧夹牢的机构称为夹紧机构。

工件夹紧的方式是多种多样的,因而夹紧机构的结构形式也就种类繁多。设计是否合理,对保证加工质量、提高工作效率、减轻工人劳动强度、保证安全生产、降低生产成本、提高经济效益均有很大影响。因此设计夹紧机构时必须满足以下基本要求:

① 保证加工质量,夹紧时不能破坏工件定位时所获得的位置。

② 夹紧应可靠适当,既要使工件在加工过程中不产生移动或振动,又不能使工件产生不允许的变形和损伤。

③ 提高生产效率,即夹紧动作要迅速,辅助时间要短。

④ 操作方便省力,使用安全可靠,改善工人劳动条件,减轻劳动强度。

⑤ 结构简单紧凑,力求体积小,重量轻,构件少,并尽量选用标准件。构件的复杂程度应与生产批量相适应。

⑥ 具有良好的结构工艺性,制造维修方便。

2. 夹紧力的分布

夹紧力方向主要与定位基准的配置及工件所受外力的方向有关,确定的原则有以下几方面。

(1) 夹紧力方向应不破坏工件定位的准确性和可靠性

要保证工件定位的准确性和可靠性,夹紧力的方向应朝向主要定位基准面,把工件压向定位元件的主要定位表面上。该面一般面积较大,消除的自由度较多,夹紧力作用在该面上所引起的单位面积变形就较小。如图 5-21 所示,夹紧力可以像 W_1 那样作用在 A, B 两点之间,并与 AB 连线垂直。这时夹紧力 W_1 通过工件对 A, B 两点均产生压力,支承点 C 虽未受到压力,但夹紧力 W_1 也没有使工件离开点 C 的作用。也可以像 W_2 那样垂直作用于点 C。但该面为导向基面,一般面积较小,单位面积上的压力较大,容易引起夹具定位机构的变形,一般应尽量少采用。最好像 W_3 那样,两个分力分别朝向主要定位基准面和导向定位基准面,使工件定位稳定可靠。图 5-22 为这种简单夹紧机构的示意图。

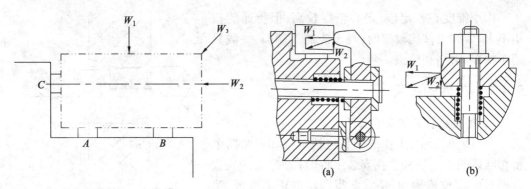

图5-21   夹紧力的方向   图5-22   夹紧力作用在支承面几何中心

（2）夹紧力方向应使工件变形最小

在不同的方向对工件施加夹紧力时，其变形的情况是不同时。因为一方面当承力表面不同时，接触变形不同；另一方面工件在不同方向上的刚性不同。因此，要使工件夹紧变形小，在选择夹紧力的方向时，最好使承力表面是定位件与工件定位基准接触面较大的那个面，并在工件刚性较好的方向上将工件夹紧，以减小变形。

（3）夹紧力方向应使所需夹紧力尽可能小

减小夹紧力，就可以减轻工人的劳动强度，提高劳动生产率，同时可以使机构轻便紧凑以及减小工件变形。要减小夹紧力，应使夹紧力方向与切削力、工件重力方向一致。夹紧力 W、切削力 P、工件重力 G 三力方向一致，所需夹紧力最小，如图5-23a 所示，当 $G>P$ 时，甚至可以不施加夹紧力。图5-23d 情况为最差，而图5-23f 中夹紧力 W 的方向与切削力 P、工件重力 G 的方向相反，该情况所需夹紧力也较大，应尽量避免。

在实际生产中，三力方向一致的情况极少。因此，在设计夹具时应根据各种因素具体情况具体分析，尽量使夹紧力最小。

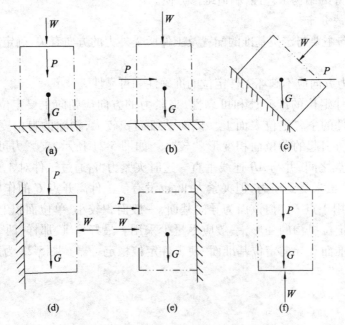

图5-23   夹紧力方向与夹紧力大小的关系

（4）夹紧力作用点的选择

选择夹紧力作用点,是指夹紧力方向已定的情况下,确定夹紧力作用点的位置和数目。合理选择作用点必须注意以下几点:

① 夹紧力作用点应落在支承面中心或支承面内,使定位稳定。

② 夹紧力作用点应尽可能靠近被加工表面,以使切削力对于夹紧力作用点的力矩小,从而减轻振动,防止工件翻转。工件受平行于支承表面的切削力时,一般最容易产生的是工件的转动,而转动中心往往是夹紧力作用点。若选择作用点靠近加工表面,就减小了力臂的长度,从而使切削力所产生的转动力矩小,以达到防止工件转动的目的。

③ 夹紧力作用点应选在工件刚性较好的部位,以防止工件产生夹紧变形。

④ 夹紧力作用点的数目应尽量使工件在整个接触面上夹得均匀,减小夹紧变形。

夹紧力作用点选择是否合理,对工件的夹紧变形影响极大。因此,在实际设计夹紧机构时,应根据各种因素进行分析确定合理的方案。当夹紧力必须施加在工件刚性较差的部位时,则应采取防止变形的措施。

5.5　常用量具

量具是用来测量零件的线性尺寸、角度以及检测零件形位误差的工具。为保证被加工零件的各项技术参数符合设计要求,在加工前后和加工过程中都必须用量具进行检测。选择量具时,应根据被检测对象的性质、形状、测量范围选择适用的量具。通常选择量具的读数精度应小于被测量公差的 0.15 倍。

5.5.1　常用长度量具与测量

1. 钢直尺

钢直尺是用不锈钢片制成的,尺面上刻有尺寸。常用的钢直尺如图 5-24 所示。

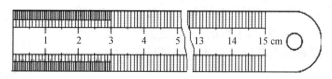

图 5-24　钢直尺

钢直尺的长度规格一般有 150,200,300,500 mm 等 4 种,其测量精度一般只能达到 0.2 ~ 0.5 mm。如果要用钢直尺测量工件的外径或内径尺寸,则必须与卡钳配合使用。

2. 游标卡尺

游标卡尺是一种比较精密的量具,如图 5-25 所示。它结构简单,可以直接测量出工件的内径、外径、长度和深度等。游标卡尺按测量精度可分为 0.10,0.05,0.02 mm 3 个量级;按其测量尺寸范围有 0 ~ 125 mm,0 ~ 150 mm,0 ~ 200 mm,0 ~ 300 mm 等多种规格,使用时根据零件精度要求及零件尺寸大小进行选择。

图 5-25 游标卡尺的读数精度为 0.02 mm,测量尺寸范围为 0 ~ 150 mm。它由主尺和副尺(游标)两部分组成,主尺上每小格为 1 mm,当两个卡爪贴合(主尺与游标的零线重合)时,游标上的 50 格正好等于主尺上的 49 mm,游标上每格长度为 49 mm ÷ 50 =

0.98 mm，主尺与游标每格相差为 $1 - 0.98 = 0.02$ mm。

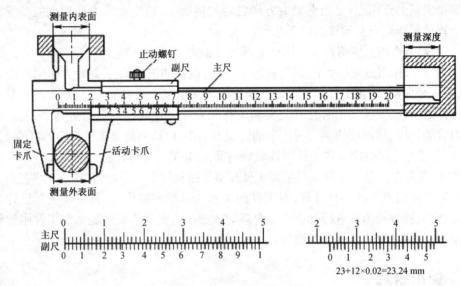

$23 + 12 \times 0.02 = 23.24$ mm

图 5-25　游标卡尺及读数方法

测量读数时，先由游标以左的主尺上读出最大的整毫米数，然后在游标上读出与主尺刻度线对齐的刻度线的格数，将格数与 0.02 相乘得到小数，将主尺上读出的整数与游标上得到的小数相加就得到测量的尺寸。

游标卡尺使用注意事项如下：

① 检查零线。使用前应先擦净卡尺，合拢卡爪，检查主尺和游标的零线是否对齐。如不对齐，应送计量部门检修。

② 放正卡尺。测量内外圆时，卡尺应垂直于工件轴线，两卡爪应处于直径处。

③ 用力适当。当卡爪与工件被测量面接触时，用力不能过大，否则会使卡爪变形，加速卡爪的磨损，使测量精度下降。

④ 读数时视线要对准所读刻线并垂直于尺面，否则读数不准。

⑤ 防止松动。在未读出读数之前必须先将游标卡尺上的止动螺钉拧紧，再使游标卡尺离开工件表面。

⑥ 不得用游标卡尺测量毛坯表面和正在运动的工件。

3. 游标高度尺

高度游标卡尺俗称高度尺，常用来测量工件的高度尺寸和精密划线，其外形和结构如图 5-26 所示。它的读数原理和游标卡尺相同，测量精度一般为 0.02 mm，划线精度可达 0.1 mm。划线时划线量爪要垂直于划线表面，不得用量爪的两侧尖来划线，以免两侧尖磨损，从而增大划线的误差。

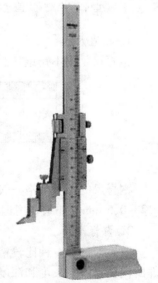

图 5-26　游标高度尺

4. 千分尺

千分尺是用微分套筒读数的示值为 0.01 mm 的测量工具。千分尺的测量精度比游标卡尺高,按照用途可分为外径千分尺、内径千分尺和深度千分尺 3 种,外径千分尺按其测量范围有 0 ~ 25 mm,25 ~ 50 mm,50 ~ 75 mm 等规格。

图 5-27 为测量范围为 0 ~ 25 mm 的外径千分尺。弓形架在左端有固定砧座,右端的固定套筒在轴线方向刻有一条中线(基准线),上下两排刻线互相错开 0.5 mm,形成主尺。微分套筒左端圆周上均布 50 条刻线,形成副尺。微分套筒和螺杆连在一起,当微分套筒转动一周,带动测量螺杆沿轴向移动 0.5 mm,如图 5-28 所示。因此,微分套筒转过一格,测量螺杆轴向移动的距离为 0.5 mm ÷ 50 = 0.01 mm。当千分尺的测量螺杆与固定砧座接触时,微分套筒的边缘与轴向刻度的零线重合。同时,圆周上的零线应与中线对准。

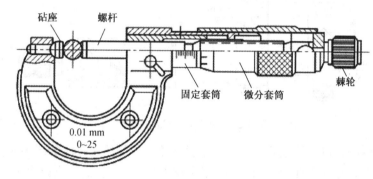

图 5-27　外径千分尺

(1) 千分尺的读数方法

① 读出距离微分套筒边缘最近的轴向刻度数(应为 0.5 mm 的整数倍)。

② 读出与轴向刻度的中线重合的微分套筒周向刻度数值(刻度格数 ×0.01 mm)。

③ 将两部分读数相加即为测量尺寸。

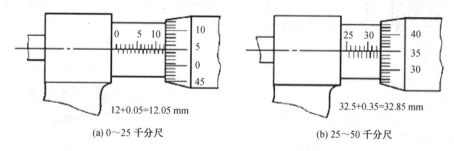

12+0.05=12.05 mm　　　　　　　　32.5+0.35=32.85 mm

(a) 0~25 千分尺　　　　　　　　　(b) 25~50 千分尺

图 5-28　千分尺的读数

(2) 千分尺使用注意事项

① 校对零点。将砧座与螺杆擦拭干净,使它们相接触,看微分套筒圆周刻度零线与中线是否对准,如没有对准,则将千分尺送计量部门检修。

② 测量时,左手握住弓架,右手旋转微分套筒,当测量螺杆快接近工件时,必须使用右端棘轮(此时严禁使用微分套筒,以防用力过度测量不准或破坏千分尺)以较慢的速度与工件接触。当棘轮发出“嘎嘎”的打滑声时,表示压力合适,应停止旋转。

③ 从千分尺上读取尺寸,可在工件未取下前进行,读完后松开千分尺,亦可先将千分尺锁紧,取下工件后再读数。

④ 被测尺寸的方向必须与螺杆方向一致。

⑤ 不得用千分尺测量毛坯表面和运动中的工件。

（3）内径千分尺及其使用

内径千分尺用来测量内孔直径及槽宽等尺寸。这种千分尺的内部结构与外径千分尺相同。

孔径小于 25 mm 可用内径千分尺测量，内径千分尺及其使用方法如图 5-29 所示。这种千分尺刻线方向与外径千分尺相反，当微分筒顺时针旋转时，活动爪向右移动，量值增大。

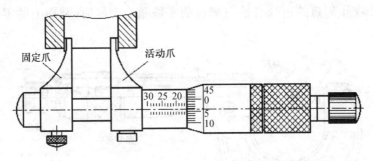

图 5-29　内径千分尺及其使用

测量大孔径时，可用管接式千分尺。管接式千分尺的使用方法如图 5-30 所示。测量时，内径千分尺在孔内摆动，在直径方向上应找出最大尺寸，轴向应找出最小尺寸，这两个尺寸的重合尺寸就是孔的实际尺寸。管接式千分尺备有一套接长杆，故可测量 50 ~ 500 mm 的尺寸范围。

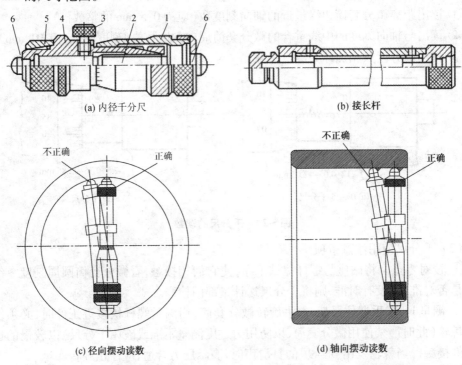

1—读数套筒;2—测微螺杆;3—制动螺钉;4—固定套管;5—保护螺母;6—测量斗

图 5-30　管接式内径千分尺

5. 百分表

百分表的刻度值为 0.01 mm,是一种精度较高的比较测量工具,它只能读出相对的数值,而不能测出绝对数值,主要用来检验零件的形状误差和位置误差,也常用于工件装夹时精密找正。

百分表的结构如图 5-31 所示,当测量头向上或向下移动 1 mm 时,通过测量杆上的齿条和几个齿轮带动大指针转一周,小指针转一格。刻度盘在圆周上有 100 等分的刻度线,每格的读数值为0.01 mm;小指针每格读数值为 1 mm。测量时,大、小指针所示读数变化值之和即为尺寸变化量。小指针处的刻度范围就是百分表的测量范围。刻度盘可以转动,供测量时调整大指针对零位刻线之用。

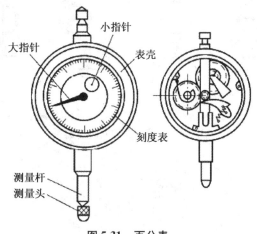

图 5-31　百分表

百分表使用注意事项如下:

① 使用前应检查测量杆的灵活性。轻轻推动测量杆,看其能否在套筒内灵活移动。每次松开手后,指针应回到原来的刻度位置。

② 测量前应先擦净测量头及被测表面。测量平面时,百分表的测量杆应与平面垂直;测量圆柱形零件时,测量杆应与零件的中心线垂直,如图 5-32 所示。

③ 百分表用完后应擦拭干净,放入盒内,并使测量杆处于自由状态,防止表内弹簧过早失效。

内径百分表(见图 5-33)是百分表的一种,用来测量孔径及其形状精度,测量精度为0.01 mm。内径百分表配有成套的可换测量插头及附件,供测量不同孔径时选用。测量范围有6 ~ 10 mm,10 ~ 18 mm,18 ~ 35 mm 等多种。测量时百分表接管应与被测孔的轴线重合,以保证可换插头与孔壁垂直,最终保证测量精度。

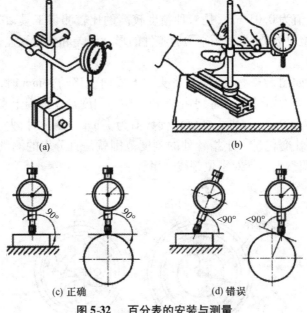

(a)　　　　　　　　　　(b)

(c) 正确　　　　　　　(d) 错误

图5-32　百分表的安装与测量

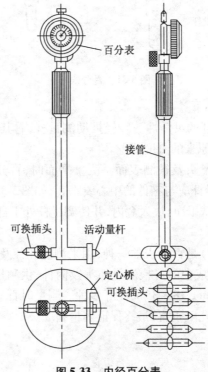

百分表

接管

可换插头　　活动量杆

定心桥

可换插头

图5-33　内径百分表

5.5.2　常用角度量具与测量

1. 90°角尺

90°角尺内侧两边及外侧两边分别相互成准确的90°,用来检测小型零件上两垂直面的垂直度无差（见图5-34）。使用时,90°角尺的宽边与零件基准面贴合,窄边与被测平面贴合。如果被测一边有缝隙（透光）,则既可用光隙判断误差状况,也可用塞尺比较准确地测量其缝隙的大小。

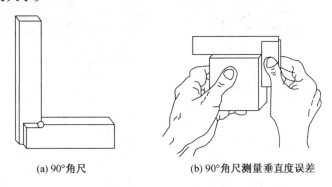

(a) 90°角尺　　　　　　　　　(b) 90°角尺测量垂直度误差

图 5-34　90°角尺及其应用

2. 万能角度尺

万能角度尺是用来测量零件角度的。万能角度尺采用游标读数,可测量 0°～320° 范围内的任意角度。万能角度尺如图 5-35 所示。扇形板带动游标可以沿主尺移动,角尺可用卡块紧固在扇形板上,可移动的直尺又可用卡块固定在角尺上,基尺与主尺连成一体。

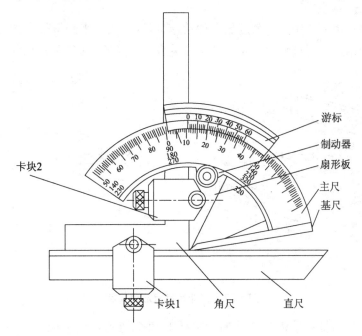

图 5-35　万能角度尺

万能角度尺的刻线原理与读数方法和游标卡尺相同。其主尺上每格一度,主尺上的 29° 与游标的 30 格相对应,游标每格读数为 58′。主尺与游标每格读数相差 2′,也就是说,万能角度尺的读数精度为 2′。测量时应先校对万能角度尺的零位。其零位是当角尺与直尺均装上,且角尺的底边及基尺均与直尺无间隙接触时,主尺与游标的"0"线对齐。校零后的万能角度尺可根据工件所测角度的大致范围组合基尺、角尺、直尺的相互位置,可测量 0°~320°范围内的任意角度,如图 5-36 所示。

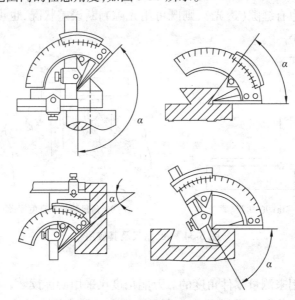

图 5-36 万能角度尺应用实例

3. 正弦规

正弦规是利用三角法测量角度的一种精密量具,一般用来测量带有锥度或角度的零件。因此测量结果是通过直角三角形的正弦关系来计算的(见图 5-37)。

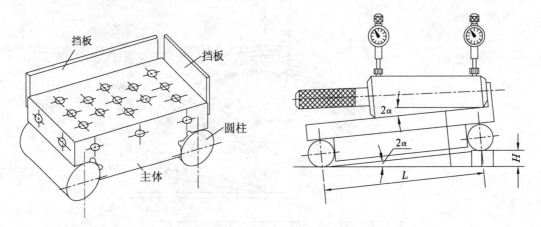

图 5-37 万能角度尺应用实例

正弦规主要由带有精密工作平面的主体和两个精密圆柱组成,四周可以装有挡板(使用时只装互相垂直的两块),测量时作为放置零件的定位板。它的两个圆柱体的中心距要求很准确,两圆柱的轴心线距离 L 一般为 100 mm 和 200 mm 两种。工作时,两圆柱轴线与主体严格平行,且与主体相切。

应用正弦规测量零件角度时,先把正弦规放在精密平台上,被测零件(如圆锥塞规)放在正弦规的工作平面上,被测零件的定位面平靠在正弦规的挡板上(如圆锥塞规的前端面靠在正弦规的前挡板上)。在正弦规的一个圆柱下面垫入量块,用百分表检查零件全长的高度,调整量块尺寸,使百分表在零件全长上的读数相同。此时,就可应用直角三角形的正弦公式算出零件的角度。

　　4. 框式水平仪

　　当把水平仪放在标准的水平位置时,水准器的气泡正好在刻度值的中间位置。当被测平面稍有倾斜,水准器的气泡就会向高处移动。在水准器的刻度上可读出两端高低的差值。

　　框式水平仪不仅可以检查机械设备的水平位置,而且还能测量和校正机械零部件的垂直度。图 5-38 为框式水平仪,它的工作面是 4 个相互垂直的平面,并且有横向和纵向两组水准器。其工作面长度有 200 mm×200 mm,300 mm×300 mm 和 150 mm×150 mm 三种规格,常用的工作面长度 200 mm×200 mm 的框式水平仪,精度有0.02 mm/m,0.025 mm/m,0.03 mm/m 三种。

　　当所使用的框式水平仪工作面长度为 200 mm×200 mm,精度为 0.02 mm/m 时 ,如果水准器上气泡移动一格,两端的高度差应为 200×0.02/1 000 = 0.004 mm。

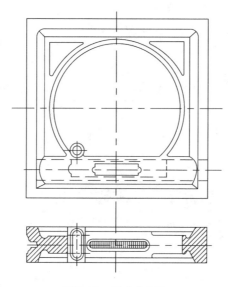

图 5-38　框式水平仪

 思考题

　　1. 刀具切削部分有哪些结构要素? 试给这些结构要素下定义。

　　2. 加工 45 号钢和 HT200 铸铁时,应选用哪种硬质合金车刀?

　　3. 机械加工的主运动和进给运动指的是什么? 在某机床的多个运动中如何判断哪个是主运动? 举例说明。

　　4. 机械加工中如果只有主运动而没有进给运动,结果会如何?

　　5. 你在实习中所用的刀具材料是什么? 它的性能如何?

　　6. 刃倾角的功用是什么? 选择刃倾角的主要原则是什么?

　　7. 零件的精度由哪几方面组成?

　　8. 切削加工工序的安排一般应遵循哪些原则?

9. 增大切削用量受到哪些条件的限制？选择切削用量次序如何排定？为什么？

10. 何谓切削用量三要素？怎样定义？

11. 试分析进给量、切削速度、刀具前角、刀尖圆弧半径、主偏角和副主偏角对加工表面粗糙度的影响。

12. 简述获取尺寸精度的基本方法。

13. 什么是定位？定位的目的是什么？

14. 简述定位的基本方法。

15. 简述游标卡尺的测量原理。

第 **6** 章

车 削
....

6.1 车削基础知识

6.1.1 车削加工

车削是以工件的旋转作为主运动,以车刀纵、横向移动作为进给运动的一种切削加工方法。车削可以对各种金属材料(除很硬的材料外)和橡胶、尼龙、塑料、有机玻璃等非金属材料进行内外回转体表面、端面的粗加工、半精加工和精加工。一般车削的加工精度可达 IT7 ~ IT9 级,表面粗糙度 Ra 值为 $1.6 \sim 6.3$ μm。尤其是对不宜磨削的有色金属进行精车加工,可获得更高的尺寸精度和更小的表面粗糙度。

车削加工完成的主要工作有车外圆、车端面、切槽和切断、钻中心孔、钻孔、车内孔、铰孔、车各种螺纹、车锥面、车成形面、滚花及绕弹簧等,如图 6-1 所示。若使用其他附件和夹具,还可进行镗削、磨削、抛光及加工各种复杂形状零件的外圆、内孔等。车削加工容易保证工件各加工表面的位置精度,例如,在一次安装过程中加工零件各回转面时,可保证各加工表面的同轴度、平行度、垂直度等位置精度的要求。

车削生产成本低,车刀是刀具中最简单的一种,其制造、刃磨和安装较方便。车床附件较多,生产准备时间短。车削生产率较高,车削加工一般是等截面连续切削,因此,切削力变化小,切削过程平稳。

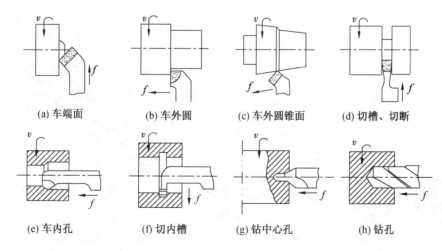

(a) 车端面　　(b) 车外圆　　(c) 车外圆锥面　　(d) 切槽、切断

(e) 车内孔　　(f) 切内槽　　(g) 钻中心孔　　(h) 钻孔

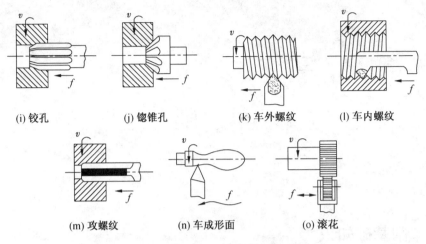

（i）铰孔　　　　（j）锪锥孔　　　　（k）车外螺纹　　　（l）车内螺纹

（m）攻螺纹　　　（n）车成形面　　　（o）滚花

图 6-1　车削加工可完成的主要工作

6.1.2　车床

1. 车床的分类

车床的种类较多,主要有卧式车床、立式车床、转塔车床、仿形车床、单轴自动车床、多轴（半）自动车床、仪表车床、数控车床等。其中卧式车床在生产中应用得最广泛,同时也是金工实习所使用的设备。

（1）普通卧式车床

普通卧式车床的特点是主轴水平放置,工件一般安装在主轴上或主轴与尾座之间。这种车床可以进行多种不同的加工,是单件和小批量生产的典型机床,其外形如图 6-2 所示。

（2）立式车床

立式车床的特点是主轴垂直竖立。工件安装在由主轴带动旋转的水平回转工作台上,刀架在水平横梁或立柱上移动。立式车床主要用来加工直径大、长度短且难以在普通车床上安装的工件,一般分为单柱和双柱两大类。图 6-3 为单柱立式车床。

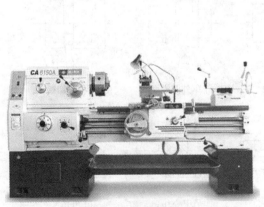

图 6-2　卧式车床

图 6-3　单柱立式车床

（3）落地车床

落地车床的特点是主轴水平放置，主要加工大直径、大型的工件。床身和刀架直接安装在地基上（见图6-4），一般无床脚，有一只直径很大的花盘。车头箱与普通车床相同。

（4）六角车床

六角车床是普通车床的变化形式，它具有可装多把刀具的转塔刀架（见图6-5）或回轮刀架，能在工件的一次装夹中使用不同的刀具完成多种加工。六角车床适于加工批量大且具有内孔的工件。

图6-4　落地车床

图6-5　转塔式六角车床

（5）数控车床

数控车床能完成普通车床所能完成的各种加工工艺。在数控系统的控制下，它可以不增加特殊的装置而通过数控编程完成各种复杂成形回转曲面或非回转曲面的加工。数控机床适用于多品种轴类、盘套类以及异型复杂回转曲面的高效自动化加工（见图6-6）。

2. 卧式车床各部分的名称和用途

车床尽管类型很多，结构布局各不相同，但其基本组成大致相同。它包括基础件（如床身、立柱、横梁等）、主轴箱、刀架（如方刀架、转塔刀架、回轮刀架等）、进给箱、尾座、溜板箱几部分。以C6132普通卧式车床为例，车床的外形如图6-7所示，其主要结构组成有以下几部分。

图6-6　数控车床

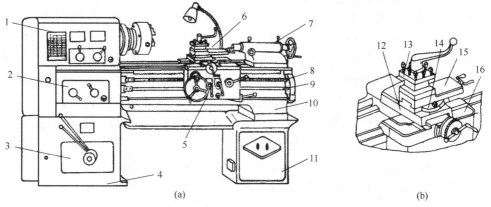

(a)　　　　　　　　　　　　　　(b)

1—床头箱；2—进给箱；3—变速箱；4—前床脚；5—溜板箱；6—刀架；7—尾架；8—丝杠；9—光杠；
10—床身；11—后床脚；12—中滑板；13—方刀架；14—转盘；15—小滑板；16—床鞍

图6-7　C6132普通车床

① 主轴箱。主轴箱又称床头箱,内装主轴和变速机构。变速是通过改变设在床头箱外面的手柄位置,可使主轴获得 12 种不同的转速(45~1 980 r/min)。其主轴是空心结构,能通过长棒料,棒料能通过主轴孔的最大直径是 29 mm。主轴的右端有外螺纹,用以连接卡盘、拨盘等附件。主轴右端的内表面是莫氏 5 号的锥孔,可插入锥套和顶尖,当采用顶尖并与尾架中的顶尖同时使用安装轴类工件时,其两顶尖之间的最大距离为750 mm。床头箱的另一重要作用是将运动传给进给箱,并可改变进给方向。

② 进给箱。进给箱又称走刀箱,它是进给运动的变速机构。它固定在床头箱下部的床身前侧面。变换进给箱外面的手柄位置,可将床头箱内主轴传递下来的运动,转为进给箱输出的光杠或丝杠获得不同的转速,以改变进给量的大小或车削不同螺距的螺纹。其纵向进给量为 0.06~0.83 mm/r,横向进给量为 0.04~0.78 mm/r,可车削 17 种公制螺纹(螺距为 0.5~9 mm)和 32 种英制螺纹(每英寸 2~38 牙)。

③ 变速箱。变速箱安装在车床前床脚的内腔中,并由电动机通过联轴器直接驱动齿轮传动轴传动。变速箱外设有两个长的手柄,可分别移动传动轴上的双联滑移齿轮和三联滑移齿轮,可共获 6 种转速,通过皮带传动至床头箱。

④ 溜板箱。溜板箱又称拖板箱,它是进给运动的操纵机构。它使光杠或丝杠旋转运动,通过齿轮、齿条或丝杠、开合螺母推动车刀做进给运动。溜板箱上有 3 层滑板,当接通光杠时,可使床鞍带动中滑板、小滑板及刀架沿床身导轨做纵向移动;中滑板可带动小滑板及刀架沿床鞍上的导轨做横向移动。因此,刀架可做纵向或横向直线进给运动。当接通丝杠并闭合开合螺母时可车削螺纹。溜板箱内设有互锁机构,使光杠、丝杠两者不能同时使用。

⑤ 刀架。它是用来装夹车刀,并可做纵向、横向及斜向运动。刀架是多层结构,它由下列部分组成(见图 6-7a):

a. 床鞍。它与溜板箱牢固相连,可沿床身导轨做纵向移动。

b. 中滑板。它装置在床鞍顶面的横向导轨上,可做横向移动。

c. 转盘。它固定在中滑板上,松开紧固螺母后,可转动转盘,使它和床身导轨成一个所需要的角度,然后再拧紧螺母,以加工圆锥面等。

d. 小滑板。它装在转盘上面的燕尾槽内,可做短距离的进给移动。

e. 方刀架。它固定在小滑板上,可同时装夹 4 把车刀。松开锁紧手柄,即可转动方刀架,把所需要的车刀更换到工作位置上。

⑥ 尾座。它用于安装后顶尖,以支持较长工件进行加工,或安装钻头、铰刀等刀具进行孔加工。偏移尾架可以车出长工件的锥体。尾座的结构由下列部分组成(见图 6-8):

a. 套筒。其左端有锥孔,用来安装顶尖或锥柄刀具。套筒在尾架体内的轴向位置可用手轮调节,并可用锁紧手柄固定。将套筒退至极右位置时,即可卸出顶尖或刀具。

b. 尾座体。它与底座相连,当松开固定螺钉,拧动螺杆可使尾架体在底板上做微量横向移动,以便使前后顶尖对准中心或偏移一定距离车削长锥面。

c. 底座。它直接安装于床身导轨上,用以支承尾座体。

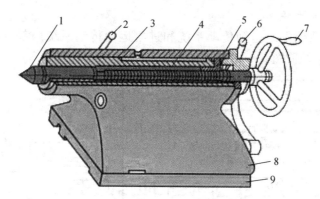

1—顶尖；2—套筒锁紧手柄；3—顶尖套筒；4—丝杠；5—螺母；

6—尾座锁紧手柄；7—手轮；8—尾座体；9—底座

图 6-8 尾座

⑦ 光杠与丝杠。将进给箱的运动传至溜板箱。光杠用于一般车削,丝杠用于车螺纹。丝杠的传动精度比光杠高,但光杠和丝杠不得同时使用。

⑧ 床身。它是车床的基础件,用来连接各主要部件并保证各部件在运动时有正确的相对位置。在床身上有供溜板箱和尾座移动用的导轨。

⑨ 操纵杆。操纵杆是车床的控制机构,在操纵杆左端和拖板箱右侧各装有一个手柄,操作工人可以很方便地操纵手柄以控制车床主轴正转、反转或停车。

3. 车床的常用传动元件

车床上的动力源一般为电动机的高速旋转运动。为了让车床得到各种不同的主运动速度,它必须通过传动元件把电动机的运动和动力传递到主轴和刀架上。常用的传动元件有皮带轮、齿轮、蜗轮蜗杆、齿轮齿条、丝杠螺母等,见表6-1。

表 6-1 常用传动元件及符号

名 称	图 形	符 号	名 称	图 形	符 号
平带传动			V带传动		
齿轮传动			蜗轮蜗杆		
齿轮齿条			丝杠螺母		

4. 车床的传动系统

车床的传动系统由主运动传动系统和进给运动传动系统两部分组成。图 6-9 为 C6132 车床传动系统简图。

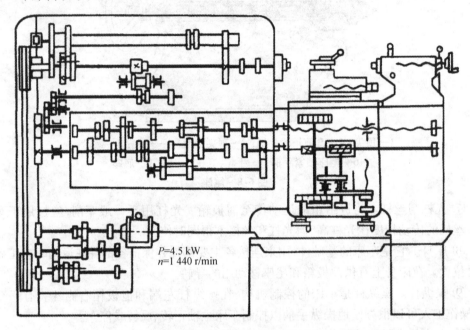

P=4.5 kW
n=1 440 r/min

图 6-9　C6132 车床传动系统简图

① 主运动传动系统。电动机经变速箱和主轴箱使主轴旋转,称为主运动传动系统。电动机的转速是不变的,为 1 440 r/min。通过变速箱变速,车床的主轴可获得 6 种不同的转速,这 6 种转速通过带轮可直接传给主轴,也可再经主轴箱内的减速机构获得另外 6 种较低的转速,因此 C6132 车床的主轴共有 12 种不同的转速。另外通过电动机的反转,主轴还有与正转相对应的 12 种反转转速。图 6-10 为传动系统框图。

② 进给运动传动系统。主轴的转动经进给箱和溜板箱使刀架移动,称为进给运动传动系统。车刀的进给速度是与主轴的转速配合的,主轴转速一定,通过进给箱的变速机构可使光杠获得不同的转速,再通过溜板箱又能使车刀获得不同的纵向或横向进给量,也可使丝杠获得不同的转速,加工出不同螺距的螺纹。另外,调节正反走刀手柄可获得与正转相对应的反向进给量。

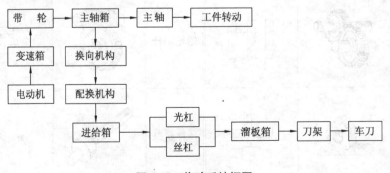

图 6-10　传动系统框图

6.1.3 车刀

1. 车刀的种类

车刀是构造最简单、最典型的金属切削刀具。为了加工不同表面、不同材质工件,车削加工中需要采用各种不同种类的车刀。车刀按其用途不同,可分为外圆车刀、端面车刀、切断车刀等多种类型(见图6-11)。

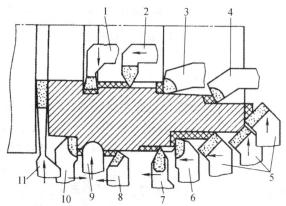

1—车槽镗刀;2—内螺纹车刀;3—盲孔镗刀;4—通孔镗刀;5—弯头外圆车刀;6—右偏刀;
7—外螺纹车刀;8—直头外圆车刀;9—成形车刀;10—左偏刀;11—切断刀

图6-11 车刀的种类

① 外圆车刀。它主要用来加工工件的圆柱形或圆锥形外表面,通常使用的是直头外圆车刀,也可以使用弯头外圆车刀。弯头外圆车刀不仅可用来纵车外圆,还可车端面和内外倒角。当加工细长的和刚性不足的轴类工件外圆,或同时加工外圆和凸肩端面时,可以采用主偏角为90°的偏刀。

② 端面车刀。它专门用来加工工件的端面。一般情况下,这种车刀是由外圆向中心进给,取主偏角小于90°。加工带孔工件的端面可由中心向外圆进给。

③ 切断车刀。它专门用来切断工件。这种车刀的工作条件比外圆车刀或端面车刀更为不利。为了能完全切断工件,车刀刀头必须伸出很长(一般应比工件半径大)。同时,为了减少工件材料消耗,刀头宽度必须在满足其强度要求下,尽可能取得小一些(一般取2～5 mm)。因此,切断刀的刀头显得长而窄,其刚性差,工作时切屑排出难。

④ 其他车刀。除前述3种常用车刀外,还有镗孔车刀、螺纹车刀、成形车刀等。

2. 车刀的结构形式

常用车刀的结构形式有3种:将刀头焊在刀体上的焊接车刀,如图6-12a所示;刀头和刀体成一整体的整体车刀,如图6-12b所示;将刀片用机械夹固的方法紧固在刀体上的机夹不重磨车刀,如图6-12c所示。

① 焊接式硬质合金车刀。硬质合金刀片是用焊料钎焊在普通结构钢刀杆上制成的。

② 整体式车刀。一般用高速钢材料制造。

③ 机夹可转位不重磨车刀。刀片用钝后,只需将刀片转位就可继续使用,直到刀片上所有刀刃都用钝后再换新刀片,且换刀、装刀迅速,是一种能提高经济效益的刀具结构形式。

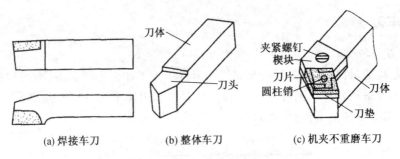

(a) 焊接车刀　　　　(b) 整体车刀　　　　(c) 机夹不重磨车刀

图 6-12　车刀结构形式

6.1.4　车床安全操作技术规程

第一条　进入车间实习时,必须按规定穿戴劳保用品;不准穿凉鞋、拖鞋、裙子和戴围巾进入车间,女生必须戴工作帽,将长发纳入帽内;严禁戴手套操作车床。

第二条　严禁在车间内追逐、打闹、喧哗,不得做与实习无关的事情(如阅读书报杂志、玩手机等)。

第三条　开车前必须检查机床各传动部位和润滑系统,油标线应符合要求,然后开慢车试转确认无故障后,方可使用。

第四条　装夹工件、调整卡盘、校正和测量工件,必须停车进行,并将尾架移到安全处;不准在卡盘、导轨上敲击校直工件,导轨上不得放置量具、工件。

第五条　工件、夹具、刀具必须装夹牢固,取下扳手后才能开车,以防飞出伤人;卡盘扳手必须随手取下。

第六条　操作时思想要集中,不准与他人闲谈,不得离开工作岗位。头不能离工件太近,以防切屑或其他物件飞入眼中或划伤面部;身体、手或其他物件不能靠近正在旋转的工件,更不能用手摸工件表面。

第七条　禁止用手直接清除切屑,必须用专用钩子或毛刷清除。

第八条　机床变速时必须停车,禁止用手或其他物件刹住转动着的卡盘。

第九条　设备发生故障时应立即停车,并报告指导老师,不得自行打开电源箱,不得自行拆卸维修。

第十条　未经指导老师同意不得动用非自用设备,不得扳动和启动电闸、电门及防护器材等。

第十一条　操作结束后,将车床擦净,各部位加润滑油,清扫工作场地。

6.2　车工基本操作

6.2.1　卧式车床的各种手柄和基本操作

1. 卧式车床的调整手柄

C6132 车床的调整主要是通过变换相应的手柄位置实现的。车床的调整手柄结构如图 6-13 所示。

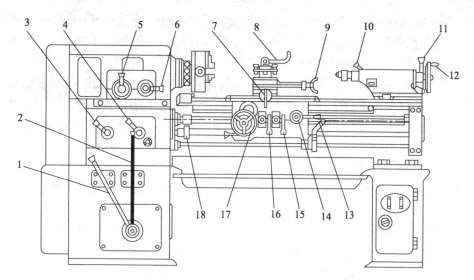

1,2,6—主运动变速手柄;3,4—进给运动变速手柄;5—刀架左右移动的换向手柄;7—刀架横向手动手柄;8—方刀架锁紧手柄;9—小刀架移动手柄;10—尾座套筒锁紧手柄;11—尾座锁紧手柄;12—尾座套筒移动手轮;13—主轴正反转及停止手柄;14—"开合螺母"开合手柄;15—刀架横向机动手柄;16—刀架纵向机动手柄;17—刀架纵向手动手轮;18—光杠、丝杠更换使用的离合器

图 6-13 C6132 车床的调整手柄

2. 卧式车床的基本操作练习

(1) 停车练习(主轴正反转及停止手柄 13 在停止位置)

① 正确变换主轴转速。变动变速箱和主轴箱外面的变速手柄 1,2 或 6,可得到各种相对应的主轴转速。当手柄拨动不顺利时,可用手稍微转动卡盘即可。

② 正确变换进给量。按所选的进给量查看进给箱上的标牌,再按标牌上进给变换手柄位置来变换手柄 3 和 4 的位置,即可得到所选定的进给量。

③ 熟练掌握纵向和横向手动进给手柄的转动方向。左手握纵向进给手动手轮 17,右手握横向进给手动手柄 7,分别顺时针和逆时针旋转手轮,操纵刀架和溜板箱的移动方向。

④ 熟练掌握纵向或横向机动进给的操作。将光杠或丝杠接通位于光杠接通位置上,将纵向机动进给手柄 16 向上提起即可纵向进给,将横向机动进给手柄 15 向上提起即可横向机动进给。分别向下扳动手柄 16,15 则可停止纵向、横向机动进给。

⑤ 尾座的操作。尾座靠手动移动,其固定靠紧固螺栓螺母。转动尾座套筒移动手轮 12,可使套筒在尾架内移动,转动尾座锁紧手柄 11,可将套筒固定在尾座内。

(2) 低速开车练习

练习前应先检查各手柄位置是否处于正确的位置,无误后进行开车练习。

① 主轴启动:打开机床电源→操纵主轴正转(手柄 13 向上提起)→停止主轴转动(手柄 13 放回中间位置)→操纵主轴反转(手柄 13 向下按下)→停止主轴转动(手柄 13 放回中间位置)

② 机动进给:操纵主轴转动→手动纵向进给(逆时针旋转手轮 17)→机动纵向进给

（提起手柄 16）→停止机动纵向进给（向下扳动手柄 16）→手动退回（顺时针旋转手轮 17）→机动横向进给（提起手柄 15）→停止机动横向进给（向下扳动手柄 15）→手动退回（逆时针旋转手轮 17）→停止主轴转动→关闭电源。

注意：① 机床未完全停止严禁变换主轴转速及主轴正、反转切换，否则主轴箱内出现严重的齿轮打齿现象，甚至发生机床事故。开车前要检查各手柄是否处于正确位置。② 纵向和横向进给手柄进退方向不能摇错，尤其是快速进退刀时要千万注意，否则会使工件报废和发生安全事故。

3. 车床刻度盘及刻度盘手柄的使用方法

在车削工件时要准确、迅速地控制背吃刀量，必须熟练地使用横刀架和小刀架的刻度盘。

横刀架的刻度盘装在横向丝杠轴头上，横刀架和丝杠由螺母紧固在一起。当横刀架手柄带着刻度盘转一周时，丝杠也转一周，这时螺母带着横刀架移动一个螺距。因此，刻度盘每转一格，横刀架移动的距离等于丝杠螺距除以刻度盘总格数。横刀架移动的距离可根据刻度盘转过的格数来计算。

例如，C6132 车床横刀架丝杠螺距为 4 mm，横刀架的刻度盘等分为 200 格，故每转一格横刀架移动的距离为 4 mm/200 = 0.02 mm，车刀是在旋转的工件上切削，当横刀架刻度盘每进一格时，工件直径的变化量是背吃刀量的 2 倍，即 0.04 mm。回转表面的加工余量都是对直径而言，测量工件尺寸也是看其直径的变化，所以用横刀架刻度进刀切削时，通常将每格读作 0.04 mm。

加工外表面时，车刀向工件中心移动为进刀，远离中心移动为退刀。加工内表面时，则相反。

由于丝杠与螺母之间有间隙，进刀时必须慢慢地将刻度转到所需要的格数，如图 6-14a 所示。如果刻度盘手柄转过了头，或试切后发现尺寸不对而需要将车刀退回时，绝不能简单地直接退回几格，如图 6-14b 所示，必须向相反方向退回全部空行程，再转到所需要的格数，如图 6-14c 所示。

(a) 操作刻度盘 　　　　　(b) 错误操作 　　　　　(c) 正确操作

图 6-14　刻度盘手柄的使用

小刀架刻度盘的原理及其使用方法与横刀架刻度盘相同。小刀架刻度盘主要用于控制工件长度方向的尺寸。它与加工圆柱面不同，即小刀架移动了多少，工件的长度尺寸就改变了多少。

6.2.2　工件的安装

安装工件时应使被加工表面的回转中心和车床主轴的轴线重合，以保证工件在加工之前占有一个正确的位置,即定位。工件定位后还要夹紧,以承受切削力、重力等。工件在机床(或夹具)上的安装一般经过定位和夹紧两个过程。按工件的形状、大小和加工批量的不同,安装工件的方法及所使用的附件也不同。在普通车床上常用的附件有三爪自定心卡盘、四爪单动卡盘、顶尖、跟刀架、中心架、心轴、花盘等。这些附件一般由专业厂家生产,作为车床附件配套供应。

1. 三爪自定心卡盘

三爪自定心卡盘是车床上应用最广的通用夹具,适合于安装较短的轴类或盘类工件。它的构造如图 6-15 所示。

三爪自定心卡盘体内有 3 个小圆锥齿轮,转动其中任何一个小圆锥齿轮时,可以使与它相啮合的大圆锥齿轮旋转。大圆锥齿轮背面的平面螺纹与 3 个卡爪背面的平面螺纹相啮合。

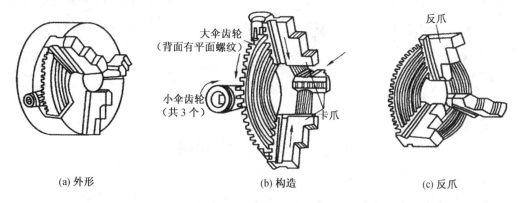

| (a) 外形 | (b) 构造 | (c) 反爪 |

图 6-15 三爪自定心卡盘

当大圆锥齿轮旋转时,3 个卡爪就在卡盘体上的平面螺纹内同时作向内或向外移动,以夹紧或松开工件,图 6-16 为三爪自定心卡盘装夹工件实例。

三爪自定心卡盘能自动定心,因此装夹方便,但其定心精度受卡盘本身制造精度和使用后磨损的影响,故对同轴度要求较高的工件表面应尽可能在一次装夹中车出。此外,三爪自定心卡盘的夹紧力较小,一般仅适用于夹持表面光滑的圆柱形或六角形等工件。

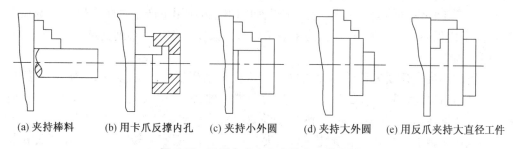

(a) 夹持棒料　(b) 用卡爪反撑内孔　(c) 夹持小外圆　(d) 夹持大外圆　(e) 用反爪夹持大直径工件

图 6-16 三爪自定心卡盘装夹工件实例

用三爪自定心卡盘安装工件时,可按下列步骤进行:

① 工件在卡爪间放正,先轻轻夹紧。

② 开动机床,使主轴低速旋转,检查工件有无偏摆,若有偏摆应停车,用小锤轻轻找

正,然后夹紧工件。夹紧后必须立即取下扳手,以免开车时飞出,造成人身或机床损坏事故。

③ 移动车刀至车削行程的左端。用手转动卡盘检查刀架等是否与卡盘或工件碰撞。

2. 四爪单动卡盘

四爪单动卡盘的结构外形如图 6-17a 所示,每个卡爪后面有半瓣内螺纹,转动螺杆时卡爪就可沿槽移动。由于 4 个卡爪是用扳手分别调整的,因此可用来夹持方形、椭圆或不规则形状的工件。同时,四爪单动卡盘的夹紧力大,所以也用来夹持尺寸较大的圆形工件。用四爪单动卡盘安装工件时,一般按在工件上的划线进行找正,根据工件的加工精度要求把工件调整至所需的任意位置,但精确找正很费时间,如图6-17b,c所示。

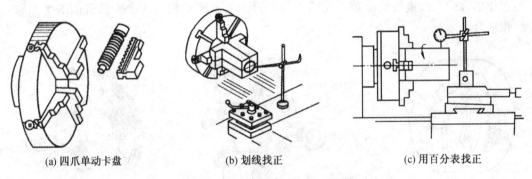

| (a) 四爪单动卡盘 | (b) 划线找正 | (c) 用百分表找正 |

图 6-17　四爪单动卡盘及工件调整

按划线找正工件的方法如下:

① 使划针靠近工件上划出加工界线。

② 慢慢转动卡盘,先校正端面,在离针尖最近的工件端面上用小锤轻轻敲击,直到针尖到工件端面各处的距离相等。

③ 转动卡盘,校正中心,将离开针尖最远处的一个卡爪松开,拧紧其对面的一个卡爪,反复调整几次,直至校正为止。

3. 顶尖、跟刀架及中心架

在顶尖上安装轴类零件时,由于两端都是锥面定位,其定位的准确度比较高,即使是多次装卸与掉头也能保证各外圆面有较高的同轴度。当车细长轴(长度与直径之比大于20)时,由于工件本身的刚性不足,为防止工件在切削力作用下产生弯曲变形而影响加工精度,除了用顶尖安装工件外,还常用中心架或跟刀架作为附加的辅助支承。

(1)顶尖

常用的顶尖有死顶尖和活顶尖两种。前顶尖采用死顶尖,后顶尖易磨损,在高速切削时常采用活顶尖。较长或加工工序较多的轴类工件,常采用双顶尖安装,如图 6-18 所示。工件装夹在前、后顶尖之间,由拨盘带动鸡心夹头(卡箍),鸡心夹头带动工件旋转。前顶尖装在主轴上和主轴一起旋转。后顶尖装在尾座上,固定不转。当不需要掉头安装即可在车床上保证工件的加工精度时,也可用三爪卡盘代替拨盘。

用顶尖安装工件前,要先车平工件的端面,用中心钻钻出中心孔。中心孔的轴线应与工件毛坯的轴线相重合。中心孔的圆锥孔部分应平直光滑,因为中心孔的锥面是和顶尖锥面相配合的。中心孔的圆柱孔部分一方面用来容纳润滑油,另一方面是不使顶尖尖端接触工件,并保证在锥面处配合良好。

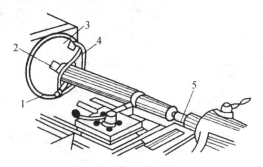

1—紧固螺钉;2—前顶尖;3—拨盘;4—鸡心夹头;5—后顶尖

图 6-18 用双顶尖安装工件

用顶尖安装工件的步骤如下:

① 在工件一端安装卡箍,先用手稍微拧紧卡箍螺钉,在工件的另一端中心孔里涂上润滑油(黄油)。

② 将工件置于顶尖间。根据工件长短调整尾座位置,保证能让刀架移至车削行程的最右端,同时又要尽量使尾架套筒伸出最短,然后将尾座固定。

③ 转动尾座手轮,调节工件在顶尖间的松紧,使之既能自由旋转,又不会有轴向窜动,最后夹紧尾座套筒。

④ 将刀架移至车削行程最左端,用手转动拨盘及卡箍,检查是否会与刀架等碰撞。

⑤ 拧紧卡箍螺钉。

(2)跟刀架

跟刀架主要用于精车或半精车细长光轴类零件,如丝杠和光杠等。如图 6-19 所示,跟刀架被固定在车床床鞍上,与刀架一起移动,使用时先在工件上靠后顶尖的一端车出一小段外圆,根据它调节跟刀架的两支承,然后再车出全轴长。使用跟刀架可以抵消径向切削力,从而提高精度和表面质量。

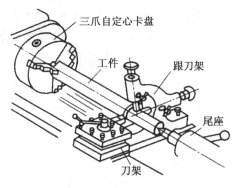

三爪自定心卡盘
工件
跟刀架
尾座
刀架

图 6-19 跟刀架的使用

(3)中心架

在加工阶梯轴以及在长杆件端面进行钻孔、镗孔或攻螺纹时一般使用中心架。在不能通过机床主轴孔的大直径长轴进行车端面的情况下也经常使用中心架。中心架由压板螺钉紧固在车床导轨上,以互成 120°角的 3 个支承爪支承在工件预先加工的外圆面上进行加工,以增加工件的刚性,如图 6-20 所示。如果细长轴不宜加工出外圆面,可使用过渡套筒安装细长轴。加工长杆件时,需先加工一端,然后掉头安装,再加工另一端。

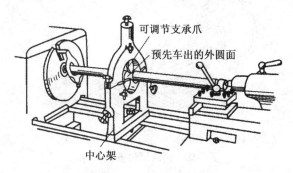

图 6-20　中心架的使用

4．心轴

形状复杂或同轴度要求较高的盘套类零件,常用心轴安装加工,以保证零件外圆与内孔的同轴度及端面与内孔轴线的垂直度的要求。

用心轴安装工件,应先对工件的孔进行精加工(达 IT7 ~ IT8),然后以孔定位。心轴用双顶尖安装在车床上,用以加工端面和外圆。安装时根据工件的形状、尺寸、精度要求和加工数量的不同,采用不同结构的心轴。

（1）圆柱心轴

当工件长径比小于 1 时,应使用带螺母压紧的圆柱心轴进行安装,如图 6-21 所示。工件左端靠紧心轴的台阶,由螺母及垫圈将工件压紧在心轴上。为保证内外圆同心,孔与心轴之间的配合间隙应尽可能小,否则其定心精度将随之降低。一般情况下,当工件孔与心轴采用 H7/h6 配合时,同轴度误差不超过 0.02 ~ 0.03 mm。

（2）小锥度心轴

当工件长径比大于 1 时,可采用带有小锥度(1∶1 000 ~ 1∶5 000)的心轴进行安装,如图 6-22 所示。工件孔与心轴配合时,靠接触面产生弹性变形来夹紧工件,故切削力不能太大,以防工件在心轴上滑动而影响正常切削。小锥度心轴定心精度较高,可达 0.005 ~ 0.010 mm,多用于磨削或精车,但没有确定的轴向定位。

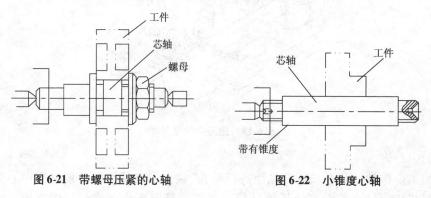

图 6-21　带螺母压紧的心轴　　　　图 6-22　小锥度心轴

5. 花盘及弯板

图 6-23 为花盘的结构,花盘端面上的腰形孔用来穿压紧螺栓,中心的内螺孔可直接安装在车床主轴上。安装时花盘端面应与主轴轴线垂直,花盘本身形状精度要求高。工件通过压板、螺栓、垫铁等固定在花盘上。花盘用于安装大、扁、形状不规则的且三爪自定心卡盘和四爪单动卡盘无法装卡的大型工件,可确保所加工的平面与安装平面平行及所加工的孔或外圆的轴线与安装平面垂直。

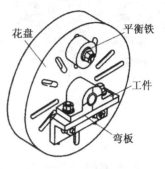

图 6-23　花盘的结构

弯板多为 90°角铁,两平面上开有槽形孔用于穿紧固螺钉。弯板用螺钉固定在花盘上。再将工件用螺钉固定在弯板上。当要求待加工的孔(或外圆)的轴线与安装平面平行或要求两孔的中心线相互垂直时,可用花盘弯板安装工件。

用花盘或花盘加弯板安装工件时,应在重心偏置的对应部位加配重进行平衡,以防加工时因工件重心偏离旋转中心而引起振动和冲击。

6.2.3　刀具的安装

车刀安装得是否正确,直接影响切削能否顺利进行和工件表面的加工质量的优劣。否则即使刃磨出合理的车刀角度,如果安装得不正确,车刀切削时的工作角度也会发生变化。因此,车刀应正确地装夹在车床刀架上(见图 6-24),保证刀具有合理的几何工作角度,从而提高车削的加工效率和工件的表面质量。

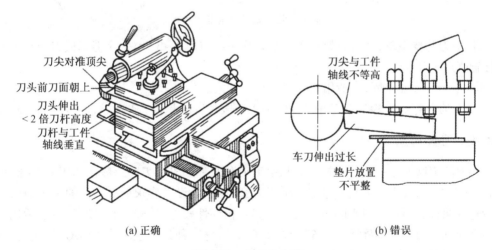

(a) 正确　　　　　　　　　　　　　(b) 错误

图 6-24　车刀的安装

装夹车刀应注意下列事项:

① 车刀刀体悬伸长度一般不超过刀柄厚度的 1.5 倍,否则刀具刚性下降,车削时容易产生振动。

② 车刀刀柄应与车床轴线垂直,否则将改变主偏角和副偏角的大小(见图 6-25)。

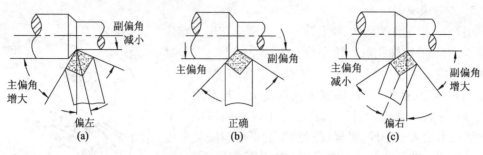

图 6-25　装刀歪斜对角度的影响

③ 车刀的刀尖应与车床主轴轴线等高。如果刀尖高于工件中心(见图 6-26a),这时切削平面位置改变,基面也随之改变,结果造成前角增大,后角减小,造成车刀切入工件的困难。相反,如果刀尖低于工件中心(见图 6-26c),则前角减小,后角增大。装夹时可根据尾座顶尖来确定刀尖高度。

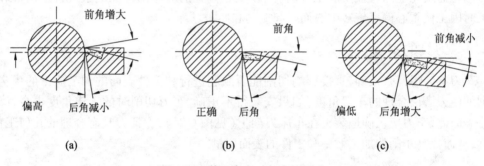

图 6-26　装刀高度对角度的影响

④ 垫刀片要平整,并与刀架对齐。垫刀片一般使用 2～3 片,太多会降低刀柄与刀架的接触刚度。

⑤ 车刀装夹要牢固,一般用两个螺钉交替拧紧。

⑥ 车刀装好后应检查车刀在工件的加工极限位置时是否会产生运动干涉或碰撞。

6.2.4　刀具刃磨

车刀的刃磨方法一般有机械刃磨和手工刃磨两种。机械刃磨一般使用工具磨床,效率高、操作方便、磨出的刀具质量好。手工刃磨灵活、对设备要求低。车刀的手工刃磨常用砂轮有两种:一种是白刚玉(WA)砂轮,其砂粒韧性较好,比较锋利,硬度稍低,适用于刃磨高速钢车刀和磨削硬质合金车刀的刀杆部分;另一种是绿色碳化硅(GC)砂轮,其砂粒硬度高,切削性能好,但较脆,适用于刃磨硬质合金车刀。

1. 粗磨

① 磨主后面,同时磨出主偏角和主后角,如图 6-27a 所示。

② 磨副后面,同时磨出副偏角和副后角,如图 6-27b 所示。

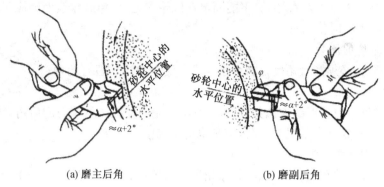

(a) 磨主后角　　　　　　　　　　　(b) 磨副后角

图 6-27　磨主后角和副后角

③ 磨前面,同时磨出前刀面及断屑槽,如图 6-28 所示。

刃磨时车刀应放在砂轮的水平中心,刀尖微上翘 3°~8°。车刀接触砂轮后应左右方向水平移动。当车刀离开砂轮时,刀尖应向上抬起,以防磨好的刀刃被砂轮碰伤。

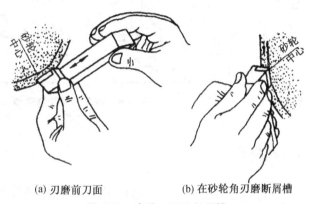

(a) 刃磨前刀面　　　　　　　　(b) 在砂轮角刃磨断屑槽

图 6-28　磨前刀面及断屑槽

2. 精磨

① 在较细硬的砂轮上仔细修磨刀头各面,使车刀的几何形状和角度符合要求,并提高车刀的表面粗糙度。

② 修磨刀尖圆弧。

3. 研磨

有精确角度的车刀在刃磨时还要考虑研磨,要求用平整氧化铝油石,轻研车刀后面和过渡刃,研去刀刃上留下的毛刺,或研磨棱面和断屑槽,进一步减小各切削刃及各面的粗糙度。

4. 刃磨车刀注意事项

① 握刀姿势要正确,手指不能抖动,用力不能过大,以免手滑时触及砂轮而受伤。

② 磨刀时人站在砂轮的侧面,防止砂轮粉屑或碎裂时飞出伤人,最好戴上防护眼镜。

③ 砂轮必须有防护罩,砂轮未转稳时不能磨刀,磨刀用砂轮不准磨其他物件。

④ 磨碳素钢、合金钢及高速钢刀具时,要经常冷却,不能使刀头烧红。磨硬质合金刀头时不要进行冷却。

⑤ 在盘形砂轮上磨刀时应避免使用砂轮侧面,在碗形砂轮上磨刀时不准使用砂轮内、外圆。

⑥ 刃磨时应将车刀左右移动,不能固定在砂轮一处,以免砂轮表面磨成凹槽。

⑦ 禁止两人同时使用一个砂轮。

5. 车刀角度的测量

车刀刃磨后,必须测量角度是否合乎要求。测量方法一般有两种。

（1）用样板测量

用样板测量车刀角度的方法如图 6-29 所示。先用样板测量车刀的后角,然后检验楔角,如果这两个角度已合乎要求,那么前角也就正确了。

（2）用车刀量角器测量

角度要求准确的车刀,可以用车刀量角器进行测量,测量方法如图 6-30 所示。

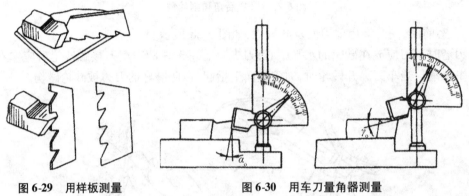

图 6-29　用样板测量　　　　　图 6-30　用车刀量角器测量

6.3　车削加工工艺训练

根据车刀的几何角度、切削用量及车削达到的精度不同,车削可分为粗车和精车。

① 粗车。粗车的目的是从工件上去除大部分加工余量。粗车应采用较大的背吃刀量和进给量,以较少的时间获得较高的生产效率。但粗车加工精度低、粗糙度值大,故只能作为低精度表面的终加工工序或精车的准备工序。

粗车时根据车刀的几何角度对切削加工的影响,应选择较小的前角、后角和刃倾角。

② 精车。精车的目的是保证零件的尺寸精度和表面粗糙度,可以使工件表面具有较高的精度和较小的粗糙度。通常采用较小的背吃刀量和进给量以及较高的切削速度进行加工,可作为外圆表面的最终工序或光整加工的预加工。

精车时为获得小的粗糙度值,刀具应选用大的前角和后角,刀刃刃磨锋利,刀尖磨出小圆弧,以减小残留面积;选用较大的主偏角和较小的副偏角;用油石将前刀面、主后刀面、副后刀面磨光,以减小摩擦。

6.3.1　车削外圆、端面与台阶

1. 车外圆

将工件车削成圆柱形表面的加工称为车外圆,这是车削加工最基本、也是最常见的操作。车削这类零件时,除了要保证图样的标注尺寸、公差和表面粗糙度外,一般还应注意几何公差的要求,如垂直度和同轴度的要求。

（1）常用外圆车刀

常用外圆车刀有直刀、弯头刀和偏刀（见图6-31）。

外圆车刀常用主偏角有 45°，60°，75°，90°。直刀主要用于粗车外圆和车削没有台阶或台阶不大的外圆。45°弯头刀既可车外圆，又可车端面，还可以进行 45°倒角，应用较为普遍。右偏刀主要用来车削带直角台阶的工件。由于右偏刀的主偏角为 90°，切削时产生的径向力小，常用于车削垂直台阶的外圆或车长轴。

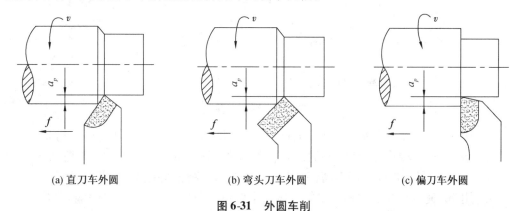

(a) 直刀车外圆　　　　　　(b) 弯头刀车外圆　　　　　　(c) 偏刀车外圆

图 6-31　外圆车削

（2）车外圆时的试切方法

工件在车床上装夹后，要根据工件的加工余量决定走刀的次数和每次走刀的背吃刀量。因为刻度盘和横向进给丝杠都有误差，在半精车或精车时往往不能满足进刀精度要求。为了准确地确定吃刀量，保证工件的加工尺寸精度，这就需要采用试切的方法。车削开始时应试切 1～3 mm 长度，以确定背吃刀量，然后用自动进给进行切削。试切方法如图6-32 所示。

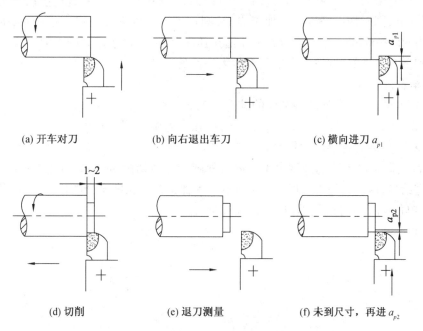

(a) 开车对刀　　　　　　(b) 向右退出车刀　　　　　　(c) 横向进刀 a_{p1}

(d) 切削　　　　　　(e) 退刀测量　　　　　　(f) 未到尺寸，再进 a_{p2}

图 6-32　用试切法车外圆的步骤

2. 车端面

车端面时常用弯头刀、偏刀。车刀安装时,刀尖应对准工件中心,以免车出的工件端面中心留有凸台,如图 6-33 所示。

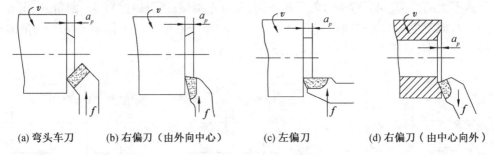

(a) 弯头车刀　　　(b) 右偏刀（由外向中心）　　　(c) 左偏刀　　　(d) 右偏刀（由中心向外）

图 6-33　端面车削

① 用 45°弯头车刀车端面,如图 6-33a 所示。45°车刀是利用主切削刃进行切削的。工件表面粗糙度值较小,工件中心的凸台是逐步车掉的,不易损坏刀尖;45°弯头车刀的刀尖角等于 90°刀头强度比偏刀高,适用于车削较大的平面,并能车削外圆和倒角。

② 用 90°偏刀车端面。车刀安装时应使主偏角大于 90°以保证车出的端面与工件轴线垂直。如果采用右偏刀由外圆向中心进给车削端面(见图 6-33b),这时原副切削刃变为主切削刃,由于前角较小,切削不顺利。当背吃刀量较大时,同时受切削力方向的影响,刀尖容易扎入工件,使车出的端面形成凹面。此外,工件中心的凸台是瞬时车掉的,容易损坏刀尖。

为避免这个缺点,可采用从中心向外走刀的切削方式(见图 6-33d),这时用主切削刃切削,切削力向外,不会产生凹面,且能得到较高的加工质量。

如果用左偏刀由外圆向中心进给车削端面(见图 6-33c),这时是用主切削刃进行切削,切削顺利,同时切屑是流向待加工表面,则加工后工件表面粗糙度值较小;如果使用主偏角为 60°~65°的左偏刀由外圆向中心进给车削端面,由于车刀的刀尖角大于 90°,刀头强度和散热条件好,则适于车削具有较大平面的工件。

3. 车台阶

车台阶实际上是车外圆和端面的综合加工。

① 低台阶。低台阶的高度小于 5 mm,可在车外圆的同时车出。为保证主切削刃与工件轴线垂直,装刀时要用角尺对刀。

② 高台阶。高台阶的高度大于 5 mm,外圆应分层切削,再精车台阶面,但要注意车刀末次进给后,应横向退刀,如图 6-34 所示。为保证台阶长度符合图样要求,可预先用刀尖划线(单件、小批量)或用轴向定位(大批量)。

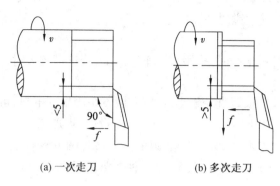

(a) 一次走刀　　　　　　(b) 多次走刀

图 6-34　车台阶

6.3.2　车槽与切断

1. 车槽

回转体工件表面经常存在一些沟槽,这些槽有螺纹退刀槽、砂轮越程槽、油槽、密封圈槽等,分布在工件的外圆表面、内孔或端面上。一般的车槽加工如图 6-35 所示。

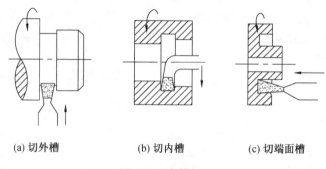

(a) 切外槽　　　　　(b) 切内槽　　　　　(c) 切端面槽

图 6-35　车槽加工

2. 切断

切断是将坯料或工件从夹持端上分离下来,切断所用的切断刀与车槽刀极为相似,只是刀头更加窄长,刚性更差。由于刀具要切至工件中心,切断时刀尖必须与工件中心等高,否则切断处将留有凸台,也容易损坏刀具。切断时排屑困难,容易将刀具折断。因此,装夹工件时,应尽量将切断处靠近卡盘,以增加工件刚性。切断时切削速度要低,采用缓慢均匀的手动进给,以防进给量太大造成刀具折断。

车削实训件一:轴头(见图 6-36)

工件材质为 45 号钢,毛坯选用热轧圆钢,直径为 $\phi25$,生产纲领为单件小批量生产。

（1）零件图样分析

① 该零件有 $\phi20_{-0.1}^{0}$ 和 $\phi16_{-0.1}^{0}$ 两节外圆组成,$\phi16_{-0.1}^{0}$ 外圆长度为（20 ± 0.1）mm,零件总长（30 ± 0.1）mm。

② 零件所有表面的粗糙度 Ra 为 3.2 μm。

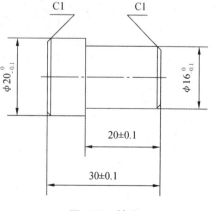

图 6-36　轴头

③ 两端倒角 C1,其余锐边去锋口。

（2）工艺分析

① 在单件或小批量生产时,采用普通车床加工,若批量较大时,可采用专业较强的设备加工。

② 由于该零件长度很短直径较小,所以一般不采用单件下料,可采用几件一组连下,在车床上加工时,车一端后用切刀切下,加工完一批后,再加工另一端。

③ 由于该零件精度不高,$\phi 20_{-0.1}^{0}$ 和 $\phi 16_{-0.1}^{0}$ 两节外圆可将粗、精车加工合成一道工序完成,即第一道工序为车削右端面及粗、精车两节外圆并切断,第二道工序为掉头车削左端面并倒角。

④ 该零件使用高速钢刀具加工,机床转速选用 290 r/min,背吃刀量粗车时选 1 mm,精车时选 0.5 mm,走刀量粗车时选 0.2 mm/r,精车时选 0.1 mm/r。

（3）刀具选择

刀具要根据零件的几何形状及加工内容来选择,加工内容有端面、外圆、倒角,并且需要切断,外圆有一处垂直的台阶面,所以需要 3 把刀具。

① 45°弯头车刀,用来车削端面、外圆、倒角。

② 90°外圆车刀,用来车削外圆、垂直的台阶面。

③ 切断刀,用来切断。

（4）使用检具

该零件需要测量的面有外圆、台阶及总长,可选用游标卡尺对零件进行综合测量,用千分尺对外圆进行精确测量。

（5）工艺过程

车削轴头的工艺过程如表 6-2 所示。

表 6-2　车削轴头的工艺过程

机械加工工艺过程卡		零件名称	材　料	毛坯种类	生产类型
		轴头	45 号钢	圆棒料	小批量
工序号	工步号	工序简图		工序内容	使用刀具
10	1	40 ~ 45		装夹毛坯 　毛坯伸出长度为 40 ~ 45 mm。注意:工件一定要夹紧。 　用游标卡尺测量。	
	2			车端面 　背吃刀量为 1 mm,端面平整,必须完全车出,中间不留凸台。	45°弯头车刀

续表

机械加工工艺过程卡			零件名称	材 料	毛坯种类	生产类型
			轴头	45 号钢	圆棒料	小批量
工序号	工步号	工序简图		工序内容		使用刀具
10	3			粗车大外圆 　毛坯外径 ϕ25 车到 ϕ21,留精车余量为 1 mm,加工量为 4 mm,分两次走刀完成,每次背吃刀量为 1 mm,切削长度为 35 mm。 　用游标卡尺测量。		90°外圆车刀或 45°弯头车刀
	4			粗车小外圆 　加工量为 4 mm,分两次走刀完成,每次背吃刀量为1 mm,切削长度为 19.8 mm。 　用游标卡尺测量。		90°外圆车刀
	5			精车小外圆 　加工余量为 0.5 mm,一次走刀完成,背吃刀量为 0.25 mm,切削长度为 20 mm。车到 ϕ16 外圆根部后车刀要横向均匀退出,使台阶面垂直。 　用游标卡尺测量台阶长度,用千分尺测量外径。		90°外圆车刀
	6			精车大外圆 　加工余量为 0.5 mm,一次走刀完成,背吃刀量为 0.25 mm,切削长度为 15 mm。 　用游标卡尺测量台阶长度,用千分尺测量外径。		90°外圆车刀
	7			倒角、去锋口 　用 45°弯头车刀中间刀刃切削,刀口轻触棱角后单面手动进刀 1 mm,台阶处去锋口。		45°弯头车刀

续表

机械加工工艺过程卡			零件名称	材　料	毛坯种类	生产类型
			轴头	45 号钢	圆棒料	小批量
工序号	工步号	工序简图		工序内容		使用刀具
10	8	30.5		切断 　用切断刀手动进刀,要求进刀均匀。 　用游标卡尺测量。		切断刀
20	1	30±0.1		掉头夹 φ16 外圆(注意:不要夹坏已加工面),台阶面贴住卡爪。 　车端面,定总长 　端面平整,中间不留凸台。 　用游标卡尺测量总长。		45°弯头车刀
	2	C1		倒角		45°弯头车刀

车削实训件二:台阶轴(见图6-37)

工件材质为45 号钢,毛坯选用热轧圆钢,直径为 φ25,生产纲领为单件小批量生产。

(1) 零件图样分析

① 该零件左端有一处 $\phi18_{-0.08}^{0}$ 的外圆,长度为 10 mm;右端有 $\phi20_{-0.1}^{+0.1}$ 和 $\phi16_{-0.08}^{0}$ 两节外圆,$\phi16_{-0.08}^{0}$ 外圆的长度为 20 mm,根部有一条 5 mm×1 mm 槽(即槽宽度为 5 mm,深度为 1 mm),零件总长为 40 mm。

② 零件三处外圆表面的粗糙度 Ra 为 3.2 μm,其余部分粗糙度 Ra 为 6.3 μm。

③ 两端倒角 C1,其余锐边去锋口。

(2) 工艺分析

① 该零件长度很短直径较小,所以采用几件一组连下,在车床上加工时和实例一类似,车一端后,用切刀切下,加工完一批后,再加工另一端。

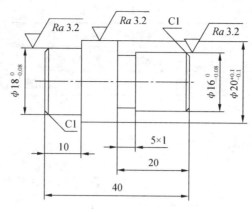

图 6-37 台阶轴

② 由于车削时精度不高，$\phi20^{+0.1}_{-0.1}$ 和 $\phi16^{0}_{-0.08}$ 两节外圆可将粗车、精车加工合成一道工序完成，即第一道工序为车削右端面及粗车、精车两节外圆并切断，第二道工序为掉头车削左端面，车 $\phi18^{0}_{-0.08}$ 外圆并倒角。

③ 该零件使用高速钢刀具加工，机床转速选用 290 r/min，背吃刀量粗车时选 1 mm，精车时选 0.5 mm，走刀量粗车时选 0.2 mm/r，精车时选 0.1 mm/r。

（3）刀具选择

刀具要根据零件的几何形状及加工内容来选择，加工内容有端面、外圆、槽、倒角，并且需要切断，外圆有垂直的台阶面，所以需要 3 把刀具。

① 45°弯头车刀，用来车削端面、外圆、倒角。

② 90°外圆车刀，用来车削外圆、垂直的台阶面。

③ 切断刀，用来切断、切槽。

（4）使用检具

该零件需要测量的面有外圆、台阶及总长，可选用游标卡尺对零件进行综合测量，用千分尺对外圆进行精确测量。

（5）工艺过程

车削台阶轴的工艺过程如表 6-3 所示。

表 6-3　车削台阶轴工艺过程

机械加工工艺过程卡		零件名称	材　料	毛坯种类	生产类型
		台阶轴	45 号钢	圆棒料	小批量
工序号	工步号	工序简图		工序内容	使用刀具
10	1	$\phi25$　50~55		装夹毛坯 毛坯伸出长度为 50～55 mm，工件一定要夹紧。 用游标卡尺测量。	

续表

机械加工工艺过程卡			零件名称	材　料	毛坯种类	生产类型
			台阶轴	45 号钢	圆棒料	小批量
工序号	工步号		工序简图	工序内容		使用刀具
10	2			车端面 　　背吃刀量为 1 mm，端面平整，必须完全车出，中间不留凸台。		45°弯头车刀
	3		$\phi 17$ $\phi 23$ 19.8 45	粗车外圆 　　毛坯外径 $\phi 25$ 车到 $\phi 23$，切削量为 2 mm，一次走刀完成。 车台阶面 　　从外径 $\phi 23$ 车到 $\phi 17$，切削量为 4 mm，两次走刀完成。 　　用游标卡尺测量。		90°外圆车刀
	4		Ra 3.2　C1　Ra 3.2 $\phi 16^{0}_{-0.08}$ $\phi 20^{+0.1}_{-0.1}$ 20 45	粗车外圆、倒角 　　外圆加工余量为 1 mm，每节外圆一次走刀完成，背吃刀量为 0.5 mm。车到 $\phi 16$ 外圆根部后车刀要横向均匀退出，使台阶面垂直。 　　用 45°弯头车刀倒角，去锋口用游标卡尺测量台阶长度，用千分尺测量外径。		90°外圆车刀 45°弯头车刀
	5		5×1 20 40.5	切槽、切断 　　用切断刀手动进刀切槽和切断。切槽时如刀宽不够，可分两刀加工，第一刀切深为 0.9 mm，第二刀切到所需的宽度和深度，切到槽底时左右移动将槽底车平。 　　用游标卡尺测量。		切断刀

续表

机械加工工艺过程卡		零件名称	材 料	毛坯种类	生产类型
		台阶轴	45 号钢	圆棒料	小批量

工序号	工步号	工序简图	工序内容	使用刀具
20	1	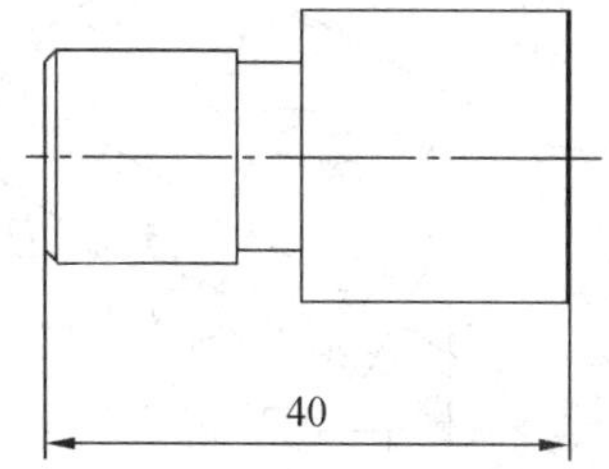 40	掉头夹 $\phi16$ 外圆(注意:不要夹坏已加工面),台阶面贴住卡爪。 车端面,定总长 端面平整,中间不留凸台。用游标卡尺测量总长。	45°弯头车刀
	2	$\phi19$ 9.8	粗车外圆 车台阶面,从外径 $\phi22$ 车到 $\phi19$,切削量为 3 mm,切削长度为 9.8 mm,一次走刀完成。用游标卡尺测量。	90°外圆车刀
	3	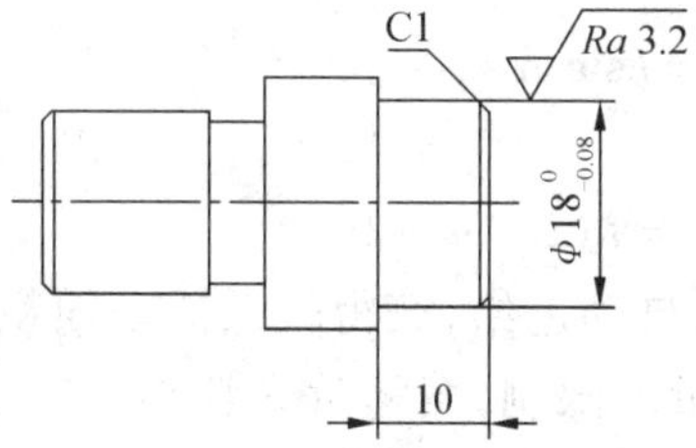 C1 $Ra\,3.2$ $\phi18_{-0.08}^{0}$ 10	精车外圆、倒角外圆 加工余量为 1 mm,一次走刀完成,背吃刀量为 0.5 mm。车到外圆根部后车刀要横向均匀退出,使台阶面垂直。 用 45°弯头车刀倒角,去锋口用游标卡尺测量台阶长度,用千分尺测量外径。	90°外圆车刀 45°弯头车刀

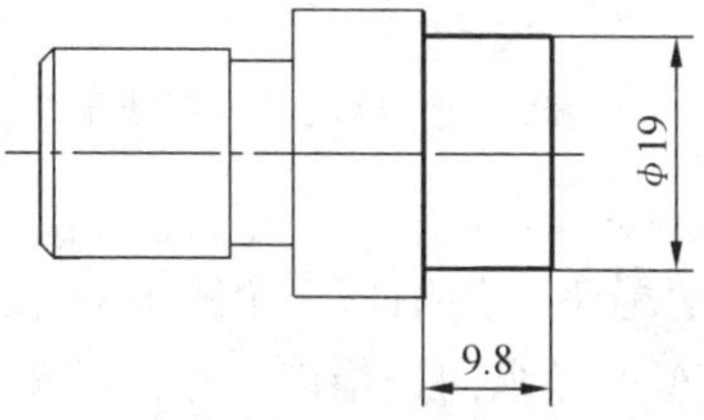

6.3.3 车削圆锥面、成形面及滚花

1. 车圆锥面

在机械制造中除采用圆柱体和圆柱孔作为配合表面外,还广泛采用圆锥体和圆锥孔作为配合表面,例如,顶尖和中心孔的配合、易拆卸零件中圆锥销和圆锥销孔的配合、工具尾柄和车床尾座套筒的配合等。圆锥面配合紧密,不但装拆方便,而且多次拆卸仍能保证准确的定心作用,锥度较小的锥面还可传递转矩,所以应用很广。常用车削锥面的方法有以下几种。

（1）宽刀法

宽刀法车锥面如图 6-38 所示,用与工件轴线成锥面斜角的平直切削刃(长度略大于待加工锥面长度)直接车成锥面。此法的优点是方便、迅速,能加工任意角度和锥面,缺点是加工的圆锥不能太长,并要求机床与工件具有较好的刚性。宽刀法车锥面适用于批量生产中加工较短的内外锥面。

（2）转动小刀架法

转动小刀架法车锥面如图 6-39 所示,根据零件锥角 2α,将小刀架转 α 角(转盘上有刻度），紧固转盘后转动小刀架手柄，即可斜向进给车出圆锥面。此法操作简单，能保证一定的加工精度，可车内、外锥面及锥角很大的锥面，因此应用广泛。但加工长度受小刀架行程的限制，且只能手动进给，故进给量不均匀，表面质量较差，但锥角大小不受限，单件小批量生产中常用此法。

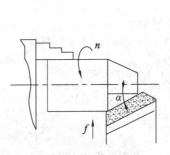

图 6-38　宽刀法车锥面

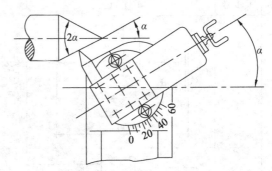

图 6-39　转动小刀架法车锥面

（3）偏移尾架法

偏移尾架法车锥面如图 6-40 所示，把尾座顶尖偏移一个距离 S，使安装在两顶尖间的工件锥面的母线平行于纵向进刀方向，车刀做纵向进给即可车出圆锥面。

尾座偏移量为

$$S = L\sin \alpha$$

当 α 很小时，

$$S = L\tan \alpha = L(D - d)/2l$$

偏移尾座法能加工较长的锥面，并能自动进给，获得较低的表面粗糙度，Ra 值能达到 $1.6 \sim 3.2 \ \mu m$。但由于受到尾座偏移量的限制，偏移量 S 较小，中心孔与顶尖配合不良，故一般用于车削小锥体的长锥面。偏移尾座法只能加工锥面斜角 $\alpha < 8°$ 的锥面且不能加工内锥面。

（4）靠模法

大批量生产中常用图 6-41 所示的靠模法车削圆锥面。

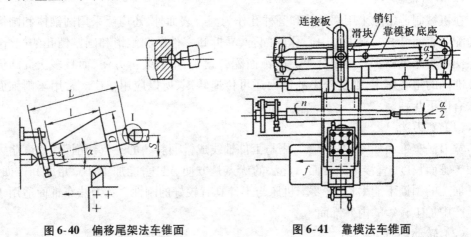

图 6-40　偏移尾架法车锥面　　　　图 6-41　靠模法车锥面

靠模装置的底座固定在床身的后面，底座上面装有锥度靠模板，它可以绕中心轴线旋转到与工件轴线成 $\alpha/2$ 的角度。滑块可沿着靠模板滑动,而滑块又用固定螺钉与中拖板连接在一起。为了使中拖板能自由地滑动,必须将中拖板上的丝杠与螺母脱开。为了便于调整背吃刀量,小拖板必须转过 90°。

当大拖板做纵向自动进给时,滑块就沿着靠模板滑动,从而使车刀的运动平行于靠模板,车出所需的圆锥面。

此法适于车削圆锥斜角小于 12°的内、外长锥面,因能自动进给,表面粗糙度 Ra 可达到 $1.6 \sim 6.3 \mu m$。

2. 车削成形面

由曲线回转而成的面称为成形面,如手柄、圆球等。对于这类零件,应根据零件的加工特点、加工要求、批量大小等情况,可采用双手控制法、成形刀法、靠模法进行加工。

(1)双手控制法

用双手同时转动横向进给手柄和小拖板手柄,使刀尖运动的轨迹与回转体成形面的母线尽量相符。车削过程中可用成形样板检验,如图 6-42 所示,并用车刀或锉刀进行修正,最后用砂布抛光。此法简单方便,但生产率低,精度也低,多应用于单件小批量生产。

(2)成形刀法

用切削刃形状与工件表面相吻合的成形刀,通过横向进给直接车出成形面,如图 6-43 所示。此法多应用于批量生产中。

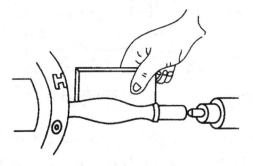

图 6-42 成形样板检验成形面

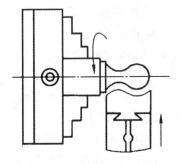

图 6-43 用成形刀车成形面

(3)靠模法

此法与靠模车锥面原理相同,其生产率高,工件的互换性好,但制造靠模增加了成本,故主要用于批量生产中。

3. 滚花

有些工具和机器零件的手捏部分为了增加摩擦力或使零件表面美观,常在其表面滚出花纹,如千分尺的套管、螺帽、螺钉。花纹有直纹、斜纹和网纹 3 种,并有粗细之分。

滚花(见图 6-44)是用滚花刀(见图 6-45)来挤压工件的,使工件表面产生塑性变形而形成花纹,方法如下:

① 滚花前根据花纹的粗细,先将工件滚花部分的直径车小 $0.25 \sim 0.5$ mm。

② 安装滚花刀,滚花刀的表面要与工件表面平行,它们的中心要一致。

③ 滚花刀接触工件时,要用较大的力进刀,否则就"乱纹"。这样来回滚压 $1 \sim 2$ 次,直到花纹凸起为止。

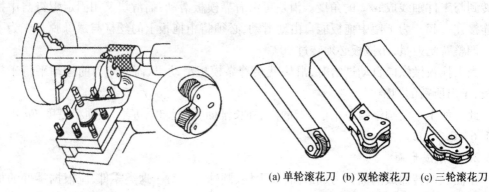

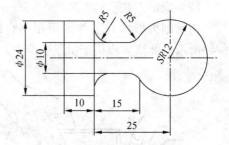

(a) 单轮滚花刀　(b) 双轮滚花刀　(c) 三轮滚花刀

图 6-44　滚花　　　　　　　　　图 6-45　滚花刀

滚花时的注意事项:滚花时滚花刀对工件径向压力很大,所以滚花时工件和滚花刀都必须装夹牢固;滚压过程中要经常加润滑油和清除切屑,以防影响花纹的清晰度;滚花时不许用手触摸工件。

车削实训件三:手柄(见图 6-46)

工件材质为 45 号钢,毛坯选用热轧圆钢,直径为 $\phi25$,生产纲领为单件小批量生产。

(1)零件图样分析

① 手柄曲面由 $SR12$,$R5$(2 处)三段圆弧和 $\phi10$,$\phi24$ 两节外圆柱组成。

② 零件表面的粗糙度 Ra 都为 6.3 μm。

(2)工艺分析

① 该手柄尺寸精度要求不高,表面的粗糙度要求也不高,但要求表面光滑。

图 6-46　手柄

② 曲面由 $SR12$,$R5$(2 处)三段圆弧组成,形状不复杂,在单件或小批量生产时,采用普通车床用双手控制法车削加工;若批量较大时,可采用样板刀、靠模等方法,或用数控车床加工。

(3)刀具选择

刀具要根据零件的几何形状及加工内容来选择,加工内容有圆弧、端面、外圆、倒角(去锋口),并且需要切断,所以需要 3 把刀具。

① 45°弯头车刀,用来车削端面、外圆、倒角。

② 圆弧车刀,用来车削圆弧面。

③ 切断刀,用来切断。

(4)使用检具

该零件需要测量的面有外圆、圆弧面及总长,可选用游标卡尺对零件进行外径、长度测量,用 R 规对圆弧轮廓进行目测。

(5)工艺过程

车削手柄工艺过程见表 6-4。

表 6-4 车削手柄工艺过程

机械加工工艺过程卡		零件名称	材 料	毛坯种类	生产类型
		台阶轴	45 号钢	手柄	小批量
工序号	工步号	工序简图	工序内容		使用刀具
10	1	(图)60	装夹毛坯 毛坯伸出长度为 60 mm,注意:工件一定要夹紧。 用游标卡尺测量。		
	2	标记线 15 22	车端面 背吃刀量为 1 mm,端面平整,必须完全光出,中间不留凸台。 用刀尖在零件台阶处刻标记线,该线可作为切削圆弧的终止线。		45°弯头车刀
	3	R5 R5 φ10 15	车圆柱及圆弧面 在两道刻线间用圆弧车刀加工圆柱及圆弧面。 用游标卡尺测量外径,用 R 规测量圆弧。		圆弧车刀
	4	R5 R5 φ10 SR12 15 25	车球面并与圆弧光滑连接 找到 SR12 球面的中心线,分别向左、向右车削圆弧,要求与其他部分光滑连接,用砂布抛光圆弧表面。 用游标卡尺测量外径,用 R 规测量圆弧。		圆弧车刀
	5	去锋口 φ24 15	车外圆、去锋口 外圆加工余量为 1 mm,背吃刀量为 0.5 mm,一次走刀完成,去锋口。 用游标卡尺测量。		45°弯头车刀
	6	10.5	切断 用切断刀手动进刀切断。 用游标卡尺测量。		切断刀

续表

机械加工工艺过程卡			零件名称	材　料	毛坯种类	生产类型
			台阶轴	45 号钢	手柄	小批量
工序号	工步号	工序简图		工序内容		使用刀具
20	1	 10　去锋口		掉头车端面、去锋口 端面平整，中间不留凸台。 用游标卡尺测量长度。		45°弯头车刀

6.3.4　车床上孔的加工

在车床上可利用麻花钻、扩孔钻、铰刀和镗刀等刀具进行孔加工。

1. 钻孔

在车床上钻孔时，工件用卡盘装夹，钻头装在尾座上。工件的旋转为主运动，摇动尾座手柄使钻头纵向移动为进给运动，如图 6-47 所示。

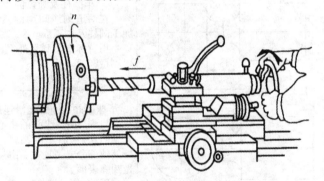

图 6-47　在车床上钻孔

钻孔时因孔内散热、排屑困难，麻花钻的刚度也较差，因此钻头进给应缓慢。在钢件上钻孔通常要加切削液，以降低切削温度，提高钻头的使用寿命。

钻孔前一般要先将工件端面车平，或用中心钻先钻出中心孔，作为钻头的定位孔，以防钻孔时钻头引偏。钻不通孔时，可利用尾座套筒上的刻度或在钻头上用粉笔做出深度标记，以控制孔深，还可用钢直尺、深度尺测量孔深。钻较深的孔时应经常退出钻头，以利于排屑和冷却。当孔将要钻通时应注意控制进给速度，否则易折断钻头。

钻的孔精度低，表面粗糙，因此，钻孔常作为扩孔、铰孔或镗孔的预备工序。

2. 镗孔

在已有孔的工件上需对孔进一步扩大孔径加工称为镗孔（见图 6-48）。镗孔有加工通孔、盲孔、内环形孔 3 种。镗孔用的刀有通孔车刀和不通孔车刀。为了便于深入孔内，其特点是刀杆细长，刀头较小。

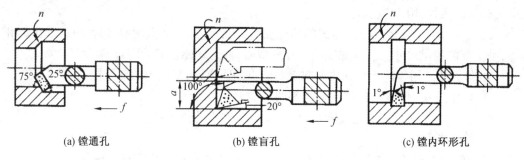

(a) 镗通孔   (b) 镗盲孔   (c) 镗内环形孔

图 6-48   在车床上镗孔

镗孔的方法如下：

① 选择和安装镗刀。车通孔采用通孔镗刀，镗不通孔或阶梯孔应采用不通孔镗刀。刀杆应尽可能粗些，伸出刀架的长度应尽量小。刀尖与孔中心线等高。刀杆中心线大致平行于纵向进给方向。

② 选择切削用量和调整机床。镗孔时因刀杆刚度差，刀头散热体积小，所以切削用量应比车外圆时小些。

③ 粗镗孔。先试切，调整切深后，用自动进给进行切削。调整切深时，必须注意切深时的进刀方向与车外圆时相反。试切方法与车外圆类似。

④ 精镗孔。精车孔时，切削深度和进给量应更小。当孔径接近图纸尺寸时，应以很小的切深重复几次，以提高孔的圆柱度。对孔径小于 10 mm 的孔，在车床上一般钻孔后直接铰孔。

6.3.5   车削螺纹

螺纹按牙形分为三角形螺纹、梯形螺纹、方牙螺纹等。按标准分有公制螺纹、英制螺纹两种，公制三角螺纹的牙型角为 60°，用螺距或导程来表示其主要规格；英制三角螺纹的牙型角为 55°，用每英寸牙数作为主要规格。各种螺纹旋向都有左、右，头数都有单线、多线之分，其中以公制三角螺纹应用最广，称普通螺纹。

1. 普通螺纹基本尺寸

GB/T 192—2003 规定了普通螺纹的基本尺寸，如图 6-49 所示。其中大径、中径、螺距、牙型角是最基本的要素，也是螺纹车削时必须控制的部分。

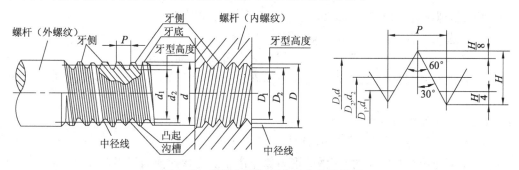

图 6-49   普通螺纹各部分的名称及符号

① 大径 D,d。螺纹的最主要尺寸之一，外螺纹中为螺纹外径，用符号 d 表示；内螺纹

中为螺纹的底径,用 D 表示。

② 中径 D_2, d_2。螺纹中一假想的圆柱面直径,该处圆柱面上螺纹牙厚与螺纹槽宽相等,是主要的测量尺寸。只有螺纹的中径一致时,两者才能很好的配合。

③ 螺距 P。相邻两牙在轴线方向上对应点的距离,由车床传动部分控制。

④ 牙型角 α。螺纹轴向剖面上相邻两牙侧之间的夹角。

车削螺纹时,必须使上述要素都符合要求,螺纹才是合格的。

2. 螺纹车削

各种螺纹车削的基本规律都是相同的,现以加工普通螺纹为例加以说明。

(1) 螺纹车刀及其安装

螺纹牙型角要靠螺纹车刀的正确形状来保证,因此三角螺纹车刀刀尖及刀刃的夹角应为 60°,而且精车时车刀的前角应为 0°,刀具用样板安装如图 6-50 所示,保证刀尖分角线与工件轴线垂直,以保证车出的螺纹牙型两边对称。

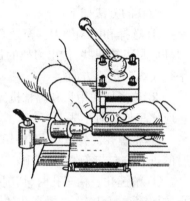

图 6-50　安装螺纹车刀

(2) 车床运动的调整和工件的安装

车刀安装好后,必须要对车床进行调整,首先要根据螺距大小确定手柄位置,脱开光杠进给机构,改由丝杠进给,调整好转速。此时最好用低速,以便有退刀时间。车削过程中工件必须装夹牢固,以防工件因未夹牢而导致牙型角或螺距错误。

为了得到正确的螺距 P,应保证工件转一转时,刀具准确地纵向移动一个螺距,即

$$n_1 P_1(丝杠) = n_2 P_2(工件)$$

式中, n_1 ——丝杠每分钟的转数;

　　　 n_2 ——工件每分钟的转数;

　　　 P_1 ——丝杠的螺距;

　　　 P_2 ——工件的螺距。

通常在具体操作时可根据车床进给箱表牌上表示的数值按欲加工工件螺距值,调整相应的进给调速手柄即可满足公式的要求。

(3) 操作方法

车三角螺纹有 3 种方法,即直进法,左、右车削法和斜进法。

① 直进法。直进法车三角螺纹操作步骤如下:

a. 开车,使车刀和工件轻微接触。记下刻度盘读数,向右退出车刀。

b. 合上对开螺母,车刀在丝杠带动下将在工件表面上车出一条螺旋线,横向退出车刀,停车。

c. 开反车使车刀退到工件右端,停车,用钢尺检查螺距是否正确。

d. 利用刻度盘调整切深,开车切削。

e. 车刀将至行程终了时,应做好退刀停车准备。先快速横向退出车刀,然后停车,开反车退回刀架到起点。

f. 再次横向进切深,继续切削,其切削过程的路线如图 6-51 所示。

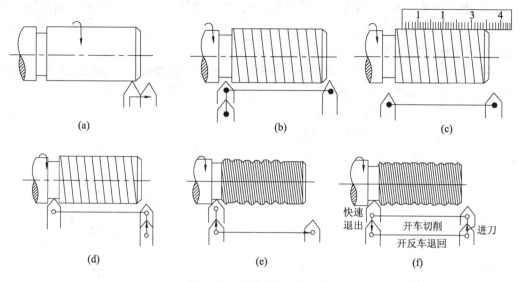

图 6-51 直进法车三角螺纹

② 左、右车削法。直进法车削螺纹时,车刀两侧同时参加车削,刀具受力大,排屑不利。左、右车削法的特点是车刀只有一条刀刃切削,而其操作方法与进给法基本相同,只是在每次进刀的同时,用小刀架向左、向右移动一小段距离。这样重复切削,直至螺纹的牙形全部车好。

③ 斜进法。这种方法适应于螺距较大的粗加工。每次走刀都是采用一侧刀刃进行切削。为了操作方便,粗车时小刀架只向一个方向移动,而精车时须一次左、一次右进行移动,分别将螺纹两侧修光。

（4）注意事项

螺纹需经多次走刀才能完成。如果后一刀未能落在前一刀已车的螺纹槽中,造成工件报废,称为"乱扣"。

产生"乱扣"的主要原因是丝杠的螺距与工件的螺距不是整数倍,即丝杠转一圈而工件未转整数圈。为此应注意以下几个问题：

① 工件与主轴之间的相对位置不能变动,即在未完成螺纹车削前,工件的位置不能动。

② 在车削过程中如果换刀或磨刀,则应重新对刀。

③ 若两者的螺距不是整数倍,须用正、反车的方法来消除"乱扣"。正、反车操作方法如下：当车完一刀时,立即将车刀横向退出,不打开丝杠的对开螺母,并及时开反车（工件反转）,使车刀沿纵向退回原位置,然后重新横向进刀,直至把螺纹车好为止。由于在此过程中对开螺母与丝杠始终吻合,刀尖也就会始终在一固定螺旋槽运动车削,因此用这个方法加工任何一个螺距,都不会发生"乱扣"现象。

3. 螺纹的测量

检验螺纹的量具常有螺纹扣规、螺纹量规和螺纹千分尺。

① 螺纹扣规。扣规是测量螺纹螺距的量具,它是由一套钢片组成,每一钢片上都制成一种螺距的螺纹断面。测量时只需将钢片沿螺纹轴线扣入螺旋槽内。如果螺纹与扣规完全吻合,则工件螺距合格。

② 螺纹量规。螺纹量规是综合性检验量具,分为塞规和环规。测外螺纹用环规,测内螺纹用塞规,并由通规、止规两件组成一副。加工好的螺纹只有在通规可通过,而止规通不过的情况下为合格,否则为不合格。

③ 螺纹千分尺。主要用来测量螺纹的中径,它的两个测量头正好卡在牙形面上做滑向接触,所得的读数就是中径的尺寸。螺纹千分尺一般用来测量三角形螺纹。

车削实训件四:螺纹销轴(见图6-52)

工件材质为45号钢,毛坯选用热轧圆钢,直径为$\phi28$长度为72 mm,生产纲领为单件小批量生产。

(1)零件图样分析

① 螺纹销轴左端由一个$\phi20_{-0.1}^{+0.1}$的圆柱面和一个$10°$的圆锥面组成。右端内孔直径为$\phi20_{-0.05}^{+0.05}$,外表面由螺纹、沟槽、圆柱面组成。

② 螺纹和$\phi20_{-0.1}^{+0.1}$圆柱面表面的粗糙度Ra为3.2 μm,其余部分表面的粗糙度Ra都为6.3 μm。

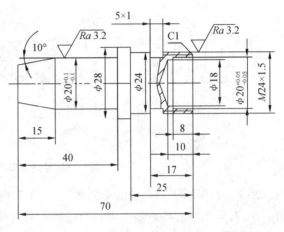

图6-52　螺纹销轴

(2)工艺分析

① 该零件两端台阶都有一定的长度,便于卡盘装夹,所以采用单个零件下料,可夹一端车另一端,然后再掉头车削另一端。

② 由于车削时精度不高,各处外表面和内孔可将粗、精车加工合成一道工序完成。

③ 由于使用高速钢刀具,机床转速选用290 r/min,背吃刀量粗车时选1 mm,精车时选0.5 mm,走刀量粗车时选0.2 mm/r,精车时选0.1 mm/r。

(3)刀具选择

刀具要根据零件的几何形状及加工内容来选择,加工内容有端面、外圆、倒角(去锋口)、外螺纹、螺纹退刀槽、内孔,所以需要7把刀具。

① 45°弯头车刀,用来车削端面、外圆、倒角。

② 90°外圆车刀,用来车削外圆柱面。

③ 切槽刀,用来切槽。

④ 60°外螺纹刀,用来车削普通螺纹。

⑤ 中心钻,钻孔前加工中心孔用于钻头的定心,防止钻偏。

⑥ 钻头,用$\phi18$钻头钻孔。

⑦ 不通孔镗刀,用来车削台阶孔。

(4)使用检具

该零件需要测量的面有外圆、圆锥面、沟槽、螺纹、内孔及总长,可选用游标卡尺对零件进行外径、长度测量,用螺纹环规对螺纹进行综合测量,用内径表测量孔径。

(5)工艺过程

车削螺纹销轴的工艺过程见表6-5。

表 6-5　车削螺纹销轴工艺过程

机械加工工艺过程卡			零件名称	材　料	毛坯种类	生产类型
			台阶轴	45 号钢	螺纹销轴	小批量
工序号	工步号	工序简图		工序内容		使用刀具
1				装夹毛坯 　毛坯伸出长度为 45 mm,注意:工件一定要夹紧。 　用游标卡尺测量。		
10	2			车端面、粗车外圆 　车端面背吃刀量为 1 mm,端面平整,必须完全光出,中间不留凸台。 　粗车台阶面,从外径 φ28 车到 φ21,切削量为 7 mm,3 次走刀完成。 　用游标卡尺测量。		45°弯头车刀 90°外圆车刀
	3			精车外圆 　外圆加工余量为 1 mm,一次走刀完成,背吃刀量为 0.5 mm。车到外圆根部后车刀要横向均匀退出,使台阶面垂直。用 45°弯头车刀去锋口。 　用游标卡尺测量台阶长度,用千分尺测量外径。		90°外圆车刀 45°弯头车刀
20	1			车锥面 　将小刀架转 10°并锁紧,手动拨动小刀架手柄车削锥面,去锋口。 　用游标卡尺测量。		45°弯头车刀
30	1			车端面、倒角 　掉头夹持 φ20 外圆(注意保护 φ20 已加工外圆,不要夹伤) 　车端面背吃刀量 1 mm,端面平整,中间不留凸台。		45°弯头车刀

续表

机械加工工艺过程卡		零件名称	材　料	毛坯种类	生产类型
		台阶轴	45号钢	螺纹销轴	小批量
工序号	工步号	工序简图	工序内容		使用刀具
30	2	70	**钻中心孔** 中心钻装夹在尾座套筒上,手动进给钻中心孔。		中心孔钻
	3	10 φ18 φ28 70	**钻孔** 钻头装夹在尾座套筒上,手动进给钻孔,钻深为10 mm。用游标卡尺测量。		φ18钻头
	4	8 Ra 3.2 φ28 70 φ20±0.05	**镗孔** 镗孔余量为2 mm,分两刀镗削,用试切法控制孔径,孔口去锋口。 用游标卡尺测量孔深,用内径表测量孔径。		不通孔镗刀 45°弯头车刀
40	1	Ra 3.2 φ28 φ24 25 70	**车外圆、去锋口** 外圆加工余量为4 mm,两次走刀完成,背吃刀量为1 mm。车到外圆根部后车刀要横向均匀退出,使台阶面垂直。用45°弯头车刀去锋口。 用游标卡尺测量。		90°外圆车刀 45°弯头车刀
	2	C1 φ24 5×1 17 70	**切槽、倒角** 用切槽刀手动进刀切槽。切槽时如刀宽不够,可分两刀加工,第一刀切深为0.9 mm,第二刀切到所需宽度和深度,切到槽底时左右移动将槽底车平。 用45°弯头车刀倒角用游标卡尺测量。		切槽刀 45°弯头车刀
	3	Ra 3.2 M24×1.5 17 70	**车螺纹** 用60°螺纹车刀,采用直进法车削螺纹。 用螺纹环规对螺纹进行综合测量。		60°螺纹车刀

6.3.6 车削创新加工训练

在机械制造业中,轴类、套类为最普通的机械零件,几乎每台机器上都具有轴、套类零件。例如,拉杆、芯轴、销钉、双头螺栓、轧辊、滑动轴承、导向套、油缸、汽缸套、法兰盘、电动机转子等都属于轴、套类零件。轴、套类零件是回转体零件,加工表面通常有内外圆柱面、内外圆锥面、螺纹、花键、键槽和沟槽等。轴、套类零件是车削加工中最常见的零件,这里以轴、套类零件为例进行车削创新加工训练。

1. 轴、套类零件的技术要求

(1) 尺寸精度

轴类零件的支承轴颈与套类零件的轴承孔一般与轴承相配,尺寸精度要求较高,为IT5 ~ IT7。装配传动件的轴颈尺寸精度要求较低,为 IT7 ~ IT9。轴向尺寸一般要求较低。

(2) 几何精度

轴、套类零件的几何精度中包含形状精度、位置精度、方向精度和跳动精度,轴类零件的形状精度主要是指支承轴颈和有特殊配合要求的轴颈及内外锥面的圆度、圆柱度等。一般应将其误差控制在尺寸公差范围内,形状精度要求高时,可在零件图上标注允许偏差。轴类零件的位置精度主要指装配传动件的轴颈相对于支承轴颈的同轴度。

(3) 表面粗糙度

轴、套类零件的表面粗糙度,一般与传动件相配合的轴颈表面粗糙度 Ra 为 0.4 ~ 3.2 μm,与轴承相配合的轴颈表面粗糙度 Ra 为 0.8 μm 左右。

2. 轴、套类零件的车削加工

轴、套类零件是回转体零件,通常都是采用车削进行粗加工、半精加工。精度要求不高的表面往往用车削作为最终加工。

安排车削工序时,应该综合考虑工件的技术要求、生产批量、毛坯状况和设备条件。对于大批量生产,为达到加工的经济性,则选择粗车和半精车为主;如果毛坯精度较高,可以直接进行精车或半精车;一般粗车时,应选择刚性好而精度较低的车床,避免用精度高的车床进行荒车和粗车。

为了增加刀具的耐用度,轴的加工主偏角 k_r,应尽可能选择小一些,一般选取 45°。加工刚度较差的工件($L/d > 15$)时,应尽量使径向切削分力小一些,为此刀具的主偏角应尽量取大一些,这时 k_r 可取 60°,75°甚至 90°。

轴类零件加工时,工艺基准一般是选用轴的外表面和中心孔。然而中心孔在图纸上,只有当零件本身需要时才注明,一般情况下则不注明。轴类零件加工(特别是 $L/d > 5$ 的轴)必须借助中心孔定位,此时中心孔应按中心孔标准选用。

车削套类零件比车削轴类零件困难。例如,孔内尺寸小,切屑不容易排出而拉毛加工表面;切削情况看不清楚;切削液不容易注入;零件容易变形;所用的刀具结构复杂难磨,且刚性又差等。

套类零件加工时,工艺基准一般是选用套的内、外表面,例如,零件先车内孔,再车外圆,这时就可以应用心轴,用已加工好的内孔定位进行外表面车削。

3. 车削创新实训件

组合件是指将几个不同的零件车削后装配在一起,其中零件涵盖轴类和套类零件,要求所加工零件既符合零件图的要求，又符合装配图的要求。组合件在加工各零件时既考核车圆柱、车圆锥、车螺纹等车工的基本操作技能，又考核保证位置精度的措施及工艺尺寸链计算等相关知识，还要求操作者具有较强的应变能力。

锥度组合件如图 6-53 所示。

（1）图样分析

① 该组合件由件 1、件 2、件 3 三个零件组成，件 1 如图 6-54 所示，件 2 如图 6-55 所示，件 3 如图 6-56 所示。件 1、件 3 将件 2 紧固，件 1 与件 2 锥度配合，件 3 与件 1、件 2 圆柱配合，件 1 与件 3 螺纹配合。

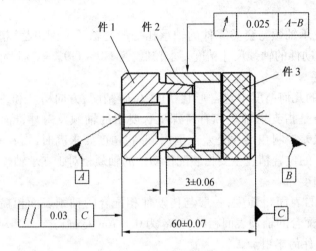

图 6-53 锥度组合件

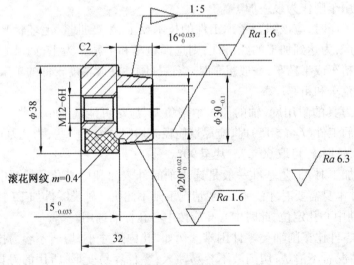

图 6-54 件 1

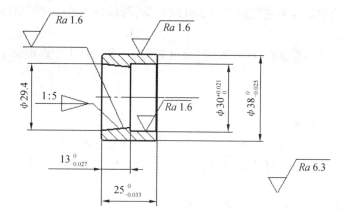

图 6-55 件 2

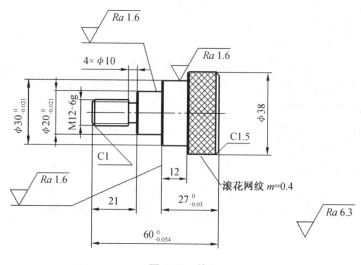

图 6-56 件 3

② 装配后要求件 1 与件 2 间隙（3 ± 0.06）mm，件 1、件 2 和件 3 总长为（60 ± 0.07）mm，装配后件 2 外圆对件 3 两中心孔 A，B 的径向跳动误差不大于 0.025 mm。

（2）工艺分析

① 件 1、件 2、件 3 合用一段 ϕ40 热轧圆钢，加工顺序为件 1、件 2、件 3。

② 件 1 内螺纹孔径较小，可直接钻孔后用丝锥攻螺纹。

③ 1:5 外锥车削时要换算成拨动小刀架的斜度，调整好小刀架斜度后，用一次调好的小刀架斜度，车出外圆锥和内圆锥，使内、外圆锥的锥度一致。

④ 件 2 的 1:5 内锥车削时要与件 1 外锥实配，可用涂色法检验配合面大小，同时要注意件 1 与件 2 间隙（3 ± 0.06）mm，ϕ30 孔深要用工艺尺寸链进行换算。

⑤ 件 2 内孔与外圆虽未标注同轴度，但装配后外圆有跳动要求，所以加工时必须保证内孔与外圆同轴。

⑥ 件 3 外螺纹要与件 1 内螺纹配车，配合后螺纹能旋合自如，轴向和径向间隙适当。

⑦ 件 3 零件图上两端未标注加工中心孔，各级外圆也无跳动要求，但件 2 装在件 3

上后,以件3两端中心孔为基准测量件2外圆跳动,所以件3各级外圆要以两端中心孔为基准加工。

⑧ 零件装配后如果总长(60±0.07) mm超差,可车削件1左端面修正。

 思考题

1. 车床由哪些主要部件组成? 各有何作用?

2. 车削时工件和车刀都要运动,谁是主运动? 谁是进给运动?

3. 车床上的光杠和丝杠都能使刀架做纵向运动,它们之间有什么区别? 各在什么场合使用? 为什么?

4. 车床上常使用的车刀有哪几种? 各有何作用?

5. 车刀由哪几部分组成?

6. 车刀有哪几个主要角度? 各有何作用?

7. 车刀安装应该注意些什么?

8. 车削时为何开车对刀?

9. 车削之前为什么要试切? 试切的步骤有哪些?

10. 加工外圆时,如果刻度盘多转了3格,是否可以直接退回3格? 为什么? 应该如何处理? 常用车削圆锥体的方法有几种? 各用于哪些场合?

11. 为什么车削时一般要先车端面? 为什么钻孔前也要先车端面?

12. 如何防止车螺纹时的"乱扣"现象?

13. 镗孔时如何安装镗刀? 为什么镗刀的切削用量比车外圆时小?

14. 什么叫成形面? 加工成形面的方法有哪几种? 各适用什么场合?

15. 切槽刀和切断刀的形状有何特点? 切断刀容易断裂的原因有哪些?

第 7 章

铣刨加工

7.1　铣削基础知识

　　铣削加工是指在铣床上利用铣刀的旋转做主运动,工件或铣刀的移动做进给运动,对工件进行切削加工的方法。

　　铣削加工是金属切削加工的常用方法之一,应用范围非常广泛,不仅可以加工各种平面、台阶、沟槽和成形面,还可以进行切断、分度、镗孔等工作。在切削加工中,铣床的工作量仅次于车床,在铣床上可以加工平面(水平面、垂直面)、沟槽(键槽、T 形槽、燕尾槽等)、分齿零件(齿轮、花键轴、链轮、螺旋形表面(螺纹、螺旋槽))及各种曲面。此外,还可用于对回转体表面、内孔加工及进行切断工作等。铣削加工的应用范围如图 7-1 所示。

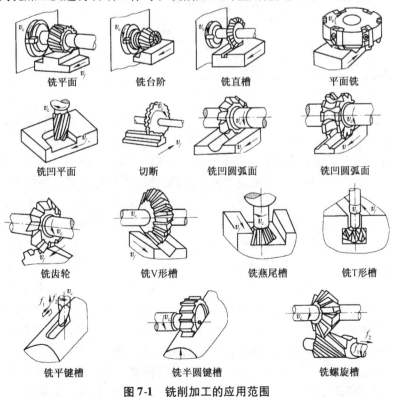

图 7-1　铣削加工的应用范围

7.1.1 铣床

铣床是利用铣刀对工件进行铣削加工的机床。第一台铣床于 1818 年由美国人惠特尼发明。

1. 铣床的种类、型号及其含义

铣床的种类很多,最常用的为卧式铣床、立式铣床,除此以外,还有悬臂及滑枕铣床、龙门铣床、平面铣床、仿形铣床、床身铣床、工具铣床以及其他铣床,共 9 大类,可满足不同的加工需要。立式铣床的铣床主轴与工作台面垂直;卧式铣床的铣床主轴与工作台面平行。

铣床型号是铣床的代号,用来简明地表示铣床的类别、主要技术参数、结构特性等。铣床型号的表示方法按 GB/T 15375—2008《金属切削机床型号编制方法》实行,该标准规定了金属切削机床和回转体加工自动线型号的表示方法,适用于新设计的各类通用及专用金属切削机床、自动线。根据该标准铣床型号由汉语拼音字母及阿拉伯数字组成,例如,常用的有 X6132(卧式铣床)、X5032(立式铣床)。其中,X 表示机床的类代号,大写的汉语拼音,读音为"铣";6,5 为组代号,6 表示卧式升降台铣床,5 表示立式升降台铣床;1,0 为系代号,1 表示卧式升降台铣床中的万能升降台铣床,0 表示立式升降台铣床中的立式升降台铣床;32 为主参数,表示工作台面宽度的 1/10 (320 mm)。

型号中字母及数字的含义见表 7-1。

表 7-1 铣床代号及主参数的含义

型号	名称	铣床代号			主参数		
		类代号	组代号	系代号	数值/mm	系数	名称
X5032	立式升降台铣床	X	5	0	32	×10	工作台面宽度
X6132	卧式万能升降台铣床	X	6	1	32	×10	工作台面宽度

2. 卧式铣床的结构

图 7-2 为 X6132 型卧式铣床的外形图。它由底座 13、床身 1、主轴 4、横梁 5、挂架 7、刀轴(刀杆)6、纵向工作台 8、转台 9、横向工作台 10 及升降台 11 等部件组成。

① 床身。用来安装和支承机床各部件,是铣床的身体,内部有主传动装置、变速箱、电器箱。床身安装在底座 13 上,底座是铣床的脚,内部有冷却液等。

② 横梁。安装在床身上方的导轨中,上面装有挂架 7 用以支承刀杆 6,以增加刀杆的刚性。横梁可根据工作要求沿导轨在水平方向前后移动,以调整其伸出的长度。

③ 主轴。用来安装刀杆并带动铣刀旋转,主轴是空心轴,其上有 7:24 的精密锥孔,可以安装刀杆或直接安装带柄铣刀。

④ 纵向工作台。台面上有 3 条 T 型槽用来安装工件和夹具,台面下面通过螺母和丝杠与转台 9 联接,可在转台的导轨上纵向移动;转动纵向工作台两端的手轮,可以带动工件实现纵向手动进给运动,掀下纵向进给按钮,可以带动工件实现纵向机动进给运动。其侧面装有固定挡铁以控制工件纵向机动进给运动的行程。

⑤ 转台。上面有水平导轨,供纵向工作台纵向移动。下面通过螺栓紧固与横向工作台 10 联接,可随横向工作台一起移动;松动螺栓可扳转纵向工作台 8,使纵向工作台在水

平面内按顺时针或逆时针转动一个角度(最大为 ±45°),以切削螺旋槽等。

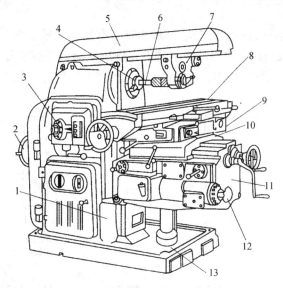

1—床身;2—电动机;3—变速机构;4—主轴;5—横梁;6—刀杆;7—挂架;
8—纵向工作台;9—转台;10—横向工作台;11—升降台;12—进给变速机构;13—底座

图 7-2　X6132 型卧式铣床

万能卧式铣床与一般卧式铣床的区别仅在于万能卧式铣床有转台。

⑥ 横向工作台。位于升降台 11 上面的水平导轨上,可带动纵向工作台做横向移动,以实现工件的横向进给运动。

⑦ 升降台。沿床身 1 的垂直导轨做上下运动,可带动整个工作台做上下垂直移动,以调整工件与铣刀的距离,实现工件的垂直进给运动。

3. 立式铣床的结构

图 7-3 为 X5032 立式升降台铣床的外形图。立式床身 7 装在底座 6 上,床身上装有立铣头 1,立铣头 1 可按顺时针或逆时针转动一个角度,以铣削斜面,工作台 3 安装在床鞍 4 上,床鞍 4 安装在升降台 5 上,床鞍 4 和升降台 5 上有水平导轨,可使工作台 3 做 x 方向的纵向运动和 y 方向的横向运动,升降台 5 还可做 z 方向的垂直运动。立式铣床上可加工平面、斜面、构槽、台阶、齿轮、凸轮以及封闭轮廓表面等。

7.1.2　铣刀

铣刀是用于铣削加工的、具有一个或多个刀齿的旋转刀具。工作时各刀齿依次间歇地切去工件的余量。铣刀主要用于在铣床上加工平面、台阶、沟槽、成形表面和切断工件等。

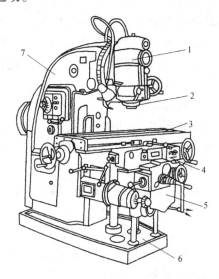

1—立铣头;2—主轴;3—工作台;4—床鞍;
5—升降台;6—底座;7—床身

图 7-3　X5032 立式铣床

铣刀按结构和安装方法可分为带柄铣刀和带孔铣刀。

1. 带柄铣刀

采用柄部装夹的铣刀称为带柄铣刀,带柄铣刀有直柄和锥柄之分。一般将直径小于20 mm的较小铣刀做成直柄,直径较大的铣刀多做成锥柄。带柄铣刀多用于立铣加工,常用的有端铣刀、立铣刀、键槽铣刀,此外还有T形槽铣刀和燕尾槽铣刀等,如图7-4所示。

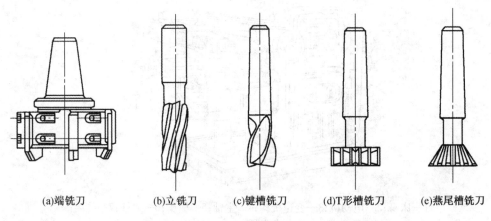

(a)端铣刀　　(b)立铣刀　　(c)键槽铣刀　　(d)T形槽铣刀　　(e)燕尾槽铣刀

图7-4　带柄铣刀

（1）端铣刀

端铣刀刀齿分布在铣刀的端面和圆柱面上,多用于立式铣床上加工平面,也可用于卧式铣床上加工平面。端铣刀刀杆伸出部分短,刚性好,加工平面时可以进行高速铣削,加工效率高。

端铣刀可分为镶齿端铣刀和可转位端铣刀两种,镶齿端铣刀采用焊接方式将硬质合金刀片焊接在刀体上,可转位端铣刀采用螺钉紧固的方式将成型刀片固定在刀体上。可转位端铣刀的刀片紧固方式很多,由于硬质合金刀片不采用焊接方式而用机械夹紧方式安装在刀体上,因此保持了刀片的原有性能。刀片磨损后可将刀片转过一个位置继续使用,待几条刀刃都用钝时调换刀片。这种刀具节省了材料和刃磨时间,提高了生产效率。

（2）立铣刀

立铣刀是铣削加工中最常用的一种铣刀,圆柱面上的切削刃是主切削刃,端面上分布着副切削刃,主切削刃一般为螺旋齿,这样可以增加切削平稳性,提高加工精度。由于普通立铣刀端面中心处无切削刃,所以立铣刀工作时不能做轴向进给,端面刃主要用来加工与侧面相垂直的底平面。

立铣刀的齿数一般为3～4齿,有直柄和锥柄两种,多用于铣削小平面、沟槽、型腔和台阶面等。

（3）键槽铣刀

键槽铣刀的外观和普通立铣刀相似,是螺旋齿结构。与立铣刀不同的是,键槽铣刀只有两个刃瓣,且刃过中心,可以轴向进给,然后沿键槽方向铣出键槽全长。

键槽铣刀主要用于加工圆头平键键槽,也可用于加工开口槽,少数用于插入式铣削、钻削、锪孔。键槽铣刀适用于铣削对槽宽有相应要求的槽类加工,切削平稳。

立铣刀、键槽铣刀等的标记:φ 外径尺寸×长度,如 φ12×60 立铣刀表示。

2. 带孔铣刀

采用孔装夹的铣刀称为带孔铣刀,带孔铣刀适用于卧式铣床加工,能加工各种表面,应用范围较广,常用的有圆柱铣刀、三面刃铣刀、锯片铣刀,此外还有模数铣刀、角度铣刀和成形铣刀等,如图 7-5 所示。

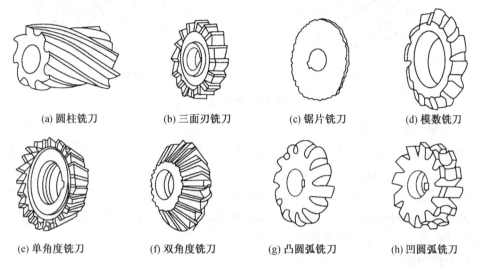

| (a) 圆柱铣刀 | (b) 三面刃铣刀 | (c) 锯片铣刀 | (d) 模数铣刀 |

| (e) 单角度铣刀 | (f) 双角度铣刀 | (g) 凸圆弧铣刀 | (h) 凹圆弧铣刀 |

图 7-5　带孔铣刀

（1）圆柱铣刀

圆柱铣刀的刀齿分布在铣刀的圆周上,按齿形分为直齿和螺旋齿两种,按齿数分为粗齿和细齿两种。螺旋齿粗齿铣刀齿数少,刀齿强度高,容屑空间大,适用于粗加工;细齿铣刀适用于精加工,用于卧式铣床上加工平面。

（2）三面刃铣刀

三面刃铣刀的两侧面和圆周上均有刀齿,一般用于卧式铣床上加工直槽,也可以加工台阶面和较窄的侧面等。

（3）锯片铣刀

锯片铣刀的圆周上有较多的刀齿,为了减少铣切时的摩擦,刀齿两侧有 $15' \sim 1°$ 的副偏角,主要用于切断工件或铣削窄槽。

圆柱铣刀、三面刃铣刀、锯片铣刀等采用外圆直径×宽度×内孔直径的形式表示,如圆柱铣刀标记为 60 mm×60 mm×22 mm,表示铣刀外圆直径为 60 mm,宽度为 60 mm,内孔直径为 22 mm。

7.1.3　铣削加工

1. 铣削运动

铣削时铣刀和工件之间的相对运动称为铣削运动,铣削运动可分为主运动和进给运动。

① 主运动。铣削时将切屑切下所必需的基本运动为主运动。

② 进给运动。铣削时使新的切削层不断投入切削,以逐渐切出整个工件表面的运动称为进给运动。

如图 7-6 所示,在铣削运动中铣刀的旋转是主运动,工件的运动是进给运动。

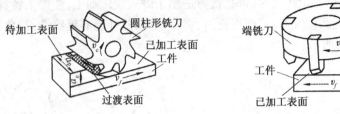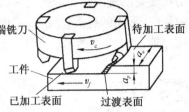

(a) 在卧铣上铣平面　　　　　　　(b) 在立铣上铣平面

图 7-6　铣削运动

2. 铣削用量及选择

铣削时的铣削用量由铣削速度 v_c、进给量 f(进给速度 v_f)、背吃刀量(又称铣削深度) a_p 和侧吃刀量(又称铣削宽度) a_e 四要素组成,如图 7-6 所示。

铣削用量的选择原则是:保证零件的加工精度和表面粗糙度达到工件图样的要求;在保证加工质量的前提下,充分发挥机床工作效能和刀具切削性能;保证铣刀有合理的耐用度和较高的生产效率及较低的制造成本。

(1) 铣削速度 v_c

铣削速度是指铣削时切削刃上选定点在主运动中的线速度,即铣刀最大直径处的线速度,可由下式计算:

$$v_c = \pi d_0 n / 1\ 000$$

式中, d_0——铣刀直径,mm;

　　　n——铣刀转速,r/min。

碳钢、灰铸铁和铝合金材料铣削时的铣削速度推荐值如表 7-2 所示。

表 7-2　碳钢、灰铸铁和铝合金材料铣削时的铣削速度推荐值

工件材料	硬度/HB	铣削速度 $v_c/(\text{m} \cdot \text{min}^{-1})$	
		高速钢铣刀	硬质合金铣刀
低、中碳钢	<220	21 ~ 40	60 ~ 150
	225 ~ 290	15 ~ 36	55 ~ 115
灰铸铁	100 ~ 140	25 ~ 35	110 ~ 115
	150 ~ 225	15 ~ 20	60 ~ 110
	230 ~ 290	10 ~ 18	45 ~ 90
铝合金		180 ~ 300	360 ~ 600

(2) 进给量 f

铣削时,工件在进给运动方向上相对刀具的移动量即为铣削时的进给量。由于铣刀为多刃刀具,进给量有以下 3 种度量方法:

① 每齿进给量 f_z。铣刀每转过一个刀齿,工件相对铣刀沿进给方向移动的距离,单位为毫米每齿(mm/z)。

② 每转进给量 f。铣刀每转过一转,工件相对铣刀沿进给方向移动的距离,其单位为毫米每转(mm/r)。

③ 每分钟进给量 v_f。又称进给速度,每分钟内工件相对铣刀沿进给方向移动的距离,单位为毫米每分钟(mm/min)。

3 种进给量的关系为

$$v_f = f \cdot n = f_z \cdot z \cdot n$$

式中,f_z——每齿进给量,mm/z;

$\qquad n$——铣刀(主轴)转速,r/min;

$\qquad z$——铣刀齿数。

一般铣床标牌上所指出的进给量为 v_f。

钢材、铸铁材料铣削时铣刀的每齿进给量推荐值见表7-3。

表7-3　钢材、铸铁材料铣削时铣刀的每齿进给量推荐值　　　　　　mm

刀具名称	高速钢铣刀		硬质合金铣刀	
	铸铁	钢材	铸铁	钢材
圆柱铣刀	0.12 ~ 0.20	0.10 ~ 0.15	0.20 ~ 0.50	0.08 ~ 0.20
立铣刀	0.08 ~ 0.15	0.03 ~ 0.06		
端铣刀	0.15 ~ 0.20	0.06 ~ 0.10		
三面刃铣刀	0.15 ~ 0.25	0.06 ~ 0.08		

(3)背吃刀量(铣削深度)a_p

背吃刀量是指平行于铣刀轴线方向度量的切削层尺寸,单位为毫米(mm)。端铣时,a_p 为切削层深度;而圆周铣削时,a_p 为被加工表面的宽度。

一般立铣刀粗铣时的背吃刀量以不超过铣刀半径为原则,一般不超过 7 mm,以防止背吃刀量过大而造成刀具损坏,精铣时 a_p 为 0.05 ~ 0.30 mm;端铣刀粗铣时 a_p 为 2 ~ 5 mm,精铣时 a_p 为 0.10 ~ 0.50 mm。

采用圆柱铣刀铣削时,铣削深度 a_p 应小于铣刀长度;采用三面刃铣刀铣削时,铣削深度 a_p 应小于或等于铣刀宽度。

(4)侧吃刀量(铣削宽度)a_e

侧吃刀量是指垂直于铣刀轴线方向和进给方向度量的切削层尺寸,单位为毫米(mm)。端铣时,a_e 为被加工表面的宽度;而圆周铣削时,a_e 为切削层的深度。

一般立铣刀和端铣刀的铣削宽度为铣刀直径的 50% ~ 60%。

圆周铣削时的铣削宽度 a_e,粗铣时可比端铣时的铣削深度 a_p 大。在铣床功率足够、工艺系统的刚性允许的条件下,尽量在一次铣削进给中把粗铣余量全部切除;精铣时的铣削宽度 a_e 可参照端铣时的铣削深度 a_p。

3. 铣削加工的特点

和车削加工相比,铣削不同之处在于加工过程中刀具在主轴驱动下高速旋转,而被加工工件处于相对静止。

铣削加工具有以下特点:

① 铣刀是一种多刃刀具,同时工作的齿数较多,可采用阶梯铣削,也可采用高速铣削,生产效率较高。

② 铣削过程是一个断续切削过程,刀齿切入和切出件的瞬间会产生冲击和振动,当振动频率与机床固有频率一致时,振动会加剧,造成刀齿崩刃,甚至损坏机床零部件。另外,铣削厚度周期性的变化而导致铣削力的变化也会引起振动。因此,对铣床和刀杆的刚性及刀齿强度的要求都比较高。

③ 刀齿参加切削时间短,虽然有利于刀齿的散热和冷却,但周期性的热变化也会引起切削刃的热疲劳裂纹,甚至造成刀齿剥落或崩刃。

④ 铣削的经济加工精度为 IT8 ~ IT9 级,表面粗糙度 Ra 为 $1.6 ~ 6.3$ μm。高速铣削时的精度可高达 IT5 级,表面粗糙度 Ra 可达 $1.6 ~ 6.3$ μm。

7.1.4　铣刨实习安全操作规程

第一条　进入车间实习时,必须按规定穿戴劳保用品,不准穿凉鞋、拖鞋、裙子和戴围巾进入车间,女同学必须戴工作帽,将长发或辫子纳入帽内;严禁戴手套操作铣床。

第二条　严禁在车间内追逐、打闹、喧哗,不得做与实习无关的事情(如阅读书报杂志、玩手机等)。

第三条　指导老师不得安排学生拆卸、安装较重的机床附件;禁止用手托刀盘。

第四条　装夹工件、工具必须牢固可靠,不得有松动现象,所用的扳手必须符合标准规格;调整刨床行程要使刀具不接触工件,用手摇动进行试车,滑枕前后不许站人;刨床调整好以后,随时取下手柄。

第五条　工作台上不得放置工具、量具及其他物件。

第六条　在机床上进行上下工件与刀具、紧固、变速及测量工件等工作时,必须停车;铣削时主轴不停稳,刨削时牛头不停稳,不得测量工件。

第七条　铣削过程中,头、手不得接近切削面,取卸工件时必须停车移开刀具后进行;刨削过程中,头、手不要伸到牛头前检查。

第八条　严禁用手摸或棉纱擦拭正在转动的刀具和机床传动部位;清除铁屑时,只允许用毛刷,禁止用嘴吹,更不得用手直接清除。

第九条　铣削对刀时必须慢速进刀,刀接近工件时需用手摇进刀,不准快速进刀;正在进刀时,未遇意外不允许停车。

第十条　铣削时吃刀不能过猛,自动走刀必须拉脱工作台的手轮,不准突然改变进刀速度,有限位撞块应予调整好;刨削时切削用量应按指导老师指定的参数选择,不得擅自调大。

第十一条　发现异常情况,应立即停车,报告指导老师,请维修人员进行检查,排除故障后方可开车工作。

第十二条　开车前后各润滑旋转部位要加润滑油,操作结束后切断电源,将设备清扫干净,加上润滑油,打扫工作场地,保证干净无铁屑。

7.2 铣工基本操作

7.2.1 铣床的变速与进给操作

1. 铣床操纵手柄

X6132 铣床的操纵手柄如图 7-7 所示。

1—主轴变速盘;2—纵向工作台手柄;3,13—纵向机动进给手柄;
4,7—横向及升降机动进给复式操纵手柄;5—手拉油泵手柄;6—横向紧固手柄;8—进给变速手柄;
9—升降手柄;10—横向手柄;11—启动停止按钮;12,15—纵向紧固螺钉;14,16—限位挡铁

图 7-7 X6132 铣床操纵手柄

由图 7-7 可知,X6132 铣床的操纵手柄包括主轴变速盘 1、进给变速手柄 8、纵向机动进给手柄 3 和 13、横向及升降机动进给复式操纵手柄 4 和 7、升降手柄 9、纵向工作台手柄 2、横向手柄 10 等。X6132 铣床在各个方向的机动进给手柄都有两副,是联动的复式操纵机构,以方便操作。限位挡铁 14,16 用于限定纵向工作台的工作范围。

2. 主轴变速

X6132 型卧式铣床可供选择的主轴转速共 18 级,分别为 30,37.5,47.5,60,75,95,118,150,190,235,300,375,475,600,750,950,1 180,1 500 r/min。

铣削时必须根据加工零件的材料、表面结构要求、加工所用刀具的类型和规格等选择相应的主轴速度。

如图 7-8 所示,主轴变速时,必须先按下主轴停止按钮,待主轴停止转动后再按以下步骤进行变速操作:

① 将变速手柄 4 的球部下压,使手柄定位榫块从固定环 6 的槽口 5 中脱出。

② 外拉手柄,手柄逆时针转动,使榫块嵌入到固定环的槽口 7 内,手柄处于脱开位置 I 。

③ 调整变速盘1,将所选择的转数对准指针2。

④ 下压手柄,将其迅速向右转回,快速推至锁死位置Ⅲ,快到位置时慢慢上推,将其榫块送入固定环的槽口5内复位,完成变速操作。Ⅱ为空挡位置,此时不能启动机床,否则会损坏变速箱齿轮。

⑤ 主轴变速操作完毕,按下启动按钮,主轴即按选定转速回转。

注意:手柄从右往左扳动的动作时要迅速,手柄从左往右扳动的动作要先快后慢。

3. 进给变速

进给变速操作必须启动主轴才能进行,进给速度变换前应先停止进给。如图7-9所示,变换时先将变速手柄向外拉出,然后转动进给变速手柄,带动进给变速盘转动,转至所需要的进给速度,对准指针位置,再将变速手柄推回原位,即完成进给变速操作。

注意:进给速度较慢的可以开机变速,但推进去时要缓慢推进;进给速度较快的要停机操作。

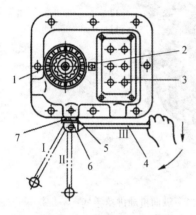

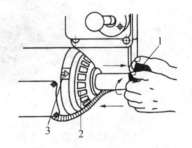

1—变速盘;2—指针;3—按钮开关;　　　　1—进给变速手柄;2—进给变速盘;3—指针

4—变速手柄;5,7—槽口;6—固定环　　　　　　**图7-9　进给变速操作**

图7-8　主轴变速操作

4. 工作台的移动和尺寸控制

在铣削过程中,为了调整工件相对于铣刀的位置,要求工作台移动一个准确的尺寸,这个尺寸的准确性是靠丝杠的转动和刻度盘来保证的。

丝杠和螺母之间总是存在一定的间隙,应先按某一方向转动工作台进给手轮,使工作台移动,然后再反向转动手轮,尽管手轮已反转一个角度,但工作台却未移动,手轮空转。待手轮转过一定角度后,工作台才会反向移动。此时,在刻度盘上读到的手轮空转过的数值,就是进给丝杠与螺母的轴向间隙及丝杠与两端轴承的轴向间隙之和。当工作台朝进给方向移动一段距离后,若顺着该方向用力推,则工作台会移动;若反向推,则工作台不会被推动。因此,在铣削过程中,若铣刀对工件和工作台的作用力与工作台进给方向相同时,工作台有可能被拉动一段距离。

因此,如果手动进给不慎将刻度盘多转了一些,仅仅把刻度盘退回到原定的刻度线上是不行的,正确的方法是将手柄倒转一圈后,再重新摇到原定的刻度线上。

为了读数方便,在移动工作台前先将刻度盘松动,对准零位再拧紧,这样读数比较直观而且便于记忆。

5．机动进给

机动进给包括纵向机动进给、横向机动进给和垂直方向机动进给。

纵向机动进给手柄有3个位置，即"向左进给"、"向右进给"和"停止"，如图7-10所示。横向和垂直方向机动进给手柄有5个位置，即"向里进给"、"向外进给"、"向上进给"、"向下进给"和"停止"。手柄处于对称中心位置时，即为停止状态，如图7-11所示。

启动主电机前必须使机动进给手柄与进给方向处于垂直位置，工作台处于停止状态。启动主电机后再把机动进给手柄扳到倾斜状态，此时手柄向哪个方向倾斜，即向哪个方向进行机动进给；如果同时按下快速进给按钮，工作台即向该进给方向进行快速移动；松手后，快速移动停止，工作台机动进给。

机动进给前应先检查各手动手柄是否与离合器脱开（特别是升降手柄），以免手柄转动伤人。

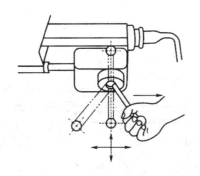　　　　　　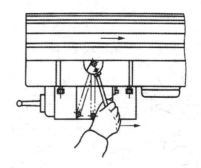

图7-10　纵向机动进给操纵手柄　　　　　图7-11　横向和垂直方向机动进给手柄

6．手动进给

手动进给是用手分别摇动纵向、横向和升降台手柄实现工作台的纵向、横向移动和升降。手动进给时应先将某一方向的手动操纵手柄插入，接通离合器。

当顺时针转动工作台各手柄时，纵向工作台向右移动，横向工作台向里移动，升降台向上移动。当逆时针转动各手柄时，工作台反向移动。手动进给时，速度要保持恒定。

纵向、横向刻度盘的圆周刻线为120格，每摇一转，工作台移动6 mm，所以每摇过一格，工作台移动0.05 mm；垂直方向刻度盘的圆周刻线为40格，每摇一转，工作台移动2 mm，因此，每摇过一格，工作台也移动（升高或降低）0.05 mm。

不使用手动进给时，必须将各向手柄与离合器脱开，以免机动进给时旋转伤人。

7.2.2　工件的安装

在铣床上加工零件时，通常根据工件的形状、大小和批量，选用平口钳、回转工作台、分度头等进行装夹，或直接用压板、螺栓、垫铁等安装在工作台上；当生产批量较大时，可采用专用夹具或组合夹具进行装夹。

1．平口钳

平口钳又称机用虎钳，是一种通用夹具，也是铣床常用的附件之一，它安装使用方便、应用广泛，可用来安装尺寸较小和形状简单的支架、盘套、板类、轴类零件。

图7-12为带有转台的平口钳，主要由底座、钳身、固定钳口、活动钳口、钳口铁及螺杆等

组成,通过丝杠、螺母传动调整钳口间的距离,以装夹不同宽度的零件。钳身上带有转动的刻度,通过调整压紧螺母,可使钳身转动到所需要的位置。铣削时通过底座下面的定位键将平口钳固定放在工作台的 T 形槽内,可在铣床上获得正确的位置。

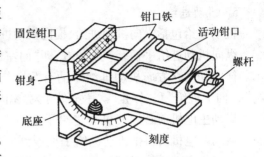

图 7-12　平口钳

平口钳的固定钳口与底面是垂直的。当平口钳安装到工作台上后,只要生铣床工作台面与平口钳的底面密合,固定钳口就与工作台面垂直。因此在安装工件时,只要把基准面与固定钳口紧密贴合即可。

安装平口钳时,应根据零件的长度决定钳口与刀轴(或工作台)的方向。一定要记住,固定钳口应在零件接近加工完成的一面。

平口钳在铣床工作台上有两种工作位置,图 7-13a 为固定钳口与主轴轴线垂直,图 7-13b 为固定钳口与主轴轴线平行。

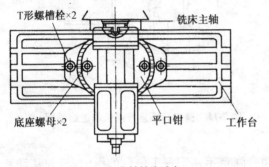
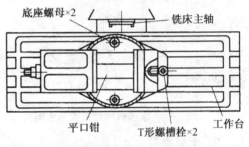

(a) 固定钳口与主轴轴线垂直　　　　　　(b) 固定钳口与主轴轴线平行

图 7-13　平口钳安装

装夹工件时,夹紧工件之前应先校正平口钳在工作台上的位置,以保证固定钳口与工作台面的平行度或垂直度,校正方法如图 7-14 所示。

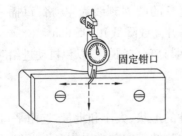
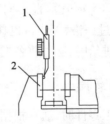

1—固定钳口;2—百分表

图 7-14　百分表校正平口钳

采用平口钳装夹零件时必须注意:

① 加工余量层要高出钳口上平面,如图 7-15 所示。零件不能过高,过高时铣削过程中容易引起零件震动,过低时不利于铣削时对零件铣削情况的观察、测量等,并容易铣到

钳口。

② 零件的底面不论是否加工,都应贴紧钳体的导轨面(或垫铁),如图 7-16 所示。夹紧过程中,要用榔头轻轻敲打零件,听声音,应是垫实的声音;或用手抽动垫铁,垫铁不松动。

③ 拧紧活动钳口的丝杠,紧固零件。确认零件已被垫实、夹紧后,才能进行加工。

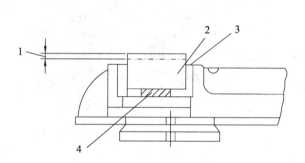

1—待加工余量层;2—零件;3—钳口上平面;4—平行垫铁

图 7-15　平口钳装夹零件

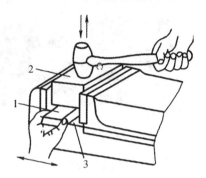

1—垫铁;2—零件;3—平口钳导轨面

图 7-16　垫实零件

2. 回转工作台

回转工作台又称转盘,主要用来分度及铣削带圆弧曲线的外表面和圆弧沟槽,其外形结构如图 7-17 所示。

回转工作台的内部有一副蜗轮蜗杆,手轮与蜗杆同轴连接,转台与蜗轮连接。转动手轮,通过蜗杆蜗轮的传动使转台转动。转台周围有 0°～360°的刻度,可用来观察和确定转台位置。转台中心的孔可以装夹心轴,用于找正和方便地确定工件的回转中心。

如图 7-18 所示,利用螺栓压板把工件夹紧在转台上,铣刀旋转后,摇动手轮使转台带动工件进行圆周进给,铣削圆弧槽。

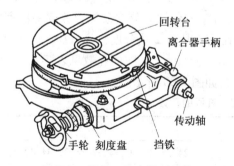

图 7-17　回转工作台外形结构

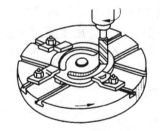

图 7-18　在回转工作台上铣圆弧槽

3. 万能分度头

在铣削加工中,经常遇到铣六方、四方、齿轮、花键和刻线等零件。这时工件每铣过一个面或槽后,需要转过一定的角度再依次进行铣削,为此需要对工件进行分度。分度头是铣床的一个重要附件,可对工件在水平、垂直和倾斜位置进行分度。分度头种类很多,有简单分度头、万能分度头、光学分度头、自动分度头等,其中最常用的是万能分度头。

（1）万能分度头的结构

万能分度头的结构如图 7-19 所示，主要由基座、分度盘、分度叉、回转体、主轴、分度手柄、定位插销等组成。此外，分度头上还有侧轴、蜗杆脱落手柄、主轴锁紧手柄和刻度盘等零部件。

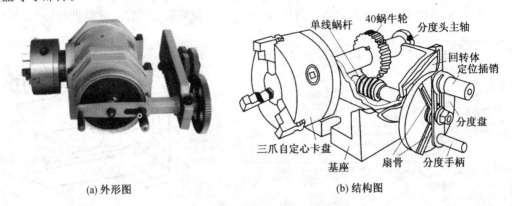

(a) 外形图   (b) 结构图

图 7-19　万能分度头的结构

① 基座。基座是分度头的本体。基座底面槽内装有两块定位键，可与铣床工作台面上的中央 T 形槽相配合，以使主轴轴线准确地平行于工作台的纵向进给方向。

② 回转体。安装分度头主轴等的壳体形零件，主轴随回转体面可沿基座的环形导轨转动。应使主轴轴线在以水平为基准的 −10°～+90° 范围内做不同仰角的调整。调整时，应先松开基座上靠近主轴后端的两个螺母，调整后再固紧。

③ 主轴。分度头主轴是一空心轴，分度头主轴前后两端均有锥孔，前锥孔用来安装顶尖或锥度心轴，后锥孔用来安装挂轮轴，用以安装交换齿轮。主轴前端的外部有一段定位锥体（短圆锥），用来安装三爪定心卡盘的法兰盘。

④ 分度盘。分度盘又称孔盘，套装在分度手柄轴上，盘上（正、反面）有若干圈在圆周上均布的定位孔，作为各种分度计算和实施分度的依据。分度盘配合分度手柄完成不是整转数的分度工作。不同型号的分度头都配有 1 块或 2 块分度盘，F11100 型万能分度头有 2 块分度盘。分度盘两面各钻有许多圆孔，分度盘上孔圈的孔数见表 7-4。各圈孔数均不相等，但在同一孔圈上的孔距是相等的，如图 7-20 所示。

表 7-4　分度盘上孔圈的孔数

序号	分度头形式	位置		孔数
1	带 1 块分度盘	正面		24,25,28,30,34,37,38,39,41,42,43
		反面		46,47,49,51,53,54,57,58,59,62,66
2	带 2 块分度盘	第 1 块	正面	24,25,28,30,34,37
			反面	38,39,41,42,43
		第 2 块	正面	46,47,49,51,53,54
			反面	57,58,59,62,66

分度盘的左侧有一紧固螺钉，用以在一般工作情况下固定分度盘；松开紧固螺钉，可

使分度盘随分度手柄一起做微量的转动调整,用于完成差动分度。

⑤分度叉。分度叉又称扇股,由两个叉脚组成,其开合角度的大小,按分度手柄所需转过的孔距数予以调整并固定。分度叉的功用是防止分度差错和方便分度。

⑥分度手柄。摇动分度手柄,主轴按一定传动比回转,用于分度。

⑦定位插销。在分度手柄的曲柄的一端,可沿曲柄做径向移动调整到所选孔数的孔圈圆周,与分度叉配合,使分度准确。

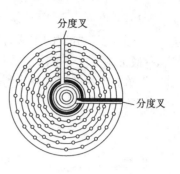

图 7-20　分度盘

分度时,拔出定位插销并转动分度手柄,通过蜗轮和蜗杆带动分度头主轴旋转进行分度。

(2)分度原理

分度头的传动系统如图 7-21 所示,分度头中蜗杆与蜗轮的传动比为

$$i = 蜗杆头数/蜗轮的齿数 = 1/40$$

当手柄通过一对直齿轮(传动比为 1:1)带动蜗杆转动一周时,蜗轮带动分度头主轴转过 1/40 周。

若工件在整个圆周上的分度数 z 为已知时,则每分一个等分就要求分度头主轴转过 1/40 周。这时,分度手柄的转数 n 由下列比例关系表示为

$$1:40 = \frac{1}{z}:n$$

即

$$n = \frac{40}{z}$$

式中, n ——分度手柄转数;

40——分度头定数;

z ——工件等分数。

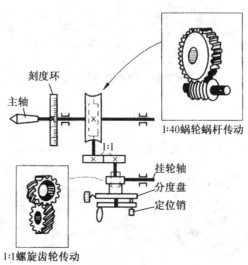

图 7-21　万能分度头的传动系统

（3）分度方法

使用分度头分度的方法有很多,有直接分度法、简单分度法、角度分度法和差动分度法等,最常用简单分度法。

简单分度法的计算公式为 n = 40/z。例如,铣削齿数为 $z = 32$ 的齿轮,每一次分齿时手柄转数为

$$n = \frac{40}{z} = \frac{40}{32} = 1\frac{1}{4}$$

也就是说,每分一齿,手柄需转过 1 整圈再多 1/4 圈,而 1/4 圈是一般通过分度盘控制。

简单分度时,分度盘固定不动。此时将分度手柄上的定位插销拔出,调整到孔数为 4 的倍数的孔圈上。若选在孔数为 24 的孔圈上,此时手柄转过 1 周后,再沿孔数为 24 的孔圈上转过 6 个孔间距即可,如图 7-22 所示。

为了避免手柄转动时发生差错和操作方便,可调整分度盘上分度叉叉角 1,2 之间的夹角,使之相当于欲分的孔间距数。这样依次进行分度可以准确无误。如果分度手柄不慎转多了孔间距数,应将手柄退回 1/3 圈以上,以消除传动件之间的间隙,再重新转到正确的孔位上。

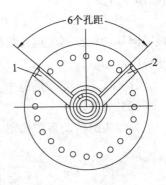

1,2—叉脚

图 7-22　分度叉

7.2.3　铣刀的安装

1. 带孔铣刀的安装

在卧式铣床上一般使用拉杆安装铣刀,如图 7-23 所示。刀杆安装在卧式铣床的刀杆支架上,刀杆穿过铣刀孔,通过套筒将铣刀定位,然后将刀杆的锥体装入机床主轴锥孔,用拉杆将刀杆在主轴上拉紧。铣刀应尽量靠近主轴,减少刀杆的变形,提高加工精度。

拉杆　　主轴　端面健　套筒铣刀　刀杆螺母　吊架

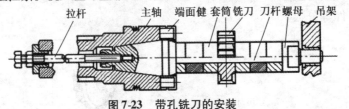

图 7-23　带孔铣刀的安装

2. 带柄铣刀的安装

（1）直柄铣刀的安装

直柄铣刀直径较小,可用弹簧夹头进行安装,如图 7-24 所示。

螺母　弹簧夹头

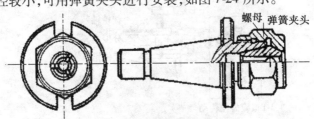

图 7-24　直柄铣刀的安装

（2）锥柄铣刀的安装

锥柄铣刀的锥柄上有螺纹孔，可通过拉杆将铣刀拉紧，安装在主轴上。

铣床主轴通常采用锥度为 7∶24 的内锥孔。锥柄铣刀的锥度有两种规格，一种锥度为 7∶24，另一种锥度为莫氏锥度。锥度为 7∶24 的锥柄铣刀可直接或通过锥套安装在主轴上。

由于采用莫氏锥度的锥柄铣刀的锥度与主轴内孔锥度不匹配，安装时要根据铣刀锥柄尺寸选择合适的过渡锥套。如图 7-25 所示，过渡锥套的外锥锥度为 7∶24，与主轴锥孔一致，其内锥孔为莫氏锥度，与铣刀锥柄相配。

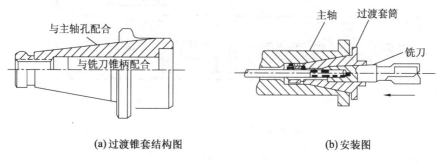

(a) 过渡锥套结构图　　　　　　　　(b) 安装图

图 7-25　利用过渡锥套安装锥柄铣刀

7.3　铣削加工工艺训练

7.3.1　铣削平面

1. 铣削平面的方法

在铣床上加工零件的平面生产效率高，平面度和表面粗糙度质量好。常用的铣削加工方法有圆周铣法和端铣法两种。

（1）圆周铣法

用铣刀圆周上的刀刃进行切削加工，这种方法称为圆周铣法，简称周铣。一般在卧式铣床上用圆柱铣刀，在立式铣床上用立铣刀。周铣又可分为逆铣和顺铣，如图 7-26 所示。

① 逆铣。铣削时，在铣刀与工件已加工面的切点处，铣刀刀齿的旋转方向和工件的进给方向相反的铣削方式称为逆铣。

由于在逆铣时，铣刀刃的前进方向与零件（工作台）前进方向相反，工作台不窜动，比较安全，所以铣削加工中常用逆铣法。

② 顺铣。铣削时，在铣刀与工件已加工面的切点处，铣刀刀齿的旋转方向和工件的进给方向相同的铣削方式称为顺铣。

除非在很精密的机床上使用此法外，一般均不采用，这是因为在顺铣时，零件、工作台经常窜动，极易损坏刀具、报废零件。

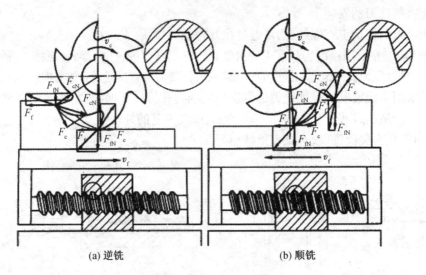

(a) 逆铣   (b) 顺铣

图 7-26　周铣时的顺铣和逆铣

（2）端铣法

在卧铣上用端铣刀，在立铣（或卧铣上装立铣头）上用立铣刀或端铣刀，用端面刀刃加工，这种方法称为端铣法。

根据铣刀和工件的相时位置，端铣法可分为对称铣削和不对称铣削。在加工中，刀具（盘）对零件的位置不同，相应地出现顺铣和逆铣。

① 对称铣削。用立铣刀或端铣刀铣平面时，铣刀处于工件铣削宽度的中间位置，这样的铣削方式称为对称铣削，如图7-27 所示。

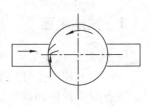

图 7-27　对称铣削

对称铣削的特点是在铣削加工时，同时产生顺铣和逆铣现象，若此时是纵向工作台（零件）前进，它不会窜动；但横向工作台肯定要出现窜动，因此就必须锁紧其固定螺钉。对称铣削只适用于加工短而宽或较厚的工件，不宜铣削狭长或较薄的工件。

② 不对称铣削。端铣刀或立铣刀位于零件平面的一侧，这样的铣削方式称为不对称铣削，如图 7-28 所示。

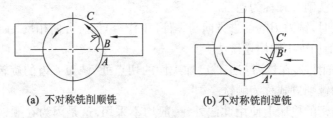

(a) 不对称铣削顺铣   (b) 不对称铣削逆铣

图 7-28　不对称铣削

不对称铣削时，按铣刀轴线与工件宽度的相对位置，在工件上可分为进刀部分和出刀部分。图 7-28a 中 $A—B$ 是进刀部分，$B—C$ 是出刀部分，图 7-28b 中 $A'—B'$ 是进刀部分，$B'—C'$ 是出刀部分。

根据周铣时顺铣和逆铣的概念,不对称铣削同时存在顺铣和逆铣两部分,进刀部分为逆铣,出刀部分为顺铣。当进刀部分大于出刀部分时的不对称铣削称为逆铣。反之,称为顺铣。根据以上分析,用端铣刀或立铣刀作不对称铣削时,一般应采用图 7-28b 所示的逆铣方式。

应注意的是,当移动纵向工作台铣削时,应锁紧横向工作台,不然会损坏铣刀、零件以及夹具。

2. 铣削平面实训

在卧式铣床 X6132 上铣削平面,零件如图 7-29 所示,材料为 HT150,毛坯尺寸为 100 mm × 70 mm × 60 mm。

（1）图样分析

该零件是一个规则的长方体,需要加工一个表面,铣削余量为 5 mm,表面粗糙度 Ra 为 6.3 μm。

（2）工艺分析

① 零件装夹。因为这是一个规则零件,体积较小,采用平口钳装夹工件,如图 7-30 所示。

② 铣削方式。因为采用卧式铣床加工规则平面,故采用周铣法铣削。

③ 刀具选择。零件的材料为铸铁,其硬度一般为 180 HB 左右,在 150～225 HB 范围,所选用铣刀为圆柱铣刀,其材料为高速钢。

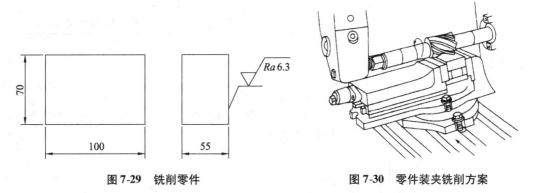

图 7-29　铣削零件　　　　　　　图 7-30　零件装夹铣削方案

（3）铣削用量选择

根据表 7-2,铣削速度 v_c 可选择 15～20 m/min。粗铣时,选用较小的数值;精铣时,可选用较大的数值。

根据表 7-3,每齿进给量 f_z 可以选择 0.12～0.2 mm/z。粗铣时,选用较大的进给量;精铣时,可选用较小的进给量。

铣床主轴转速为

$$n = \frac{1\,000v_c}{\pi D} = \frac{1\,000 \times (15～20)}{3.14 \times 63} = 75.8～101.1 \text{ r/min}$$

根据计算结果,把 X6132 型卧式铣床的主轴转速调整至 95 r/min。

每分钟进给量为

$$v_f = f \cdot n = f_z \cdot z \cdot n = (0.12～0.2) \times 10 \times 95 = 114～190 \text{ mm/min}$$

（4）工艺过程

① 对刀。开始铣削前,首先要进行对刀。

移动工作台使工件位于圆柱铣刀下面开始对刀。对刀时,先启动主轴,再摇动升降台进给手柄,使工件慢慢上升,当铣刀微触工件后,在升降刻盘上做记号,完成对刀操作。

② 分层铣削。对刀完成后降下工作台,再纵向退出工件,按坯件实际尺寸,调整铣削层深度。因加工余量为 5 mm,可分 3 次进给采用逆铣法铣削至尺寸要求。

③ 检验。零件加工过程中要经常性地测量尺寸。通过检验和测量合理分配加工余量,注意千万不要将尺寸铣过了。零件全部铣完后应做全面的检验。用游标卡尺检验尺寸精度,根据标准样板比较测定或根据经验目测量表面粗糙度。

（5）质量分析

平面铣削的质量分析见表7-5。

表7-5　平面铣削的质量分析

序号	质量问题	产生原因
1	尺寸超差	① 测量不准确或测量读数有误差。 ② 计算错误或看错刻度盘。 ③ 看错图样尺寸。 ④ 对刀时,切得太深或太浅。
2	表面粗糙度超差	① 刀具磨损、刃口变钝。 ② 切削用量选择不合理。 ③ 铣削过程中产生异常情况,如振动、啃刀等。

7.3.2　铣削台阶和沟槽

1. 在卧式铣床上铣削台阶和沟槽的方法

在卧式铣床上用三面刃铣刀,可以完成台阶、沟槽的铣削。图 7-31a 是用三面刃铣刀铣削台阶面,图 7-31b 是用三面刃铣刀铣削直角沟槽。

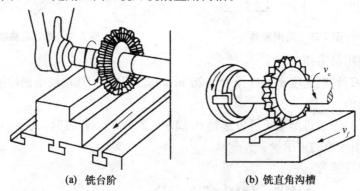

(a)　铣台阶　　　　　　　　　(b)　铣直角沟槽

图7-31　在卧式铣床上用三面刃铣刀铣削台阶和沟槽

（1）三面刃铣刀的安装

三面刃铣刀的刀杆安装在主轴锥孔与挂架上,通过隔套与挂架调整三面刃铣刀的位置,固紧挂架即可。

（2）工件的安装

工件安装前，先用高度尺在工件表面上划线，确定工件最终尺寸和形状的轮廓，作为切削参考用，如图 7-32 所示。

装夹工件时先用百分表将平口钳的固定钳口校正，使之与机床主轴垂直，如图 7-33 所示。

装夹时应使工件的侧面（基准面）靠向固定钳口面。

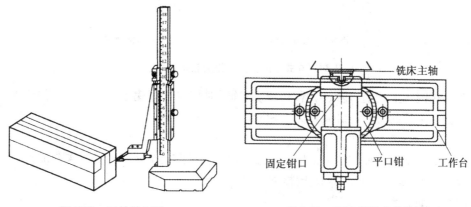

图 7-32　工件的划线　　　　　图 7-33　平口钳的安装位置

（3）铣削方法与尺寸控制

① 宽度方向的尺寸控制。台阶的位置及轮廓宽度尺寸、槽的位置及槽宽尺寸等，可用纵向手轮移动工作台控制尺寸。试切时在工件侧面碰刀（必须在主轴转动情况下碰刀），提刀（即降下工作台）后再按纵向刻度盘移动工作台至相应位置。

② 深度方法的尺寸控制。台阶深度、槽深等尺寸，可用升降工作台控制。试切时，在工件上面碰刀（必须在主轴转动情况下碰刀），横向移动工作台使工件端面完全退出刀具直径在水平面的投影，再使用升降工作台刻度盘，使工件上升至切削深度后进行切削。

用三面刃铣刀铣台阶和沟槽时容易产生"让刀"现象，铣出的台阶和沟槽不容易保证垂直度要求。尤其铣宽度较大的台阶和沟槽，需要二次或多次进刀。

铣宽度较大的台阶时可选用宽度大于台阶宽度的铣刀，先铣削宽度尺寸（台阶侧面留少量精铣余量），然后用分层铣削的方法多次铣削到深度，再精铣台阶侧面至刻度尺寸，从而保证台阶的垂直度。

在卧式铣床上铣削多件和成批量的台阶工件时，可采用组合铣刀铣削法，可提高生产效率，便于控制整批零件的尺寸。组合铣刀铣削法是两把或多把铣刀装在一起同时对工件进行铣削。

2. 在立式铣床上铣削台阶和沟槽的方法

在立式铣床上铣削台阶、沟槽，用立铣刀进行铣削加工，如图 7-34 所示。

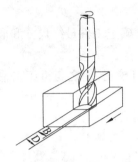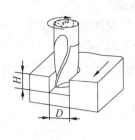

(a) 用立铣刀铣削台阶　　　　　(b) 用立铣刀铣削沟槽

图 7-34　立式铣床上用立铣刀铣削台阶、沟槽

在立式铣床上铣削台阶、沟槽,必须使主轴"对零"位,即使主轴轴线与工作台水平基准面垂直。工件的安装与卧式铣床上相同。

(1) 对刀与进刀方法

对刀试切削方法如图 7-35a、b 所示,进刀方法如图 7-35c 所示,由铣床刻度盘控制铣削宽度和深度,如图 7-35d 所示,留精铣余量。

(2) 铣削方法

用立铣刀在立式铣床上加工时,由于立铣刀的刚性较差,铣刀容易向不受力的一侧偏让而产生"让刀"现象,甚至造成铣刀折断。为此,一般分粗铣和精铣两个步骤,先将台阶的宽度和深度粗铣至图 7-35e 所示的尺寸,Δ 表示精铣余量,一般为 0.5 mm。由于该两面台阶相互对称,粗铣完两侧后精铣至尺寸要求。为了保证质量和加工效率,可选用直径较大的立铣刀铣台阶,留余量,最后精铣各表面。

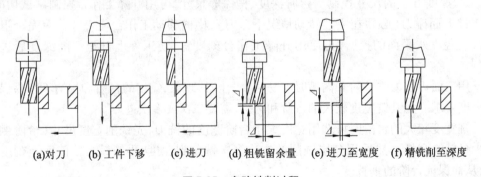

(a)对刀　(b) 工件下移　(c) 进刀　(d) 粗铣留余量　(e) 进刀至宽度　(f) 精铣削至深度

图 7-35　台阶铣削过程

3. 铣削台阶实训

在卧式铣床 X6132 上铣削如图 7-36 所示的台阶,材料为 HT150,毛坯尺寸为 95 mm × 65 mm ×50 mm,6 个面都已经铣削加工。

(1) 图纸分析

由图 7-36 可知,在一个 95 mm ×65 mm ×50 mm 规则的长方体零件大面的左右两侧,沿长度方向各铣去一块深 2 mm 的金属层,使大面的中部铣出一个宽度为 $30^{0}_{-0.15}$ mm 的台阶,该台阶对毛坯长度方向的轴线有 0.10 mm 的对称要求,台阶的侧面及台阶面的表面粗糙度 Ra 均为 3.2 μm。

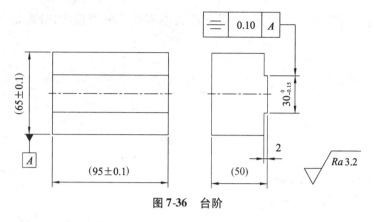

图 7-36 台阶

（2）工艺分析

如图 7-37 所示,在卧铣 X6132 上,采用平口钳装夹铣削,铣刀采用 ϕ110 mm $\times$ 27 mm $\times$ 8 mm,齿数为 18 的三面刃铣刀。

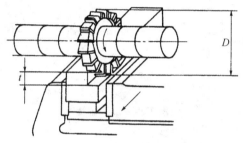

图 7-37 零件装夹铣削方案

根据零件的尺寸和对称度要求的不同,可采用划线铣削或对刀铣削的方法。

铣削要求不高的台阶时,可采用划线铣削的方法,按工件尺寸要求划线,铣削时按线对刀,分别铣削两侧余量至尺寸。

铣削尺寸要求较高的台阶时,可采用对刀铣削的方法,先铣完一侧的台阶,然后将工件移动一个距离,铣削另一侧台阶至尺寸。

由于本零件对台阶的宽度和位置都有较高要求,如图 7-38 所示,本零件采用对刀铣削,并且分为粗、精铣,先将台阶宽铣到 31 mm,然后通过测量两边宽度,分配精铣余量,最后铣到要求尺寸 $30_{-0.15}^{\ 0}$ mm,保证 0.1 mm 的对称度要求。

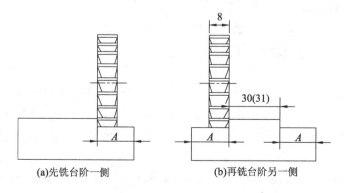

(a)先铣台阶一侧　　　　　(b)再铣台阶另一侧

图 7-38 台阶的铣削过程

铣削前首先要测量零件的宽度,根据测得的零件实际宽度 B,分配加工余量 A,如图 7-39 所示。

粗铣时,

$$A = \frac{B - 31}{2}$$

精铣时,

$$A = \frac{B - 30}{2}$$

式中,B——零件实际宽度,mm;

A——铣削加工余量,mm。

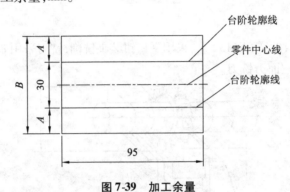

图 7-39　加工余量

(3) 铣削用量选择

零件的材料为铸铁,其硬度一般为 180 HB 左右,在 150～225 HB 范围,所选用铣刀为 $\phi110$ mm $\times 27$ mm $\times 8$ mm 的三面刃铣刀,齿数为 18,为镶齿结构,其刀齿材料为硬质合金。

① 铣床主轴转速。根据表 7-2,铣削速度 v_c 可选择 60～110 m/min。粗铣时选用较小的数值。精铣时可选用较大的数值。

铣床主轴转速为

$$n = \frac{1\,000 v_c}{\pi D} = \frac{1\,000 \times (60 \sim 110)}{3.\,14 \times 110} = 173.6 \sim 318.3 \text{ r/min}$$

根据计算结果,可选的铣床的主轴转速有 190,235 和 300r/min 三挡,考虑到铣削时的安全因素、表面粗糙度要求及铣削效率,选 235 r/min 一挡,把 X6132 型卧式铣床的主轴转速调整至 235 r/min。

② 进给量 f。根据表 7-3,每齿进给量 f_z 可以选择 0.2～0.5 mm/z。粗铣时,选用较大的进给量;精铣时,可选用较小的进给量。

每分钟进给量

$$v_f = f \cdot n = f_z \cdot z \cdot n = (0.2 \sim 0.5) \times 18 \times 235 = 846 \sim 2\,115 \text{ mm/min}$$

③ 背吃刀量 a_p。采用三面刃铣刀铣削时,背吃刀量 a_p 应小于或等于铣刀宽度。本实训中需铣削台阶宽度为 17.5 mm,铣刀宽度为 8 mm,可分 3 次铣削,背吃刀量 a_p 分别为 6,6,5.5 mm。

④ 侧吃刀量 a_e。由台阶深度和机床系统刚性决定,本实训中台阶深度为 2 mm,深度较浅,可一次铣出。

（4）工艺过程

① 零件装夹。采用平口钳装夹零件，如图 7-40 所示。装夹时注意：加工余量层要高出钳口上平面；垫铁应贴紧钳体的导轨面，垫实、夹紧；平口钳导轨面、钳口、零件表面要擦拭干净，不能有铁屑。

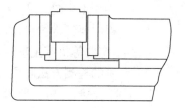

② 对刀及粗铣。按图 7-40 所示将零件夹紧，先粗铣一侧。开始铣削前，首先要进行对刀，如图 7-41 所示。

图 7-40　零件装夹方法

移动工作台使工件位于三面刃铣刀外侧开始对刀。

对刀时先启动主轴，再摇动横向工作台进给手柄，使工件慢慢接近铣刀，当铣刀微触工件后，记下刻度；然后降下工作台，使工件脱离铣刀，处于铣刀的上方。转动横向进给手轮 1 圈（6 mm），横向进给工件 6 mm，记下刻度；摇动纵向工作台进给手柄，使工件上升，慢慢接近铣刀，当铣刀微触工件后，记下刻度。此时即完成对刀动作。

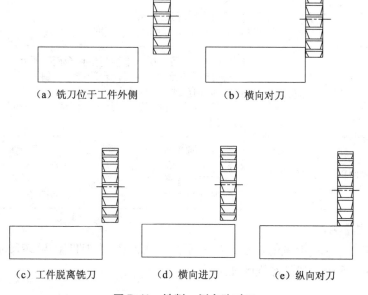

（a）铣刀位于工件外侧　　　（b）横向对刀

（c）工件脱离铣刀　　　（d）横向进刀　　　（e）纵向对刀

图 7-41　铣削一侧台阶对刀

铣刀位置确定后，先粗铣一侧。粗铣一侧时按坯件实际尺寸，调整侧吃刀量 a_e 为 2mm，背吃刀量 a_p 分别为 $6, 6, \left(\dfrac{B-31}{2} - 12\right)$ mm，采用逆铣法分 3 刀铣削一侧台阶至尺寸：深度为 2 mm，宽度为 $\dfrac{B-31}{2}$ mm。

粗铣另一侧的台阶时，将工件移动 $31 + 8 = 39$ mm，采用逆铣法分 3 刀铣削另一侧台阶至尺寸：深度为 2 mm，宽度为 $\dfrac{B-31}{2}$ mm。

粗铣结束后进行精铣。注意：不能将零件从平口钳上取下，应直接采用游标卡尺测量台阶宽度的公称尺寸 31 mm 和单边槽宽 A'，A'' 的实际尺寸，分配两侧精铣余量 C'，C''，如图 7-42 所示，保证：

$$A' + C' = A'' + C'' \pm 0.1$$

铣削过程中要经常测量，以保证达到技术要求。

注意：一定要等机床主轴停止转动后才能测量。

（5）台阶的检测方法和质量分析

① 台阶的检测。精度要求不高的台阶类零件，一般用游标卡尺检验各部位尺寸。若工件的尺寸精度要求较高，可用外径千分尺和深度千分尺分别检测宽度和深度尺寸，用百分表和检验平板测量台阶的对称度。

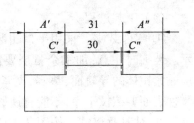

图 7-42　精铣余量分配

② 质量分析。台阶铣削的质量分析见表 7-6。

表 7-6　台阶铣削的质量分析

序号	质量问题	产生原因
1	尺寸公差超差	① 没有排除丝杠间隙。 ② 铣刀有摆差。 ③ 测量不准。 ④ 铣刀宽度的尺寸不准。 ⑤ 工作台移动尺寸时摇得不准。
2	几何公差超差	① 机床精度不够，机床主轴与工作台面不垂直。 ② 平口钳和工件未校正，使台阶产生歪斜。 ③ 铣削时有"啃刀"现象。 ④ 工艺选择不合理，例如，台阶两侧铣削余量分配不合理，导致对称度超差。
3	表面粗糙度不符合要求	① 铣刀磨损变钝。 ② 铣刀摆差太大。 ③ 铣削用量选择不当。 ④ 铣削时振动太大。

4.铣削沟槽实训

在卧式铣床 X6132 上铣削如图 7-43 所示的沟槽，材料为 HT150，毛坯尺寸为 95 mm × 65 mm × 50 mm，6 个面都已经铣削加工。

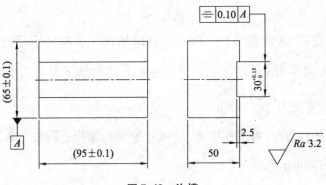

图 7-43　沟槽

（1）图纸分析

由图 7-43 可知,在一个 95 mm × 65 mm × 50 mm 规则的长方体零件大面的中部,沿长度方向铣去一块深 2.5 mm 的金属层,使大面的中部铣出一个宽 $30^{+0.15}_{0}$ mm 的直角沟槽。该沟槽对毛坯长度方向的轴线有 0.10 mm 的对称度要求,沟槽的侧面及底部的表面粗糙度 Ra 均为 3.2 μm。

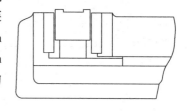

图 7-44　零件装夹方法

（2）工艺分析

如图 7-44 所示,在卧铣 X6132 上,采用平口钳装夹零件,采用 $\phi110 \times 27 \times 8$,齿数 18 齿的三面刃铣刀进行铣削。铣削时分粗、精铣,先将沟槽宽铣到 29 mm,然后通过测量两边宽度,分配精铣余量,最后铣到要求尺寸 $30^{+0.15}_{0}$ mm,保证 0.1 mm 的对称度要求。

为保证尺寸和对称度要求,可采用划线铣削或对刀铣削的方法。铣削前首先要测量零件的宽度,根据测得的零件实际宽度 B,分配沟槽壁厚 A,如图 7-45 所示。

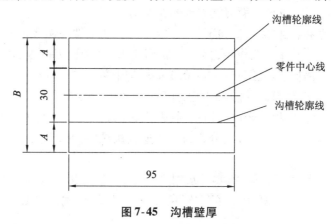

沟槽轮廓线

零件中心线

沟槽轮廓线

图 7-45　沟槽壁厚

$$A = \frac{B - 30}{2}$$

式中,B——零件实际宽度,mm;

　　A——沟槽壁厚,mm。

本实训所需的材料、机床、刀具、沟槽深度与台阶铣削实训相同,因此铣床主轴转速、进给量、背吃刀量 a_p、侧吃刀量 a_e 可参照台阶铣削实训时的参数进行选择。

（3）零件装夹

装夹方法和注意事项与铣削台阶相同。

（4）工艺过程

① 对刀及粗铣。按图 7-44 所示将零件夹紧,先粗铣沟槽至 29 mm。开始铣削前,首先要进行对刀,如图 7-46 所示。

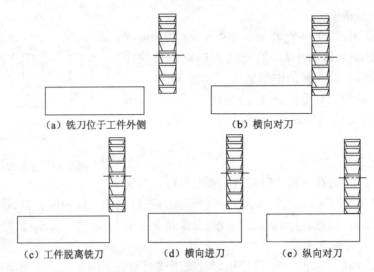

（a）铣刀位于工件外侧　　　　（b）横向对刀

（c）工件脱离铣刀　　　　（d）横向进刀　　　　（e）纵向对刀

图 7-46　铣削沟槽时对刀

移动工作台使工件位于三面刃铣刀外侧开始对刀。

对刀时先启动主轴，再摇动横向工作台进给手柄，使工件慢慢接近铣刀，当铣刀微触工件后，记下刻度；然后降下工作台，使工件脱离铣刀，处于铣刀的上方。转动横向进给手轮，1 圈（6 mm），横向进给工件 $A+8+0.5$ mm，记下刻度。摇动纵向工作台进给手柄，使工件上升，慢慢接近铣刀，当铣刀微触工件后记下刻度，此时即完成对刀动作。

铣刀位置确定后，先粗铣沟槽。粗铣时按坯件实际尺寸，调整侧吃刀量 a_e 为 2 mm，背吃刀量 a_p 分别为 6，6，6，6，5 mm，分 5 刀采用逆铣法铣削沟槽至尺寸：深度为 2 mm，宽度为 29 mm。

② 精铣。粗铣结束后，不能将零件从钳上取下，直接采用游标卡尺测量沟槽宽度的公称尺寸 29 mm 和沟槽壁厚 A'，A'' 的实际尺寸，分配两侧精铣余量 C'，C''，如图 7-47 所示，保证

$$A'-C'=A''-C''\pm 0.1$$

与铣削台阶时一样，铣削过程中要经常测量，以保证达到技术要求。

注意：一定要等机床主轴停止转动后才能测量。

（5）台阶的检测方法和质量分析

① 台阶的检测。精度要求不高的沟槽，一般用游标卡尺检验各部位尺寸。若工件的尺寸精度要求较高，可用内径千分尺和深度千分尺分别检测宽度和深度尺寸，用百分表和检验平板测量沟槽的对称度。

② 质量分析。沟槽铣削的质量分析见表 7-7。

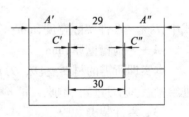

图 7-47　精铣余量分配

表 7-7 沟槽铣削的质量分析

序号	质量问题	产生原因
1	尺寸公差超差	① 没有排除丝杠间隙。 ② 铣刀有摆差。 ③ 加工过程中测量不及时或测量不正确。 ④ 铣刀宽度尺寸不准。 ⑤ 工作台移动尺寸时摇得不准。
2	几何公差超差	① 机床精度不够，机床主轴与工作台面不垂直。 ② 平口钳精度不够，或平口钳没有找正。 ③ 铣削时有"啃刀"现象。 ④ 工艺选择不合理，例如，沟槽两侧铣削余量分配不合理，导致对称度超差。
3	表面粗糙度不符合要求	① 铣刀磨损变钝。 ② 铣刀摆差太大。 ③ 铣削用量选择不当。 ④ 铣削时振动太大。

7.3.3 铣削正多边形

1. 正多边形的铣削方法

由于正多边形工件的各边都是沿其内（外）切圆的圆周均布，所以其每边的铣削实际上只是在一个圆柱体表面铣削一个平面，但这些平面的铣削沿圆周等分均匀，具有重复性。因此，一般将工件在万能分度头上安装、校正后，通过简单分度进行铣削。

2. 铣削正多边形实训

在卧式铣床 X6132 上铣削如图 7-48 所示的等边六边形，材料为 45 号钢，毛坯尺寸为 $\phi25 \times 45$，端面不加工。

（1）图纸分析

由图 7-48 可知，该铣削实训的目的是在一个 $\phi25 \times 45$ 圆棒料的一端铣出一个对边宽度为（20 ± 0.10）mm，长度为 8 mm 的等边六边形。该等边六边形的 3 个对边分别有 0.10 mm 的平行度要求，6 个面的表面粗糙度 Ra 均为 3.2 μm。

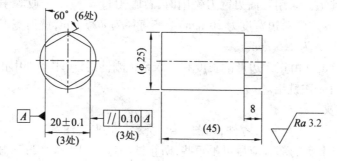

图 7-48 等边六边形

（2）工艺分析

在卧式铣床上铣削如图 7-48 中所示的六边形，可采用分度头上的三爪自定心卡盘水平装夹，用三面刃铣刀铣削，如图 7-49 所示。

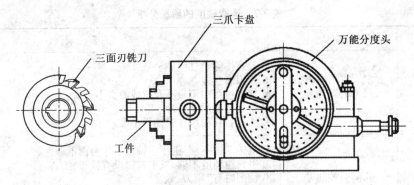

图7-49　采用万能分度头卧铣削正六边形

分度头安装时,主轴与铣床主轴垂直,利用三面刃铣刀的侧面进行铣削。铣削一边后,将分度头摇过60°铣第二边,同样的操作依次铣削第三、四、五、六边。

（3）铣削用量选择

零件的材料为45号钢,未经热处理,其硬度小于190 HB,所选用铣刀为$\phi110 \times 27 \times 8$的三面刃铣刀,齿数18齿,为镶齿结构,其刀齿材料为硬质合金。

① 铣床主轴转速v_c。根据表7-2,铣削速度v_c可选择60～150 m/min,粗铣时选用较小的数值,精铣时可选用较大的数值。

铣床主轴转速为

$$n = \frac{1\ 000v_c}{\pi D} = \frac{1\ 000 \times (60 \sim 150)}{3.14 \times 110} = 173.6 \sim 434.06 \text{ r/min}$$

根据计算结果,可选的铣床的主轴转速有190,235,300和375 r/min四挡,考虑到铣削时的安全因素、表面粗糙度要求及铣削效率,选235 r/min一挡,把X6132型卧式铣床的主轴转速调整至235 r/min。

② 进给量f。根据表7-3,每齿进给量f_z可以选择0.08～0.2 mm/z,粗铣时选用较大的进给量,精铣时可选用较小的进给量。

每分钟进给量为

$$v_f = f \cdot n = f_z \cdot z \cdot n = (0.08 \sim 0.2) \times 18 \times 235 = 338.4 \sim 846 \text{ mm/min}$$

③ 背吃刀量a_p。采用三面刃铣刀铣削时,背吃刀量a_p应小于或等于铣刀宽度。本实训中需铣削正六边的对边宽度为20 mm,毛坯直径为$\phi25$ mm,铣刀宽度为8 mm,可一次铣削,背吃刀量a_p为2.5 *mm*。

④ 侧吃刀量a_e。由正六边形的长度和机床系统刚性决定,本实训中正六边形的长度为8 mm,较短,可一次铣出。

（4）零件装夹

采用自定心三爪卡盘装夹零件,如图7-49所示。装夹时注意:

① 毛坯露出卡盘的部分应尽可能短些,防止铣削过程中工件变形和振动,大于8 mm即可,以15 mm左右为宜。

② 卡盘要扳紧,夹紧毛坯后,立即取下卡盘扳手。

③ 所有铣削必须在一次装夹中完成,铣削过程中不能将工件取下。

（5）工艺过程

① 分度计算。以 $z=6$ 代入公式 $n=\dfrac{40}{z}$，得

$$n=\frac{40}{z}=\frac{40}{6}=6\frac{2}{3}$$

由计算结果可知，得到的分度手柄转数带分数，其非整转数部分需要用分度盘和分度叉进行分度。

② 选择孔圈。选择孔圈时在满足孔数是分母整倍数的条件下，一般应选择孔数较多的孔圈。

$n=6\dfrac{2}{3}=6\dfrac{16}{24}=6\dfrac{20}{30}=6\dfrac{26}{33}=\cdots=6\dfrac{44}{66}$，可选择的孔数分别是 24，30，33，$\cdots$，66 共 8 个，一般选择孔数为 42 或 66 的孔圈（分别在第 1 块和第 2 块分度盘的反面）。这是因为一方面在分度盘上孔数多的孔圈离轴心较远，操作方便，另一方面分度误差较小。

③ 分度叉两叉脚间的夹角调整。调整的方法是使用叉脚间的孔数比需摇的孔数应多 1 个。

$n=6\dfrac{2}{3}=6\dfrac{44}{66}$，如选择孔数为 66 的孔圈，分度叉两叉脚间应有 $44+1=45$ 个分度孔，如图 7-50 所示。

④ 分度操作。分度时先松开分度头后侧上方的主轴锁紧手柄，然后将定位插销从叉脚 1 内侧的定位孔中拔出，转动整数圈 6 圈 +45 个分度孔，将定位插销摇到叉脚 2 内侧的定位孔上方，轻轻插入该定位孔内，然后转动分度叉使叉脚 1 靠紧定位插销，此时叉脚 2 转动到下一次分度时所需的定位位置，最后锁紧主轴锁紧手柄。

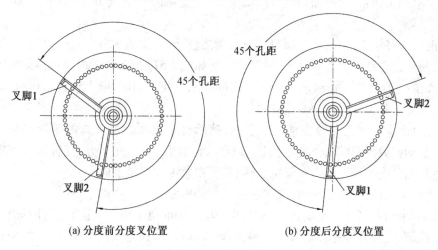

(a) 分度前分度叉位置　　　　　　　　(b) 分度后分度叉位置

图 7-50　分度操作

⑤ 对刀。开动机床使铣刀旋转，移动纵向工件台，使刀杆轴线与三爪卡盘轴线处于同一高度，范围不要超过毛坯直径，三面刃铣刀位于工件的左侧，并微微接触毛坯端面，如图 7-51a 所示。此时完成端面对刀。

然后将工作台向后移动，使三面刃铣刀向前脱开毛坯，如图 7-51b 所示；再将工作台向下移动，使三面刃铣刀的下缘高于毛坯上母线，如图 7-51c 所示。

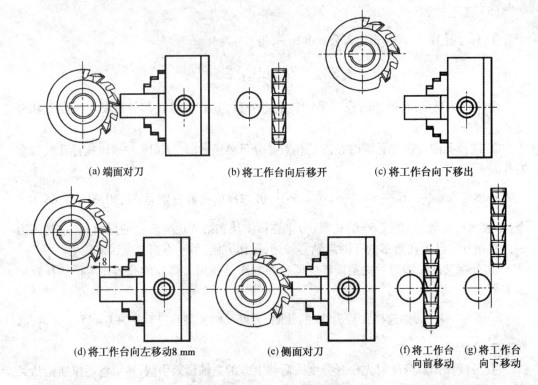

(a) 端面对刀　　　(b) 将工作台向后移开　　　(c) 将工作台向下移出

(d) 将工作台向左移动8 mm　　　(e) 侧面对刀　　　(f) 将工作台　　(g) 将工作台
　　　　　　　　　　　　　　　　　　　　　　　　　向前移动　　　向下移动

图 7-51　铣削正六边形时对刀

将工作台向左移动 8 mm,如图 7-50d 所示,记下此时刻度。

向上移动工作台,使三面刃铣刀的轴线位于毛坯轴线的正前方,基本重合,如图7-51e所示。

向前慢慢移动工作台,使三面刃铣刀微微接触毛坯,如图 7-51f 所示。然后向下移动工作台,使三面刃铣刀的下缘高于毛坯上母线,如图 7-51g 所示。此时完成侧面对刀。

⑥ 铣削过程。将工作台向前移动 2.5 mm,记下此时刻度,向上移动工作台,铣削第一个边,铣完后将工作降回原高度并停机。

松开分度头后侧上方的主轴锁紧手柄,然后将定位插销从叉脚内侧的定位孔中拔出,转动手柄整数圈 20 圈,将定位插销摇到叉脚内侧的定位孔上方,轻轻插入该定位孔内,然后转动分度叉使叉脚 1 靠紧定位插销,再锁紧主轴锁紧手柄。

向上移动工作台,铣削对边,铣完后将工作降回原高度并停机。

用游标卡尺测量对边宽度,是否在(20 ± 0.1) mm 范围内。为防止工件对边尺寸铣得过小,铣第一边时,可进刀是取小一些,如取 2.0 mm。根据实测的尺寸,分配两边的加工余量,再进刀,分别铣削第二边、第一边至尺寸。

两边铣好后,采用分度的方法操作,铣出其余 4 个边。

铣削完毕,去毛刺,检查尺寸。

(6) 正六边形的检测方法和质量分析

① 正六边形的检测。精度要求不高的正六边形,一般用游标卡尺检验对边尺寸即可。若工件的尺寸精度要求较高,可用外径千分尺和角度尺分别检测对边宽度和角度。

② 质量分析。正六边形铣削的质量分析如表 7-8 所示。

表 7-8　正六边形铣削的质量分析

序号	质量问题	产生原因	预防措施
1	各对边距离超差	切削前没有认真对刀	采用试切确定对边尺寸
2	位置不正确	工件与分度头轴心线不一致	严格校正工件与分度头轴心线一致
3	各面间的相互位置不正确	① 分度计算或调整有错误。 ② 铣削时工件装夹不牢而松动。	分度计算和调整必须认真细致
4	表面粗糙度不够	① 铣刀变钝或进给量太大。 ② 工件装夹不牢固。 ③ 铣刀芯轴摆动、铣刀振动。 ④ 冷却不够,铣刀磨损。 ⑤ 在工件没有离开铣刀的情况下退回。	① 应当选用锋利的铣刀;重新刃磨铣刀。 ② 工件装夹牢固。 ③ 选用适宜的铣削用量减少每齿进给量。 ④ 充分冷却润滑。 ⑤ 工作台回程前应当降低。

7.3.4　铣削综合训练

平行面、垂直面铣削为铣削加工的基本技能,也是其他表面铣削加工的技术基础。长方体上包含有 3 对平行面和 12 对垂直面。

1. 平行面、垂直面的铣削方法

（1）平行面的铣削

平行面是指与基准面平行的平面。铣削平行面时,对平行面除了有平行度的要求之外,还有平面度的要求,以及平行面与基准面之间的尺寸精度要求。平行面的常用铣削方法有两种。

① 在卧式铣床上用圆柱铣刀铣削的方法。用圆柱铣刀铣削平行面时,一般都在卧式铣床上用平口钳装夹工件进行铣削,并要求工件的尺寸不能太大。装夹时主要是要保证基准平面与工作台台面平行。因此,通常采用在基准平面与平口钳钳体导轨面之间垫两块等高垫铁的方法。

② 在立式铣床上用面铣刀铣削的方法。当工件上有台阶时,可直接用压板将工件装夹在立式铣床的工作台台面上,使基准面与工作台台面贴合,如图 7-52 所示。

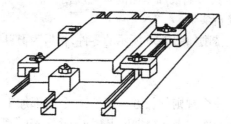

图 7-52　在立式铣床上用面铣刀铣平行面

（2）垂直面的铣削

垂直面是指与基准面垂直的平面,垂直面的常用铣削方法有 4 种。

① 在卧式铣床上用圆柱铣刀铣削的方法。在卧式铣床上用圆柱铣刀铣削垂直面时，一般采用平口钳装夹工件,这种方法适宜加工较小的工件。铣削时工件有两种具体的装夹方式:当工件长度大于圆柱铣刀宽度时,安装平口钳时应选择固定钳口与铣床主轴垂直的安装方式,这样可以避免接刀,如图 7-53a 所示;当工件长度较短时,平口钳固定钳口应与铣床主轴平行,如图 7-53b 所示。

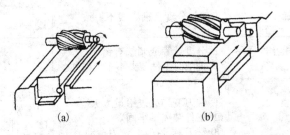

(a)　　　　　(b)

图 7-53　用平口钳装夹铣垂直面

② 在卧式铣床上用面铣刀铣削的方法。当垂直面的尺寸较大时,用面铣刀在卧式铣床上铣削较为简便,如图 7-54 所示。

③ 在立式铣床上用立铣刀铣削的方法。在立式铣床上用立铣刀铣削垂直面的方法如图 7-55 所示。这种方法一般用于铣削因基准面宽大而不宜用平口钳装夹,且垂直面较狭窄的工件。工件的装夹一般采用压板装夹。

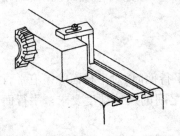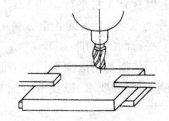

图 7-54　在卧式铣床上用面铣刀铣垂直面　　　图 7-55　用立铣刀铣垂直面

④ 在立式铣床上用面铣刀铣削垂直面的方法。在立式铣床上用面铣刀铣削垂直面时,一般采用平口钳装夹工件。这种方法一般适用于较小的工件。其装夹方法和影响垂直度精度的因素与用圆柱铣刀铣削垂直面时基本相同。但用面铣刀铣削时不存在圆柱铣刀铣削时因铣刀圆柱度误差而造成被加工面产生垂直度误差的现象。当然,铣床主轴与进给方向的垂直度误差会影响被加工面的垂直度精度。

2. 铣削平行面、垂直面实训

在卧式铣床 X6132 上铣削如图 7-56 所示的零件,材料为 HT150,毛坯尺寸为 100 mm × 70 mm × 60 mm。

（1）图纸分析

由图 7-56 可知,这是一个规则的长方体零件,6 个面都加工,其中长度和宽度尺寸有 ±0.1 mm 的公差要求,6 个面的表面粗糙度 Ra 均为 6.3 μm。两个大面互有 0.10 mm 的平行度要求,两个侧面对基准面 A 有 0.15 mm 的垂直度要求。

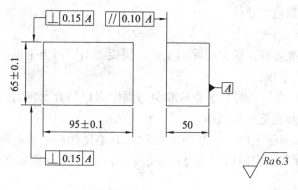

图 7-56　铣削零件

（2）工艺分析

在卧铣 X6132 上，采用周铣法铣削如图 7-56 所示的长方体零件，采用平口钳装夹，采用 $\phi 63 \times 80 \times 10$ 齿的细齿圆柱铣刀进行铣削，为了保证各表面之间的平行度和垂直度，可采用如图 7-57 所示的铣削顺序。

① 先加工基准面 A，因为基准面是加工其他各项的定位基准，通常要求具有较小的表面粗糙度值和较好的平面度，如图 7-57a 所示。

② 接着以 A 平面为基准，铣削两侧面 B 面和 C 面，保证与 A 面垂直，如图 7-57b，c 所示。

③ 铣削另一大面 D 面，以 A 面为基准，如图 7-57d 所示。

铣削 C 面和 D 面时，应保证其与相对面的平行度和尺寸公差，尤其是精铣时更应重视。

④ 铣削 E 面，如图 7-57e 所示。铣削时不但要保证 E 面与 A 面的垂直度，还要保证 E 面和 B 面的垂直度。

⑤ 铣削 F 面，并铣准长度，如图 7-57f 所示。

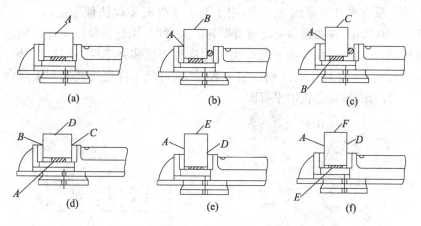

图 7-57　铣削练习件五的铣削加工方案

精铣与粗铣矩形工件的加工顺序相同，粗铣除了切去大部分余量外，还应对工件的平行度和垂直度有所保证，以便确保精铣质量。

（3）铣削用量选择

由于零件材料、加工要求、设备、铣刀规格等都与铣削平面时相同，因此铣削用量可参照铣平面时的参数进行选择。

（4）零件装夹

采用平口钳装夹零件。装夹时除加工余量层要高出钳口上平面、零件必须垫实夹紧外，还必须注意以下事项：

① 铣垂直面时，在装夹时为了使基准面与固定钳口贴合紧密，往往在活动钳口与未加工的工件表面之间放置一根圆棒，如图 7-58a 所示。

若不放置圆棒，对于工件上与基准面相对的面是高低不平的毛坯面，与基准面不平行，在夹紧后基准面与固定钳口不能很好地贴牢，如图 7-58b，c 所示。这样铣出的平面也就与基准面不垂直。

在装夹时除了要在活动钳口处放置一根圆棒外，还应仔细地把固定钳口和基准面擦干净，因为在两者上只要有一点杂物，就会影响定位精度。

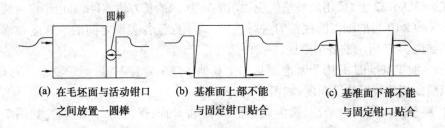

(a) 在毛坯面与活动钳口　　　(b) 基准面上部不能　　　(c) 基准面下部不能
　　之间放置一圆棒　　　　　　　与固定钳口贴合　　　　　　与固定钳口贴合

图 7-58　在平口钳上铣垂直面的装夹方法

② 铣平行面时，如工件上有垂直于基准面的平面，工件在平口钳上装夹，可利用这个平面进行装夹，将该平面与固定钳口贴合，平口钳下面垫平行垫铁，然后用铜锤轻敲顶面，使工件基准面与平口钳导轨面贴合，这时铣出的工件顶面即与基准面平行，如图 7-59 所示。

若工件上没有垂直的平面，在平口钳上装夹工件时应设法使基准面与工作台面平行，或如图 7-60 所示，在两钳口上均放置圆棒。夹紧时，用铜锤轻敲工件顶面，使基准面与导轨面紧贴，从而与工作台面平行。由于用这种方法装夹工件不够稳固，因此它只适用于精铣平行面。若工件上有压板压紧位置时，则可将工件直接装夹在工作台上，使基准面与工作台面贴合，随后铣出平行面。

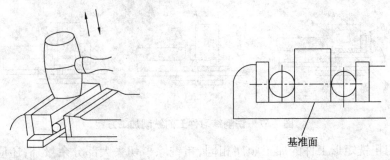

基准面

图 7-59　用平行垫铁装夹工件　　　　**图 7-60　用两根圆棒装夹工件**

③ 铣端面时，为了保证 E 面与 A 面和 B 面都垂直，除了使 A 面和虎钳固定钳口相贴合外，还要用角尺找正 B 面对工作台台面的垂直度。校正的方法如图 7-61 所示，角尺的

一面与平口钳的水平导轨面贴合,另一面与工件的 B 面贴合。

　　用上述方法铣削端面,每件都需用角尺找正,故较费时。在件数较多或批量生产时,可按图 7-62 所示的方法进行铣削。在加工之前,只要把固定钳口找正使之与纵向进给方向垂直,在工件下面垫平行垫铁(或不垫),使基准面 A 紧贴平行垫铁(或虎钳导轨),侧面 B 紧贴固定钳口,即可铣出合乎要求的端面,并不需每件找正,且容易保证质量。另外,在工件端面处可安装一个弯头挡铁,以控制工件长度的加工尺寸。

　　拧紧活动钳口的丝杠,紧固零件。只有在确认零件已被垫实、夹紧后,才能进行加工。

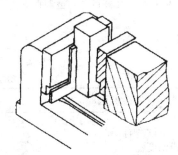

图 7-61　用直角尺校正两端面

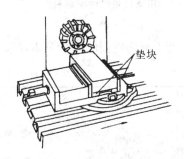

图 7-62　在卧式铣床上用端铣刀加工端面

　　(5) 工艺过程

　　① 对刀及平面铣削。按图 7-57 所示将零件夹紧,开始铣削各面前,首先要进行对刀。

　　移动工作台使工件位于圆柱铣刀下面开始对刀。对刀时先启动主轴,再摇动升降台进给手柄,使工件慢慢上升;当铣刀微触工件后,在升降刻盘上做记号,然后降下工作台,再纵向退出工件,按坯件实际尺寸,调整铣削层深度。余量小时可一次进给铣削至尺寸要求,否则可分粗铣和精铣。对刀后应采用逆铣法加工至尺寸要求。

　　② 垂直面及平行面铣削。铣垂直面就是要求铣出的平面与基准面垂直。用圆柱铣刀在卧式铣床上铣出的平面和用端铣刀在立式铣床上铣出的平面都与工作台台面平行,所以在这种条件下铣垂直面,只要把基准面安装得与工作台面垂直就可以了。

　　当工件基准面与工作台面平行时,在卧式铣床上用周铣法或在立式铣床上用端铣法可铣出平行面。装夹工件时,只要使基准面与工作台面平行。

　　这就是铣垂直面和平行面需要注意的主要问题,至于加工方法,则与铣平面完全相同。

　　(6) 零件检验

　　零件加工过程中要经常性地测量尺寸,每铣好一个面后也要进行检验。通过检验和测量合理分配加工余量,注意千万不要将尺寸铣过了。零件全部铣完后应作全面检验。

　　① 尺寸精度和平行度检验。用游标卡尺或千分尺测量。

　　② 表面粗糙度的检验。根据标准样板比较测定或根据经验目测表面粗糙度。

　　③ 垂直度的检测。用宽座角尺检测垂直度,其方法如图 7-63 所示。在检验平板上采用方箱和杠杆百分表检测垂直度,其方法如图 7-64 所示。

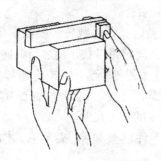

图 7-63　用宽度角尺检测垂直度

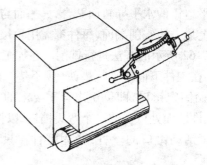

图 7-64　用方箱和杠杆百分表检测垂直度

（7）质量分析

垂直面及平行面铣削的质量分析见表7-9。

表 7-9　垂直面及平行面铣削的质量分析

序号	质量问题	产生原因
1	尺寸超差	① 测量不准确或测量读数有误差。 ② 计算错误或看错刻度盘。 ③ 看错图样尺寸。 ④ 对刀时，切得太深或太浅。
2	垂直度超差	① 平口钳固定钳口与工作台台面不垂直。 ② 平口钳固定钳口与导轨面有脏物，未擦干净。 ③ 工件装夹时基准面有毛刺及脏物，未擦干净。
3	平行度超差	① 零件装夹方式不正确，没有垫实、夹紧。 ② 工件装夹时基准面有毛刺及脏物，未擦干净。 ③ 平口钳固定钳口及导轨面有脏物，未擦干净。 ④ 垫铁上下两面不平行，或平口钳导轨面与机床工作台台面不平行。
4	表面粗糙度超差	① 刀具磨损、刃口变钝。 ② 切削用量选择不合理。 ③ 铣削过程中产生异常情况，如振动、啃刀等。

7.4　刨削加工简介

在刨床上用利用做直线往复运动的刨刀对工件进行切削加工的过程称为刨削加工。

刨削常见的加工设备有牛头刨床和龙门刨床。刨削时，刨刀的变速往复直线运动为主运动，工件的间歇移动为进给运动。

图 7-65 为 B665 型牛头刨床外形图。牛头刨床主要用来加工中小型零件，刨削的长度一般不超过 1 m。牛头刨床根据所能加工工件尺寸的大小，可分为大型、中型、小型3 种。小型牛头刨床的刨削长度在 400 mm 以内；中型牛头刨床的创削长度为 400 ~ 600 mm；刨削长度超过 600 mm 的即为大型牛头刨床。

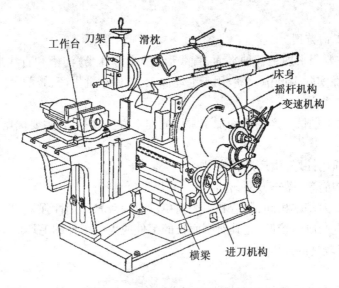

图 7-65　B665 型牛头刨床外形结构

1. 牛头刨床的各部分名称和用途

牛头刨床要完成切削加工的过程,必须有一整套带动刨刀做往复直线运动,向时工件做横向间歇运动的机构。

牛头刨床由底座、床身、滑枕、横梁、工作台、刀架、进给机构、变速机构、曲柄摇杆机构等组成,如图 7-65 所示。

① 底座。吊装和安装(支撑和平衡)刨床。底座下面用地脚螺钉固定在地基上,以保证机床能够进行正常的切削运动。

② 床身。它安装在底座上,主要用来支撑和连接各零部件。其顶面的水平导轨供滑枕做水平直线往复运动,侧面导轨供带动工作台的横梁升降运动。另外,床身内部还装有控制滑枕速度和行程长度的变速机构和摇臂机构。因此,床身应具有足够的刚性、抗震性,导轨必须有耐磨性。

③ 滑枕。它主要用来带动刀架(或刨刀)沿水平方向做直线往复运动,其运动快慢、行程长度、起始位置均可调整。

④ 横梁。它主要用来带动工作台做上下和左右进给运动,其内部有丝杠螺母副。

⑤ 工作台。它主要用来直接安装工件或装夹工件的夹具,工作台的上平面和两侧面均制有 T 型槽,供安装螺栓压板和夹具用。

⑥ 刀架。它主要用来夹持刀具,转动刀架进给手柄,刀架可上下移动,以调整刨削深度或加工垂直面时做进给运动。松开转盘上的螺母,将转盘扳转一定角度后,可使刀架斜向进给,以加工斜面。滑板上装有可偏转的刀座,其上的抬刀板可使刨刀抬起,使刨刀在回程时充分抬起,防止划伤已加工表面和减少摩擦阻力。

⑦ 进给机构。它主要用来控制工作台横向进给运动的大小。

⑧ 变速机构。它通过变换变速手柄的位置,可以把各种不同的转速传动给曲柄摇杆机构,使摇杆以各种不同的次数前后摇动。

⑨ 曲柄摇杆机构。它的主要作用是把电动机的旋转运动转变为滑枕的往复直线

运动。

2. 刨削加工的范围

刨削加工主要用来加工各种平面、直线形(母线为直线)沟槽和直线形成形面等,如图7-66所示。在实际生产中,一般用于毛坯加工、单件小批生产、修配等。

3. 刨削加工的特点

刨削是单件小批量生产的平面加工常用的加工方法之一,其主要优点和缺点如下。

(1) 优点

① 刨削的通用性好,生产准备容易。

② 刨床结构简单,操作方便,有时一人可开几台刨床;

③ 刨刀与车刀基本相同,制造和刃磨简单,调整容易,通用性强。

④ 刨削的生产成本较低,尤其对窄而长的工件或大型工件的毛坯或半成品可采用多刀、多件加工,有较高的经济效益。

(2) 缺点

① 生产效率低。由于刨刀在切入和切出时会产生冲击和振动,并需要缓冲惯性,且刨削为单刀单刃断续切削,回程不切削且前后有空行程,因此,刨削速度低,生产效率也低。

② 加工质量不高。刨削加工工件的尺寸精度一般为IT8 ~ IT10,表面粗糙度 Ra 值一般为 $1.6 \sim 12.5\ \mu m$,直线度一般为 $0.04 \sim 0.12\ mm/m$。

因此刨削加工一般用于毛坯、半成品、质量要求不高及形状较简单零件的加工。

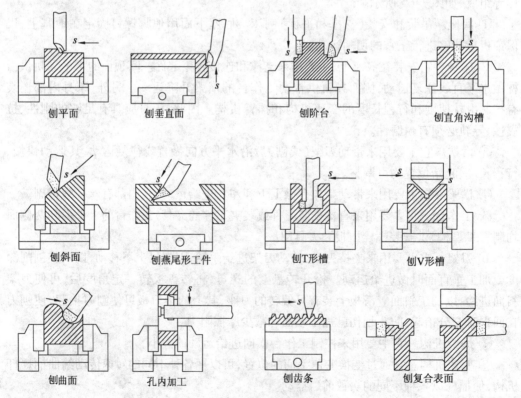

刨平面　　　　刨垂直面　　　　刨阶台　　　　刨直角沟槽

刨斜面　　　刨燕尾形工件　　　刨T形槽　　　刨V形槽

刨曲面　　　孔内加工　　　刨齿条　　　刨复合表面

图 7-66　刨削加工的范围

7.5　齿形加工简介

7.5.1　齿轮概述

齿轮是机器中的重要传动零件,应用广泛。齿轮传递的功能是将主动轴的转动传送到从动轴上,以完成传递功率,变速及换向等功能。

1. 齿轮的结构与分类

齿轮因其在机器中的功用不同而结构各异,但总是由齿圈和轮体组成。在齿圈上均布着直齿、斜齿等轮齿,而在轮体上有轮辐、轮毂、孔、键槽等。

按两轴的相对位置有所不同,可将齿轮传动可分为圆柱齿轮传动、锥齿轮传动、蜗轮蜗杆传动、齿轮齿条传动,如图 7-67 所示。

① 圆柱齿轮传动:用于传递两平行轴的运动。

② 锥齿轮传动:用于传递两相交轴的运动。

③ 蜗轮、蜗杆传动:用于传递两垂直交叉轴的运动。

④ 齿轮齿条传动:将轴的旋转运动变为直线运动。

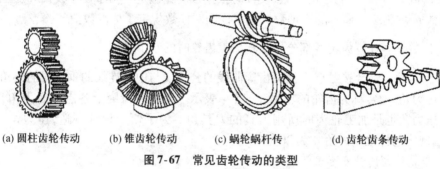

(a) 圆柱齿轮传动　　(b) 锥齿轮传动　　(c) 蜗轮蜗杆传　　(d) 齿轮齿条传动

图 7-67　常见齿轮传动的类型

2. 直齿圆柱齿轮各部分主要名称和基本参数

（1）直齿圆柱齿轮各部分主要名称和代号

圆柱齿轮按齿轮轮齿方向的不同可分为直齿、斜齿、人字齿等,直齿圆柱齿轮是最常用的齿轮。图 7-68 为相互啮合的两直齿圆柱齿轮的各部分名称和代号。其中主要有齿顶圆、齿根圆、分度圆、齿距等。

① 齿顶圆。通过轮齿顶部的圆称齿顶圆,其直径用 d_a 表示。

② 齿根圆。通过轮齿根部的圆称齿根圆,其直径用 d_f 表示。

③ 分度圆。为了便于设计和制造,在齿顶圆和齿根圆之间取一个直径为 d 的圆作基准圆,称之为分度圆。分度圆上的齿厚、齿槽宽分别用 s,e 表示,对于标准齿轮,其分度圆上的齿厚与齿槽宽相等,即 $s = e$。两齿轮啮合时,两齿轮的连心线 O_1O_2 上两个相切的圆称为节圆,其直径用 d' 表示。一对正确安装的标准齿轮,分度圆与节圆重合,即 $d' = d$。

④ 齿距。在分度圆上相邻两齿对应点之间的弧长称齿距,用 p 表示。

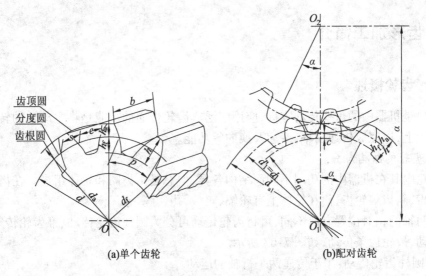

(a)单个齿轮   (b)配对齿轮

图 7-68   直齿圆柱齿轮各部分的名称和代号

（2）直齿圆柱齿轮的基本参数

① 齿数 z。齿轮上轮齿的总数，设计时根据传动比确定。为了便于设计和加工，人为地将模数 m 取为一些简单的有理数。国家标准对模数规定了标准数值。

② 模数 m。计算齿轮各部分尺寸和加工齿轮时的基本参数，$m = \dfrac{d}{z}$。

③ 压力角。啮合接触点 C 处两齿廓曲线的公法线与中心连线的垂直线的夹角，称为分度圆压力角，通常称为齿轮的压力角，以 α 表示。渐开线齿廓上各点的压力角是不相等的。压力角也是加工轮齿时所用刀具的刀具角。为了便于设计制造，压力角已标准化，我国规定的标准压力角 α 为 20°。

4. 齿轮传动的精度要求

齿轮的制造精度对机器的工作性能、承载能力。噪声及使用寿命影响很大，因此齿轮制造必须满足齿轮传动的使用要求。

① 传动的准确性。主动轮转过一个角度时，从动轮应按给定的传动比转过相应的角度。要求齿轮在一转中，转角误差的最大值不能超过一定的限度，即为转角精度。

② 工作平稳性。要求齿轮传动乎稳，无冲击，振动和噪声小，这就需要限制齿轮传动时瞬时传动比的变化，即一转角精度。

③ 载荷均匀性。齿轮载荷由齿面承受，两齿轮啮合时，接触面积的大小对齿轮的使用寿命影响很大，所以齿轮载荷的均匀性，由接触精度来衡量。

④ 齿侧间隙。对于换向传动和读数机构，齿侧间隙就十分重要，必要时必须消除间隙。

7.5.2   齿轮加工的方法

齿轮加工的关键是齿形加工。

1. 常见齿形的加工方法

① 切削加工方法：铣齿、插齿、滚齿、剃齿、珩齿、磨齿、研齿。

② 少无切削加工方法:精密锻造、冷挤压、压力铸造、注塑成形、粉末冶金等。

③ 特种加工:电解加工、线切割。

2. 齿轮切削加工原理

刀具切削加工由于加工效率高,加工精度较高,因而是目前广泛采用的齿形加工方法。齿形加工可以分为成形法和展成法两大类。

(1) 成形法

成形法是利用与被加工齿轮的齿槽断面形状一致的刀具,在齿坯上加工出齿面的方法。成形铣削一般在普通铣床上进行,如图 7-69 所示。铣削时工件安装在分度头上,铣刀旋转对工件进行切削加工,工作台做直线进给运动,加工完一个齿槽,分度头将工件转过一定角度,再加工另一个齿槽,依次加工出所有齿槽。当加工模数大于 8 mm 的齿轮时,采用指状铣刀进行加工。铣削斜齿圆柱齿轮必须在万能铣床上进行。

(a) 盘形铣刀铣削齿轮　　　　　(b) 指状机形铣刀铣削齿轮

图 7-69　在普通铣床上铣削齿轮

常用的成形齿轮刀具有盘形铣刀和指状铣刀。后者适于加工大模的直齿、斜齿齿轮,特别是人字齿轮。用成形铣刀加工齿轮时,齿轮的齿廓精度是由铣刀切削刃形状来保证的,而渐开线齿廓的形状是由齿轮的模数和齿数决定的。齿轮的模数、齿数不同,渐开线齿廓就不一样,因此,要加工出准确的齿廓,每一个模数、每一种齿数的齿轮,就相应地需要用一种形状的齿轮铣刀,这样做显然是行不通的。在实际生产中是将同一模数的齿轮,按其齿数分为 8 组,每一组只用一把铣刀。

铣齿加工的特点是刀具简单,生产成本低,加工精度低,生产效率低。它主要用于精度低于八级的单件小批量直齿、人字齿、齿条和锥齿轮的生产,表面粗糙度 Ra 为 3.2 ~ 6.3 μm。

(2) 展成法

展成法加工齿轮是利用齿轮的啮合原理进行的,即把齿轮副(齿条—齿轮,或齿轮—齿轮)中的一个制作为刀具,另一个则为工件,并强制刀具和工件作严格的啮合运动而展成切出齿廓。

展成法加工齿轮的主要设备有插齿机和滚齿机,分别如图 7-70 和图 7-71 所示。

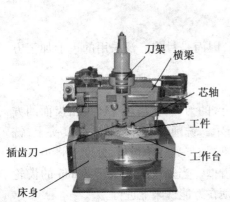

图 7-70　插齿机外形结构

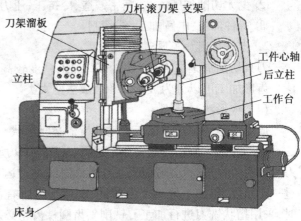

图 7-71　滚齿机外形结构

① 插齿加工。插齿是在插齿机上进行的一种切削方式。插齿加工原理为一对无啮合间隙圆柱齿轮的啮合,如图 7-72 所示。其中一个是齿轮形刀具——插齿刀,插齿刀实质上是一个端面磨有前角、齿顶及齿侧磨有后角的齿轮。齿顶高比标准圆柱齿轮大 $0.25m(m$ 为模数),以保证插创后的齿轮在啮合时有径向间隙。

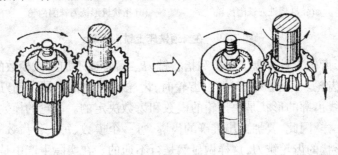

图 7-72　插齿加工

插齿时,插齿刀与齿轮坯之间严格按照一对齿轮的啮合速比关系强制传动,即插齿刀转过一个齿,齿轮坯也转过相当一个齿的角度。与此同时,插齿刀做上下往复运动,以便进行切削,其刀齿侧面运动轨迹所形成的包络线即为被切齿轮的齿形。图 7-73 为插齿需要的 5 种运动。

　　a. 主运动。插齿刀的上下往复运动称为主运动。向下是切削行程,向上是返回空行程。

　　b. 分齿运动。强制插齿刀与齿轮坯之间保持一对齿轮的啮合关系的运动称为分齿运动。

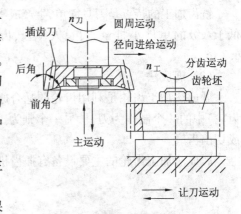

图 7-73　插齿刀的结构及主要运动

　　c. 圆周进给运动。在分齿运动中,插齿刀的旋转运动称为圆周进给运动。插齿刀每往复行程一次,在其分度圆周上所转过的弧长称为圆周进给量。

　　d. 径向进给运动。在插齿开始阶段,插齿刀沿齿轮坯半径方向的移动称为径向进给运动,其目的是使插齿刀逐渐切至全齿深,以免开始时金属切除量过大而损坏刀具。径向进给运动是由进给凸轮控制的,当切至全齿深后即自动停止。

e. 让刀运动。为了避免插齿刀在返回行程中擦伤已加工表面和加剧刀具的磨损,应使工作台沿径向让开一段距离。切削行程开始前,工作台恢复原位。工作台这种短距离的往复运动称为让刀运动。

② 滚齿加工。滚齿是在专用的滚齿机上进行的。滚切齿轮所用的齿轮滚刀如图7-74所示。其刀齿分布在螺旋线上,且多为单线右旋,其法向剖面呈齿条齿形。当螺旋升角 $\psi>5°$ 时,沿螺旋线法向铣出若干沟槽;当 $\psi>5°$ 时,则沿轴向铣槽。铣槽的目的是形成刀齿和容纳切屑。刀齿顶刃前角 γ_p 一般为 $0°$。该刀的刀齿需要铣削,形成一定的后角 α_p,以保证在重磨前刀面后齿形不变,通常 $\alpha_p=10°\sim12°$。

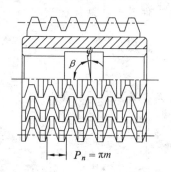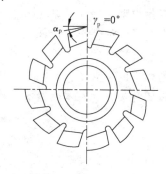

图7-74　齿轮滚刀

滚切齿轮时可以看成是无啮合间隙的齿轮与齿条传动,如图7-75所示。当滚刀旋转一周时,相当于齿条在法向移动一个刀齿,该刀的连续转动犹如一根无限长的齿条在连续移动。当该刀与齿轮坯之间严格按照齿轮与齿条的传动比强制啮合传动时,滚刀刀齿在一系列位置上的包络线就形成了工件的齿形。随着该刀的垂直进给即可滚切出所需的齿廓。

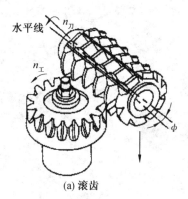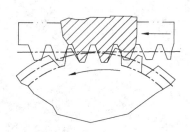

(a) 滚齿　　　　(b) 滚刀的法向剖面为齿条齿形

图7-75　滚齿加工

滚切直齿齿轮时包含有以下3种运动:

a. 主运动。该刀的旋转运动称为主运动。

b. 分齿运动。强制齿轮坯与滚刀保持齿轮与齿条的啮合运动关系的运动称为分齿运动。

c. 垂直进给运动。为了在整个齿宽上切出齿形,滚刀须沿被切齿轮的轴向向下移动,即为垂直进给运动。工作台每转一周,滚刀垂直向下移动的距离称为垂直进给量。

滚齿的径向切深是通过手摇工作台控制的。模数小的齿轮可一次切至全齿深,模数大的齿轮可分 2 次或 3 次切至全齿深。

滚切时,为保证滚刀螺旋齿的切线方向与轮齿方向一致,滚刀的刀轴应扳转相应的角度,以适应加工的需要。

 思考题

1. X6132 卧式铣床主要由哪几部分组成? 各部分的作用分别是什么?

2. 铣床的主运动是什么? 进给运动是什么?

3. 平口钳由哪几部分组成? 采用平口钳装夹工件时应注意什么?

4. 什么叫顺铣? 什么叫逆铣?

5. 简述台阶零件的铣削操作步骤。

6. 铣削加工的特点是什么?

7. 直齿圆柱齿轮的基本参数有哪些? 可采用哪些方法加工齿形?

第 **8** 章

磨削加工

8.1 磨削加工基础知识

　　磨削是一种精密的金属加工方法,经过磨削的零件有很高的精度和很小的表面粗糙度值。磨削加工的用途很广,可用不同类型的磨床分别加工内外圆柱面、内外圆锥面、平面和成形表面(如花键、齿轮、螺纹等)及刃磨各种刀具等。磨削加工使用的机床为磨床,磨床种类很多,常用的有外圆磨床、内圆磨床、平面磨床(见图 8-1)及各种数控磨床等。在现代制造业中,磨削技术占有重要的地位。一个国家的磨削水平在一定程度上反映了该国的机械制造工艺水平。随着机械产品质量的不断提高,磨削加工工艺也不断发展和完善。

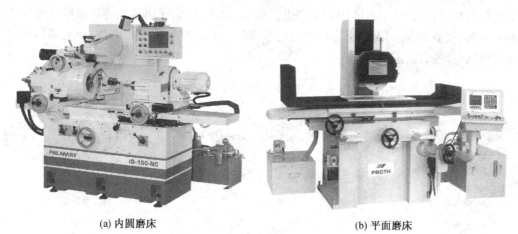

(a) 内圆磨床　　　　　　　　　　　　　　　(b) 平面磨床

图 8-1　内圆磨床和平面磨床

8.1.1　磨削的特点及应用

　　磨削是机械零件精密加工的主要方法之一,与车、铣、刨、钻、镗加工方法相比有不同的特点。

　　1. 磨削加工的特点

　　① 磨削速度高。磨削时砂轮具有较高的线速度,一般在 35 m/s 左右,高速磨削线速

度可达40 m/s,最高可达50 m/s以上。

② 能达到较高的加工精度和很低的表面粗糙度。如在车床上能达到的精度等级为IT7～IT10级。普通的磨削可达到IT5～IT7级,表面粗糙度 Ra 可达到0.2～0.8 μm,镜面磨削 Ra 可达到0.01 μm,工件表面光如镜面,尺寸精度和形状精度可达1 μm以内。(IT为国家精度等级标准,共分20级。IT01级、IT0级、IT1级、IT2级……IT18级)。

③ 它既可磨削高硬材料,又可以磨削软材料。砂轮是由磨料和结合剂黏结而成的磨料工具(磨具)。磨粒材料(简称磨料)是一种具有极高硬度的非金属晶体,其硬度大于经热处理后的钢材的硬度,具有极高的可加工性。因此它不但可以磨削铜、铝等较软的材料,还可以磨削各种淬硬钢、高速钢刀具和硬质合金等一些超硬材料。例如可磨削车刀、铣刀。一般认为当硬度超过HRC40,普通的车、铣就无法进行加工。

④ 磨削作为机械加工的精加工工艺,是工件经过粗加工后只切除工件表层极薄的金属层,最终达到工件的加工精度和表面粗糙度要求。

⑤ 一般磨削加工的金属切除效率和生产效率较低,高速磨削和强力磨削则有较高的金属切除率,特别是高速磨削的推广具有重要意义。

⑥ 砂轮在磨削时还具有自锐性。磨粒具有一定的脆性,在磨削力的作用下会破裂,从而更新其切削力,这称为砂轮的"自锐作用"。

⑦ 砂轮的工作表面须经过修整,才能形成合适的微刃进行磨削加工。

2. 磨削加工的应用

磨削加工的应用范围非常广泛,可以加工内外圆柱面、内外圆锥面、平面、成形面和组合面等,如图8-2所示。目前磨削主要用于对工件进行精加工,经过淬火的工件及其他高硬度的特殊材料,几乎只能用磨削来进行加工,如淬硬钢、硬质合金等。磨削也能加工脆性材料,如玻璃、花岗石。磨床既能做高精度和表面粗糙度很小的磨削,也能进行高效率的磨削,如强力磨削等。

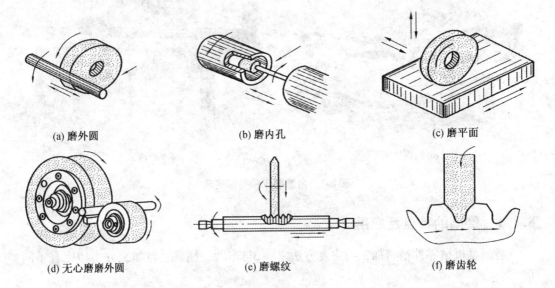

(a) 磨外圆　　　　　(b) 磨内孔　　　　　(c) 磨平面

(d) 无心磨磨外圆　　　(e) 磨螺纹　　　　　(f) 磨齿轮

(g) 圆锥磨削　　　　　　　　(h) 刀具刃磨　　　　　　　　(i) 导轨磨削

图 8-2　磨削加工的范围

8.1.2　磨削的基本运动及功用

生产中常用的外圆、内圆和平面磨削,一般具有 4 个运动如图 8-3 所示。外圆磨削中(见图 8-3a),砂轮的高速旋转运动为主运动,工件绕自身轴线的旋转运动为工件的圆周进给运动,工件的往复直线运动为工件的纵向进给运动,砂轮的横向运动为砂轮的横向进给运动。内圆磨削的运动与外圆磨削相似(见图 8-3b)。平面磨削(见图 8-3c)中砂轮的旋转运动为主运动,v_w 为工件的纵向进给运动,f 为砂轮或工件的横向进给运动,a_p 为砂轮的垂向进给运动。

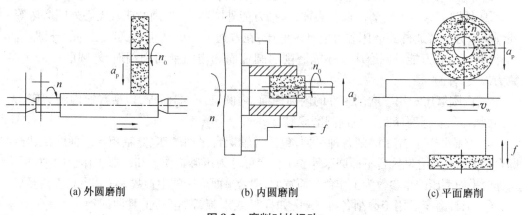

(a) 外圆磨削　　　　　　　(b) 内圆磨削　　　　　　　(c) 平面磨削

图 8-3　磨削时的运动

1. 主运动

磨削时直接切除工件上的金属使之变为切屑的运动,称为主运动。如图 8-3 所示,砂轮的旋转运动是主运动。主运动速度高,消耗大部分的机床动力。砂轮旋转外圆的线速度即主运动速度 v_c,即

$$v_c = \frac{\pi d_0 n_0}{1\ 000}$$

式中,d_0——砂轮的外径,mm;

　　　n_0——砂轮的转速,r/s。

2. 径向进给运动

砂轮相对于工件径向的运动(即砂轮切入工件的运动),其大小用径向进给量 f_r(也

称为磨削深度)表示。f_r 是指工作台每单行程或双行程内工件相对于砂轮径向移动的距离(单位为 mm/单行程或 mm/双行程)。

3. 轴向进给运动

砂轮相对于工件轴向的运动,其大小用轴向进给量 f_a 表示。f_a 是指工件每转一转或工作台每一次行程内,工件相对于砂轮轴向移动的距离(单位为 mm/r 或 mm/单行程)。一般情况下 $f_a = (0.2 \sim 0.8)B$,B 为砂轮宽度,单位为 mm;f_a 的圆磨单位为 mm/r,平磨单位为 mm/st。

4. 圆周进给运动

圆周进给速度指工件绕本身轴线做低速旋转的速度(v_w),即工件外圆处的线速度,由头架提供,其表达式为

$$v_w = \frac{\pi d_w n_w}{1\,000}$$

式中,d_w——工件的外径,mm;

　　　n_w——工件的转速,r/s。

8.1.3　常用磨削机床

1. 磨床的分类

磨床按用途和采用的工艺方法不同,大致可分为以下几类。

① 外圆磨床。主要磨削回转表面,包括万能外圆磨床、外圆磨床及无心外圆磨床等。外圆磨床分为普通外圆磨床和万能外圆磨床,在普通外圆磨床上可磨削工件的外圆柱面和外圆锥面,在万能外圆磨床上还能磨削内圆柱面和内圆锥面和端面,外圆磨床的主参数为最大磨削直径。

② 内圆磨床。用于磨削工件的内圆柱面、内圆锥面、端面等,包括普通内圆磨床、无心内圆磨床、坐标磨床及行星内圆磨床等。

③ 平面磨床。用于磨削各种平面,包括卧轴矩台平面磨床、立轴矩台平面磨床、卧轴圆台平面磨床及立轴圆台平面磨床等。工作台可分为矩形工作台和圆形工作台两种,矩形工作台平面磨床的主参数为工作台台面宽度,圆台平面磨床的主参数为工作台台面直径。

④ 工具磨床。用于磨削各种工具,如样板或卡板等,包括工具曲线磨床、钻头沟槽(螺旋槽)磨床、卡板磨床及丝锥沟槽磨床等。

⑤ 刀具、刃具磨床。用于刃磨各种切削刀具,包括万能工具磨床(能刃磨各种常用刀具)、拉刀刃磨床及滚刀刃磨床等。

⑥ 专门化磨床。专门用于磨削一类零件上的一种表面,包括曲轴磨床、凸轮轴磨床、花键轴磨床、活塞环磨床、球轴承套圈沟磨床及滚子轴承套圈滚道磨床等。

⑦ 研磨机。以研磨机为切削工具,用于对工件进行光整加工,以获得很高的精度和很小的表面粗糙度。

⑧ 其他磨床。包括珩磨机、抛光机、超精加工机床及砂轮机等。

2. M1432A 型万能外圆磨床

(1) M1432A 万能外圆磨床的用途

M1432A 型万能外圆磨床主要用于磨削内外圆柱面、内外圆锥面、阶梯轴轴肩以及端

面和简单的成形回转体表面等。外圆磨床的外形如图 8-4 所示。它属于普通精度级机床,磨削加工精度可达 IT6 ~ IT7 级,表面粗糙度 Ra 为 0.08 ~ 1.25 μm。这种磨床万能性强,但磨削效率不高,自动化程度较低,适用于工具车间、维修车间和单件小批量生产类型,其主参数最大磨削直径为 320 mm。

机床型号标记说明如下:

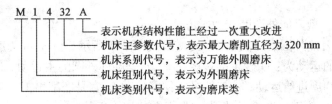

(2) M1432A 型万能外圆磨床的主要部件

M1432A 型万能外圆磨床由下列主要部件组成:

① 床身。它是磨床的基础支承件,用以支承和定位机床的各个部件。

② 头架。它用于装夹和定位工件并带动工件做自转运动。当头架体旋转一个角度时,可磨削短圆锥面;当头架体做逆时针回转 90°时,可磨削小平面。

③ 砂轮架。它用以支承并传动砂轮主轴高速旋转,砂轮架装在滑鞍上,回转角度为 ±30°,当需要磨削短圆锥面时,砂轮架可调至一定的角度位置。

④ 内圆磨具。它用于支承磨内孔的砂轮主轴。内圆磨具主轴由单独的内圆砂轮电动机驱动。

⑤ 尾座。尾座上的后顶尖和头架前顶尖一起支承工件。

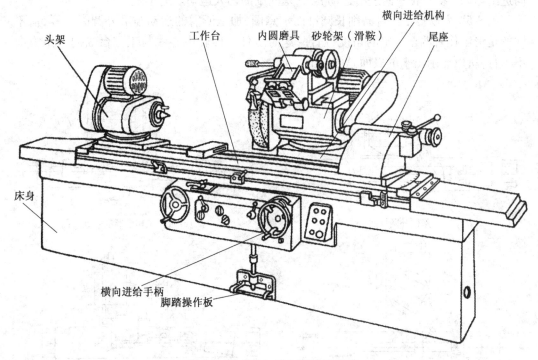

图 8-4　M1432A 型万能外圆磨床

⑥ 工作台。它由上工作台和下工作台两部分组成。上工作台可绕下工作台的心轴在水平面内调至某一角度位置,用以磨削锥度较小的长圆锥面。工作台台面上装有头架和尾座,这些部件随着工作台一起,沿床身纵向导轨做纵向往复运动。

⑦ 滑鞍及横向进给机构。转动横向进给手轮,通过横向进给机构带动滑鞍及砂轮架做横向移动,也可利用液压装置,通过脚操纵板使滑鞍及砂轮架做快速进退或周期性自动切入进给。

（3）M1432A 型万能外圆磨床加工方法

M1432A 型万能外圆磨床典型加工示意图如图 8-5 所示。图 8-5a 为磨削外圆柱面示意图,加工所需的运动为:① 砂轮旋转运动 n_0,它是磨削外圆的主运动;② 工件旋转运动 n_w,它是工件的圆周进给运动;③ 工件纵向往复运动 f_a,它是磨削出工件全长所必需的纵向进给运动;④ 砂轮横向进给运动 f_r,它是间歇的切入运动。

图 8-5b 为扳转工作台磨削长圆锥面示意图,加工所需的运动与磨外圆时一样,所不同的是将工作台调至一定的角度位置。这时工件的回转中心线与工作台纵向进给方向不平行,所以磨削出来的表面是圆锥面。

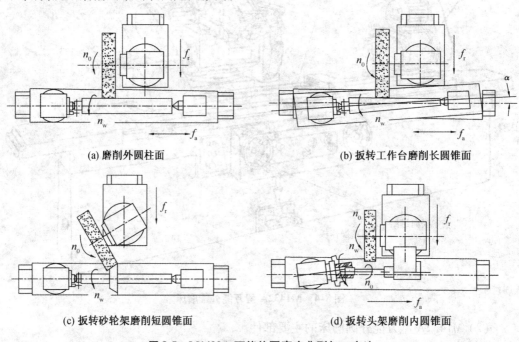

(a) 磨削外圆柱面　　　　　　　　　(b) 扳转工作台磨削长圆锥面

(c) 扳转砂轮架磨削短圆锥面　　　　(d) 扳转头架磨削内圆锥面

图 8-5　M1432A 万能外圆磨床典型加工方法

图 8-5c 为扳转砂轮架磨削短圆锥面,属于切入法磨削。图中将砂轮调整至一定的角度位置,工件不做往复运动,砂轮做连续的横向切入进给运动,这种方法仅适合磨削短的圆锥面。

图 8-5d 为扳转头架磨削内圆锥面。它将工件装夹在卡盘上,并调整至一定的角度位置。这时磨外圆的砂轮不转,磨削内孔的内圆砂轮做高速旋转运动,其他运动与磨外圆时类似。

从上述 4 种典型表面加工的分析中可知,磨床应具有下列运动:

① 主运动。主运动包括磨外圆砂轮的旋转运动 n_0 和磨内孔砂轮的旋转运动 n_0。主

运动由两个电动机分别驱动,并设有互锁装置。

②进给运动。进给运动包括工件旋转运动 n_w、工件纵向往复运动 f_a、砂轮横向进给运动 f_r。往复纵磨时,横向进给运动是周期性间歇进给;切入式磨削时,是连续进给运动。

③辅助运动。辅助运动包括砂轮架快速进退(液压)、工作台手动移动以及尾座套筒的退回或液动等。

④外圆磨床的传动系统。外圆磨床各部件的运动是由机械传动装置和液压传动装置联合传动来实现的。在该机床中,工作台的纵向往复运动,砂轮架的快速进退和周期性自动切入进给,尾座顶尖套筒的缩回,砂轮架丝杠螺母间隙消除机构及手动互锁机构是由液压传动配合机械传动来实现的。

图 8-6 为 M1432A 型万能外圆磨床的液压传动原理示意图。整个系统由液压泵、液压缸、安全阀、节流阀、换向阀、换向手柄等元件组成。

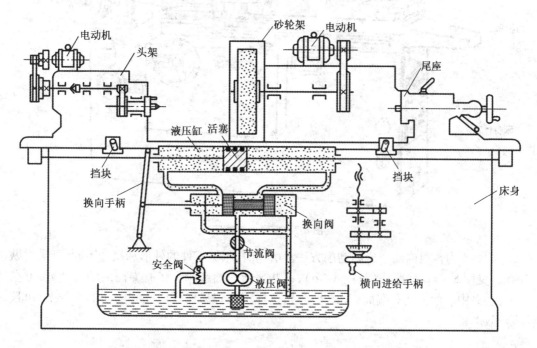

图 8-6　M1432A 型万能外圆磨床的液压传动原理示意图

磨床传动广泛采用液压传动,这是因为液压传动具有无级调速、运转平稳、无冲击振动等优点。工作时液压泵将油从油箱中吸出,转变为高压油,高压油经过节流阀和换向阀流入液压缸的右腔,推动活塞、活塞杆及工作台向左移动。液压缸的左腔的油则经换向阀流入油箱。当工作台移至左侧行程终点时,固定在工作台前侧面的挡块推动换向手柄,使换向阀左移,于是高压油经换向阀流入液压缸的左腔,使工作台向右移动,油缸右腔的油则经换向阀流入油箱。如此循环,工作台便往复运动。

3. 内圆磨床

内圆磨床主要用于磨削工件的内圆柱面、内圆锥面、端面等。内圆磨床分为普通内圆磨床、无心内圆磨床和专门用途的内圆磨床等。按砂轮轴配置方式,内圆磨床又有卧式和立式之分。

（1）普通内圆磨床

普通内圆磨床由装在头架主轴上的卡盘夹持工件做圆周进给运动,工作台带动砂轮架沿床身导轨做纵向往复运动,头架沿滑鞍做横向进给运动;头架还可绕竖直轴转至一定角度以磨削锥孔,普通内圆磨床是生产中应用最广泛的一种(见图8-7)。

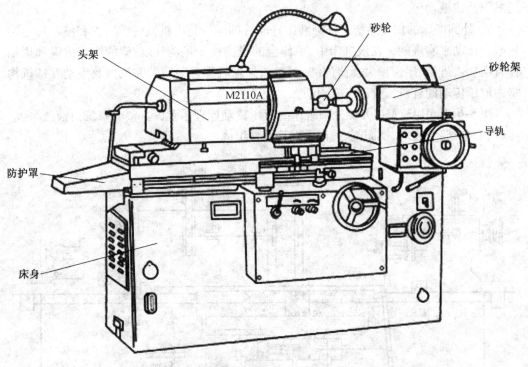

图 8-7　普通内圆磨床

图8-8为普通内圆磨床的磨削方法。磨削时,根据工件的外形和尺寸不同,可采用纵磨法(见图8-8a)、横磨法(见图8-8b),有些普通内圆磨床上备有专门的端磨装置,可在一次装夹中磨削内孔和端面(见图8-8c),这样不仅容易保证内孔和端面的垂直度,而且生产效率较高。

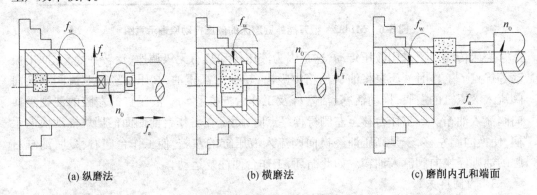

(a) 纵磨法　　　　　　　　　(b) 横磨法　　　　　　　(c) 磨削内孔和端面

图 8-8　普通内圆磨床的磨削方法

（2）内圆磨削的工艺特点及应用范围

内圆磨削与外圆磨削相比,加工条件比较差,内圆磨削具有以下特点:

① 砂轮直径受到被加工孔径的限制,直径较小。砂轮很轻易被磨钝,需要经常修整和更换,这就增加了辅助时间,降低了生产率。

② 砂轮直径小,即使砂轮转速高达每分钟几万转,要达到砂轮圆周速度 25 ~ 30 m/s 也十分困难。由于磨削速度低,因此内圆磨削比外圆磨削效率低。

③ 砂轮轴的直径尺寸较小,而且悬伸较长,刚性差,磨削时轻易发生弯曲和振动,从而影响加工精度和表面粗糙度。内圆磨削精度可达 IT6 ~ IT8,表面粗糙度 Ra 值可达 0.2 ~ 0.8 μm。

④ 切削液不易进入磨削区,磨屑排除较外圆磨削困难。

虽然内圆磨削比外圆磨削加工条件差,但仍然是一种常用的精加工孔的方法。它特别适用于淬硬的孔、断续表面的孔(带键槽或花键槽的孔)和长度较短的精密孔的加工。磨孔不仅能保证孔本身的尺寸精度和表面质量,还能保证孔的位置精度和轴线的直线度。用同一砂轮可以磨削不同直径的孔,灵活性大。

4. 平面磨床

平面磨床主要用于磨削零件上的平面。图 8-9 为 M7130 型平面磨床。在型号中,7 为组别代号,表示平面磨床;1 为机床系别代号,表示卧轴矩台平面磨床;30 为主参数工作台面宽度的 1/10,即工作台面宽度为 300 mm。平面磨床与其他磨床的区别是工作台上安装有电磁吸盘或其他夹具,用作装夹零件。

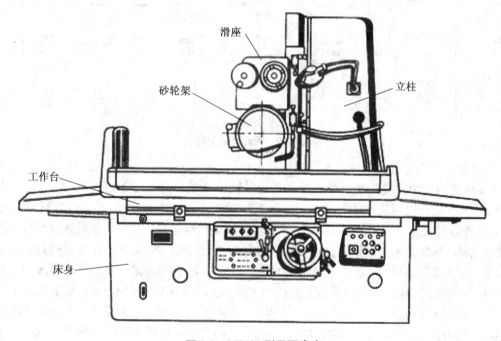

图 8-9　M7130 型平面磨床

砂轮架沿滑座的水平导轨可做横向进给运动,这可由液压驱动或横向进给手轮操纵。滑座可沿立柱的导轨垂直移动,以调整砂轮架的高低位置及完成垂直进给运动,该运动也可操纵垂直进给手轮实现。砂轮由安装在砂轮架壳体内的电动机直接驱动旋转。

5. 无心磨床

无心磨床,是不需要采用工件的轴心而进行磨削的一类磨床。无心外圆磨削是机械加工中一种高效率、高质量的磨削方法,在轴承、汽车、拖拉机、油泵油嘴、纺织机械等制造业中得到了广泛的应用,现在又发展到用无心磨削精加工发动机中的凸轮轴、曲轴和电机主轴等较大型零件。

如图 8-10 所示,无心外圆磨床主要由床身、磨削砂轮,调整轮和工件支架等机构组成,其中磨削砂轮担任磨削的工作,调整轮控制工件的旋转,并使工件产生进刀速度,工件支架是在磨削时支撑工件。

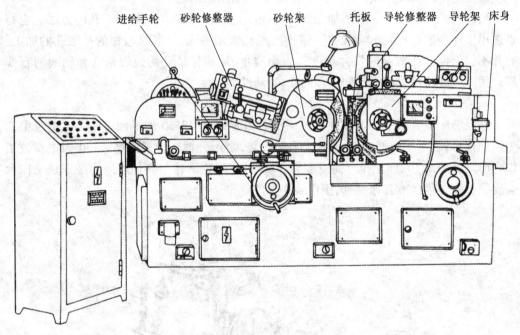

进给手轮　砂轮修整器　　砂轮架　　　　托板　导轮修整器　导轮架　床身

图 8-10　无心外圆磨床

M1080 型无心外圆磨床在生产中应用很广泛,适用于磨削直径为 5 ~ 80 mm、长度为 180 mm 之内的圆柱或圆锥形外表面。无心外圆磨床的砂轮一般装在主轴端部,宽度大于 250 mm 的砂轮则装在主轴中部,砂轮最大宽度可达 900 mm。砂轮高速旋转进行磨削,导轮以较慢速度同向旋转,带动工件旋转做圆周进给运动。贯穿磨削时通过调整导轮轴线的微小倾斜角来实现轴向进给,适于磨削细长圆柱形工件、无中心孔的短轴和套类工件等。切入磨削时通过导轮架或砂轮架的移动来实现径向进给,适于磨削带轴肩或凸台的工件以及圆锥体、球体或其他素线是曲线的工件。无心磨床的生产率较高,加上各种上下料装置后易于实现自动化,大多用于大量生产,可由不太熟练的工人操作。无心磨床磨削精度一般为:圆度 2 μm,尺寸精度 4 μm,高精度无心磨床可分别达到 0.5 μm 和 2 μm。

无心磨床能自动修整和自动补偿。导轮进给导轨为双 V 型滚针导轮,采用伺服电机进给,能与砂轮修整相互补偿。机床配有自动上下料机构,能进行自动循环磨削。

8.1.4　砂轮的组成、特性及选用

砂轮是磨削加工的主要工具,它是由磨料和结合剂构成的疏松多孔物体。磨粒、结

合剂和空隙是构成砂轮的三要素,如图 8-11 所示。随着磨料、结合剂及砂轮制造工艺的不同,砂轮特性差别很大,对磨削加工的精度及生产率等有着重要的影响,必须根据具体情况选用。

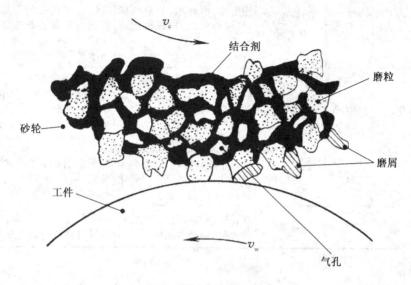

图 8-11 砂轮的构造示意图

砂轮是由磨料和结合剂以适当的比例混合,经压制、干燥、烧结而成。烧结后还需车削成形、静平衡、硬度测定及最高工作速度实验等一系列工序,以保证砂轮的质量。

砂轮的工作特性由以下几个要素衡量:磨料、粒度、结合剂、硬度、组织、强度、形状和尺寸等。各种特性都有其适用的范围。

1. 磨料

磨料即砂轮中的硬质颗粒。磨料分为天然磨料和人造磨料两大类。一般天然磨料含杂质多,质地不匀,天然金刚石虽好,但价格昂贵,所以目前主要采用人造磨料。常用人造磨料可分为氧化物系、碳化物系和超硬磨料系 3 大类。氧化物系主要成分为 Al_2O_3;碳化物系主要以碳化硅、碳化硼为基体,根据其纯度或添加的金属元素不同又可分为不同品种;超硬磨料系中主要有人造金刚石和立方氮化硼。各种常用磨料的名称、代号、性能和用途见表 8-1。

表 8-1 常用磨料品种、代号及其应用范围

磨料名称		代号	颜色	特点	适用磨削范围
刚玉类	棕刚玉	A	棕褐色	硬度较高,韧性较大,价格相对较低	适合于磨削各种碳钢、合金钢和可锻铸铁、硬青铜等
	白刚玉	WA	呈白色	硬度比棕刚玉高,韧性较棕刚玉底,易破碎,棱角锋利	适合于磨削淬火钢、合金钢、高碳钢、高速钢以及加工螺纹及薄壁件

续表

磨料名称		代号	颜色	特点	适用磨削范围
碳化物类	黑碳化硅	C	呈黑色，有光泽	硬度高，但性脆，导热性能好，棱角锐利，自锐性优于刚玉	适于磨削铸铁、黄铜、铅、锌等抗张强度较低的金属材料，也适于加工各类非金属材料，如橡胶、塑料、矿石、耐火材料及热敏材料的干磨等
	绿碳化硅	GC	呈绿色	硬度和脆性均较黑色碳化硅为高，导热性好，自锐性能好	主要用于硬质合金刀具和工件、螺纹和其他工具的精磨，适于加工宝石、玉石及贵重金属、半导体的切割、磨削和自由磨粒的研磨等
	立方碳化硅	SC	呈黄绿色	立方型晶体结构，强度高于黑碳化硅，脆性高于绿碳化硅，棱角锐利	适于磨削韧而黏的材料，如不锈钢、轴承钢等，尤适于微型轴承沟槽的超精加工等
	碳化硼	BC	呈灰黑色	在普通磨料中硬度最高，棱角锐利，耐磨性能好	用于加工硬质合金、宝石及玉石等材料的研磨与抛光

2. 粒度

粒度表示磨料颗粒的大小。我国在标准中采用米制单位,磨粒的大小统一以磨粒最大尺寸方向上的尺寸来表示,分为粗磨粒和中磨粒以及微粉粒度,各种粒度号的磨粒尺寸见表 8-2 和表 8-3。

表 8-2　粗磨料粒号及其基本尺寸(GB/T 2481.1—2006)

粒度号	基本尺寸/μm	粒度号	基本尺寸/μm	粒度号	基本尺寸/μm
F4	5 600 ~ 4 750	F20	1 180 ~ 1 000	F70	250 ~ 212
F5	4 750 ~ 4 000	F22	1 000 ~ 850	F80	212 ~ 180
F6	4 000 ~ 3 350	F24	850 ~ 710	F90	180 ~ 150
F7	3 350 ~ 2 800	F30	710 ~ 600	F100	150 ~ 125
F8	2 800 ~ 2 360	F36	600 ~ 500	F120	125 ~ 106
F10	2 360 ~ 2 000	F40	500 ~ 425	F150	106 ~ 75
F12	2 000 ~ 1 700	F46	425 ~ 355	F180	90 ~ 63
F14	1 700 ~ 1 400	F54	355 ~ 300	F220	75 ~ 53
F16	1 400 ~ 1 180	F60	300 ~ 250		

注:粒度号 F4 ~ F24 为粗粒度,粒度号 F30 ~ F220 为中粒度。

表8-3 微粉粒度号及其基本尺寸(GB/T 2481.2—2006)

粒度号	基本尺寸/μm		
	最大值	中值	最小值
F230	82	53	34
F240	70	44.5	28
F280	59	36.5	22
F320	49	29.2	16.5
F360	40	22.8	12
F400	32	17.3	8
F500	25	12.8	5
F600	19	9.3	3
F800	14	6.5	2
F1000	10	4.5	1
F1200	7	3	1

　　磨料粒度的选择对磨削生产率和加工表面粗糙度影响很大。一般来说,粗磨用粗粒度,精磨用细粒度。当工件材料软,塑性和磨削面积大时,为避免堵塞砂轮采用粗粒度。这是因为粗磨时磨削余量大,要求的表面粗糙度值较大,应选用较粗的磨粒。磨粒粗、气孔大,磨削深度可较大,砂轮不易堵塞和发热。精磨时余量较小,要求粗糙度值较小,可选取较细磨粒。一般来说,磨粒愈细,磨削表面粗糙度愈小。不同粒度磨具的应用见表8-4。

表8-4 不同粒度磨具的使用范围

磨具粒度	一般使用范围	磨具粒度	一般使用范围
F14 ~ 24	磨钢锭、切断钢坯,打磨铸件毛刺等	F120 ~ F600	精磨、珩磨和螺纹磨
F36 ~ F46	一般磨平面、外圆、内圆以及无心磨等	F600 以上	镜面磨、精细珩磨
F60 ~ F100	精磨和刀具刃磨等		

　　3. 结合剂

　　结合剂的作用是将磨粒黏合在一起,使砂轮具有必要的形状和强度。结合剂的性能对砂轮的强度、耐冲击性、耐腐蚀性及耐热性有突出的影响,并对磨削表面质量有一定影响。常用的结合剂种类、性能及用途见表8-5。

表 8-5　常用结合剂的代号、性能及其适用范围(GB/T 2484—2006)

类别	名称及代号	原料	性能	适用范围
无机结合剂	陶瓷结合剂 V	黏土、长石、硼玻璃、石英及滑石	化学性能稳定,耐热,抗酸、碱,气孔率大,磨耗小,强度较高,能较好保持磨具的几何形状,但脆性较大	适用于内、外圆、无心、平面、螺纹及成形磨削以及刃磨、珩磨及超精磨等;适于碳钢、合金钢、不锈钢、铸铁、有色金属以及玻璃、陶瓷等材料的加工
无机结合剂	菱苦土结合剂 Mg	氧化镁及氯化镁等	工作时发热量小,其结合能力次于陶瓷结合剂,有良好的自锐性,强度较低,且易水解	适用于磨削热传导性差的材料及磨具与工件接触面较大的工件,还广泛用于石材加工和磨边
有机结合剂	树脂结合剂 B 增强树脂结合剂 BF	酚醛树脂或环氧树脂等	结合强度高,具有一定的弹性,能在高速下进行工作,自锐性能好,但其耐热性、坚固性较陶瓷结合剂差,且不耐酸、碱	适用于荒磨、切断和自由磨削,如磨钢锭,打磨铸、锻件毛刺等;可用来制造高速、低粗糙度、重负荷、薄片切断砂轮,以及各种特殊要求的砂轮
有机结合剂	橡胶结合剂 R 增强橡胶结合剂 RF	合成及天然橡胶	强度高,弹性好,磨具结构紧密,气孔率较小,磨粒钝化后易脱落,但耐酸、耐油及耐热性能较差,磨削时有臭味	适于制造无心磨导轮,精磨、抛光砂轮,超薄型切割用片状砂轮以及轴承精加工用砂轮

4. 砂轮的硬度及其选择

砂轮的硬度是指砂轮表面上的磨粒在磨削力作用下脱落的难易程度。砂轮的硬度软,表示砂轮的磨粒容易脱落;砂轮的硬度硬,表示磨粒较难脱落。砂轮的硬度和磨料的硬度是两个不同的概念。同一种磨料可以做成不同硬度的砂轮,它主要决定于结合剂的性能、数量以及砂轮制造的工艺。磨削与切削的显著差别是砂轮具有"自锐性",选择砂轮的硬度实际上就是选择砂轮的自锐性,使还锋利的磨粒不要太早脱落,也不要磨钝了还不脱落。

常用砂轮的硬度等级由软至硬用英文字母 A~Y 标记,见表 8-6。

表 8-6　磨具硬度等级代号(GB/T 2484—2006)

A	B	C	D	极软
E	F	G		很软
H		J	K	软
L	M	N		中级
P	Q	R	S	硬
T				很硬
	Y			极硬

选择砂轮硬度的一般原则是:加工软金属时,为了使磨料不致过早脱落,应选用硬砂轮;加工硬金属时,为了能及时地使磨钝的磨粒脱落,从而露出具有尖锐棱角的新磨粒(即自锐性),选用软砂轮。前者是因为在磨削软材料时,砂轮的工作磨粒磨损很慢,不需要太早脱离;后者是因为在磨削硬材料时,砂轮的工作磨粒磨损较快,需要较快地更新。

精磨时,为了保证磨削精度和粗糙度,应选用稍硬的砂轮。工件材料的导热性差,易产生烧伤和裂纹时(如磨硬质合金等),选用的砂轮应软一些。

5. 砂轮的组织

砂轮的组织是指磨粒在砂轮中占有体积的百分数(即磨粒率)。它反映了磨粒、结合剂、气孔三者之间的比例关系。磨粒在砂轮总体积中所占的比例大,气孔小,即组织号小,则砂轮的组织紧密;反之,磨粒的比例小,气孔大,即组织号大,则组织疏松。

根据磨粒在砂轮中占有的体积分数(磨料率),砂轮的组织可分为紧密、中等、疏松3大类,如图8-12所示。组织号细分为0~14,其中0~3号属紧密类;4~7号属中等类;8~14号属疏松类。砂轮上未标出组织号时,即为中等组织(见表8-7)。

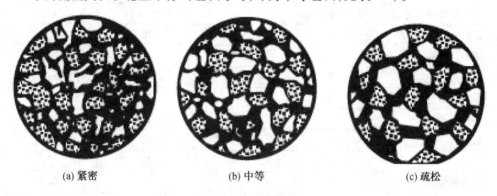

(a) 紧密   (b) 中等   (c) 疏松

图8-12 砂轮的组织

表8-7 磨具组织号及其适用范围(GB/T 2484—2006)

磨料率	磨料粒由大到小													
磨具组织号	0,1,2,3,4,5,6,7,8,9,10,11,12,13,14													
GB 2484—1984(旧标准)														
组织号	0	1	2	3	4	5	6	7	8	9	10	11	12	13	14
磨料率/%	62	60	58	56	54	52	50	48	46	44	42	40	38	36	34
适用范围	重负荷磨削、成形、精密磨削,间断磨削及自由磨削或加工脆性材料等				无心磨,内、外圆磨和工具磨,淬火钢工件磨削及刀具刃磨等				粗磨和磨削韧性大、硬度不高的工件,机床导轨和硬质合金刀具磨削,适合磨削薄壁、细长工件或砂轮与工件接触面大以及平面磨削等					磨削热敏性较大的钨银合金磁钢、有色金属以及塑料、橡胶等非金属材料	

紧密类砂轮,气孔率小,使砂轮变硬,容屑空间小,容易被磨屑堵塞,磨削效率较低。但可承受较大的磨削压力,砂轮廓形可保持较久,故适用于在重压力下磨削(如手工磨削以及精磨、成形磨削等)。中等组织的砂轮适用于一般磨削。

疏松类砂轮,磨粒占的比例越小,气孔越大,砂轮越不易被切屑堵塞,切削液和空气也易进入磨削区,使磨削区温度降低,工件因发热而引起的变形和烧伤减小,但疏松类砂轮易失去正确廓形,降低成形表面的磨削精度,增大表面粗糙度,因此适用于粗磨、平面磨、内圆磨等磨削接触面积较大的工件,以及磨削热敏感性较强的材料、软金属和薄壁工件。

6. 普通磨具的最高工作速度

表 8-8 表示了普通磨具的最高工作速度(即磨具的圆周线速度)。

表 8-8　普通磨具的最高工作速度(GB 2494—2003)

磨具名称	形状代号	最高工作速度/(m/s)		
		陶瓷结合剂	树脂结合剂	橡胶结合剂
平行砂轮	1	35	40	35
磨螺纹砂轮	1	50	50	
重负荷修磨砂轮	1		50~80	
筒形砂轮	2	25	30	
单斜边砂轮	3	35	40	
双斜边砂轮	4	35	40	
单面凹砂轮	5	35	40	35
杯形砂轮	6	30	35	
双面凹一号砂轮	7	35	40	35
双面凹二号砂轮	8	30	30	
碗形砂轮	11	30	35	
碟形砂轮	12a,12b	30	35	

7. 砂轮的形状、尺寸

根据不同的用途,按照磨床类型、磨削方式以及工件的形状和尺寸等,将砂轮制成不同的形状和尺寸,并已标准化。常用形状有平形、碗形、碟形等,砂轮的端面上一般都有标志,表 8-9。

表 8-9　常用砂轮的形状、代号和尺寸标记(摘自 GB/T 2484—2006)

型号	简　图	特征标记	基本用途
1		平行砂轮 1 型－圆周型面①－$D \times T \times H$	用于外圆、内圆、平面和无心磨等
2		黏结或夹紧用筒形砂轮 2 型－$D \times T \times W$	用在立式平面磨床

续表

型号	简 图	特征标记	基本用途
3	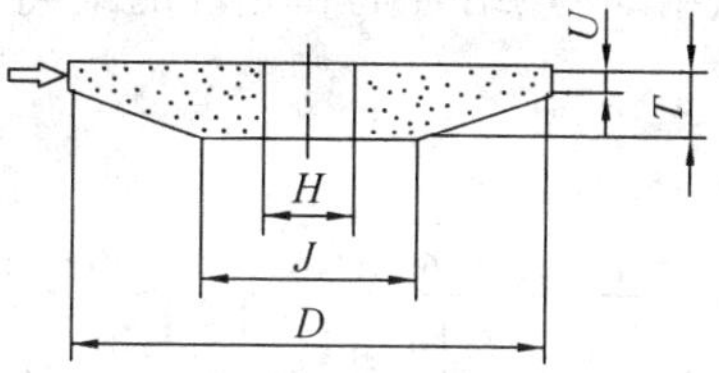	单斜边砂轮 3 型 $-D/J \times T \times H$	多用于刃磨铣刀、铰刀、插齿刀等刀具
4	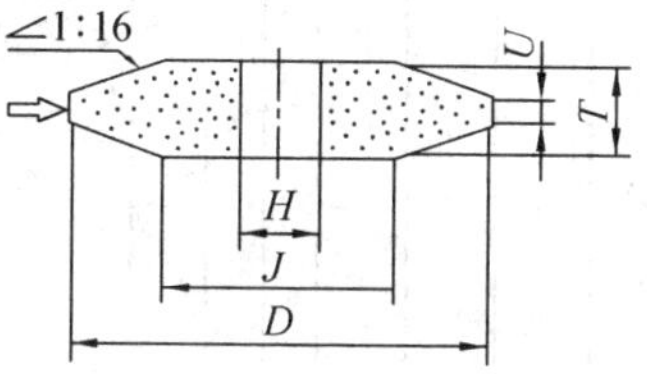 $\leqslant 1:16$	双斜边砂轮 4 型 $-D \times T \times H$	用于磨齿轮齿面和磨螺纹
5	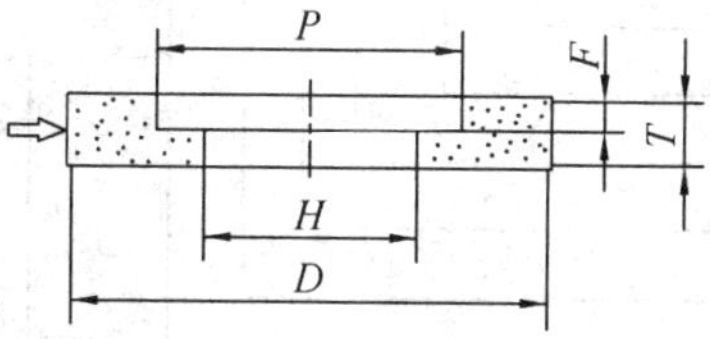	单面凹砂轮 5 型 - 圆周型面[①] $-D \times T \times H - P \times F$	多用于内圆磨削,外径较大者用于外圆磨削
6	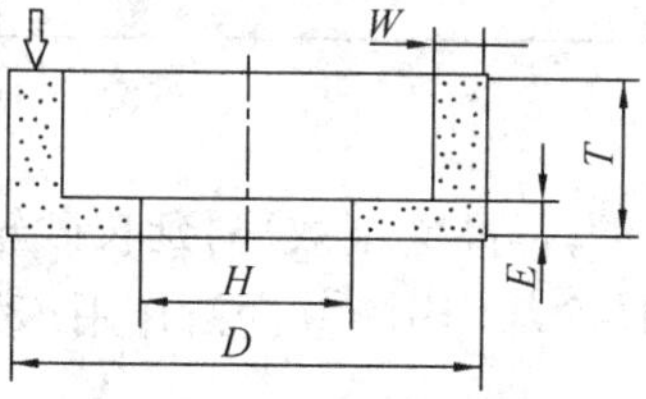	杯形砂轮 6 型 $-D \times T \times H - W \times E$	刃磨铣刀、铰刀、拉刀等刀具
7	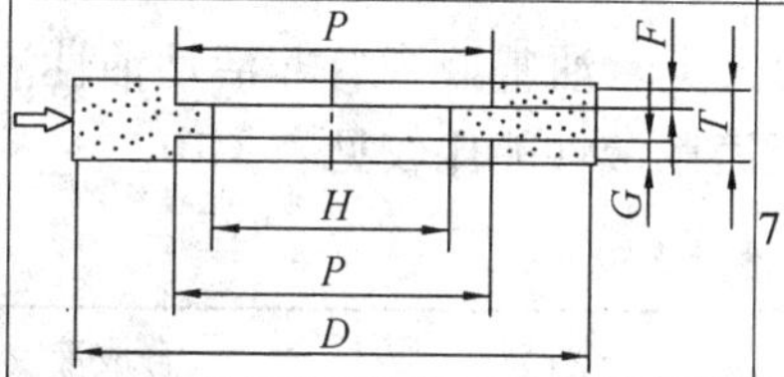	双面凹一号砂轮 7 型 - 圆周型面[①] $-D \times T \times H - P \times F/G$	主要用于外圆磨削和刃磨刀具,还用作无心磨的导轮磨削轮
11	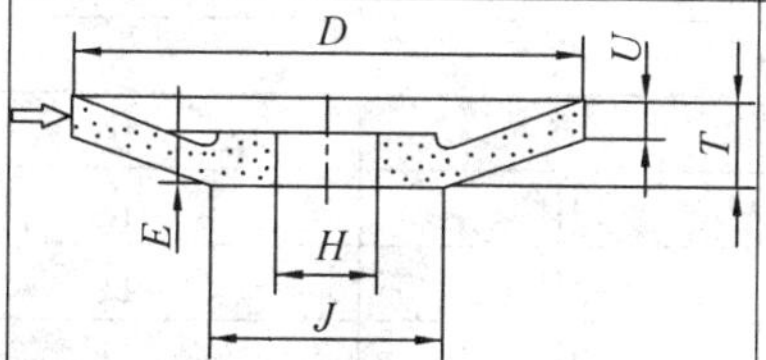	碗形砂轮 11 型 $-D/J \times T \times H - W \times E$	刃磨铣刀、铰刀、拉刀、盘形车刀等
12a	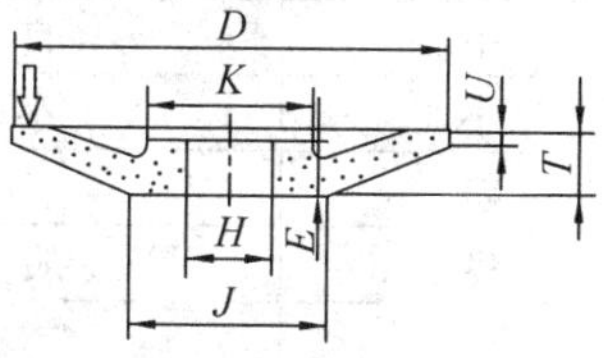	碟形砂轮 12a $-D/J \times T \times H$	主要用于刃磨铣刀、铰刀、拉刀等刀具前面

注:a. 表图中有"⇨"者为主要使用面。

　　b. ① 对应的圆周型面代号分别用"$B \sim Q$"表示,各代号分别表示圆弧、角度、棱宽等的形状和尺寸,具体内容见磨具形状代号和尺寸标记国家标准 GB/T 2484—2006。

8. 普通砂轮的标记

在生产中,为便于对砂轮进行管理和选用,通常将砂轮的形状、尺寸和特性标注在砂轮端面上,其顺序为形状、尺寸、磨料、粒度号、硬度、组织号、结合剂和允许的最高工作圆周线速度,其中尺寸一般表示为外径×厚度×内径。

砂轮的标记方法示例(GB/T 2484—2006):

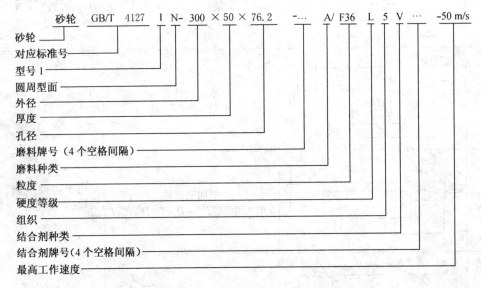

9. 常用磨削液性能

磨削液主要用来降低磨削温度,改善加工表面质量,提高磨削效率,延长砂轮使用寿命。从提高磨削效果来看,磨削液应满足4点要求:① 冷却作用;② 润滑作用;③ 清洗作用;④ 防锈作用。

磨削液通常分为油基切削液和水基切削液两大类。油基液中有非活性油性液和活性油性液,水溶性液又分为乳化液与合成液。各类磨削液性能比较见表8-10。

表8-10　各类磨削液性能比较

项　　目	矿物油	极压油	乳化液	合成液
润滑性	优	优	良	差
冷却性	差	差	良	优
稳定性	优	优	中	良
清洗性	差	差	中	良
防锈性	优	优	中	良
切削性	良	优	中	良
表面粗糙度值	小	最小	小	小
防腐性	良	优	差	良
防火性	差	差	良	良
消泡性	良	良	中	差
可视性	差	差	短	良
使用周期	较长	长	短	较长
后处理费用	较少	较少	一般	较多

磨削时磨削液往往不易进入磨削区,如图 8-13 所示,其主要原因有:

① 砂轮旋转时,在砂轮周边也随同产生回转气流。v_s 越大,气流的影响也越大。

② 砂轮端面气孔中的空气由于离心力作用,由中心流向砂轮圆周圆角附近。气孔越大,转速越高,影响也越大。

③ 砂轮罩的影响。与去罩相比,有罩时气流动压力平均增加 50% 左右。

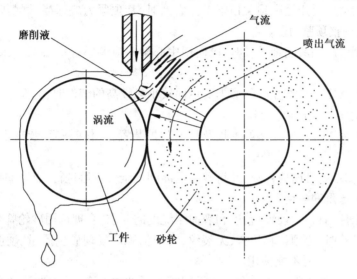

图 8-13 磨削区气流情况

8.1.5 磨床安全操作技术规程

1. 安全防护

① 熟悉、了解并掌握机床的结构性能及操作方法。

② 穿着紧身防护服,戴好安全帽,袖口和上衣下摆扎紧,严禁戴手套、穿裙子、拖鞋。

③ 正确使用机床的安全保险装置,不许任何拆卸。

④ 操作前应检查砂轮是否松动,有无裂纹,防护罩是否牢固可靠,发现问题时不准开动机床。

⑤ 检查液压、防护保险及润滑、电气系统的情况,将各操作手柄退到空挡位置上。

⑥ 空车运转 4~5 min,并注意各润滑部位是否有油,确认正常再作业。

⑦ 砂轮正面不准站人,操作者要站在砂轮的侧面。

⑧ 干磨工件不准中途加冷却液;湿式磨床冷却液停止时应立即停止磨削。

⑨ 开机后应站在砂轮侧面,砂轮和工件应平稳地接触,使磨削量逐渐加大,不准骤然加大进给量;细长工件应用中心架,防止工件弯曲伤人;停车时应先退回砂轮后,方可停车。

⑩ 不准用手去触摸旋转的砂轮和工件,防止磨伤手。

⑪ 进给前要选择合适的吃刀量,要缓慢进给,以防砂轮破裂飞出。

2. 工件的装夹

① 轴类工件装夹前应检查中心孔,不得有椭圆、棱圆、碰伤、毛刺等缺陷,并把中心孔

擦净。经过热处理的工件,须修好中心孔,精磨的工件应研磨好中心孔,并加好润滑油。

② 在两顶尖间装夹轴类工件时,装夹前要调整尾座,使两顶尖轴线重合。

③ 在内、外圆磨床上磨削易变形的薄壁工件时,夹紧力要适当,在精磨时应适当放松夹紧力。

④ 在内、外圆磨床上磨削偏重工件,装夹时应加好配重,保证磨削时的平衡。

⑤ 在外圆磨床上用尾座顶尖顶紧工件磨削时,其顶紧力应适当,磨削时还应根据工件的涨缩情况调整顶紧力。

⑥ 在外圆磨床上磨削细长轴时,应使用中心架并应调整好中心架与床头架、尾座的同轴度。

⑦ 在平面磨床上用磁盘吸住磨削支承面较小或较高的工件时,应在适当位置增加挡铁,以防磨削时工件飞出或倾倒。

⑧ 装卸重大工件时应先垫好木板及其他防护装置,工作时必须装夹牢固,严禁在砂轮的正面和侧面用手拿工件磨削。

⑨ 装卸、测量工件时应停车,并将砂轮退离到安全位置后进行,以防磨伤手。

3. 砂轮的选用和安装

① 根据工件的材料、硬度、精度和表面粗糙度的要求,合理选用砂轮牌号。

② 调换砂轮时,必须认真检查,无裂纹,响声清脆。发现砂轮质量、硬度、强度、粒度和外观有裂纹等缺陷时不能使用。

③ 安装砂轮时,不得使用两个尺寸不同或不平的法兰盘,并应在法兰盘与砂轮之间放入橡胶、牛皮等弹性垫。

④ 装夹砂轮时,必须在修砂轮前后进行静平衡,并在砂轮装好后要进行空运转试验。

⑤ 修整砂轮时,砂轮修整器应紧固在机床台面上,修磨时进刀量要适当,防止撞击。

⑥ 修砂轮时,应不间断地充分使用切削液,以免金刚钻因骤冷、骤热而碎裂。

⑦ 干磨或修整砂轮时要戴防护眼镜。

⑧ 砂轮装好后要经过 5~10 min 的试运转,确认正常后,方可使用;在试运转时,人应站在砂轮的侧面。启动时不要过急,要点动检查。

4. 磨削加工

① 磨削工件时,应先开动机床,根据室温的不同,空转的时间一般不少于 5 min,然后进行磨削加工。

② 开动液压传动时,必须进给量恰当,防止砂轮和工件相撞,并要调整好换向挡块。

③ 在磨削过程中,不得中途停车。要停车时,必须先停止进给再退出砂轮。

④ 砂轮使用一段时间后,如发现工件产生多菱形振痕,应拆下砂轮重新校平衡后再使用。

⑤ 在磨削细长轴时,不应使用切入法磨削。

⑥ 磨平面时应先检查磁盘吸力是否正常,工件要吸牢,接触面较小的工件,前后要放挡块、加挡板,按工件磨削长度调整好限位挡铁。

⑦ 在平面磨床上磨削薄片工件时,应多次翻面磨削。

⑧ 由干磨转湿磨或由湿磨转干磨时,砂轮应空转 2 min 左右,以散热和除去水分。

⑨ 在无心磨床上磨削工件时,应调整好砂轮与导轮夹角及支板的高度,试磨合格后

方可磨削工件。

⑩ 在立轴平面磨床上及导轨磨床上采用端面磨削精磨平面时,砂轮轴必须调整到与工作台垂直或与导轨移动方向垂直。

⑪ 磨深孔时,磨杆刚性要好,砂轮转速要适当降低。

⑫ 磨锥面时,要先调好工作台的转角;在磨削过程中要经常用锥度量规检查。

⑬ 加工表面有花键、键槽或偏心的工件时,不能吃刀过猛,走刀应缓慢,装夹要牢靠;使用顶尖时,中心孔和顶尖应清理干净,并加上合适润滑油。

⑭ 在精磨结束前应无进给量、多次走刀磨至无火花为止。

⑮ 工作完毕停车时,应先关闭冷却液,让砂轮空转 5 min,将砂轮上的冷却液甩掉,进行脱水,方可停车。

⑯ 停车后将手柄移至空位,切断电源。

⑰ 清除铁屑灰尘,擦拭机床,润滑加油,清扫环境。

8.2 磨床的基本操作

磨床的加工精度高,磨削的表面粗糙度值小,能磨高、硬、脆的材料,因此应用十分广泛。现仅就砂轮的检查、安装和外圆柱面及平面的磨削加工进行讨论。

8.2.1 砂轮的检查、安装、平衡和修整

1. 砂轮的检查

由于砂轮在高速旋转下工作,应在使用前必须仔细检查,其检查方法是目测和音响检查,即:

① 目测检查是直接用肉眼或借助其他器具查看砂轮表面是否有裂纹或破损等缺陷。

② 音响检查也称敲击试验,主要针对砂轮的内部缺陷,检查方法是用小木槌敲击砂轮。正常的砂轮声音清脆,声音沉闷、嘶哑则说明有问题。

③ 砂轮的回转强度检验。对同种型号一批砂轮应进行回转强度抽验,未经强度检验的砂轮批次严禁安装使用。

2. 砂轮的安装

在磨床上安装砂轮应注意以下几点:

① 核对砂轮的特性是否符合使用要求,砂轮与主轴尺寸是否相匹配。

② 将砂轮自由地装配到砂轮主轴上,不可用力挤压。砂轮内径与主轴的配合间隙适当,避免过大或过小。配合面清洁,没有杂物。

③ 两个法兰盘的直径必须相等,以便砂轮不受弯曲应力而导致破裂。法兰盘的最小直径应不小于砂轮直径的1/3。压紧面要平直,与砂轮侧面接触充分,装夹稳固。

④ 安装砂轮时,在砂轮和法兰盘之间必须放橡胶、毛毡等弹性材料,以增加接触面,使受力均匀,如图 8-14 所示。紧固砂轮的松紧程度应以压紧到足以带动砂轮不产生滑动为宜,不宜过紧。当用多个螺栓紧固大法兰盘时,应按对角线成对顺序逐步均匀旋紧,禁止沿圆周方向顺序紧固螺栓,或一次把某一螺栓拧紧。紧固砂轮卡盘只能用标准扳手,禁止用接长扳手或用敲打的办法加大拧紧力。

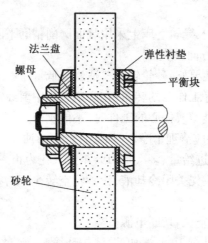

图 8-14　用法兰盘安装砂轮

⑤ 装夹后,经静平衡,砂轮应在最高转速下试转 5 min 后才能正式使用。

3. 砂轮静平衡调整方法

为使砂轮平稳地工作,砂轮必须进行静平衡。砂轮不平衡的原因有两点:① 砂轮的制造误差,如砂轮组织不均匀、砂轮内外径不同轴以及砂轮端面和轴线不垂直等原因引起的;② 砂轮的安装误差,如砂轮安装偏离、法兰盘中有异物、法兰盘有损坏等原因造成的。采用手工操作调整砂轮静平衡时,须使用平衡架、平衡心轴及平衡块、水平仪等工具,如图 8-15 所示。

图 8-15　砂轮静平衡架

砂轮在平衡前,必须要用水平仪调整平衡架至水平。砂轮在平衡时,将平衡芯轴连同砂轮装好固定后放在平衡架的圆形导轨上,若砂轮不平衡,则砂轮会来回摆动,直到砂轮停止转动为止,那么砂轮的不平衡量必然在砂轮的下方。砂轮平衡的调整方法及注意事项介绍如下。

（1）调整方法（见图 8-16）

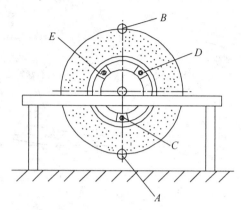

图 8-16　砂轮静平衡调整

① 找出通过砂轮重心的最低位置点 A。

② 与点 A 在同一直径上的对应点做一记号 B。

③ 加入平衡块 C，使 A 和 B 两点位置不变。

④ 再加入平衡块 D，E，并仍使 A 和 B 两点位置不变。如有变动，可上下调整 D，E 使 A，B 两点恢复原位。此时砂轮左右已平衡。

⑤ 将砂轮转动 90°。如不平衡，将 D，E 同时向点 A 或 B 移动，直到 A，B 两点平衡为止。

⑥ 如此调整，直至砂轮能在任何方位上稳定下来，砂轮就平衡好了。根据砂轮直径的大小，检验 7 个或 6 个方位即可。

（2）砂轮平衡应注意的事项

① 平衡架要放水平。

② 将砂轮中的冷却液甩净。

③ 砂轮要紧固，法兰盘、平衡块要洗净。

④ 砂轮法兰盘内锥孔与平衡心轴配合要紧密，心轴不应弯曲。

⑤ 砂轮平衡后，平衡块应紧固。

4. 砂轮的修整

砂轮磨损后应进行修整，以消除钝化的磨粒和堵塞层，恢复砂轮的切削性能及正确形状。砂轮修整是用修整工具把砂轮工作表面修整成所要求的廓型和锐度。

修整砂轮的方法很多，砂轮的修整方法和条件对砂轮表面形貌和砂轮切削能力有很大影响。改变砂轮的修整方法，可以改变磨削力的大小和砂轮的磨损状态，也可改变砂轮切削性能。修整时，应根据具体的磨削条件，选择不同的修整用量，以满足相应的磨削要求。砂轮修整一般有车削、用金刚石滚轮、磨削和滚轧等方法。

以单颗粒金刚石（或以细碎金刚石制成的金刚笔、金刚石修整块）作为刀具车削砂轮是应用最普遍的修整方法。安装在刀架上的金刚石刀具通常在垂直和水平两个方向各倾斜 5°～15°；金刚石与砂轮的接触点应低于砂轮轴线 0.5～1 mm，如图 8-17 所示。修整时金刚石作均匀的低速进给移动。要求磨削后的表面粗糙度越小，则进给速度应越低，如要达到 Ra 为 0.04～0.16 μm 的表面粗糙度，修整进给速度应低于 50 mm/min。修整总量一般为单面 0.1 mm 左右,往复修整多次。粗修的切深每次为 0.01 ~ 0.03 mm,精修则小于 0.01 mm。

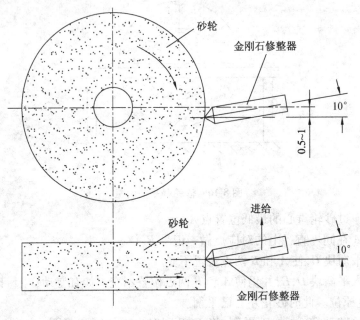

图 8-17　砂轮修整

8.2.2　外圆磨削方法

外圆磨削是对工件圆柱形和圆锥形外表面、多台阶轴外表面及旋转体外曲面进行的磨削。外圆磨削的粗糙度值 Ra 一般能达到 0.32 ~ 1.25 μm,加工公差等级为 IT6 ~ IT7 级。在外圆磨床上磨削外圆常用的方法有纵磨法、切入磨法和综合磨法 3 种。

1. 外圆磨削常用方法

(1) 纵磨法

如图 8-18 所示,磨削时,砂轮高速旋转起切削作用(主运动),工件转动并与工作台一起做往复直线运动(纵向进给),当每次纵向行程或往复行程结束后,砂轮做周期性横向进给(背切刀量)。每次背切刀量很小,磨削余量是在多次往复行程中磨去的。当工件尺寸加工到接近最终尺寸时,再无横向进给地纵向往复磨削几次,直至火花消失,停止磨削,以提高工件的加工精度。纵磨法的磨削深度小,磨削力小,磨削温度低,最后几次无横向进给的光磨行程,能消除由机床、工件、夹具弹性变形而产生的误差,所以磨削精度较高,表面粗糙度小,适合于单件小批量生产和细长轴的精磨。

(2) 切入磨法(横磨法)

如图 8-19 所示,磨削时,工件不做纵向进给运动,采用比工件被加工表面宽(或等宽)的砂轮连续地或间断地以较慢的速度做横向进给运动,直至磨掉全部加工余量。横磨法的生产率高,但砂轮的形状误差直接影响工件的形状精度,所以加工精度较低,而且由于磨削力大,磨削温度高,工件容易变形和烧伤,磨削时应使用大量冷却液。横磨法主要用于大批量生产,适合磨削长度较短、精度较低的外圆面。

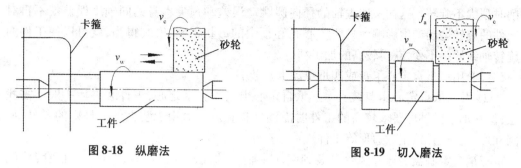

图 8-18 纵磨法   图 8-19 切入磨法

（3）综合磨法

先采用横磨法对工件外圆表面进行分段磨削,相邻两段间有 5～15 mm 的重叠量(见图 8-20),每段都留下 0.01～0.03 mm 的精磨余量,然后用纵磨法进行精磨。当加工表面的长度为砂轮宽度的 2～3 倍以上时,可采用综合磨法。这种磨削方法综合了横磨法生产率高,纵磨法精度高的优点,适合于当磨削加工余量较大,刚性较好的工件。

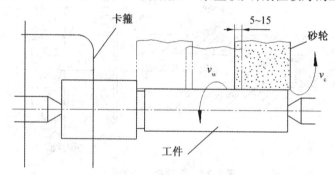

图 8-20 综合磨法

2. 工件的装夹

工件的装夹是否正确、稳固、迅速和方便,将直接影响工件的加工精度、表面粗糙度和生产效率。工件的形状、尺寸、加工要求以及生产条件等具体情况不同,其装夹方法也不同。在外圆磨床上磨削外圆时,常用的工件装夹方法有以下几种。

（1）前、后顶尖装夹

这种方法的特点是安装方便、定位精度高。装夹时,利用工件两端的中心孔,把工件支承在前顶尖和后顶尖之间,工件由头架的拨盘和拨杆带动夹头旋转(见图 8-21),其旋转方向与砂轮旋转方向相同。磨削加工均采用固定顶尖,它们固定在头架和尾架中,磨

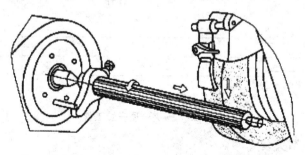

图 8-21 前、后顶尖装夹工件

削时顶尖不旋转。这样头架主轴的径向圆跳动误差和顶尖本身的同轴度误差就不再对工件的旋转运动产生影响。只要中心孔和顶尖的形状正确,安装得当,就可以使工件的旋转轴线始终不变,获得较高的加工精度。

（2）用三爪自定心卡盘或四爪单动卡盘装夹

① 用三爪自定心卡盘装夹。三爪自定心卡盘能自动定心,工件装夹后一般不需找正,但在加工同轴度要求较高的工件时需逐件校正。它适用于装夹外形规则的零件,如圆柱形、正三边形、正六边形等工件。

三爪自定心盘是通过法兰盘装到磨床主轴上的,法兰盘与卡盘通过"定心阶台"配合,然后用螺钉紧固。法兰盘的结构,根据磨床主轴结构不同而不同。带有锥柄的法兰盘（见图 8-22）,它的锥柄与主轴前端内锥孔配合,用通过主轴贯穿孔的拉杆拉紧法兰盘。此外也有带内锥孔的法兰盘,它的内锥孔与主轴的外圆锥面配合,法兰盘用螺钉紧固在主轴前端的法兰上,然后把卡盘安装在法兰盘上。

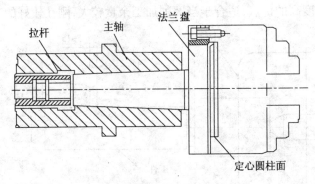

图 8-22　带锥柄的法兰盘

② 用四爪单动卡盘装夹。由于四爪单动卡盘四个爪各自独立运动,因此工件装夹时必须将加工部分的旋转轴线找正到与磨床主轴旋转轴线重合后才能磨削。

四爪单动卡盘的优点是夹紧力大,因此适用于装夹大型或形状不规则的工件。卡爪可装成正爪或反爪使用。四爪单动卡盘与磨床主轴的连接方法和三爪自定心卡盘连接方法相同。

（3）一夹一顶安装工件

一夹一顶是指一端用卡盘夹住,另一端用后顶尖顶住的方法（见图 8-23）。这种方法装夹牢固、安全、刚性好,但应保证磨床主轴的旋转轴线与后顶尖在同一直线上。

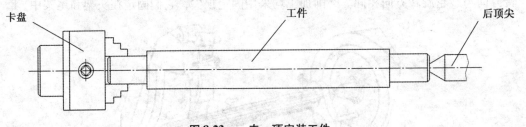

图 8-23　一夹一顶安装工件

（4）用心轴和堵头装夹

磨削中有时会碰到一些套类零件,而且多数要求保证内外圆同轴度。这时一般都是先将工件内孔磨好,然后再以工件内表面为定位基准磨外圆,同时需要使用心轴装夹工件。

心轴两端做有中心孔,将心轴装夹在机床前后顶尖中间,工件则夹在心轴外圆上,这样就可以进行外圆磨削。应用心轴和堵头装夹磨削,一定要将工件所需加工外圆表面及端面全部磨削完成,才能拆卸,绝对不可以在中途松动心轴和两堵头,否则将无法保证加工精度要求。

① 用台阶式心轴装夹工件(见图8-24)。这种心轴的圆柱部分与零件孔之间保持较小间隙配合,工件靠螺母压紧,定位精度较低。

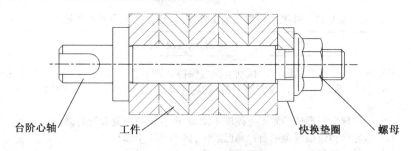

台阶心轴　　　　工件　　　　快换垫圈　　　螺母

图8-24　用台阶式心轴装夹工件

② 用小锥度心轴装夹工件(见图8-25)。心轴锥度为1:5 000~1:1 000。这种心轴制造简单,定位精度高。靠工件装在心轴上所产生的弹性变形来定位并胀紧工件。缺点是承受切削力小,装夹不太方便。

③ 用胀力心轴装夹工件(见图8-26)。胀力心轴依靠材料弹性变形所产生的胀力来固定工件,由于装夹方便,定位精度高,目前使用较广泛。

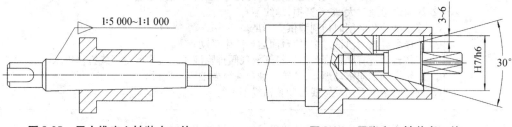

图8-25　用小锥度心轴装夹工件　　　　　　**图8-26　用胀力心轴装夹工件**

④ 用堵头装夹工件。磨削较长的空心工件,不便使用心轴装夹,这时可在工件两端装上堵头,堵头上有中心孔,可代替心轴装夹工件。图8-27 左端的堵头 1 压紧在工件孔中,右端堵头 2 以圆锥面紧贴在工件锥孔中,堵头上的螺纹供拆卸时用。

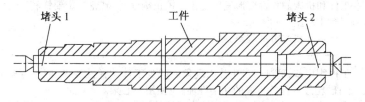

堵头1　　　　　　　工件　　　　　　堵头2

图8-27　圆柱、圆锥堵头装夹工件

图8-28 是法兰盘式堵头,适用于两端孔径较大的工件。

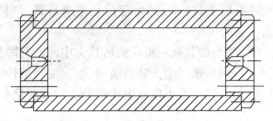

图 8-28　法兰盘式堵头装夹工件

3. 外圆磨削常见的工件缺陷、产生原因及解决方法(见表 8-11)

表 8-11　外圆磨削常见的工件缺陷、产生原因及解决方法

工件缺陷		产生原因及解决方法
表面直波纹		① 砂轮不平衡转动时产生振动。注意保持砂轮平衡;新砂轮需经二次静平衡;砂轮在使用过程出现不平衡,需要作静平衡;砂轮停车前先关掉切削液,让砂轮空转几分钟后再停车。 ② 砂轮硬度过高或砂轮本身硬度不均匀、砂轮用钝后没有及时修整。 ③ 砂轮修得过细或金刚石顶角已磨钝,修出砂轮不锋利。 ④ 工件转速过高或中心孔有毛刺。 ⑤ 工件直径质量过大,不符合机床规格。这时可降低切削用量,增加支承架。 ⑥ 砂轮主轴轴承磨损,配合间隙过大、头架主轴轴承松动、电动机不平衡、进给导轨磨损。 ⑦ 机床结合面有松动。检查拨杆、顶尖、套筒等。 ⑧ 油泵振动、传动带长短不均匀。 ⑨ 砂轮卡盘与主轴锥度接触不好。
表面螺旋纹		① 砂轮硬度过高或砂轮两边硬度高,修得过细,而背吃刀量过大。 ② 纵向进给最过大、砂轮磨损,母线不直。 ③ 修整砂轮和磨削时切削液供应不足。 ④ 工作台导轨润滑油过多,使台面运行产生摆动。 ⑤ 工作台运行有爬行现象。可打开放气阀排除液压系统中的空气或检修机床。 ⑥ 砂轮主轴轴向窜动超差、砂轮主轴与头尾架轴线不平行。 ⑦ 修整时金刚石运动轴线与砂轮轴线不平行。
表面烧伤		① 砂轮太硬或粒度太细、砂轮修得过细,不锋利或砂轮太钝。 ② 切削用量过大或工件速度过低。 ③ 磨削液不充分。
圆柱度超差	锥度	① 工件旋转轴线与工作台运动方向不平行。 ② 工件和机床的弹性变形发生变化。校正锥度时,砂轮一定要锋利,工作过程也要保持砂轮锋利状态。 ③ 工作台导轨润滑油过多。
	鼓形	① 工件刚度差,磨削时产生让刀现象。减少工件的弹性变形;减少背吃刀量,增加光磨次数;砂轮经常保持良好的切削性能;应使用中心架。 ② 中心架调整不适当。正确调整支承块的压力。 ③ 机床导轨水平面内直线度超差。

续表

工件缺陷		产生原因及解决方法
圆柱度超差	鞍形	① 磨细长轴时,顶尖顶得太紧工件弯曲变形。调整尾架顶尖预紧力。 ② 中心架水平支承块压力过大。 ③ 机床导轨水平面内直线度超差。
圆度超差		① 中心孔形状不正确或中心孔内有污垢毛刺、中心孔或顶尖因润滑不良而磨损。 ② 工件顶得过紧或过松、顶尖锥孔接触不好,有松动。 ③ 工件刚度差而毛坯形状误差又大,在磨削时因余量不均匀而引起背吃刀量变化,使工件弹性变形发生相应变化,磨削后未能消除原来全部误差。正确控制磨削用量,进给量应从大到小,并增加光磨行程。 ④ 工件不平衡量过大,在运转时产生跳动,磨削后产生椭圆。 ⑤ 砂轮主轴与轴承配合间隙过大、尾架套筒间隙过大。 ⑥ 消除横进给机构螺母间隙的压力太小或没有间隙。 ⑦ 砂轮过钝。

8.2.3　平面磨床的基本操作

在平面磨床上磨削平面,精度一般可达公差等级 IT6 ~ IT7 级,表面粗糙度 Ra 为 $0.16 \sim 0.63$ μm。精密平面磨床,磨削表面粗糙度 Ra 可达 0.1 μm,平行度误差在 1 000 mm 长度内为 0.01 mm。平面磨削常用的方法有周磨(在卧轴矩形工作台平面磨床上以砂轮圆周表面磨削零件)和端磨(在立轴圆形工作台平面磨床上以砂轮端面磨削零件)两种(见表 8-12)。

表 8-12　平面磨削形式及特点

磨削形式	图　示	特　点	磨床类型
圆周磨削		用砂轮圆周面磨削平面时,砂轮与工件的接触面较小,磨削时的冷却和排屑条件较好,产生的磨削力和磨削热也较小,因此,有利于提高工件的磨削精度。 　　这种磨削方式适用于精磨各种平面零件,一般能达到 0.01/100 ~ 0.02/100 mm 的平面度公差,表面粗糙度 Ra 值可达到 0.20 ~ 1.25 μm。但因磨削时要用间断的横向进给来完成整个工作表面的磨削,所以生产效率较低。	矩台卧轴平面磨床
			圆台卧轴平面磨床

续表

磨削形式	图　示	特　点	磨床类型
端面磨削	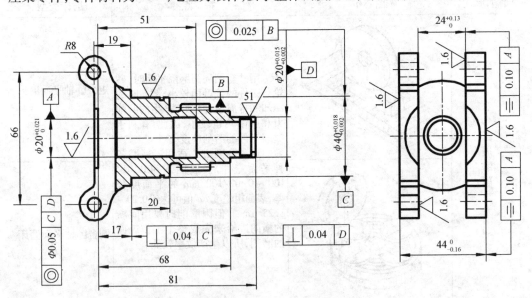	用筒形砂轮端面磨削时,砂轮主轴主要承受轴向力,因此主轴的弯曲变形小,刚性好,磨削时可选用较大的磨削用量。此外,用筒形砂轮端面磨削时,砂轮与工件的接触面积大,同时参加磨削的磨粒多,所以生产效率高。但磨削过程中发热量较大,切削液不易直接浇注到磨削区,排屑也较困难。因而工件容易产生热变形和烧伤。	矩台立轴平面磨床 圆台立轴平面磨床 双端磨磨床

8.3　磨削加工工艺训练

磨削加工步骤安排可参照零件切削加工步骤]进行操作。图 8-29 为柴油机上的飞铁座架零件,零件材料为 40Cr,毛坯为锻件,要求整体调质处理,齿面部分淬硬为 48 ~ 53,回

图 8-29　柴油机飞铁座架零件

火处理。该类零件的特点是要求内外圆表面的同轴度和内外侧面的平行度及与内外圆轴线的垂直度较高。因此,拟定加工步骤时(见表8-13),应尽量采用一次安装中加工,以保证上述要求。如不能在一次安装中完成全部表面加工,则应先加工孔,然后以孔定位,用心轴安装加工外圆,再以外圆定位,加工内侧面和外侧面。

表 8-13　飞铁座架零件磨削步骤

工序	加工内容	砂轮	设备	装夹方法
1	以 $\phi40^{+0.018}_{+0.002}$ 外圆(留磨削余量)定位,精磨 $\phi20^{+0.021}_{0}$ 内孔,	1 型砂轮 $1N-16\times25\times6-A/F40$ L5V -35 m/s	内圆磨床 M2110C	专用精密自定心弹簧夹头
2	以 $\phi20^{+0.021}_{0}$ 内孔定位,精磨 $\phi40^{+0.018}_{+0.002}$ 外圆及台阶	平行砂轮 $1N-400\times50\times203-WA/F46$ L5V -35 m/s	外圆磨床 M1420A	专用小锥度心轴、两头顶尖
3	以 $\phi20^{+0.021}_{0}$ 内孔定位,精磨 $\phi20^{+0.015}_{+0.002}$ 外圆及台阶	平行砂轮 $1N-400\times50\times203-WA/F46$ L5V -35 m/s	外圆磨床 M1420A	专用小锥度心轴、两头顶尖
4	以 $\phi40^{+0.018}_{+0.002}$ 外圆及台阶面定位,磨削宽度为 $44^{0}_{-0.16}$ 的两外侧面	平行砂轮 $1N-350\times50\times127-WA/F46$ L5V -35 m/s	平面磨床 M7120A	专用夹具
5	以 $\phi40^{+0.018}_{+0.002}$ 外圆及台阶面和外侧面定位,磨削宽度为 $24^{+0.13}_{0}$ 的两内外侧面	双面凹一号砂轮 $1N-350\times50\times127-WA/F46$ L5V -35 m/s	平面磨床 M7120A	专用夹具

思考题

1. 填空题

(1)常用的万能外圆磨床主要有_____、_____、_____、_____、砂轮架和内圆磨具等部件组成。

(2)砂轮结构三要素是指_____、_____和_____。

(3)磨削精密主轴时应采用_____顶尖。

(4)切屑液有以下4个作用:_____、_____、_____、_____。

(5)不平衡的砂轮作高速旋转时产生的_____力,会引起机床_____,加速轴承_____,严重的甚至造成砂轮_____。

(6)切削液分为_____和_____两大类,如 N32 机械油属于_____。

(7)轴类零件外圆磨削前的准备工作:_____、_____、_____。

2. 判断题

(1)粒度是表示网状空隙大小的参数。　　　　　　　　　　　　　　　　　(　　)

(2)砂轮的粒度对工件表面的粗糙度和磨削效率没有影响。　　　　　　　(　　)

(3)无机结合剂中最常用的是陶瓷结合剂。　　　　　　　　　　　　　　(　　)

(4)磨削是用高速钢刀具对零件表面进行切削加工的。　　　　　　　　　(　　)

(5)磨削不适宜加工表面较软的有色金属。　　　　　　　　　　　　　　(　　)

(6)磨削薄壁套时,砂轮粒度应粗些,硬度应软些,以减少磨削力与磨削热。(　　)

3. 选择题

（1）如果磨削外圆时,砂轮明显受阻或很脏,钝化砂粒不易脱落,砂轮易黏着磨削,磨削表面出现烧伤、拉毛,则说明选用的砂轮（　　　）。

A. 太硬　　　　　　　B. 太软　　　　　　　C. 粒度粗　　　　　　　D. 粒度细

（2）砂轮的硬度对轧辊（　　　）影响较大,砂轮越硬,轧辊表面烧伤越严重。

A. 磨削精度　　　　　B. 磨削速度　　　　　C. 磨削尺寸　　　　　D. 表面烧伤

（3）砂轮装夹时要清理干净砂轮轴及砂轮卡盘内锥孔的杂质,以免造成（　　　）。

A. 速度不稳　　　　　B. 表面烧伤　　　　　C. 磨削面不光　　　　D. 砂轮偏心

（4）砂轮高速旋转时,砂轮任何部分都受到（　　　）,且离心力的大小与砂轮圆周速度的平方成正比。

A. 离心力作用　　　　　　　　　　　B. 向心力作用

C. 切削力作用　　　　　　　　　　　D. 砂轮偏心作用

4. 简述题

（1）磨削加工的特点是什么?

（2）磨外圆时,工件表面出现振纹的原因是什么? 如何消除?

（3）磨削外圆和平面时,零件的安装各用什么方法?

（4）简述砂轮静平衡方法。

（5）简述磨工安全操作规程。

5. 论述题

（1）试分析外圆磨床工作台移动的直线误差对加工精度影响?

（2）试分析影响工件圆度的因素主要有哪些?

第 9 章

钳 工

9.1 钳工基础知识

钳工是切削加工中的重要工种之一。钳工操作一般是利用虎钳和各种手动、机动工具进行的某些切削加工。钳工基本操作包括划线、錾削、锯割、锉削、钻孔、扩孔、锪孔、铰孔、攻螺纹、套螺纹、刮削、研磨、矫正和弯曲、铆接以及机器的装配、调试和设备的维修等。

9.1.1 钳工工作特点

钳工是一个技术工艺比较复杂、加工程序细致、工艺要求高的工种。它具有使用工具简单、加工多样灵活、操作灵活简便和适应面广等特点。随着机械工业的发展,目前虽然有各种先进的加工方法,但很多工作仍然需要钳工来完成,钳工在保证产品质量中起着重要的作用。钳工可以分为普通钳工、模具钳工、装配钳工、机修钳工等。

钳工的应用范围很广泛,可以完成以下工作:

① 用钳工工具进行修配及小批量零件的加工。

② 精度较高的样板及模具的制作。

③ 整机产品的装配和调试。

④ 机器设备(或产品)使用中的调试和维修。

图 9-1 为机床厂装配车间的钳工在装配数控机床。

图 9-1 数控机床的装配

9.1.2　钳工常用设备和工具

钳工常用的设备有钳工工作台、台虎钳、砂轮机、钻床等,常用的工具有划线盘、錾子、手弓锯、锉刀、刮刀、扳手、螺钉旋具、锤子等。

1. 钳工工作台

钳工工作台也称钳工桌,它是钳工操作的专用桌子。钳工工作台用木料或钢材制成,其高度为 800～900 mm,长度和宽度可随需要而定。钳工工作台用来安装台虎钳和放置工具、工件、图样等。在操作者的对面装有防护网,以防工作时发生意外事故。

钳工工作台使用安全要求:

① 操作者站在钳工工作台的一面工作,对面不允许有人。如果对面有人必须设置密度适当的安全网。钳工工作台必须安装牢固,不允许被用作铁砧。

② 钳工工作台上使用的照明电压不得超过 36 V。

③ 钳工工作台上的杂物要及时清理,工具、量具和刀具分开放置,以免混放损坏。

2. 台虎钳

台虎钳用紧固螺栓固定在钳桌上,用来夹持工件,其规格以钳口的宽度来表示,常用的有 100,125,150 等。台虎钳有固定式和回转式两种,后者使用较方便,应用较广泛。台虎钳由活动钳口、固定钳口、丝杠、螺母、夹紧盘、夹紧手柄和转盘座等主要部分组成(见图 9-2)。

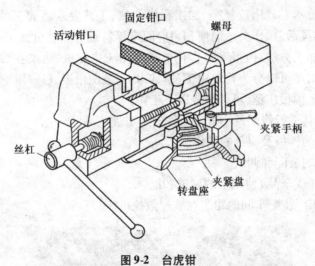

图 9-2　台虎钳

台虎钳的正确使用与维护方法:

① 台虎钳安装在钳台上时,必须使固定钳身的钳口工作面处于钳台边缘之外,以便在夹紧长条工件时工件的下端不受钳台边缘的阻碍。

② 台虎钳必须牢固地固定在钳台上,高度恰好齐人的手肘,夹紧螺钉要扳紧,工作时钳身不会有松动现象。

③ 夹紧工件时要松紧适当,只能用手扳动手柄,不得借助其他工具加力,以免对丝杠、螺母或钳身造成损坏。

④ 强力作业时应尽量使力量朝向固定钳身,否则将额外增加丝杠和螺母的受力。不

要在活动钳身的光滑平面上进行敲击工作,以免降低其与固定钳身的配合性能。

⑤ 对丝杠、螺母等活动表面应经常清洗、润滑,以防生锈。

3. 钻床

钻床是钳工常用的孔加工机床。钻床上可装夹钻头、扩孔钻、锪钻、铰刀、镗刀、丝锥等刀具,用来进行钻孔、扩孔、锪孔、铰孔、镗孔以及攻螺纹等工作。根据钻床结构和适用范围不同,可将其分为台式钻床(简称台钻)、立式钻床(简称立钻)和摇臂钻床3种。

台式钻床是一种可放在台子上或专用的架子上使用的小型钻床(见图9-3),其最大钻孔直径一般小于12 mm。台式钻床主轴转速很高,常用三角皮带传动,由多级皮带轮变换转速。

立式钻床是钳工常用的一种钻床,如图9-4所示。立式钻床的规格由其最大钻孔直径确定,常用的有25,35,40,50 mm等几种,一般用来加工中型工件。立式钻床一般具有自动进给功能。由于它的功率及结构强度较高,因此加工时允许采用较大的切削用量。

钻床使用的安全要求:

① 工作前对所有钻床和工具、夹具、量具要进行全面检查,确认无误后方可操作。

② 工件装夹必须牢固可靠,工作中严禁戴手套。

③ 手动进给时一般按照逐渐增压和逐渐减压原则进行,用力不可过猛,以免造成事故。

④ 钻头上绕有长铁屑时,要停下钻床,然后用刷子或铁钩将铁屑清除。

⑤ 不准在旋转的刀具下翻转、夹压或测量工件,不准用手触摸旋转的刀具。

⑥ 在摇臂钻的横臂回转范围内不准有障碍物,工作前横臂必须夹紧。

⑦ 横臂和工作台上不准存放物件。

⑧ 工作结束后,将横臂降到最低位置,主轴箱靠近立柱,并且夹紧。

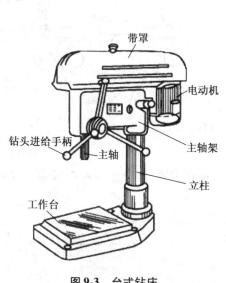

图9-3 台式钻床

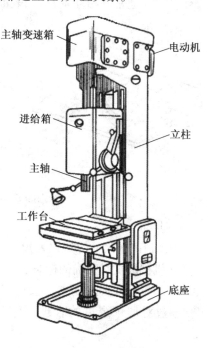

图9-4 立式钻床

9.1.3　钳工安全操作技术要求

① 工作前按要求穿戴好防护用品。

② 不准擅自使用不熟悉的机床、工具和量具。

③ 右手取用的工具放在右边,左手取用的工具放在左边,严禁乱放。

④ 毛坯、半成品应按规定堆放整齐,并随时清除油污、异物等。

⑤ 清除切屑要用刷子,不要直接用手清除或用嘴吹。

⑥ 使用电动工具时,要有绝缘防护和安全接地措施。

9.2　钳工工艺训练

9.2.1　划线、锯削、锉削及錾削

划线、锯削、锉削及錾削是钳工工作中主要的工序,是机器维修装配时不可缺少的钳工基本操作。

1. 划线

划线是指根据图样的技术要求,在毛坯半成品或工件上用划线工具划出加工部位的轮廓线即加工界线,或者是划出作为基准的点、线的操作过程。划线多数用于单件、小批生产,新产品试制和工、夹、模具制造。

划线一般分为平面划线和立体划线两种,如图 9-5 所示。平面划线是在工件的一个平面或几个互相平行的平面上划线(见图 9-5a)。而立体划线是指在毛坯或工件上几个互成不同角度(通常是相互垂直)的表面上划线(见图 9-5b)。

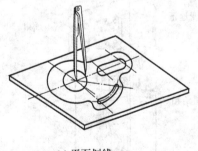
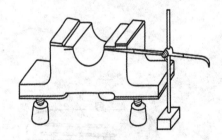

(a) 平面划线　　　　　　　　　　　　(b) 立体划线

图 9-5　平面划线和立体划线

(1) 划线的目的

① 划出清晰的尺寸界线以及尺寸与基准间的相互关系,既便于零件在机床上找正、定位,又使机械加工有明确的标志。

② 检查毛坯的形状与尺寸,及时发现和剔除不合格的毛坯。

③ 通过对加工余量的合理调整分配(即划线"借料"的方法),使零件加工符合要求。

(2) 常用划线工具及使用方法(见表 9-1)

表 9-1　常用划线工具名称及用途

工具名称	形式	用途
平板		用铸铁制成，表面经过精刨和刮削加工，它的工作表面是划线及检验的基准平面，一定要处于水平状态。
划线盘		划线盘是在工件上划线和校正工件位置常用的工具。划线盘的划针一端（尖端）一般都焊有高速钢或硬质合金，作划线用，另一端制成弯头，作校正工件用。
样冲	60°	样冲是用工具钢制成，尖梢部位淬硬，也可以由直径较小的报废铰刀、多刃立铣刀改制而成，用于在已划好的线上冲眼，做好标识。
划针	15°～20° 划针 划针方向45°～75° 45°～75° 钢尺 工件	划针是用来在被划线的工件表面沿着钢板尺、直尺、角尺或样板进行划线的工具，有直划针和弯头划针之分。划线时针尖要靠紧导向工具的边缘，上部向外侧倾斜15°～20°，向划线方向倾斜45°～75°。划线要做到一次划成，不要重复地划同一根线条。划线时力度适当，使划出的线条既清晰又准确，否则线条变粗，反而模糊不清。
划规	(a) (b) (c)	划规用来划圆和圆弧、等分线段以及量取尺寸等。常用划规有普通划规（见图 a）、扇形划规（见图 b）、弹簧划规（见图 c）3 种。
90°角尺		在划线时常用作划平行线或垂直线的导向工具，也可用来找正工件在划线平面上的垂直位置。

续表

工具名称	形式	用途
游标高度尺		游标高度尺主要由主尺、游标、底座、划线爪、测量爪和固定螺钉等组成，它们都装在底座上。当用游标高度尺划线时，必须装上专用的划线爪。它是一种精密的划线与测量高度尺寸的工具。
中心架		调整带尖头的可伸缩螺钉，可将中心架固定在工件的空心孔中，以便于划中心线时在其上定出孔的中心。
方箱		方箱是用灰铸铁制成的空心立方体或长方体，其相对平面互相平行、相邻平面互相垂直。划线时，可用 C 形夹头将工件夹于方箱上，再通过翻转方箱，便可在一次安装的情况下，将工件上互相垂直的线全部划出来。方箱上的 V 形槽平行于相应的平面，是装夹圆柱形工件用的。
V 形块		一般 V 形块都是一副两块，两块的平面与 V 形槽都是在一次安装中磨削加工的。V 形槽夹角为 90° 或 120°，用来支承轴类零件，带 U 形夹的 V 形块可翻转 3 个方向，在工件上划出相互垂直的线。
角铁		角铁一般是用铸铁制成的，它有两个互相垂直的平面。角铁上的孔或槽是用于搭压板时穿螺栓。
千斤顶		用于支持毛坯或形状不规则的工件而进行立体划线的工具，一般要同时用 3 个，支承高度可做一定的调整。支承的三个点离工件重心应尽量远，所组成的三角形面积应尽量大。

（3）划线的方法与步骤

① 看清图样，详细了解工件上需要划线的部位，明确工件及其划线部分在产品中的作用和要求，了解有关后续加工工艺。

② 确定划线基准。

③ 初步检查毛坯的误差情况，确定借料的方案。

④ 正确安放工件和选用工具。

⑤ 对零件进行划线前的准备（清理、检查、涂色，在零件孔中装中心塞块等）。在零件上的划线部位涂上一层薄而均匀的涂料（即涂色），使划出的线条清晰可见。零件不同，涂料也不同。一般在铸、锻毛坯件上涂石灰水，小的毛坯件上也可以涂粉笔，钢铁半成品上一般涂龙胆紫（也称"蓝油"）或硫酸铜溶液。铝、铜等有色金属半成品上涂龙胆紫或墨汁。

⑥ 划线。先划基准线和位置线，再划加工线，即先划水平线，再划垂直线、斜线，最后划圆、圆弧和曲线。

⑦ 仔细检查划线的准确性及是否有线条漏划，及时改正错划的线条，补划漏划的线条，保证划线的准确性。

⑧ 在线条上冲眼。冲眼必须打正，毛坯面要适当深些，已加工面或薄板件要浅些、稀些。精加工面和软材料上可不打样冲眼。

（4）划线基准的选择

划线基准应尽量与设计基准重合；对称形状的工件，应以对称中心线为基准；有孔或搭子的工件，应以主要的孔或搭子中心线为基准；在未加工的毛坯上划线，应以主要不加工面作基准；在加工过的工件上划线，应以加工过的表面作基准。表9-2为常用划线基准类型。

表9-2 常用划线基准类型

工具名称	形式	用途
两个互相垂直的平面为基准	*(图)*	以两个互相垂直的平面（或线）为基准。零件在两个相互垂直的平面（在图样上是一条线）的方向上都有尺寸要求。因此，应以两个平面为尺寸基准。
一个平面和一条中心线为基准	*(图)*	以一个平面（或直线）和一条中心线为基准。零件高度方向的尺寸是以底面为依据，宽度方向的尺寸对称于中心线。因此，在划高度尺寸线时应以底平面为尺寸基准，划宽度尺寸线时应以中心线为尺寸基准。

续表

工具名称	形式	用途
两条相互垂直的中心线为基准	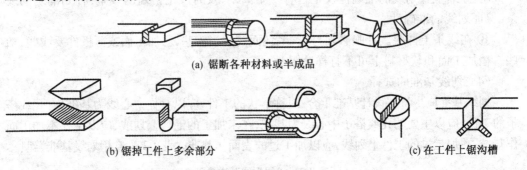	以两条相互垂直的中心线为基准。零件两个方向尺寸与其中心线具有对称性，并且其他尺寸也是从中心线开始标注。因此在划线时应选择中心十字线为尺寸基准。

2. 锯削

用锯弓对材料或工件进行切断或切槽等加工方法称为锯削，一般是对较小的材料和工件进行分割或切槽（见图9-6）。

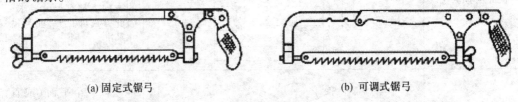

(a) 锯断各种材料或半成品

(b) 锯掉工件上多余部分　　　　　　　　　(c) 在工件上锯沟槽

图9-6　锯削的应用

（1）锯削工具

手工锯削所使用的工具是手锯，主要由锯弓和锯条组成。

① 锯弓。锯弓用来安装并张紧锯条，分为固定式和可调式，如图9-7所示。固定式锯弓只能安装一种长度的锯条，而可调式锯弓通过调节安装距离，可以安装几种长度规格的锯条。

(a) 固定式锯弓　　　　　　　　　　　　　　(b) 可调式锯弓

图9-7　手锯

② 锯条。锯条用碳素工具钢或合金钢制成，并经过热处理淬硬。锯条的规格是以两端安装孔的中心距来表示的，常用的锯条规格是两孔中心距 $L = 300$ mm，宽度 $b = 12$ mm，厚度 $S = 0.65$ mm。

锯条的许多锯齿在制造时按一定的规则左右错开，排列成一定的形状，称为锯路。锯路分为 J 型（交叉型）和 B 型（波浪型）两种，见图9-8a。锯条根据齿距不同分为粗齿、中齿、细齿 3 种。不同齿距锯削不同材料。

锯条的切削部分由许多均布的锯齿组成,可看作一排同样刀齿的排列。为了保证锯削时有一定的容屑和强度,常用的锯条后角 $\alpha = 40° \sim 45°$,齿形角 $\theta = 45° \sim 50°$,前角 $\gamma = -2° \sim 2°$,如图 9-8b 所示。制成后角和楔角的目的,是为了使切削部分具有足够的容屑空间和使锯齿具有一定的强度,以便获得较高的工作效率。从图 9-8a 中可以看出,锯路图中 S 为锯条的厚度,而 H 为锯缝的宽度,有了锯路后,锯出的锯缝 $H > S$,其作用就是防止在锯削时锯条夹在锯缝中,同时可以减少锯削时的阻力和便于排屑。

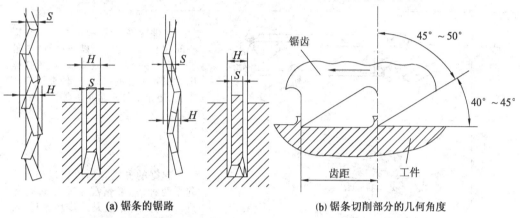

(a) 锯条的锯路　　　　　　(b) 锯条切削部分的几何角度

图 9-8　锯齿的角度和锯路

（2）锯齿粗细及其选择

手用锯条的齿距为 $0.8 \sim 1.8$ mm,齿距 $1.4 \sim 1.8$ mm 为粗齿,齿距 1.2 mm 为中齿,齿距 $0.8 \sim 1$ mm 为细齿,锯齿粗细的选择应根据材料的硬度和厚度来确定,以使锯削工作既省力又经济。

① 粗齿锯条。适用于锯软材料、较大表面及厚材料。因为在这种情况下每一次推锯都会产生较多的切屑,要求锯条有较大的容屑槽,以防产生堵塞现象。

② 中齿锯条。适用于锯中等硬度的材料。

③ 细齿锯条。适用于锯硬材料及管子或薄材料。对于硬材料,由于锯齿不易切入材料,切屑少,不需大的容屑空间。一般管子的壁厚较薄,采用细齿锯条锯削不易崩齿。

（3）正确安装锯条

① 锯条的安装方向。锯弓中安装锯条时具有方向性。手锯向前推时进行切削,而在向后返回时不起切削作用,因此安装锯条时一定要保证齿尖的方向朝前,此时前角为零。如果装反了,则前面为负值,不能正常锯削,如图 9-9 所示。

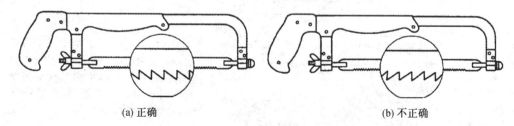

(a) 正确　　　　　　　　　　(b) 不正确

图 9-9　锯条的安装方向

② 锯条的松紧锯条的松紧程度要适当。锯条张得太紧,受张力太大,失去应有的弹性,以至于在工作时稍有卡阻,弯曲时就易折断。而如果装得太松,又会使锯条在工作时易扭曲摆动,同样容易折断,且锯缝易发生歪斜。调节好的锯条应与锯弓在同一中心平面内,以保证锯缝正直,防止锯条折断。

（4）锯削操作方法（见表9-3）

表9-3　锯削方法

项目	图示	说明
工件的装夹	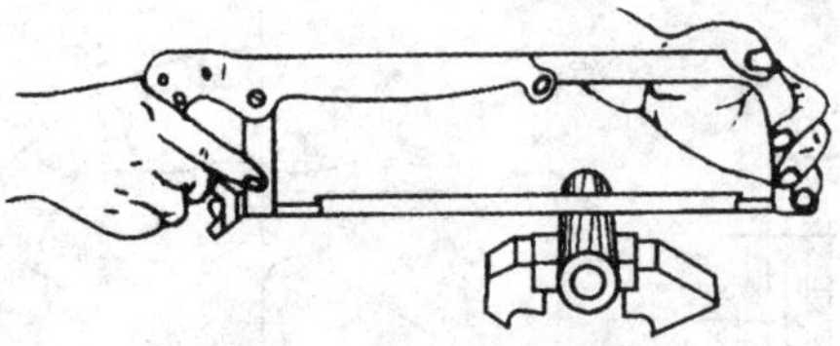	工件应夹在虎钳的左边,以免操作时碰伤左手,便于操作;同时工件伸出钳口的部分不要太长,以免在锯削时引起工件的抖动,工件夹持应该牢固,防止工件松动或使锯条折断。
起锯	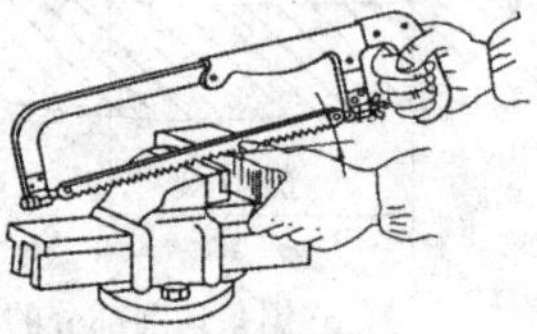 (a) 远起锯 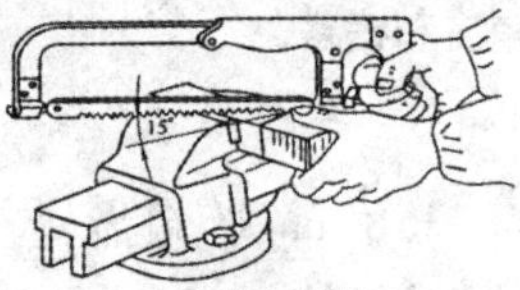 (b) 近起锯  锯条 (c) 大拇指引锯	起锯的方式有远边起锯和近边起锯两种,一般情况下采用远边起锯,因为此时锯齿是逐步切入材料,不易被卡住,起锯比较方便。 　起锯角 α 以15°为宜。如起锯角太大,则锯齿易被工件棱边卡住;起锯角太小,则不易切入材料,锯条还可能打滑,把工件表面锯坏。 　为了使起锯的位置准确和平稳,可用左手大拇指挡住锯条来定位。起锯时压力要小,往返行程要短,速度要慢,这样可使起锯平稳。
棒料的锯削	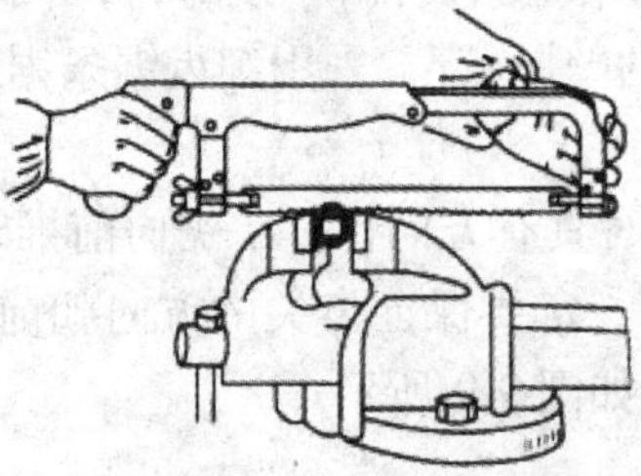	棒料锯削的断面如果要求比较平整,应从起锯开始连续锯到结束。若所锯削的断面要求不高,可改变几次锯削的方向,使棒料转过一个角度再锯。
薄壁管锯削	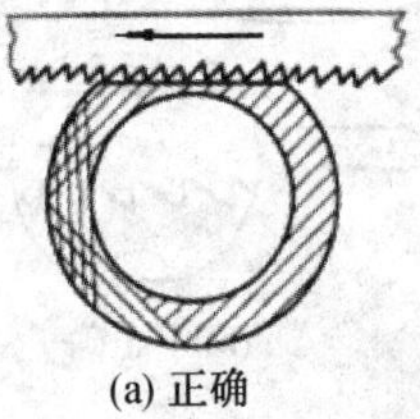 (a) 正确 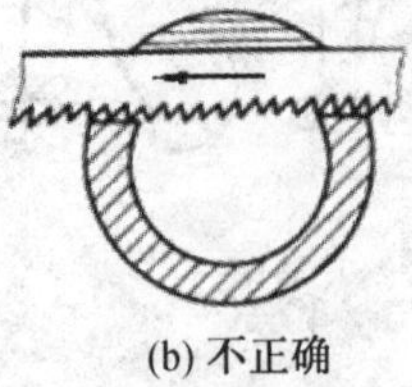　　　(b) 不正确	锯削薄壁管子时,先在一个方向锯到管子内壁处,然后把管子向推锯的方向转过一个角度,并连接原锯缝再锯到管子的内壁处,如此进行几次,直到锯断为止。

续表

项目	图　示	说　明
薄板料的锯削	(a) 锯薄板料（一） (b) 锯薄板料（二）	锯削薄板料时,尽可能从宽面上锯下去。当一定要在板料的狭面上锯下去时,应该把板料夹在两块木板之间,连木块一起锯下去。另一种方法是把薄板料夹在台虎钳上用手锯横向斜推锯。
深缝的锯削	(a) 锯深缝　　(b) 锯条转 90° (c) 锯条反装	当锯缝的深度到达锯架高度时,为了防止锯架与工件相碰,应将锯条转过 90° 重新安装,使锯架转到工件的旁边再锯。 　　工件夹紧要牢靠,并应使锯削部位处于钳口附近。

（5）锯削操作时的注意事项

① 锯条要装得松紧适当,锯削时不要突然用力过猛,防止工件中锯条折断从锯弓上崩出伤人。

② 工件夹持要牢固,以免工件松动、锯缝歪斜、锯条折断。

③ 握锯时要自然舒展,右手握手柄,左手轻扶锯弓前端。

④ 锯削时从操作者的下颚到钳口的距离以一拳一肘的高度为宜。

⑤ 锯削时右腿伸直,左腿弯曲,身体向前倾斜,重心落在左脚上,两脚站稳不动,靠左膝的屈伸使身体做往复摆动。

⑥ 锯弓前进时一般要加不大的压力,而后拉时不加压力。

⑦ 锯削速度以每分钟 20～40 次为宜。速度过快易使锯条发热,磨损加重;速度过慢又直接影响锯削效率。

⑧ 锯削时不要仅使用锯条的中间部分,而应尽量在全长度范围内使用。为避免局部磨损,一般应使锯条的行程不小于锯条长的 2/3。

⑨ 要经常注意锯缝的平直情况,如发现歪斜应及时纠正。歪斜过多纠正困难,不能保证锯削的质量。

⑩ 工件将锯断时压力要小,避免压力过大使工件突然断开,手向前冲造成事故。一般工件将锯断时要用左手扶住工件断开部分,以免落下伤脚。

⑪ 在锯削钢件时可加些机油,以减少锯条与工件的摩擦,延长锯条的使用寿命。

3. 锉削

用锉刀对工件表面进行切削,使其达到零件图所要求的形状、尺寸和表面粗糙度的加工方法称为锉削。锉削加工简便,工件范围广,多用于錾削、锯削之后。可对工件上的平面、曲面、内外圆弧、沟槽以及其他各种形状复杂的表面进行加工,其最高加工精度可达 IT7 ~ IT8 级,表面粗糙度 Ra 可达 0.8 μm,钳工在装配过程中也经常用锉刀对零件进行修整。

（1）锉刀

锉刀是锉削的主要工具,常用碳素工具钢 T12,T13 制成,并经热处理淬硬至 62 ~ 67 HRC。它由锉刀面、锉刀边、锉齿、锉刀尾、木柄等部分组成,如图 9-10 所示。

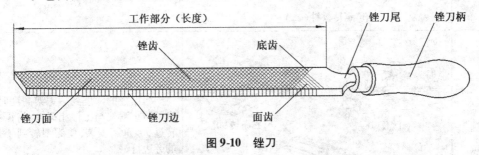

图 9-10　锉刀

按用途来分,锉刀可分为普通锉、特种锉和整形锉（什锦锉）3 类。普通锉按其截面形状可分为平锉、半圆锉、方锉、三角锉及圆锉等 5 种。

合理选用锉刀,对保证加工质量、提高工作效率和延长锉刀寿命有很大的影响。一般选择原则是:根据工件形状和加工面的大小选择锉刀的形状和规格（见表 9-4）;根据材料软硬、加工余量、精度和粗糙度的要求选择锉刀齿纹的粗细。

锉齿是锉刀用以切削的齿型。锉齿的种类有由用铣齿法铣成的铣齿和由用剁齿机剁成的剁齿两种。

（2）锉削操作方法

① 锉刀的握法。大锉刀的握法:右手心抵着锉刀木柄的端头,大拇指放在锉刀木柄的上面,其余四指弯在下面,配合大拇指捏住锉刀木柄。左手则根据锉刀大小和用力的轻重,有多种姿势,如图 9-11 所示。

中锉刀的握法:右手握法与大锉刀握法相同,左手用大拇指和食指捏住锉刀前端,如图 9-12a 所示。

小锉刀的握法:右手食指伸直,拇指放在锉刀木柄上面,食指靠在锉刀的刀边,左手几个手指压在锉刀中部, 如图 9-12b 所示。

更小锉刀(什锦锉)的握法:一般只用右手拿着锉刀,食指放在锉刀上面,拇指放在锉刀的左侧,如图 9-12c 所示。

表 9-4 锉刀形状的选用

锉刀类别	用途	示例
扁锉	锉平面、外圆面、凸弧面	
半圆锉	锉凹弧面、平面	
三角锉	锉内角、三角孔、平面	
方锉	锉方孔、长方孔	
圆锉	锉圆孔、半径较小的凹弧面、椭圆面	
菱形锉	锉菱形孔、锐角槽	
刀形锉	锉内角、窄槽、楔形槽、锉方孔、三角孔、长方孔的平面	

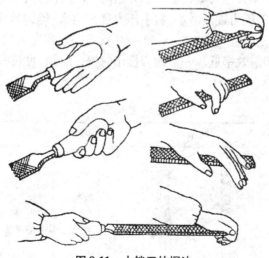

图 9-11 大锉刀的握法

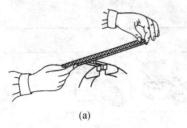

(a)

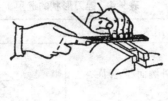

(b)

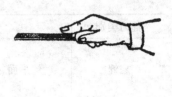

(c)

图9-12　中、小锉刀的握法

② 锉削的姿势。锉削时,两脚站稳不动,靠左膝的屈伸使身体做往复运动,手臂和身体的运动要互相配合,并充分利用锉刀的全长。开始锉削时身体要向前倾 10°左右,左肘弯曲,右肘向后,如图 9-13a 所示。当锉刀推出 1/3 行程时,身体向前倾斜 15°左右,如图9-13b 所示,这时左腿稍弯曲,左肘稍直,右臂向前推。当锉刀推到 2/3 行程时身体逐渐倾斜到 18°左右,如图9-13c 所示,左腿继续弯曲,左肘渐直,右臂向前使锉刀继续推进,直到推尽,身体随着锉刀的反作用退回到 15°位置,如图 9-13d 所示。行程结束后把锉刀略微抬起,使身体与手回复到开始时的姿势,如此反复。

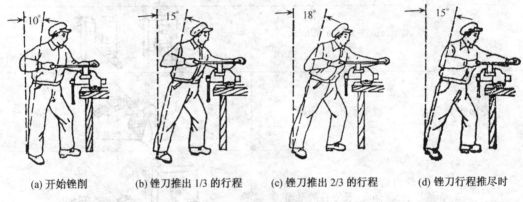

(a) 开始锉削　　(b) 锉刀推出 1/3 的行程　　(c) 锉刀推出 2/3 的行程　　(d) 锉刀行程推尽时

图9-13　锉削的姿势

锉削过程中,两手用力也时刻在变化。开始时,左手压力大推力小,右手压力小推力大;随着推锉过程,左手压力逐渐减小,右手压力逐渐增大;锉刀回程时不加压力,以减少锉齿的磨损。锉刀往复运动速度一般为 30～60 次/min。速度太快,操作者容易疲劳,且锉齿易磨钝,太慢则切削效率低。一般锉刀推出时慢,回程时可快些。

（3）锉削方法（见表9-5）

表9-5　锉削方法

项目	图示	说明
平面顺向锉法		顺着同一方向对工件进行锉削的方法称为顺向锉法。顺向锉法是最基本的锉削方法。其特点是锉痕正直、整齐美观。适用于锉削不大的平面和最后的锉光。

续表

项 目	图 示	说 明
平面交叉锉法	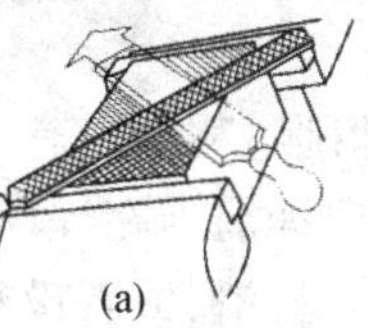 (a) 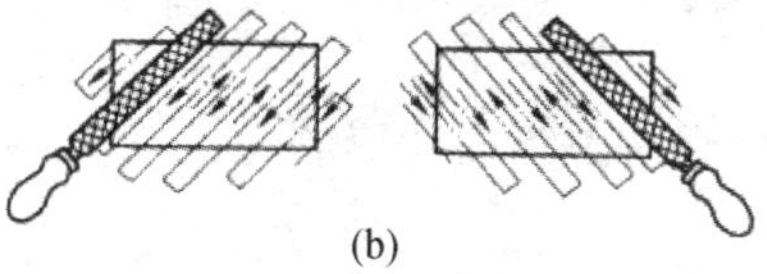 (b)	锉削时锉刀从两个交叉的方向对工件表面进行锉削的方法称为交叉锉法。交叉锉法的特点是锉刀与工件的接触面大,锉刀容易掌握平稳,锉削时还可以从锉痕上判断出锉削面高低情况,表面容易锉平,但锉痕不正直。所以交叉锉法只适用于粗锉,精加工时要改用顺向锉法,才能得到正直的锉痕(见图 a)。 　　为使整个平面都能均匀地锉削到,一般每次退回锉刀时都要向旁边略为移动一些(见图 b)。
推锉法	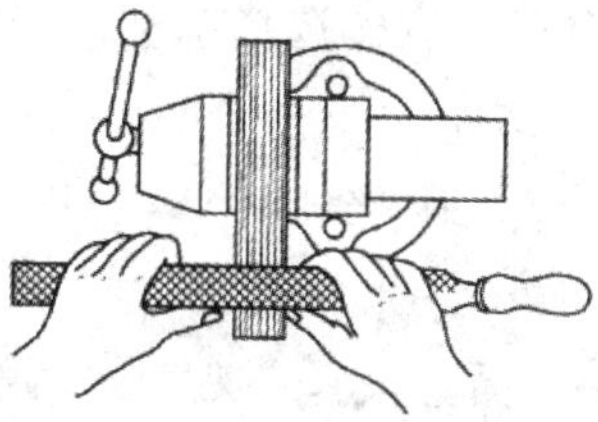	用两手对称的横握锉刀,用两大拇指推动锉刀顺着工件长度方向进行锉削的一种方法称为推锉法。推锉法一般在锉削狭长的平面或顺向锉法锉刀推进受阻时采用。推锉法切削效率不高,所以常用在加工余量较小和修正尺寸时采用。
外圆弧面顺着圆弧面锉	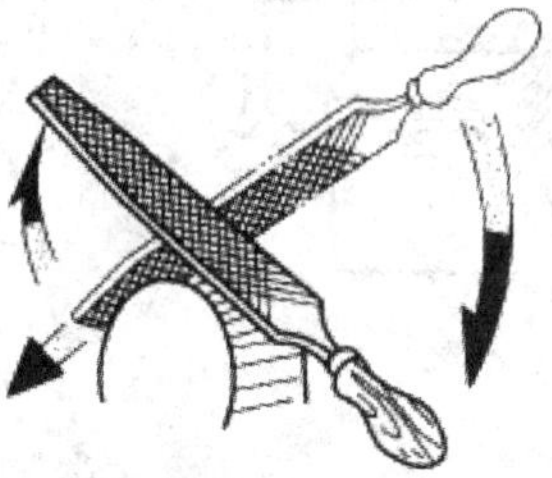	锉削外圆弧面时,锉刀要同时完成两个运动,即锉刀在作前进运动的同时还应绕工件圆弧的中心转动。 　　锉削时右手把锉刀柄部往下压,左手把锉刀前端向上抬,这样锉出的圆弧面不会出现棱边现象,使圆弧面光洁圆滑。 　　适用于在加工余量较小或精锉圆弧面时采用。
外圆弧面横着圆弧面锉	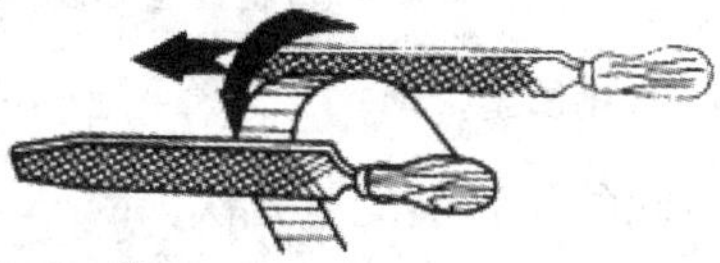	锉削时锉刀向着图示方向直线推进,容易发挥锉削力量,能较快地把圆弧外的部分锉成接近圆弧的多菱形,然后再用顺着圆弧面锉的方法精锉成圆弧。
锉削内圆弧面	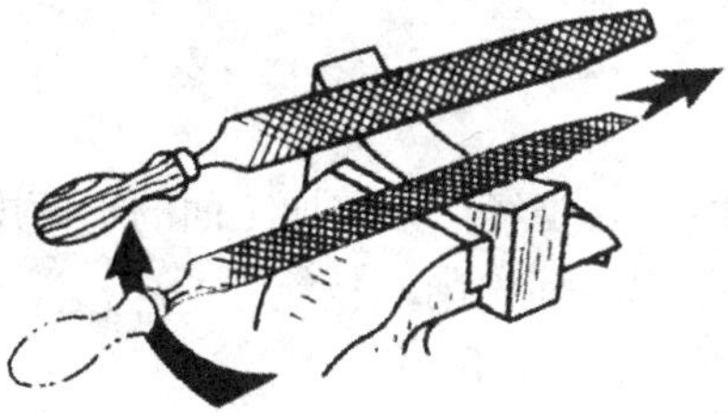	锉削内圆弧面时,锉刀要同时完成3个运动: 　　① 前进运动。 　　② 随圆弧面向左或向右移动(约半个到一个锉刀直径)。 　　③ 绕锉刀中心线转动(顺时针或逆时针方向转动)。 　　锉削时只有将3个运动同时完成,才能使锉刀工作面沿工件的圆弧做锉削运动,加工出圆滑的内圆弧面来。
通孔的锉削	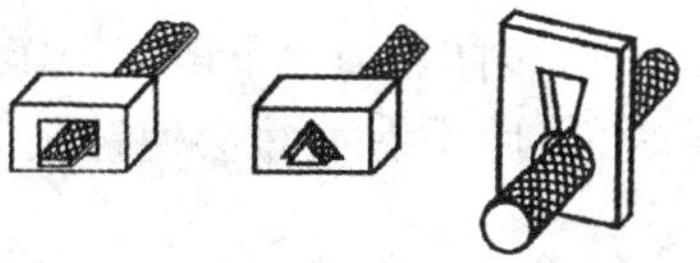	根据通孔的形状、工件材料、加工余量、加工精度和表面粗糙度来选择所需的锉刀。

（4）锉削质量与质量检查

锉削质量问题主要有：

① 平面中凸、塌边和塌角。由于操作不熟练，锉削力运用不当或锉刀选用不当所造成。

② 形状、尺寸不准确。由于划线错误或锉削过程中没有及时检查工件尺寸所造成。

③ 表面较粗糙。由于锉刀粗细选择不当或锉屑卡在锉齿间所造成。

④ 锉掉了不该锉的部分。由于锉削时锉刀打滑，或者没有注意带锉齿工作边和不带锉齿的光边而造成。

⑤ 工件被夹坏。这是由于在虎钳上夹持不当而造成的。

锉削质量检查主要有以下几个方面：

① 检查直线度，用钢尺和直角尺以透光法来检查，如图9-14a所示。

② 检查垂直度，用直角尺采用透光法检查。应先选择基准面，然后对其他各面进行检查，如图9-14b所示。

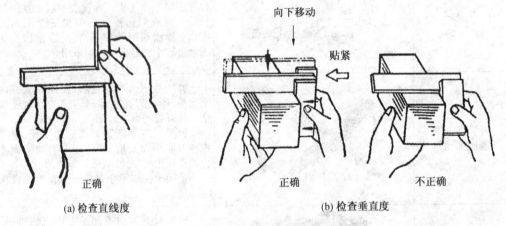

(a) 检查直线度　　　　　(b) 检查垂直度

图9-14　锉削质量检查

③ 检查尺寸，可用游标卡尺在全长不同的位置上测量几次。

④ 检查表面粗糙度，一般用眼睛观察即可。如要求准确，可用表面粗糙度样板对照检查。

（5）锉削操作时应注意事项

① 操作姿势、动作要正确。

② 两手用力方向、大小变化正确、熟练。要经常检查加工面的平面度和直线度情况，来判断和改进锉削时的施力变化，逐步掌握平面锉削的技能。

③ 不准使用无柄锉刀锉削，以免被锉舌戳伤手。

④ 不准用嘴吹锉屑，以防锉屑飞入眼中。

⑤ 锉削时，锉刀柄不要碰撞工件，以免锉刀柄脱落伤人。

⑥ 放置锉刀时不要把锉刀露出钳台外面，以防锉刀落下砸伤操作者。

⑦ 锉削时不可用手摸被锉过的工件表面，因手有油污会使锉削时锉刀打滑而造成事故。

⑧ 锉刀齿面塞积切屑后，用钢丝刷顺着锉纹方向刷去锉屑。

9.2.2 孔加工

各种零件上的孔加工,除去一部分用车、镗、铣等机床完成外,很大一部分是由钳工利用各种钻床和钻孔工具完成的。钳工加工孔的方法一般是指钻孔、扩孔、锪孔和铰孔。

一般情况下,孔加工刀具都应完成两个运动,如图 9-15 所示。主运动,即刀具绕轴线的旋转运动(回转箭头所指方向);进给运动,即刀具沿着轴线方向对着零件的直线运动(直线箭头所指方向)。

1. 钻孔

用钻头在实心工件上加工孔称为钻孔(见图 9-15)。钻孔的加工精度一般在 IT11 级以下,表面粗糙度 Ra 为 50~63 μm。

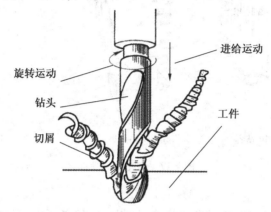

图 9-15 孔加工切削运动

(1) 刀具

钻头是钻孔用的主要刀具,一般用高速钢材料制造,工作部分热处理淬火后的硬度可达 62~68 HRC。直柄式麻花钻也可采用硬质合金材料制造,表面经涂层处理后,用来加工较硬材料的工件,可延长钻头的使用寿命。麻花钻由钻柄、颈部和工作部分组成,如图 9-16 所示。

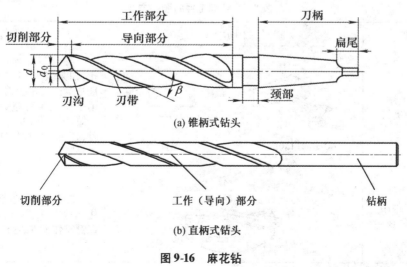

(a) 锥柄式钻头

(b) 直柄式钻头

图 9-16 麻花钻

麻花钻的装夹方法按其柄部的形状不同而异。锥柄可以直接装入钻床主轴孔内。较小的钻头可用过渡套筒安装,如图 9-17 所示。钻头、钻套、主轴装夹在一起前,必须擦干净,联接要牢固,必要时可用木板垫在工作台上,摇动操作手柄,使主轴携带钻头向木板上冲击两次,即可将钻头装夹牢固。直柄钻头则用钻夹头安装,严禁用锤子等硬物击打钻夹头装夹。钻头旋转时其径向圆跳动应尽量小。

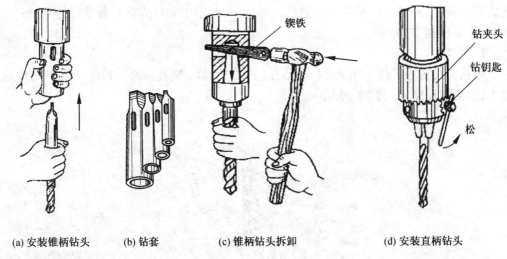

(a) 安装锥柄钻头　(b) 钻套　(c) 锥柄钻头拆卸　(d) 安装直柄钻头

图 9-17　麻花钻的装夹

（2）工件的装夹

为保证工件的加工质量和操作的安全,钻削时工件必须牢固地装夹在夹具或工作台上。钻孔时工件的装夹方法与生产批量及孔的加工要求有关,生产批量较大或精度要求较高时,零件一般用钻模来装夹,单件小批量生产或加工要求较低时,零件经划线确定中心位置后,多数装夹在通用夹具或工作台上钻孔。常用的附件有手虎钳、平口钳、V 形铁和压板、螺钉等,这些工具的使用和工件的形状及孔径的大小有关,常用的装夹方法见表 9-7。

表 9-7　钻削工件的装夹方法

装夹形式	图示	方法要点
手握或用手虎钳夹持	(a) 手虎钳夹持　　(b) 小型台虎钳	钻直径 6 mm 以下的小孔,如果工件能用手握住,而且基本比较平整时,可以直接用手握住工件进行钻孔。对于短小工件,用手不能握持时,必须用手虎钳或小型台虎钳夹紧。
较长工件用螺钉靠住		较长工件,虽然可用手握住,但最好在钻床台面上再用螺钉靠住工件,这样比较安全。

续表

装夹形式	图示	方法要点
用机用平口台虎钳装夹	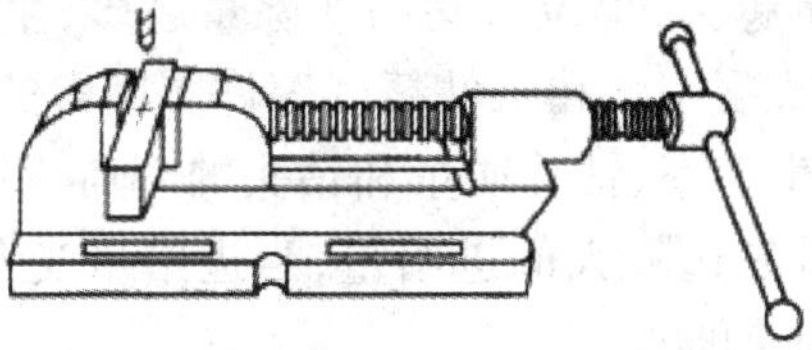	在平整的工件上钻较大孔时,一般采用机用平口台虎钳装夹。装夹时在工件下面垫一木块,如果钻的孔较大,机用平口台虎钳应用螺钉固定在钻床工作台面上。
用V形块装夹	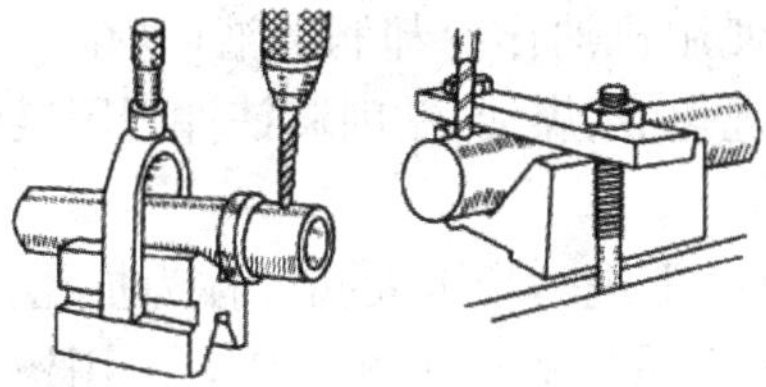	在圆柱形或套筒类工件上钻孔时,一般把工件放在V形块上并配以压板压紧。
用角铁装夹	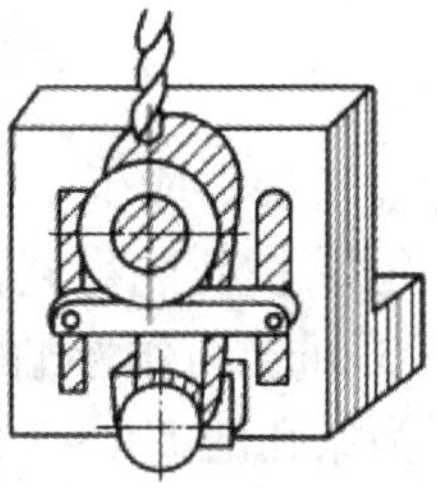	将工件装夹在已固定在钻床工作台面上的角铁上进行钻削。
在钻床工作台台面上装夹工件	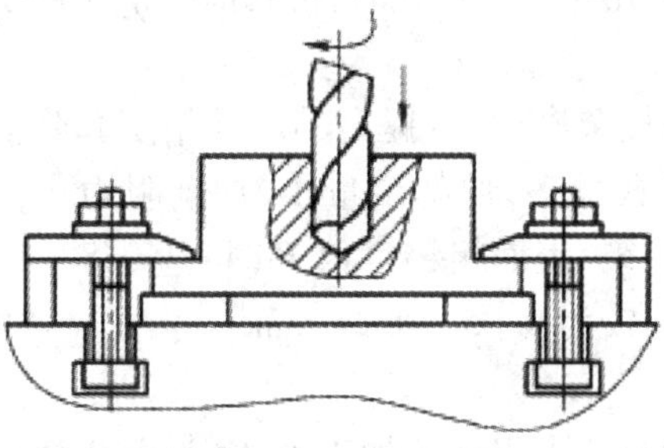	钻大孔或不适宜用机用平口虎钳装夹的工件,可直接用压板、螺栓把工件固定在钻床工作台面上进行钻削。

（3）常用钻孔方法

① 钻削通孔。当孔快要钻穿时,应变自动进给为手动进给,以避免钻穿孔的瞬间因进给量剧增而发生啃刀,影响加工质量和损坏钻头。

② 钻不通孔。应按钻孔深度调整好钻床上的挡块、深度标尺等或采用其他控制方法,以免钻得过深或过浅,并应注意退屑。

③ 深孔钻削。钻孔深度达到钻头直径的3倍时,钻头就应退出排屑。此后,每钻进一定深度,钻头应退出排屑一次,并注意冷却润滑,防止切屑堵塞、钻头过热退火或扭断。

④ 钻削直径超过 $\phi30$ mm 大孔。一般应分两次钻削,第一次用0.6~0.8倍孔径的钻头,第二次用所需直径的钻头扩孔。扩孔钻头应使两条主切削刃长度相等、对称,否则会使孔径扩大。

⑤ 钻 $\phi1$ mm 以下的小孔。开始进给力要轻,防止钻头弯曲和滑移,以保证钻孔试切的正确位置。钻削过程要经常退出钻头排屑和加注切削液。切削速度可选择范围为2 000~3 000 r/min,进给力应小而平稳,不宜过大过快。

（4）切削用量的选择及冷却润滑

钻孔切削用量是指钻头的切削速度（mm/min）或转速（r/min）和进给量（钻头每转一转沿轴向移动的距离）。切削用量越大，单位时间内切除量越多，生产效率越高，但切削用量受到钻床功率、钻头强度、钻头耐用度和工件精度等许多因素的限制。因此，如何合理选择钻削用量直接关系到钻孔生产率、钻孔质量和钻头的寿命。钻孔时选择切削用量的基本原则是：在允许范围内尽量先选较大的进给量，当进给量受孔表面粗糙度和钻头刚度的限制时，再考虑较大的切削速度。

钻削钢件时，为降低粗糙度多使用机油作冷却润滑液（切削液），为提高生产效率则常使用乳化液。钻削铝件时，常用乳化液、煤油；钻削铸铁件则用煤油。

2. 扩孔、铰孔与锪孔

用扩孔钻或钻头在原有孔的基础上进一步扩大孔径称为扩孔，孔径经钻孔、扩孔后，用铰刀对孔进行提高尺寸精度和表面质量的加工称为铰孔。用锪钻改变已有孔的端部形状的加工称为锪孔。

（1）扩孔

一般用麻花钻作扩孔钻。在扩孔精度要求较高或生产批量较大时，还采用专用扩孔钻。因扩孔钻没有横刃参加切削，故轴向力小，扩孔能得到较高的尺寸精度（可达 IT9 ~ IT10）和较小的表面粗糙度（Ra 值为 3.2 ~ 6.3 μm），可作为孔的半精加工及铰孔前的预加工。

扩孔的切削速度为钻孔的 1/2，进给量为钻孔的 1.5 ~ 2 倍。用麻花钻扩孔时，扩孔前的钻孔直径为孔径的 0.5 ~ 0.7 倍；用扩孔钻扩孔时，扩孔前的钻孔直径为孔径的 0.9 倍。

（2）铰孔

用铰刀从工件孔壁上切除微量金属层，以提高其尺寸精度和降低表面粗糙度的加工方法称为铰孔。由于铰刀的刀齿数量多，切削余量小，切削阻力小，导向性好，加工精度高。一般尺寸精度可达 IT6 ~ IT8 级，表面粗糙度值 Ra 可达 0.8 ~ 1.6 μm。一般粗铰孔的加工余量为 0.15 ~ 0.50 mm，精铰为 0.05 ~ 0.25 mm。

（3）锪孔

锪孔是用锪钻刮平孔的端面或切出沉孔的加工方法（见图 9-18），这种加工方法多在扩孔之后进行。锪钻的种类很多，可以加工圆柱形沉头座、圆锥形沉头座、鱼眼坑以及孔端的凸台等。

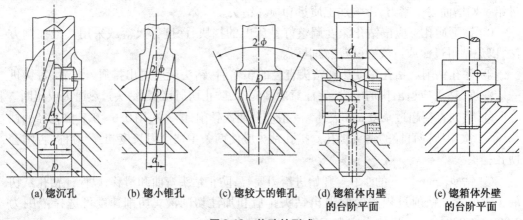

(a) 锪沉孔　　(b) 锪小锥孔　　(c) 锪较大的锥孔　　(d) 锪箱体内壁的台阶平面　　(e) 锪箱体外壁的台阶平面

图 9-18　锪孔的形式

9.2.3 螺纹加工

用丝锥在工件孔中切削出内螺纹的加工方法称为攻螺纹(俗称攻丝);用板牙在圆棒上切出外螺纹的加工方法称为套螺纹(俗称套扣)。单件小批生产中采用手动攻螺纹和套螺纹,大批量生产中则多采用机动(在车床或钻床上)攻螺纹和套螺纹。

1. 攻螺纹

机械设备部件都有很多的螺纹孔,大量的螺纹孔是连接用的,通常采用攻螺纹方法加工。攻螺纹指用丝锥在工件孔中切削出内螺纹的加工方法。攻螺纹要用丝锥、铰手和保险夹头等工具。

(1) 攻螺纹的工具

丝锥是钳工加工内螺纹的工具(见图 9-19),分手用丝锥和机用丝锥两种,有粗牙和细牙之分,手用丝锥的材料一般用合金工具钢或轴承钢制造,机用丝锥一般则用高速钢制造。

丝锥由工作部分和柄部组成,柄部有方榫,用来传递转矩。工作部分又包括切削部分和校准部分。丝锥的切削部分担负主要切削工作,切削部分沿轴向开有几条容屑槽,形成切削刃和前角,同时能容纳切屑。

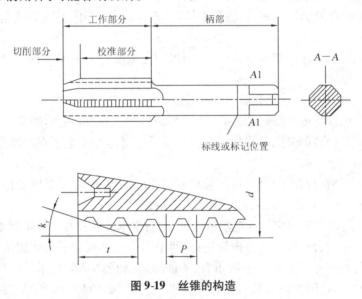

图 9-19 丝锥的构造

丝锥铰手是用来夹持丝锥柄部方榫,带动丝锥旋转切削的工具。丝锥铰手有普通铰手和丁字铰手两类,各类丝锥铰手又分为固定式和活动式两种,如图 9-20 所示。

固定丝锥铰手的方孔尺寸与导杆的长度应符合一定的规格,使丝锥受力不致过大,以防折断。固定丝锥铰手一般在攻 M5 以下螺纹时使用。活动式丝锥铰手的方孔尺寸可以调节,故应用广泛。丁字形铰手则在攻工件台阶边或攻机体内部的螺孔时使用,丁字形可调节的铰手是通过一个四爪的弹簧夹头来夹持不同尺寸的丝锥,一般用于 M6 以下的丝锥。大尺寸的丝锥一般用固定式铰手,通常是按需要制成专用的。

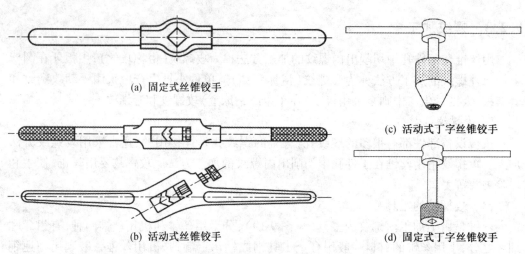

(a) 固定式丝锥铰手

(c) 活动式丁字丝锥铰手

(b) 活动式丝锥铰手

(d) 固定式丁字丝锥铰手

图 9-20　手用丝锥铰手

（2）攻螺纹方法

① 确定攻螺纹前的底孔直径,可查相关标准的螺纹底孔表格,选用合适的钻头。也可用经验公式计算确定底孔直径,即对于攻普通螺纹,加工钢料及塑性金属时,底孔直径 $d=D-P$;加工铸铁及脆性金属时,底孔直径 $d=D-1.1P$,其中,D 为螺纹基本尺寸,P 为螺距。

如果孔为盲孔,由于丝锥不能攻到底,所以钻孔深度要大于螺纹长度,其尺寸按下式计算:

$$孔的深度 = 螺纹长度 + 0.7D$$

② 钻孔后孔口倒角(攻通孔时两面孔口都应倒角),用 90° 锪钻倒角,使倒角的最大直径和螺纹的公称直径相等,这样便于起锥及最后一道螺纹不至于在丝锥穿出来的时候崩裂。

通常工件夹持在虎钳上攻螺纹,但较小的工件可以放平,左手握紧工件,右手使用丝锥铰手攻螺纹。按照丝锥柄部的方头尺寸来选用铰手。

③ 用头锥起攻螺纹时应尽量把丝锥放正,用右手掌按住铰杠中部沿丝锥中心线加一定压力,此时左手配合作顺时针方向旋进;或两手握住铰杠两端平衡施加压力,并将丝锥顺向旋进,保持丝锥中心与孔中心线重合,不能歪斜,如图 9-21a 所示。当切削部分切入工件 1 ~ 2 圈时,用目测或角尺检查和校正丝锥的位置,如图 9-21b 所示。为避免切屑堵塞,要经常倒转 1/4 圈 ~ 1/2 圈,以达到断屑,如图 9-21c 所示。

④ 用二锥攻螺纹,先用手将丝锥旋入已攻出的螺孔中,直到用手旋不动时,再用丝锥铰手进行攻螺纹,这样可以避免损坏已攻出的螺纹和防止烂牙。

⑤ 攻不通孔螺纹时应在丝锥上做好深度标记,经常退出丝锥,排除孔中的切屑。当将要攻到孔底时,更应及时排出孔底积屑,以免攻到孔底丝锥被轧住。

⑥ 退出丝锥铰手时应先用丝锥铰手带动丝锥平稳地反向转动,当能用手直接旋动丝锥时,应停止使用铰手,以防铰手带动丝锥退出时产生摇摆和振动,破坏螺纹表面粗糙度。

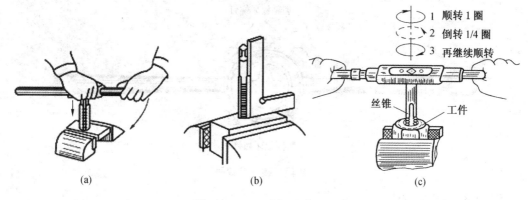

图 9-21 手工攻螺纹的方法

⑦ 在攻材料硬度较高的螺孔时,应采用头锥、二锥交替攻削,这样可减轻头锥切削部分的载荷,防止丝锥折断。攻铸铁材料螺纹时加煤油不加切削液,钢件材料加切削液,以减少切削阻力和提高螺孔的表面质量,延长丝锥的使用寿命。

2. 套螺纹

用板牙在圆杆或管子上切削加工外螺纹的方法称为套螺纹。套螺纹要用圆板牙和板牙铰手等工具。

(1) 套螺纹的工具

圆板牙是加工外螺纹的刀具,由合金工具钢 9SiCr 制成并经热处理淬硬,其外形像一个圆螺母,只是上面钻有几个排屑孔,并形成刀刃,如图 9-22 所示。

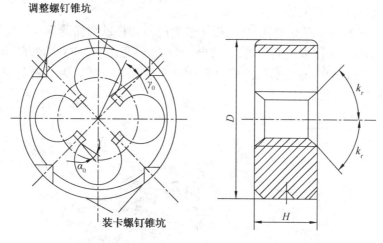

图 9-22 圆板牙

板牙两端有切削锥角的部分是切削部分,是经过铲磨而成的阿基米得螺旋面,能形成 7° ~ 9° 的后角。排屑孔(一般有三四个)是板牙的前刀面,排屑孔的两端有 60° 的锥度,起着主要的切削作用。板牙的中间一段是校准部分,也是套螺纹时的导向部分。板牙的外圆有一条深槽和 4 个锥坑,锥坑用于定位和紧固板牙,当板牙的定径部分磨损后,可用片状砂轮沿槽将板牙切割开,借助调紧螺钉将板牙直径缩小。

板牙铰手是装夹板牙的工具,图 9-23 为圆板牙铰手。板牙放入后,用螺钉紧固。

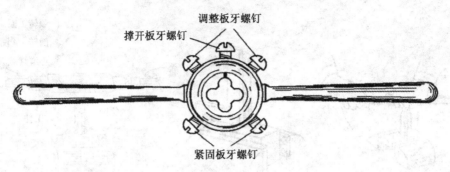

调整板牙螺钉

撑开板牙螺钉

紧固板牙螺钉

图 9-23　圆板牙铰手

（2）套螺纹的方法

①套螺纹前圆杆直径的确定。与攻螺纹一样，用圆板牙在钢料上套螺纹时，材料同样受到挤压而变形，螺孔牙尖要被挤高一些，所以圆杆直径应小于螺纹的大径（公称直径）。确定圆杆的直径可直接查表，也可按经验公式计算，即

$$d = D - 0.13\,P$$

式中，D——外螺纹的大径，mm；

　　　P——螺距，mm。

为了便于板牙对准工件和切入工件，圆杆端部倒角为 15°～20°，如图 9-24a 所示。锥体小端可以略小于螺纹小径，可避免出现锋口和卷边现象而影响螺母的拧入。

②圆杆的装夹。圆杆应装夹在用硬木制成的 V 形钳口或铜板制成的衬垫中，如图 9-24a 所示，并尽量靠近钳口。这主要是因为套螺纹时，切削力矩很大，圆杆不易夹持牢固，从而出现偏斜和夹出痕迹。

③套螺纹的操作。开始套螺纹时，板牙端面应与圆杆轴线保持垂直。板牙每转 1/2 或 1 圈时，应倒转 1/4 圈以折断切屑，然后再接着切削（见图 9-24b）。套螺纹时应保持板牙端面与圆杆轴线垂直，避免套出的螺纹两面有深浅甚至烂牙。为了避免切屑过长，套螺纹过程中板牙应经常倒转。

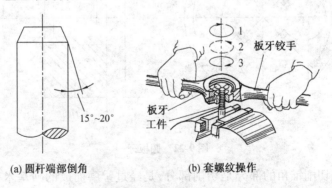

15°～20°

1
2
3
板牙铰手

板牙
工件

(a) 圆杆端部倒角　　　　　(b) 套螺纹操作

图 9-24　夹紧圆螺杆的方法

④切削液。在钢件上套螺纹时要加切削液，以延长板牙的使用寿命，减小螺纹的表面粗糙度。一般使用加浓的乳化液或机油，要求较高时用菜油或二硫化钼。

9.2.4　钳工创新训练

1. 钳工综合实训件一

鸭嘴小锤的制作。鸭嘴锤锤头如图 9-25 所示,锤柄如图 9-26 所示。锤头工件的材质为 45 号钢,毛坯选用 20 mm×20 mm×210 mm 的长方体料(锻造实习制作的棱柱体工件)。锤柄工件的材质为 45 号钢,毛坯选用 φ10 圆钢。小锤的生产类型为单件小批量生产。

(1) 零件图样分析

① 锤头零件的主体形状为(18±0.1) mm×(18±0.1) mm×(96±0.5) mm 的棱柱体,一端加工成八角形,另一端加工成鸭嘴状。中间部位加工一个 M10 的螺纹孔,孔深为 15 mm,螺纹攻深为 12 mm。

② 零件所有表面的粗糙度 Ra 为 3.2 μm。

③ 锤头一端周边倒角 C1.2,其余锐边去锋口。

④ 锤头两端 10 mm 处淬火处理:35~40HRC。

⑤ 锤柄零件形状是长度为 225 mm 的圆杆,一端是半径为 5 mm 的球头,另一端是长度为 10 mm 的 M10 外螺纹。

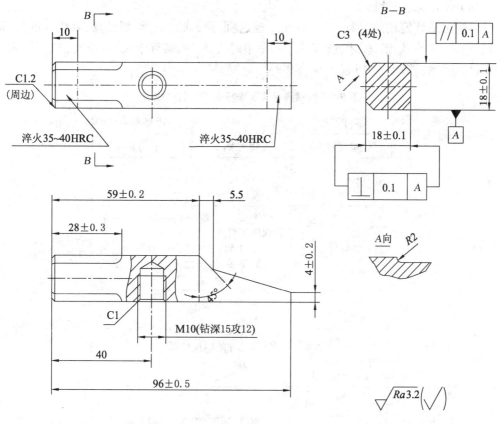

图 9-25　鸭嘴锤锤头

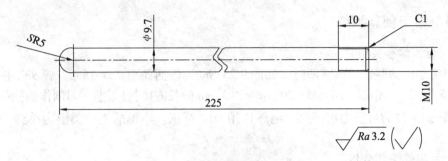

图 9-26　鸭嘴锤锤柄

（2）工艺分析

任何零件加工方法并不是唯一的,有多种方法可以选择。但为了便于加工,方便测量,保证加工质量,同时降低劳动强度,缩短时间周期,锤头列举下面加工路线：

检查毛坯→分别加工底面和两侧面等 3 个面→加工端面→锯斜面→加工第四面→加工总长→加工斜面→加工倒角→钻孔、攻丝→精度复检→锐角倒钝并去毛刺。

（3）使用设备

本钳工训练使用的设备为台虎钳、台钻。

（4）使用工具、量具

本钳工训练使用的工具、量具为钳工锉、整形锉、划线平板、划针盘、划线高度尺、钢板尺、划针、钻头、丝锥、板牙、绞杠、锯弓、手用锯条、样冲、游标卡尺、直角尺、刀口尺等。

（5）鸭嘴锤锤头工艺过程（见表 9-9）

表 9-9　鸭嘴锤锤头及锤杆加工工艺过程卡

机械加工工艺过程卡	零件名称	材料	毛坯种类	生产类型
	鸭嘴锤锤头	45 号钢	长方体	单件小批量
工序号	工序简图	工序内容		使用工具、量具、刀具
10		① 毛坯准备（20 mm×20 mm 的方钢坯下料）；② 下料长度按工序简图尺寸,将方坯装夹在台虎钳上,锯削长度为 99 mm		台虎钳、锯弓、手锯条、钢尺
20		划线、锉削,将方钢坯加工成工序图所示尺寸的四棱柱形		台虎钳、平锉刀、0 ~ 150 游标卡尺等
30		划线、锯削、锉削,将四棱柱加工成工序图所示尺寸的零件		平板、划线高度尺、台虎钳、锯弓、平锉刀、游标卡尺等

续表

机械加工工艺过程卡	零件名称	材料	毛坯种类	生产类型
	鸭嘴锤锤头	45 号钢	长方体	单件小批量
工序号	工序简图	工序内容		使用工具、量具、刀具
40		划线、錾削、锉削,将零件按工序图所示尺寸加工		平板、划线高度尺、台虎钳、锉刀、游标卡尺等
50		划线、冲样、钻孔、倒角、攻丝加工,M10 螺孔钻深 15 mm、攻深 12 mm		平板、划线高度尺、样冲、虎钳、台钻、钻头、丝锥、游标卡尺等
60		鸭嘴锤锤头两端 10 mm 处淬火处理,表面硬度为 35 ~40HRG		氧气瓶、气枪、水盆,或热处理箱式加热电炉等

（6）鸭嘴锤锤柄工艺过程（见表 9-10）

表 9-10　鸭嘴锤锤柄加工工艺过程卡

机械加工工艺过程卡	零件名称	材料	毛坯种类	生产类型
	锤柄	45 号钢	圆钢	单件小批量
工序号	工序简图	工序内容		使用工具、量具、刀具
10		锤杆毛坯锯削下料 将 φ10 圆钢装夹在台虎钳上,锯削长度为 227 mm		台虎钳 锯弓、手锯条 钢尺
20		锉削 将圆钢外径锉削至 φ9.7,一端部锉削成 SR 5 半球形,另一端锉削倒角 C1		台虎钳、平锉刀 圆弧规、 0 ~150 游标卡尺
30		攻螺纹 倒角一端攻螺纹 M10,螺纹长度为 10 mm		台虎钳、 M10 板牙、板牙、 铰手、钢尺

续表

机械加工工艺过程卡	零件名称	材料	毛坯种类	生产类型
	锤柄	45 号钢	圆钢	单件小批量

工序号	工序简图	工序内容	使用工具、量具、刀具
40		装配 将锤杆 M10 螺纹旋入鸭嘴锤锤头螺孔内并拧紧在一起	台虎钳等

2. 钳工综合实训件二

加工制作图 9-27 所示的"凹凸配合件"模板零件,零件材料为 Q235。

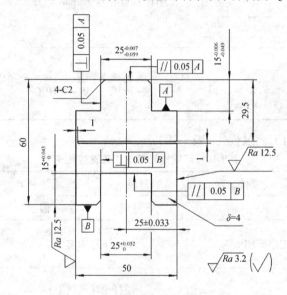

图 9-27　"凹凸配合件"模板零件图

(1) 零件图样分析

零件外形尺寸为 60 mm ×50 mm,厚度为 4 mm,整个零件被宽为 1 mm 的槽分成上、下两个部分,上部分为凸面,下部分为凹面。

上部分的凸台宽度为 $25_{-0.059}^{-0.007}$ mm,高度为 $15_{-0.049}^{-0.006}$ mm,凸台两侧面对基准面 A 的垂直度为 0.05 mm,凸台面上平面对基准面 A 的平行度为 0.05 mm。

下部分的凹槽宽度为 $25_{0}^{+0.025}$,深度为 $15_{0}^{+0.043}$,凹槽两侧面对基准面 B 的垂直度为 0.05 mm,凹槽底面对基准面 B 的平行度为 0.05 mm。

凸台与凹槽宽度的对称中心距侧边的尺寸为 25 ± 0.033 mm,配合件周边表面粗糙度为 12.5 μm,其余部分表面粗糙度为 3.2 μm。

(2) 工艺分析

由于本配合件中间的 1 mm 槽,留有 1 mm 尺寸,不能锯断,因此本配合件又被称为暗配。暗配的配合精度要求是通过精度测量来保证的,涉及的工艺尺寸必须控制好。零件图上没有标注的工艺尺寸,还要通过尺寸链的计算求得。

① 各面之间的垂直度、平行度等形位公差及表面粗糙度均需达到零件图要求。

② 制作时,间接控制尺寸一定要计算准确。

③ 先制作凸件,控制好凸件的外形尺寸、形位公差等达到要求。

④ 制作凸件时要一个面一个面地做。先做好基准面,再来控制垂直度、尺寸精度。

⑤ 制作凹件时,要先用钻、锯、錾削去除中间的多余材料。

⑥ 在锯削时,要用水平式锯削,锯削姿势正确,频率要慢。

⑦ 在加工垂直面时,要防止锉刀的侧面锉伤另一垂直面。

（3）加工准备

① 坯料准备:坯料的尺寸为 60 mm×50 mm×4 mm,厚度为 4 mm,材料为 Q235 低碳钢。

② 设备、工具、刀具:虎钳、台钻、划线平板、划针、样冲、手锤、锯弓、平錾、锉刀、直柄麻花钻(φ4 mm)等。

③ 量具:游标高度尺、游标卡尺、直尺、外径及深度千分尺、刀口直角尺、专用卡规及塞规等。

④ 辅具:软钳口、锉刀刷、淡金水、涂料笔等。

（4）工艺过程

工艺过程如表 9-11 所示。

表 9-11 "凹凸配合件"模板零件加工工艺过程卡

机械加工工艺过程卡	零件名称	材料	毛坯种类	生产类型
	模板零件	Q235	长方板料	单件小批量
工序号	工序简图	工序内容		使用工具、量具、刀具
10		坯料检查 确定基准:确定底部为基准 1 划线:按基准 1 划线 打标记		游标卡尺、直角尺划线平板、方箱、高度尺、手锤样冲等
20		加工凸面 锯削:按线外 1～1.5 mm 锯削凸台两侧余料; 锉削:分粗锉、半精锉、精锉分别锉削凸面两侧和底部,到图示尺寸		台虎钳、粗板锉、中板锉、细板锉、外径千分尺、深度游标卡尺、深度千分尺、专用样板等

机械加工工艺过程卡	零件名称	材料	毛坯种类	生产类型
	模板零件	Q235	长方板料	单件小批量
工序号	工序简图	工序内容		使用工具、量具、刀具
30	凿削 锯缝 锯缝	凹面的粗加工 钻削工艺排孔、 锯削两边槽(在线内 1～1.5 mm 处)、 凿削去除余料		台钻、φ4 mm 钻头、台虎钳、锯弓、手锤、平凿等
40	$15^{+0.043}_{0}$ $\boxed{B}$ $\boxed{// \, 0.05 \, B}$	凹面槽底部锉削加工 分别用粗板锉、中板锉和细板锉,将零件按工序图所示的尺寸和形位公差进行加工		台虎钳、粗板锉、中板锉、细板锉、深度游标卡尺、深度千分尺等
50	$12.5^{+0.033}_{-0.059}$ $\boxed{\perp \, 0.05 \, B}$ $\boxed{B}$	凹面槽侧面锉削加工 分别用粗板锉、中板锉和细板锉,将零件按工序图所示的尺寸和形位公差进行加工		台虎钳、粗板锉、中板锉、细板锉、游标卡尺、内径千分尺、专用样板、直角尺等
60	C2 C2 C2 C2	倒角加工 用中板锉锉削 4 个 2×45°倒角,并用专用样板检测		台虎钳、中板锉、专用样板等
70	29.5 1 (锯缝)	锯分割槽、去毛刺 采用细齿锯条,锯削分割槽,注意在所划的线内锯削,锯缝保持与侧边的垂直度,槽下部保持留有 1 mm,不要锯断。用细锉刀去除所有锋口毛刺		台虎钳、锯弓、细齿锯条、细板锉、游标卡尺等

9.3 装配

装配是机器制造中的最后一道工序,因此,它是保证机器达到各项技术要求的关键。装配工作的好坏对产品质量起着决定性的作用。装配是钳工一项非常重要的工作。

9.3.1 装配概述

按照规定的技术要求将零件组装成部件,或者将若干个零件和部件结合成为整机,并经过调整、试验,使之成为合格产品的工艺过程称为装配。

1. 装配的类型与装配过程

(1)装配类型

一般可分为组件装配、部件装配和总装配。

组件装配是将两个以上的零件连接组合成为组件的过程。例如,轴、轴套、齿轮等零件组成的一个传动轴组件,及飞铁、座架等零件组成的飞锤组件,如图9-28a,b所示。

部件装配是将组件、零件连接组合成独立机构(部件)的过程。例如,机床主轴部件、进给箱部件等的装配,图9-28c为C630车床主轴部件装配图。

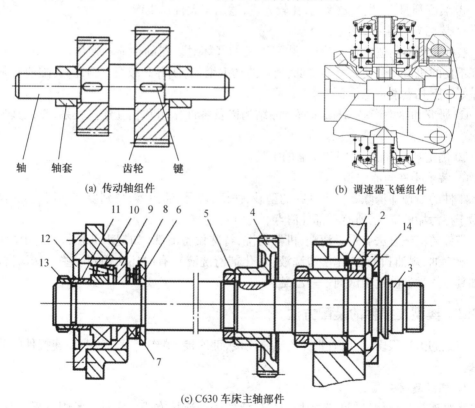

(a) 传动轴组件

轴　轴套　齿轮　键

(b) 调速器飞锤组件

(c) C630车床主轴部件

1—卡环;2—滚动轴承;3—主轴;4—齿轮;5—螺母;6—垫圈;7—开口垫圈;8—推力轴承;
9—轴承外套;10—圆锥滚子轴承;11—衬套;12—盖板;13—圆螺母;14—前法兰分组件

图9-28　组件和部件

总装配是将部件、组件和零件连接组合成为整台机器的过程。

（2）装配过程

机器的装配一般有 4 个阶段组成：一是装配前的准备阶段；二是装配阶段（部件装配和总装配）；三是调整、精度检验和试车阶段；四是涂装、涂油、装箱阶段。

装配过程一般是先下后上，先内后外，先难后易，先装配保证机器精度的部分，后装配一般部分。

2. 装配的组织形式

（1）固定式装配

固定式装配是将产品或者部件的全部装配工作安排在一个固定的工作地点进行，装配过程中产品的位置不变，装配所需要的零件和部件都汇集在工作地点附近，主要用于单件小批量生产。

（2）移动式装配

移动式装配，是指工作对象在装配过程中有顺序地由一个工人转移到另外一个工人，即所谓"流水装配法"。移动式装配有以下特点：

① 每个工作地点重复完成固定的工作内容。

② 广泛使用专用设备和专用工具。

③ 装配质量好，生产效率高，比较先进，适用于大批量生产。

3. 装配前的准备工作

装配是机器制造的重要阶段，装配质量的好坏对机器的性能和使用寿命影响很大。装配不良的机器将会使其性能降低，消耗的功率增加，使寿命减短。因此，装配前必须认真做好以下几点准备工作：

① 研究和熟悉产品图样，了解产品结构以及零件作用和相互连接关系，掌握其技术要求。

② 确定装配方法、程序和所需的工具。

③ 装配零件的清理和清洗。

零件的清理即清除零件上残存的型砂、铁锈、切屑、油污等，特别要仔细清理孔、沟槽等易于存污垢的部位；所有零部件清点、归类放置。

零件的清洗方法有手工清洗、机器清洗、特殊设备清洗（如超声波）等。常用洗涤液有工业汽油、煤油和柴油、化学清洗液（乳化剂清洗液），有时还会用到一些特殊清洗液，比如具有挥发性的化学试剂——乙醚。

9.3.2　典型连接件的装配方法

装配的方法很多，下面着重介绍螺纹连接、键连接、销连接等几种典型连接件的装配方法。

1. 螺纹连接装配

螺纹连接是现代机械制造中用得最广泛的一种连接方式。它具有紧固可靠、装拆简便、调整和更换方便、易于多次拆装等优点。螺纹连接的几种形式见表 9-12。

表 9-12　螺钉(螺栓)连接的几种形式

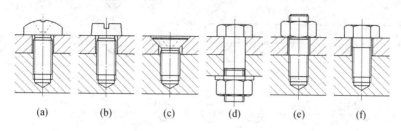

| | (a) | (b) | (c) | (d) | (e) | (f) |

图号	名称	特点
a	半圆头螺钉连接	多为小尺寸螺钉,螺钉头上有一字形或十字形槽,便于用旋具装卸。适用受力不大及一些轻小零件的连接。一般不用螺母,直接用螺钉拧入工件螺纹孔中。这类螺钉还有半沉头螺钉。
b	圆柱头螺钉连接	
c	沉头螺钉连接	
d	小六角头铰制孔用螺栓连接	螺栓杆部、工件通孔配合良好,起紧固与定位作用,能承受侧向力,一般用于不必打销钉而又有定位要求的连接。
e	双头螺栓连接	装配时一端拧入固定零件的螺纹孔中,再把被连接件用螺母夹紧,这种连接,适用于被连接件的厚度较大或经常需要拆卸的地方。
f	六角头螺栓连接	使用时不需螺母,通过零件的孔拧入另一零件的螺纹孔中。用于经常拆卸的地方。螺钉头还有小六角、内六角和方形等。

注:螺钉头类型较多,如 T 形螺钉,地脚螺钉和不同端部形式与头部形式的紧定螺钉等。

(1) 螺纹连接的装配要求

① 螺栓不应有歪斜或弯曲现象,螺母应与被连接件接触良好。

② 被连接件平面要有一定的紧固力,受力均匀,连接牢固。

③ 拧紧力矩或预紧力的大小要根据装配要求确定,一般紧固螺纹连接无预紧力要求,可由装配者按经验控制。

④ 在紧固成组螺钉、螺母时,为使固紧件的配合面上受力均匀,应按一定的顺序拧紧。图 9-29 为拧紧顺序的实例。按图中数字顺序拧紧,可避免被联接件的偏斜、翘曲和受力不均匀。此外,每个螺钉或螺母不能一次就完全拧紧,如有定位销,应从靠近定位销的螺栓(螺钉)开始,应按顺序分 2～3 次才全部拧紧。

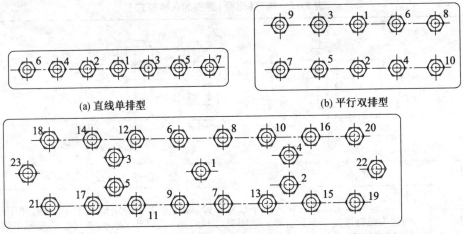

(a) 直线单排型　　　　　　　　(b) 平行双排型

(c) 多孔型

(d) 方框型　　　　　　　　　　(e) 圆环型

图9-29　螺纹连接拧紧顺序

（2）螺纹连接的防松方法

螺纹连接一般都有自锁性，在受静载荷和工作温度变化不大时不会自行松脱，但在冲击、振动或变载荷作用下，以及工作温度变化很大时，螺纹连接就有可能回松。为了保证连接可靠，必须采用防松方法。常用螺纹防松方法见表9-13。

表9-13　常用螺纹防松方法

防松方法	简图	说明
双螺母防松	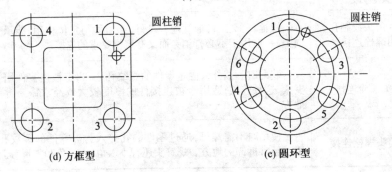	依靠两螺母间产生的摩擦力来防松。这种方法会增加被连接件的质量和占用空间，在高速和振动时使用不够可靠

续表

防松方法	简图	说明
弹簧垫圈防松	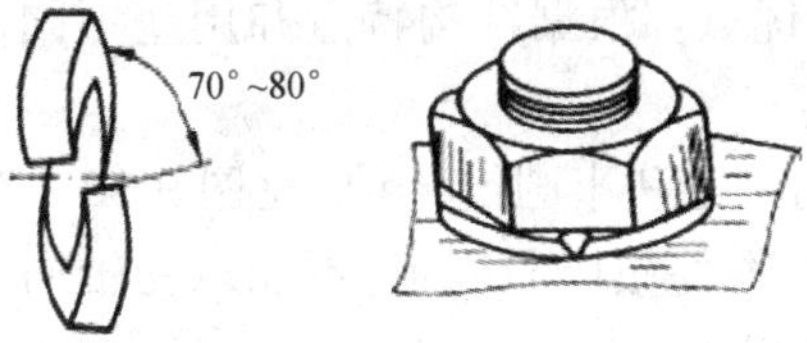 70°~80°	依垫圈的弹力使螺母稍许偏斜,增加了螺纹之间的摩擦力,并且垫圈的尖角切入螺母的支撑面,阻止螺母放松
开口销与带槽螺母防松	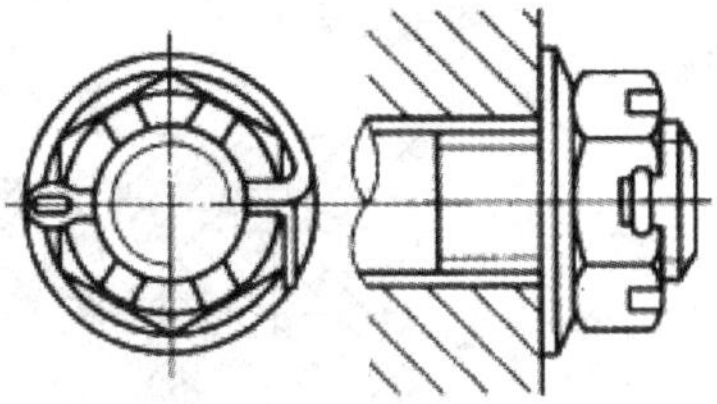	在螺栓上钻孔,穿入开口销,把螺母直接锁紧在螺栓上,这种方法防松可靠,多用于受冲击和振动的地方
圆螺母与止动垫圈防松	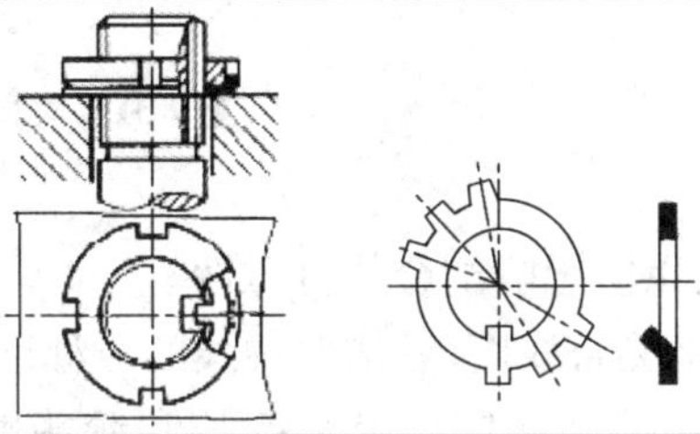	应用于圆螺母的防松,垫片的内翅插入螺杆槽中,待螺母拧紧后,再将垫片的一个外翅折嵌于螺母的一个槽内,止动垫圈主要用于滚动轴承结构中
六角螺母与带耳止动垫圈防松	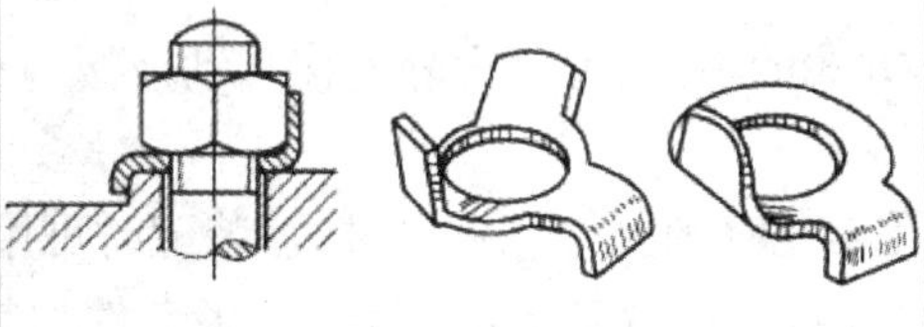	先将垫圈一耳边向下弯折,使之与被连接件的一边贴紧,当拧紧螺母后,再将垫圈的另一耳边向上弯折与螺母的边缘贴紧而起到防松作用
串联钢丝防松	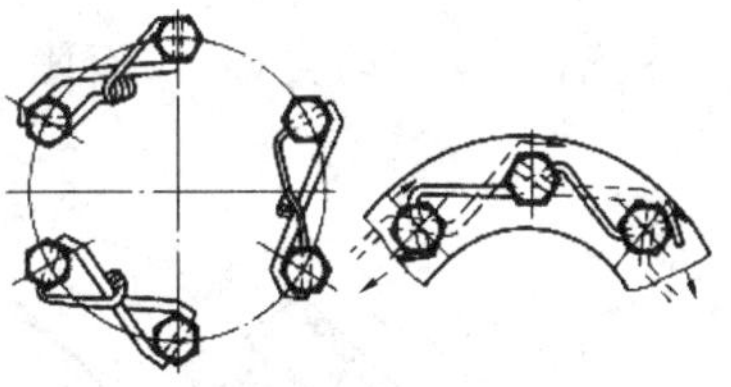 (a)　　(b)	这种方法是用钢丝连续穿过一组螺钉头部的小孔(或螺母),利用拉紧的钢丝的作用来防止回松。它适用于布置较紧凑的成组螺纹连接。装配时应注意钢丝的穿绕方向。图中虚线所示的钢丝穿绕方向是错误的,螺钉仍可回松
点铆方法防松	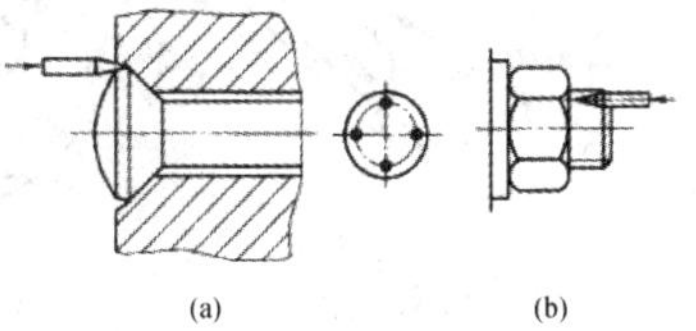 (a)　　(b)	装配时当螺钉或螺母被拧紧后,用样冲在端面、侧面点铆方法,可防止回松。图 a 是在螺钉侧面点铆,图 b 是在螺母侧面点铆
黏接防松方法		一般采用厌氧胶黏剂,涂于螺纹旋合表面,拧紧后,胶黏剂能自行固化,从而达到防止回松的目的

2. 键连接装配

键是用来连接轴和轴上零件的一种标准零件,主要用于周向固定,传递转矩。它具有结构简单、工作可靠、装拆方便等优点。根据结构特点和用途不同,可分为松键连接、紧键连接、切向键连接和花键连接等。

常用的键连接有普通平键、导向平键和半圆键 3 种(见图 9-30 – 图 9-32),其特点是靠键的侧面来传递转矩,只能对轴上零件做周向固定,不能承受轴向力。松键连接的对中性好,在高速及精密的连接中应用较多。

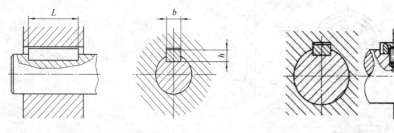

图 9-30　普通平键连接　　　　　　　图 9-31　导向平键连接

键连接装配要点:

① 必须清理键与键槽上的毛刺,以防影响配合的可靠性。

② 对重要的键在装配前应检查键侧直线度、键槽对轴线的对称度。

③ 用键头与轴槽试配,应保证其配合性质。锉配键长和键头时,应留 0.1 mm 的间隙。

花键连接(见图 9-33)按工作方式的不同,可分为静连接和动连接两种。其连接装配要点为:

① 静连接花键装配时,花键孔与花键轴允许有少量过盈,装配时可用铜棒轻轻敲入,但不得过紧,否则会拉伤配合表面。对于过盈较大的配合,可将套件加热至 80 ~ 120 ℃后进行装配。

② 动连接花键装配时,花键孔在花键轴上应运动自如,没有阻滞现象,但不能过松;应保证精确的间隙配合。

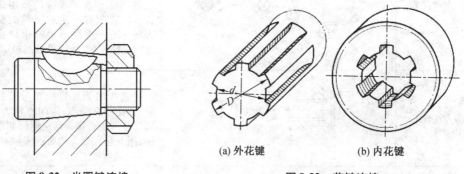

(a) 外花键　　　　　(b) 内花键

图 9-32　半圆键连接　　　　　　　图 9-33　花键连接

3. 销连接装配

销主要用于定位(见图 9-34),也可用于连接零件(见图 9-35),还可作为安全装置中过载保护元件(见图 9-36)。

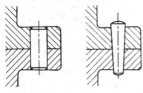

图 9-34　定位销

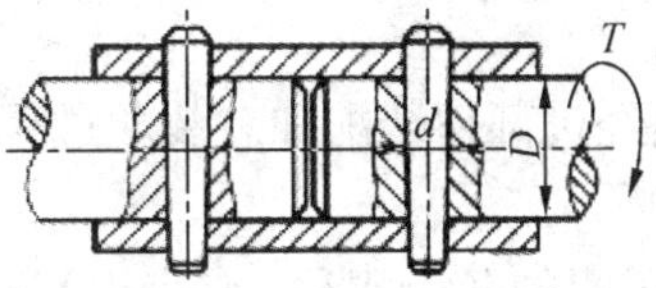

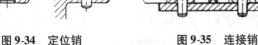

图 9-35　连接销

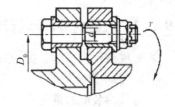

图 9-36　保护销

（1）圆柱销连接装配要点

① 圆柱销与销孔的配合全靠少量的过盈，以保证连接或定位的紧固性和准确性，故一经拆卸失去过盈就必须调换。

② 为保证两销孔的轴线重合，圆柱销装配时一般都将两销孔同时进行钻铰，其表面粗糙度值 Ra 要求达 $1.6\ \mu m$ 或更小。

③ 装配时在销子上涂油，用铜棒垫在销子端面上，把销子打入孔中。也可用 C 形夹头把销子压入孔内（见图 9-37），压入法销子不会变形，工件间不会移动。

（2）圆锥销连接装配要点

① 圆锥销以小端直径和长度表示其规格。

② 装配时，被连接或定位的两销孔也应同时钻铰，但必须控制好孔径大小。一般用试装法测定，即能用手将圆锥销塞入孔内 80% 左右（见图 9-38）为宜。

③ 销子装配时用铜锤打入。锥销的大端可稍露出或平齐被连接件表面。锥销的小端应平齐或缩进被连接件表面。

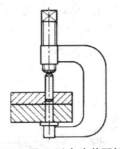

图 9-37　用 C 形夹头装配销子

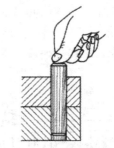

图 9-38　试装圆锥销方法

4. 齿轮的装配

齿轮装配的主要技术是保证齿轮传递运动的准确性、平稳性、轮齿表面接触斑点和齿侧间隙合乎要求等。

轮齿表面接触斑点可用涂色法检验。先在主动轮的工作表面上涂上红丹色，使相啮合的齿轮在轻微制动下运转，然后检验从动轮啮合齿面上接触斑点的位置和大小，如图 9-39 所示。齿侧间隙一般可用塞尺插入齿侧间隙中的方法检查。塞尺是由一套厚薄不同的钢片组成，每片的厚度都标注在它的表面上。

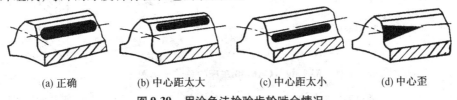

(a) 正确　　　　(b) 中心距太大　　　　(c) 中心距太小　　　　(d) 中心歪

图 9-39　用涂色法检验齿轮啮合情况

9.3.3　机器的装配和拆卸

完成整台机器的装配,必须经过部件装配和总装配过程。

1. 机器部件的装配

部件的装配通常是在装配车间的各个工段(或小组)进行的。部件装配是总装配的基础,这一工序进行得如何会直接影响到总装配和产品的质量。

部件装配的过程包括以下 4 个阶段:

① 装配前按图样检查零件的加工情况,根据需要进行补充加工。

② 组合件的装配和零件相互试配。在这阶段内可用选配法或修配法来消除各种配合缺陷。组合件装好后不再分开,以便一起装入部件内。互相试配的零件,当缺陷消除后,仍要加以分开(因为它们不是属于同一个组合件),但分开后必须做好标记,以便重新装配时不会调错。

③ 部件的装配及调整。按一定的次序将所有的组合件及零件互相连接起来,同时对某些零件通过调整正确地加以定位。当通过这一阶段后,对部件所提出的技术要求都应达到。

④ 部件的检验。根据部件的专门用途进行检验,如齿轮箱要进行空载检验及负荷检验,有密封性要求的部件要进行水压(或气压)检验,高速转动部件还要进行动平衡检验等。只有通过检验确定合格的部件才可以进入总装配。

2. 机器的总装配

总装配就是把预先装好的部件、组合件、其他零件,以及从市场采购来的配套装置或功能部件装配成机器,图 9-40 为 CA6140 车床的总装结构图。总装配过程及注意事项如下:

① 总装前必须了解所装配机器的用途、构造、工作原理以及与此有关的技术要求,接着确定它的装配程序和必须检查的项目,最后对总装好的机器进行检查、调整、试验、直至机器合格。

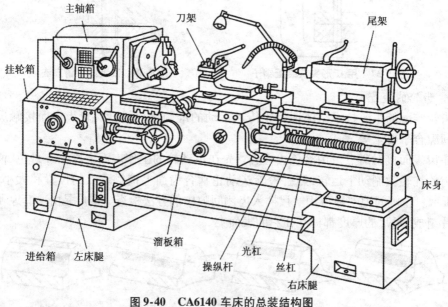

图 9-40　CA6140 车床的总装结构图

② 总装配执行装配工艺规程所规定的操作步骤,采用工艺规程所规定的装配工具。

应按从里到外，从下到上，以不影响下道装配为原则的次序进行。操作中不能损伤零件的精度和表面粗糙度，对重要的复杂的部分要反复检查，以免搞错或多装、漏装零件。在任何情况下应保证污物不进入机器的部件、组合件或零件内。机器总装后，要在滑动和旋转部位加润滑油，以防运转时出现拉毛、咬住或烧损现象。最后严格按照技术要求逐项进行检查。

③ 装配好的机器必须加以调整和检验。调整的目的在于查明机器各部分的相互作用及各个机构工作的协调性；检验的目的是确定机器工作的正确性和可靠性，发现由于零件制造的质量、装配或调整的质量问题所造成的缺陷。小的缺陷可以在检验台上加以消除，大的缺陷应将机器送到原装配处返修。修理后再进行第二次检验，直至检验合格为止。

④ 检验结束后应对机器进行清洗，随后送修饰部门上防锈漆、涂面漆。

3. 机器的拆卸

与装配过程一样，拆卸机器前应先读图，了解机器的结构，然后再确定拆卸方法与步骤。拆卸的过程应按与装配相反的顺序进行。从装配图上了解机器的装配后，应按先拆后装，后拆先装的顺序拆卸零、部件。

对拆卸工作的要求：

① 机器拆卸工作应按其结构的不同预先考虑操作程序，以免先后倒置，或贪图省事猛拆猛敲，造成零件的损伤或变形。

② 拆卸的顺序应与装配的顺序相反，一般应先拆外部附件，然后按总成、部件进行拆卸。在拆卸部件或组件时，应按从外部到内部、从上部到下部的顺序，依次拆卸。

③ 拆卸时，使用的工具必须保证对合格零件不会造成损伤。应尽可能使用专门工具，如各种顶拔器、整体扳手等。严禁用手锤直接在零件的工作表面上敲击。

④ 拆卸时，螺纹零件的旋松方向（左、右螺旋）必须辨别清楚。

⑤ 拆下的部件和零件必须有次序、有规则地放好，并按原来结构套在一起，在配合件上作记号，以免搞乱。

⑥ 对丝杠、长轴类零件必须用绳索将其吊起，以防弯曲变形和碰伤。

9.3.4　装配自动化

单件及中小批量生产中的装配主要采用手工或手工辅以机械的方法来进行，较大批量或大批量生产中的装配则采用具有生产率高、质量稳定、人工参与少、劳动强度低、工作环境好等优点的流水线生产。随着计算机技术（如数控技术、网络技术、工业机器人技术等）和自动控制技术（如光控技术、电控技术等）以及自动检测技术的应用，一般极少有人直接参与，对产品的变更具有快速、多变的适应能力、自动化程度极高的先进装配流水线，已在各种车辆装配，家用电器、电机装配等领域获得了广泛的使用，图 9-41 为汽车发动机和变速器装配生产线。

(a) 汽车发动机装配生产线　　　　　　　　　　(b) 汽车变速器装配生产线

图 9-41　汽车发动机和变速器装配生产线

 思考题

1. 选择题

(1) 立体划线要选择(　　)划线基准。

A. 1 个　　　　　　　　B. 2 个　　　　　　　　C. 3 个

(2) 零件两个方向的尺寸与其中心线具有对称性,且其他尺寸也从中心线起始标注,该零件的划线基准是(　　)。

　A. 一个平面和一条中心线　　　　　　　　B. 两条相互垂直的中心线

　C. 两个相互垂直的平面(或线)

(3) 锯条有了锯路,可使工件上的锯缝宽度(　　)锯条背部的厚度。

A. 小于　　　　　　　　B. 等于　　　　　　　　C. 大于

(4) 锯削管子和薄板料时,应选择(　　)锯条。

A. 粗齿　　　　　　　　B. 中齿　　　　　　　　C. 细齿

(5) 錾削硬材料时,楔角应取(　　)。

A. 30°~50°　　　　　　B. 50°~60°　　　　　　C. 60°~70°

(6) 在工件上錾削沟槽和分割曲线形板料时,应选用(　　)。

A. 尖錾　　　　　　　　B. 扁錾　　　　　　　　C. 油槽錾

(7) 细齿锯条适合于(　　)锯削。

A. 软材料　　　　　　　B. 硬材料　　　　　　　C. 锯削面较宽

(8) 在锉削窄长平面和修整尺寸时,可选用(　　)锉法。

A. 推锉法　　　　　　　B. 顺向锉法　　　　　　C. 交叉锉法

(9) 锉刀断面形状的选择取决于工件的(　　)。

A. 锉削表面形状　　　　B. 锉削表面大小　　　　C. 工件材料软硬

(10) 钻孔时加切削液的主要目的是(　　)。

A. 润滑作用　　　　　　B. 冷却作用　　　　　　C. 清洗作用

(11) 孔将钻穿时,进给量必须(　　)。

A. 减小　　　　　　　　B. 增大　　　　　　　　C. 保持不变

（12）用标准铰刀铰削 IT9 级精度，表面粗糙度 Ra 为 1.6 μm 的孔，其工艺过程应选择(　　)。

A. 钻孔、铰孔　　　　　B. 钻孔、扩孔、铰孔　　　　C. 钻孔、扩孔

（13）扩孔加工属孔的(　　)。

A. 粗加工　　　　　B. 半精加工　　　　　C. 精加工

（14）丝锥由工作部分和(　　)两部分组成。

A. 柄部　　　　　B. 校准部分　　　　　C. 切削部分

（15）攻螺纹前的底孔直径必须(　　)螺纹标准中规定的螺纹小径。

A. 小于　　　　　B. 大于　　　　　C. 等于

（16）套螺纹时圆杆直径应(　　)螺纹直径。

A. 等于　　　　　B. 小于　　　　　C. 大于

（17）在同类零件中，任取一个装配零件，不经修配即可装入部件中，都能达到规定的装配要求，这种装配方法叫做(　　)。

A. 互换法　　　　　B. 选配法　　　　　C. 调整法

（18）在装配前，必须认真做好对装配零件的清理和(　　)工作。

A. 修配　　　　　B. 调整　　　　　C. 清洗

2. 简述题

（1）简述钳工的任务。

（2）钳工常用的设备、工具和量具有哪些？

（3）钳工安全操作规程有哪些？

（4）简述划线的作用。

（5）什么叫做锯路？其有何作用？

（6）怎样划分锯条的粗细？目前锯条粗细分哪几种规格？

（7）常用錾子有哪几种？简述各自的应用场合。

（8）锉刀有哪几种类型？如何选用锉刀的粗细？

（9）钻孔、扩孔与铰孔有什么区别？

（10）什么是攻螺纹？什么是套螺纹？

（11）简述螺纹防松装置的种类及应用场合。

（12）什么是装配？试述产品装配的工艺过程及其主要内容。

第 10 章

数控加工

10.1　数控加工基础知识

10.1.1　数控与数控加工

1. 数控机床的产生和发展

（1）数控机床的发展历史

数控机床的发展历史是机床自动化的历史，是自动控制技术、计算机技术与传统机床结合的历史。

采用数字控制技术进行机械加工的思想最早来源于 20 世纪 40 年代，数控机床最早产生于美国。1947 年，为了精确地制作直升机叶片的样板，美国的帕森斯（PARSONS）公司设计并利用全数字计算机对叶片轮廓的加工路径进行了数据处理，使得加工精度达到 0.038 1 mm，这就是数字控制技术运用到机械加工中的最初成果。

1952 年，美国的帕森斯公司与麻省理工学院伺服机构研究所协作，成功研制了世界上第一台数控铣床。1956 年，美国又相继成功研制了数控转塔钻床。同年，日本也成功地研制出数控转塔式冲床。1958 年，美国一家公司研制出带刀架或自动换刀装置（ATC）的加工中心，此时已开始采用晶体管元件和印制电路板。这种带有 ATC 的加工中心，就是 FMS（柔性制造系统）。1965 年以后，数控装置开始采用小规模集成电路，使得数控装置的体积减小、功耗降低、可靠性提高，但仍然是一种硬件逻辑数控系统（NC）。1966 年，日本的 FANUC 公司研制出全集成电路化的数控装置。1970 年，在美国芝加哥国际机床展览会上，首次展示了用小型计算机控制的数控机床，这是第一台计算机控制的数控机床（CNC）。1974 年后，由于控制电路小型集成化技术的迅速发展，微处理器可直接用于数控系统，从而促进了数控机床的普及应用和数控技术的发展。20 世纪 80 年代初又出现了柔性制造单元（FMC），它和 FMS 被认为是实现计算机集成制造系统 CIMS 的必经阶段和基础。

（2）数控机床的发展趋势与未来

数控系统由当初的电子管式起步，经历了以下几个发展阶段：分立式晶体管式→小规模集成电路式→大规模集成电路式→小型计算机式→超大规模集成电路→微机式的数控系统。

数控系统的发展趋势是：① 数控装置由 NC 向 CNC 发展；② 广泛采用 32 位、64 位、

128 位甚至更高的 CPU 组成多微处理器系统;③ 提高系统的集成度,缩小体积,采用开放式模块化结构,便于裁剪、扩展和功能升级,还可以满足不同类型数控机床的需要;④ 驱动装置向交流、数字化方向发展;⑤ CNC 装置向人工智能化方向发展;⑥ 采用新型的自动编程系统;⑦ 增强通信功能;⑧ 不断提高数控系统可靠性。总之,数控机床技术不断发展,功能越来越完善,使用越来越方便,可靠性越来越高,性能价格比也越来越高。特别是相继出现的自动换刀数控机床(即加工中心)、直接数字控制系统(即计算机群控系统)、自适应控制系统、柔性制造系统、计算机集成(综合)制造系统等,进一步说明数控机床已经成为组成现代机械制造生产系统,实现计算机辅助设计(CAI)、制造(CAM)、检验(CAT)与生产管理等全部生产过程自动化的基本设备。数控系统技术的总体发展趋势是:① 采用开放式体系结构,大大提高控制性能;② 向着数字化、智能化、网络化、集成化方向发展;③ 促进数控机床性能向高精度、高速度、高柔性化方向发展,使柔性自动化加工技术水平不断提高。

为适应现代制造业的发展要求,人们提出了新一代数控系统——开放式 CNC 系统。

开放式 CNC 系统就是要求能够在普及型个人计算机的操作系统上轻松地使用系统所配置的软件模块和硬件运行控制插件卡。机床制造商和用户能够方便地进行软件开发,能够追加功能和实现功能的个性化。从使用角度看,新型的数控系统应能运用各种计算机软硬件平台,并提供统一风格的用户交互环境,以便于用户的操作、维护和更新换代。

开放式数控系统应实现下列要求:

① 开放性。把现成的硬件部件集成到实际的标准控制环境中模块化,允许部件即插即用,最大限度满足特殊应用控制要求;有开放式软件接口,可根据需要增添程序模块。

② 可塑性。当要求控制器变化时,能方便而有效地进行再组合。

③ 可维修性。支持最长的平均无故障时间(MTBF)和最短的平均修复时间(MTFR),易于维修。

2. 数控机床的分类(见表 10-1)

表 10-1　数控机床的分类

类别	类型	示图与说明	
按数控机床的功能和运动控制方式分类	点位控制数控机床	 移动时刀具未加工	刀具或工作台从某一位置向另一位置移动,中间移动轨迹不需严格控制,而最终准确到达目标点位置的控制方式,如数控坐标镗床、数控钻床、数控冲床、数控弯管机等
	直线控制数控机床	刀具在加工	不仅控制刀具和工作台从一个点准确地移动到另一个点,而且保证在两点之间的运动轨迹是平行于机床坐标轴的一条直线的控制方式,如数控车床、数控铣床
	轮廓控制数控机床	刀具在加工	不仅能控制移动部件从一个点准确地移动到另一个点,而且还能控制整个加工过程每一个点的速度和位移量,将零件加工成一定的轮廓形状,如数控铣床、数控车床、数控凸轮磨床、数控线切割和加工中心

续表

类别	类型	示图与说明
按进给伺服系统控制方式分类	开环控制系统数控机床	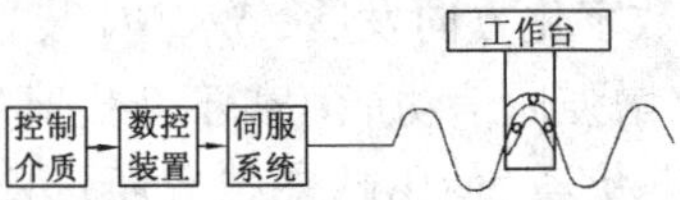 这类数控机床没有位置反馈和校准控制系统,其结构简单、调试方便、价格低廉,属于经济型的数控机床
	半闭环控制系统数控机床	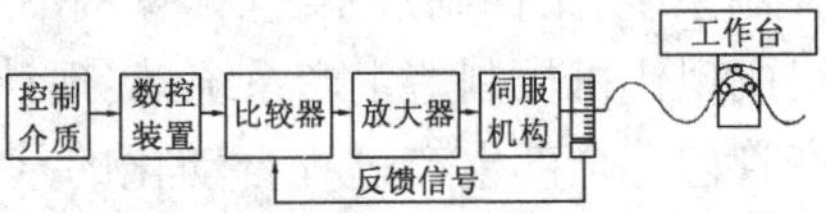 这类数控机床设有角位移位置检测装置,因此具有位置反馈和校准控制系统,可以将机床进给传动误差中的大部分进行补偿,以提高数控机床的运动精度和定位精度。机床调试比较容易,稳定性好,通过补偿可达到较高的运动精度和定位精度,是目前应用最多的一种数控机床
	闭环控制系统数控机床	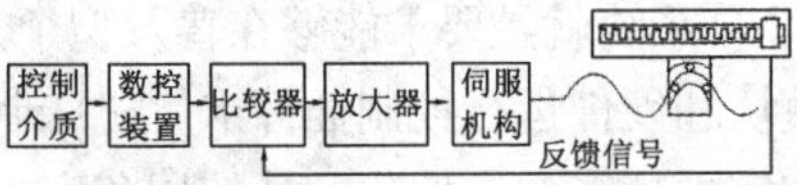 这类机床装有直线位移测量装置(回转坐标则仍用角位移测量装置)直接检测运动部件的位移,通过位置反馈控制和校准控制系统,可对机床进给传动误差进行补偿,从而提高数控机床的定位精度。由于系统增加了检测、比较和反馈装置,因此结构比较复杂,调试和维修比较困难。这类数控机床属于大型和精密数控机床
按可控制联动的坐标轴分类	两坐标联动数控机床	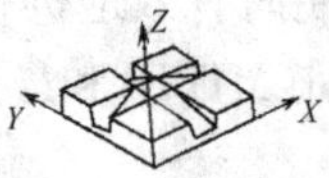 数控机床能同时控制两个坐标轴联动,如数控车床可以 X、Z 轴联动加工各种曲线轮廓的回转体零件;数控铣床有 X,Y,Z 三个坐标,可以同时控制两个坐标联动,经过坐标变换,可以分别实现 Z,X 轴、Z,Y 轴和 X,Y 轴两坐标联动
	三坐标联动数控机床	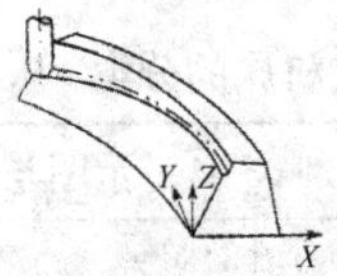 数控机床能同时控制三个坐标联动,如三坐标联动的数控铣床可用于加工如图所示的曲面零件。
	两轴半坐标联动数控机床	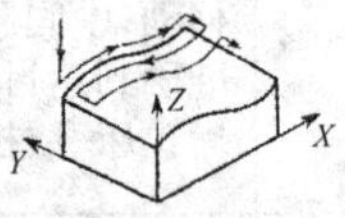 数控机床有三个方向坐标,但只能实现两轴联动,第三个坐标只能做等距周期移动,如图所示为 ZX 坐标平面实现两轴联动,Y 轴方向采用周期进给移动加工立体曲面
	多坐标联动数控机床	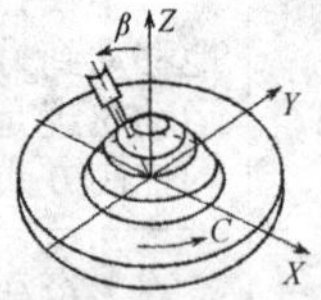 能同时控制四个以上坐标的数控机床,主要用于加工形状复杂的零件,如图所示为五轴联动数控铣床加工曲面形状示意
按加工方式分类	切削加工机床	如数控铣床、数控车床、加工中心等
	成型加工机床	如数控折弯机、数控弯管机、数控回转头压力机等
	电加工机床	如数控电火花成形机、数控电火花切割机等

3. 数控机床的特点和应用

（1）数控机床的特点

数控机床具有很多的优点：① 对零件的适应性强，可加工复杂形状的零件表面；② 具有较高的生产率；③ 具有加工精度高和稳定的加工质量；④ 缩短了生产准备时间，便于现代化的管理；⑤ 减轻了工人的劳动强度。

数控机床也有缺点：① 价格贵，设备首次投资大；② 综合了机、电、液和计算机技术，对使用和维修人员的技术要求高；③ 复杂形状的零件加工时，手工编程的工作量大。

（2）数控机床的应用

数控机床适用于加工以下零件：形状复杂，加工精度高，用普通机床无法加工，或虽然能加工但很难保证加工质量的零件；用数学模型描述的复杂曲线或曲面轮廓零件；必须在一次安装中合并完成铣、镗、锪、铰或攻螺纹等多工序的零件。此外，它还适用于柔性生产线和计算机集成制造系统。

10.1.2　数控机床坐标系

1. 确定坐标系统和运动方向的前提

① 不论机床在实际加工时是工件运动还是刀具运动，在确定编程坐标时，一般看作是工件相对静止，刀具产生运动，这一原则可以保证编程人员在不知道机床加工零件时是刀具移向工件，还是工件移向刀具的情况下，就可以根据图样确定机床的加工过程。

② JB 3051—82 标准中规定，机床某一零件运动的正方向，是指增大工件和刀具之间距离的方向。

2. 标准坐标系的确定

标准的机床坐标系是一个右手笛卡儿坐标系，如图 10-1 所示，坐标系规定了 X, Y, Z 三个直角坐标轴的方向，这个坐标系的各个坐标轴与机床的主要导轨平行。根据右手螺旋法则，可以很方便地确定出 A, B, C 三个旋转坐标的方向。

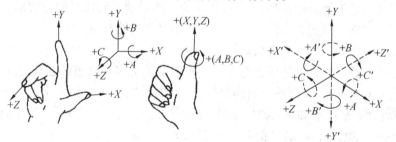

图 10-1　右手笛卡儿坐标系

3. 坐标轴的确定方法

（1）Z 坐标的确定

Z 坐标的运动由传递切削力的主轴所决定，与主轴轴线平行的标准坐标轴即为 Z 坐标。铣床、镗床、钻床等是主轴带动刀具旋转。车床、磨床和其他成形表面的机床是主轴带动工件旋转。如果机床上有几个主轴，则选一垂直于工件装夹平面的主轴作为主要的主轴；如果主要的主轴始终平行于标准的三坐标系统中的一个坐标，则这个坐标就是 Z 坐标；如果主要的主轴能摆动，在摆动范围内使主轴只平行于三坐标系统中的 2 个或 3

个坐标,则取垂直于机床工作台装夹面的方向为 Z 坐标;如果机床无主轴(如数控龙门刨床),则 Z 坐标垂直于工件装夹平面。

Z 坐标的正方向是增加刀具与工件之间距离的方向。对于钻、镗加工,钻入或镗入工件的方向是 Z 坐标的负方向。

(2) X 坐标的确定

X 坐标运动一般是水平的,它平行于工件的装夹平面,是刀具或工件定位平面内运动的主要坐标。

在无回转刀具和无回转工件的机床上(如牛头刨床), X 坐标平行于主要切削方向,以该主切削力方向为正方向。在有回转工件的机床上,如车床、磨床等, X 坐标方向在工件的径向上,且平行于横向滑座,以刀具离开工件回转中心的方向为正方向(见图10-2)。

在有刀具回转的机床上(如铣床),若 Z 坐标是水平的(主轴是卧式的),当由主要刀具主轴向工件看时, Y 运动的正方向指向右方;若 Z 坐标是垂直的(主轴是立式的),当由主要刀具主轴向立柱看时, X 运动的正方向指向右方(见图10-3)。

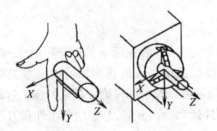 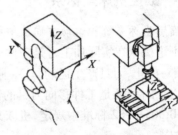

图10-2　卧式车床坐标系　　　　　图10-3　立式铣床坐标系

(3) Y 坐标的确定

正向 Y 坐标的运动,可根据 X 和 Z 的运动,按右手笛卡儿坐标系来确定。

(4) 旋转运动坐标

A,B,C 相应地表示其轴线平行于 X,Y,Z 的旋转运动。 A,B,C 的正方向为在相应的 X,Y,Z 坐标正方向上按照右手螺旋法则取右旋螺纹前进的方向。

(5) 机床坐标系的原点及附加坐标

标准坐标系的原点位置是任意选择的。如果在 X,Y,Z 主要直线运动之外,另有第二组平行于它们的坐标运动,则称为附加坐标,它们分别被指定为 U,V,W。如还有第三组运动,则分别指定为 P,Q 和 R。如果在第一组回转运动 A,B,C 之外,还有平行或不平行于 A,B,C 的第二组回转运动,可指定为 D,E 或 F。

(6) 工件的运动

为了体现机床的移动部件是工件而不是刀具,在图中往往以加"'"的字母来表示运动的正方向,即带"'"的字母表示工件的运动正方向,不带则表示刀具运动正方向,二者所表示的运动方向正好相反。

10.1.3　数控机床安全操作技术规程

1. 安全操作基本注意事项

① 工作时穿好工作服,不允许戴手套操作机床。

② 未经允许不得打开机床电器防护门,不要对机内系统文件进行更改或删除。

③ 注意不要在机床周围放置障碍物,工作空间应足够大。

④ 某一项工作如需要两人或多人共同完成时,应注意相互间的协调一致。

⑤ 不允许采用压缩空气清洗机床、电气柜及 NC 单元。

⑥ 未经指导老师同意不得私自开机。

⑦ 勿更改 CNC 系统参数或进行任何参数设定。

2. 工作前的准备工作

① 认真检查润滑系统工作是否正常,如机床长时间未开动,可先采用手动方式向各部分供油润滑。

② 使用的刀具应与机床允许的规格相符,有严重破损的刀具要及时更换。

③ 调整刀具所用工具不要遗忘在机床内。

④ 刀具安装好后应进行一两次试切削。

⑤ 加工前要认真检查机床是否符合要求,认真检查刀具是否锁紧及工件固定是否牢靠。空运行核对程序并检查刀具设定是否正确。

⑥ 机床开动前,必须关好机床防护门。

3. 工作过程中的安全注意事项

① 不能接触旋转中的主轴或刀具;测量工件、清理机器或设备时,先将机器停止运转。

② 机床运转中,操作者不得离开岗位,机床发现异常现象立即停车。

③ 加工中发生问题时,请按重置键“RESET”使系统复位。紧急时可按紧急停止按钮来停止机床,但在恢复正常后,务必使各轴再复归机械原点。

④ 手动换刀时应注意刀具不要撞到工件、夹具。加工中心刀塔装设刀具时应注意刀具是否互相干涉。

4. 工作完成后的注意事项

① 清除切屑、擦拭机床,使机床与环境保持清洁状态。

② 检查润滑油、冷却液的状态,及时添加或更换。

③ 依次关掉机床操作面板上的电源和总电源。

10.2　数控车床

10.2.1　数控车床概述

1. 数控车床的组成

数控车床主要由数控系统、床身、主轴箱、进给传动系统、刀架、液压系统、冷却系统及润滑系统等部分组成,如图 10-4 所示。

① 数控系统。数控系统是数控车床的控制核心,用于对机床的各种动作进行自动化控制。

② 床身。数控车床的床身和导轨有多种形式,主要有水平床身、倾斜床身、水平床身斜滑鞍及立床身等,它构成机床主机的基本骨架。

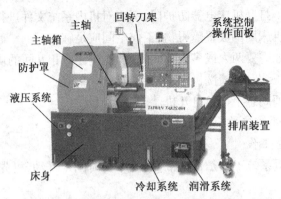

图 10-4　数控车床外观及主要功能部件

③ 主轴箱。主轴箱主传动系统一般采用直流或交流无级调速电动机,通过皮带传动或通过联轴器与主轴直联,带动主轴旋转,实现自动无级调速及恒切削速度控制。

④ 进给传动系统。数控车床没有传统的进给箱、溜板箱和交换齿轮架,而是直接采用伺服电动机经滚珠丝杠驱动滑板和刀架,实现纵向(Z轴)和横向(X轴)进给运动,因而数控车床进给系统的结构大为简化。

⑤ 刀架。用于安装各种切削加工刀具,加工过程中能自动换刀以实现多种切削方式的需要,它具有较高的回转精度。刀架的布局一般分为排式刀架和回转式刀架两大类,目前两坐标联动数控车床多采用回转刀架,它在机床上的布局有两种形式,一种是其回转轴垂直于主轴,另一种是其回转轴平行于主轴。

⑥ 液压系统。液压系统可使机床实现卡盘的自动松开与夹紧以及机床尾座顶尖自动伸缩。

⑦ 冷却系统。在机床工作过程中,冷却系统可通过手动或自动方式为机床提供冷却液对工件和刀具进行冷却。

⑧ 润滑系统。润滑系统集中供抽润滑装置,能定时定量地为机床各润滑部件提供润滑。

2. 数控车床的加工对象

数控车床主要用于各种回转体零件的多工序加工,具有高精度、高效率、高柔性化等综合特点,与传统车床相比,数控车床更适于加工具有以下特点的回转体零件。

① 轮廓形状复杂的回转体零件。数控车床具有直线和圆弧插补功能,还有部分数控装置具有某些非圆曲线插补功能,故能车削由任意平面曲线轮廓所组成的回转体零件,包括方程描述的曲线零件与不能用方程描述的列表曲线类零件。

② 精度要求高的回转体零件。由于数控车床的刚性好,制造和对刀精度高,它能够加工尺寸精度要求高的零件,在有些场合可以以车代磨。

③ 表面粗糙度好的回转体零件。数控车床能加工出表面粗糙度小的零件,不但是因为机床的刚性好和制造精度高,还由于它具有恒线速度切削功能。加工中可选用最佳线速度来切削端面,这样切出的粗糙度既小又一致。数控车床还适合于车削各部位表面粗糙度要求不同的零件。粗糙度小的部位可以用减小进给速度的方法来实现。

④ 特殊类型的螺旋零件。特殊螺旋零件是指特大螺距(或导程)、变螺距、等螺距与变螺距或圆柱与圆锥螺旋面之间作平滑过渡的螺旋零件,以及高精度的模数螺旋零件

（如圆柱、圆弧蜗杆）和端面（盘形）螺旋零件等。

10.2.2 数控车床编程基础

以配置 FANUC 0i 系统的数控车床为例，介绍数控加工的编程常识。

1. 准备功能及辅助功能指令

配置 FANUC 0i 系统的数控车床，常用 G 代码和 M 代码的功能参见表 10-2。

表 10-2 FANUC 0i-TD 常用 G 代码、M 代码功能表

代码	功能	代码	功能	代码	功能
G00	快速定位	G50	工件坐标设定/限制主轴最高转速	G99	进给量/r
G01	直线插补	G53	选择机床坐标系	M00	程序暂停
G02	顺时针圆弧插补	G54 ~ G59	选择工件坐标系 1 ~ 6	M01	程序选择停止
G03	逆时针圆弧插补	G70	精加工复合循环	M02	程序结束
G04	暂停	G71	外圆粗加工复合循环	M03	主轴正转
G28	返回参考点	G72	端面粗加工复合循环	M04	主轴反转
G20	英制输入	G90	外圆切削循环	M05	主轴停止
G21	米制输入	G92	螺纹单一切削循环	M08	冷却液打开
G32	单行程螺纹切削	G94	端面单一切削循环	M09	冷却液关闭
G40	取消刀尖半径补偿	G96	主轴恒线速控制	M30	程序结束并返回
G41	刀尖半径左补偿	G97	主轴转速/min	M98	子程序调用
G42	刀尖半径右补偿	G98	进给量/min	M99	子程序结束

2. 数控车床的编程规则

编写程序时可以用绝对值方式编程（X，Z），也可以用增量值方式编程（U，W），或者二者混合编程。表 10-3 为绝对和增量编程例，用绝对值方式编程时，程序段中的轨迹坐标都是相对于某一固定编程坐标系原点所给定的绝对尺寸，用 X，Z 及其后面的数字表示；用增量值编程时，程序段中的轨迹坐标都是相对于前一位置坐标的增量尺寸，用 U，W 及其后的数字分别表示 X，Z 方向的增量尺寸。

需要说明的是，在数控车床上编程时，不论是按绝对值方式编程，还是增量值方式编程，X，U 坐标值应以实际位移量乘以 2，即以直径方式输入，且有正负号；Z，W 坐标值为实际位移量。

表 10-3 绝对和增量编程（进给速度为 0.3 mm/r）

例图	绝对值方式编程	增量值方式编程	说明
	N01 G01 X40.0 Z10.0 F0.3;	N01 G01 U40.0 W10.0 F0.3;	O→A
	N02 X80.0 Z30.0;	N02 U40.0 W20.0;	A→B
	N03 X120.0 Z40.0;	N03 U40.0 W10.0;	B→C
	N04 X60.0 Z80.0;	N04 U-60.0 W40.0;	C→D
	N05 M02;	N05 M02;	（结束）

3. 程序原点和坐标值

数控车床坐标系统分为机床坐标系和工件坐标系。机床坐标系是机床固有的坐标系,在出厂前已调好,一般情况下不允许用户随意改动。工件坐标系是编程时使用的坐标系,以工件原点为坐标原点建立的 X,Z 轴直角坐标系称为工件坐标系。为了编程方便,工件原点可选在主轴回转中心与工件左(右)端面的交点上,如图 10-5 所示。

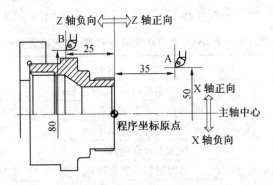

图 10-5　程序坐标原点和坐标值

数控车床是回转类零件加工机床,一般只有 X 和 Z 两个坐标轴,Z 轴是主轴的回转轴线,远离工件的方向为正;X 轴与 Z 轴互相垂直,且平行于车床径向运动的导轨方向,远离工件的方向为正。

一般坐标原点选在工件图样的端面上,X 值为直径尺寸,Z 值为轴向尺寸。图 10-5 中刀具 A 的位置为 X50.0,Z35.0,刀具 B 的位置为 X80.0,Z－25.0。

4. 基本编程指令

(1) 程序的构成

在数控装置中,程序的记录是由程序号区分的,调用某个程序可以通过程序号调出,编辑程序也要首先调出程序号。

程序号由字母 O 和 4 位数(1～9999)表示。程序编号方式为 O __,程序编号要单独使用一个程序段。

① 程序段的构成。程序段的构成主要是由程序段序号和各种功能指令构成:N __ G __ X(U) __ Z(W) __ F __ M __ S __ T __,其中,N __ 为程序段序号;G __为准备功能;X(U)__ Z(W)__ 为工件坐标系中 X,Z 轴移动终点位置;F __ 为进给功能指令;M __ 为辅助功能指令;S __ 为主轴功能指令;T __ 为刀具功能指令。

② 坐标的选取。绝对坐标:X,Z;相对坐标:U,W。

(2) 插补功能

① 快速点定位(G00)。格式为 G00X __ Z __ 或 G00U __ W __,其中,(X,Z),(U,W)为定位点。图 10-6 为快速进刀指令,指令格式为 G00X50Z6 或 G00U－70W－84。

② 直线插补指令(G01)。格式为 G01X __ Z __ F __ 或 G01U __ W __ F __,其中,(X,Z),(U,W)为直线终点位置;F 为进给指令,单位为 mm/r(毫米/转)或 mm/min(毫米/分钟)。该指令用于直线或斜线运动,可沿 X 轴、Z 轴方向直线运动,也可沿 XZ 平面内任意斜率直线运动。图 10-7 的外圆柱切削指令格式为 G01X60Z－80F0.3 或 G01U0W－80F0.3。

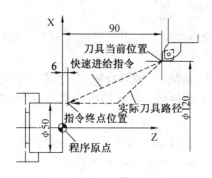

图 10-6　G00 快速进刀

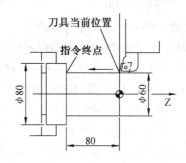

图 10-7　G01 指令切外圆柱

③ 倒角、倒圆指令格式。倒角的指令格式为 G01X __ C __ 或 G01Z __ C __，其中，C __，表示倒 45°角。图 10-8 为 G01 指令倒角。

倒圆的指令格式为 G01X __ R __ 或 G01Z __ R __，其中，R __，表示倒 1/4 圆角。图 10-9 为 G01 指令倒圆。

④ 圆弧插补指令（G02/G03）。G02 为顺时针圆弧插补指令，格式为 G02X __ Z __ I __ K __ F __ 或 G02X __ Z __ R __ F __。G03 为逆时针圆弧插补指令，格式为 G03X __ Z __ I __ K __ F __ 或 G03X __ Z __ R __ F __，其中，X, Z 为圆弧终点位置坐标，也可使用增量坐标 U, W。

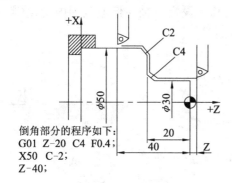

倒角部分的程序如下：
G01 Z-20 C4 F0.4；
X50 C-2；
Z-40；

图 10-8　G01 指令倒角

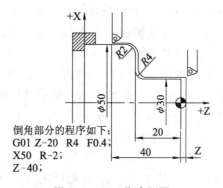

倒角部分的程序如下：
G01 Z-20 R4 F0.4；
X50 R-2；
Z-40；

图 10-9　G01 指令倒圆

如图 10-10 所示，I, K 为圆弧起点到圆心在 X, Z 轴方向上的增量，R 为圆弧的半径值。

⑤ 螺纹切削指令（G32）。圆柱螺纹格式为 G32Z __ F __；圆锥螺纹格式为 C32X __ Z __ F __，其中，F 为指定螺纹的螺距。图 10-11 为 G32 圆柱螺纹切削。

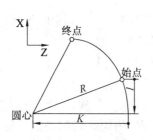

图 10-10　G02/G03 圆弧插补指令

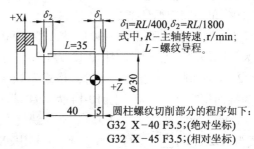

$\delta_1 = RL/400, \delta_2 = RL/1800$
式中，R—主轴转速，r/min；
L—螺纹导程。

圆柱螺纹切削部分的程序如下：
G32 X-40 F3.5；(绝对坐标)
G32 X-45 F3.5；(相对坐标)

图 10-11　G32 圆柱螺纹切削

（3）暂停指令（G04）

格式为 G04X __，G04U __，G04P __。（G99）G04 __为指令暂停进刀的主轴回转数，（G98）G04 __为指令暂停进刀的时间（秒数）。

（G99）G04X（U）1 或（G99）G04P1000 为主轴停转一转后执行下一个程序。

（G98）G04X（U）1 或（G98）G04P1000 为主轴停转一秒钟后执行下一个程序段。

（4）自动回原点（G28）

格式为 G28X（U）__ Z（W）__。该指令使刀具自动返回机床原点或经过某一中间点再回到机床原点，X，Z（或 U，W）为中间点坐标，该指令以 G00 的速度运动。

（5）进给功能（F 功能）

① G99（每转进给量）。格式为 G99 __（F __），G99 使进给量 F 的单位为 mm/r。

② G98（每分钟进给量）。格式为 G98 __（F __），G98 使进给量 F 的单位为 mm/min。

（6）主轴转动功能（S 功能）

① G50（主轴最高转速设定）。格式为（G50）__ S __，其中，S 指令给出主轴最高转速。

② G97（主轴转速直接设定）。格式为（G97）__ S __（M38 或 M39），功能是设定主轴转数恒定（r/min）。

③ G96（主轴转速线速度恒定设定）。格式：（G96）__ S __（M38 或 M39），功能是设定主轴线速度，即切削速度恒定（m/min），其中，M38 设定主轴在低速范围内变化（粗加工）；M39 设定主轴在高速范围内变化（精加工）。

（7）刀具功能指令（T 功能）

该指令可指定刀具号及刀具补偿号。格式为 T□□□□（前两位指定刀具序号，后两位指定刀具补偿号）。取消刀具补偿 T 指令格式为 T□□ 或 T□□00。

（8）刀具半径补偿指令

① G41 为刀具左补偿，如图 10-12 所示，在编程路径前进方向上，刀具沿左侧进给，此时使用该指令。

② G42 为刀具右补偿，如图 10-12 所示，在编程路径前进方向上，刀具沿右侧进给，此时使用该指令。

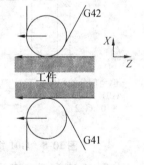

图 10-12　G41，G42 指令

③ G40 为取消刀补，通常写在程序开始的第一个程序段及取消刀具半径补偿的程序段。

（9）单一固定循环指令

① 外圆切削循环指令（G90）。格式为 G90X（U）__ Z（W）__ F __，其中，X，Z（或 U，W）为外圆切削终点坐标。图 10-13 为 G90 外圆切削循环指令实例。

② 端面切削循环指令（G94）。格式为 G94X（U）__ Z（W）__ F __，其中，X，Z（或 U，W）为端面切削终点坐标。图 10-14 为 G94 端面切削循环指令例。

③ 螺纹切削循环指令（C92）。圆柱螺纹格式为 G92X（U）__ Z（W）__ F __；圆锥螺纹格式为 G92X（U）__ Z（W）__ R __ F __，其中，X，Z（或 U，W）为螺纹切削终点坐标；R 为螺纹的锥度。

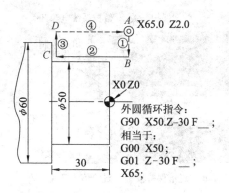

图 10-13 G90 外圆切削循环

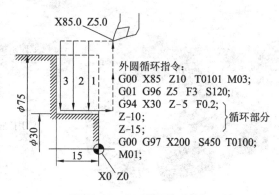

图 10-14 G94 端面切削循环

（10）复合固定循环指令

① 外圆粗加工循环指令(G71)。格式为 G71U ΔdR e 或 G71P ns Q nf U Δu W Δw F ＿，其中，Δd 为每次的背吃刀量(半径值，无正负值符号)；e 为每次切削的退刀量；ns 为精加工程序第一个程序段的序号；nf 为精加工程序最后一个程序段的序号；Δu 为 X 向的精加工余量；Δw 为 Z 向的精加工余量。G71 循环指令的刀具切削路径如图 10-15 所示

② 端面粗加工循环指令（G72）。格式为 G72U ΔdR e 或 G72P ns Q nf U Δu W Δw F ＿，其中，Δd 为每次的背吃刀量(无正负值符号)；e 为每次切削的退刀量；ns 为精加工程序第一个程序段的序号；nf 为精加工程序最后一个程序段的序号；Δu 为 X 向的精加工余量；Δw 为 Z 向的精加工余量。G72 循环指令的刀具切削路径如图 10-16 所示。

③ 精加工循环指令（G70）。格式为 G70P ns Q nf，其中，ns 为循环开始的第一个程序段的序号；nf 为循环结束最后一个程序段的序号。。

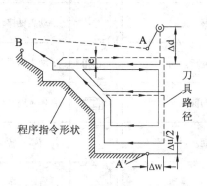

图 10-15 外圆粗加工循环

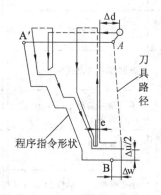

图 10-16 端面粗加工循环

10.2.3 数控车床基本操作

由于数控车床生产厂商、型号及配制的编程控制系统种类较多（如 FANUC、SINU-MERIK、华中数控、广州数控等），零件加工时在编程及操作方法上差异较大。本节仅以配制 FANUC 0i 系统的 CAK3665 数控车床为例，介绍机床基本操作方法。

1. 机床控制面板

（1）数控车床 CAK3665 外形如图 10-17 所示，机床控制面板如图 10-18 所示。

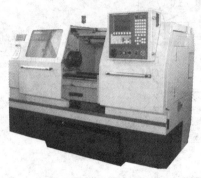

图 10-17　CAK3665 数控车床

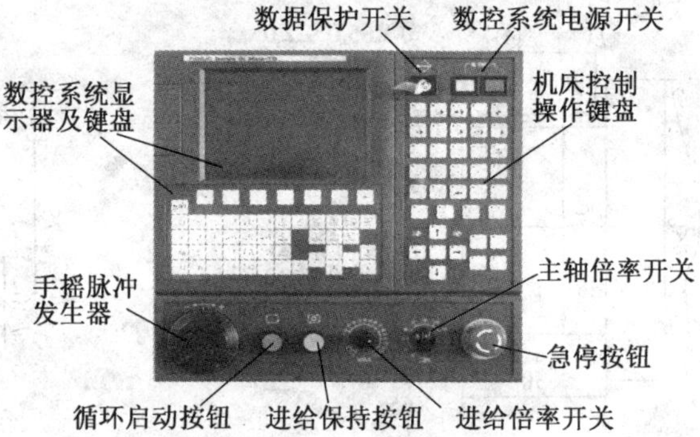

数据保护开关
数控系统电源开关
数控系统显示器及键盘
机床控制操作键盘
主轴倍率开关
手摇脉冲发生器
急停按钮
循环启动按钮
进给保持按钮
进给倍率开关

图 10-18　机床控制面板

（2）机床操作键盘功能(见表 10-4)

表 10-4　机床操作键盘功能

符号	名　　称	符号	名　　称	符号	名　　称
	编辑方式		单程序段		手动冷却液开闭
	手动数据输入方式		跳步		手动润滑开闭
	存储程序自动方式		辅助功能锁住		手动主轴正转
	手动进给方式		选择停		手动主轴反转
X	X 轴子摇脉冲进给		空运转		手动主轴停转
	返回参考点方式		X 轴向后点动		手动主轴点动
X1 F0	手摇脉冲最小单位 0.001 mm 速度倍率 1%		X 轴向前点动		台尾进退
X10 25%	手摇脉冲最小单位 0.01 mm 速度倍率 25%		Z 轴向左点动		排屑器正转
X100 50%	手摇脉冲最小单位0.1 mm 速度倍率 50%		Z 轴向右点动		排屑器反转
X1000 100%	手摇脉冲最小单位1 mm 速度倍率 100%		手动快速		排屑器停止
	自动门保护开关		液压启动停止		中心架
Z	Z 轴手摇脉冲进给		手动选刀		程序在启动

2. 具体操作步骤简介

① 通电。将电器柜上的主开关置于接通位,给机床通电。

② 回原点。

a. 将模式开关置于手动模式,分别点击 4 个移动按钮使机床刀架处于适当位置,即靠近卡盘的位置,做好回参考点的准备工作。

b. 将模式开关置于回参考点模式,分别点击 X 轴正方向移动按钮和 Z 轴正方向移动按钮,直到 X 轴和 Z 轴回参考点指示灯亮为止。

③ 手动进给。将模式开关置于手动模式,分别点击 X 轴负方向移动按钮和 Z 轴负方向移动按钮,使机床刀架处于合适位置,做好装刀的准备工作。

④ 装刀。准备好车刀和垫刀片,使用内六角螺栓将其固定在刀架上。装刀时注意正手车刀或反手车刀与刀架位置的配合安装。装刀时注意刀尖等于工件中心,通常测量刀尖到垫刀片底面的距离为 21 mm。

⑤ 装夹工件。给工件留出足够的加工长度,夹紧时注意夹力适当,必要使用套管扳手。

⑥ 试切法对刀并设置刀具补偿。试切法对刀是用所选的刀具试切零件的外圆和端面,经过测量和计算得到零件端面中心点的坐标值。

a. 将模式开关置于增量进给模式,分别点击 X 轴负方向移动按钮和 Z 轴负方向移动按钮,使机床刀架移近工件处于合适位置,准备对刀。

b. 按下控制面板上的主轴正转按钮或主轴反转按钮,再点击主轴手动增量按钮增加主轴转速;将增量选择开关置于 25%,按下 Z 轴负方向移动按钮,使用所选刀具试切工件外圆,然后按下 Z 轴正方向移动按钮,将刀具沿 Z 轴正向退出工件,准备测量刚试切的外圆轴径。

c. 按下控制面板上的主轴停按钮使用千分尺测量刚试切的外圆轴径,测量出轴径(如 $\phi37.875$ mm);按下 MDI 键盘上的刀具补偿设置按钮,CRT 界面显示刀具补偿表,按下软键"形状",使用 MDI 键盘输入"X37.875",然后按下软键"测量",系统自动计算 X 轴坐标。

d. 再次按下控制面板上的主轴正转按钮主轴反转按钮,点击 Z 轴负方向移动按钮,将刀尖移动到工件外圆右侧位置,准备使用所选刀具试切工件端面;点击 X 轴负方向移动按钮,试切工件端面。

e. 按下 MDI 键盘上的刀具补偿设置按钮,CRT 界面显示刀具补偿表,按下软键"形状",使用 MDI 键盘输入 Z0,然后按下软键"测量",系统自动计算 Z 轴坐标。

f. 分别点击控制面板上的 X 轴正方向移动按钮和 Z 轴正方向移动按钮,使刀具退离工件,再次按下主轴停按钮,使主轴停转,至此完成试切法对刀。

⑦ 编辑程序。将模式开关置于程序编辑模式,使用 MDI 键盘上的数字、字母、符号键,输入并修改程序。

⑧ 图形模拟。在程序编辑模式将光标移至需要模拟的程序号,再将模式开关切换到自动循环模式,打开机床锁定按钮,关好机床门,再按下 MDI 键盘上的用户图形显示按钮,最后按下控制面板上的自动循环按钮执行程序,显示轨迹图形。

⑨ 加工零件。

a. 将模式开关置于回原点模式,分别点击 X 轴正方向移动按钮和 Z 轴正方向移动按钮,直到 X 轴和 Z 轴回参考点指示灯亮为止。

b. 在程序编辑模式将光标移至需要模拟的程序号,再将模式开关切换到自动循环模式,关闭机床锁定按钮,打开单段按钮,最后点击控制面板上的自动循环按钮,每点击一次自动循环按钮执行一个程序段;起刀点位置正确,关闭单段按钮,再次点击自动循环按钮开始自动执行程序,直至程序停止。

⑩ 零件加工完毕后卸下工件,切断机床电源,清扫机床并涂防锈油。

10.2.4　数控车床加工工艺训练

1. 轴类零件的加工训练

加工如图 10-19 所示的阶梯轴,毛坯为棒料,毛坯直径为 60 mm。

（1）工艺分析与处理

① 该零件结构简单,属于典型的轴类零件,轴向尺寸为 80 mm,采用三自定心卡盘装夹即可。

② 选工件回转轴与右端面的交点为加工坐标系原点。

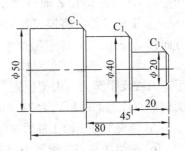

图 10-19　阶梯轴

③ 选择刀具。根据加工要求选用 3 把刀具,01 号为外圆左偏粗车刀,02 号为外圆左偏精车刀,03 号刀外圆切断刀。

④ 加工路线。从右至左粗车外轮廓,然后精车外圆(左端倒角→ϕ30→倒角→ϕ40 外圆→倒角 ϕ50 外圆,最后切断。

⑤ 选择切削用量。切削用量应根据工件材料、刀具耐用度,加工精度等要求选择。取 $n = 600$ r/min, $f = 0.2$ mm/r(粗车), $f = 0.1$ mm/r(精车)。

（2）加工程序(见表 10-5)

表 10-5　加工程序(FANUC0i-TC 系统)

程序	注释
O0001	程序号
N001 T0101;	换 1 号刀(粗车刀)
N002 S600 M03;	主轴正转,转速为 600 r/mm
N003 G00 X65 Z2;	刀具快速移至粗车循环点
N004 G71 U3 R1;	调用粗加工固定循环指令 G71
N005 G71 P006 Q012 U1 W0.5 F0.2;	设定粗加工固定循环参数
N006 G00 X14;	精加工轮廓开始,到倒角的延长线处
N007 G01 X20 Z－1 F0.1;	精加工 ϕ20 外圆倒角 1×45°
N008 Z－20;	精加工 ϕ20 外圆
N009 X40 C1;	精加工 ϕ40 外圆倒角 1×45°
N010 Z－45;	精加工 ϕ40 外圆
N011 X50 C1;	精加工 ϕ50 外圆倒角 1×45°
N012 Z－80;	精加工 ϕ50 外圆
N013 G00 X100 Z100;	回到换刀点
N014 M05 T0202;	主轴停转,换 2 号刀(精车刀)
N015 S600 M03;	主轴正转,转速为 600 r/mm
N016 G00 X65 Z2;	刀具快速移至精车循环点
N017 G70 P006 Q012;	调用精加工固定循环指令 G70
N018 G00 X100 Z100;	回到换刀点
N019 M05 T0303;	主轴停转,换 3 号刀(切断刀)
N020 S200 M03;	主轴正转,转速为 200 r/mm

续表

程序	注释
N021 G00 X55 Z−80;	移动到工件切断点
N022 G01 X−1 F0.1;	切断工件
N023 X55;	退刀
N024 G00 K100 Z100;	回到换刀点
N025 M05 M03;	主轴停转,程序结束

（3）阶梯轴的加工

阶梯轴的加工步骤参见 10.2.3 的"数控车床基本操作"。

2. 套类零件的加工训练

加工图 10-20 所示套类零件的内孔,外圆已加工直径为 $\phi40$ mm,长度为 37 mm,毛坯孔为 $\phi18$ mm。

（1）工艺分析与处理

① 采用工件的左端面和毛坯外圆作为定位基准,使用普通三爪卡盘夹紧工件,以左端面中心为原点建立工件坐标系。

② 确定数控加工刀具。根据零件的加工要求,选用 90°车刀 T01,镗孔刀 T02。

③ 加工路线。首先车削端面,然后从右至左粗镗内轮廓,最后精车内孔（右端倒角→$\phi30$ 孔→倒角→$\phi26$ 孔→倒 R3 圆角→$\phi20$ 孔）。

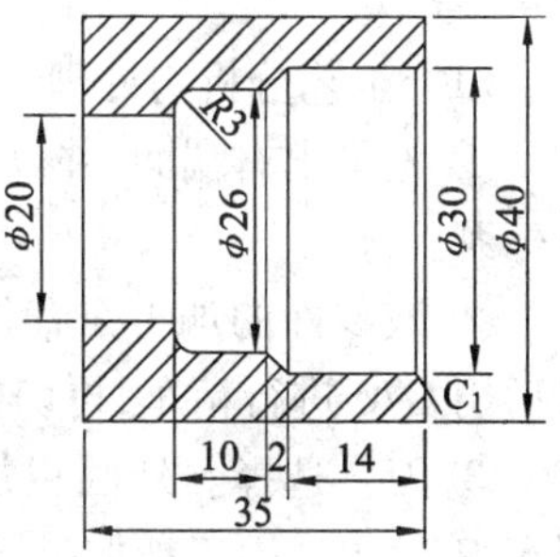

图 10-20 套

④ 选择切削用量。切削用量应根据工件材料、刀具耐用度、加工精度等要求选择。取 S600 r/min,F0.2 mm/r（粗车）,F0.1 mm/r（精车）。

（2）加工程序（见表 10-6）

表 10-6 加工程序（FANUC 0i-TC 系统）

程序	注释
O0002	程序号
N005 T0101;	换 1 号刀（90°车刀）
N010 S600 M03;	主轴正转,转速为 600 r/mm
N015 G00 X42 Z37;	刀具快速移至车削循环点
N020 G94 X16 Z35 F0.22;	端面车削循环指令 G94
N025 G90 X41 Z33.5 I−3.5 F0.1;	倒角
N030 G00 X100 Z150;	回到换刀点
N035 T0202;	换 2 号刀（镗孔刀）
N040 G00 X18 Z37;	刀具快速移至粗车循环点
N045 G71 U1.5 R1;	粗车循环
N050 C71 P011 Q017 U−0.2 W0.1 F0.2;	精加工循环由 N055−N085 指定
N055 G00 X36;	精加工轮廓开始,到倒角的延长线处
N060 G01 X30 Z34 F0.1;	精加工 $\phi30$ 孔倒角 1×45°
N065 W−13;	精加工 $\phi30$ 孔
N070 X26 W−2;	精加工 $\phi26$ 孔倒角
N075 W−7;	精加工 $\phi26$ 孔
N080 G03 X20 W−3 R3;	精加工 R3 圆角
N085 G01 Z−2;	精加工 $\phi20$ 孔
N090 G70 P011 Q017;	调用精加工固定循环指令 G70

程序	注释
N095 G00 X100 Z150；	回到换刀点
N100 T0200；	取消 2 号刀补偿
N105 M05 M30；	主轴停转,程序结束

（3）套的加工

套的加工步骤参见 10.2.3 的"数控车床基本操作"。

3. 螺纹车削加工训练

加工图 10-21 所示的螺纹零件,毛坯为 $\phi40$ 棒料,材料为 45 号钢。

（1）工艺分析与处理

① 先车出右端面,并以此端面的中心为原点,建立工件坐标系。

② 该零件的加 I 面有外圆、螺纹和槽,采用 G71 粗车,然后用 G70 进行精车,再切槽和螺纹。

③ 刀具选择。外圆粗加工车刀 T0101 用于粗加工;外圆车刀 T0202,用于精加工;切断刀 T0303（刀宽 4 mm）,用于车槽及切断;螺纹刀 T0404 车螺纹。

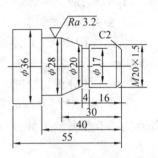

图 10-21　螺纹零件

④ 加工路线。从右至左粗加工各面→精加工各面→车退刀槽→车螺纹→切断。

⑤ 切削用量。粗车外圆:S500 r/min, F0.05 mm/r;精车外圆:S1000 r/min,F0.08 mm/r;车退刀槽:S50 r/min,F0.005 mm/r;车螺纹:S600 r/min;切断:S5300 r/min,F0.05 mm/r。

（2）加工程序（见表 10-7）

表 10-7　加工程序（FANUC 0i-TC 系统）

程序	注释
O0003	程序号
N000 T0101；	换 1 号刀（90°车刀）
N010 S500 M03；	主轴正转,转速为 600 r/mm
N020 G00 X45 Z2；	刀具快速移至车削循环点
N030 G71 U1.5 R1；	粗车循环
N040 C71 P0050 Q0130 U0.2 W0.1 F0.15；	精加工循环由 N050－N130 指定
N050 G00 G42 X14 Z1；	刀具右补偿,快速移动到倒角的延长线处
N060 G01 X19.9 Z－2 F0.08；	精加工倒角 2×45°
N070 Z－20；	精加工螺纹外径
N080 X20；	退至锥度起始点
N090 X28 Z－30；	精加工锥度面
N100 W－10；	精加工 $\phi28$ 外圆
N110 X36；	退至台阶起始点
N120 W－20；	精加工 $\phi36$ 外圆
N130 G00 G40 X45；	取消刀具补偿
N140 X150 Z150；	回到换刀点
N150 T0202；	换 2 号刀
N160 S1000 M03；	主轴正转,转速为 1 000 r/mm
N170 G00 X45 Z2；	刀具快速移至车削循环点

续表

程序	注释
N180 G70 P0050 Q0130;	循环由 N050－N130 指定
N190 X150 Z150;	回到换刀点
N200 T0303;	换 3 号刀
N210 S500 M03;	主轴正转,转速为 500 r/mm
N220 G00 X24 Z－20;	刀具快速移至切槽起始点
N230 G01 X17 F0.05;	车退刀槽
N240 G00 X150;	退出
N250 Z150;	回到换刀点
N260 S600 M03 T0404;	换 4 号刀,主轴正转,转速为 600 r/mm
N270 G00 X20 Z2;	刀具快速移至车削循环点
N280 G92 X19.2 Z－18 F1.5;	螺纹车削循环,每一次车螺纹
N290 X18.6;	每两次车螺纹
N300 X18.2;	每三次车螺纹
N310 X18.04;	每四次车螺纹
N320 G00 X150;	退出
N330 Z150;	回到换刀点
N340 S300 M03 T0203;	换 3 号刀,主轴正转,转速为 300 r/mm
N350 G00 X40 Z－59;	刀具快速移至切断起始点
N360 G01 X0 F0.05;	切断
N370 G00 X150;	退出
N380 Z150;	回到换刀点
N390 M05 M30;	主轴停转,程序结束

（3）螺纹零件的加工

螺纹零件的加工步骤参见 10.2.3 的"数控车床基本操作"。

4. 特形面车削加工训练

加工图 10-22 所示的特形面零件,材料为 45 号钢,毛坯尺寸为 ϕ50 mm×110 mm。

（1）工艺分析与处理

① 特形面零件由圆弧面、外圆锥面、外圆柱面构成。其外圆柱面 ϕ50 mm 处不加工,而 ϕ40 mm 处加工精度较高,加工编程中应当将粗、精加工分开来考虑。采用机床本身的标准卡盘,零件伸出三爪卡盘外 75 mm 左右,并找正夹紧。以零件右端面中心作为坐标系原点,设定工件坐标系。

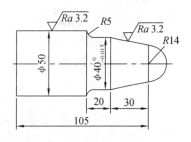

图 10-22　特形面零件

② 确定的加工工艺路线。车削右端面→粗车各加工面→精车各加工面。

③ 刀具的选择。选择 01 号刀具为 90°硬质合金机夹偏刀,用于粗、精车削加工。

④ 切削用量。采用切削用量主要考虑加工精度,并兼顾提高刀具耐用度、机床寿命等因素。粗车:S630 r/min,F0.2 mm/r;精车:S630 r/min,F0.1 mm/r。

（2）加工程序（见表 10-8）

表 10-8　参考程序（FANUC 0i-TC 系统）

程序	注释
O0004	程序号
N005 T0101；	换 1 号刀（90°车刀）
N010 S630 M03；	主轴正转，转速为 630 r/mm
N015 G00 X52 Z2；	刀具快速移至车削循环点
N020 G71 U3 R1；	粗车循环
N025 C71 P030 Q055 U0.2 W0.1 F0.2；	精加工循环由 N030—N055 指定
N030 G00 X0；	刀具快速移至车削循环点
N035 G01 Z0 F0.1；	精加工至圆弧起始点
N040 G03 X28 Z-14；	精加工 $R14$ 圆弧
N045 G01 X40 Z-44；	精加工锥度面
N050 Z-64 R5；	精加工 $\phi40$ 外圆，倒圆角
N055 X52；	退出
N060 G70 P030 Q055；	精加工循环
N065 G00 X100 Z100；	停刀点坐标
N070 M05 M30；	主轴停转，程序结束

（3）特形面零件的加工

特形面零件的加工步骤参见 10.2.3 的"数控车床基本操作"。

10.3　数控铣床及加工中心

10.3.1　数控铣床及加工中心概述

1. 数控铣床

（1）数控铣床的组成

数控铣床一般由数控系统、机床基础部件、主轴箱、进给伺服系统及辅助装置等几大部分组成，如图 10-23 所示。

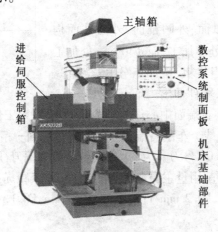

图 10-23　XK5032 数控铣床

① 数控系统。数控系统是机床运动控制的中心，通常数控铣床都配有高性能、高精

度、集成软件的微机数控系统,具有直线插补、圆弧插补、螺旋插补、刀具补偿、固定循环和用户宏程序等功能,能完成绝大多数的基本铣削以及镗削、钻削、攻螺纹等自动循环加工。

② 机床基础部件。通常是指底座、立柱、工作台、横梁等,是整个机床的基础和框架。

③ 主轴箱。主轴箱包括主轴箱体和主轴传动系统,用于装夹刀具并带动刀具旋转,主传动大多采用专用的无级调速电动机驱动。

④ 进给伺服系统。由进给电动机和进给执行机构组成,按照程序设定的进给速度实现刀具和工件之间的相对运动,其主轴垂直方向进给运动及工作台的横向和纵向进给运动均由各自的交流伺服电机来驱动。

⑤ 辅助装置。辅助装置包括液压、气动、润滑、冷却系统和排屑、防护等。

（2）数控铣床的加工对象

数控铣床是一种用途十分广泛的机床,主要用于具有各种复杂轮廓、平面、曲面的板类、壳体、箱体类零件的加工,如各类凸轮、模具、连杆、叶片、螺旋桨等零件的铣削加工,同时还可以进行钻、扩、铰、镗及攻螺纹等加工。此外,随着高速铣削技术的发展,数控铣床可以加工形状更为复杂的零件,精度也更高。

① 平面类零件。此类零件数控铣削相对比较简单,一般用两坐标联动就可以加工出来。图 10-24a,b,c 所示的 3 个零件均为平面类零件。其中,曲线轮廓面 M 垂直于水平面,可采用圆柱立铣刀加工;对于斜面 P,当工件尺寸不大时,可用斜板垫平后加工,当工件尺寸很大,斜面坡度又较小时,也常用行切加工法加工。对于凸台侧面 N,因其与水平面成一定角度,可以采用专用的角度成型铣刀来加工。

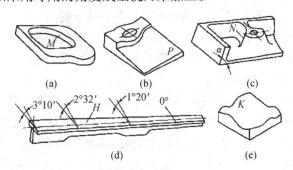

(a)   (b)   (c)

(d)   (e)

图 10-24　典型铣削零件

② 变斜角类零件。如图 10-24d 中 H 面,其特点是加工面不能展开为平面,但在加工中被加工而与铣刀圆周接触的瞬间为一条直线。加工这类零件最好采用四坐标或五坐标数控铣床摆角加工,也可在三坐标数控铣床上采用行切加工法实现近似加工。

③ 曲面类零件。如图 10-24e 中 K 面,曲面可以是公式曲面,如抛物面、双曲面等,也可以是列表曲面。曲面类零件的被加工表面不能展开为平面,铣削加工时,被加工表面而与铣刀始终是点接触,一般采用球头铣刀三坐标联动铣削加工。对于螺旋桨、叶片等空间曲面零件,可用四坐标或五坐标联动铣削加工。

2. 数控加工中心

（1）加工中心的组成。加工中心的外形结构各异,但从总体来看主要由以下几大部分构成,图 10-15 为 XH713 加工中心。

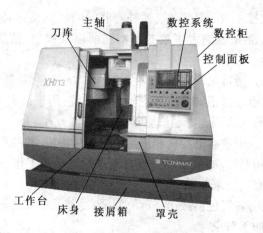

图 10-25 XH713 加工中心

① 基础部件。它是加工中心的基础结构,由床身、立柱和工作台等组成,主要是承担加工中心的静载荷以及在加工时产生的切削负载,因此需有足够的刚度。

② 主轴部件。主轴部件是加工中心的关键部件,由主轴箱、主轴电动机、主轴和主轴轴承等零部件组成。主轴是加工中心切削加工的功率输出部件,它的起动、停止、变速等动作均由数控系统控制。主轴部件结构的好坏对加工中心的性能有很大的影响。

③ 数控系统。加工中心的数控系统由 CNC 装置、可编程序控制器、伺服驱动系统以及面板操作系统组成,它是执行顺序控制动作和加工过程的控制中心。

④ 自动换刀系统。自动换刀系统主要由刀库、自动换刀装置等部件组成。需要更换刀具时,由数控系统发出换刀指令自动地更换装在主轴上的刀具。

⑤ 辅助装置。辅助装置包括润滑、冷却、排屑、液压、气动和检测系统等几部分。它们对加工中心的工作效率、加工精度和可靠性起着保障作用。

（2）加工中心的加工对象

加工中心是一种高效、高精度的数控机床,与一般数控机床的最大区别在于加工中心具有自动交换加工刀具的能力。它可在一次装夹中自动完成铣、钻、扩、铰、镗、攻螺纹等多种工序的加工,从而大大减少工件装夹、测量和机床调整时间,使机床的切削时间利用率显著提高,特别适用于加工型面复杂、工序多、装夹次数多、精度要求高的零件。

① 箱体类零件。箱体类零件是指具有多工位的孔系,并有较多型腔的零件,这类零件在机械、汽车、飞机等行业较多,如发动机缸体、变速箱体、机床床头箱、主轴箱、齿轮泵壳体等。在加工中心上加工,一次装夹可以完成普通机床 60% ~95% 的工序内容,零件各项精度一致性好,质量稳定,同时可缩短生产周期,降低成本。对于加工工位较多,工作台需多次旋转角度才能完成的零件,一般选用卧式加工中心;当加工的工位较少,且跨距不大时,可选立式加工中心加工。

② 复杂曲面。复杂曲面零件如叶轮、螺旋桨、各种曲面成型模具等,一般可以采用球头铣刀进行三坐标联动加工,加工精度较高,但效率较低。如果工件存在加工干涉区或加工盲区,就必须考虑采用四坐标或五坐标联动的机床。

③ 异形件。异形件是外形不规则的零件,大多需要点、线、面多工位混合加工,如支

架、基座、样板、靠模等。异形件的刚性一般较差,夹压及切削变形难以控制,加工精度也难以保证,这时可充分发挥加工中心工序集中的特点,采用合理的措施,一次或两次装夹,完成多道工序或全部的加工内容。

④ 盘、套、板类零件。带有键槽、径向孔或端面有分布孔系以及有曲面的盘套或轴类零件,还有具有较多孔加工的板类零件,适宜采用加工中心加工。端面有分布孔系、曲面的零件宜选用立式加工中心,有径向孔的可选卧式加工中心。

10.3.2　数控铣床及加工中心的编程基础

1. 手工编程

以配置 FANUC 0i 系统的数控铣床及加工中心为例,介绍数控加工的编程常识。

（1）准备功能及辅助功能指令（见表 10-9）

表 10-9　FANUC 0i-MA 常用 G 代码 M 代码功能表

代码	功能	代码	功能	代码	功能
G00	快速点定位	G49	取消长度补偿	G90	绝对值编程
G01	直线插补	G50	比例缩放取消	G91	增量值编程
G02	圆弧/螺旋线插补(顺时针)	G51	比例缩放有效	G92	坐标系设定
G03	圆弧/螺旋线插补(逆时针)	G53	选择机床坐标系	G94	每分钟进给
G04	暂停	G54～G59	选择工件坐标系 1～6	G95	每转进给
G10	可编程数据输入	G65	宏程序调用	G97	每分钟转数
G11	可编程数据输入方法取消	G73	探孔钻循环(高速渐进钻削循环)	G98	固定循环返回起始点
G17	选择 XOY 平面	G74	攻螺纹循环(左旋螺纹)	G99	固定循环返回点 R
G18	选择 XOZ 平面	G76	精镗循环	M00	程序暂停
G19	选择 YOZ 平面	G80	固定循环取消	M02	程序结束
G20	用英制尺寸输入	G81	钻孔循环 镗孔	M03	主轴正转
G21	用米制尺寸输入	G82	钻孔循环 镗阶梯孔	M04	主轴反转
G28	自动返回参考点	G83	钻孔循环(渐进钻削循环)	M05	主轴停止
G29	从参考点移出	G84	攻螺纹循环(孔底暂停、主轴反转)	M06	自动换刀
G40	刀具半径补偿注销	G85	镗孔循环(主轴在孔底无动作)	M08	冷却液打开
G41	刀具半径左补偿	G86	镗孔循环(主轴在孔底停止)	M09	冷却液关闭
G42	刀具半径右补偿	G87	反镗孔(背镗)循环	M30	程序结束并返回
G43	正向长度补偿	G88	镗孔循环(孔底暂停、停在底部)	M98	子程序调用
G44	负向长度补偿	G89	镗孔循环(孔底暂停)	M99	子程序结束

（2）基本编程指令

① 绝对编程和增量编程指令（G90，G91）。绝对编程指机床运动位置的坐标值是以工件坐标系坐标原点为基准来计算的。增量编程机床运动位置的坐标值是以前一位置为基准计算的，也就是相对于前一位置的增量，其正负可根据移动的方向来判断，沿坐标轴正方向为正，沿坐标轴负方向为负。

② 快速点定位指令（G00）。程序格式为 G00X __ Y __ Z __ ，式中，X，Y，Z 为目标位置的坐标值。该值是绝对尺寸还是增量尺寸，要看程序段前面是 G90 还是 G91 而定，如图 10-26 所示。

③ 直线插补指令（G01）。程序格式为 G01X __ Y __ Z __ F __ ，其中，X，Y，Z 为指定直线的终点坐标值。进给速度由 F 指令决定。

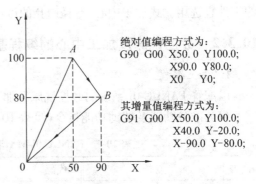

绝对值编程方式为：
G90 G00 X50.0 Y100.0;
          X90.0 Y80.0;
          X0   Y0;

其增量值编程方式为：
G91 G00 X50.0 Y100.0;
          X40.0 Y-20.0;
          X-90.0 Y-80.0;

图 10-26　G00 的使用

④ 圆弧插补命令（G02/G03）。G02 为顺时针圆弧插补，G03 为逆时针圆弧插补。

在 XY 平面程序格式为 G17G02（G03）X __ Y __ R __（I __ J __）F __ ；在 ZX 平面程序格式为 G18G02（G03）X __ Z __ R __（I __ J __）F __ ；在 YZ 平面程序格式为 G19G02（G03）Y __ Z __ R __（I __ J __）F __ ，其中，X，Y，Z 为圆弧终点坐标值，I，J，K 表示圆弧圆心的坐标，它是圆心相对于圆弧起点在 X，Y，Z 轴方向上的增量值，也可以看作圆心相对于圆弧起点为原点的坐标值。R 是圆弧半径，当圆弧所对应的圆心角为 0°～180° 时，R 取正值；当圆心角为 180°～360° 时，R 取负值。封闭圆（整圆）只能用 I，J，K 来编程。

⑤ 暂停指令（G04）。一般用于锪平面、镗孔等场合，程序格式为 G04X __（P __），其中，X 后可以用带小数点的数（单位为 s），如暂停 1s 可写成 G04X1.0 或 G04P1000。

⑥ 刀具长度补偿指令（G43，G44，G49）。

G43/G44 一般用于刀具轴向（Z 方向）的补偿，程序格式为 G43（G44）Z __ H __ ，其中，G43 为刀具长度正补偿指令；G44 为刀具长度负补偿指令；Z 为目标点的编程坐标值；H 为刀具长度补偿值。

取消刀具长度补偿，用 G49 指令或用 G43H00 和 G44H00 可以撤消长度补偿。

⑦ 刀具半径补偿指令（G41，G42，G40）。

G41 为左侧刀具半径补偿，G42 为右侧刀具半径补偿。程序格式为 G00（G01）G41（G42）X __ Y __ D __ ，其中，X，Y 或 Z 表示刀具至终点时，轮廓曲线（编程轨迹）上点的坐标值；D 为刀具半径补偿号，一般用两位数字表示偏置量的代码。

G40 为刀具半径补偿撤消指令，程序格式为 G40 G00（G01）X __ Y __ ，其中，X 和 Y 表示取消补偿值的坐标值。

⑧ 返回机床参考点指令（G27，G28，G29）。

G27 为返回参考点校验指令，程序格式为 G27X __ Y __ Z __ ，其中，X，Y，Z 为参考点在工件坐标系中的坐标值。执行 G27 指令时，应当先取消刀度长度和半径补偿。

G28 为自动返回参考点指令，程序格式为 G28X __ Y __ Z __ ，其中，X，Y，Z 为指定经过的中间点的坐标值。使用 G28 指令时,原则上必须先取消刀具半径补偿和刀具长度补偿。G28 指令一般与自动换刀指令配合使用。

G29 为从参考点自动返回指令,程序格式:G29X __ Y __ Z __,其中,X,Y,Z 为指定位置的坐标值。G28 指令与 G29 指令经常配对使用。

⑨ 工件坐标系的设定。工件原点是指工件坐标系的原点,它是由编程人员在装夹工件完毕后,通过对刀确定。程序起点是指开始执行程序时刀具的初始位置,亦称起刀点。

工作坐标系设定指令(G92)程序格式:G92X __ Y __ Z __,其中,X,Y,Z 是指刀具起始位置相对于工件坐标系原点的位置。

坐标平面选择指令(G17,G18,G19)。坐标平面选择指令用来选择圆弧插补平面和刀具补偿平面,G17 表示在 XY 平面内加工;G18 表示在 XZ 平面内加工;G19 表示在 YZ 平面内加工。由于数控铣床多数是在 XY 平面内加工,数控系统默认 G17 指令,故 G17 指令一般可省略。

⑩ 零点偏置。

绝对零点偏置(G54)格式:G54X __ Y __ Z __。绝对零点偏置指令使编程原点从最初设定的点平移到 X,Y,Z 所规定的坐标处,若未写出的坐标值,则该坐标的原点不平移。G54 本身并不是移动指令,它只是记忆坐标偏置,使用 G53 撤消。编程如图 10-27 所示。

增量零点偏置(G55)格式:G55X __ Y __ Z __,增量零点偏置指令使坐标系的原点从刀具当前位置平移到 X,Y,Z,形成新的坐标系。编程如图 10-27 所示。

极坐标系指令(G15/G16)。用 G16 设定极坐标系,用 G15 取消极坐标系。一般设定极坐标系时,要先用坐标平面指令指定极坐标系所在的平面,然后再用指令平面的第一轴指令半径,第二轴指令角度,半径和角度可用绝对值或增量值指令。极坐标的中心为特定坐标的原点,角度的转向规定为逆时针为正。编程如图 10-28 所示。

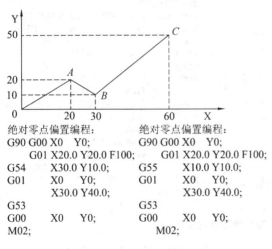

绝对零点偏置编程:
```
G90 G00 X0   Y0;
       G01 X20.0 Y20.0 F100;
G54    X30.0 Y10.0;
G01    X0   Y0;
       X30.0 Y40.0;
G53
G00    X0   Y0;
M02;
```

绝对零点偏置编程:
```
G90 G00 X0   Y0;
       G01 X20.0 Y20.0 F100;
G55    X10.0 Y10.0;
G01    X0   Y0;
       X30.0 Y40.0;
G53
G00    X0   Y0;
       M02;
```

图 10-27 G54/G55 的应用

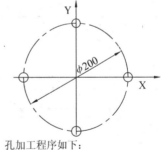

孔加工程序如下:
```
G17 G90 G16;
G81 X100.0 Y0 Z-20.0 R-5.0 F200;
    X100.0 Y90.0;
    X100.0 Y180.0;
    X100.0 Y270.0;
G15 G80;
```

图 10-28 G15/G16 的应用

(3) 数控编程方法

① 子程序。在一个加工程序中,如果存在按某一固定顺序重复出现的内容,为了简化程序,可以按一定格式编成子程序。主程序在执行过程中可以通过调用指令来调用子程序,执行完子程序后可再返回主程序,继续执行后面的程序段。

在子程序的开头的 O 后为子程序号(由 4 位数字组成),M99 为子程序结束指令。

子程序的调用。程序格式为 M98 P __ L __,其中 P 为被调用的子程序号;L 为重复调用次数(1～9999)。

子程序的执行。在运行图 10-29 所示的程序时,主程序执行到 N0020 时转去执行 O1010 子程序,重复执行两次后继续执行 N0020 后面的程序段,在执行 N0040 时又去执行 O1020 子程序一次,返回后仍继续执行 N0040 后面的程序段。当一个子程序调用另一个子程序时,其执行过程与上述完全相同。

主程序	子程序	子程序
O0001	O1010	O1020
……	N1020……;	N1020……;
N0020 M98 P1010 L2;	N1030……;	N1030……;
	N1040……;	N1040……;
N0040 M98 P1020;	N1050……;	N1050……;
……	N1060……;	N1060……;
	N1070 M99;	N1070 M99;

图 10-29　子程序的执行

② 刀具位置补偿指令(G45,G46,G47,G48)。刀具位置补偿指令是非模态指令,仅在指定的程序段中有效,其补偿值用 D 代码设定。

G45 为刀具沿运动方向上增加一个补偿值;G46 为刀具沿运动方向上减少一个补偿值;C47 为刀具沿运动方向上增加两个补偿值;G48 为刀具沿运动方向上减少两个补偿值。

当移动指令为 0 时,在绝对指令方式中,刀偏不起作用;在增量指令方式中,机床仅移动偏移量,此时,若是 G45 和 G47 指令,则刀具沿坐标正向移动,若是 G46 和 G48 指令,则刀具沿坐标负向移动。图 10-30 为刀具位置补偿实例。

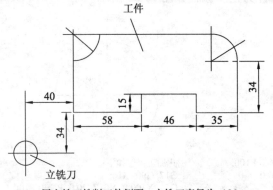

用立铣刀铣削工件侧面,立铣刀直径为 $\phi20\,mm$
补偿值应为 10 mm,将它存入 D01 中。

加工程序如下:
```
N001 G91 G46 G00 X40.0 Y34.0 D01;
N002     G47 G01 X58.0       F20;
N003                 Y15.0;
N004     G48     X46.0;
N005                 Y15.0;
N006     G47     X35.0;
N007     G45     X34.0;
N008     G45 G03 X22.0 Y22.0 1-22.0
N009     G45 G01 X-95.0;
N010     G46         Y0;
N011     G46 G02 X-22.0 Y-2.0 1-22.0;
N012     G46 G01 X0;
N013     G47         Y-34.0;
N014     G46 G00 X-40.0 Y-34.0;
N015 M02;
```

图 10-30　刀具位置补偿实例

③ 镜像加工指令(G11,G12,G13)。程序格式为 G11(G12,G13)N(ns)(nf)××,其中,G11 用于零件图形对称于 Y 轴;G12 用于零件图形对称于 X 轴;G13 用于零件图形对称于原点;ns 为镜像加工起始程序段序号;nf 为镜像加工结束程序段序号;"××"为镜像加工循环次数,可为 1～99,不写为 1 次。图 10-31 为镜像加工实例。

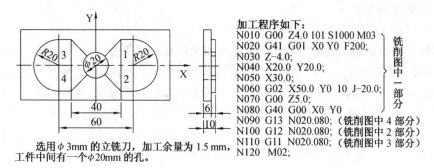

加工程序如下：
```
N010 G00 Z4.0 I01 S1000 M03
N020 G41 G01 X0 Y0 F200;
N030 Z-4.0;
N040 X20.0 Y20.0;
N050 X30.0;
N060 G02 X50.0 Y0 I0 J-20.0;
N070 G00 Z5.0;
N080 G40 G00 X0 Y0
N090 G13 N020.080;  （铣削图中 4 部分）
N100 G12 N020.080;  （铣削图中 2 部分）
N110 G11 N020.080;  （铣削图中 3 部分）
N120 M02;
```
（铣削图中一部分）

选用 ϕ3mm 的立铣刀，加工余量为 1.5 mm，
工件中间有一个 ϕ20mm 的孔。

图 10-31 镜像加工实例

④ 固定循环指令。程序格式：G90（G91）G99（G98）G __ X __ Y __ Z __ R __ Q __ P __ F __，其中，G 为孔加工方式，对应于固定循环指令；X，Y 为孔位置坐标。

Z：在 G90 时，Z 值为孔底的绝对坐标值。在 G91 时，Z 是 R 平面到孔底的距离，从 R 平面到孔底按 F 代码所指定的速度进给。

R：在 G91 时，R 值为从初始平面到点 R 的增量；在 G90 时，R 值为绝对坐标值，此段动作是快速进给。

Q：在 G73 或 G83 方式中，规定每次加工的深度。在 G76 或 G87 方式中规定刀具的位移量。Q 值一律是增量值，与 G91 的选择无关。

P：规定在孔底的暂停时间，用整数表示，以 ms 为单位。

F：进给速度，以 mm/min 为单位。这个指令是模态的，即使取消了固定循环，在其后的加工中仍然有效。

取消孔加工方式用 G80 指令，而如果中间出现了 G00，G01，G02，G03 等指令，则孔加工方式及孔加工数据也会全部自动取消。图 10-32 为固定循环应用实例。

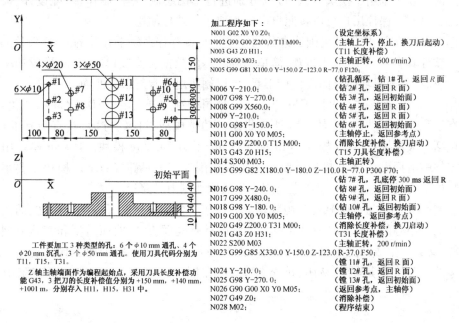

工件要加工 3 种类型的孔：6 个 ϕ10 mm 通孔，4 个 ϕ20 mm 沉孔，3 个 ϕ50 mm 通孔。使用刀具代码分别为 T11，T15，T31。

Z 轴主轴端面作为编程起始点，采用刀具长度补偿功能 G43，3 把刀的长度补偿值分别为 +150 mm，+140 mm，+1001 m，分别存入 H11，H15，H31 中。

加工程序如下：
```
N001 G02 X0 Y0 Z0;                          （设定坐标系）
N002 G90 G00 Z200.0 T11 M00;                 （主轴上升、停止，换刀后起动）
N003 G43 Z0 H11;                             （T11 长度补偿）
N004 S600 M03;                               （主轴正转，600 r/min）
N005 G99 G81 X100.0 Y-150.0 Z-123.0 R-77.0 F120;
                                             （钻孔循环，钻 1# 孔，返回 R 面）
N006 Y-210.0;                                （钻 2# 孔，返回 R 面）
N007 G98 Y-270.0;                            （钻 3# 孔，返回初始面）
N008 G99 X560.0;                             （钻 4# 孔，返回 R 面）
N009 Y-210.0;                                （钻 5# 孔，返回 R 面）
N010 G98Y-150.0;                             （钻 6# 孔，返回初始面）
N011 G00 X0 Y0 M05;                          （主轴停止，返回参考点）
N012 G49 Z200.0 T15 M00;                     （消除长度补偿，换刀启动）
N013 G43 Z0 H15;                             （T15 刀具长度补偿）
N014 S300 M03;                               （主轴正转）
N015 G99 G82 X180.0 Y-180.0 Z-110.0 R-77.0 P300 F70;
                                             （钻 7# 孔，孔底停 300 ms 返回 R）
N016 G98 Y-240.0;                            （钻 8# 孔，返回初始面）
N017 G99 X480.0;                             （钻 9# 孔，返回 R 面）
N018 G98 Y-180.0;                            （钻 10# 孔，返回初始面）
N019 G00 X0 Y0 M05;                          （主轴停，返回参考点）
N020 G49 Z200.0 T31 M00;                     （消除长度补偿，换刀启动）
N021 G43 Z0 H31;                             （T31 长度补偿）
N022 S200 M03                                （主轴正转，200 r/min）
N023 G99 G85 X330.0 Y-150.0 Z-123.0 R-37.0 F50;
                                             （镗 11# 孔，返回 R 面）
N024 Y-210.0;                                （镗 12# 孔，返回 R 面）
N025 G98 Y-270.0;                            （镗 13# 孔，返回初始面）
N026 G90 G00 X0 Y0 M05;                      （返回参考点，主轴停）
N027 G49 Z0;                                 （消除补偿）
N028 M02;                                    （程序结束）
```

图 10-32 固定循环应用实例

2. 自动编程软件

（1）CAM（Computer Aided Manufacturing）

CAM 指的是针对数控加工的 NC 编程及加工过程仿真等专业技术。利用 CAM 用户可以轻松地通过已经建立的三维模型直接生成数控代码，进行产品的加工。

当前，数控编程软件分为两种：一种是一体化的 CAD/CAM 系统，其主要特点是 CAM 系统以内部统一的数据格式，直接从 CAD 系统中获取产品的几何模型，如 UG，Pro/Engineer，Solid Works；另一种为相对独立的 CAM 系统，其主要特点是通过共性文件从其他 CAD 系统中获取产品的几何模型，如 Surfcam，Powemill，Mastercam。

① 软件模块。无论哪种形式的 CAM 系统都由 5 个模块组成：交互工艺参数输入模块、刀具轨迹生成模块、刀具轨迹编辑模块、三维加工动态仿真模块和后处理模块。

② 工艺过程。自动编程操作步骤：分析加工零件→对加工零件进行几何造型→确定工艺步骤并选择合适的刀具→刀具轨迹的生成及编辑→刀具轨迹的验证→后置处理。

（2）常用的自动编程软件

① UG NX 软件是 CAD/CAM 一体化软件，利用它可以针对任何加工任务，生成优化和可用的数控加工路径。软件在产品的 CAD 主模型建立后，可以实现 CAM 编程工作与 CAE 分析及工程图的绘制同时进行，从而大大提高了工作效率，缩短了产品的设计周期，同时，利用 CAD 的装配功能，在加工过程中就可以考虑夹具和刀具的干涉以及装配件的一体化加工等问题。

UG CAM 模块所支持的加工方法包括平面铣削、二轴仿形铣、多坐标铣削、车削、线切割及薄片加工等，其后处理程序支持多种类型的数控机床，功能强大的刀具轨迹生成方法是其主要特点之一。

② Pro/Engineer 操作软件是美国参数技术公司产品，它开创了三维 CAD/CAM 参数化的先河。软件采用了模块方式，可以分别进行草图绘制、零件制作、装配设计、钣金设计、加工处理等，保证用户可以按照自己的需要进行选择使用。

③ Solid Works 软件是美国达索公司在 Windows 操作系统下开发的 CAD 设计的视窗产品。软件具有菜单少、使用直观、简单，界面友好，数据转换接口丰富，转换成功率高等特征，其独特的配置功能及曲面设计工具，可以创造出非常复杂的曲面。

④ Mastercam 软件是美国 CNC Software 公司研制与开发的 CAD/CAM 一体化软件，它具有很强的加工功能，尤其在对复杂曲面自动生成加工代码方面，具有独到的优势。软件包括 4 大模块：Design 模块、Mill 模块、Lathe 模块和 Wire 模块。Design 模块用于被加工零件的造型设计；Mill 模块主要用于生成铣削加工刀具路径；Lathe 模块主要用于生成车削加工刀具路径；Wire 模块主要用于生成线切割刀具路径。

⑤ CAXA 制造工程师软件是由我国北航海尔软件公司研制开发的全中文、面向数控铣床和加工中心的三维 CAD/CAM 软件。它既具有线框造型、曲面造型和实体造型的设计功能，又具有生成二至五轴的加工代码的数控加工功能，可用于加工具有复杂三维曲面的零件。其特点是易学易用、价格较低，已在国内众多企业、院校及研究院中得到应用。

10.3.3　数控铣床及加工中心的基本操作

本节仅以配制 FANUC 0i 系统的 XK5032 数控车床为例,介绍机床的基本操作方法。

1. 机床控制面板

(1) 数控车床 XK5032 外形如图 10-23 所示,其机床系统系统控制面板如图 10-33 所示。

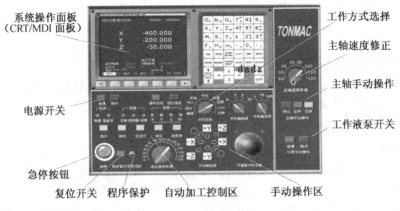

图 10-33　XK5032 数控车床控制面板

(2) 机床操作按钮功能

① CNC 电源按钮。接通和断开。

② 循环启动按钮。自动操作方式选择要执行的程序后,按下该按钮,自动操作开始执行。在自动循环操作期间,按钮内的灯将点亮;在 MDI 方式下,数据输入完毕后,按下此按钮,执行 MDI 命令。

③ 进给保持按钮。机床在自动循环期间,按下此按钮,机床立即减速并停止,指示灯点亮。再按"循环启动"开关,程序从断点处重新运行。

④ 方式选择开关按钮。在操作机床时,必须选择与之对应的工作方式,否则不能工作。本系统机床分类 9 种方式,即编辑、自动、手动数据输入(MDI)、手轮、手动连续进给、快速、回零、DNC、示教。

⑤ 跳步按钮。自动操作方式下,此按钮接通时(灯亮),程序中有斜杠"/"的程序段将不执行。

⑥ 单段按钮。此按钮接通时(灯亮),CNC 处于单段运行状态。在自动方式,每按一下按钮,只执行一段程序段。

⑦ 空运行按钮。在自动方式或 MDI 方式下,此按钮接通时(灯亮),机床执行空运行方式。

⑧ 锁定按钮。在自动方式、MDI 方式和手动操作方式下,此按钮接通时(灯亮),伺服系统将不进给(如原来已进给,则伺服进给将立即减速、停止),但位置显示仍将更新(脉冲分配仍继续),M,S,T 机能仍有效地输出。

⑨ 急停按钮。按下时,伺服进给及主轴运转立即停止。

⑩ 复位按钮。当机床刚通电,急停按钮释放后,需按下此按钮,进行强电复位。此外,当 X,Y,Z 碰上硬件限位开关时,强行按住此按钮,手动操作机床,直到退出硬件限位

开关。

　⑪ 程序保护(带锁)按钮。当进行程序存储、编辑,或修改、自诊断页面参数时,需用钥匙接通此按钮。

　⑫ 进给速率修调开关按钮。当用 F 指令按一定的速度进给时,修调进给速率。当用手动 JOG 进给时,选择 JOG 速率。

　⑬ 手动轴选择按钮。手动 JOG 方式时,选择手动进给轴和方向。各轴箭头指向为刀具运动方向,而不是工作台的运动方向。

　⑭ 手摇脉冲发生器按钮。当工作方式为手脉或手脉示教方式时转动手脉,可以正方向或负方向进给各轴。

　⑮ 手脉进给轴选择开关按钮。此按钮用于选择手脉进给的轴。

　⑯ 手脉倍率开关按钮。此按钮用于选择手脉进给时的最小脉冲当量。

2. 数控铣床的基本操作

(1) 数控系统的操作

① 手动操作。

回参考点:将"方式选择"开关置于"回零"→按下需返回参考点轴的正向按钮,直至到达参考点。

手动连续进给:将"方式选择"开关置于"手动"→在"手动轴选择"按钮内,选择要进给的轴的方向→按下按钮,轴移动,松开按钮,轴立即停止。

手脉手动进给:将"方式选择"开关置于"手轮"→将"手轮轴选择"开关置于要进给的轴的位置→选择"手轮轴倍率"→转动手脉,即可使轴运动。

② 自动操作(MDI)。将"方式选择"开关置于"MDI"→打开"程序保护"开关→按"PAGE"键→按顺序按下"X"及要输入的数→按下"INPUT"键→按顺序按下"Y"及要输入的数→按下"INPUT"键→按下"循环启动"按钮。

③ 程序输入。把"方式选择"开关置于"编辑"→打开"程序保护"开关→在系统键盘上输入程序号→按"INSRT"键存入→用键输入顺序号→按"INSRT"键存入→用键输入地址及数字→按"INSRT"键存入。当本程序段结束时,按"EOB"键,按"INSRT"键输入,经反复输入步骤,就可将整个程序存入存储器。

④ 程序号检索。选择"编辑"或"自动"方式→打开"程序保护"开关→键入要检索的程序号→按下"CURSOR"(光标向下)键→到达时,程序号在 CRT 屏幕右上角显示。

⑤ 程序编辑。选择"编辑"方式→打开"程序保护"开关→选程序→扫描程序(移动光标)→进行修改、删除、插入等操作。

字的修改:检索或扫描要修改的字→键入修改地址→键入数字→按"ALTER"键。

字的删除:在存入存储器之前按"CAN"键消除,当存入存储器后可将光标移到删除字下面按"DELET"键。

程序段的删除:光标指示顺序号→按"EOB"键→按"DELET"键,则该程序段被删除。

⑥ 删除程序。选择"编辑"或"自动"方式→打开"程序保护"开关→键入地址及所要删除的程序号→按"DELET"键,此时该程序号的程序被删除。

⑦ 刀具偏移量的设定。按"MENU OFSET"键→按"PAGE"键显示需要的页面→把光标移动到要变更的偏移号位置→键入偏移量→按"INSRT"键存入并显示。

⑧ 参数的设定。将"方式选择"开关置于"MDI"→打开"程序保护"开关→按"PAGE"键显示设定参数页→按光标移动键使光标移动到修改参数下→键入"1"或"0"→按"INSRT"键存入并显示参数。

（2）数控铣床一般操作步骤

① 编程。加工前应首先编制工件的加工程序,如果工件的加工程序较长且比较复杂时,最好不要在机床上编程,而采用编程机或电脑编程,这样可以避免占用机时,对于短程序也应写在程序单上。

② 开机。一般是先开机床再开系统,有的是互锁的,机床不通电就不能在 CRT 上显示信息。

③ 回参考点。对于增量控制系统的机床,必须首先执行这一步,以建立机床各坐标的移动基准。

④ 调加工程序。根据程序的存储介质导入程序,若是简单程序可直接采用键盘在 CNC 控制面板上输入,可采用 MDI 方式逐段输入、逐段加工。另外,程序中用到的工件原点、刀具参数、偏置量、各种补偿量在加工前也必须输入。

⑤ 程序的编辑。输入的程序若需要修改,则要进行编辑操作。此时将方式旋转开关置于编辑位置,利用编辑键进行增加、删除、更改。

⑥ 机床锁住,运行程序,模拟显示刀具路径。此步骤是对程序进行检查,若有错误,则需重新进行编辑。进行程序模拟运行后,需重新执行回参考点操作。

⑦ 上工件、找正。对刀采用手动增量移动连续移动或采用手摇轮移动机床,将起刀点对到程序的起始处,并对好刀具的基准。

⑧ 循环启动。一般是采用存储器中的程序加工,加工中的进给速度可采用进给倍率开关调节。加工中可以按"进给保持"按钮,暂停进给运动,观察加工情况或进行手工测量,再技下"循环启动"按钮,即可恢复加工。

⑨ 操作显示。利用 CRT 的各个画面显示工作台或刀具的位置、程序和机床的状态,以使操作工人监视加工情况。

⑩ 程序输出。加工结束后若程序有保存必要,可以留在 CNC 的内存中,若程序太长,可以把内存中的程序输出给外部设备（如计算机）上加以保存。

⑪ 关机。确认操作面板上表示循环启动的灯已关闭,移动部件都已停止运动。如果有外部的输入/输出设备连接到机床上,要先关掉外部输入/输出设备的电源。

⑫ 零件加工完毕后卸下工件,切断机床电源,清扫机床并涂防锈油。

10.3.4　数控铣床及加工中心加工工艺训练

1. 孔类零件的加工训练

加工如图 10-34 所示的带孔样板,材料为 45 号钢,毛坯为 120 mm × 140 mm × 18 mm 板材,上、下平面已磨削到位（厚 15 mm）,用作定位夹紧的 1,4 及

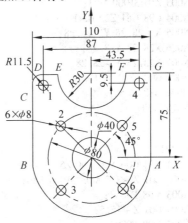

图 10-34　样板

φ403 个孔已加工好。要求数控铣加工出外轮廓及其余 4 个 φ8 孔。

（1）工艺分析与处理

① 该零件所加工面是孔和外轮廓，其材料为 45 号钢，切削工艺性较好，采用钻削、铣削一次完成。

② 以已加工过的底面和 1,4 孔为定位基准，用一面两销专用夹具，再用压板在 φ40 处压紧工件。

③ 确定加工顺序及走刀路线。

钻削加工 4 个 φ8 孔，为防止引入反向加工误差，要从一个方向加工各孔，即按照 2→3→5→6 的顺序加工。

铣削外轮廓，按 $G \to A \to B \to C \to D \to E \to F \to G$ 的线路铣削轮廓。每次切深为 7.5 mm，

④ 现采用 φ8 mm 的高速钢钻头（T01）加工孔，S1000 r/min，F40 mm/min。φ10 mm 的硬质合金立铣刀（T02）加工外轮廓，S1000 r/min，F80 mm/min。

⑤ 建立如图 10-34 所示工件坐标系，Z 方向以工件上表面为原点。利用勾股定理等几何算法得出孔中心及外轮廓点的坐标值见表 10-10。

表 10-10   孔中心及外轮廓点的坐标值

基点	坐标值	基点	坐标值	基点	坐标值	基点	坐标值
2	− 28.28,28.28	6	28.28, − 28.28	B	− 55,0	E	− 30,75
3	− 28.28, − 28.28	G	55,75	C	− 55,63.5	F	30,75
5	28.28,28.28	A	55,0	D	− 43.5,75		

（2）加工程序（见表 10-11）

表 10-11   加工程序（FANUC0i-MA 系统）

程序	注释
O0001	程序号（加工 φ8 孔）
N001 G54；	建立工件坐标系
N002 G90 G00 X − 28.28 Y28.28；	绝对坐标编程，刀具至孔 2 中轴线
N003 Z10 S1000 M03；	主轴正转，转速为 1 000 r/mm
N004 G98 G81 Z20 R3 F40；	钻孔 2 循环
N005 X − 28.28 Y − 28.28；	钻孔 3 循环
N006 X28.28 Y28.28；	钻孔 5 循环
N007 X28.28 Y − 28.28；	钻孔 6 循环
N008 G00 X0 Y0 Z100；	刀具退出
N009 G80 M05；	取消钻孔循环,主轴停止
N010 M30；	程序结束
O0002	铣外轮廓主程序
N001 G54 G00 X70 Y90 Z5；	选择工件坐标系
N002 G01 Z − 7.5 M03 S1000 F80；	主轴正转,转速为 1 000 r/mm,刀深 7.5 为 mm
N003 M98 P0003；	调用一次子程序
N004 G01 Z − 15.5；	刀深 15.5 为 mm
N005 M98 P0003；	再调用一次子程序
N006 G00 Z100；	刀具退出

续表

程序	注释
N007 M05;	主轴停止
N008 M30;	程序结束
O0003	子程序号
N001 G90 G41 G01 X55 Y75 D01;	绝对坐标,刀具左补偿 D01 = 5
N002 G01 Y0;	$G \rightarrow A$
N003 G02 X – 55 Y0 R55;	$A \rightarrow B$
N004 G01 Y63.5;	$B \rightarrow C$
N005 G02 X – 43.5 Y75 R11.5;	$C \rightarrow D$
N006 G01 X – 30;	$D \rightarrow E$
N007 G03 X30 Y75 R30;	$E \rightarrow F$
N008 G01 X70;	$F \rightarrow G$
N009 G40 G01 Y90;	取消刀具补偿,刀具退出
N010 M99;	子程序结束

（3）样板零件的加工

样板零件的加工步骤参见 10.3.3 的"数控铣床的基本操作"。

2. 轮廓零件的加工训练

加图 10-35 所示为槽形凸轮零件,零件的材料为 45 号钢。在铣削加工前,该零件是一个经过加工的圆盘,圆盘直径为 140 mm,带有 $\phi 50$ mm 及 $\phi 12$ mm 的两个基准孔。$\phi 50$ mm 及 $\phi 12$ mm 两孔、A 面及凸缘已在前面加工完毕,本工序是在数控铣床上加工凸轮槽。

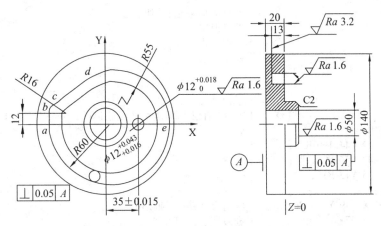

图 10-35　槽形凸轮

（1）工艺分析与处理

① 该零件材料为 45 号钢,切削工艺性较好。凸轮槽的内外面 Ra 为 1.6 um,采用先粗铣后精铣的加工的方式。

② 凸轮内外轮廓面对 A 面有垂直度要求,定位基准采用"一面两孔"定位,即用圆盘 A 面和两个基准孔作为定位基准。

③ 加工凸轮槽的走刀路线:进刀点选在 a,采用顺铣方式,即从 a 点开始,对外轮廓按顺时针方向铣削,对内轮廓按逆时针方向铣削。为提高加工表面质量,切入、切出采用圆弧方式。深度进给分两次,第一次为 7 mm,第二次为 6 mm。要先在 a 点中央偏上

6 mm处钻一个 ϕ11.5 mm,深为12.6 mm 的工艺孔,加工时从工艺孔进刀到指定深度。

④ 刀具选用 ϕ8 mm 硬质合金立铣刀,粗铣,S1000 r/min,F120 mm/min;精铣,S1200 r/min,F100 mm/min。凸轮槽内、外轮廓的精加工余量为0.2 mm。

⑤ 建立如图 10-35 所示工件坐标系,Z 方向以工件上表面为原点。利用几何关系计算出内、外轮廓各点的坐标值见表 10-12。

表10-12　内、外轮廓各点的坐标值

轮廓	基点	坐标值	基点	坐标值	基点	坐标值	基点	坐标值	基点	坐标值
外	a	-55,0	b	-55,12	c	-47.856,24.787	d	-21.672,44.19	e	65,0
内	a	-42.97,0	b	-42.97,12	c	-40.712,15.146	d	-14.158,34.548	e	52.97,0

（2）加工程序（见表 10-13）

表10-13　加工程序（FANUC0i-MA 系统）

程序	注释
O0001	主程序号
N001 G54;	建立工件坐标系
N002 G90 G00 X-49 Y6 Z10;	快速移动到起始上方 10 mm 处
N003 M03 S1000 M08;	主轴正转,转速为 1 000 r/mm(精加工 1 200 r/mm)开切削液
N004 G01 Z-7;	刀深 7 mm
N005 M98 P0002;	调用一次子程序
N006 G01 Z-13.5;	刀深 13.5 mm
N007 M98 P0002;	再调用一次子程序
N008 G00 Z50 M09;	刀具 Z 向退出,关切削液
N009 X0 Y0;	刀具退出
N010 M05;	主轴停止
N011 M30;	程序结束
O0002	子程序号
N001 G41 G03 X55 Y0 R6 F100 D01;	刀具左补偿,圆弧切入,进给量 100 mm/min(精加工 120 mm/min)
N002 X65 Y0 R60;	$a \rightarrow e$
N003 X-21.672 Y44.190 R55;	$e \rightarrow d$
N004 G01 X-47.856 Y24.787;	$d \rightarrow c$
N005 G03 X-55 Y12 R16;	$c \rightarrow b$
N006 G01 Y0;	$b \rightarrow a$
N007 G40 G03 X-49 Y-6 R6;	取消刀具补偿,圆弧切出
N008 G01 X-48.97;	进刀
N009 G41 G03 X-42.97 Y0 R6 D01;	刀具左补偿,圆弧切入,开始加工内轮廓
N010 G01 Y12;	$a \rightarrow b$
N011 G02 X-40.712 Y15.146;	$b \rightarrow c$
N012 G01 X-14.158 Y34.548;	$c \rightarrow d$
N013 G02 X52.97 Y0;	$d \rightarrow e$
N014 G02 X-42.97 Y0;	$e \rightarrow a$
N015 G40 G03 X-48.97 Y-6 R6;	取消刀具补偿,圆弧切出
N016 G01 X-49 Y-6;	刀具退出
N017 M99;	子程序结束

（3）凸轮槽轮廓零件的加工

凸轮槽轮廓零件的加工步骤参见 10.3.3 的“数控铣床的基本操作”。

3. 槽类零件的加工训练

加工如图 10-36 所示的槽板上的槽,六面已粗加工过的毛坯尺寸为 70 mm × 70 mm × 18 mm,材料为 Q235。

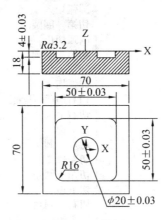

图 10-36 槽板

（1）工艺分析与处理

① 材料为 Q235,切削工艺性较好。槽的内、外轮廓由直线和圆弧组成,形状不算太复杂,但需要计算好走刀次数。加工表面的质量要求一般,可以铣削一次完成。

② 以已加工过的底面为定位基准,用平口钳夹紧工件前后两侧面,平口钳固定于铣床工作台上。

③ 确定加工顺序及走刀路线。

a. 铣刀先走两个圆轨迹,再加工 50 mm × 50 mm 四角倒圆的正方形。

b. 进、退刀均采用圆弧切入、切出方式。每次切深为 2 mm,分两次加工完。

④ 采用 $\phi8$ mm 的高速钢键槽铣刀,参数选择 S1000 r/min,F80 mm/min。

⑤ 建立如图 10-36 所示工件坐标系,Z 轴以工件上表面为工件原点。

（2）加工程序（见表 10-14）

表 10-14 加工程序（FANUC0i-MA 系统）

程序	注释
O0001	主程序号
N001 G54 G90 G00 Z2;	建立工件坐标系
N002 M03 S1000 M08;	主轴正转,转速为 1 000 r/mm 开切削液
N003 X19 Y5;	快速移动到下刀点上方
N004 G01 Z – 2 F80;	下刀深度为 2 mm,进给量为 80 mm/min
N005 M98 P0002;	调用一次子程序
N006 G01 X19 Y5;	移动到下刀点
N007 Z – 4;	下刀刀深为 2 mm
N008 M98 P0002;	再调用一次子程序
N009 G01 Z2 M09;	刀具 Z 向退出,关切削液
N010 G00 X0 Y0 Z150;	刀具退出
N011 M05;	主轴停止
N012 M30;	程序结束

续表

程序	注释
O0002	子程序号
N001 G03 X14 Y0 J−5;	圆弧切入
N002 G02 X14 Y0 I−14 J0;	切第一圈圆
N003 G03 X19 Y−5 I5 J0;	圆弧切出
N004 G02 X19 Y−5 I−19 J5;	切第二圈圆
N005 G01 Y−2;	到切入起点
N006 G03 X21 Y0 I2 J0;	圆弧切入
N007 G01 Y9;	切右边(上半部)
N008 G03 X9 Y21 I−12 J0;	切右上圆角
N009 G01 X−9;	切上边
N010 G03 X−21 Y9 I0 J−12;	切左上圆角
N011 G01 Y−9;	切左边
N012 G03 X−9 Y−21 I12 J0;	切左下圆角
N013 G01 X9;	切下边
N014 G03 X21 Y−9 I0 J12;	切右下圆角
N015 G01 Y0;	切右边(下半部)
N016 G03 X19 Y2 I−2 J0;	圆弧切出
N017 M99;	子程序结束

（3）槽板零件的加工

槽板零件的加工步骤参见 10.3.3 的"数控铣床基本操作"。

10.4　数控加工创新训练

数控加工创新训练以 CAD/CAM 为基础,可提高学生对各种数控设备的认识和操作技能,增强学生理论和实践的综合应用能力。

10.4.1　工艺挂件的创意制作

1. 创意设计方案

① 图 10-37 为图案设计创意工艺挂件,其前端车削成子弹图形,尾部铣削成形并钻孔构成圆形挂钩,能够使工艺挂件方便地串挂在钥匙圈上。

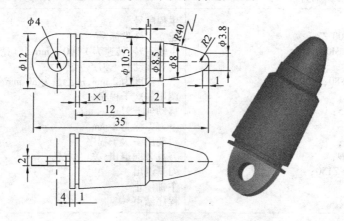

图 10-37　工艺挂件

② 工艺挂件可以按图制作,也可以自行设计尺寸。自行设计要求尺寸比例适当。

2. 工艺设计方案

① 应用 CAD 软件绘图。

② 根据图样制订加工工艺,手工编制或使用 CAM 软件编程加工程序。

③ 应用数控加工仿真软件模拟检验加工程序。

④ 根据工艺要求传送加工程序到所需的加工设备,完成加工。

3. 设计软件和加工设备的确定

① CAD/CAM 软件、数控加工仿真软件。

② 数控车床。

③ 数控铣床。

4. 创意设计报告

① 创意设计方案和工艺设计方案总结。

② 针对创新制作过程中遇到的问题,提出改进设计和加工的方案。

10.4.2　爱心印章的创意制作

1. 创意设计方案

① 图 10-38 为爱心印章设计图案,其前端车削成圆饼图形,后部车削成把手,正面爱心图案,用不大于 2 mm 的立铣刀铣削成形。

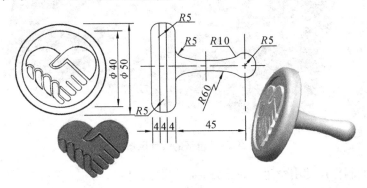

图 10-38　爱心印章

② 工艺挂件可以按图制作,也可以自行设计尺寸。自行设计要求尺寸比例适当。

2. 工艺设计方案

① 应用 CAD 软件绘图。

② 根据图样制订加工工艺,手工编制或使用 CAM 软件编程加工程序。

③ 应用数控加工仿真软件模拟检验加工程序。

④ 根据工艺要求传送加工程序到所需的加工设备,完成加工。

3. 设计软件和加工设备的确定

① CAD/CAM 软件、数控加工仿真软件。

② 数控车床。

③ 数控铣床。

4. 创意设计报告

① 创意设计方案和工艺设计方案总结。

② 针对创新制作过程中遇到的问题,提出改进设计和加工的方案。

10.4.3　八骏图镇纸的创意制作

1. 创意设计方案

① 图 10-39 为八骏图镇纸的设计图案(灰度图),材料一般为红木类的硬质木材、有机玻璃或深色大理石。

10-39　镇纸的设计图案

② 镇纸的制作尺寸由学生自行设计,要求尺寸比例适当。

2. 工艺设计方案

① 应用 CAD 软件绘图。

② 根据图样制订加工工艺,使用 CAM 软件编程加工程序。

③ 应用数控加工仿真软件模拟检验加工程序。

④ 根据工艺要求传送加工程序到所需的加工设备,完成加工。

3. 设计软件和加工设备的确定

① CAD/CAM 软件、数控加工仿真软件。

② 数控铣床或雕铣机床。

③ 加工刀一般选用不大于 30°的锥铣刀,刀尖尺寸为 0.1 mm。加工大理石材料时,应选用金刚石雕刻刀。

4. 创意设计报告

① 创意设计方案和工艺设计方案总结。

② 针对创新制作过程中遇到的问题,提出改进设计和加工的方案。

 思考题

1. 数控机床与普通机床相比有哪些特点?
2. 如何确定数控机床的坐标系?
3. 数控车床一般由哪几个部分组成?
4. 数控车床的加工对象有哪些?
5. 简述数控车床回零点的操作方法。
6. 快速直线插补(G00)定位方式有几种?
7. 什么是子程序? 一般用在何处?
8. 数控铣床一般由哪几个部分组成?
9. 数控铣床的加工对象有哪些?
10. 加工中心与数控铣床相比最大的区别是什么?
11. CAM 自动编程软件的必备模块有哪几个?
12. 自动编程软件的一般有哪几个操作步骤?

第 11 章

特种加工

11.1 特种加工概述

特种加工是指不属于传统的切削加工及成型加工以外的一些新型加工方法的总称，它是直接利用电能、化学能、光能、热能或其他与机械能组合等形式，将能量进行有效转化来去除或分离材料的加工方法。这些加工方法的一个主要特征，也是与传统的切削加工及成型加工的主要区别，就在于它不依靠机械外力，以及材料在塑性条件下产生的变形力进行加工。

11.1.1 特种加工的特点

特种加工在加工机理和加工形式上与传统切削加工、成型加工具有本质上的区别，主要有以下特点：

① 与传统切削和成型方法不同，特种加工的去除和分离是直接利用电能、化学反应能、光能、声能和热能等能量的有效转化实现的，而机械能仅仅作为产生或转化上述能量的原始动力能。

② 特种加工中产生的非机械能量的瞬时密度大，可以去除或分离高硬度材料。因此，在特种加工技术领域中，工件材料的可加工性不再与其硬度、强度、韧性、脆性等有直接关系。特别是对电火花、线切割等加工技术而言，通常产生被加工材料硬度越高加工效果越好的工艺现象。

③ 特种加工所用工具基本与工件不相接触，加工过程中不产生宏观破坏力，即不会破坏半成品加工件和形状。因此，可用于加工脆性材料和薄壁构件、弹性元件等精密零件。

④ 特种加工由于具有特殊的去除或分离方式，易于实现加工数控化，并且不存在切削加工中的刃口角度问题，可使控制结构简单化。

11.1.2 特种加工的分类

特种加工一般按能量来源及形式、作用原理进行分类，见表 11-1。

表 11-1 常用特种加工的分类

特种加工		能量来源及形式	作用原理	英文缩写
电火花加工	电火花成形加工	电能、热能	熔化、汽化	EDM
	电火花线切割加工	电能、热能	熔化、汽化	WEDM
电化学加工	电解加工	电化学能	金属离子阳极溶解	ECM（ELM）
	电解磨削	电化学、机械能	阳极溶解，磨削	EGM（ECG）
	电解研磨	电化学、机械能	阳极溶解，磨削	ECH
	电铸	电化学能	金属离子阴极沉积	EFM
	涂镀	电化学能	金属离子阴极沉积	EPM
激光加工	激光切割、打孔	光能、热能	熔化、汽化	LBM
	激光打标记	光能、热能	熔化、汽化	LBM
	激光处理、表面改性	光能、热能	熔化、相变	LBM
电子束加工	切割、打孔、焊接	电能、热能	熔化、汽化	EBM
离子束加工	蚀刻、镀覆、注入	电能、动能	原子撞击	IBM
等离子弧加工	切割（喷镀）	电能、热能	熔化、汽化（涂覆）	PAM
物料切蚀加工	超声加工	声能、机械能	磨料高频撞击	USM
	磨料流加工	机械能	切蚀	AFM
	液体喷射加工	机械能	切蚀	FJM
化学加工	化学铣削	化学能	腐蚀	CHM
	化学抛光	化学能	腐蚀	CHP
	光刻	光能、化学能	光化学腐蚀	PCM
快速成形	液相固化法	光能、化学能	增材法加工	SL
	粉末冶金法	光能、热能	增材法加工	SLS
	制片叠层法	光能、机械能	增材法加工	LOM
	熔丝堆积法	电能、热能、机械能	增材法加工	FDM
复合加工	电化学电弧加工	电化学能	熔化、汽化腐蚀	ECAM
	电解电火花机械磨削	电能、热能	离子转移、熔化、切削	ESMG
	电化学腐蚀加工	电化学能、热能	熔化、汽化腐蚀	ECCM
	超声放电加工	声能、热能、电能	熔化、切蚀	EDM – UM
	电解机械抛光	电化学能、机械能	切蚀	ECMP
	超声切削加工	机械能、声能、磁能	切蚀	UVC

11.2　电火花线切割加工

11.2.1　电火花线切割加工的原理、特点及分类

电火花线切割是利用移动的金属线(钼丝、钨丝或者合金丝)作负电极,工件作正电极,并在线电极和工件之间通脉冲电流,同时在两极间浇注矿物油、乳化油等工作液,靠脉冲火花的电蚀作用完成工件的尺寸加工。

1. 电火花线切割原理

数控电火花线切割加工时,在电极丝和工件上加高频脉冲电源,使用电极丝和工件之间脉冲放电,产生高温使金属熔化或汽化,从而得到需要的工件,如图 11-1 所示。

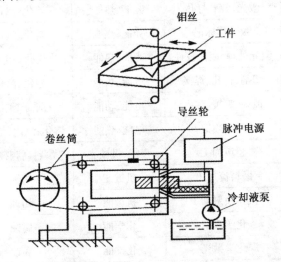

图 11-1　线切割加工原理示意图

工件接脉冲电源的正电极,电极丝接负电极。加上高频脉冲电源后,在工件与电极丝之间产生很强的脉冲电场,使其间的介质被电离击穿产生脉冲放电,由于放电的时间很短($10^{-6} \sim 10^{-5}$ s),放电的间隙小(0.1 mm 左右),且发生在放电区的小点上,能量高度集中,放电区温度高达 8 000 ~ 10 000 ℃,使工件上的金属材料熔化,甚至汽化。由于熔化或汽化都只在瞬间进行,因此具有爆炸的性质。在爆炸的作用下熔化金属材料被抛出或被液体介质冲走。在机床数控系统的控制下,工作台相对电极按预定要求的轨迹运动,实现工件加工。

2. 电火花线切割的特点

① 直接利用线状的电极,不需要制作专用电极,可节约电极的设计、制造费用。

② 可以加工用传统切削方法难以加工或无法加工的形状复杂的工件。由于线切割机床是数字控制系统,因此加工的工件只需编制不同的控制程序,对不同形状的工件都很容易实现自动化加工,很适合小批量形状复杂零件、单件和试制品的加工,且加工周期短。

③ 利用电蚀加工原理,电极丝与工件不直接接触,两者之间的作用很小,故工件的变形小,电极丝、夹具不需要太高的强度。

④ 传统的车、铣、钻加工中，刀具硬度必须比工件大，而数控电火花线切割机床的电极丝材料不必比工件材料硬，可节省辅助时间和刀具费用。

⑤ 直接利用电能、热能进行加工，可以方便地对影响加工精度的加工参数(脉冲宽度、间隔、电流等)进行调整，有利于加工精度的提高，便于实现加工过程的自动化控制。

⑥ 工作液采用水基乳化液，成本低，不会发生火灾。

⑦ 利用四轴联动，可加工锥度、上下面异型体等零件。

⑧ 电火花线切割不能加工非导电材料。与一般切削加工相比，线切割加工的余属去除率低，因此加工成本高，不适合加工形状简单的大批量零件。

3. 线切割加工机床的分类

根据电极丝的走丝速度，电火花线切割机床通常分为两大类：一类是高速往复走丝电火花线切割机床(WEDM-HS)，俗称高速走丝机，其电极丝做周期性高速往复运动，一般走丝速度为8～10 m/s，电极丝可重复使用，加工速度较慢，且快速走丝容易造成电极丝抖动和反向时停顿，使加工质量下降，这是我国生产和使用的主要机种，也是我国独创的电火花线切割加工模式；另一类是低速单向走丝电火花线切割机床(WEDM-LS)，俗称低速走丝机，这类机床的电极丝做低速单向运动，一般走丝速度低于0.2 m/s，电极丝放电后不再使用，工作平稳、均匀、抖动小、加工质量较好，且加工速度较快，但设备价格昂贵，使用成本较高，一般用于高精度零件的加工。

目前，业内俗称的"中走丝"实际上是具有多次切割功能的高速走丝机，通过多次切割可以提高表面质量及切割精度，目前能达到的指标一般为经过3次切割后 Ra 小于1.2 μm，切割精度可达 ±0.008 mm。

11.2.2　电火花线切割加工机床

1. 高速走丝线切割机床结构特点

(1) 机床组成

常用的高速走丝线切割机床(俗称快走丝机)，主要由机床、脉冲电源、控制系统三大部分组成(见图11-2)。机床由床身、工作台、丝架、储丝筒组成。电极丝的移动是由丝架和储丝筒完成的，因此，丝架和储丝筒也称为走丝系统。工作台由上滑板和下滑板组成。

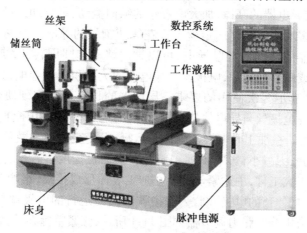

图11-2　DK7732 电火花线切割机床

① 床身部分。床身是工作台、绕丝机构及丝架的支承和固定基础,其内部安置电源和工作液箱。考虑电源的发热和工作液泵的振动,有些机床将电源和工作液箱移出床身外另行安放。

② 工作台部分。为保证机床精度,对工作台导轨的精度、刚度和耐磨性有较高的要求。一般都采用"十"字滑板、滚动导轨和丝杠传动副将电动机的旋转运动变为工作台的直线运动,两个坐标方向各自的进给移动可合成获得各种平面图形曲线轨迹。

③ 走丝系统。走丝系统使电极丝以一定的速度运动并保持一定的张力。在高速走丝机床上,一定长度的电极丝平整地卷绕在储丝筒上,为了重复使用该段电极丝,电动机由专门的换向装置控制做正反向交替运转。走丝速度等于储丝筒周边的线速度,通常为 $8 \sim 10$ m/s。

电火花线切割机是以线电极作为工具对工件进行放电加工的,因此,使线电极移动的走丝系统就是电火花线切割机结构上的特有部分。

(2) 导丝系统

高速走丝线切割机的导丝系统如图 11-3 所示。

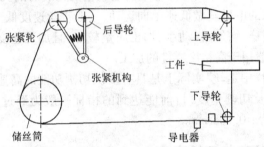

图 11-3　高速走丝线切割机的导丝系统组成

① 导轮(导向轮)。在线切割加工中电极丝的丝速通常为 $8 \sim 10$ m/s,如采用固定导向器来定位快速运动的电极丝,即使是高硬度的金刚石,使用寿命也很短。因此,采用由滚动轴承支承的导轮,利用滚动轴承的快速旋转功能来承担电极丝的快速移动。

② 导电器。高频电源的负极通过导电器与快速运行的电极丝连接。因此,导电器必须耐磨,而且电阻要小。由于切割微粒黏附在电极丝上,导电器磨损后拉出一条凹槽,凹槽会增加电极丝与导电器的摩擦,加大电极丝的纵向振动,影响加工精度和表面粗糙度,因此,导电器要能多次使用。高速走丝电火花线切割机的导电器有两种:一种是圆柱形的,电极丝与导电器的圆柱面接触导电,可以轴向移动和圆周转动,满足多次使用的要求;另一种是方形或圆形的薄片,电极丝与导电器的大面积接触导电,方形薄片的移动和圆形薄片的转动可满足多次使用的要求。导电器的材料都采用硬质合金,既耐磨又导电。此外,为了保证电极丝与导电块接触的可靠,有的导电器采用了弹性结构。

③ 张力调节器。在加工时电极丝因往复运行,经受交变应力及放电时的热衰击,被伸长了的电极丝的张力减小,影响了加工精度和表面粗糙度。若没有张力调节器,就需人工紧丝,如果加工大工件,中途紧丝就会在加工表面形成接痕,影响表面粗糙度。张力调节器的作用就是把伸长的电极丝收入张力调节器使运行的电极丝保持在一个恒定的张力上,也称恒张力机构。张力调节器如图 11-3 所示,张紧重锤在重力作用下,带动张丝滑块、两个张紧轮沿导轨移动,使电极丝始终处于拉紧状态,保证加工平稳。

2. 低速走丝线切割机床的结构特点

（1）机床组成

与高速走丝电火花线切割机一样，低速走丝电火花线切割机也是主要由机床、脉冲电源、控制系统三大部分组成。机床由床身、精密工作台、运丝系统、去离子系统、数控系统、电源柜及手控盒组成，其外形如图11-4所示。

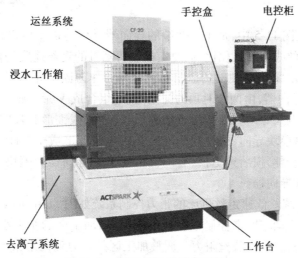

图 11-4　CF20 慢走丝线切割机床

低速走丝电火花线切割机的数控装置与工作台组成闭环控制，提高了加工精度。为了保证电解液的电阻率和加工区的热稳定，适应高精度加工的需要，去离子水配备有一套过滤、空冷和离子交换系统。低速走丝线切割机的电极丝单向运行，由新丝放丝器放丝，废丝处理器收丝。

（2）走丝系统

低速走丝系统如图11-5所示。未使用的新丝放丝器（绕有 1～5 kg 金属丝）靠废丝处理器的转动使金属丝以较低的速度（通常小于 0.2 m/s）移动。为了提供一定的张力（2～25 N），在走丝路径中装有一个机械式或电磁式张力机构。为实现断丝时自动停车并报警，走丝系统中通常还装有断丝检测微动开关。用过的电极丝集中到储丝筒上或送到专门的收集器中。

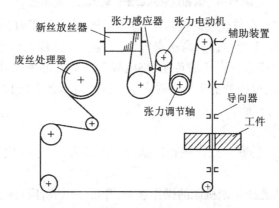

图 11-5　低速走丝线切割机的走丝系统

为减轻电极丝的振动,应使其跨度尽可能小(按工件厚度调整),通常在工件的上下采用蓝宝石 V 形导向器或圆孔金刚石模块导向器,其附近装有引电部分,工作液一般通过引电区经导向器再进入加工区,可使全部电极丝通电部分都能冷却。性能较好的机床上还装有靠高压水射流冲刷引导的自动穿丝机构,它能使电极丝经一个导向器穿过工件上的穿丝孔而被传送到另一个导向器,在必要时也能自动切断并再穿丝,为无人连续切割创造了条件。

① 导向器。在图 11-5 中,加工区两端的导向器是保持加工区电极丝位置精度的关键零件。与高速走丝线切割机相比,低速走丝线切割机的走丝速度是高速走丝线切割机的 1/50 左右。因此,采用高硬度的蓝宝石或金刚石作为固定导向器。导向器的结构有两种:一种是 V 形导向器,由两个对顶的圆截锥形(组合成 V 形)加上一个作封闭用的长圆柱形成完整的三点式导向。在接触点磨损后,转动圆截锥形和长圆柱,可满足多次使用的要求;另一种是模块导向器,模块的导向孔对电极丝形成全封闭、无间隙的导向,定位精度高,但是导向器磨损后须更换,有的机床把 V 形导向器和模块导向器组合在一起使用,称之为复合式导向器。

② 张力控制系统。低速走丝机床的张力控制系统如图 11-6 所示。这种张力控制系统是利用电极丝的移动速度来控制电极丝的张力,如加工区的张力小于设定张力,则设定张力的直流电动机就增大放丝阻力。调整加工区的张力到设定张力,采用一个有效的阻尼系统将电极丝的振动幅度降到最低。在精加工时,该系统对提高电极丝的位置精度有很大作用。

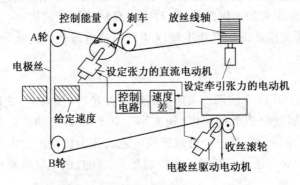

图 11-6　低速走丝线切割机的张力控制系统

③ 自动穿丝装置。在放丝卷筒换新丝、意外断丝、多孔加工时,都需要把丝重新穿过上导向器、工件起始孔、下导向器。高压空气(即穿丝气流)首先将电极丝通过导向孔穿入导向器,然后依靠高压水流形成的负压,将电极丝在高压冲液水柱的包容下穿入导向器,接着采用搜索功能,电极丝的尖端在搜索中找到工件起始孔的位置,并可靠地自动插入直径只有 0.3 mm 的起始孔。

3. 电火花线切割加工安全操作规程

电火花线切割机床的安全操作规程应从两个方面考虑:一方面是人身安全,另一方面是设备安全。

① 操作者必须熟悉线切割机床的操作技术,开机使用前,应对机床进行润滑。

② 操作者必须熟悉线切割加工工艺,合理地选择电规准,防止断丝和短路的情况

发生。

③ 上丝用的套筒手柄使用后,必须立即取下,以免伤人。

④ 在穿丝、紧丝操作时,务必注意电极丝不要从导轮槽中脱出,并与导电块有良好接触;另外,在拆丝的过程中应戴好手套,防止电极丝将手割伤。

⑤ 放电加工时,工作台不允许放置任何杂物,否则会影响切割精度。

⑥ 线切割加工前应对工件进行热处理,消除工件内部的残余应力。工件内部的应力可能造成切割过程中工件的爆炸伤人,所以加工时切记将防护罩装上。

⑦ 装夹工件时要充分考虑装夹部位和钼丝的进刀位置和进刀方向,确保切割路径通畅,这样可防止加工中碰撞丝架或加工超程。

⑧ 合理配置工作液(乳化液)浓度,以提高加工效率和工件表面质量。切割工件时应控制喷嘴流量不要过大,以确保工作液能包住电极丝,并注意防止工作液的飞溅。

⑨ 切割时要随时观察机床的运行情况,排除事故隐患。

⑩ 机床附近不得摆放易燃或易爆物品,防止加工过程中产生的电火花引起事故。

⑪ 禁止用湿手按开关或接触电器,也要防止工作液或其他的导电物体进入电器部分,引起火灾的发生。

⑫ 定期检查电器部分的绝缘情况,特别是机床的床身应有良好的接地。

11.2.3　DK7732 线切割加工基本操作

DK7732 线切割机床配制的编程控制系统种类较多(如 HF,HL,YH,Wincut,Wire-CAXA,单板机等),零件电火花线切割加工时,在编程及操作方法上差异较大。本节仅以配制 HF 编程控制系统的电火花线切割机床加工"五角星"零件为例,介绍切割路线图的绘制、编程及加工操作。

1. HF 编程控制系统

(1) HF 绘图式线切割微机编程系统

点击主菜单中的"全绘式编程",就进入"全绘式编程"界面,如图 11-7 所示。该界面主要由图形显示框、功能选择框 1 和框 2 三大部分组成。图中框 1 和框 2 当前显示的是

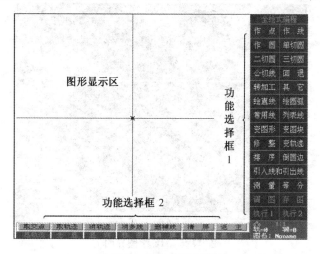

图 11-7　全绘式编程界面

全绘式编程的各种功能,框1和框2的内容随着点击不同的主菜单或子菜单而变化。

（2）运用 HF 系统绘图编程

现以图 11-8 所示的五角星零件为例,介绍 DK7732 线切割加工机床加工零件的操作过程。选用钼丝直径为 0.18 mm,单边放电间隙 S 为 0.01 mm,则补偿量 f 为 0.10 mm。

① 绘图。

a. 作点 P1。点击"作点"→点击子菜单中的"作点"→提示(X,Y),输入"(0,50)"→回车,作出点 P1→按"ESC"键→回车。

b. 作直线 L3。点击"作线"→点击"点角线"→提示已知直线,点击 Y 坐标轴→提示过点,点击点 P1→提示角度,输入"18"→回车,作出直线 L3→按 ESC 键。

c. 作直线 L4。点击"轴对称"→提示已知直线,点击直线 L3→提示对称轴,点击 Y 轴,作出直线 L4→按 ESC 键。

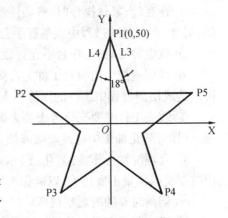

图 11-8　五角星图案

d. 旋转作其余四个角。点击"旋转",提示已知直线→点击直线 L3→提示旋转中心,点击坐标原点→提示旋转角,输入"72"→回车→提示旋转次数,输入"4"→回车→按"ESC"键→回车。

② 加工轨迹。

a. 取交点。点击"取交点"→点击五角,其余 9 个交点都显红点→按"ESC"键。

b. 取轨迹。点击"取轨迹"→从 L4 开始按图形逆时针方向点击五角星的各个边,使其都变为浅蓝色→按"ESC"键→点击"显轨迹",显示只有轨迹的五角星,这时若点击"显向",白圆圈移动的方向和各线段的顺序是混乱的。

c. 排序。点击"排序"→点击"自动排序"→回车。

d. 显向。点击"显向",出现白圆圈从点 P1 开始沿图形按逆时针方向移动返回至点 P1,如图 11-9 所示。

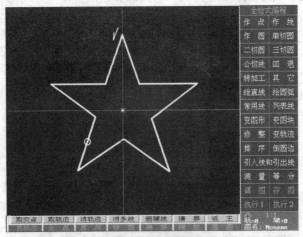

图 11-9　HF 绘图界面

e. 存图。点击"存图"→点击"存轨迹线图"→提示存入轨迹线的文件名,输入"X5"→回车、回车。

　　③ 编程。

　　a. 作引入引出线。点击"引入和引出线"→点击"作引线(端点法)"→提示引入线的起点,这是一个凸件,根据具体情况,可把穿丝孔中心钻在(0,55)位置,故输入"(0,55)"→回车→提示引入线的终点,故输入"(0,50)",显示出起点和引入引出线→按 ESC 键。

　　b. 后置处理。点击"执行2"→要求输入间隙补偿值,输入"0.1"→回车→点击弹出菜单中的"后置",弹出后置处理菜单→点击"显示 G 代码加工单(无锥)",显示出 2 轴无锥 G 代码→回车、(回车)。

　　c. G 代码加工单存盘。点击"G 代码加工单存盘(无锥)"→提示请给出存盘文件名,输入"E:wjx(五角星)"→回车、回车返回系统主菜单。

　　2. DK7732 线切割加工操作

　　(1) 程序准备(调入)

　　① 进入加工界面。点击"加工"进入加工界面。

　　② 读盘。点击"读盘"→点击"读 G 代码程序"→点击"另选盘号"→输入"E"→找到"wjx(五角星)",并点击该文件名→显示图形(见图 11-10)。

　　③ 模拟轨迹。点击"检查"→点击"模拟轨迹",从起点开始用红线画出整个加工轨迹并回到起点。

　　(2) 工件准备

　　将工件安装在工件台上,并进行找正。其定位方法为:将电极丝穿入工件上预先加工好的穿丝孔。点击"对边/对中",出现如图 11-11 所示界面→点击"中心",机床自动找到孔的中心。

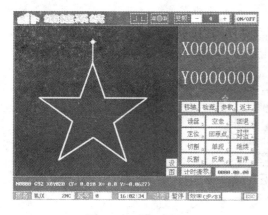　　　　　　　　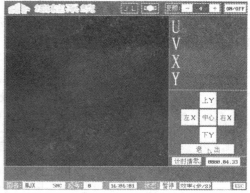

　　　　图11-10　加工界面　　　　　　　　　图11-11　对边、对中心界面

　　(3) 自动切割加工

　　打开高频脉冲电源,开走丝、开工作液并使步进电动机锁住,点击"切割"就可以进行自动加工。在切割加工过程中能适时跟踪显示钼丝的加工轨迹,X,Y 坐标值的变化情况按程序并顺序移动显示。

　　加工完毕后,取下工件,将工件擦拭干净,再将机床擦干净,在工作台表面涂上机油。按下停止按钮,关闭总电源开关,切割电源。

11.2.4　电火花线切割加工工艺训练

本章节针对电火花线切割加工工艺流程(见图 11-12)中的穿丝、找正、编程及加工等主要工艺步骤,进行操作训练。

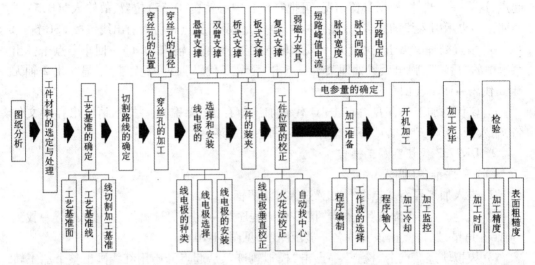

图 11-12　线切割加工工艺流程

1. 电火花线切割机床穿丝与找正

本实训目的是了解线切割穿丝与找正的过程,掌握电极丝找正技巧。设备为 DK7732 电火花线切割机床、钼丝垂直校正器、调整件。

(1)穿丝训练

① 拆下储丝筒上丝架上方的防护罩。

② 将套筒扳手套在储丝筒的转轴上,转动储丝筒,使储丝筒上的钼丝重新绕排至右侧压丝的螺钉处,用十字螺丝刀旋松储丝筒上的十字螺钉,拆下钼丝,如图 11-13 所示。

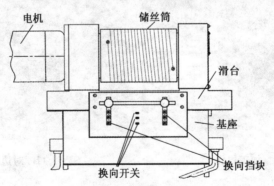

图 11-13　运丝机构

③ 推动张紧机构,使用挂钩固定张紧机构。

④ 将钼丝从储丝筒右侧,经过张紧导轮、辅助导轮、导电块、下主导轮,再穿过工件上的穿丝孔,绕到上主导轮的 V 形槽,再经过辅助导轮及张紧导轮,最后回到储丝筒,绕到储丝筒上的十字螺钉,用十字螺丝刀旋紧,如图 11-14 所示。

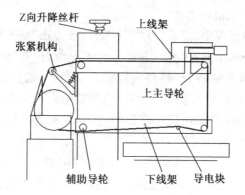

图 11-14　穿丝路径

⑤ 将张紧机的挂钩松开,使张紧机构处于工作状态。

⑥ 用套筒扳手旋转储丝筒,将钼丝反绕一段后,调整运丝机构左、右限位挡块,使之处于合适位置,这样以确保储丝筒在左、右两个挡块之间反复正反转。

⑦ 装上储丝筒丝架上方的防护罩,穿丝完毕。

⑧ 按下"运丝开"按钮,打开卷丝筒,检查卷丝筒运行状况,观察工件穿丝是否正常。检查后按下"运丝关"按钮关闭卷丝筒。工件穿丝结束。

（2）钼丝垂直找正

① 用钼丝垂直校正器找正钼丝垂直。

a. 将钼丝垂直校正器放置在接近钼丝的工作台面上,如图 11-15 所示。

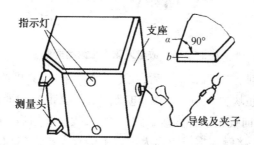

图 11-15　垂直度校正器

b. 在机床控制系统界面下,用鼠标点击"锁轴"按钮,使之处于断开状态。

c. 摇动工作台 X 向手柄（按垂直校正器实际摆放的位置,选择正确的方向）,移动工作台,将钼丝垂直校正器轻轻接触钼丝,此时观察钼丝垂直校准器上的两个发光二极管。

d. 若上灯亮,说明钼丝与垂直校正器的上端先接触,用手旋转 U 轴电机后旋钮（按实际方向选择）,使红灯灭。再摇动工作台 X 向手柄,将垂直校正器再与钼丝轻轻接触,直到垂直校正器上、下两个灯同时亮,X 轴方向钼丝垂直找正完毕。

e. 摇动工作台 Y 向手柄（按垂直校正器实际摆放的位置,选择正确的方向）,移动工作台,将钼丝垂直校正器轻轻接触钼丝,此时观察钼丝垂直校准器上的两个发光二极管。

f. 若上灯亮,说明钼丝与垂直校正器的上端先接触,用手旋转 V 轴电机后旋钮（按实际方向选择）,使红灯灭。再摇动工作台 X 向手柄,将垂直校正器再与钼丝轻轻接触,直到垂直校正器上、下两个灯同时亮,Y 轴方向钼丝垂直找正完毕。

② 采用放电火花找正钼丝垂直。

a. 在机床控制系统界面下,点击"锁轴"(断开)—点击"脉冲电源"(通电)。

b. 打开系统电源→调节脉冲电流(最小)→按"运丝开"按钮,打开卷丝筒电机。

c. 摇动工作台 X 向手柄(按调整件实际摆放的位置,选择正确的方向),移动工作台,将工件轻轻接触钼丝,此时观察放电火花,应使放电火花在找正块的 X 轴方向端面上均匀。不均匀时,用手旋转 U 轴电机后旋钮(按实际方向选择),再摇动工作台 X 向手柄进行调节,直至火花放电均匀(见图 11-16)。

d. 摇动工作台 Y 向手柄(按调整件实际摆放的位置,选择正确的方向),移动工作台,将工件轻轻接触钼丝,此时观察放电火花,应使放电火花在找正块的 Y 轴方向端面上均匀。当其不均匀时,用手旋转 V 轴电机后旋钮(按实际方向选择),再摇动工作台 Y 向手柄进行调节,直至火花放电均匀(见图 11-16)。

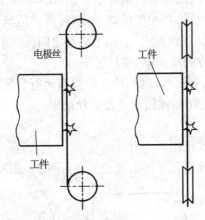

图 11-16　放电火花找正钼丝垂直

e. X 轴方向和 Y 轴方向调节完毕后,找正工作结束,按关机按钮,关闭控制系统。

③ 注意事项。找正块要干净和干燥;电极丝上不要带冷却液;找正前必须将电极丝移动到在 X 方向,Y 方向找正块都能接触到的位置;找正开始后,用手推动找正块逐渐接近,直到看见火花为止,接触太多或距离太远都不会有火花;移动 U 轴或 V 轴使火花上下一致。

2. 角度样板的线切割加工

本实训目的是掌握角度样板的电火花线切割加工方法。实训器材为 DK7732 快走丝线切割机床、计算机、CAXA 线切割-V2 软件、加工工件。

(1) 工艺分析

角度样板是一种较为常用的测量角度的工具(见图 11-17)。线切割加工轮廓时应考虑钼丝补偿,补偿量为钼丝半径与放电间隙之和。该角度样板采取一次切割成形,也可多次切割,但应设置一定的支撑宽度。为了保证角度板的切割质量,切割速度可稍微慢些,加工参数选择时适当选择小一些的参数。

零件加工编程训练时,可以使用机床配制的编程控制系统绘图编程,也可以在计算机上,使用其他线切割编程绘图软件进行程序编制。本例角度样板的图形绘制与加工程序均由 CAXA 线切割-V2 线切割软件完成。

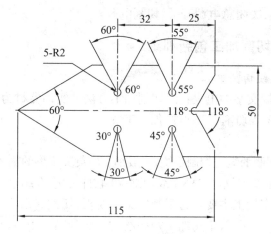

图 11-17　角度样板

（2）用 GAXA 线切割-V2 软件对角度样板进行图形绘制与编程

① 绘图。在 CAXA 线切割-V2 线切割编程软件界面下，建立新文件，文件名为 JDB，并按图 11-17 所示的数值绘制角度样板。

② 编程。

a. 生成轨迹。鼠标点击"线切割"→"轨迹生成"→按要求填写"线切割轨迹生成参数表"→选择起切轮廓线→选择切割方向→选择补偿方向→确定穿丝点位置。

b. 生成代码。鼠标点击"线切割""G 代码/HPGL"→"G 代码生成"→写入文件名（JDB）→按保存键→鼠标点击角度样板的轮廓→按鼠标右键，生成 G 代码程序文件（G 代码程序略）。

③ 将编制好的程序（JDB. ISO）复制并准备拷入 DK7732 线切割机床的数控系统。

（3）角度样板的电火花线切割加工

① 加工准备。

a. 将待加工的工件装夹到工作台上，并进行校准。

b. 加工程序调入。系统界面下，点击"加工"→"读盘"→"另选盘号"→输入程序存储盘符号→点击文件（JDB. ISO）→输入"2"（圆心 - 起点）→回车。

c. 工件定位。系统界面下，点击"加工"→"对中/对边"→" + X"或" - X"、" + Y"或" - Y"，让系统自动感知工件的 X 轴和 Y 轴边缘，确认坐标。或者断开"轴锁"打开"脉冲电源"，手摇 X 或 Y 轴手轮，用观察放电火花方式寻找到工件边缘，确认坐标。

点击"加工"→"移轴"→"自定移动距离"→输入 1 000（1 mm）→" + X"或" - X"、" + Y"或" - Y"，使电极离开工件并定位。

② 切割加工。

a. 打开高频脉冲电源→调整电源参数（如脉宽 32、脉间 8、电流 4、丝速 50）→打开走丝开关→打开工作液开关→点击"切割"就可以进行自动加工。

b. 在切割加工过程中能适时跟踪显示钼丝的加工轨迹。X，Y 坐标值的变化情况是按程序并顺序移动显示。

③ 加工结束。

a. 加工完毕后，取下工件，将工件擦拭干净，再将机床擦干净，工作台表面涂上机油。

b. 按下停止按钮,关闭总电源开关,切割电源。

11.2.5 电火花线切割加工创新训练

1. 文字的电火花线切割加工

本实训目的是掌握文字的电火花线切割加工方法。实训器材为 DK7732 电火花线切割机床、计算机、CAXA 线切割-V2 软件、加工工件。

(1) 工艺分析

目前 DK7732 所配制的编程控制系统,一般都有中英文字形的输入功能,其操作方法的难易程度各有特点。本实训仅以 CAXA 线切割-V2 软件为例,介绍字形输入和编程过程。

电火花线切割文字加工主要是为了制作文字模板,切割时沿文字轮廓加工。常选择 2 ~ 3 mm 平整,无毛刺的薄材,事先加工好穿丝孔。切割加工中,选择电极丝损耗小的电参数,工作液浓度应稍浓些。

(2) 加工程序准备

① 使用 CAXA 线切割-V2 软件绘制文字。

a. 进入 CAXA-V2 线切割编程软件,建立新文件,文件名为 WENZI(文字)。

b. 点击"绘制"→"高级曲线"→"文字"→用鼠标拉出文字输入区域→在"文字标注与编辑"对话框中输入"寿"字→点击"设置"→在"文字标注参数设置"对话框中,设置文字大小和字体→按"确定"按钮→按"确定"按钮,屏幕上出现"寿"字。

② 编程。

a. 点击"线切割"→"轨迹生成"→在"轨迹生成参数表"中填写所要求参数→按"确定"按钮。

b. 点击"寿"字曲线轮廓→选择顺时针加工或逆时针加工→选择侧边加工方向(外轮廓或是内轮廓)→确定穿丝点和退出点的位置,从而完成"寿"字的轨迹生成。

c. 点击"线切割"→"轨迹仿真"→用鼠标点击轨迹线后,可观察"寿"字的计算机动态或静态仿真过程,如图 11-18 所示。

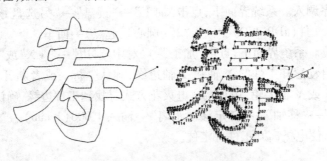

图 11-18 "寿"字的轨迹生成和静态仿真

d. 点击"线切割"→"G 代码/HPGL"→"G 代码生成"→输入文件名"WENZI. ISO"→按"确定"按钮。

e. 用鼠标左键拾取"寿"字曲线轮廓→点击鼠标右键,系统弹出记事本,记事本中呈现"寿"字的 G 代码程序。(G 代码略)

f. 将编制好的程序文件,拷入 DK7732 快走丝线切割机床的数控系统。

（3）文字的线切割加工

参见 11.2.4 的"角度样板的电火花线切割加工"。

2. 矢量图的电火花线切割加工

本实训目的是掌握电火花线切割矢量图的加工方法。实训器材为电火花线切割机床、计算机、扫描仪、CAXA 线切割-V2 软件、加工工件。

（1）工艺分析

图片将通过扫描仪生成位图文件，再通过位图矢量化将该图的 BMP 格式文件转换成矢量图，这样可提取位图上的数据点，画出图形轮廓线。提取数据点的精度往往影响图形的准确性，可根据实际情况选择。另外，转换成的轮廓线可以用尖角拟合或圆弧拟合。

线切割位图矢量化加工主要用在美术制品的模板制作或是扫描图形的加工方面。一般工件大多用薄材加工，应选择电极损耗小的电参数，工作液的浓度适当高些，机床走刀速度可快些。

图 11-19　扫描的位图文件

（2）扫描图形

用扫描仪将图片扫描成位图文件（见图 11-19）。

（3）图形矢量化、编程

① 矢量图的生成。

a. 进入 CAXA 线切割-V2 编程软件，建立新文件，文件名"SLT"（矢量图）。

b. 点击"绘制"→"位图矢量化"→"矢量化"→在"选择图像文件"对话框中，选择文件类型为 BMP 文件→按"确定"按钮，屏幕上出现图形。

c. 为了避免加工后部分笔画的脱落，以及加工过程中封闭笔画穿丝的麻烦，必须将整个矢量图修改成"一笔画"图形（见图 11-20）。

② 矢量图的轨迹生成和 G 代码生成。

a. 点击"线切割"→"轨迹生成"→填写"轨迹生成参数表"→按"确定"按钮→点击图形轮廓→选择切割方向→选择切割偏移补偿方向→确定穿丝点和退出点位置。

b. 点击"线切割"→"轨迹仿真"，观察矢量化后的图形计算机仿真过程（见图 11-21）。

图 11-20　改成后的一笔画图形

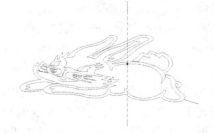

图 11-21　图形的动态仿真图

c. 点击"线切割"→"G 代码/HPGL"→"G 代码生成"→输入文件名（SLT）→用鼠标左键拾取曲线轮廓→点击鼠标右键生成 G 代码程序。（G 代码程序文件略）

d. 将编制好的程序(SLT.ISO),复制拷入 DK7732 快走丝线切割机床的数控系统。

(4) 电火花线切割矢量图的加工

① 工件装夹与定位。将工件装夹到工作台上,并进行定位校准。

② 钼丝的穿丝与找正。

参见 11.2.5 的"电火花线切割机床穿丝与找正"。

③ 电火花线切割加工。

参见 11.2.5 的"角度样板的电火花线切割加工"。

11.3　电火花成型加工

11.3.1　电火花成型加工的原理和特点

1. 电火花成型加工原理

电火花成型加工是利用浸在工作液中的两极间脉冲放电时产生的电蚀作用蚀除导电工件材料的特种加工方法(见图 11-22),又称放电或电蚀加工,英文简称 EDM。

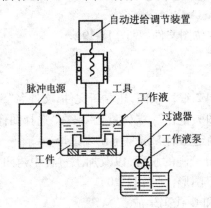

图 11-22　电火花成型加工原理

在进行电火花加工时,工具电极和工件分别接脉冲电源的两极并浸入工作液中,或将工作液充入放电间隙。通过间隙自动控制系统控制工具电极向工件进给,当两电极间的间隙达到一定距离时,两电极上施加的脉冲电压将工作液击穿,产生火花放电。在放电的微细通道中瞬时集中大量的热能,温度可高达 10 000 ℃以上,压力也有急剧变化,使局部微量的金属材料立刻熔化、汽化,并飞溅到工作液中。这时在工件表面上便留下一个微小的凹坑痕迹,放电短暂停歇,两电极间工作液恢复绝缘状态,紧接着下一个脉冲电压又在两电极相对接近的另一点处击穿,产生火花放电,重复上述过程。这样虽然每个脉冲放电蚀除的金属量极少,但因每秒有成千上万次脉冲放电作用,就能蚀除较多的金属。

在保持工具电极与工件之间恒定放电间隙的条件下,一边蚀除工件金属,一边使工具电极不断地向工件进给,最后就可以加工出与工具电极形状相对应的形状来。因此,只要改变工具电极的形状和工具电极与工件之间的相对运动方式,就能加工出各种复杂的型面。

工具电极常用导电性良好、熔点较高、易加上的耐电蚀材料,如铜、石墨、铜钨合金和钼等制成。在加工中工具电极也有损耗,但小于工件金属的蚀除量,甚至接近于无损耗。

常用的工作液是黏度较低、闪点较高、性能稳定的介质,如煤油、去离子水和乳化液等。

2. 电火花成型加工特点

① 电火花成型加工型腔时,由于型腔深浅的限制,工具电极长度不能补偿,因此电极的损耗将影响加工精度。

② 型腔的加工大都是不通孔的加工,工作液循环和电蚀产物排除条件差。工具电极损耗后无法靠进给补偿精度,金属蚀除量大。

③ 电火花成型加工型腔时排屑较困难,需要在电极上打冲油孔或排气孔,要特别防止电弧烧伤。

④ 电火花成型加工型腔时常采用平动加工,型腔最小圆角半径有限制,难以清角加工。若采用数控三轴联动电火花加工,则可清除棱角。

3. 电火花成型加工应用范围

电火花成型加工主要应用于各类精密模具的制造、精密微细机械零件的加工,如塑料模、锻模、压铸模、挤压模、胶木模,多种复杂型腔可整体加工,以及整体叶轮、叶片、曲面盲孔、各种特殊材料和曲面复杂形状的零件等的加工。

利用机床的数控功能还可以显著扩大其应用范围,如水平加工、锥度加工、多型腔加工,采用简单电极进行三维型面加工,以及通过特殊旋转主轴进行螺旋面的加工。

11.3.2　电火花成型加工机床

1. 机床组成

数控电火花成型机床主要由机床主体、脉冲电源、数控系统及工作液系统四大部分组成,图 11-23 为三轴数控电火花成形加工机床的总体结构。

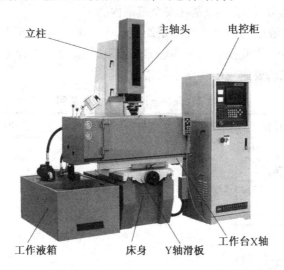

图 11-23　数控电火花成型加工机

① 机床主体。机床主体由床身、立柱、主轴、工作液槽、工作台等组成。其中,主轴头是关键部件,在主轴头装有电极夹具,用于装夹和调整电极位置。主轴头是自动进给调

节系统的执行机构,对加工精度有最直接的影响。床身、立柱、坐标工作台有支撑定位和便于操作的作用。

② 脉冲电源。脉冲电源将直流或交流电转换为高频率的脉冲电源,也就是把普通220 V 或 380 V,50 Hz 的交流电转变成频率较高的脉冲电源,提供电火花加工所需要的放电能量。它的性能对电火花加工生产率、工件表面粗糙度和尺寸精度、电极损耗等工艺指标有很大影响。

③ 数控系统。数控系统是运动和放电加工的控制部分,目前主要有瑞士夏米尔(Charmills)、阿奇(Agie)、日本沙迪克(Sodick)、三菱(Mitsubishi)、国产的汉川 MD21 等系列电火花成型数控系统。数控主要有多轴控制、多轴联动控制、自动定位与找正、自动电极交换、可编程功能。除了具有较完善的多种控制功能外,数控系统还具有多种补偿、丰富的显示、良好的通信、自诊断以及多种保护功能。

④ 工作液系统。工作液系统是由储液箱、油泵、过滤器及工作液分配器等部分组成。工作液系统可进行冲、抽、喷液及过滤工作。电火花成型机床目前广泛采用的工作液为是煤油,因为它的表面张力小、绝缘性能和渗透能力好,但其缺点是散发出呛人的油烟,故在大功率粗加工时,常采用燃点较高的机油或变压器油。

2. 电火花机床加工中的技术安全规程

① 电火花机床应设置专用地线,使电源箱外壳、床身及其他设备可靠接地,防止电气设备绝缘损坏而发生触电。

② 操作人员必须站在耐压 20 kV 以上的绝缘物上进行工作,加工中不可碰触电极工具。

③ 经常保持机床电气设备清洁,防止受潮,以免降低绝缘强度而影响机床的正常工作。

④ 加添工作介质煤油时,不得混入类似汽油之类的易燃物,防止火花引起火灾。油箱要有足够的循环油量,使油温限制在安全范围内。

⑤ 加工时,工作液面要高于工件一定距离(30 ~ 100 mm),如果液面过低,加工电流较大,很容易引起火灾,为此操作人员应经常检查工作液面是否合适。表 11-2 为操作不当、易发生火灾的情况,要避免出现图中的错误。

表 11-2　几种意外发生火灾的原因

错误操作	火灾原因
喷油嘴	电极和喷油嘴间相碰引起火花放电
导线	绝缘外壳多次弯曲意外破裂的导线和工件夹具间火花放电

续表

错误操作	火灾原因
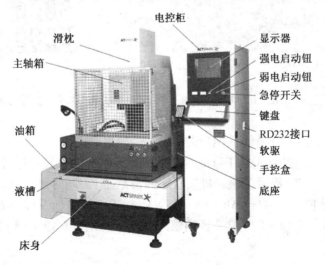 煤油工作液	加工的工件在工作液槽中位置过高
	在加工液槽中没有足够的工作液
主轴 电极	电极和主轴连接不牢固,意外脱落时,电极和主轴之间火花放电
夹具	电极的一部分和工件夹具间产生意外的放电,并且放电又在非常接近液面的地方

⑥ 根据煤油的混浊程度,要及时更换过滤介质,并保持油路畅通。

⑦ 电火花加工间内,应有排烟换气装置,保持室内空气良好而不被污染。

⑧ 机床周围严禁烟火,并应配备适用于油类的灭火器,最好配置自动灭火器。

11.3.3 SE 电火花成型加工基本操作

SE 系列数控电火花机床的外观图及其各部分的构成如图 11-24 所示。

电控柜

滑枕　　　　　　　　　　　　　　显示器
主轴箱　　　　　　　　　　　　　强电启动钮
　　　　　　　　　　　　　　　　弱电启动钮
　　　　　　　　　　　　　　　　急停开关
　　　　　　　　　　　　　　　　键盘
　　　　　　　　　　　　　　　　RD232接口
油箱　　　　　　　　　　　　　　软驱
　　　　　　　　　　　　　　　　手控盒
液槽　　　　　　　　　　　　　　底座

床身

图 11-24　SE 电火花机床的外观

1. 手控盒与系统界面

（1）手控盒

SE 系列数控电火花机床的手控盒各键的具体功能如下。

：工作移动速度选择键（中速、高速、单步）。

+X　−X　+Y　−Y　+Z　−Z　+C　−C：选择轴及运动方向。

PMMP：加工液泵开关键。

HALT：暂停键，将使机床动作暂停。

RST：恢复键，恢复暂停前的加工。

ST：忽视感知键。

ACK：确认键，在出错或某些情况下，其他操作被中止，按此键确认。

OFF：中止键，中断正在执行的操作。

（2）控制系统界面

① 准备屏（Alt + F1）用来进行加工前的准备操作，可用于回机械原点、设置坐标系、回到当前坐标系的零点、移动机床、接触感知、找中心等操作。准备屏如图 11-25 所示。

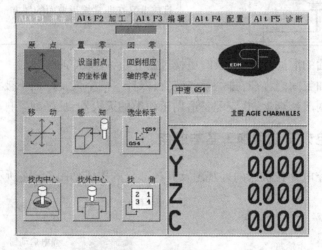

图 11-25　准备屏

② 编程、加工屏（Alt + F2）可进行加工参数的相关设置、自动/手动生成程序，是加工的主要工作界面。

③ 编辑屏（Alt + F3）提供了 NC 程序的输入、输出等操作。

④ 其他屏。配置屏（Alt + F4）配置屏用于设置系统的配置及运行中的一些系统参数。诊断屏（Alt + F5）提供了检查机床状态的诊断工具，同时显示机床的各种信息，以便进行诊断和维护。参数屏（Alt + F6）显示 X，Y，Z 机械坐标及编码器的位置、加工时间等参数。螺距屏（Alt + F7）记录各轴螺距补偿。补偿屏（Alt + F8）可浏览 H 补偿码的值。

2. 机床操作

(1) 加工准备

① 返回机床零点。开机进入准备屏后,检查机床回原点的路径有无障碍,选择"原点"→回车→三轴坐标显示均变为 0,按 F10 键退出原点模式。

② 安装工件和电极。在电火花加工之前必须安装工件和电极,二者的装夹方法因所选用的电火花加工机床而异。工件的安装方法有很多种,现常采用弱磁力夹具进行工件的安装。此外,有的电火花加工机床的工作台面上设置有螺纹孔,通过对工件非加工区域进行螺纹钻孔后用螺钉固定,也能实现工件的装夹。

在工件装夹后一般要进行找正,以保证工件的坐标系方向与机床的坐标系方向一致。

③ 移动电极至加工区域。上升 Z 轴,使主轴头沿 X,Y 向移动时不发生碰撞,并将电极移动至加工位置。

(2) 设定自动编程的相关参数

① 按(Alt + F2)进入自动编程界面→按↑或↓键选择加工轴向→按空格键进行选择(+ X, – X, + Y, – Y, + Z, – Z)。

② 设定相关参数。按↑或↓键选择投影面积(输入投影面积)→选择材料组合(铜 – 钢、细石墨 – 钢、石墨 – 钢)→选择工艺选择(低损耗、标准值、高效率)→输入加工深度→输入电极收缩量→输入表面粗糙度→输入锥度角→确定平动类型(对于自由平动,平动轴和加工轴同时运动;对于伺服运动,则当加工轴加工到该条件深度后,平动轴才进行运动)。

③ 生成程序代码。输入完工艺参数之后按 F1 键或 F2 键即生成加工程序。

(3) 抬刀及加工条件的选择

① 设置抬刀参数。选择抬刀方式(指定抬刀轴向、原加工路径)→输入"放电时间"→输入抬刀高度→输入抬刀速度。

② 选择加工条件。输入脉冲宽度→输入脉冲间隙→输入管数→输入伺服基准→输入高压管数→输入电容→输入极性→输入伺服速度→选择模式→选择拉弧基准。

(3) 加工操作

① 添加工作液。扣上门扣,关闭液槽→闭合放油手柄→按手控盒上的 键,打开工作液泵→用调节液面高度(工作液高出工件 50 mm 以上)。

② 加工开始。在"加工屏"界面下,用↑、↓键或 F8 键将光标移动到程序显示区→按 Enter 键或按手控盒上的 [I] 键即开始加工。

③ 加工过程中的操作。

a. 更改加工条件。按 Esc 键后→移光标至加工条件显示区→选择更改项、输入数值,更改加工条件的内容→按 Esc 键(在更改加工条件时,坐标停止显示,但加工并未停止)。

b. 暂停加工。按手控盒上 [II] 键来暂停加工→按手控盒上的 + X 、 – X 、 + Y 、 – Y 、 + Z 、 – Z 键移动电极,以便进行清扫或观察→按 [I] 键,返回到加工停止点,并继续进行加工。

c. 停止加工。按手控盒上 ⬇ 键来停止加工。

④ 掉电后的恢复。重启电源→所有轴回零点→在"准备屏"界面下,选"回零"→回

车→选择回零的轴→回车。

为了避开工件,用户可用手控盒将机床移动至指定点,然后再进入回零模块并选择需回零的轴开始回零。

11.3.4　电火花成型加工工艺训练

本节针对电火花线切割加工工艺流程(见图11-26)中的电极找正、工件装夹定位、编程及加工等主要工艺步骤,进行操作训练。

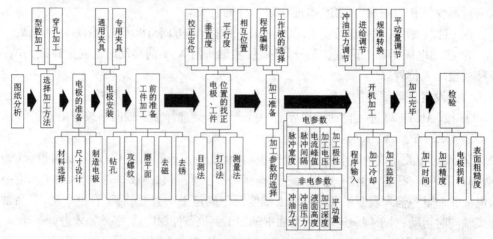

图 11-26　电火花成形加工工艺流程

1. 电火花工具电极找正

本实训目的是掌握电火花工具电极的找正方法。实训器材为 SE 数控电火花成形机床、工具电极、精密刀门角尺、百分表、划针盘。

（1）工具电极的装夹

用钻夹头装夹工具电极(见图11-27)的步骤:旋松内六角螺钉→将钻夹头的柄部贴靠在主轴夹具的90°靠山上→旋紧内六角螺钉→松开钻夹头→将工具电极装入→用钥匙收紧钻夹头,完成工具电极的装夹。

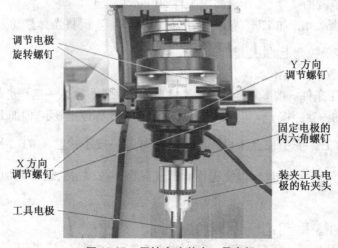

调节电极旋转螺钉
Y方向调节螺钉
固定电极的内六角螺钉
X方向调节螺钉
装夹工具电极的钻夹头
工具电极

图 11-27　用钻夹头装夹工具电极

（2）工具电极的找正

① 用精密刀口角尺找正工具电极（见图11-28）的步骤：按下手控盒上的"－Z"按钮，使工具电极慢慢靠近工件，在与工件之间保持一段间隙后，停止下降工具电极。

a. 沿X轴方向工具电极找正。沿X轴方向将精密刀口角尺放置在工件（凹模）上，使精密刀口角尺的刀口轻轻与工具电极接触，移动照明灯置于精密刀口角尺的后方，通过观察透光情况来判断工具电极是否垂直。若两者不垂直，可调节处于主轴夹头球形面上方的X轴方向的调节螺钉。

b. 沿Y轴方向工具电极找正。沿Y轴方向将精密刀口角尺轻轻与工具电极接触，移动照明灯置于精密刀口角尺的后方，通过观察透光情况来判断工具电极是否垂直。若不垂直，可调节处于主轴夹头球形面上方的Y轴方向的调节螺钉。

② 用百分表找正工具电极（见图11-29）。将磁性表座吸附在机床的工作台上，然后把百分表装夹在表座的杠杆上。

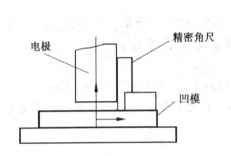

图11-28　用精密刀口角尺找正工具电极

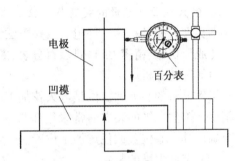

图11-29　用百分表找正工具电极

a. 沿X轴方向工具电极找正。首先将百分表的测量杆沿X轴方向上轻轻接触工具电极，并使百分表有一定的读数，然后按手控盒式上"＋Z"或"－Z"按钮，使主轴（Z轴）上下移动，观察百分表的指针变化。根据指针变化就可判断出工具电极沿X轴方向上的倾斜状况，再用手调节主轴机头上X轴方向上的两个调节螺钉，使工具电极沿X轴方向保持与工件垂直。

b. 按同样方法，沿Y轴方向工具电极找正，使工具电极沿Y轴方向保持与工件垂直。

③ 用划针盘找正工具电极。在系统"准备屏下"，按F5→进入"感知"界面（见图11-30）。

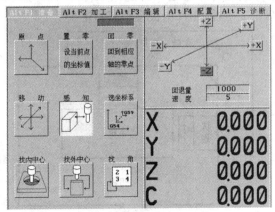

图11-30　"感知"子屏幕

a. 沿 X 轴方向工具电极找正(见图 11-31)。将划针尖接近电极 X 轴方向→用↑或↓键移动光标,选择"+X"或"-X"(根据划针盘安放的实际位置确定)→(回车)进行接触"感知"→按 F2 置零→按手控盒式上"+Z"或"-Z",使电极移动一段距离后进行接触"感知"并根据显示的数值,将主轴机头上 X 轴方向上的两个调节螺钉作相应调整。

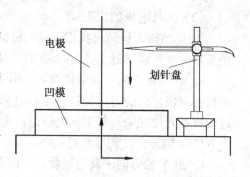

图 11-31　用划针盘找正工具电极

经过几次重复"感知"→"置零"→移动 Z 轴→"感知"→调整螺钉的工作,使工具电极沿 X 轴方向保持与工件垂直。

b. 按同样方法,沿 Y 轴方向工具电极找正,使工具电极沿 Y 轴方向保持与工件垂直。

2. 电火花工件电极的装夹与定位

本实训目的是掌握工件电极装夹方法和工件电极的定位方法。实训器材为 SE 数控电火花成形机床、精密刀口角尺、百分表、磁性吸盘、块规、工件电极、工具电极。

(1) 工艺分析

工件电极的装夹和定位是电火花加工的重要环节,装夹和定位的误差将直接影响加工精度。工件电极的装夹通常采用压板固定或磁性吸盘吸附方法。工件电极的定位则是要确定其中心位置或任意加工位置。

(2) 工件电极的装夹

① 使用压板装夹工件。使用 T 形螺钉配合压板,将工件轻轻固定在工作台上。将百分表座吸附在主轴夹具上,测量杆靠住工件的 X 轴方向的基准面,使表有一定的读数。按手控盒上"+X"或"-X",观察百分表的指针变化,并轻轻敲击调整工件。多次重复移轴调整,应使百分表指针在整个行程上微微抖动,再把压板螺母旋紧,工件得以固定。

② 使用磁性吸盘装夹工件。在电火花成形机床的工作台上安装磁性吸盘,并对磁性吸盘进行校准;在磁性吸盘上放置两个相互垂直的块规和一把精密的刀口尺(见图 11-32),一块沿 X 轴方向放置,另一块沿 Y 轴方向放置,块规的一端靠在工件电极上,另一端靠在精密刀口角尺上,这样工件电极得以校准;再用内六角扳手旋动磁性吸上的内六角螺母,使磁性吸盘带上磁性,工件电极会牢牢固定。

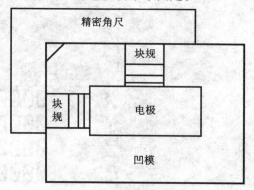

图 11-32　块规角尺定位法

（3）工件电极的定位

① 工件电极中心定位。在"准备"屏界面下按 F8，进入界面（见图 11-33）→移动光标选择"X 向行程"→输入数值（应大于工件与电极该方向长度之和的一半）→选择"Y 向行程"→输入数值→选择"下移距离"（应大于电极与工件间的距离）→选择"感知速度"→按空格键，改变感知速度→移动光标，选择需要找中心的轴→（回车）开始执行。

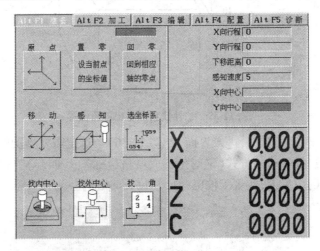

图 11-33　找外中心界面

注意：在找中心前，工具电极应大致位于工件电极中心位置，且在其运动范围内没有障碍物。执行完成后，工具电极位于工件电极中心上方 1 mm 处。

② 工件电极任意已知位置定位。在"准备屏"界面下按 F9，进入找角界面（见图 11-34）。

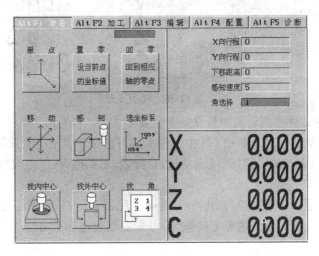

图 11-34　找角界面

按↑或↓键，移动光标选择"X 向行程"→输入数值（应大于工件与电极该方向长度之和的一半）→选择"Y 向行程"→输入数值→选择"感知速度"→按空格键，改变感知速度→选择"角选择"→按空格键，选择拐角（有 1～4 个角供选择）→（回车）开始执行。执行完成后，电极位于工作上方 1 mm 处（见图 11-35）。

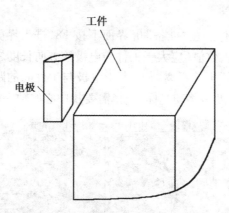

图 11-35　工件找角后电极停留位置

在"准备屏"界面下按 F4，进入界面（见图 11-36）→选定需要移动的轴→输入数值→用空格键来进行选择移动的方式（绝对坐标或增量坐标）→（回车）执行。把工具电极移至工件电极已知的位置上，实现工件电极已知位置的定位。

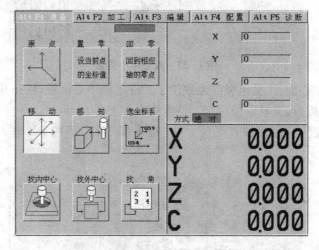

图 11-36　移动界面

3. 去除断在工件中的钻头和丝锥的电火花加工

本实训目的是掌握去除断在工件中的钻头的方法和丝锥的电火花加工的方法。实训器材为 SE 数控电火花成形机床、精密角尺、百分表、工具电极、工件电极。

（1）工艺分析

钻削小孔和用小丝锥攻丝时，由于刀具硬且脆，刀具的抗弯、抗扭强度较低，因而往往被折断在加工孔中。为了避免工件报废，可采取电火花加工方法去除断在工件的钻头和丝锥。

电极一般可选择紫铜材料，其导电性能好，电极损耗小，机械加工也比较容易，电火花加工的稳定性好。电极的尺寸应根据钻头和丝锥的尺寸来确定。因为加工精度和表面粗糙度的要求比较低，所以可选择加工速度快和电极损耗小的粗规准一次加工完成。因小孔加工，加工电流将受到加工面积的限制，可选择小电流和长脉宽加工。

在电火花加工的过程中，断在小孔中的丝锥或钻头会有残片剥离，而这些残片极有可能造成火花放电短路、主轴上抬的情况产生,应及时清理后再继续加工。

(2) 工具电极的设计与制作

① 工具电极的设计。工具电极的直径可根据钻头和丝锥的直径来设计,如钻头为 $\phi4$,丝锥为 M4,工具电极可设计成直径为 $\phi2 \sim \phi3$。电极长度应根据断在小孔中的长度加上装夹长度来定,并适当地留出一定的余量。

② 工具电极的制作。工具电极为圆柱形,可在车床上一次加工成形。通常制作成阶梯轴,装夹大端,有利于提高工具电极的强度(见图 11-37)。

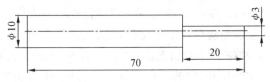

图 11-37 圆柱形电极

(3) 放电加工

① 电极的装夹与找正。工具电极可用钻夹头固定在主轴夹具上,先用精密角尺找正工具电极对工作台 X 轴和 Y 轴方向的垂直,然后再用百分表再次找正。

② 工件的装夹与定位。工件电极可用压板固定在工作台上,也可用磁性吸盘将工件电极吸附,用百分表对工件进行找正。工件电极上钻头或丝锥孔位置定位方法参照前两个训练。

③ 选择电参数。可在参数表(铜打钢—最小损耗电极参数)中,选择参数号。(建议用 C108 或 C109)

④ Z 方向起始位置定位。在系统"准备"屏界面下,按 F5 键进入"感知"界面→按 ↑ 或 ↓ 键,选择" – Z"→回车→进行" – Z"方向感知→选择"置零"→回车→按 F10 退出此界面。

⑤ 放电加工。在"准备屏"界面下,按"ALT + F2"进入"加工屏"→按 F9 进入手动加工界面(见图 11-38)→输入加工深度和加工条件号→选择"开始加工"→回车→开启工作液泵,当工作液达到预定高度时,自动开始放电加工。

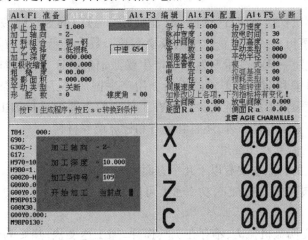

图 11-38 手动加工模式界面

（4）待加工完成后，放掉工作液，取下工具电极和工件，清理机床工作台，完成加工。

11.4 激光加工

11.4.1 激光加工的原理、特点及其应用

1. 激光加工原理

激光是一种经受激辐射产生的加强光，它具有高亮度、高方向性、高单色性和高相干性四大综合性能。通过光学系统聚焦后可得到柱状或带状光束，而且光束的粗细可根据加工需要调整，当激光照射在工件的加工部位时，工件材料迅速被熔化甚至气化。随着激光能量的不断被吸收，材料凹坑内的金属蒸气迅速膨胀，压力突然增大，熔融物爆炸式地高速喷射出来，在工件内部形成方向性很强的冲击波。因此，激光加工是工件在光热效应下产生高温熔融和受冲击波抛出的综合作用过程。

激光加工器一般分为固体激光器和二氧化碳气体激光器，图 11-39 为固体激光器工作原理图。

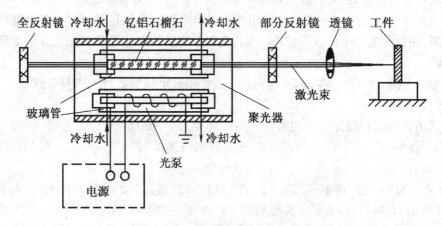

图 11-39 固体激光器工作原理图

当激光工作物质钇铝石榴石受到光泵（激励脉冲氙灯）的激发后，吸收具有特定波长的光，在一定条件下可导致工作物质中的亚稳态粒子数大于低能级粒子数，这种现象称为粒子数反转。此时一旦有少量激发粒子产生受激辐射跃迁，就会造成光放大，再通过谐振腔内的全反射镜和部分反射镜的反馈作用产生振荡，最后由谐振腔的一端输出激光。激光通过透镜聚焦形成高能光束照射在工件表面上即可进行加工。固体激光器中常用的工作物质除钇铝石榴石外，还有红宝石和钕玻璃等材料。

2. 激光加工的特点及其应用

（1）激光加工的特点主要有以下几个方面：

① 激光加工属高能束流加工，功率密度可达 $10^8 \sim 10^{10}$ W/cm^2，几乎可以加工任何金属材料和非金属材料。

② 激光加工无明显机械力，不存在工具损耗，加工速度快，热影响区小，易实现加工过程自动化。

③ 激光可通过玻璃等透明材料进行加工,如对真空管内部的器件进行焊接等。

④ 激光可以通过聚焦形成微米级的光斑,输出功率的大小又可以调节,因此可进行精密微细加工。

⑤ 可以达到 0.01 mm 的平均加工精度和 0.001 mm 的最高加工精度,表面粗糙度值 Ra 可达 $0.1 \sim 0.4 \ \mu m$。

（2）激光加工的应用

① 激光打孔。随着近代工业技术的发展,硬度大、熔点高的材料应用越来越多,并且常常要求在这些材料上打出又小又深的孔,例如,钟表或仪表的宝石轴承,钻石拉丝模具,化学纤维的喷丝头以及火箭或柴油发动机中的燃料喷嘴等。这类加工任务用常规的机械加工方法很困难,有的甚至是不可能的,而用激光打孔则能比较好地完成任务。

激光打孔的质量主要与激光器输出功率和照射时间、焦距与发散角、焦点位置、光斑内能量分布、照射次数及工件材料等因素有关,在实际加工中应合理选择这些工艺参数。

② 激光切割。激光切割(见图11-40)的原理与激光打孔相似,但工件与激光束要相对移动。在实际加工中采用工作台数控技术,可以实现激光数控切割。

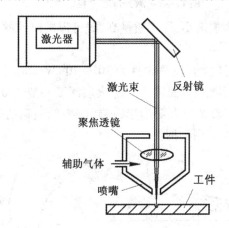

图 11-40　CO_2 气体激光器切割示意图

激光切割大多采用大功率的 CO_2 激光器,对于精细切割也可采用 YAG 激光器。

激光可以切割金属,也可以切割非金属。由于激光对被切割材料不产生机械冲击和压力,再加上激光切割切缝小,激光切割便于自动控制,在实际中常用来加工玻璃、陶瓷、各种精密细小的零部件。

激光切割过程中,影响激光切割参数的主要因素有激光功率、吹气压力、材料厚度等。

③ 激光打标。激光打标是指利用高能量的激光束照射在工件表面,光能瞬时变成热能,使工件表面迅速产生蒸发,从而在工件表面刻出任意所需要的文字和图形,以作为永久防伪标志(见图11-41)。

激光打标的特点是:非接触加工,可在任何异型表面标刻,工件不会变形和产生内应力,适于金属、塑料、

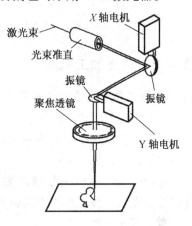

图 11-41　振镜式激光打标原理

玻璃、陶瓷、木材、皮革等各种材料;标记清晰、永久、美观,并能有效防伪;标刻速度快,运行成本低,无污染,可显著提高被标刻产品的档次。

激光打标广泛应用于电子元器件、汽(摩托)车配件、医疗器械、通讯器材、计算机外围设备、钟表等产品和烟酒食品防伪等行业。

④ 激光焊接。当激光的功率密度为 $10^5 \sim 10^7$ W/cm²,照射时间约为 1/100 s 时,可进行激光焊接。激光焊接一般无需焊料和焊剂,只需将工件的加工区域"热熔"在一起即可(见图 11-42)。

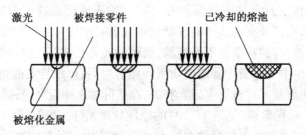

图 11-42　激光焊接过程示意图

激光焊接速度快,热影响区小,焊接质量高,既可焊接同种材料,又可焊接异种材料,还可透过玻璃进行焊接。

⑤ 激光表面处理。当激光的功率密度为 $10^3 \sim 10^5$ W/cm²时,便可实现对铸铁、中碳钢,甚至低碳钢等材料进行激光表面淬火。淬火层深度一般为 0.7 ~ 1.1 mm,淬火层硬度比常规淬火约高 20%。激光淬火变形小,还能解决低碳钢的表面淬火强化问题。图 11-43 为激光表面淬火处理应用实例。

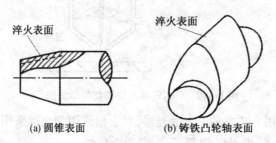

(a) 圆锥表面　　　　　(b) 铸铁凸轮轴表面

图 11-43　激光表面强化处理应用实例

11.4.2　激光加工机床

1. 激光加工设备的组成部分

(1) 设备的组成

激光加工的基本设备由激光器、激光器电源、导光聚焦系统和加工机(激光加工系统)四部分组成。

① 激光器。激光器是激光加工的重要设备,它的任务是把电能转变成光能,产生所需要的激光束。按工作物质的种类,它可分为固体激光器、气体激光器、液体激光器和半导体激光器四大类。

由于 He－Ne(氦－氖)气体激光器所产生的激光不仅容易控制,而且方向性、单色性及相干性都比较好,因而在机械制造的精密测量中被广泛采用。激光加工中要求输出功率与能量大,目前多采用二氧化碳气体激光器及红宝石、钕玻璃、YAG(掺钕钇铝石榴石)等固体激光器。

② 激光器电源。激光器电源可为激光器提供所需的能量和控制等功能。

③ 导光聚焦系统。根据被加工工件的性能要求,光束经放大、整形、聚焦后作用于加工部位,这种从激光器输出窗口到被加工工件之间的装置称为导光聚焦系统。

④ 激光加工系统。激光加工系统主要包括床身、能够在三维坐标范围内移动的工作台及机电控制系统等。随着电子技术的发展,许多激光加工系统已采用计算机来控制工作台的移动,实现激光加工的连续工作。

(2) 几种常用激光器的特点(见表 11-3)

表 11-3　几种常用的激光器

激光器种类		基体	激活物质	激光波长	输出形式	特点
固体	红宝石	Al_2O_3	Cr^{3+} 离子	0.964 3 μm	可见光脉冲输出	能量效率低,仅为 0.1% ~ 0.3%,由于输出可见红光,故便于观察、调整。工作频率低于 1 Hz,一般只适用于小功率加工或测量
	钕玻璃	玻璃	Nd^{3+} 离子	1.065 μm	不可见光脉冲或连续输出	能量效率 1% 左右,由于钕玻璃价格低廉,应用面也比较广,工作频率为 2 Hz 左右,适用于小功率精加工
	YAG	$Y_3Al_5O_{12}$	Nd^{3+} 离子	1.065 μm	不可见光脉冲或连续输出	能量效率小于 3%,为固体激光器中最高的,聚光性好,150 ~ 200 W 已达到实际应用的要求,适合于精加工
气体	CO_2	$CO_2 - He - N_2$	CO_2 分子	10.63 μm	不可见光连续输出	能量效率高,在大气中传播损失小,能量效率 5% ~ 10% 的装置已实际应用,能实现大功率输出,5 ~ 10 kW 已达到高度可靠的应用水平,可广泛应用于各种材料的切割

2. 激光切割机床

激光切割机所使用的激光器有 YAC 固体激光器和 CO_2 气体激光器。

图 11-44 所示的激光切割机的激光器为采用脉冲输出的新型高功率固体激光器。激光束的重复频率较高,光束质量稳定,电光转换效率高,可靠性和稳定性好。该设备结构紧凑,占地面积小,通过计算机数控系统完成预定轨迹的切割、焊接、打孔。

图 11-45 所示的激光切割机的激光器为采用连续输出的 CO_2 气体激光器。由于轴流 CO_2 激光器光束质量好,激光器的功率高,因此金属材料的激光切割大多采用快轴流 CO_2 气体激光器。由于非金属材料对 CO_2 激光吸收率高,因此,在工业应用中常采用连续波 CO_2 气体激光器切割非金属材料。但是,连续输出的激光束会因热传导而使切割效率降低,同时热影响层也较深。因此,在精密加工中一般都采用高重复频率的脉冲激光器。

图 11-44　固体激光切割机

图 11-45　CO_2 气体激光器

11.4.3　LD802 多功能激光加工机床操作

1. 机床结构和主要技术指标

（1）机床结构

LD802 多功能激光加工机床主要由激光器、电源、冷却系统及数控系统组成,如图 11-46 所示。

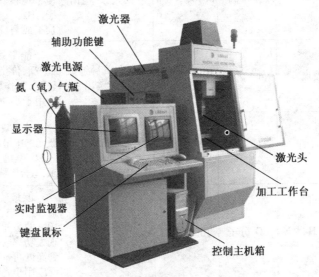

图 11-46　LD802 多功能激光加工机

（2）技术参数（见表 11-4）

表 11-4　主要技术参数

激光器类型	YAG	脉冲宽度	0.3～20 ms	单脉冲能量	60 J	X\Y\Z 工作行程	200\200\300
输出波长	1 064 nm	重复频率	1～100 Hz	平均功率	200 W	三轴复定位精度	±0.01 mm
光束发散角	≤10 mrad	转台行程	360°	不稳定度	±5%	重复定位精度	1'

2. 机床操作流程

（1）操作准备

① 安全检查。确认激光器的放电正负极与电源正确连接→确认电源供电正常→水

箱与电源正确连接,二次循环水符合要求→操作人员佩戴激光防护镜。

②　程序准备。打开控制系统→用鼠标左键点击快捷按钮"LABSER",进入加工主界面(见图 11-47)→点击工具栏的■绘图,在绘图区域绘制加工图形,或点击■DXF调入 CAD 图形,或点击■ISO,输入加工程序。

(2)　加工操作

①　调整工件位置。打开光闸→打开氖灯→用鼠标左键点击调整工作台区域的按钮■↑、■↓、■←、■→,对工件位置进行调整。

②　工件对焦调整。放下焦距探头→按"自动检测"按钮,自动检测对焦→收起焦距探头→在激光头升降区域,输入调整量→点击■↑、■↓按钮,进行正负离焦的调整。

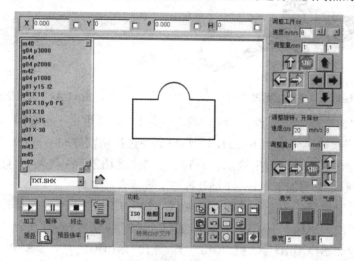

图 11-47　系统控制界面

③　开机加工。打开气阀、水阀→电源钥匙开关→按"SIMMER"预燃按钮→按"WORK"工作按钮→按"Tr COMP"波形转换键→旋转"CHARGE VOLT"和"PULSE WIDTH"旋钮,同时调整充电电压和脉冲宽度到所需数值→按所需频率按键(脉宽和频率数值的乘积<50)→用鼠标左键点击■,开始加工。

(3)　关机程序

加工结束后,按起"Tr COMP"→按起"WORK"→旋转"CHARGE VOLT"和"PULSE WIDTH"旋钮到"0"→按频率键到"1"→待能量显示为"0"后,关闭电源钥匙开关→关闭气阀、水阀→关闭电源。

11.4.4　激光切割加工工艺训练

本实训目的是掌握将 CAXA 线切割-V2 软件,运用到激光加工机床上,实现艺术图形自动编程,进行激光切割加工的方法。实训器材为 LD802 多功能激光加工机床、CAXA 线切割-V2 软件、计算机、工件材料。

(1)　工艺分析

LD802 多功能激光切割机床采用手工编程和 CAD 绘图两种方式,适用于一般机械零件加工,但对如图 11-48 所示的艺术图形等一些复杂形状零件的编程,就显得极为不便甚至无法完成。由于该机床年代较早,与现代流行的激光切割编程软件不匹配。现巧用 CAXA 线切割-V2 软件后置处理中的增加机床功能,并对相关参数进行修改后,使生成的 ISO 程序符合激光切割加工要求,解决自动编程的问题。

（2）编程准备

① 扫描图形。用扫描仪将图片扫描成位图文件（见图 11-48）。

② 矢量图的生成。进入 CAXA 线切割编-V2 程软件→点击"绘制"→点击"位图矢量化"→点击"矢量化"→找到扫描好的位图文件→按"确定"按钮,屏幕上出现图形→修改图形,并将图形比例缩放至 50 mm ×20 mm 的加工尺寸（见图 11-49）。

图 11-48　激光加工图形

图 11-49　矢量图形

③ 矢量图的轨迹生成。点击"线切割"→点击"轨迹生成"→填写"轨迹生成参数表"→按"确定"按钮→分别点击各封闭图形轮廓→选择切割方向→选择切割偏移补偿方向→确定起切点位置→回车,生成加工轨迹。点击"线切割"→点击"轨迹跳步"→依次选择各封闭图形轮廓的加工轨迹→回车,各加工轨迹合成整体。

④ 机床类型设置。点击"线切割"→"G 代码/HPGL"→"机床类型设置"（见图 11-50）→点击"增加机床"→输入新机床名如"LASER"→修改"程序头","＄m40@ ＄m42 @ ＄m44@ ＄G92 ＄COORD_X ＄COORD_Y"替代" ＄COOL_ON ＄ ＄SPN_CW ＄ ＄G90 ＄ ＄G92 ＄COORD_X ＄COORD_Y"→修改"程序尾",用" ＄m41@ ＄m43@ ＄m45@ ＄m02"替代" ＄COOL_OFF ＄ ＄SPN_OFF ＄ ＄PRO_STOP",其中"@"表示分行→修改"跳步开始",用" ＄PRO_PAUSE@ ＄m43"替代" ＄PRO_PAUSE"→修改"跳补结束",用" ＄PRO_ PAUSE@ ＄m42"替代" ＄PRO_PAUSE"→按"确定"按钮。

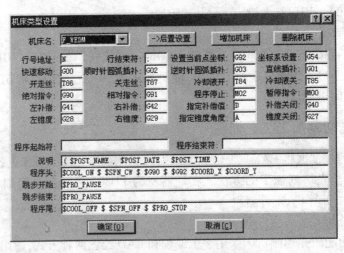

图 11-50　机床类型设置界面

点击"后置处理设置"→"机床名",选择"LASER"→"编程方式设置"选择"增量"→"圆弧控制设置"选择"圆弧坐标"→"R 的含义"选择"圆弧 >180 度 R 为负"→"确定"。

⑤ 点击"线切割"→"G 代码/HPGL"→"G 代码生成"→输入文件名(BH)→用鼠标左键拾取曲线轮廓→回车,生成 G 代码程序。(G 代码程序略)

⑥ 将编制好的程序(BH.iso),复制拷入 LD802 多功能激光加工机床的数控系统中。

(3) 加工操作

① 调入加工程序。在系统界面下(见图 11-47),点击 按钮→双击文件"BH.iso",将其调入加工程序。

② 调整工件位置。打开光闸→打开氪灯→对工件位置进行调整。

③ 工件对焦调整。放下焦距探头→按"检测"按钮,自动检测对焦→收起焦距探头。

④ 开机加工。打开气阀(氧气)、水阀→电源钥匙开关→按"SIMMER"预燃按钮→按"WORK"工作按钮→按"Tr COMP"波形转换键→调旋钮"CHARGE VOLT"至(380)→调旋钮"PULSE WIDTH"至(0.5)→按频率键(50)→用鼠标左键点击 ,开始加工。

图 11-51 激光切割加工零件

(4) 关机程序

完成图形(图 11-51)加工后,按起"Tr COMP"→按起"WORK"→旋转"CHARGE VOLT"和"PULSE WIDTH"旋钮到"0"→按频率键到"1"→待能量显示为"0"后,关闭电源→关闭气阀、水阀→关闭电源。

11.5 超声波加工

11.5.1 超声波加工的原理和特点

1. 超声波加工基本原理

超声波加工是利用振动频率超过 16 000 Hz 的工具头,通过悬浮液磨料对工件进行成型加工的一种方法,其加工原理如图 11-52 所示。

当工具以 16 000 Hz 以上的振动频率作用于悬浮液磨料时,磨料便以极高的速度强力冲击加工表面,同时由于悬浮液磨料的搅动,使磨粒以高速度抛磨工件表面。此外,磨料液受工具端面的超声振动而产生交变的冲击波和"空化现象"。

所谓空化现象,是指当工具端面以很大的加速度离开工件表面时,加工间隙内形成负压和局部真空,在磨料液内形成很多微空腔;当工具端面以很大的加速度接近

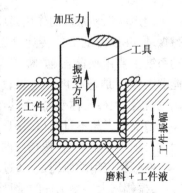

图 11-52 超声波加工原理图

工件表面时,空泡闭合,引起极强的液压冲击波,从而使脆性材料产生局部疲劳,引起显

微裂纹。这些因素使工件的加工部位材料粉碎破坏,随着加工的不断进行,工具的形状就逐渐"复制"在工件上。

由此可见,超声波加工是磨粒的机械撞击和抛磨作用以及超声波空化作用的综合结果,磨粒的撞击作用是主要的。因此,材料愈硬脆,愈易遭受撞击破坏,愈易进行超声波加工。

2. 超声波加工的特点

① 超声波加工不受材料是否导电的限制。

② 适合于加工各种硬脆材料,特别是不导电的非金属材料,如玻璃、陶瓷、石英、锗、硅、石墨、玛瑙、宝石、金刚石等。导电的硬质金属材料如淬火钢、硬质合金等也能进行加工,但加工生产率较低。

③ 可用较软的材料制作工具,并可做成较复杂的形状,故不需要使工具和工件做比较复杂的相对运动,因此超声加工机床的结构比较简单,操作简单,维修方便。

④ 由于去除加工材料是靠极小的磨料瞬时的局部撞击作用,故工件表面的宏观切削力很小,热影响很小,不会引起变形及烧伤,因而可加工薄壁、窄缝、低刚度零件。表面粗糙度 Ra 可达 $0.1 \sim 1~\mu m$,加工精度可达 $0.01 \sim 0.02~mm$,并可加工细小结构和低刚度的工件。

11.5.2 超声波加工设备组成

超声波加工设备的主要组成部分有超声波发生器、超声波振动系统(也称为声学部件)、超声波加工机床本体、磨料悬浮液和循环系统,以及换能器冷却系统等,如图11-53所示。

1. 超声波发生器

超声波发生器即高频发生器,其作用是将低频交流电转变为具有一定功率输出的超声频电振荡,以供给工具往复运动和加工工件的能量。

2. 超声波振动系统

超声波振动系统的作用是将高频电能转换成机械振动,并以波的形式传递到工具端面。超声波振动系统主要由换能器、振幅扩大棒及工具组成。换能器的作用是把超声频电振荡信号转换为机械振

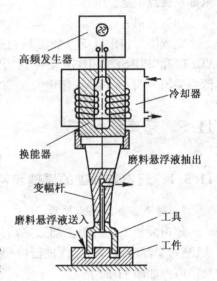

图 11-53 超声波加工装置

动;振幅扩大棒又称变幅杆,其作用是将振幅放大。由于换能器材料伸缩变形量很小,在共振情况下也超不过 $0.005 \sim 0.010~mm$,而超声波加工却需要 $0.01 \sim 0.10~mm$ 的振幅,因此必须用上粗下细(按指数曲线设计)的变幅杆放大振幅。

变幅杆应用的原理是:通过变幅杆的每一截面的振动能量是不变的,随着截面积的减小,振幅增大。变幅杆的常见形式如图11-54所示,加工中工具头与变幅杆相连,其作用是将放大后的机械振动作用于悬浮液磨料对工件进行冲击。

工具材料应选用硬度和脆性不很大的韧性材料,如45号钢,这样可以减少工具的相对磨损。工具的尺寸和形状取决于被加工表面,它们相差一个加工间隙值(略大于

磨料直径)。

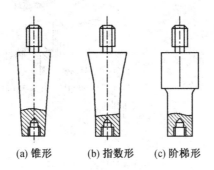

(a) 锥形　　(b) 指数形　　(c) 阶梯形

图 11-54　变幅杆的常见形式

3. 机床本体和磨料悬浮液

① 超声波加工机床的本体一般很简单,包括支撑声学部件的机架、工作台面以及使工具以一定压力作用在工件上的进给机构等。

② 磨料工作液是磨料和工作液的混合物。常用的磨料有碳化硼、碳化硅、氧化硒或氧化铝等;常用的工作液是水,有时用煤油或机油。

磨料的粒度大小取决于加工精度、表面粗糙度及生产率的要求。

11.5.3　超声波加工的应用

超声波加工的生产率虽然比电火花、电解加工等低,但其加工精度较高和表面粗糙度较小,而且能加工半导体、非导体的脆硬材料,如玻璃、石英、宝石、锗、硅甚至金刚石等。

1. 超声波型孔、型腔加工

超声加工主要用于对脆硬材料加工圆孔、型孔、型腔、套料、微细孔等的加工(见图11-55)。

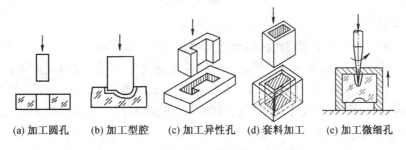

(a) 加工圆孔　(b) 加工型腔　(c) 加工异性孔　(d) 套料加工　(e) 加工微细孔

图 11-55　超声波加工的型孔、型腔类型

2. 超声波切割加工

用超声波切割脆硬的单晶硅片等半导体材料(见图11-56a),图11-56b 为成批切块刀具,加工时喷注磨料液,一次可以切割 10～20 片。图11-56c 为已切成的陶瓷模块。

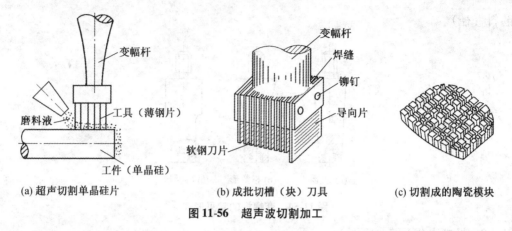

(a) 超声切割单晶硅片　　(b) 成批切槽（块）刀具　　(c) 切割成的陶瓷模块

图 11-56　超声波切割加工

3. 超声波清洗

　　超声波清洗的原理主要是基于超声波频振动在液体中产生的交变冲击波和空化作用，即使是被清洗物上的窄缝、细小深孔、弯孔中的污物，也很易被清洗干净。超声波清洗被广泛用于喷油嘴、喷丝板、微型轴承、仪表齿轮、零件，手表整体机芯、印制电路板、集成电路微电子器件的清洗，可获得很高的净化度。图 11-57 为超声波清洗装置示意图。

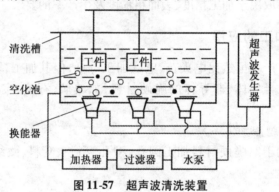

图 11-57　超声波清洗装置

4. 超声波焊接

　　超声波焊接的原理是把超声波振动施加到叠合在一起的两个物体上，两个物体间会因高频振动而摩擦发热，并在一定压力下因塑性流动而形成原子结合或原子扩散而实现焊合，如图 11-58 所示。超声波焊接的具体应用有：钛－铜焊接、铝－锆焊接、塑料焊接等。在集成电路的引线连接上也已广泛采用了超声波焊接，实现铝丝或金丝与硅片或集成电路芯片的焊接。

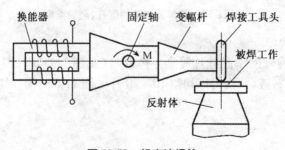

图 11-58　超声波焊接

11.5.4 超声波加工的操作加工训练

本实训目的是了解超声波加工的基本理论知识及加工工艺过程,掌握变幅杆安装、工作磨料的配制及加工操作的基本方法。实训器材为 J93025 超声波加工机、"五角星"工具变幅杆、碳化硼或金刚砂磨料等。

1. J93025 超声波加工机

J93025 超声波加工机(见图 11-59)包括超声波机床、超声波发生器、磁化电源。超声波机床主要由机头、支架、工作台和磨料悬浮液供给系统等组成。

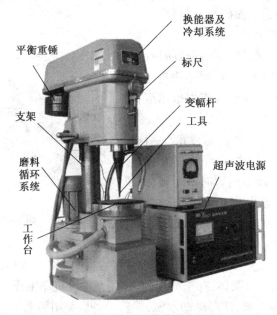

图 11-59 J93025 超声波加工机

2. 训练准备

① 刀具的准备。刀具的制作:根据加工零件的形状,合理设计刀具,通常其长度不应超过波长的 1/10,横向尺寸不宜超出变幅杆小端的几何尺寸。刀具的焊接:刀具用锡焊在变幅杆小端,并焊接要牢靠,保证足够的垂直度。图 11-60 为安装了"五角星"刀具的变幅杆。

② 磨料的选择。根据加工的对象及其性能,加工光洁度的要求及振幅的大小,选取合适的磨料(金刚砂、碳化硼、碳化硅或氧化铝等),

图 11-60 安装"五角星"工具的变幅杆

磨料粒度一般与刀具振幅相近似为宜,通常采用 280～320 目。粒度越细,加工光洁度越高。同时磨料与水按适当比例(约水:磨料 =3∶1)混合后注入磨料泵体内。

3. 超声波加工训练

(1) 开机

① 将机床照明电源接通,照明灯亮。

② 将发生器转换开关拨到"预热"位置,白色指示灯亮,在此同时打开磁化电源开关,电流表即有 6~8 A 的指示。2 min 后,再将发生器转换开关拨到"工作"位置,红色指示灯亮,即进入工作状态。

　　③ 将磨料泵电源接通,磨料泵开始工作。

　　(2) 加工

　　① 调节进级压力,增减机床后面的砝码重量,即得到所需要的进级压力。

　　② 调节工作头上下位置,摇动升降手柄,并锁紧。

　　③ 将工件(玻璃板或地面砖)放至机床工作台上,逆时针转动"进级手柄"至最低位置,并将工件(玻璃板或地面砖)与刀具头对准。

　　④ 调节百分表,以控制进级深度。

　　⑤ 将发生器"功率调节"旋钮按顺时针方向旋到最大,并调节"频率调节"旋钮使机床变幅杆刀具头振幅为最大,此时屏流表指示应在 300 mA 左右。

图 11-61　超声波加工训练的工件

　　⑥ 整个加工过程中,磨料悬浮液供给必须良好,当切割深度加大时,应经常提升刀具头。更换工件时,将进级手柄顺时转至最高位置。图 11-61 为使用超声波加工机加工制作的"五角星"标志的玻璃板和地钢砖。

　　(3) 关机——工作结束时

　　① 将发生器转换开关拨到"预热",然后紧接着拨向"关"。切断磁化电源之电流。

　　② 将磨料悬浮液打出泵体,存于容器内,并用水冲洗机床工作台面,与此同时将水打出泵体后,关闭磨料泵电源,切断冷却水源,保养设备后关闭照明电源。

11.6　快速成型加工

　　快速成型是 20 世纪 80 年代后期开始商品化的一种高新制造技术,是一种新型的数字化离散/堆积成型过程,无需任何模具,可直接由 CAD 模型快速制造出任意复杂形状的三维实体模型,从而可以对产品设计进行快速评价、修改,以响应市场需求,从而显著缩短零件制造周期、降低零件制造成本、提高材料利用率,实现了高效、低耗、智能化的目的。

　　目前,比较成熟的、可用于工业生产的快速成型技术主要有立体印刷(SLA)、薄片分层实体制造(LOM)、熔融沉积成型(FDM)、选择性激光烧结(SLS)等。

11.6.1　立体印刷(光敏树脂液相固化成型)

　　1. 立体印刷的原理

　　液态光敏树脂在一定的波长(325 nm)和功率(30 mW)的紫外线照射下迅速发生光聚合反应,相对分子质量急剧增大,材料也从液态转变为固态。

　　图 11-62 为光敏树脂液相固化成形原理图。在液槽中盛满了液态光敏树脂,氦-镉

激光器或氩离子激光器发出的紫外激光束,在控制系统的控制激光偏转镜下,按零件的各分层截面信息在光敏树脂表面进行逐层扫描,使被扫描区域的树脂薄层产生光聚合反应而固化,形成零件的一个薄层。一层固化完毕后,升降的工作台下移一个层厚距离(约0.1 mm),以使原先固化好的树脂表面再覆上一层新的液态树脂,刮板将黏度较大的树脂液面刮平,然后进行下一层的扫描,新固化的一层液态树脂牢固地黏接在前一层上,如此重复直至整个零件制造完毕,得到一个三维实体原型。

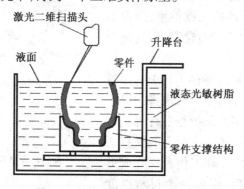

图11-62 立体印刷

2. 立体印刷的特点

光敏树脂液相固化成形可以达到机磨加工的表面效果,尺寸精度高、表面质量好、工艺较稳定,可制造结构复杂的模型。但液态树脂固化时易发生翘曲变形,成型材料精度较低;液态树脂固化后的性能还不如常用的工业塑料,一般比较脆,容易断裂,不适宜进行机械加工。由于采用价格昂贵的紫外激光器及光敏树脂,立体印刷成本较高,且必须设置支撑机构(以免成型过程中固化层发生漂移)。液体树脂具有一定的气味和毒性,并且需要遮光保护,以防聚变,所以选择有局限性。

3. 立体印刷的应用

光敏树脂液相固化成型可直接制作各种树脂功能件,用作结构验证和功能测试;可制作比较精细和复杂的零件;可制造出透明效果的元件;制造出来的原型可快速翻制各种模具。

① 赛车行业。赛车的每个微小的改动都有可能显著提高车速,因此赛车行业也极其重视零部件的高效设计和一些塑料、橡胶或金属零件的快速制造。

② 航空发动机上的许多零件都是通过精密铸造来制造的,对于高精度的木模,传统工艺的制造成本很高,制作时间长,而采用SLA工艺可以直接制造熔模铸造的母模,所需时间减少,且成本显著降低。

③ 家用电器外观设计的要求越来越高,这使得电器产品外壳零部件的快速制作具有广泛的市场要求,而光固化原型的树脂品质最适合于电器塑料外壳的功能要求,因此光固化快速原型在电器制造业中具有相当广泛的应用。

④ SLA工艺在医疗领域也有广泛的应用,如人体器官的教学和交流模型、手术规划与演练模型、植入体、手术器械的开发等。

11.6.2　薄片分层实体制造

1. 薄片分层叠加成型原理

图 11-63 为薄片分层叠加成形的原理简图。薄片分层叠加成形设备由计算机、原材料存储和送进机构、热黏压机构、激光切割系统、可升降工作台和数控系统等组成。其中,计算机用于接收和存储工件的三维模型,沿模型的高度方向取一系列的横截面轮廓线,发出控制指令。

原材料存储及送进机构将存于其中的原材料逐步送到工作台上方,热黏压机构将一层层材料黏合在一起。激光切割系统按照计算机提供的横截面轮廓线,逐一将工作台上的材料切割出轮廓线,并将无轮可升降工作台支撑成形工件,并在每层成形之后,降低一个材料厚度(通常为 0.1～0.2 mm),以便送进、黏合和切断

图 11-63　分层实体制造

新的一层材料。数控系统执行计算机发出的指令,控制材料的送进,然后黏合、切割,最终形成三维工作原型。

2. 薄片分层叠加成形的特点

薄片分层叠加成形加工时,激光只按零件轮廓切割,不必照射整个加工端面,所以成型速度快,特别适合大中型样品,它的成型精度也较高。薄片分层叠加成形主要缺点是工件的抗拉强度差,材料浪费大,切下的碎片易黏在各层表面而影响零件质量。

3. 薄片分层叠加成形的应用

由于薄片分层叠加成形工艺的原料比较便宜,运行成本和投资低,所以常用来制作汽车发动机曲轴、连杆、各类箱体、盖板等零部件的原型样件。

① 汽车车灯。汽车车灯组件的设计在内部要满足结构和装配要求,在外部要满足外观完美的要求。快速成形技术的出现,较好地迎合了车灯结构与外观开放的需求。

② 铸造模具。具有复杂形状的铸造模具制造,可以直接借助快速成形加工,尤其是薄片分层叠加成形技术,快速制作出砂型铸造模型。

③ 制鞋工业。鞋子的款式更新是保持鞋业竞争能力的重要手段,设计师首先设计鞋底和鞋跟的模型图形,从不同的角度用各种材料产生三维光照模型显示,以尽早排除不好的装饰和设计,再通过薄片分层叠加成形技术制造实物模型来最后确定设计方案。

11.6.3　熔融沉积制造

1. 熔丝堆积成形的原理

熔丝堆积是将丝状热熔性材料加热熔化,通过带有一个微细喷嘴的喷头挤喷出来。喷头可沿 X 轴方向移动,而工作台则沿 Y 方向移动。如果热熔性材料的温度始终稍高于固化温度,而成形部分的温度稍低于固化温度,就能保证热熔性材料挤喷出喷嘴后与前面一层熔结在一起。一个层面沉积完成后,工作台按预定的增量下降一个层的厚度,再继续熔喷沉积,直到完成整个实体造型。

熔丝堆积成形工艺原理如图 11-64 所示,其过程如下:由电动机驱动缠绕实芯丝材原的辊子旋转,使丝材向喷头的出口输送。最佳送料速度为 5～18 mm/s,喷头的前端有电阻式加热器,在其作用下丝材被熔化,涂覆至工作台。丝材熔融沉积层厚随喷头的运动速度而变化,通常最大层厚为 0.15～0.25 mm。

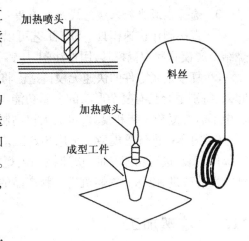

图 11-64　熔融沉积成形工艺原理

2. 熔丝堆积成形的特点

熔丝堆积可以成形任意复杂的零件,常用于成形具有复杂内腔或内孔的零件。蜡作原型可以直接用于熔模铸造,材料利用率高,原材料无毒,无化学变化,制件的翘曲变形小。但成型件表面有明显的条纹,沿成形轴垂直方向的强度差,成形时间长,原材料价格高。

3. 熔丝堆积成形的应用

熔丝(FDM)快速原型制造技术已被广泛应用于汽车、机械、航空航天、家用电器、电子通信、建筑、医学、玩具等领域产品的设计开发过程,如产品的外观评估、方案选择、装配检查、功能测试、用户看样订货、塑料件开模前校验设计以及少量的产品制造等,也有应用于政府、大学及研究所等机构。用传统方法需几个星期、几个月才能制造的复杂产品原型,用 FDM 成型技术无需任何刀具和模具,短时间就可以完成。

11.6.4　选择性激光烧结

1. 选择性激光粉末烧结成形的原理

图 11-65 为选择性激光粉末烧结成形的工艺原理和基本组成。其过程是采用铺粉辊将一层粉末材料平铺在已成形零件的表面,并加热至恰好低于该粉末烧结点的某一温度,控制系统控制激光束按照该层的截面轮廓在粉层上扫描,使粉末的温度升到熔化点进行烧结,并与下面已成形的部分实现黏接。当一层烧结完后,工作台下降一个层厚,铺辊又在上面铺上一层均匀密实的粉末,进行新一层的烧结,直至完成整个原模。

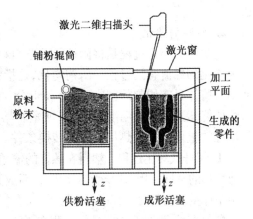

图 11-65　选择性烧结成形原理图

2. 选择性激光粉末烧结成型的特点

选择性激光粉末烧结成形工艺可加工的材料种类多,制造工艺简单,制造精度高,加工中无需支撑,材料利用率高。但成形的零件表面粗糙,烧结过程会发出异味,加工中有时需要比较复杂的(阻燃、防粉尘污染等)辅助工艺。

3. 选择性激光粉末烧结成形的应用

① 直接制作快速模具。SLS 工艺可以选择不同的材料粉末制造不同用途的模具,如烧结金属模具和陶瓷模具,用作注塑、压铸、挤塑等塑料成形模具及钣金成形模具。

② 复杂金属零件的快速无模铸造。将 SLS 激光快速成形技术与精密铸造工艺结合起来,特别适合具有复杂形状的金属功能零件的整体制造。在新产品试制和零件单件生产中不需要复杂工装和模具,可大大提高制造速度并降低成本。

③ 内燃机进气管模型。采用 SLS 工艺快速制造内燃机进气管模型,可以直接与相关零部件安装,进行功能验证,快速检测内燃机的运行效果,以评价设计的优劣,然后进行针对性的改进,以达到内燃机进气管产品的设计要求。

11.7 注塑加工

11.7.1 注塑基础知识

1. 注塑原理

注塑是将塑料熔体以高压高速注入闭合的模具型腔内,经冷却定性后,得到和模具型腔一致的塑料制品的成型方法。用注塑的方法加工塑料制品不仅精度高、质量好,而且生产效率高,可以加工出外形复杂、花纹精细的模制品。

注射的塑料必须以熔融状态注入型腔;熔融塑胶必须具有足够的压力和速度,以保证能及时充满型腔。注塑机必须具备塑化、注射和成型 3 个基本功能。

注塑机主要由注射装置和锁模装置两大部分组成。注射装置的主要功能是完成塑料的塑化和注射。因此,注塑装置应具有塑化良好、计量精确,且在注射时能给熔融塑胶提供足够的压力和速度。锁模装置应确保模具能可靠开合,使模具完成成型的基本功能。锁模装置应具有足够的锁模力,以防止注射时高压熔体将模具撑开,使制品产生溢边或精度下降。

2. 塑料的塑化

注塑中的塑化过程是将固体状的塑料粒料(或粉状料)经过加热、压实、混炼,使之转变为均化的黏流态的过程。所谓均化,是指将塑料熔体混合,使之温度达到均匀分布,并使塑料熔体具有均匀的密度、黏度和组分。因此,在塑化过程中最重要的是应该保证塑料熔体能达到要求的温度,并能保证塑料熔体的温度具有最大的均匀性。所以,影响塑化过程的重要因素是热量导入和转换条件。

① 螺杆式塑化过程。塑料在螺杆的输送运动的过程中经历了料筒的加热、螺杆摩擦热及剪切热的共同作用,逐步受热软化,最后成为熔融黏流状态。熔体被螺杆推至存料区,并经预塑计量。注射时螺杆做轴向移动,将存料区中经计量好的熔料射入模腔中。

塑料在注塑螺杆中的塑化过程分为 3 个区,依次为固体输料区、熔融区、熔体输送区。注塑螺杆的塑化过程主要发生在螺杆的熔融区。

② 柱塞式塑化过程。塑化时,在注射油缸的作用下,柱塞把落入料筒内的定量塑料依次推入料筒前端的加热区加热,塑料逐步从玻璃态转化为黏流态,而料筒前端已经先熔化处于黏流态的熔体,则被柱塞依次推出,熔体经喷嘴注射到模具的模腔中,从而完成

注射过程。

柱塞式塑化装置的塑化过程和注射过程是统一的,在柱塞推进过程中同时完成。在靠近料筒前端的部分加热温度高,物料被熔化为黏流态,此即熔体黏流区,而靠近落料口的物料则呈玻璃态,此即固体料区。

3. 注塑过程

已塑化的塑料以熔融状态储存于机筒的存料区中,在螺杆注射压力的作用下,熔料以一定的速率流经机筒、喷嘴、模具浇注系统等处而注入模腔中。

熔料能否充满模腔,主要取决于注射压力、注射速率、熔料温度、模具温度、浇口及喷嘴的形状与尺寸等因素。在其他工艺条件一定的情况下,熔料所能流过的路程长短,主要取决于熔料的压力和流动速度。

① 熔体在喷嘴区中的流动。喷嘴是注塑机的机筒与模具之间的连接装置,其结构及尺寸影响注射时熔体的压力损失和温度变化。注射时熔体以很高的流动速度通过喷嘴而流入模腔,有部分压力能经阻力损失而转变成热量,使熔体温度升高,并起到进一步塑化和均化作用。此外,另一部分压力将转变成速度能,使熔体流速加快。

② 熔体在模腔中的流动。在塑料的注塑过程中,模腔压力随注射时间的变化而变化。由于影响模腔压力大小和分布的因素很多,诸如注射装置的类型、制品和模具结构、成型工艺条件等。因此,在加工同一种制品时,所使用的注射压力相差很大。成型制品的质量与熔料在注射充模时的状态有密切的关系,而充模压力则是描述熔料流动及其状态变化的重要参数。

根据注射过程模腔压力的变化情况,把注射过程划分为充模、压实、保压、倒流和冷却 5 个阶段。

③ 开模顶出制品。开模顶出制品是成型周期的最后一个阶段。开模顶出时间是影响注塑机生产效率的关键因素之一,同时对制品顶出后的后续变形和尺寸稳定性有着重要的影响。对于非结晶型材料,开模顶出制品时膜腔内压力应为 0,中心层应降到玻璃化温度。

11.7.2　注塑机及其分类

1. 注塑机

（1）注塑机的概念

能够把塑料在机筒内加热,并通过机筒内的螺杆旋转,把塑料混合,向前推移输送,同时将其翻动、压缩、直至塑化熔融。然后,借助螺杆前移的推力,迫使熔态料通过喷嘴进入模具型腔,经冷却固化后使之成为有一定形状和尺寸精度的制品的设备即为塑料注射成型机,简称为注塑机。

（2）注塑机的组成

注射成型机的结构如图 11-66 所示,无论何种注塑机,其总体结构按注射成型过程可分为以下几部分。

① 注射部分。该部分的主要作用是将固态的塑料颗粒均匀塑化到熔融状态,以足够的压力和速度将其注入闭合的模具型腔中,它包括料斗、料筒、加热器、计量装置、螺杆（柱塞式为柱塞和分流梭）及其驱动装置、喷嘴等部件。

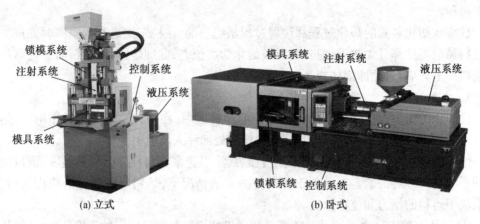

图 11-66　注塑机的基本组成部分

②合模部分(锁模及模具系统)。合模装置起以下 3 个方面的作用:第一,实现模具的开闭动作;第二,成型时提供足够的锁模力使模具夹紧;第三,开模时推出模内的塑料制品。合模装置可分为机械式、液压式或机械液压联合式,推出机构也分液压式和机械式两种,液压式推出又分单点推出和多点推出。

③液压与电器控制部分。液压与电器控制部分是保证注射成型过程按预定的工艺要求(压力、速度、时间、温度)和动作顺序的进行而设置的,液压传动系统是注塑机的动力系统,电器控制系统用以控制液压和电气部分的动作。

随着计算机应用技术的发展,采用计算机控制的注塑机已变得很普遍,其控制系统由 CPU、存储器、显示器、传感器等部分组成,并带有初始化和调试模具的动作、温度和压力以及速度的控制、PID 调试、诊断等功能。

2. 注塑机的分类

(1) 按注射量大小(成型能力)分类

按注塑机的成型能力可分为超小型(锁模力 <160 kN,注射容量 <16 cm³)、小型(锁模力 160 ~ 2 000 kN,注射容量 16 ~ 630 cm³)、中型(锁模力 2 000 ~ 4 000 kN,注射容量 800 ~ 3 150 cm³)、大型(锁模力 5 000 ~ 12 500 kN,注射容量 4 000 ~ 10 000 cm³)和超大型(锁模力 >16 000 kN,注射容量 >16 000 cm³)5 类。

(2) 按塑料的塑化和注射方式分类

①柱塞式注塑机(见图 11-67a)。柱塞式注塑机是用柱塞依次把落入料筒中的塑料推向料筒前端塑化空腔内。塑料在空腔内依靠料筒外围的加热器提供热量,塑化成为熔融状态,然后通过柱塞快速前移把熔融料注射到模具腔内冷却成型。

②往复螺杆式注塑机(见图 11-67b)。注塑机中塑料的塑化,是由于螺杆旋转时塑料挤压、剪切和机筒外围供热形成的,然后再经过螺杆轴向往复运动,像柱塞一样把塑化料注射到模具成型空腔内,冷却成型。

③螺杆塑化柱塞注射式注塑机(见图 11-67c)。这种注塑机的注射装置由两部分组成:物料塑化部分和注射部分。首先塑料在塑化部分挤出机中均匀塑化,经由单向阀挤入注射料筒空腔中,然后注射部分柱塞快速前移把物料注射到模具空腔内冷却成型。

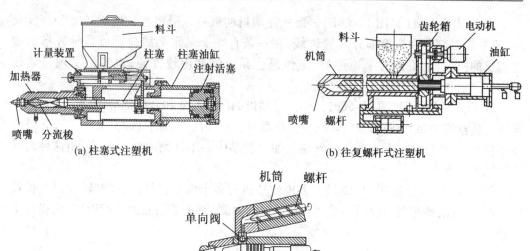

(a) 柱塞式注塑机　　　　　　　　(b) 往复螺杆式注塑机

(c) 螺杆塑化柱塞注射式注塑机

图 11-67　按塑料的塑化和注射方式分类

（3）按注塑机外形结构不同分类

① 立式注塑机（见图 11-68a）。立式注塑机的设备高度尺寸大于设备的长宽尺寸，它的注射部分和合模部分装置轴线，是上下垂直成一直线排列。这种机型占地面积小、模具装配方便；不足之处是加料比较困难，工作时稳定性比较差，这种外形结构注塑机多数是注射量小于 $60\ cm^3$ 的小型注塑机。

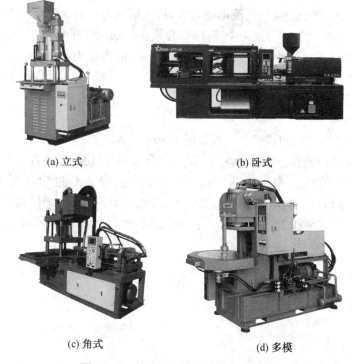

(a) 立式　　　　　　　　　　　(b) 卧式

(c) 角式　　　　　　　　　　　(d) 多模

图 11-68　按注塑机外形结构不同分类

② 卧式注塑机(见图 11-68b)。卧式注塑机的机身外形尺寸长度大于宽和高度尺寸,它的注射部分和合模部分装置轴线,在一条直线上呈水平线排列。这种外形结构注塑机的机身低,工作时平稳性好,工作操作和维修都比较方便,也容易实现自动化操作。

③ 角式注塑机(见图 11-68c)。角式注塑机的注射部分和合模部分的轴心线在一个与机身垂直的平面上,两部分的轴心线互相垂直。这种注塑机的优缺点介于立式和卧式注塑机之间,外形结构形式也比较常见。如果制品中心不许留有浇口痕迹,用这种角式注塑机非常适合。

④ 多模注塑机(见图 11-68d)。多模注塑机有多个成型模具,工作时转动模具位置依次顺序工作,冷却成型脱模不受生产辅助时间限制,缩短了制品的生产周期,可提高生产效率。

11.7.3　注塑成型的操作工艺训练

本实训目的是了解注塑技术的基本理论知识及注塑件的加工工艺过程,主要学习注塑技术基本理论、指导老师进行操作演示。实训器材为海天 HTF250 × 1 卧式注塑机、ABS 塑料粒子、轴流风扇注塑模具等。

1. ABS 注射成型工艺

注塑用的 ABS 树脂大都为浅象牙色不透明颗粒,其吸水性不高、具有良好的染色性。需要加入紫外线吸收剂和抗氧剂,以提高耐老化能力。

成型时,应将严格控制温度控制在允许范围内(对柱塞式料筒温度控制在 180 ~ 230 ℃,对螺杆式控制在 160 ~ 220 ℃,喷嘴温度控制在 170 ~ 180 ℃);注射压力一般控制在 60 ~ 120 MPa,壁薄、流道较长,流动阻力大时,注射压力可高至 130 ~ 150 MPa;保压压力为注射压力的 30% ~ 60%;采用中速注射;总模塑周期通常在 80 s 以下。

ABS 的成型收缩率较小,一般为 0.4% ~ 0.7%,但内应力较高,所以应将制品放在 70 ℃左右的热风循环中处理 2 ~ 4 h,然后缓慢冷却到室温。

2. 操作界面介绍

(1) 操作面板

海天 HTF250 卧式注塑机操作面板如图 11-69 所示。

操作面板主要由操作按键(手动、半自动、全自动、调模使用)、左模式按键(开/关模、脱模进/退、阳/阴模吹气、中子 A 进/退、中子 B 进/退、中子 C 进/退)、右模式按键(射出、储料、射退、座台进/退、电热开/关、电机开/关)、模具调整键(调模进/退和润滑)、数据设定按键(0~9 数字和 26 个英文字母)、画面选择键(F1~F10)6 个功能区域组成。

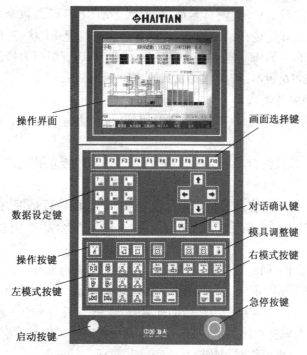

图 11-69 海天 HTF250 卧式注塑机操作面板

（2）工作画面

海天 HTF250 卧式注塑机工作画面如图 11-70 所示。

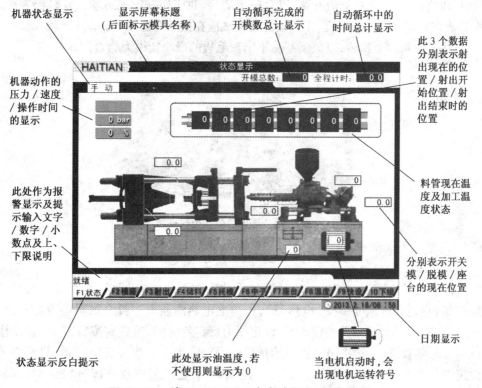

图 11-70 海天 HTF250 卧式注塑机工作画面

工作画面上方有状态显示、模具名称、机器状态动作、开模总数全程计时,画面下方有提示说明日期。选择路径在画面的下方,选择命令分别是 F1 状态、F2 模座、F3 射出、F4 储料、F5 脱模、F6 中子、F7 座台、F8 温度、F9 快设、F10 下组(F1 错误、F2 检测、F3 归零、F4 I/O、F5 模具、F6 版本、F7 系统、F8 其他、F10 返回)。

3. 注射模具的安装调试

轴流风扇注塑模具如图 11-71 所示,将其组装后,在动、静模板上的安装固定方法,应按如下顺序进行:

① 清除模板与模具配合表面上的一切污物,选择与模板丝孔同规格新螺钉,用以紧固模具压板。

② 检查注射入料口衬套与模板定位孔及定位圈的装配位置是否正确。

③ 检查导柱与导向套的合模定位是否正确、滑动配合状态应良好、无卡紧干涉现象。

④ 低压、慢速合模,同时观察各零件工作位置是否正确。

⑤ 合模后,用压模固定模具与模板的结合(螺丝压紧点分配要合理,螺帽拧紧时要对角线同时拧紧、用力应均匀,一步步增加拧紧力)。

⑥ 慢速开模后,调整顶出杆的位置。注意:顶出杆的固定板与动模底板间,应留有一些间隙(约 5 mm),防止工作时损坏模具。

⑦ 计算模板行程,固定行程滑块控制开关,调整好动模板行程距离。

⑧ 试验、校好顶出杆工作位置并调整合模装置限位开关。

⑨ 调整锁模力:先从低值开始,以合模运动时,曲肘连杆伸展运动比较轻松为准,如果模具成型时需有一定的温度,则锁模力的调试应在模具升温后再调试。

⑩ 注射熔料成型检验,以成型制品不出现毛边的最小锁模力为合理。

图 11-71　轴流风扇注塑模具

4. 注塑机的操作

(1) 开车

打开空气开关,通电→按"手动"键,显示状态画面→按"F1"键,显示温度画面→按"数字"键,设定各区温度→按"电热"键,料筒上电热圈通电→打开加料座冷却水,冷却加料座→按"F2"键,显示开关模画面、设定压力、流量、时间、位置→按"F3"键,显示注射预设定工艺参数设定→按"F4"键,显示托模画面设定工艺参数→按"F5"键,显示中子画面设定工艺参数→按"F6"键,显示射台调模画画、设定工艺参数→按"电机"键,油泵电机启动,待马达键灯亮,油泵工作正常→按动作选择键,检查、锁模、顶进退和射台进退等动作是否符合要求→按"F7"键,检查实际温度与设定温度相符后保温15 min生产制品→按动作键"手动"生产制品,待生产三个合格制品后,打开冷却水,冷却油温和模具→按"半自动键"关闭安全门,投入正常生产。生产的ABS轴流风扇如图11-72所示。

图11-72　ABS轴流风扇

（2）关机

开模取出制品→按"手动"键,半自动切换成手动操作→按"电热"键,关电热→按"注射座台退"键,座台退模具里喷防绣剂→按"关模"键,模具闭合,但在闭合而不上高压锁模时,松开"关模"键,按"电机"键,关闭油泵电机→关闭空气开关,切断电源→关闭冷却水,关掉油温、模温和加料座冷却水→做注塑机保养工作,打扫工作场所。

思考题

1. 电火花线切割加工原理和特点是什么?
2. 线切割加工加工机床是如何进行分类的?
3. 电火花成型加工的特点和应用范围有哪些?
4. 激光加工的特点及其应用范围有哪些?
5. 激光加工设备由哪几个部分组成?
6. 超声波加工的原理是什么? 特点有哪些?
7. 超声波加工设备由哪几个部分组成? 各有什么作用?
8. 什么是立体印刷? 什么是薄片分层实体制造? 各有哪些特点?
9. 什么是熔融沉积制造? 什么是选择性激光烧结? 各有哪些特点?
10. 什么是注塑机? 注塑机由哪几个部分组成? 注塑机是如何进行分类?

第 12 章

综合工艺设计与创新训练

12.1　生产过程与工艺过程

在生产过程中可直接改变生产对象的形状、尺寸、表面质量、性质及相对位置等,使其成为成品或半成品,如毛坯的制造(包括铸造工艺、锻压工艺、焊接工艺等)、机械加工、热处理和装配等。工艺过程是生产过程的核心组成部分。

12.1.1　生产过程

1. 机械产品的生产过程

生产过程是指把原材料或半成品转变为成品所进行的全部过程。机械产品的生产过程,一般包括:

① 生产与技术的准备,如工艺设计和专用工艺装备的设计和制造、生产计划的编制、生产资料的准备。

② 毛坯的制造,如铸造、锻造、冲压等。

③ 零件的加工,如切削加工、热处理、焊接、表面处理等。

④ 产品的装配,如总装、部装、调试检验和油漆等。

⑤ 生产的服务,如原材料,外购件和工具的供应,运输,保管等。

任何一种机械都是由零件、组件、部件装配而成的,其制造是一个复杂的过程。一个机械产品要满足和适应市场的需求,其设计与制造的生产过程应分为如图 12-1 所示的几个阶段。

生产过程可以指整台机器的制造过程,也可以指某一种零件或部件的制造过程。一个工厂的生产过程又可分为各个车间的生产过程。一个车间生产的成品往往又是另一个车间的原材料。例如,铸造车间铸造的发动机机体既是该车间的成品,又是机械加工车间的毛坯。

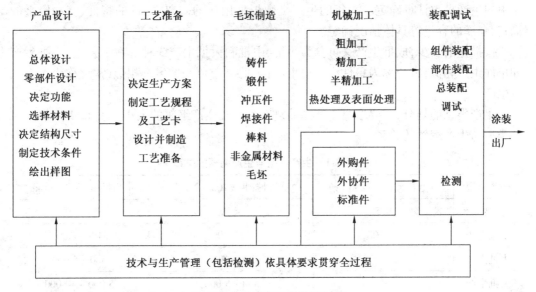

图 12-1　机械产品的生产过程

由图 12-1 可知,生产过程是一个十分复杂的过程,它不仅包括直接作用于生产对象的工作,而且包括许多生产准备工作,如原材料及半成品的供应、设备维修、质量检测、工具的制造等等。此外,在当今社会化大生产的条件下,专业化协作生产是提高生产率、降低成本、组织多品种生产、降低产品开发周期的重要途径,因此,许多产品的生产往往不是在一个工厂(或车间)内单独完成,而是按行业分工,由众多的工厂(或车间)联合起来协作完成。例如,发动机制造厂并非制造发动机上所有的零部件,而是利用其他工厂的产品,如火花塞、燃油泵、活塞组、轴瓦及启动机等各种附件,而发动机厂的产品(发动机)又是其他工厂的半成品或部件,如造舶厂、汽车厂、拖拉机厂等。所以,机械产品的全部生产过程是由主机厂及其协作厂的生产过程之总和。

2. 机械产品的生产类型

生产类型是指企业生产的专业化程度的分类。产品的生产纲领决定了企业的生产规模和生产方式。根据生产纲领、产品的复杂程度和质量的大小,其生产方式可分为单件生产、成批生产(根据批量的大小又可分为大批、中批与小批生产)和大量生产 3 种类型。

① 单件生产。单件生产的基本特点是生产的产品品种繁多,每种产品仅制造一个或少数几个,很少重复生产。例如,船用大型柴油机、大型汽轮机、重型机械产品的制造及新产品试制等,都属于单件生产类型。

② 成批生产。一年中分批轮流地制造几种不同的产品,每种产品均有一定的数量,工作地的加工对象周期性地重复。例如,机床、机车、电机和纺织机械的制造常为成批生产。

③ 大量生产。产品的数量很大,大多数工作地按照一定的生产节拍进行某种零件的某道工序的重复加工。例如,汽车、拖拉机、自行车、缝纫机和手表的制造均采用大量生产方式。

同一产品(或零件)每批投入生产的数量称为批量。批量可根据零件的年产量及一年中的生产批数计算确定。一年的生产批数根据用户的需要、零件的特征、流动资金的周转、仓库的容量等具体情况确定。

按批量的多少,成批生产又可分为小批、中批和大批生产3种。在工艺上,小批生产和单件生产相似,常合称为单件小批量生产;大批生产和大量生产相似,常合称为大批大量生产。

生产类型的划分,主要取决于产品的复杂程度及生产纲领的大小。表12-1列出了生产类型与生产纲领的关系。

表 12-1　生产类型与生产纲领的关系

生产类型	重型机械($W > 200$ kg)	中型机械($W = 100 \sim 200$ kg)	小型机械($W < 100$ kg)
单件生产	<5	<20	<100
小批生产	5 ~ 100	20 ~ 200	100 ~ 500
中批生产	—	200 ~ 500	500 ~ 5 000
大批生产	—	500 ~ 5 000	5 000 ~ 50 000
大量生产	—	>5 000	>50 000

注: W 为零件的质量。

12.1.2　工艺过程

机械产品的生产过程中,工艺过程占有十分重要的地位。工艺过程这一术语通常可定义为加工对象性能的变化,包括几何形状、硬度、状态、信息量等。而产生任何性能的变化必须具备三个基本要素:原料、能源、信息。根据制造过程的主要任务,它或者是一个材料变化的过程,或者是一个能量变化的过程,或者是一个信息变化的过程,但更多的是三者兼而有之,如一般工艺过程有锻压、铸造、机械加工、冲压、焊接、热处理、表面处理、装配和试车等。所以,具体地说,工艺过程是与改变原材料或半成品使之成为成品直接有关的全部过程。

在机械产品的制造过程中,机械加工在总劳动量中不仅所占比重最大(约60%),而且它是获得复杂构形和高精度零件的主要方法与手段。近年来,科学技术的飞速发展,人们对产品的精度要求也就愈来愈高。因此,机械加工工艺过程在产品生产的整个工艺过程中占有最重要的地位。

1. 工艺过程的组成

机械加工工艺过程是由一系列工序组成的,毛坯依次通过这些工序而变为成品。工序是工艺过程的基本组成部分。

(1) 工序

在一个工作地点上,对一个工件(或一组工件)进行加工所进行的连续工作过程称为工序。对于如图12-2所示的齿轮,加工数量较少时,可按表12-2分工序,而加工数量较多时,工序划分见表12-3。

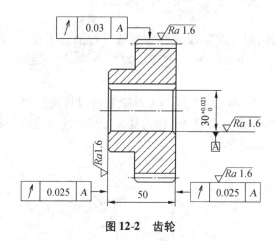

图 12-2　齿轮

表 12-2　齿轮的单件小批量生产加工工序

工序号	工序内容	设备
10	粗车大端面、大外圆,钻孔;调头,粗车小端面、小外圆、台阶端面,精车小端面、小外圆、台阶端面,倒角;调头,精车大端面、大外圆,精镗孔,倒角	车床
20	磨小端面	磨床
30	滚齿	滚齿机
40	插键槽	插床
50	检验	检验台

表 12-3　齿轮的大批生产加工工序

工序号	工序内容	设备
10	粗车大端面、大外圆,钻孔,内倒角	车床 1
20	粗车小端面、小外圆、台阶端面,内倒角	车床 2
30	拉孔	拉床
40	精车小端面、小外圆、台阶端面,外倒角	车床 3
50	精车大端面、大外圆,内倒角	车床 4
60	滚齿	滚齿机
70	拉键槽	拉床
80	检验	检验台

　　工序的划分依靠两个基本要素:一是工序中的工人、工件和所用的机床或工作地点是否改变;二是加工过程是否连续完成。比如,即使粗加工和精加工都是在同一机床上进行,如果中间插入其他处理,失去了工序的连续性,则应把这两次加工分成两道工序。

　　(2) 工步

　　工序可细分为多个工步。加工表面不变,切削刀具不变,切削用量中的切削速度和进给量不变的情况下所完成的那一部分工艺过程称为工步。对于车削如图 12-2 所示齿轮零件的加工,在大批量加工时,工序 10 包括下列 4 个工步:① 粗车大端面;② 粗车大外因;③ 钻孔;④ 倒角。

为了简化工艺文件,对于在一次安装中连续进行的若干相同的工步,常可看作一个工步(称为合并工步)。如用一把钻头连续钻削几个相同尺寸的孔,就看作是一个工步,而不看成是几个工步。

为了提高生产的效率,用几把不同的刀具或复台刀具同时加工一个工件上的几个表面,如图 12-3 所示,也看成是一个工步,称为复合工步。连续进行的若干相同的工步通常也看作一个工步,如图 12-4 所示。

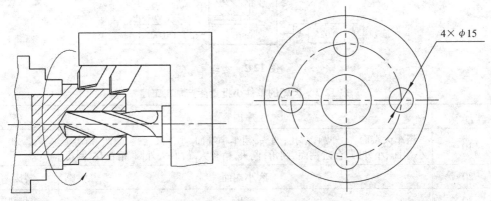

图 12-3 同时加工台阶外圆与钻孔   **图 12-4 加工 4 个相同表面的工步**

(3) 走刀

在一个工步中,用同一刀具、同一切削用量,对同一表面进行多次切削时,相对被加工表面移动一次,切去一层金属的过程称为走刀,如图 12-5 所示。一个工步可包括一次或几次走刀。

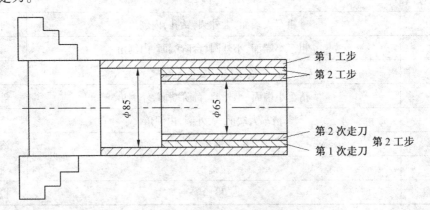

图 12-5 以棒料加工阶梯轴

(4) 安装

工件在机床或灾具中定位并灾紧的过程称为安装。在一个工序内,工件的加工可能只需安装一次,也可能需安装几次。如表 12-2 所示,工序 40 中一次安装即可插出键槽,而工序 10 中,车削全部外圆表面至少需安装 2 次。

工件加工中应尽量减少安装次数,因为多一次安装,就多一次安装误差,且增加安装工件的辅助时间。

（5）工位

为了减少工件的安装次数,在加工中常采用各种回转工作台、回转夹具或移动夹具及多轴机床。工件在一次安装中,在机床上所占有的每一个位置上所完成的那一部分工作称为工位。如图 12-6 所示,利用回转工作台,可在一次安装中顺次完成装卸工件、钻孔、扩孔和铰孔等 4 个工位的加工。采用多工位加工,可以减少工件的安装次数,缩短辅助时间,提高生产率,且有利于保证加工精度。

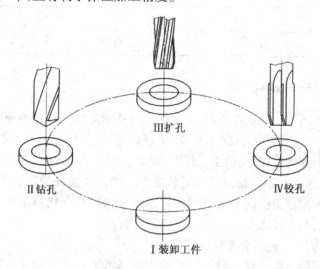

图 12-6　多工位加工

2. 各种生产类型的工艺过程特点

表 12-4 列出了各种生产类型的工艺过程特点。

表 12-4　各种生产类型的工艺过程特点

生产类型	单件、小批生产	成批生产	大批大量生产
加工对象	经常换,不固定	周期性更换	固定不变
零件互换性	配对制造,无互换性,广泛用于钳工修配	普遍具有互换性、一般不用试配	全部互换,某些高精度配合件采用分组装配、配研或配磨
毛坯制造与加工余量	木模手工造型或自由锻造,毛坯精度低,加工余置大	部分用金属模或模锻,毛坯精度及加工余量中等	广泛采用金属模机器造型、精密铸造、模锻或其他高效的成形方法,毛坯精度高及加工余量较小
机床设备及布置	通用设备,极少用数控机床,按机群布置	通用机床及部分高效专用机床和数控机床等,按零件类别分工段布置	广泛采用高效专用机床和自动机床,按流水线排列或采用自动线
夹具与安装	多用通用夹具,极少用专用夹具,通常用划线找正方法	广泛使用专用夹具,部分用划线找正方法	广泛使用高效能的专用夹具
尺寸获得方法	试切法	调整法	调整法及自动化生产
刀具与量具	多用通用刀具与万能量具	较多采用专用刀具与量具	广泛使用高效能的专用刀具与量具

续表

生产类型	单件、小批生产	成批生产	大批大量生产
对工人的技术要求	熟练	中等熟练	对操作工人技术要求一般,对调整工人技术要求较高
工艺规程	有简单的工艺路线卡	有工艺规程,对关键工序有详细的工艺规程	有详细的工艺规程
生产率	低	中	高
成本	高	中	低

12.1.3　安全生产与环保

安全生产是我国的一项重要政策,也是现代企业管理的一项重要原则。保证安全生产,对于保障学生在生产实习过程中安全,促进国家经济建设都具有非常重要的意义。本节讲解安全生产综合管理、安全生产保护、安全生产技术等方面的基础知识。

当前,环境问题是人类面临的最大威胁之一。加强环境保护知识教育,增强全民环境保护意识是环境保护工作的一项重要内容。本节内容结合机械工业的特点讲述安全生产和环境保护的基本概念。

1. 金属切削机床的危险因素和易发事故

金属切削机械的危险主要来自于它们的刀具、转动件,以及加工过程中飞出的高温高速的金属切屑或刀具破碎飞出的碎片等,还有非机械方面的危害,如电、噪声、振动及粉尘等。对应于这些危险因素,在金属切削作业中操作及实习人员容易发生以下伤害事故。

(1) 刺割伤

一般是由于人们不小心接触到静止或运动的刀具或加工件的毛刺、锋利的棱角而造成的伤害。如金属切削机床各种锋利的加工刀具、加工零件或毛坯上的毛刺和锐角等,如果稍不注意,就会给操作者造成伤害。

(2) 缠绕和绞伤

金属切削机械的旋转部件是引发缠绕和绞伤的危险部位,如果人体的长发或衣服的衣角、下摆或围巾、手套的一角不慎接触到高速旋转的部件极易被缠绕,进而把身体卷入而引起绞伤(见图 12-7)。机械加工着装要求见图 12-7a。

(3) 对眼睛的伤害

机床操作人员的眼睛是经常受到伤害的部位。由于机床操作人员眼睛离加工区非常近,而且在切削脆性材料时会飞出高速的金属切屑,另外如切削刀具的碎片、加工材料的粉尘颗粒等都可能对操作人员的眼睛造成伤害,因此在切削加工脆性材料时,机床操作人员要戴好防护眼镜。

(a) 机械加工着装要求　　　　　　　　　　(b) 女同学在车间要戴工作帽

领口紧

袖口紧

下摆紧

帽子！千万不要忘记！

(c) 操作旋转的机器禁止戴手套　　　　(d) 衣服缠绕到旋转工件上的事故现场

图 12-7　机床操作的缠绕和绞伤

2. 安全防护装置

为了防止以上伤害事故的发生，对机床的危险部位和危险源进行一些必要的隔离和防护是非常必要的。机床的防护装置就是把机床的运动件、切削刀具、被加工件与人体隔离开的装置，从而避免人体接触危险部位而受到伤害。机床的主要防护装置有以下几种。

（1）防护罩

防护罩用于隔离外露的旋转部件，如机床的皮带轮、链轮、链条、齿轮等，防止缠绕卷入伤害的发生，如图 12-8 所示。冲床的安全防护装置如图 12-9 所示。

冲床再小，此处也是一个非常危险的地方，只有安装安全保护器才能有效防止安全事故的发生，比如冲断手指等。

图 12-8　机床的皮带轮没有安装防护罩　　　图 12-9　冲床的安全防护装置

（2）防护挡板

防护挡板用于隔离磨屑、切屑和冷却润滑液,避免其飞溅伤人。

（3）保险装置和制动装置

保险装置和制动装置包括超负荷保险装置、行程保险装置、顺序动作联锁装置、意外事故联锁装置、制动装置等。其主要作用是保证机床在规定的负荷和行程范围内工作,防止超负荷工作引发的伤人事故,以及在发生意外和紧急情况时能保证及时停车。

3. 机械加工通用安全操作规定和要求

（1）工作前的准备

① 选择和使用适合的防护用品,穿工作服要扎紧袖口、扣全纽扣,头发压在工作帽内。

② 检查手用工具是否完好。

③ 检查并布置工作场地,按左、右手习惯放置工具、刀具等,毛坯、零件要堆放好。

④ 检查本机床专用起重设备状态是否正常。

⑤ 检查机床状况,如防护装置的位置和牢固性,电源导线、操作手把、手轮、冷却润滑软管等是否与机床运动件相碰等,并了解前班机床使用情况。

⑥ 空车检查启动和停止按钮、手把、润滑冷却系统是否正常。

⑦ 大型机床需两人以上操作时,必须明确主操作人员,由其统一指挥,互相配合。

（2）工作中的要求

① 被加工件的重量、轮廓尺寸应与机床的技术性能数据相适应。

② 被加工件重量大于 20 kg 时,要使用起重设备。为了移动方便,可采用专用的吊装夹紧附件,并且只有在机床上装卡可靠后,才可松开吊装用的夹紧附件。

③ 在工件回转或刀具回转的情况下,禁止戴手套操作。

④ 紧固工件、刀具或机床附件时要站稳,勿用力过猛。

⑤ 每次开动机床前都要确认机床附件、加工件以及刀具均已固定,并对任何人都无危险。

⑥ 当机床已在工作时不能变动手柄和进行测量、调整以及清理等工作。操作者应观察加工进程。

⑦ 如果在加工过程中形成飞起的切屑,应放下防护挡板,清除机床工作台和加工件上的切屑时不能直接用手,也不能用压缩空气吹,而要用专门的工具。

⑧ 正确地安放被加工件,不要堵塞机床附近通道,要及时清扫切屑,工作场地特别是脚踏板上,不能有冷却液和油。

⑨ 当离开机床时,即使是很短的时间,也一定要停车。

⑩ 当闻到电绝缘发热气味、发现运转声音不正常时,要迅速停车检查。

（3）工作结束

① 关闭机床,整理工作场地,收拾好刀具、附件和测量工作。

② 使用专用工具将切屑清理干净。

③ 进行日常维护,如加注润滑油等。

④ 关闭机床上的照明灯,并切断机床的电源。

4. 机械制造中的环境保护意识

众所周知,科学技术与工业的发展带来了社会的长足进步。然而,人们也愈来愈清醒地认识到,随着社会的发展,全球性的环境问题也变得愈来愈突出。从臭氧层的破坏到空气、土壤和水全方位的污染,它们都在威胁着人类社会的生存与发展。因此,一个工程项目的确立,必须慎重考虑它对环境眼前与长远的影响。人类只有一个地球,到可预见的未来,我们还只能生活在地球上,因此,在实习中认识和了解机械工业的环境污染,牢固树立环境保护意识,让学生将来成为环境保护的使者,意义非常重大。

(1) 机械工业的环境污染

机械工业是为国民经济各部门制造各种装备的部门,在机械工业的生产过程中不论是铸造、锻压、焊接等材料成型加工,还是车、铣、镗、刨、磨、钻等切削加工都会排出大量污染大气的废气、污染土壤的废水和固体废物,在材料的铸造成形加工中会出现粉尘、烟尘、噪音、多种有害气体和各类辐射;在材料的塑性加工过程中锻锤和冲床在工作中会产生噪音和振动,加热炉烟尘,清理锻件时会产生粉尘、高温锻件还会带来热辐射;在金属热处理中,高温炉与高温工件会产生热辐射、烟尘和炉渣、油烟、还会因为防止金属氧化而在盐浴炉中加入二氧化钛、硅胶和硅钙铁等脱氧剂而产生废渣盐,在盐浴炉中及化学热处理中产生各种酸、碱、盐等及有害气体和高频电场辐射等。为了改善金属制品的使用性能、外观以及不受腐蚀,有的工件需要表面镀一层金属保护膜,电镀液中除含有铬、镍、锌、铜和银等各种金属外,还要加入硫酸、氟化钠(钾)等化学药品。

机械工业环境污染量大、面广、种类繁多、性质复杂、对人危害大,具体表现在工业废水对水环境的污染,工业废气对大气环境的污染,工业固体废物对环境的污染及噪声的污染 4 个方面。事实证明,采取"先污染,再治理"或是"只治理,不预防"的方针都是有害的,既会使污染的危害加重和扩大,还会使污染的治理更加困难。因此,防治工业性环境污染的有效途径是"防"和"治"结合起来,并强调以"防"为主,采取综合性的防治措施。从事本行业的每一个人都应意识到问题的严重性,尽可能将污染消灭在工业生产过程中,大力推广无废少废生产技术,大力开展废物的综合利用,使工业发展与防治污染、环境保护互相促进。

(2) 先进制造业技术中的节能减排

随着机电一体化技术、计算机技术、信息和控制技术等的快速发展,制造技术在发展的过程中不断吸收高新技术的优秀成果并且相互渗透、融合和衍生,有力促进了机械制造工业节能减排的发展。先进制造业技术中的节能减排措施为:

① 计算机技术融入机械设计和制造过程。

② 开发新材料促进机械制造减量化。

③ 机械零部件制造过程运用清洁生产。

④ 应用短流程化生产。

⑤ 机械产品再制造、再使用。

12.2 机械加工工艺规程概述

12.2.1 基本概念

规定产品或零部件制造工艺过程和操作方法等的工艺文件称为工艺规程。其中,规定零件机械加工工艺过程和操作方法等的工艺文件称为机械加工工艺规程。在具体生产条件下,它是最合理或较合理的工艺过程和操作方法,并按规定的形式写成工艺文件,经审批后用来指导生产的。

1. 工艺规程的作用

工艺规程是在总结实践经验的基础上,依据科学的理论和必要的工艺实验后制定的,反映加工中的客观规律。

(1)工艺规程是指导生产的主要技术文件

机械加工工工艺规程是指导现场生产的根据,一切从事生产的人员都要严格、认真地贯彻执行,用它指导生产可以实现优质、高产和低成本。

(2)工艺规程是生产组织和管理工作的基本依据

在生产管理中,产品投产前原材料及毛坯的供应,通用工艺装备的准备,机床负荷调整,专用工艺装备设计制造,作业计划编排,劳动力的组织及生产成本核算等都要以工艺规程作为基本依据。

(3)工艺规程是新、扩建工厂或车间的基本资料

在新建或扩建工厂、车间时,根据工艺规程才能准确确定所需机床种类和数量,工厂或车间的面积,机床的平面布置,生产工人的工种、等级、数量,以及各辅助部门的安排。

2. 工艺规程的类型与格式

我国机械工业管理部门规定的工艺规程类型包括如下一些内容。

(1)专用工艺规程

它是针对每一个产品和零件所设计的工艺规程。

(2)通用工艺规程

① 典型工艺规程。它是为一组结构相似的零部件所设计的通用工艺规程。

② 成组工艺规程。按成组技术原理将零件分类成组,针对每一组零件所设计的通用工艺规程。

(3)标准工艺规程

它是已纳入标准的工艺规程。

本节主要介绍零件的机械加工专用工艺规程的制定。

① 机械加工工艺规程。按照有关规定,属于机械加工工艺规程的有机械加工工艺过程卡片、机械加工工序卡片、标准零件或典型零件工艺过程卡片、单轴自动车床调整卡片、多轴自动车床调整卡片、机械加工工序操作指导卡片、检验卡片等。常用的机械加工工艺过程卡片和机械加工工序卡片格式分别见表12-5 和表12-6。

表 12-5 机械加工工艺过程卡片格式

		机械加工工艺过程卡片			产品型号		零件图号	
产品名称			材料牌号			零件毛重		
零件名称			毛坯种类			零件净重		
本批数量			毛坯外型及尺寸			材料消耗定额		

工序号	工序名称	工序内容	车间	设备及型号	夹具编号	工具名称及编号 刀具 / 量具 / 辅助工具	时间定额(分) 单件工时 / 准备结束

				编制(日期)	校对(日期)	审核(日期)	批准(日期)	第　页
标记 处数 更改文件号 签字 日期	标记 处数 更改文件号 签字 日期							共　页

表 12-6 机械加工工序卡片格式

	机械加工工序卡片		产品型号		零件图号		第　页
			产品名称		零件名称		共　页

工序名称					工序号		车间名称	

设备名称 / 设备型号

材料牌号 / 材料硬度

夹具名称 / 夹具编号

刀具名称 / 刀具规格

量具名称 / 量具规格

工序工时(min) 单件 / 准终

机绘	工步号	工步内容	走刀长度(mm)	走刀次数	主轴转速(r/min)	切削速度(m/s)	进给量(mm/r)	背切刀量(mm)	机动时间(min)	辅助时间(min)
绘 校	1									
	2									
底图号	3									
	4									
装订号	5									
	6									

			编制(日期)	校对(日期)	审核(日期)	会签(日期)	批准(日期)
标记 处数 更改文件号 签字 日期	标记 处数 更改文件号 签字 日期						

② 装配工艺规程。属于装配工艺规程的有工艺过程卡片和工序卡片。

3. 工艺规程的内容制定步骤与原始资料

（1）工艺规程的内容制定步骤

① 工艺审查与毛坯选择。

② 工艺过程设计。它包括划分工艺过程的组成、选择定位基准、加工方法、安排加工顺序和工序的集中与分散等。

③ 工序设计。它包括选择机床和工艺装备、确定加工余量、计算工序尺寸及公差、确定切削用量及计算工时定额等。

④ 填写工艺文件。

（2）工艺规程制定的原始资料

① 产品的装配图和零件图。

② 产品验收的质量标准。

③ 产品的生产纲领和生产类型。

④ 现有的生产条件。

⑤ 各有关手册、标准及指导性文件资料。

4. 零件的工艺性分析

在制定零件的机械加工工艺规程之前，首先应对零件的结构工艺性进行分析。

（1）审查各项技术要求

分析产品图纸，熟悉该产品的用途、性能及工作状态，明确被加工零件在产品中的位置和作用，进而了解图纸上各项技术要求制定的依据，以便在拟定工艺规程时采取适当的工艺措施予以保证。

审查图纸的完整性、技术要求的合理性以及材料选择是否合理，并提出改进意见。

如图 12-10a 所示的汽车板弹簧和弹簧吊耳内侧面的表面粗糙度可由原设计的

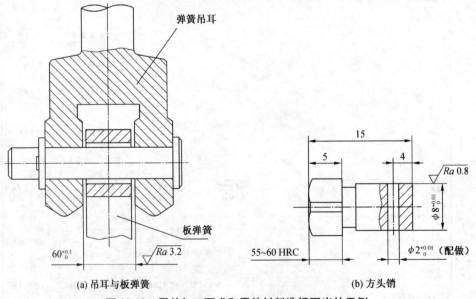

图 12-10　零件加工要求和零件材料选择不当的示例

Ra 3.2 μm 改为 *Ra* 25 μm,这样就可在铣削加工时增大进给量,以提高生产率。如图 12-10b 所示的方头销零件,其方头部分要求淬硬到 55~60 HRC,其销轴 φ8 mm 上有个 φ2 mm 的小孔,在装配时配做,材料为 T8A,小孔 φ2 mm 因是配做,不能预先加工好,淬火时,因零件太小,则势必全部被淬硬,造成 φ2 mm 孔很难加工。若将材料改为 20Cr,可局部渗碳,在小孔处镀铜保护,则零件加工就容易得多。

(2)审查零件结构工艺性

零件的结构工艺性,是指满足使用要求前提下,制造的可行性和经济性。图 12-11 给出了零件局部结构工艺性的一些实例,每个实例右边为合理的正确结构。

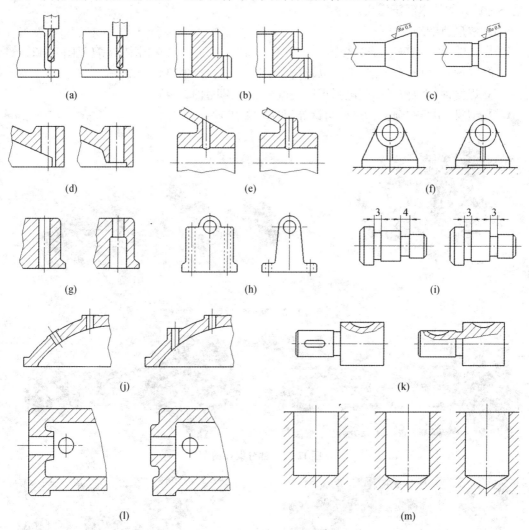

图 12-11 零件局部结构工艺性的一些实例

(3)结构设计的几项原则

① 尽可能采用标准化参数,有利于采用标准刀具和量具。

② 要保证加工的可能性和方便性,加工面应有利于刀具的进入和退出。

③ 加工表面形状应尽量简单,便于加工,并尽可能布置在同一表面或同一轴线上,以

减少工件装夹、刀具调整及走刀次数。

④ 零件结构应便于工件装夹,并有利于增强工件或刀具的刚度。

⑤ 应尽可能减轻零件质量,减少加工表面面积,并尽量减少内表面加工。

⑥ 零件的结构应与先进的加工工艺方法相适应。

12.2.2　毛坯的选择

在制定零件机械加工工艺规程前,还要选择毛坯类型及制造方法、确定毛坯精度。零件机械加工的工序数量、材料消耗和劳动量在很大程度上与毛坯有关,所以正确选择毛坯有重大的技术经济意义。

1. 常用的毛坯种类

① 铸件:主要有砂型铸造、金属型铸造、离心铸造、压力铸造和精密铸造等(见图 12-12)。

② 锻件:主要有自由锻、模锻以及精密锻造等(见图 12-13)。

③ 焊接件:主要有气焊、电弧焊以及电渣焊等(见图 12-14)。

④ 型材:主要有圆钢、方钢、角钢等(见图 12-15)。

图 12-12　部分铸件图

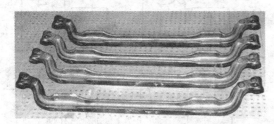

图 12-13　部分锻件图

图 12-14　部分焊接件图

图 12-15　部分型材图

2. 毛坯选择时考虑的因素

（1）零件材料及其力学性能

例如，材料是铸铁，就选铸造毛坯；材料是钢材，且力学性能要求高时，可选锻件；当力学性能低时，可选型材或铸钢。

（2）零件的形状和尺寸

形状复杂毛坯常采用铸造方法。薄壁件不可用砂型铸造，大铸件应用砂型铸造。常见钢质阶梯轴零件，若各台阶直径相差不大，可用捧料；若各台阶直径相差较大，可选锻件。尺寸大宜选自由锻，尺寸小宜选模锻。

（3）生产类型

大量生产应选精度和生产率都比较高的毛坯制造方法，如铸件选金属模机器造型或精密铸造，锻件应采用模锻，冷轧和冷拉型材等；单件小批量生产则应采用木模手工造型或自由锻。

（4）具体生产条件

考虑现场毛坯制造的水平和能力以及外协的可能性等。

（5）利用新工艺、新技术和新材料的可能性

如精铸、精锻、冷挤压、粉末冶金和工程塑料等，应用这些方法后可大大减少机械加工量，有时甚至可不再进行机械加工。

12.2.3　工艺路线的确定

拟定零件的机械加工工艺路线是制定工艺规程的一项重要工作，拟定工艺路线时需要解决的主要问题是：选定各表面的加工方法；划分加工阶段；安排工序的先后顺序；确定工序的集中与分散程度等。

1. 表面加工方法的选择

具有一定加工质量要求的表面，一般都是需要进行多次加工才能达到精度要求的。面对相同加工质量要求的表面，其加工过程和最终加工方法可以有多个方案。不同的加工方法所达到的经济精度（即经济性）和生产率也不同。因此，表面加工方法的选择应在保证加工质量的前提下，同时满足生产率和经济性的要求。一般选择表面加工方法时，应注意以下几个方面。

（1）加工方法选择时应考虑的因素

① 经济加工精度。选择相应的能获得经济加工精度的加工方法。各种加工方法的加工误差和加工成本之间的关系呈负指数函数曲线形状，如图 12-16 所示。在点 A 左侧，

即使再增加成本(Q),加工精度也很难再提高;当超过点 B 后,即使加工精度再降低,加工成本也降低极少。曲线中的 AB 段,属于经济精度范围。每种加工方法都有经济的加工精度和经济的加工表面粗糙度。

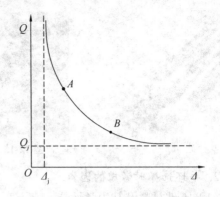

图 12-16　加工误差(或加工精度)和成本的关系

② 工件材料的性质。例如,淬火钢的精加工要用磨削,有色金属的精加工为避免磨削时堵塞砂轮,则采用高速精细车或金刚镗。

③ 工件的结构形状和尺寸。例如,对于精度 IT7 的孔,镗、铰、拉和磨都可以,但是箱体上的孔一般不宜采用拉或磨,常选镗孔(大孔时)或铰孔(小孔时)。

④ 生产类型和经济性。大批大量生产时应选用生产率高和质量稳定的加工方法,如小平面和孔采用拉削,轴类采用半自动液压仿型车削。在单件小批生产中,一般采用通用机床和工艺装备进行加工。

⑤ 现有设备情况和技术条件。充分利用工厂或车间现有的设备和工艺手段,挖掘企业的潜力。

(2) 常见表面的加工方法

常见表面(如外圆、内孔和平面)的加工方法可参见表 12-7、表 12-8 和表 12-9。

表 12-7　外圆柱面加工方法

序号	加 工 方 法	经济精度 (以公差等级表示)	经济表面粗糙度 $Ra/\mu m$	适用范围
1	粗车	IT11 ~ IT13	12.5 ~ 50	适用于淬火钢以外的各种金属
2	粗车—半精车	IT8 ~ IT10	3.2 ~ 6.3	
3	粗车—半精车—精车	IT7 ~ IT8	0.8 ~ 1.6	
4	粗车—半精车—精车—滚压(或抛光)	IT7 ~ IT8	0.025 ~ 0.2	
5	粗车—半精车—磨削	IT7 ~ IT8	0.4 ~ 0.8	主要用于淬火钢,也可用于未淬火钢,但不宜加工有色金属
6	粗车—半精车—粗磨—精磨	IT6 ~ IT7	0.1 ~ 1.4	
7	粗车—半精车—粗磨—精磨—超精加工(或轮式超精磨)	IT5	0.12 ~ 0.1	
8	粗车—半精车—精车—精细车(金刚车)	IT6 ~ IT7	0.025 ~ 0.4	主要用于要求较高的有色金属加工
9	粗车—半精车—粗磨—精磨—超精磨(或镜面磨)	IT5 以上	0.006 ~ 0.025	极高精度的外圆加工
10	粗车—半精车—粗磨—精磨—研磨	IT5 以上	0.006 ~ 0.1	

表 12-8 孔加工方法

序号	加工方法	经济精度（以公差等级表示）	经济表面粗糙度 Ra/μm	适用范围
1	钻	IT11 ~ IT13	12.5	加工未淬火钢及铸铁的实心毛坯，也可用于加工有色金属。孔径小于 15 ~ 20 mm
2	钻—铰	IT8 ~ IT10	1.6 ~ 6.3	
3	钻—粗铰—精铰	IT7 ~ IT8	0.8 ~ 1.6	
4	钻—扩	IT10 ~ IT11	6.3 ~ 12.5	加工未淬火钢及铸铁的实心毛坯，也可用于加工有色金属。孔径大于 15 ~ 20 mm
5	钻—扩—铰	IT8 ~ IT9	1.6 ~ 3.2	
6	钻—扩—粗铰—精铰	IT7	0.8 ~ 1.6	
7	钻—扩—机铰—手铰	IT6 ~ IT7	0.2 ~ 0.4	
8	钻—扩—拉	IT7 ~ IT9	0.1 ~ 0.6	大批大量生产（精度由拉刀的精度而定）
9	粗镗（或扩孔）	IT11 ~ IT13	6.3 ~ 12.5	除淬火钢外的各种材料，毛坯有铸出孔或锻出孔
10	粗镗（粗扩）—半精镗（精扩）	IT9 ~ IT10	1.6 ~ 3.2	
11	粗镗（粗扩）—半精镗（精扩）—精镗（铰）	IT7 ~ IT8	0.8 ~ 1.6	
12	粗镗（粗扩）—半精镗（精扩）—精镗—浮动镗刀精镗	IT6 ~ IT7	0.4 ~ 0.8	
13	粗镗（扩）—半精镗—磨孔	IT7 ~ IT8	0.2 ~ 0.8	主要用于淬火钢，也可用于未淬火钢，但不宜用于有色金属
14	粗镗（扩）—半精镗—粗磨—精磨	IT6 ~ IT7	0.1 ~ 0.2	
15	粗镗—半精镗—精镗—精细镗（金刚镗）	IT6 ~ IT7	0.05 ~ 0.4	主要用于精度要求高的有色金属加工
16	钻—（扩）—粗铰—精铰—珩磨；钻—（扩）—拉—珩磨；粗镗—半精镗—精镗—珩磨；	IT6 ~ IT7	0.025 ~ 0.2	精度要求很高的孔
17	以研磨代替上述方法中的珩磨	IT5 ~ IT6	0.006 ~ 0.1	

表 12-9 平面加工方法

序号	加工方法	经济精度（以公差等级表示）	经济表面粗糙度 Ra/μm	适用范围
1	粗车	IT11 ~ IT13	12.5 ~ 50	端面
2	粗车—半精车	IT8 ~ IT10	3.2 ~ 6.3	
3	粗车—半精车—精车	IT7 ~ IT8	0.8 ~ 1.6	
4	粗车—半精车—磨削	IT6 ~ IT8	0.2 ~ 0.8	

序号	加 工 方 法	经济精度 （以公差等级表示）	经济表面粗糙度 $Ra/\mu m$	适用范围
5	粗刨（或粗铣）	IT11 ~ IT13	6.3 ~ 25	一般不淬硬平面 （端铣表面粗糙 度 Ra 值较小）
6	粗刨（或粗铣）—精刨（或精铣）	IT8 ~ IT10	1.6 ~ 6.3	
7	粗刨（或粗铣）—精刨（或精铣）— 刮研	IT6 ~ IT7	0.1 ~ 0.8	精度要求较高的 不淬硬平面，批 量较大时宜采用 宽刃精刨方案
8	以宽刃精刨代替上述刮研	IT7	0.2 ~ 0.8	
9	粗刨（或粗铣）—精刨（或精铣）— 磨削	IT7	0.2 ~ 0.8	精度要求高的淬 硬平面或不淬硬 平面
10	粗刨（或粗铣）—精刨（或精铣）— 粗磨—精磨	IT6 ~ IT7	0.025 ~ 0.4	
11	粗铣—拉	IT7 ~ IT9	0.2 ~ 0.8	大量生产，较小 的平面（精度视 拉刀精度而定）
12	粗铣—精铣—磨削—研磨	IT5 以上	0.006 ~ 0.1	高精度平面

2. 加工阶段的划分

工件的加工质量要求较高时，都应划分加工阶段，一般可分为粗加工、半精加工和精加工 3 个阶段。加工精度和表面质量要求特别高时，还可增加光整加工和超精密加工阶段。

（1）各加工阶段的主要任务

① 粗加工阶段是切除大部分加工余量并加工出精基准，主要是提高生产率。

② 半精加工阶段是为零件主要表面的精加工做准备，并完成一些次要表面的加工，一般在热处理前进行。

③ 精加工阶段从工件上切除较少余量，所得精度和表面质量都比较高。

④ 光整加工阶段是用来获得很光洁表面或强化其表面的加工过程。

⑤ 超精密加工阶段是按照稳定、超微量切除等原则，实现尺寸和形状误差小于 0.1 μm 的加工技术。

当毛坯余量特大时，在粗加工阶段前可增加荒加工阶段，一般在毛坯车间进行。

（2）划分加工阶段的原因

① 保证加工质量。因粗加工的加工余量大，切削力和切削热也较大，且加工后内应力会重新分布，在这些因素的作用下，工件会产生较大变形，因此划分加工阶段可逐步修正工件的原有误差。此外各加工阶段之间的时间间隔相当于自然时效，有利于消除残余应力和充分变形。

② 合理地使用机床设备。粗加工使用功率大、刚性好、生产率高、精度较低的设备；精加工使用精度高的设备。

③ 便于热处理工序安排。例如，粗加工后、可安排时效处理消除内应力；半精加工后，可进行淬火，然后采用磨削进行精加工。

④ 便于及时发现毛坯缺陷。例如毛坯的气孔、砂眼和加工余量不足等，在粗加工后

即可发现,便于及时修补或报废,以免造成浪费。

⑤ 保护精加工过后的表面。精加工或光整加工放在最后可减少磕碰损坏,受到保护。

加工阶段划分不是绝对的,对于质量要求不高、刚性好、毛坯精度高的工件可不划分加工阶段。对于重型零件,由于装夹运输困难,常在一次装夹下完成全部粗、精加工,也不需划分加工阶段。其划分是针对整个工艺过程而言的。

3. 加工顺序的安排

一个零件有许多表面需要机械加工,此外还有热处理工序和各种辅助工序。各工序的安排应遵循如下的一些原则。

(1) 机械加工工序的安排

① 先基准面,后其他面。首先应加工用作精基准的表面,以便为其他表面的加工提供可靠的基准表面。

② 先主要表面,后次要表面。零件的主要表面是加工精度和表面质量要求较高的面,其工序多,且加工质量对零件质量影响较大,因此应先进行加工;一些次要表面如孔、键槽等,可穿插在主要表面加工中间或以后进行。

③ 先面后孔。如箱体、支架和连杆等工件,因平面轮廓平整,定位稳定可靠,应先加工平面,然后以平面定位加工孔和其他表面,这样容易保证平面和孔之间的相互位置精度。

④ 先粗后精。先安排粗加工工序,后安排精加工工序。技术要求较高的零件的主要表面应按照粗加工、半精加工、精加工、光整加工的顺序安排,使零件质量逐步提高。

(2) 热处理工序的安排

① 预备热处理。如退火与正火,通常安排在粗加工之前进行;调质处理安排在粗加工以后进行。

② 最终热处理。通常安排在半精加工之后和磨削加工之前,目的是提高材料强度、表面硬度和耐磨性。常用的热处理方法有调质、淬火、渗碳淬火等。有的零件,为获得更高的表面硬度和耐磨性,更高的疲劳强度,常采用氮化处理。由于氮化层较薄,所以氮化后磨削余量不能太大,故一般安排在粗磨之后,精磨之前进行。为消除内应力,减少氮化变形,改善加工性能,氮化前应对零件进行调质和去内应力处理。

③ 时效处理。时效是为了消除毛坯制造和机械加工中产生的内应力。一般铸件可在粗加工后进行一次时效处理,也可放在粗加工前进行。精度要求较高的铸件可安排多次时效处理。

④ 表面处理。某些零件为提高表面抗蚀能力,增加耐磨性或使表面美观,常采用表面金属镀层处理;非金属涂层有油漆、磷化等;氧化膜层有发蓝、发黑、钝化、铝合金的阳极化处理等。零件的表面处理工序一般都安排在工艺过程的最后进行。

(3) 辅助工序的安排

辅助工序种类较多,包括检验、去毛刺、倒棱、清洗、防锈、去磁及平衡等。

检验工序分加工质量检验和特种检验,是工艺过程中必不可少的工序。除了工序中的自检外,还需要在下列场合单独安排检验工序:

① 粗加工后。

② 重要工序前后。

③ 转车间前后。

④ 全部加工工序完成后。

特种检验(如检查工件内部质量)一般安排在工艺过程开始时进行(如 X 射线和超声波探伤等)。若检查工件表面质量,通常安排在精加工阶段进行(如荧光检查和磁力探伤)。密封性检验、工件的平衡等一般安排在工艺过程的最后进行。

12.2.4　定位基准的选择

在最初的工序中只能选择未加工的毛坯表面作为定位基准,这种表面称为粗基准。用加工过的表面作为定位基准称为精基准。另外,为满足工艺需要而在工件上专门设置或加工出的定位面,称为辅助基准,如轴加工时用的中心孔、活塞加工时用的止口等。

1. 粗基准的选择

对于如图 12-17 所示的毛坯,铸造时内孔与外圆有偏心,因此在加工时,如果用不需加工的外圆作粗基准(用三爪自定心卡盘夹持外圆)加工内孔,则内孔与外圆是同轴的,但内孔加工余量不均匀(见图 12-17a)。如选内孔作粗基准(用四爪卡盘夹持外圆,按内孔找正),则内孔的加工余量均匀,但与外圆不同轴(见图 12-17b)。

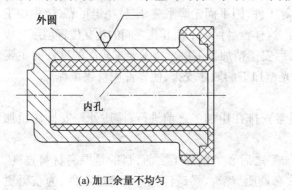

(a) 加工余量不均匀　　　　　　　　　(b) 孔与外圆不同轴

图 12-17　选择不同粗基准时的不同加工结果

由此可见,粗基准选择主要影响加工表面与不加工表面的相互位置精度,以及影响加工表面的余量分配。因此选择粗基准的基本原则如下:

① 如果工件必须首先保证某重要表面的加工余量均匀,则应选择该表面为粗基准。例如,床身导轨面不仅精度要求高,而且导轨表面要有均匀的金相组织和较高的耐磨性,这就要求导轨面的加工余量较小而且均匀,所以首先应以导轨面作为粗基准加工床身的底平面,然后再以床身的底平面为精基准加工导轨面,如图 12-18 所示。

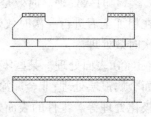

图 12-18　车床床身加工

② 如果必须首先保证工件上加工表面与不加工表面之间的位置精度,则应以不加工表面作为粗基准,如图 12-17a 所示。若工件上有几个不加工表面,则应以其中与加工表面位置精度要求高的表面作为粗基准。例如,图 12-19 所示零件,有 3 个不加工面,若表面 4 和表面 2 位置精度高,则加工表面 4 时应以表面 2 为粗基准。

③ 如果零件上每个表面都要加工,则应以加工余量最小的表面为粗基准。这将使得

该表面在以后的加工中不致因余量太小造成废品。对于如图 12-20 所示阶梯轴,表面 $\phi55$ mm外圆加工余量最小,应选它为粗基准。如果以表面 $\phi108$ mm 外圆为粗基准来加工 $\phi50$ mm 外圆时,则可能因这些表面间存在较大位置误差而造成 $\phi50$ mm 表面加工余量不足。

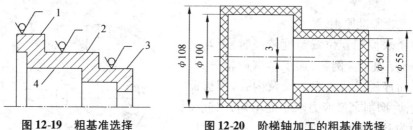

图 12-19　粗基准选择　　　　　图 12-20　阶梯轴加工的粗基准选择

④ 选用粗基准的表面,应平整,没有浇口、冒口或飞边等缺陷,以便定位可靠。

⑤ 粗基准一般只能使用一次,以免产生较大的位置误差。

2. 精基准的选择

精基准选择应保证相互位置精度和装夹准确方便,一般应遵循如下原则。

(1) 基准重合原则

应尽量选用设计基准和工序基准作为定位基难。如图 12-21 所示的键槽加工,如以中心孔定位,并按尺寸 L 调整铣刀位置,工序尺寸 $t = R + L$。由于定位基准和工序基准不重合,因此 R 与 L 两尺寸的误差都将影响键槽尺寸精度。若采用图 12-22 所示定位方式,工件以外圆下母线 B 为定位基准,则为基准重合,就容易保证尺寸 t 的加工精度。

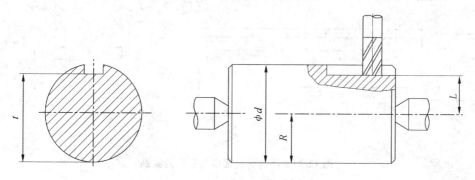

图 12-21　定位基准与工序基准不重合

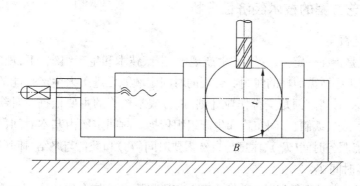

图 12-22　定位基准与工序基准重合

（2）基准统一原则

工件加工过程中尽可能采用统一的定位基准，这样便于保证各加工面间的相互位置精度，且可简化夹具的设计。如箱体类零件常用一个大平面和两个距离较远的孔作为精基准；轴类零件常用两个顶尖孔作为精基准；圆盘、齿轮等零件常用其端面和内孔作为精基准。

（3）互为基准原则

当两个表面相互位置精度较高时，可互为精基准，反复加工。例如，加工精密齿轮时，通常是在齿面淬硬以后再磨齿面及内孔，因齿面淬硬层较薄，磨削余量应力求小而均匀，因此需先以齿面为基准磨内孔，如图 12-23 所示，然后再以内孔为基准磨齿面。又如车床主轴的主轴颈和前端锥孔的同轴度要求很高，也常采用互为基准反复加工的方法。

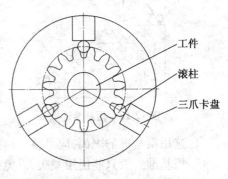

图 12-23　以齿形表面定位磨内孔

（4）自为基准原则

当某些表面精加工要求余量小而均匀时，则应选择加工表面本身作为精基准。图 12-24 是在导轨磨床上以自为基准原则磨削床身导轨。方法是用百分表找正工件导轨面，然后加工导轨面保证余量均匀，以满足对导轨面的质量要求。另外如拉刀、浮动镗刀、浮动铰刀和珩磨等加工孔的方法，也都属于自为基准。

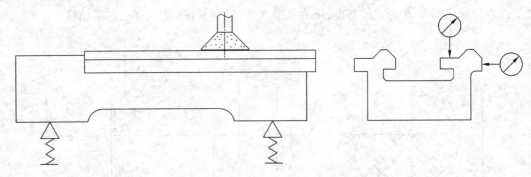

图 12-24　床身导轨面自为基准的实例

12.2.5　工艺方案的技术经济性分析

1. 时间定额

时间定额是指在一定生产条件（生产规模、生产技术和生产组织）下，规定生产一件产品或完成一道工序所需消耗的时间。合理的时间定额能促进工人生产技能的提高，从而不断提高生产率。时间定额是安排作业计划、进行成本核算的主要依据。对新建厂，它也是确定设备数量、人员编制、车间布置和生产组织依据。时间定额由基本时间（T_j）、辅助时间（T_f）、工作地点服务时间（T_w）、休息与自然需要时间（T_x）和准备与终结时间（T_z）组成。

（1）基本时间 T_j

直接改变生产对象的尺寸、形状、相对位置以及表面状态等工艺过程所消耗的时间称为基本时间。对机加工而言,它还包括刀具切入、切削加工和切出等时间。

(2) 辅助时间 T_f

各种辅助动作所消耗的时间称为辅助时间。其主要包括装卸工件、开停机床、改变切削用量、测量工件尺寸、进退刀等动作所消耗的时间,可查表确定。

基本时间和辅助时间的总和称为操作时间。

(3) 工作地点服务时间 T_w

为使加工正常进行,工人照管工作地(包括刀具调整、更换、润滑机床、清理切屑、收拾工具等)所消耗的时间称为工作地点服务时间。计算方法:一般按操作时间的 $\alpha\%$ (2% ~7%)进行计算。

(4) 休息与自然需要时间 T_x

工人在工作班内为恢复体力和满足生理卫生需要所消耗的时间称为休息与自然需要时间。计算方法:一般按操作时间的 $\beta\%$ (2%)进行计算。

所有上述时间的总和称为单件时间 T_d。

$$T_d = T_j + T_f + T_w + T_x = (T_j + T_f)(1 + \frac{\alpha + \beta}{100})$$

(5) 准备与终结时间 T_z

为生产一批零件,进行准备和结束工作所消耗的时间,称为准备与终结时间。主要指熟悉工艺文件、领取毛坯、安装刀具和夹具、调整机床、拆卸夹具以及归还工艺装备和送交成品等所消耗的时间。准备与终结时间对一批零件只消耗一次。零件批量 N 越大,分摊到每个工件上的准备与终结时间越小。所以成批生产时的单件时间为

$$T_d = (T_j + T_f)(1 + \frac{\alpha + \beta}{100}) + \frac{T_z}{N}$$

劳功生产率是指一个工人在单位时间内生产出合格产品的数量。劳动生产率是衡量生产效率的综合性指标,表示了一个工人在单位时间内为社会创造财富的多少。提高劳动生产率的主要工艺途径是缩短单件工时定额、采用高效的自动化加工及成组加工等。

2. 机械加工工艺成本

设计机械加工工艺规程时,一般可拟出几种不同方案。在保证技术要求前提下,其生产成本都不相同。对工艺过程方案进行技术经济分析,就是比较不同方案的生产成本,以便选择在给定生产条件下最经济的方案。

生产成本是指制造一个零件或一件产品时所需的一切费用的总和。它包括两大费用:第一类是与工艺过程直接有关的费用,称为工艺成本;第二类是与工艺过程无关的费用,如行政人员工资、厂房折旧及维护、照明、取暖和通风等。由于在同一生产条件下与工艺过程无关的费用基本上是相等的,因此,对零件工艺方案进行经济分析时,只需分析比较工艺成本即可。

工艺成本由可变费用与不变费用两部分组成。

(1) 可变费用

可变费用是与年产量成比例的费用。这类费用用 V 表示,它包括:① 材料费;② 机床工人的工资;③ 机床电费;④ 普通机床折旧费;⑤ 刀具费;⑦ 通用夹具费。

（2）不变费用

不变费用是与年产量的变化无直接关系的费用。当年产量在一定范围内变化时，全年的费用基本上保持不变。这类费用以 S 表示，它包括：① 调整工人的工资；② 专用机床折旧费；③ 专用机床修理费；④ 专用夹具费。

因此，一种零件（或一个工序）全年的工艺成本可用下式表示，即

$$E = VN + S$$

式中，V——可变费用，元/件；

　　N——年产量，件；

　　S——不变费用，元。

单件（或一个工序）的工艺成本为

$$E_d = V + S/N$$

全年工艺成本 $E = VN + S$ 的图解为一条直线，如图 12-25a 所示，它说明全年工艺成本的变化 ΔE 与年产量的变化 ΔN 成正比。单件工艺成本 E_d 与年产量 N 是双曲线关系，如图 12-25b 所示。当 N 增大时，E_d 减小，且逐渐接近于 V。

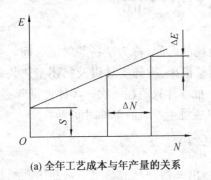

(a) 全年工艺成本与年产量的关系　　　　　　(b) 单件成本与年产量的关系

图 12-25　工艺成本的图解曲线

3. 工艺方案的经济性分析

在经济性分析时，对生产规模较大的主要零件的工艺方案应该通过计算工艺成本来评定其经济性；对于一般零件，可以利用各种技术经济指标，结合生产经验，进行不同方案的经济论证以决定方案的取舍。

（1）基本投资或使用设备相同的情况

若两种方案基本投资相近，或者以现有设备为条件，则工艺成本可作为评价各方案经济性的依据。

若两种不同工艺方案的全年工艺成本分别为

$$E_1 = VN_1 + S_1, \quad E_2 = VN_2 + S_2$$

当产量一定时，先分别计算两种方案的全年工艺成本，比较后选小者；当年产量变化时，可根据上述公式用图进行比较，如图 12-26 所示。当计划产量 $N < N_K$ 时，选方案 2；当 $N > N_K$ 时，则选方案 1。其中，N_K 称为临界产量，由图 12-26a 可以看出，两条直线交点的横坐标即为 N_K 值。所以由

$$N_K V_1 + S_1 = N_K V_2 + S_2$$

可得

$$N_\mathrm{K} = \frac{S_2 - S_1}{V_1 - V_2}$$

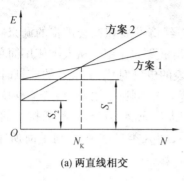

(a) 两直线相交

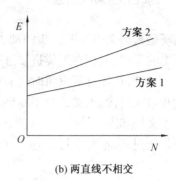

(b) 两直线不相交

图 12-26　两种工艺方案的设计经济对比

若两条直线不相交,如图 12-26b 所示,则不论年产量如何,方案 1 总是比较经济的。

（2）基本投资差额较大的情况

若两种方案的基本投资相差较大,例如,方案 1 采用了生产率低但价格便宜的机床和工艺装备,所以基本投资（K_1）小,但工艺成本（E_1）高;方案 2 采用了生产率高且价格较贵的机床和工艺装备,所以基本投资（K_2）大,但工艺成本（E_2）较小,也就是说工艺成本低是由于增加投资而得到的。此时,单纯比较工艺成本难以评定其经济性,所以必须考虑基本投资的经济效益,即不同方案的基本投资回收期。

回收期是指方案 2 比方案 1 多花费的投资,需多长的时间才能由工艺成本的降低而收回。

回收期 τ 用下式表示:

$$\tau = \frac{K_2 - K_1}{E_1 - E_2} = \frac{\Delta K}{\Delta E}$$

式中,ΔK——基本投资差额,元;

　　ΔE——全年生产费用节约额,元/年。

回收期愈短,则经济效果愈好。一般回收期应满足以下要求:

① 回收期应小于所用设备的使用年限。

② 回收期应小于市场对该产品的需求年限。

③ 回收期应小于国家规定的标准回收期,例如,夹具标准回收期为 2~3 年,机床为 4~6 年。

对工艺方案的技术经济分析,必要时可采用某些相对指标评定,其中有:每件产品所需的劳动量、每一工人的年产量、每台设备的年产量、每平方米生产面积的年产量、材料利用系数、设备负荷率、工艺装备系数、设备构成比（专用与通用之比）、钳工修配劳动量与机床加工工时之比、单件产品的原材料消耗与电力消耗等。

当工艺方案按工艺成本分析比较结果相差不大时,可选用上述指标补充论证。此外,还须考虑改善劳动条件、提高生产率、促进生产技术发展等问题。

12.3　综合创新训练

创新是人类文明发展进步的动力,是科学发展、经济发展和社会进步的源泉。纵观人类历史的发展,创新在人类进步过程中发挥了及其重要的作用。从人类使用简单的工具、刀耕火种时代经过蒸汽机时代和以内燃机为代表的电气时代,到现在的信息时代、原子时代和航天时代,人类通过不断创新,创造了劳动工具,创造了语言,创造了科技,也创造了人类文明和人类社会。这些生机勃勃的发展和进步充满了社会和科学技术的创新,人类正是通过不断地创新才建立了现代科学体系,使人类的事业得到了前所未有的拓展。

12.3.1　创新概念

创新是一个创造性的过程,是开发一种新事物的过程。创新包括技术创新、工艺创新和组织管理上的创新。创新并非一定是全新的东西,旧的东西以新的形式出现是创新,模仿提高也是创新,总之,能够提高资源配置效率的新活动都是创新。

综合创新训练是一个全方位培养和提高学生工程素质以及创新意识的教学环节,它是将所学知识应用于工艺综合分析、工艺设计和制造过程的一个重要的实践环节,是学生获取分析问题和解决问题能力、创新思维能力、工程指挥和组织能力的重要途径。综合创新训练和传统的金工实习不同。传统的金工实习中,学生是被动的,他们要按照别人设计的零件和工艺进行加工,而综合与创新训练则使学生变被动为主动,按照他们自己的意愿设计产品,制定加工工艺,通过教师的指导与提示,完成一件产品的整个设计与制造过程。综合与创新训练的过程主要有进行市场调研、设计产品方案、设计产品图样、设计加工工艺、加工产品零件和组装成品等环节。

综合创新训练是高等教育教学改革的一种新方法,它加强了实践环节,普及和提高了工程技术教育,最重要的是落实了素质教育。实践证明,通过综合创新训练可取得良好的教学效果,主要体现在以下几个方面:

① 能培养学生创造性地解决实际问题的能力。由于学生所掌握的工艺基础知识和操作技能有限,开展综合创新训练对学生来说无疑是一个很大的挑战。尽管这种训练并不是严格意义上的科学创新,但要解决综合性的实际问题,学生需要进行创新思维,从各个视角考虑问题,把所学到的零散的知识加以综合并灵活运用。

② 可以激发学生的学习兴趣和创造热情,提高实习的积极性和主动性,进一步巩固和强化所学知识。

③ 可以锻炼学生的工程实践能力,提高质量、成本、效益、安全等工程素质,培养学生刻苦钻研、一丝不苟、团结协作等优良品质和工作作风,有利于培养高素质的工程技术人才。在金工实习教学过程中,除了传授给学生知识外,更重要的是培养学生在实践中获取知识的能力、创新精神、创新能力和全面的工程素质。综合创新训练环节在培养高素质的工程技术人才的过程中具有重要地位和作用。

12.3.2　创新设计与制作的特点和制作步骤

1. 创新设计的类型和特点

根据产品设计的内容特点,创新设计可以分为开发设计、变异设计和反求设计3种类型。

开发设计是一种针对新任务,提出新方案,进行全新的、探索性的创新设计;变异设计是在已有产品的基础上,针对原有产品的缺点或新的工作要求,从工作原理、机构、结构、参数和尺寸等方面进行一定的变异,设计出适应市场需要、具有竞争力的新产品;反求设计是针对已有的先进产品或设计,进行深入分析研究,探索掌握其关键技术,在消化吸收基础上,开发出同类型新产品的创新设计。开发设计是开创、探索的创新;变异设计是通过变异进行创新,反求设计是在吸取中创新。

创新设计要求思维具有开放性、独创性、多向性和自由性的特点。

① 开放性。开放性思维的特点是把认识对象作为一个开放的系统来考虑,注重研究系统与外部环境的关系,以更好地认识对象及其发展规律。

② 独创性。独创性思维具有求异性,敢于向司空见惯的事物提出怀疑,敢于向传统的陈规挑战,从新的角度分析问题。

③ 多向性。多向性思维要善于从多种不同角度去思考问题,对同一问题要从不同的角度探索尽可能多的解法和思路。多向性体现了思维方法的多样性和丰富的想象力。

④ 自由性。自由性思维要求人们创造性地思考,消除自身思想上的束缚,自我突破,调动创造性而获得出乎意料的创造性成果。

2. 创新设计的方法

① 讨论法。以小组讨论的形式,发挥集体的智慧,激励思维,引起创新设想的连锁反应。

② 类比法。从事物的千差万别、不同程度的对应和相似之处的类比中得到创新。

③ 列举法。列举法是把问题展开列举,帮助思维进行构思的方法。将机构的特性、设计者的意愿、缺陷的改进方法等内容进行列举并综合比较,确定改进和创新的方案。

④ 移植法。移植法是把一种产品的先进技术应用到另一种产品中,从而设计出新产品的方法。例如,将电火花技术应用于机械加工中,产生了电火花加工机床;将真空技术移植到家电产品中,发明了吸尘器和收缩包装机械。移植法常能产生功能原理上突破性的创新。

3. 创新设计的步骤

创新包括技术创新,工艺创新和组织管理上的创新,本节的创新实例主要是结合金工实习进行的工艺创新实例。在金工实习训练中,利用所掌握的工艺知识,对一件产品进行创新训练是至关重要的环节,这一过程主要包括以下几个方面。

① 分析部件的结构和技术要求。对所选部件应分析结构工艺性,如外形和内腔结构的复杂程度、装配和定位的难度、各零件的尺寸精度和表面粗糙度的高低、生产批量的大小等。

② 选择材料和制造工艺。根据零件的结构工艺性和性能要求,选择合适的材料和制造方法。分析材料的铸造性、锻造性、焊接性和切削加工性,以便确定合适的材料成形和加工制造方法。

③ 编制工艺卡片或数控程序。

④ 进行加工、制造和装配。按照相关工艺的工艺卡片或数控加工程序进行材料的成形和加工,测量各零件的尺寸精度、位置精度和表面粗糙度,选购相关标准件,进行部件的装配和调试。

⑤ 零件和部件的质量分析及创新方案。对零件和部件的内部质量、外观质量、尺寸精度、位置精度和表面粗糙度进行综合分析,总结优缺点,对不足之处提出创新方案。

⑥ 收获与体会。说明自己通过训练在创新思想、动手能力、实习技术、分析问题和解决问题的能力等方面有哪些收获与体会,并对训练作出自己的评价,提出自己的建议。

12.3.3　创新训练实例

以下结合发动机调速器飞铁零件的夹具及无碳小车的设计介绍工程创新设计训练的方法。

1. 飞铁孔加工夹具的设计

（1）设计任务

图 12-27 为发动机喷油泵调速器飞铁零件简图。该飞铁零件材料为球墨铸铁,进行正火处理,材料正火后硬度为 200 ~ 250 HB。在大批生产条件下设计该飞铁 $\phi 8$ 孔及 $\phi 6$ 孔加工的一种夹具方案。

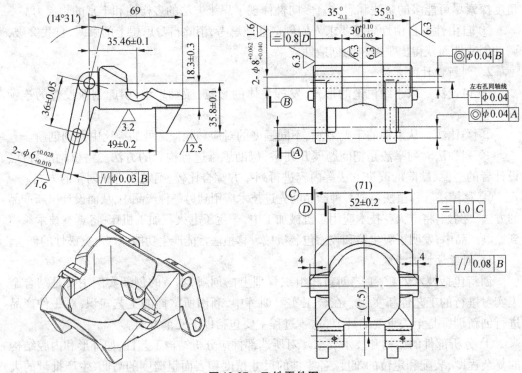

图 12-27　飞铁零件图

（2）设计方案分析过程

① 设计准备。

在原设计中是将零件的 $\phi 8$ 孔和 $\phi 6$ 孔的中心线位置垂直安放,孔加工是在一面进行,但这种方法加工出的孔形位公差达不到图纸要求。因此考虑将零件水平安放,这样可以在专机上对零件的两面同时进行钻、扩、铰加工,只要专机动力头与夹具的位置调整准确,零件加工后即可达到形位公差要求,同时可提高工作效率。

根据零件图设计飞铁机械加工工序图(见图 12-28),设计飞铁孔加工专用机床和夹具,采用硬质合金钻头,高速钢铰刀进行加工,飞铁 φ8 孔或 φ6 孔的加工精度由夹具和铰刀来保证。

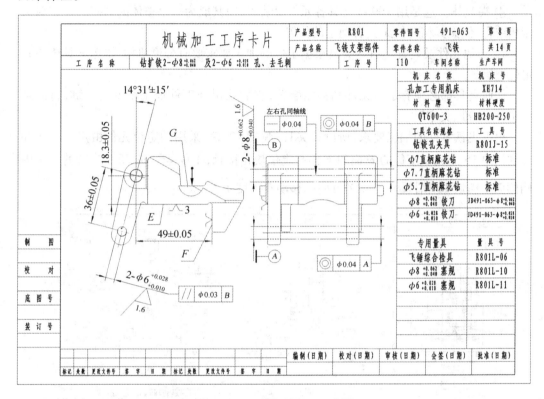

图 12-28 飞铁机械加工工序图

② 工件的定位和夹紧方案。

飞铁的外形较复杂,形状位置尺寸要求较高,根据飞铁的工序尺寸、形状和位置精度要求,工件需完全定位。因为本道工序后还有其他相关的工序要加工,而且有一定的形位公差要求。因此在工件上可确定 E 和 F 为统一的工艺基准,经机加工后作为精基准定位。E 面为一框形的较大平面可消除 $X,\vec{Y},\vec{Z}$ 3 个方向的自由度,而 F 面为两个较窄的垂直台阶面可消除 $\vec{X},\vec{Z}$ 两个方向的自由度,再利用工件上与 E 面垂直的一个侧面消除 $\vec{Y}$ 方向的移动自由度。

根据工件的定位方案,采用飞铁的背部和槽的 G 面为夹紧力的作用点,方向朝定位面。这样的夹紧点选择接近被加工面,切削过程中不易产生振动,工件变形小。该工件较小,可采用液压、气动方式夹紧,也可采用手动螺旋压板夹紧方式。

(3) 夹具在机床上的安装方式以及夹具的组成

夹具通过定向键与专机工作台的 T 形槽配合,夹具体上用螺栓与机床工作台坚固,保证夹具上的定位元件工作表面相对动力头的进给方向具有正确的相对位置。

一般夹具由定位元件、夹紧装置、对刀元件、夹具体和其他元件及装置组成。夹具各部分所起的作用如下：

① 定位元件。与工件的定位基准相接触,确定工件在夹具中的正确位置。

② 夹紧装置。这是用于夹紧工件的装置,在切削时使工件在夹具中保持既定位置。

③ 对刀元件。这种元件用于确定夹具与刀具的相对位置。

④ 夹具体。这是用于联接夹具各元件及装置,使其成为一个整体的基础件。它与机床相结合,使夹具相对机床具有确定的位置。

⑤ 其他元件及装置。有些夹具根据工件的加工要求要有分度机构,铣床夹具还要有定位键等。

任何夹具都必须有定位元件和夹紧装置,它们是保证工件加工精度的关键,目的是使工件"定准、夹牢"。

根据飞铁零件的加工要求,所设计夹具(见图 12-29)采用的定位元件由定位块 7 和飞铁挡块 15 组成。工件的 E 面和 F 面与定位块相接触,工件 $\phi 6$ mm 所在支脚的一个内档侧面与挡块 15 相接触,消除 Y 方向的移动自由度 $\overrightarrow{Y}$。

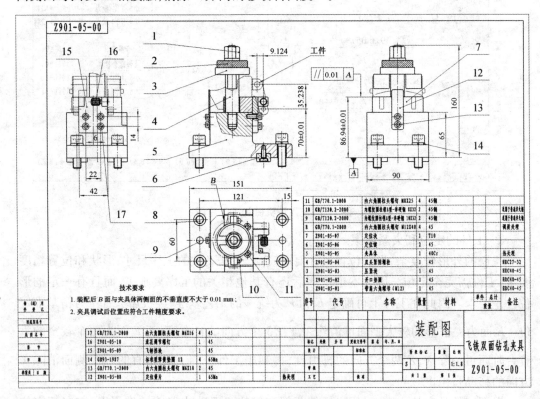

图 12-29　飞铁双面钻孔夹具

夹具的夹紧装置由螺母 1、开口垫圈 2、压紧块 3、双头紧固螺栓等组成,采用手动螺旋压板夹紧方式。

（4）绘制夹具总图及零件图

① 夹具总图的绘制要求：a. 图样绘制应符合国家制图标准；b. 尽量采用 1 : 1 的绘图比例；c. 局部视图不宜过多；d. 反复进行局部结构的调整和完善。

② 夹具总图的绘制步骤：a. 用双点划线绘出工件视图的外轮廓线和工件上的定位、夹紧及被加工面；b. 按照工件的形状和位置，依次画出定位元件、导向元件、夹紧机构及其他辅助元件的具体结构，最后绘制出夹具，把夹具的各部分联成一个整体；c. 标注装配图上的尺寸和技术要求；d. 完成夹具组成的零件、标准件编号，编写装配零件明细表。

③ 夹具零件图的绘制内容和要求：绘制零件图必须完整，除标准件和外购件外，每个零件单独绘制零件图。零件图中包括图框、标题栏、尺寸公差、形位公差、技术要求等。轮廓线是粗实线、尺寸线和公差用细实线，中心线用细点划线。

所设计的夹具总图如图 12-29 所示，夹具体的零件图及技术要求如图 12-30 所示，其他零件图和零件机械加工工序图由同学们自行设计。

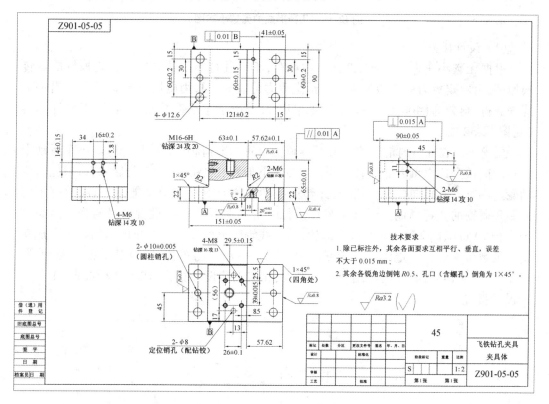

图 12-30　夹具体零件图

2. 无碳小车的设计

无碳小车是第二届和第三届全国大学生工程训练综合能力竞赛的命题。工程训练综合能力竞赛是国家级大学生科技创新竞赛，目的是激发大学生进行科学研究与探索的兴趣，加强大学生工程实践能力、创新意识和合作精神的培养。图 12-31 为参赛组成员所设计的部分无碳小车图。

图 12-31   几种形式的无碳小车图

（1）设计任务

根据无碳小车命题要求,设计一种小车,驱动其行走及转向的能量是根据能量转换原理,由给定重力势能转换来的。给定重力势能为 4 J,用质量为 1 kg 的重块铅垂下降来获得,落差为(400 ± 2) mm,重块落下后,需被小车承载并一起运动,不允许掉落(见图 12-32)。

要求小车在前行时能够交错避开赛道上设置的障碍物(见图 12-33)。小车运动中所需的能量全部由重力势能转换获得。要求小车为三轮结构,前轮为转向轮,后轮为驱动轮。小车具有转向控制机构,且此转向控制机构具有可调节功能,以适应放有不同间距障碍物的竞赛场地。要求小车在前行时自动避开赛道上设置的障碍物。障碍物为直径 20 mm、高 200 mm 的多个圆棒,沿直线等距离摆放。以小车前行的距离和成功避障的数量来综合评定成绩。参赛学生以 3 人一小组为单位,在自己学校内设计、制作小车,并做出下面的报告:结构设计报告、加工工艺设计报告、成本分析报告、工程管理设计报告。

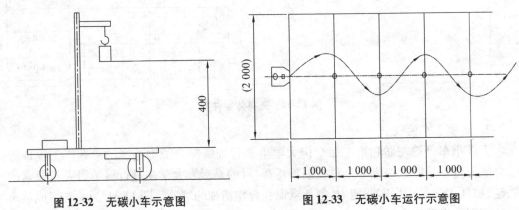

图 12-32   无碳小车示意图   **图 12-33   无碳小车运行示意图**

（2）设计方案分析过程

根据命题要求，设计时要考虑能量转换机构、传动机构、转向机构和车体结构等。在能量转化方面，由重物块下降通过定滑轮拉动牵引线，使绕线轮产生力偶，带动绕线轴转动。绕线轴一端固定齿轮，通过齿轮机构传动，将动力传递到驱动轴，使小车运动。传动机构可考虑由齿轮传动、带轮传动或摩擦轮传动来实现。转向机构可通过偏心机构带动曲柄摇杆机构或凸轮机构等来控制转向轮摆动，从而实现前轮周期性转动。

由于重力势能较小，在车身结构方面应尽量减轻车身重量。为防止小车在行进途中，重物块的左右摆动使中心偏置而发生侧翻，采用双支撑杆或三支撑杆支撑重物下落，使重心基本保持在支撑杆之间。为保证小车正常启动，采用阶梯式或锥度绕线轴，将最后的线绕在绕线轴较大的一段，启动后绕线到直径较小的一段，从而增大了行进路程。

（3）无碳小车的结构设计举例

所设计的无碳小车由后驱动轮、驱动轮轴、前转向轮、转向轮轴、转向轮连杆长度微调装置、车身、支承杆、定滑轮、重块、轴承座、滚动轴承及关节轴承、齿轮、偏心块、连杆等零件组成。为减轻重量，车轮采用有机玻璃板制作，车身、轴承座、转向轮、转向轮轴等采用了铝合金材料。根据小车行走的曲线的波长，确定了两个驱动轮的直径为 ϕ215 mm，一对驱动齿轮的速比为 1∶3.75，使小车行走曲线的波长为 2 000 mm 时，曲线的振幅约为 900 mm，小车行走的距离达到了 27 m 左右。小车设计了包含左、右螺纹可调连杆及可微调偏心距的转向控制机构，具有可调节连杆长度和偏心量大小的功能，可适应放有不同间距障碍物的竞赛场地。无碳小车设计图如图 12-34 所示。

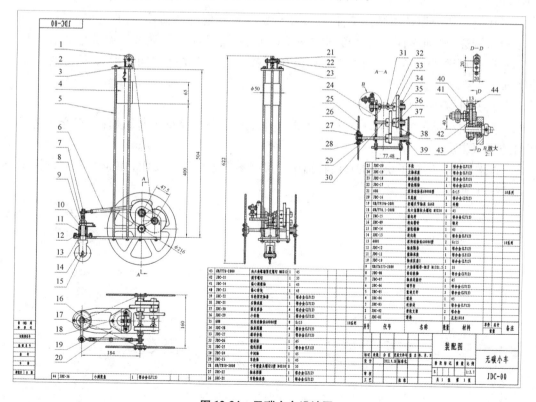

图 12-34　无碳小车设计图

图 12-35 为小车驱动及转向原理图。

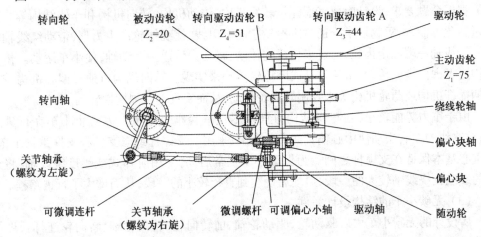

图 12-35　无碳小车驱动及转向原理图

重块下降过程中产生的能量转化为绕线轮轴的旋转扭矩,绕线轮轴通过主动齿轮 Z_1 和被动齿轮 Z_2 带动驱动轴旋转,驱动轴带动驱动轮和随动轮转动,随动轮通过滚动轴承空套在驱动轴上,并随之转动,形成两轮差动的效果。转向驱动齿轮 A 通过紧固螺钉固定在绕线轮轴上,带动安装在偏心块轴上的转向驱动齿轮 B 和偏心块旋转。偏心块通过可调偏心销轴、关节轴承、可微调长度的连杆和转动轴,使转向轮产生转向运动。

在偏心块内设计了微调螺杆,转动微调螺杆可使偏心销轴移动,改变偏心量;设计了可微调连杆,即连杆的长度可通过两端的左、右旋螺纹进行调节。调节偏心和连杆的长度就可改变小车行走曲线的波长和振幅,以适应放有不同间距障碍物的竞赛场地。

(4) 机械加工工艺方案设计报告

按照中小批量的生产纲领,选择无碳小车上一个较复杂的零件,设计并提交工艺设计方案报告。

根据要求,选择了小车的转向轮轴作为典型零件进行工艺设计。转向轮轴零件图如图 12-36 所示。

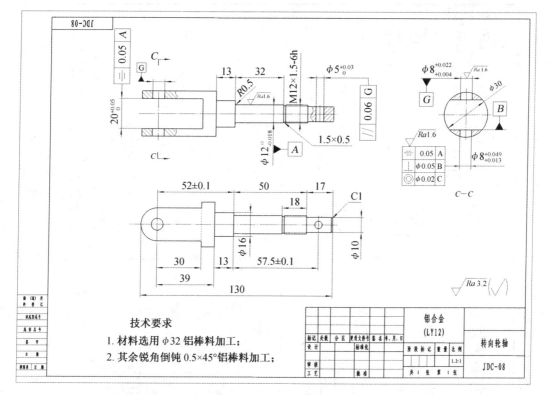

图 12-36 无碳小车转向轮轴零件图

依据零件图及技术要求,制定转向轮轴的机械加工工艺方案见表12-10。

(5)工艺成本分析报告

按照中批量(500 件/年)生产纲领对作品小车产品做成本分析,内容应包含材料成本、加工制造成本两方面(见表12-11)。

(6)工程管理报告

按照中批量(500 件/年)对作品小车产品做生产工程管理方案设计。要求目标明确,计划合理,表达清楚(见表12-12)。

表12-10　转向轮轴的机械加工工艺方案

机械加工工艺方案设计

材料	第三届全国大学生工程训练综合能力竞赛	总3页	第1页	编号：
	产品名称 无碳小车			生产纲领 500 台/年
	零件名称 转向轮轴			生产批量 42 件/月

毛坯种类	毛坯外形尺寸	每毛坯可制作件数	每台合件数
圆棒料	φ32×130	1	1

序号	工序名称	工序内容	工序简图	机床夹具	刀具	量具附具	备注	工时/min
10	车	夹毛坯外圆 ① 车两端面，保证长度 130 mm；② 两端面打中心孔	$\sqrt{Ra\,3.2}$ （缩略） φ5 130	三爪卡盘 钻夹头	端面车刀 φ3 中心钻（A 型）	游标卡尺（0～150）不锈钢尺（0～150）		5
20	车	① 上鸡心夹头和两顶尖装夹工件；② 车各外圆至 φ30，φ16，$\phi12^{\ 0}_{-0.045}$，φ10，保证各阶长度及同心度；③ 各锐边倒角。	C1 φ10 M12 1.5×0.5 18 80 32 $Ra\,1.6$ 13 φ16 $\phi12^{\ 0}_{-0.018}$ C1 $\phi30^{\ 0}_{-0.1}$ A ◎ 0.025 A $\sqrt{Ra\,3.2}$ 技术要求 其余锐边倒钝R0.5	鸡心夹头 机床顶尖	外圆车刀	游标卡尺（0～150）不锈钢尺（0～150）		20

标记	处数	更改文件号	签字	日期	编制（日期）	审核（日期）	标准化（日期）	会签（日期）

续表

机械加工工艺方案设计

第三届全国大学生
工程训练综合能力竞赛

材料	LY12	毛坯种类	压铸件	毛坯外形尺寸	φ32×130	每毛坯可制作件数	1	总 3 页	第 2 页	编号：		500 台/年 42 件/月
								产品名称	无碳小车	生产纲领		
								零件名称	转向轮轴	生产批量		
								每台件数	1	备注		

序号	工序名称	工序内容	工序简图	机床夹具	刀具	量具附具	工时/min
30	铣	夹 φ30 外径 ① 铣 20 mm 宽的槽； ② 铣两处 R11 圆弧； ③ 各锐边倒钝。		三爪卡盘	三面刃铣刀 φ12 立铣刀	游标卡尺 (0~150) 圆弧规	20
40	钳	① 钻、铰 φ5 孔； ② 钻、铰 φ8 孔； ③ 各锐边倒钝； ④ 终检		专用钻夹具	φ4.7 钻头 φ7.7 钻头 φ5 铰刀 φ8 铰刀 锉刀	游标卡尺 (0~150) φ5 量规 φ8 量规	15

标记	处数	更改文件号	签字	日期		编制（日期）	审核（日期）	标准化（日期）	会签（日期）

续表

第三届全国大学生工程训练综合能力竞赛	加工工艺分析		总 3 页	第 3 页	编号：	
			产品名称	无碳小车	生产纲领	500 台/年
			零件名称	转向轮轴	生产批量	42 件/月

1. 工艺设计方案思路

根据竞赛命题要求，对转向轮轴，按照生产批量月产 42 件的中小批量，进行零件的工艺方案进行设计分析。对于中小批量生产，为了加快生产进度和节省模具制造的费用，采用棒料进行加工，如对于月产≥3 000 件的大批量生产，为了降低材料成本，减少切削用量，提高生产效率，转向轮轴毛坯就可采用模具进行精密压铸成形，并采用专用机床和专用工装夹具进行机械加工。

2. 转向轮轴根据不同的生产纲领所采用的工艺特点分析比较。

工艺特点	中小批量生产	大批量生产
毛坯的制造方法及加工余量	采用铝合金棒料，毛坯精度较低，加工余量较大	采用金属模造型，毛坯精度高，加工余量少
机床设备	采用通用机床加工；部分工序可采用数控机床加工	可采用数控机床、专用机床，以提高生产效率
夹具及尺寸保证	通用夹具、标准附件，校正、试切保证尺寸	通用夹具、专用夹具；定程法保证尺寸
刀具、量具	通用刀具、标准量具	专用或标准刀具、量具
零件的互换性	配对制造，互换性低，多采用钳工修配	多数互换，部分试配或修配
对工艺文件的要求	编制简单的机械加工工艺过程卡片	编制详细的机械加工工艺过程卡片及关键工序的机械加工工序卡片
生产率	用传统加工方法，生产率低，用数控机床机械加工可提高生产率	采用数控机床、专用机床加工，生产率较高
成本	较高	较低
对工人的技术要求	需要技术熟练的工人	需要一定熟练程度的技术工人

表12-11 小车工艺成本分析

工艺成本分析卡片

第三届全国大学生工程训练综合能力竞赛	产品名称	小车	第1页 共3页	编号: 生产纲领 500件/年

1. 材料成本分析 （备注栏内为单台材料费用（元），单台直接材料费合计约为229.79元）

编号	材料	毛坯种类	毛坯尺寸	件数/毛坯	每台件数	备注	编号	材料	毛坯种类	毛坯尺寸	件数/毛坯	每台件数	备注
1	LY12	圆棒料	φ55×14	500	1	4.90	7	尼龙	圆棒料	φ90×30	500	1	15.20
2	LY12	圆棒料	φ32×150	500	1	8.45	8	尼龙	圆棒料	φ60×25	500	1	6.00
3	有机	板料	φ315×110	500	1	36.00	9	45	圆棒料	φ10×45	500	1	0.20
4	45	圆棒料	φ12×170	500	1	0.91	10	LY12	圆棒料	φ60×35	500	1	8.02
5	有机	板料	250²×3	1 000	2	75.00	22	Gr15	圆轴承	标准件	12	12	48.00
6	LY12	圆棒料	φ80×15	500	1	6.11	12	Gr15	关节轴承	标准件	2	2	10.00

2. 人工费和制造费分析

序号	零件名称	工艺内容	机动时间	辅助时间	终准时间	工艺成本分析
1	轮向轮	①车削各外圆; ②钻、镗轴承孔。	20 10	4 2	30 30	根据目前工人人工资水平，取平均人工工资为12.50元/小时（下同），故本零件的人工费：S_1=[（36/60）×500+60/60]×12.5=3 762.50（元）；已知普通车床工时费为20元/小时，可得转向轮制造费为 M_1=（36/60）×20×500=6 000.00（元）
2	转向轮轴	①车削各外圆; ②铣削20mm宽的槽; ③钻、铰φ5及φ8孔。	20 15 10	3 3 3	60 60 60	本零件人工费：S_2=[（54/60）×500+180/60]×12.5=5 662.50（元）；已知普通车、铣、钻床工时费为20元/小时，可得转向轮制造费为 M_2=（59/60）×20×500=9 000.00（元）
3	小车底板	①激光切割机切割外形及各安装孔; ②修锉轴承座配合孔尺寸。	35 12	5 3	60 20	本零件人工费：S_3=[（55/60）×500+80/60]×12.5=5 745.83（元）；已知激光切割机工时费为60元/小时，可得本零件制造费为 M_3=（40/60）×60×500=20 000.00（元）

工艺成本分析卡片

第三届全国大学生 工程训练综合能力竞赛		共3页	第2页	编号：
		产品名称	无碳小车	生产纲领　500件/年

2. 人工费和制造费分析

序号	零件名称	工艺内容	工时			工艺成本分析
			机动时间	辅助时间	终准时间	
4	车轮轴	①车端面打中心孔、车削各外圆及螺纹；②铣键槽；③外圆磨削。	20 7 8	5 3 2	30 30 30	本零件人工费：$S_4 = [(45/60)×500 + 90/60]×12.5 = 5\,643.75$（元）；已知普通车和铣床工时费为20元/小时，外圆磨床工时费为25元/小时，可得本零件制造费为 $M_4 = (35/60)×20 + (10/60)×25]×500 = 7\,933.33$（元）
5	驱动轮	①激光切割切割外圆及安装孔和轮辐；②修锉安装孔配合尺寸。	55 13	5 2	40 20	本零件人工费：$S_5 = [(75/60)×500 + 60/60]×12.5 = 7\,825.00$（元）；激光切割机工时费为60元/小时，可得本零件制造费为 $M_5 = (60/60)×60×500 = 30\,000.00$（元）
6	驱动齿轮	①车削端面外圆及内孔；②钻孔铰孔；③滚齿机滚切齿轮。	15 15 10	5 5 2	60 60 60	本零件人工费：$S_6 = [(52/60)×500 + 180/60]×12.5 = 5\,454.17$（元）；钻床工时费为20元/小时，滚齿机工时费为30元/小时，可得本零件制造费为 $M_6 = [(40/60)×20 + (12/60)×30]×500 = 9\,666.50$（元）
7	皮带轮	①车削各端面外圆及内孔；②钻孔铰孔及钻攻螺纹孔。	30 15	5 3	60 30	本零件人工费：$S_7 = [(53/60)×500 + 90/60]×12.5 = 5\,559.58$（元）；已知车、钻床工时费为20元/小时，可得本零件制造费为 $M_7 = (53/60)×20×500 = 8\,833.33$（元）
8	偏心轮	①车削端面外圆及内孔；②钳工钻攻螺纹孔。	15 10	5 5	60 30	本零件人工费：$S_8 = [(35/60)×500 + 90/60]×12.5 = 3\,664.58$（元）；已知车、钻床工时费为20元/小时，可得本零件制造费为 $M_8 = (35/60)×20×600 = 5\,833.33$（元）

续表

工艺成本分析卡片

第三届全国大学生 工程训练综合能力竞赛		共 3 页	第 3 页	编号：
		产品名称	无碳小车	生产纲领	500 件/年

2. 人工费和制造费分析

序号	零件名称	工艺内容	工　时			工艺成本分析
			机动时间	辅助时间	终准时间	
9	前轮销轴	① 车削端面外圆、切断； ② 调头车另一端面、倒角； ③ 钳工钻 ϕ2 销孔。	8 1.5 1.5	2 1 1	60 30 30	本零件人工费：$S_9 = [(15/60) \times 500 + 120/60] \times 12.5 = 1\,587.50$ （元）；已知车、钻床工时费为 20 元/小时，可得本零件制造费为 $M_9 = (15/60) \times 20 \times 600 = 2\,500.00$（元）
10	前轴承套	① 车削端面外圆及内孔等； ② 调头车端面、台阶、倒角； ③ 钻攻 4 - M5 螺纹孔，去毛刺。	20 7 12	3 2 2	60 30 30	本零件人工费：$S_{10} = [(46/60) \times 500 + 120/60] \times 12.5 = 4\,816.67$ （元）；已知车、钻床工时费为 20 元/小时，可得本零件制造费为 $M_{10} = (46/60) \times 20 \times 600 = 7\,666.67$（元）

3. 总成本

已知无碳小车生产纲领为 500 台/年，通过以上无碳小车主要零件成本分析计算得：

材料费用为 $F = 229.79 \times 500 = 114\,895.00$（元）；

人工费合计为 $S = S_1 + S_2 + S_3 + S_4 + S_5 + S_6 + S_7 + S_8 + S_9 + S_{10} = 49\,702.08$（元）；

制造费合计为 $M = M_1 + M_2 + M_3 + M_4 + M_5 + M_6 + M_7 + M_8 + M_9 + M_{10} = 107\,433.16$（元）；

所以，生产纲领为 500 台/年的小车主要零件工艺总成本为：$C = F + S + M = 114\,895.00 + 49\,702.08 + 107\,433.16 = 272\,030.24$（元）。

表12-12　工程管理方案

工程管理报告

第三届全国大学生
工程训练综合能力竞赛

共2页	第1页	编号：	
产品名称	小车	生产纲领	500件/年
零件名称		生产批量	42件/月

1. 生产过程组织

①生产过程空间组织设计：每月42台的生产批量，是属于中小批量生产方式，从较强的生产组织柔性考虑，选择性按工艺原则布置设施，设备按机群布置较合适。零件中小批量生产工艺主要包括车、铣、钻、磨等。加工设备为：C6136车床，X62W万能铣床，Z406台钻，M1420万能外圆磨床等。生产车间的机群布置如右图所示。

②生产过程时间组织形式：由于生产车间按工艺原则布置，生产过程按选择顺序移动的方式。

车床组　　铣床组　　钻床组

车床 车床	铣床 铣床	钻床 钻床
车床 车床	铣床 铣床	钻床 钻床
…组	…组	…组
…	…	…

2. 人力资源配置

车间内部人员组织形式按设备工艺特点分成班组，并根据订单安排产品负责人。中小批量生产大多采用通用设备，手工操作的比重较大，操作人员技能水平对产品质量影响较大。组织结构如右图所示。该小车零件加工人员配备为：车工组1人，铣工组1人，钳工钻削组1人，激光切割组1人，钳工装配调试可以和钻削加工合计1人即可。

车间主任
├ 车床组
├ 铣床组
└ 钻床组

A零件负责人
B零件负责人
C零件负责人

3. 生产进度计划与控制

小车每天需要完成的数量：42/21=2（件），（设每月有效工作日为21天）取一天生产2件左右，一个月的生产产量：2×21=42件。可以平均分配每周的生产任务，每周生产11件左右，见生产进度计划表。对零件生产的控制主要是通过以下4个步骤：

①作业安排：根据每天需要生产的数量，安排出生产资源、资金以及准备工作。

②测定偏差：生产的时间是一个月，可以选择4个时间结点对进度控制。

③纠正偏差：根据偏差产生的原因和严重程度采取处理措施，及时处理信息并调整计划。

④提出报告：查证生产过程中的相关情况，汇总成统计分析报告。

零件名称	任务	项目	工作日			
			每一周	每二周	每三周	每四周
转向轮	42	生产计划	11	11	10	10
		生产实际				
转向轮轴	42	生产计划	11	11	10	10
		生产实际				
驱动轮	42	生产计划	11	11	10	10
		生产实际				
…	…	…	…	…	…	…

续表

工程管理报告		共 2 页	第 2 页	编号：	
第三届全国大学生 工程训练综合能力竞赛		产品名称	小车	生产纲领	500 件/年
		零件名称		生产批量	42 件/月

4. 质量管理

按照全面质量管理思想和 ISO 9000 标准对产品质量进行管理，集中于制造过程中的质量控制，按照 PDCA 循环的方法来规范化管理。

① 制造前质量计划和质量条件控制：对原材料质量条件检查：对原材料按《原材料质量标准及检验标准》检验；按工艺工序卡片要求，产品加工完成时，产品加工完成时，进行终检。

② 加工过程质量控制：按《在制品质量标准及检验规范》的规定对车、铣、钻、磨等几道工序质量规范检验。对于精度要求较高的外圆柱面及孔和槽，将其作为重点工序进行控制。加强自检，现场主管加强巡检。

③ 成品质量检验：依《成品质量标准化及检验规范》的规定，对例如转达向轮轴直径和槽宽等重要尺寸精度进行终检，保证质量。如检验有异常，应提报"异常处理单"，采取措施解决，保证质量。

5. 现场管理

① "5S"管理：开工前，确保机器处于良好的工作状态，准备好所需的工器具。作业中，保证每批次阀芯从原材料、半成品到产成品定置放置好。完工时，及时清扫设备、工具、量具量具的油污、灰尘、生锈等；规范整理专用夹具、钳工台、各种刀具、量具。确保作业指导书放入柜中以及工作台面、作业场所、通道的干净。定期进行现场检查，保证现场的规范化，并养成习惯。

② 实行定置管理，见下图。

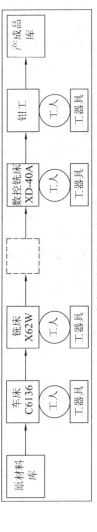

小车生产线定置管理图

思考题

1. 什么是生产过程、工艺过程和工艺规程?

2. 什么是工序、安装、工步、走刀和工位?

3. 生产类型是根据什么划分的? 常用的有哪几种生产类型?

4. 阐述安全生产与环境保护的注意事项和防护措施。

5. 毛坯选择时,应考虑哪些因素?

6. 什么叫基准? 工艺基准包括哪几种基准?

7. 粗基准与精基准选择的原则有哪些?

8. 表面加工方法选择时应考虑哪些因素?

9. 工件加工质量要求较高时,应划分哪几个加工阶段? 划分加工阶段的原因是什么?

10. 机械加工工序应如何安排?

11. 何谓时间定额? 批量生产时,时间定额由哪些部分组成?

12. 提高机械加工劳动生产率的工艺措施有哪些?

13. 阐述综合创新训练的概念,并说明它与传统的金工实习的不同之处及其基本过程。

14. 综合创新训练的意义有哪几个方面?

15. 结合金工实习进行创新过程所述,分析生产或生活中现有产品,对现有产品的内部质量、外观质量、尺寸精度、位置精度和表面粗糙度进行综合分析,总结优缺点,对不足之处提出创新方案,并写出收获和体会。

参 考 文 献

［1］郗安民:《金工实习》,北京:清华大学出版社,2009 年。

［2］赵树忠:《金属工艺实训指导》,北京:科学出版社,2010 年。

［3］李作全:《金工实训》,武汉:华中科技大学出版社,2008 年。

［4］徐永礼:《金工实习》,北京:北京理工大学出版社,2009 年。

［5］谭英杰:《金工实训教程》,北京:国防工业出版社,2011 年。

［6］周岐,王亚君:《电焊工工艺与操作技术》,北京:机械工业出版社,2009 年。

［7］舒翔,黄跃:《机械加工技能实训教程》,南京:南京大学出版社.2010 年。

［8］高琪:《金工实习教程》,北京:机械工业出版社,2012 年。

［9］姜全新,唐燕华:《铣削工艺技术》,沈阳:辽宁科学技术出版社,2009 年。

［10］韦富基:《零件铣磨钳焊加工》,北京:北京理工大学出版社,2011 年。

［11］陈宏钧:《实用机械加工工艺手册》3 版,北京:机械工业出版社,2009 年。

［12］王吉林:《现代数控加工技术基础实习教程》,北京:机械工业出版社,2009 年。

［13］郭永环,姜银方:《金工实习》,北京:北京大学出版社,2010 年。

［14］刘立:《数控车床编程与操作》,北京:北京大学出版社,2008 年。

［15］蒋永敏,续永刚:《数控机床的使用与维护》,北京:科学出版社,2007 年。

［16］王爱玲:《现代数控机床实用操作技术》,北京:国防工业出版社,2003 年。

［17］王瑞金:《特种加工技术》,北京:机械工业出版社,2011 年。

［18］花国然,刘志东:《特种加工技术》,北京:电子工业出版社,2012 年。

［19］李忠文:《注塑机操作与调校技术》,北京:化学工业出版社,2005 年。

［20］温兆麟:《创新思维与机械创新设计》,北京:机械工业出版社,2012 年。